Harald Fritzsch u. a. (Hrsg.)

Materie in Raum und Zeit

Verhandlungen der Gesellschaft
Deutscher Naturforscher und Ärzte

123. Versammlung
18. bis 21. September 2004
Passau

Danksagung

Für finanzielle Förderung und Unterstützung, die der Gesellschaft Deutscher Naturforscher und Ärzte bei der Vorbereitung und Durchführung der 123. Versammlung zuteil wurde, sei auch an dieser Stelle gedankt.

Hier sind vor allem die Bayerischen Motorenwerke – BMW AG, München, als Hauptförderer dieser Versammlung zu nennen, namentlich Herr Ernst Baumann, Mitglied des Vorstands der BMW AG, der die Aufgabe und die Pflichten des örtlichen Geschäftsführers Wirtschaft der 123. Versammlung mit großem Engagement übernahm. Ebenfalls ist für die großzügigen Zuwendungen und Spenden der Deutschen Forschungsgemeinschaft, der Wilhelm und Else Heraeus-Stiftung, dem Bayerischen Staatsministerium für Wissenschaft, Forschung und Kunst sowie einer Reihe weiterer Stiftungen und Unternehmen zu danken, die nachfolgend aufgeführt sind:

BASF AG, Ludwigshafen
Bayerische Motorenwerke – BMW AG, München
Bayerisches Staatsministerium für Wissenschaft, Forschung und Kunst, München
Deutsche Forschungsgemeinschaft, Bonn
Degussa AG, Frankfurt/Main
HDI Leben, Hamburg
Wilhelm und Else Heraeus-Stiftung, Hanau
Merck KGaA, Darmstadt
Pfizer GmbH, Karlsruhe
Schering AG, Berlin
Siemens AG, München
Solvay Arzneimittel GmbH, Hannover
Stifterverband für die Deutsche Wissenschaft e. V., Essen
Verband der chemischen Industrie e. V., Frankfurt/Main

Danken möchten wir ebenfalls den vielen Spendern aus dem Kreis unserer Mitglieder.

Materie in Raum und Zeit

Verhandlungen der Gesellschaft
Deutscher Naturforscher und Ärzte

123. Versammlung | 18. bis 21. September 2004 | Passau

Herausgegeben von
Harald Fritzsch, Jörg Hacker, Henning Hopf, Klaus Peter,
Markus Schwoerer, Wolfgang Donner

Redaktionelle Bearbeitung:
Angela Meder, Klaus Rehfeld

Mit Beiträgen von:
Ernst Baumann, Gunnar Berg, Siegfried Bethke, Andreas Brockhinke, Arnold a Campo,
Gerd Eisenbeiß, Ernst Peter Fischer, Bärbel Friedrich, Harald Fritzsch, Alois Fürstner,
Thorsten Galert, Hermann E. Gaub, Jörg-Dieter Gauger, Reinhard Genzel, Lileta Gherghel,
Ernst O. Göbel, Andrew Grimsdale, Mathias Gutmann, Jörg Hacker, Michael Hecker,
Rainer Herges, Henning Hopf, Eberhard Koenig, Katharina Kohse-Höinghaus,
Hans A. Kretzschmar, Hans Küng, Randolf Menzel, Wilfried Morawetz, Klaus Müllen,
Gregor Neuert, Arnulf Oppelt, Klaus Peter, Klaus Rehfeld, Bruno Reichart,
Fritz Riehle, Harm Hinrich Rotermund, Konrad Sandhoff, Gerhard Schaefer,
Markus Schwoerer, Matthias Wille, Rainer Wolf

Bibliografische Information Der Deutschen Bibliothek
Die Deutsche Bibliothek verzeichnet diese Publikation in der
Deutschen Nationalbibliografie; detaillierte bibliografische
Daten sind im Internet unter http://dnb.ddb.de abrufbar.

ISBN 3-7776-1375-4

© 2005 S. Hirzel Verlag, Birkenwaldstraße 44, 70191 Stuttgart
Printed in Germany
Satz: Claudia Wild, Stuttgart
Druck: W. Kohlhammer, Stuttgart
Umschlaggestaltung: Neil McBeath, Stuttgart

Inhalt

Geleitwort

Ernst Baumann

Die Gründung der GDNÄ und ihre Bedenkenträger

Als Lorenz Oken im Jahre 1821 zur ersten „Versammlung der deutschen Naturforscher" aufrief, schien so manchem in deutschen Landen diese Idee anstößig und höchst bedenklich zu sein. Der Bonner Professor Georg August Goldfuß etwa schickte einen sehr ausführlichen Leserbrief an das damals von Oken publizierte Fachorgan *Isis*, in welchem er seine Bedenken zur Sprache brachte. Es war eine regelrechte Litanei, eine Auflistung schier unüberwindlicher Hindernisse, weswegen solch eine Versammlung schon von vornherein zum Scheitern verurteilt sei: Man werde sich nie und nimmer auf einen gemeinsamen Ort einigen können – und sich damit vor aller Welt blamieren! Niemand werde eine weite Reise zu den Versammlungen auf sich nehmen! Und wenn es denn doch wider aller Wahrscheinlichkeit zu solch einer Versammlung kommen sollte, dann werde dort gewiss keinerlei hilfreicher wissenschaftlicher Austausch stattfinden, denn man werde nicht ehrlich zueinander sein und sich erbittert bekriegen!

Lorenz Oken erwiderte auf Goldfußens Ausführungen in derselben Ausgabe der *Isis* nur lapidar: „In diesem Aufsatz siehst du geschildert den Deutschen vorn und den Deutschen hinten, den Deutschen oben und den Deutschen unten. Bedenklichkeiten macht der Beutel, Bedenklichkeiten die Reise, Bedenklichkeiten die Gesichter, Bedenklichkeiten die Quartiere, Bedenklichkeiten das Wissen, Bedenklichkeiten der Saal, Bedenklichkeiten der Nutzen, endlich Bedenklichkeiten gar die Regierungen!" Schließlich schloss er seine Replik mit einem trockenen „Es bleibt … dabey!" – Gott sei Dank blieb es dabei!

Wie die Geschichte der Gesellschaft Deutscher Naturwissenschaftler und Ärzte zeigt, hat sich keines der Bedenken von Professor Goldfuß auch nur annähernd bestätigt. Stattdessen avancierte die GDNÄ bald nach ihrer Gründung zu einem echten Erfolgsmodell. So wurde sie Vorbild für ähnlich geartete Versammlungen in England oder den Vereinigten Staaten. Und sie blieb in ihrer Geschichte immer der Ort, an dem der intensive, verständliche und ertragreiche Austausch neuester Forschungsergebnisse gepflegt wurde – wie von Lorenz Oken erhofft in kollegialer, gar freundschaftlicher Weise.

Und ob Oken oder gar Goldfuß damals ahnen konnten, dass die heutigen Versammlungen nicht nur durch „Jugend forscht"-Preisträger bereichert werden, sondern dass sie dank der Wilhelm und Else Heraeus-Stiftung auch von wissenschaftsinteressierten Schülern und Schülerinnen besucht werden, wie dieses Jahr in Passau?

Ganz gewiss, als Gründung war die Gesellschaft deutscher Naturforscher und Ärzte eine wirklich innovative Veranstaltung, die sich trotz allerlei skeptischen Stimmen und Bedenkenträgern erfolgreich durchgesetzt und bewährt hat. Und bis heute strebt Ihre Gesellschaft danach, in innovativer und allgemein verständlicher

Weise neueste Forschungsergebnisse aus den Wissenschaften einem breiteren Publikum nahe zu bringen.

Die heutigen Bedenkenträger

Diese Aufgabe erscheint mir in unserer Zeit dringender geboten denn je. Denn unser Land kommt mir heutzutage bezüglich der Themen Forschung, Innovation und wissenschaftlicher Fortschritt vor wie ein echter Hort von Bedenkenträgern – oder soll ich sagen: von „Goldfüßen". Wenn man die allgemeine Meinung zu Forschungsbereichen wie der Gentechnik, der Kernenergie oder der Nanotechnik abruft, dann mag man sich an das Eingangszitat von Lorenz Oken über den „typischen" Deutschen erinnert fühlen.

Dabei gebietet diese Situation nicht die ironische Distanz der Oken'schen Worte, sondern sie bietet vielmehr Anlass zu großer Sorge. Denn durch die allgegenwärtig zu beobachtende Skepsis gegenüber Forschung, Innovation und wissenschaftlichem Fortschritt steht nicht weniger als die Zukunft unseres Industriestandortes Deutschland auf dem Spiel – und damit auch der Wohlstand, den wir uns in diesem Land über Jahrzehnte erarbeitet haben. Die heutigen Bedenkenträger übersehen, dass der Reichtum unseres rohstoffarmen Landes zum größten Teil auf dem basiert, was kluge Köpfe in Deutschland erforschen und zu innovativen Produkten entwickeln. Wir können es uns einfach nicht leisten, bei zukunftsträchtigen Forschungsbereichen außen vor zu bleiben – wie es jene fordern, die die möglichen Gefahren von neuartigen Produkten betonen und dabei die Chancen solcher Innovationen unter den Tisch fallen lassen.

Gründe für die Akzeptanzkrise

Woran liegt es aber, dass in unserem Land die „Goldfüße" Konjunktur haben und nicht Menschen vom Schlage eines Lorenz Oken? Der Sozialwissenschaftler Aaron Wildavsky hat es einmal so formuliert: „Welch außerordentlicher Vorgang! Die reichste, am längsten bestehende, am meisten geschützte und am besten ausgestattete Zivilisation mit der höchsten Einsicht in ihre eigenen Technologien ist auf dem besten Wege, auch die am meisten verängstigte zu werden."

Was die Menschen in unserem Land davon abhält, neuen wissenschaftlichen und technischen Entwicklungen aufgeschlossen gegenüberzustehen, das ist Angst – und eine tiefe Vertrauenskrise gegenüber den Fachleuten in Wissenschaft und Wirtschaft. Nach meiner Einschätzung beruht diese Angst auf einem grundlegenden Unwissen und daraus folgend einer großen Unsicherheit darüber, welche Möglichkeiten Wissenschaft und Wirtschaft besitzen – und wie sich die von der Wirtschaft vorangetriebenen und eingesetzten Technologien auf das Leben des jeweils Einzelnen auswirken. Es fehlt also an gemeinsamem Wissen über wissenschaftliche und technologische Errungenschaften. Und die Erfahrung lehrt, dass da, wo gemeinsames Wissen fehlt, das Vertrauen zunehmend bröckelt.

Folglich wächst die Neigung, gegenüber wissenschaftlicher Forschung, technischem Fortschritt und Innovationen Bedenken zu äußern und sich sogar zu verweigern. Das ist eine Verweigerung aus Unsicherheit gewissermaßen, nicht aus Überzeugung. Diese Verweigerungshaltung beruht wohl darauf, dass das Wissen unserer Gesellschaft noch nie so umfangreich war wie heute – und dass es stetig wächst. Wir als

Individuum verstehen die Welt um uns herum immer weniger; auch wenn wir als *Gesellschaft* immer mehr wissen.

Wie nie zuvor sind wir deshalb in unserer Epoche auf Vertrauen angewiesen – auf Vertrauen in die Leistung und das Urteilsvermögen der Fachleute. Je mehr aber der Erfahrungsverlust des gesunden Menschenverstandes zunimmt, desto mehr bröckelt das Vertrauen der Gesellschaft in Dinge, die sie nicht mehr verstehen kann. Aus Unverständnis wird Misstrauen, aus Misstrauen wird Ablehnung. Es handelt sich dabei also oft um ein „Nein" der Urteilsenthaltung aufgrund überforderter Urteilskraft – ein „Nein" sicherheitshalber, wie es der Philosoph Hermann Lübbe einmal ausdrückte.

Lebt man noch im bequemen Wohlstand, so wie wir in Deutschland, dann führt diese Akzeptanzkrise durch mangelndes Urteilsvermögen unweigerlich zur Ablehnung ökonomischen und technischen Fortschritts, weil deren Sinnhaftigkeit und Notwendigkeit nicht empfunden wird.

Jedoch dürfen wir uns nichts vormachen: Nur durch ökonomischen und technischen Fortschritt werden wir unseren Lebensstandard und unsere Position als einer der führenden Wirtschaftsnationen halten können. Denn im globalen Wettbewerb um Märkte, Ressourcen und kluge Köpfe werden nur diejenigen gewinnen, die bereit sind, sich weiterzuentwickeln. In einer Welt, die sich so schnell ändert wie die unsrige, ist „kein Fortschritt" gleichbedeutend mit „Rückschritt".

Wege aus der Akzeptanzkrise

Diese Einsicht müssen wir heutzutage in unserer Gesellschaft auf breiter Basis vermitteln. Und wir müssen das Vertrauen der Bevölkerung in wissenschaftliche Forschung und technischen Fortschritt wiedergewinnen. Wie kann dies erreicht werden? Zum einen müssen die Menschen in unserem Land wissenschaftliche und technische Innovationen als alltagstauglich und alltagsförderlich erfahren. Sie müssen erleben, dass wissenschaftlicher und technischer Fortschritt für sie von Nutzen ist, ihnen einen echten Mehrwert bietet. Nur dann kann man sie für wissenschaftliche Forschung und Entwicklung von Innovationen begeistern!

Genau hier sehe ich im Übrigen die Aufgabe der BMW Group als Premium-Automobilhersteller, indem wir neueste Technologien als marktreife Produkte unseren Kunden zur Verfügung stellen. Denken Sie etwa an den Serienkatalysator: 1984 kam unser Unternehmen mit dieser technischen Neuerung als erstes auf den europäischen Markt. Eine weitere Innovation der BMW Group aus dem Jahre 1994, das integrierte Navigationssystem, findet sich heute ebenfalls standardmäßig in vielen Autos. Das aktuellste Beispiel, bei dem wir Technologieführerschaft mit Alltagsnutzen verknüpfen, ist die Aktivlenkung, wie sie erstmals in der aktuellen BMW 5er-Reihe angeboten wird. Sie bietet dem Fahrer ein bisher nicht gekanntes Maß an Komfort, Agilität und Sicherheit und steigert damit die für BMW typische „Freude am Fahren".

Auch für die Herausforderungen der Zukunft hat die BMW Group schon heute erste Antworten. So forscht unser Unternehmen seit über 25 Jahren an Motoren und Fahrzeugen für den Betrieb mit Wasserstoff. Im Gegensatz zu unseren Wettbewerbern setzen wir dabei auf den wasserstoffbetriebenen Verbrennungsmotor, der alleine die für BMW typischen Eigenschaften von Fahrdynamik und Agilität bewahrt, die unsere Kunden im alltäglichen Gebrauch ihres BMW nicht missen möchten. Bereits im Jahre 2000 konnten wir als erster Automobilhersteller der Welt eine Forschungsflotte von 15 Wasserstoff-Fahrzeugen auflegen, die sich mittlerweile im Alltagsbetrieb bewährt und insgesamt mehr als 170 000 Kilometer zurückgelegt hat. Und ein Jahr später begann unser Unternehmen die Serienentwicklung von Wasserstoff-Fahrzeugen mit bivalentem Antrieb, so dass wir noch in der Laufzeit des aktuellen BMW 7ers Wasserstoff-Serienfahrzeuge in Kundenhand geben werden.

Um die Menschen in unserem Land für wissenschaftlichen und technischen Fortschritt zu gewinnen, gibt es jedoch neben der Aufgabe, ihnen den Alltagsnutzen von Innovationen nahe zu bringen, eine zweite, mindestens ebenso wichtige Herausforderung. Ist es richtig, dass das Misstrauen in unserer Gesellschaft bezüglich wissenschaftlicher Forschung, technischen Fortschritts und Innovationen auf einem Wissensmangel beruht, so müssen die Menschen über wissenschaftliche Erkenntnisse und technische Entwicklungen besser informiert werden. Die Wissenslücke, in der sich Ängste breit machen können, muss durch Aufklärung über die tatsächlichen Risiken, vor allem aber auch durch Aufklärung über die gewaltigen Chancen neuer Technologien geschlossen werden.

Gerade die GDNÄ besitzt meines Erachtens aufgrund ihrer Historie eine besondere Fähigkeit und damit auch Verpflichtung, wissenschaftlichen und technischen Fortschritt so zu kommunizieren, dass eine breite Masse deren Sinnhaftigkeit und Notwendigkeit nachvollziehen kann. Ich bin

davon überzeugt: mit Ihrer über 180-jährigen Erfahrung in der Popularisierung wissenschaftlicher Erkenntnisse – was nicht gleichzusetzen ist mit Populärwissenschaft – kann Ihre Gesellschaft einen herausragenden Beitrag leisten, um die Bedenken der Bedenkenträger in unserem Land zu entkräften, um ein neues Interesse für wissenschaftlichen und technischen Fortschritt zu wecken, vielleicht sogar einen Geist des Aufbruchs zu initiieren, wie ihn einst Ihr Gründer Lorenz Oken verbreitete.

Aktivitäten und Initiativen wie die bereits zu Beginn erwähnte Einladung an „Jugend forscht"-Preisträger und wissenschaftlich interessierte Schülerinnen und Schüler weisen dabei genauso in die richtige Richtung wie die Ernennung von GDNÄ-Vertrauensdozenten als Bindeglieder zu Ihrer Gesellschaft. Doch wenn ich mir das Durchschnittsalter in Ihrer Gesellschaft ansehe, das bei etwa 60 Jahren liegt, dann meine ich, sollte die GDNÄ ein noch stärkeres Augenmerk darauf richten, ihre Aktivitäten gerade unter jüngeren Menschen bekannt zu machen. Nicht, dass ich etwas gegen Sechzigjährige hätte – aber es verblüfft mich schon, dass gerade bei den elementaren Zukunftsthemen Forschung, Innovation und wissenschaftlicher Fortschritt „wir Alten" den Ton angeben sollen. Da stimmt doch irgendetwas nicht!

Was da nicht stimmt, das muss meines Erachtens dringend diskutiert werden. Es gilt, Wege zu finden, jüngere Menschen für das Grundanliegen der GDNÄ, die Verbreitung wissenschaftlicher Erkenntnisse auf breiter Basis, zu gewinnen.

Die GDNÄ war schon zu Zeiten Ihrer Gründung ein echter Trendsetter, der sich trotz so mancher Bedenken als zukunftsweisende Vereinigung etabliert hat. Gute Ideen braucht unser Land auch heute, um im Wettbewerb der Volkswirtschaften bestehen zu können. Dass in unserem Land auch heute an guten Ideen geforscht wird und gute Ideen entwickelt werden, das zeigen die Vorträge auf Ihren Versammlungen. Wenn ich mir Ihr diesjähriges Programm ansehe, dann wecken etwa die Vorträge zum Thema „Wasserstoff" in Ihrem Programm mein Interesse als Vorstand der BMW AG, da Wasserstoff – wie ich bereits beschrieben habe – auch für unsere Automobile der Energieträger der Zukunft sein wird.

Jedoch ist es heutzutage nicht nur wichtig, gute Ideen zu erforschen und zu entwickeln. In einer wissenschafts- und technikkritischen Gesellschaft wie der unsrigen ist es ebenso wichtig, diese guten Ideen nach außen zu tragen, sie als gute Ideen auch zu vermitteln und überzeugend zu verbreiten – und sich dabei nicht von den Bedenken anderer entmutigen zu lassen. Generell geht es um die Frage, wie wir in unserem Land mit guten Ideen umgehen. In diesem Zusammenhang möchte ich ein Beispiel aus unserer Unternehmenspraxis benennen, das man eigentlich gar nicht glauben möchte. Als wir, wie bereits erwähnt, unseren Wasserstoff-Verbrennungsmotor entwickelt haben, war eine der ersten Reaktionen der Politik nicht, gemeinsam mit uns über eine geeignete Tankstellen-Infrastruktur nachzudenken. Eine der ersten Reaktionen war hingegen: Wie ist Wasserstoff im Vergleich zu normalem Benzin zu besteuern?

Wir haben uns angesichts einer solchen Haltung als Unternehmen nicht entmutigen lassen, die Entwicklung von Wasserstoff-Fahrzeugen voranzutreiben, sondern setzen auf die Einsicht der politischen Entscheidungsträger in diesem Land, gute Ideen mit entsprechenden politischen Maßnahmen zu flankieren. Wir vertrauen dabei darauf, dass sich gute Ideen durchsetzen werden – wider alle Bedenkenträger.

Was wäre etwa aus der GDNÄ geworden, hätte ein Lorenz Oken angesichts der Bedenken von Georg August Goldfuß seine Idee einer jährlichen Versammlung deutscher Naturforscher und Ärzte im stillen Kämmerlein begraben? Stattdessen kam es ganz anders: Seit der Versammlung der GDNÄ in Heidelberg 1829, also gerade einmal acht Jahre nach seinem polemischen Zwischenruf, weisen die Quellen Professor Goldfuß als Mitglied und Vortragenden auf verschiedenen Versammlungen aus. Der ursprüngliche Kritiker Goldfuß hatte sich offensichtlich von einem Bedenkenträger zu einem aktiven Mitglied der Gesellschaft Deutscher Naturforscher und Ärzte gewandelt.

Sollte uns das nicht Ansporn sein für die vor uns liegenden Aufgaben?

Raum – Zeit – Materie

Harald Fritzsch

I.

Lassen Sie mich zunächst daran erinnern, dass die GDNÄ eine lange Geschichte hat. Sie ist eine der ältesten wissenschaftlichen Gesellschaften der Welt und wurde im Jahre 1822 von dem Naturforscher und Naturphilosophen Lorenz Oken gegründet. Seither finden regelmäßig die Jahrestagungen der GDNÄ statt. Die erste Tagung war übrigens in Leipzig und begann kurioserweise auch am 18. September, allerdings im Jahre 1822.

Die Tagung findet dieses Jahr in der Stadt Passau statt, nicht sehr weit weg von Regensburg, wo die letzte Tagung in Bayern im Jahre 1996 war. Passau ist keine junge Stadt. Im Nibelungenlied ist die Rede vom Einzug der Kriemhild nach Passau. Die Drei-Flüsse-Stadt an Donau, Inn und Ilz war schon vor vielen Jahrhunderten ein Zentrum des Handels und des Reiseverkehrs.

In Passau wurde eine menschliche Besiedlung schon vor 50 000 Jahren nachgewiesen, zu einer Zeit, wo auf dem Münchner Marienplatz noch die Wölfe siedelten, die allerdings auch damals schon die CSU wählten. Im 1. Jahrhundert bauten die Römer das Kastell Batavis in der heutigen Altstadt. Daraus leitet sich der Name Passau ab.

Passau entwickelte sich auch zu einem Zentrum für Bildung und Kultur. Heute lebt es vor allem auch als Universitätsstadt, und jetzt ist es also der Tagungsort der GDNÄ. Sie sollten in Passau auch eine Schiffsrundfahrt machen, ebenso eine Besichtigung des Stephansdoms und des Scharfrichterhauses. Letzteres ist aber heute nicht mehr in Betrieb. Die CSU hat es geschlossen, da sie heute andere wirksame Möglichkeiten hat, mit politischen Gegnern umzugehen.

Ein Wort zu den Konferenzen der GDNÄ. Aus der GDNÄ ist schon vor langer Zeit in den USA die American Association for the Advancement of Science (AAAS) entstanden. Die AAAS hat jährlich ein großes Treffen, an dem etwa 6000 Besucher teilnehmen, darunter auch viele der aktiven Wissenschaftler der USA. Als ich noch Professor in den USA war, bin ich auch regelmäßig zur AAAS gefahren. Es ist die größte Tagung von Wissenschaftlern weltweit, und sie hat auch eine beachtliche politische Bedeutung. Meist kommt zur Eröffnung auch der Präsident der Vereinigten Staaten und hält eine Rede.

Leider hat die AAAS die GDNÄ da beachtlich übertroffen. In Deutschland müssten wir ca. 2500 Besucher haben. Es ist schon bemerkenswert, wie groß das Interesse an Wissenschaft in den USA ist. Dabei sollte erwähnt werden, dass dort im Allgemeinen das Bildungsniveau geringer ist als in Deutschland. Auch kommen zu den Tagungen der AAAS viele junge Menschen – bei den GDNÄ-Tagungen ist das ein Problem.

Ich erinnere auch daran, dass im 19. Jahrhundert die berühmtesten Wissenschaftler in Deutschland sich sehr aktiv in der Gesellschaft Deutscher Naturforscher und Ärzte betätigten, so Alexander von Humboldt, Rudolf Virchow, Justus von Liebig, Carl Friedrich Gauß oder Hermann von Helmholtz. Im 20. Jahrhundert waren

Prof. Dr. **Harald Fritzsch**, geb. 1943 in Zwickau. Studium der Physik an der Universität Leipzig; 1971 Promotion an der Tecnischen Universität München im Fach Theoretische Physik; mehrere Jahre an verschiedenen Forschungsstätten tätig, unter anderem am SLAC (Stanford, USA), am California Institute of Technology (Pasadena, USA) und am CERN (Genf); Lehrtätigkeit als Professor in Wuppertal und Bern; seit 1979 Ordinarius für Theoretische Physik an der Universität München.
Forschungsschwerpunkt: Die Spin-Struktur des Nukleons, das Massenspektrum der Leptonen und Quarks und Studien zur Vereinheitlichung der Wechselwirkungen.

Prof. Dr. Harald Fritzsch
Lehrstuhl Theoretische Physik – Teilchenphysik
Ludwig-Maximilians-Universität München
Theresienstraße 37 A
D-80333 München

insbesondere die Physiker Max Planck und Albert Einstein aktiv in der GDNÄ tätig.

Als Präsident der GDNÄ war es meine Aufgabe, mir das Generalthema für die neue Tagung zu überlegen. Ich habe mich für die drei Begriffe entschieden, die ich schon als Kind interessant fand und die der deutsche Mathematiker Hermann Weyl einmal als Titel eines seiner berühmten Bücher verwendet hat: *Raum, Zeit, Materie*.

Tatsächlich lassen sich in der Verquickung von Raum, Zeit und Materie alle großen Themen der Naturwissenschaften darstellen, wie etwa die Evolution im Kosmos oder in den Biowissenschaften oder die Dynamik in der Physik oder Chemie.

Ich möchte auch erwähnen, dass Raum, Zeit und Materie möglicherweise eine Art „Einheit" darstellen. Die Möglichkeit einer solchen Einheit hat schon Albert Einstein erahnt, der Reportern gegenüber einmal ganz knapp zusammengefasst hat, was so neu und besonders an seinen Theorien über Raum und Zeit war: „Früher" – so Einstein – „früher hat man geglaubt, wenn alle Dinge aus der Welt verschwinden, so bleiben noch Raum und Zeit übrig; nach der Relativitätstheorie verschwinden aber Zeit und Raum mit den Dingen."

In seinem Buch ging Hermann Weyl besonders auf die Allgemeine Relativitätstheorie Albert Einsteins ein. Im Vorwort schreibt er:

„Mit der Einsteinschen Relativitätstheorie hat das menschliche Denken über den Kosmos eine neue Stufe erklommen. Es ist, als wäre plötzlich eine Wand zusammengebrochen, die uns von der Wahrheit trennte: nun liegen Weiten und Tiefen vor unserm Erkenntnisblick entriegelt da, deren Möglichkeit wir vorher nicht einmal ahnten. Der Erfassung der Vernunft, welche dem physischen Weltgeschehen innewohnt, sind wir einen gewaltigen Schritt näher gekommen."

Abb. 1: Hermann Weyl

Im Jahre 1905, vor fast genau 100 Jahren, hat Einstein seine Spezielle Relativitätstheorie publiziert. Im nächsten Jahr werden wir den 100. Jahrestag der Theorie begehen. Einstein sprach darin zum ersten Mal von einer Abhängigkeit von Raum und Zeit voneinander. Der Zeitablauf wurde abhängig von der Bewegung der Körper, ein Phänomen, das bislang niemand für möglich gehalten hatte. Hermann Weyl schreibt in seinem Buch:

„Wir pflegen Zeit und Raum als die Existenzformen der realen Welt, die Materie als ihre Substanz aufzufassen. Ein bestimmtes Materiestück erfüllt in einem bestimmten Zeitmoment einen bestimmten Raumteil: in der daraus resultierenden Vorstellung der Bewegung gehen jene drei Grundbegriffe die innigste Verbindung ein. … Die tiefe Rätselhaftigkeit des Zeitbewusstseins, des zeitlichen Ablaufs der Welt, des Werdens, ist vom menschlichen Geist, seit er zur Freiheit erwachte, immer empfunden worden; in ihr liegt eines jener letzten metaphysischen Probleme, um dessen Klärung und Lösung die Philosophie durch die ganze Breite ihrer Geschichte unablässig gerungen hat."

Materie und Raum-Zeit-Struktur – sie wurden plötzlich zu einer Einheit verwoben, und bis heute hat sich daran nichts geändert. Raum, Zeit und Materie lassen sich nicht trennen, sie gehören zusammen. Heute sehen wir jedoch, dass die Vision von Hermann Weyl möglicherweise noch viel weiter geht. Physiktheoretiker sprechen heute davon, dass unser Raum nicht 4, sondern möglicherweise 10 Dimensionen hat, allerdings sind 6 davon bei makroskopischen Entfernungen nicht zu bemerken, erst bei sehr kleinen Abständen werden sie relevant. Diese 6 Dimensionen sind sozusagen aufgerollt wie ein Garnknäuel, aber sie manifestieren sich in den Freiheitsgraden der Materie, die wir heute mit den Quarks und den Elektronen identifizieren.

Das heutige Bild der Quarks und Leptonen wurde zum großen Teil von Murray Gell-Mann entwickelt, mit dem ich lange zusammenarbeitete. Hermann Weyl wäre sicher erstaunt und erfreut, würde er heute

Abb. 2: Murray Gell-Mann (rechts) und Harald Fritzsch in Berlin

davon hören, entspricht es doch seiner Vorstellung einer Geometrisierung aller physikalischen Phänomene. Ich möchte auch erwähnen, dass Hermann Weyl als Erster bemerkt hat, dass die elektromagnetischen Wechselwirkungen in der Natur durch eine Symmetrie gekennzeichnet sind, die man heute als Eichsymmetrie bezeichnet. Diese Symmetrie hat sich als sehr wesentlich herausgestellt, denn die heutigen Theorien der Elementarteilchen sind Eichtheorien. Dies sind Theorien, die die von Weyl erkannte Symmetrie ganz wesentlich nutzen.

Raum – Zeit – Materie

Damit können wir praktisch alle Naturprozesse charakterisieren. Sie kommen in Raum und Zeit vor, sind aber alle auch mit der Materie verbunden, egal, ob wir es mit Prozessen in der Physik, in der Chemie, in der Biologie oder Medizin zu tun haben. Die größte Schwierigkeit bei der Suche

Abb. 3: Richard Feynman

nach der Einheit von Raum, Zeit und Materie bereitet uns die Zeit. Was ist die „Zeit"? Es gibt keine einfache Antwort auf diese Frage.

Unser Leben findet in Raum und Zeit statt. Dadurch sind Raum und Zeit aber nicht gleichberechtigt. Denn im Gegensatz zum Raum ist die Zeit etwas Unaufhaltsames, sie fließt dahin, ohne dass wir etwas dagegen tun können. Den Raum können wir wechseln, wir können von einem Zimmer zum nächsten gehen. Bei der Zeit ist das nicht möglich. Räume kann man wechseln, die Zeit ist unerbittlich. Wir können zur Insel Elba fahren, wo Napoleon einst war, aber wir können nicht nach dem Elba zur Zeit Napoleons fahren.

Thomas Mann schreibt im *Zauberberg*: „Was ist die Zeit? Ein Geheimnis, allmächtig, eine Bewegung, wäre aber keine Zeit, wenn keine Bewegung? Keine Bewegung, wenn keine Zeit? Die Zeit ist tätig, sie hat verbale Beschaffenheit, sie zeitigt."

Zu der Zeit, als ich den *Zauberberg* las, war ich in den USA und arbeitete dort am California Institute of Technology in Pasadena bei Los Angeles. Da bin ich zu meinem berühmten Kollegen Richard Feynman gegangen und habe ihn gefragt: „Sag mal, was ist eigentlich Zeit?" Er hat mich angeschaut und geantwortet: „Eine typisch deutsche Frage, und deutsche Fragen sind immer sehr schwierig. Ich weiß es nicht, aber ich werde darüber nachdenken."

Eine Stunde später kam er durch meine Tür und antwortete: „I know it, time is what happens if otherwise nothing happens" (Also: „Zeit ist, was passiert, wenn sonst nichts passiert"). So lautet also die Feynman'sche Interpretation von „Zeit", und sie ist gar nicht so schlecht, wie man merkt, wenn man erst einmal anfängt, darüber nachzudenken.

Wir erleben den Strom der Zeit als Schnittstelle zwischen der Vergangenheit und Zukunft, zwischen Vergehen und Entstehen. Zeit ist damit eng gekoppelt an Veränderungen, an Dynamik und an Bewegung. Wenn es keine Bewegung gäbe, gäbe es vermutlich auch keine Zeit.

Wir haben heute einen sehr pragmatischen Standpunkt. Niemand will die Zeit wirklich mehr erklären. Aber man kann erklären, wie sich die Zeit messen lässt. Heute benutzen wir in der Physik die „Sekunde" als die grundlegende Einheit, aus denen dann Minuten, Stunden, Tage und mehr werden. Konkret benutzen wir zur Festlegung von Zeiteinheiten heute Atomschwingungen, die in Atomuhren beobachtet werden. Eine Sekunde wird heute durch etwa 9 Milliarden Schwingungen definiert, die Caesiumatome ausführen.

Sprechen wir über den Beginn des 20. Jahrhunderts. Es begann mit einem Paukenschlag, durch den es zu einem Umsturz der Begriffe Raum und Zeit kam, und zwar durch den 26-jährigen und zunächst noch gänzlich unbekannten Albert Einstein. Was war die grundlegende Idee von Einstein, gewonnen vor genau 100 Jahren? In der Interpretation, die später von Hermann Minkowski popularisiert wurde, wird die Zeit zu einer vierten Dimension. In der Raum-Zeit gibt es die drei bekannten Dimensionen des Raumes, und die Zeit wird als die vierte Dimension hinzugenommen.

Hermann Minkowski, in Zürich an der ETH noch der Mathematikprofessor von Albert Einstein, hat 1908 auf der Tagung der GDNÄ dies explizit zum Ausdruck gebracht. Er sagte damals die Worte, die in die Geschichte eingingen: „Von Stund an sollen Raum für sich und Zeit für sich völlig zu Schatten herabsinken, und nur noch eine Union der beiden soll Selbständigkeit bewahren."

Einstein war damals im Auditorium und hat dabei wohl auch zum ersten Mal von der vierdimensionalen Raumzeit gehört. Im September des Jahres 1909 bei der 81. Jahresversammlung der GDNÄ in Salzburg, nicht weit von hier, hat Einstein dann selbst seine Relativitätstheorie in einem Vortrag mit dem Titel „Über die neueren Umwandlungen, welche unsere Anschauungen über die Natur des Lichtes erfahren haben" erörtert.

Auf jeden Fall ist zu sehen, dass der Strom der Zeit, ihr Ablaufen, abhängig vom Beobachter ist. Die Zeit ist relativ. Dies gilt im Übrigen auch im Alltag, wie Albert Einstein ebenfalls wusste. Als er einmal von einem Reporter der New York Times gefragt wurde, wie er das mit der Relativität ganz einfach erklären kann, hat er gesagt: „Ganz einfach, eine Stunde mit einer hübschen Frau erscheint einem wesentlich kürzer als eine Stunde, in der Sie auf einer Herdplatte sitzen."

Die genaue Erklärung des Phänomens der Zeit hat damit zu tun, dass Raum und Zeit wirklich durch die Einstein'sche Bezie-

Abb. 4: Hermann Minkowski

Abb. 5: Albert Einstein (Fernsehserie Mikrokosmos)

etwas mit Energie passieren. Und in der Tat, Energie (E) und Masse (m) sind ineinander umwandelbar, und zwar über den Faktor der Lichtgeschwindigkeit c, die zum Quadrat erhoben werden muss. Das sagt die berühmte Gleichung, die Sie alle kennen:

$$E = mc^2$$

hung ineinander umwandelbar geworden sind. Man kann auch sagen, Raum wird Zeit und umgekehrt, was sicher nicht leicht zu verstehen ist. Als Chaim Weizmann, der Ministerpräsident Israels, einmal mit einem Dampfer von Israel nach New York unterwegs war, traf er mit Einstein auf dem Schiff zusammen. Die beiden haben oft miteinander geredet. Am Ende wurde Weizmann in New York von einem Reporter gefragt: „Wie war das denn mit Einstein auf dem Schiff?", und Weizmann antwortete: „Einstein erklärte mir jeden Tag seine Theorie, und bei der Ankunft in New York war ich schließlich überzeugt, dass er sie verstand."

Es gibt darüber hinaus andere Konsequenzen, die mit Energie und Materie zu tun haben. Energie und Zeit sind ja zwei Dinge, die wir in der Physik gerne miteinander korreliert sehen, und wenn die Zeit in Raum übergeht, könnte also auch

Sie drückt aus, dass Energie und Materie ineinander umwandelbar sind. Die Sonne verbraucht pro Sekunde 4 Millionen Tonnen. Wenn Sie also zwei Minuten warten, dann verbraucht die Sonne ungefähr die Materie, die der Wassermenge des Starnberger Sees entspricht. In einer Wasserstoffbombe, wie hier im Bild gezeigt, werden nur etwa 3 Kilogramm Materie in Energie verwandelt.

Umwandlung von Energie in Materie – das ist auch typisch für den Urknall, jener kosmischen Urexplosion, die sich vor ca. 14 Milliarden Jahren ereignet hat und über die wir auf dieser Tagung noch mehr hören werden.

II.

Einige Worte zur Bildungspolitik. Deutschland ist im Moment in einer kritischen Lage, wie auch Ernst Baumann vorhin betonte.

Abb. 6: Wasserstoffbombe

Abb. 7: Urknall

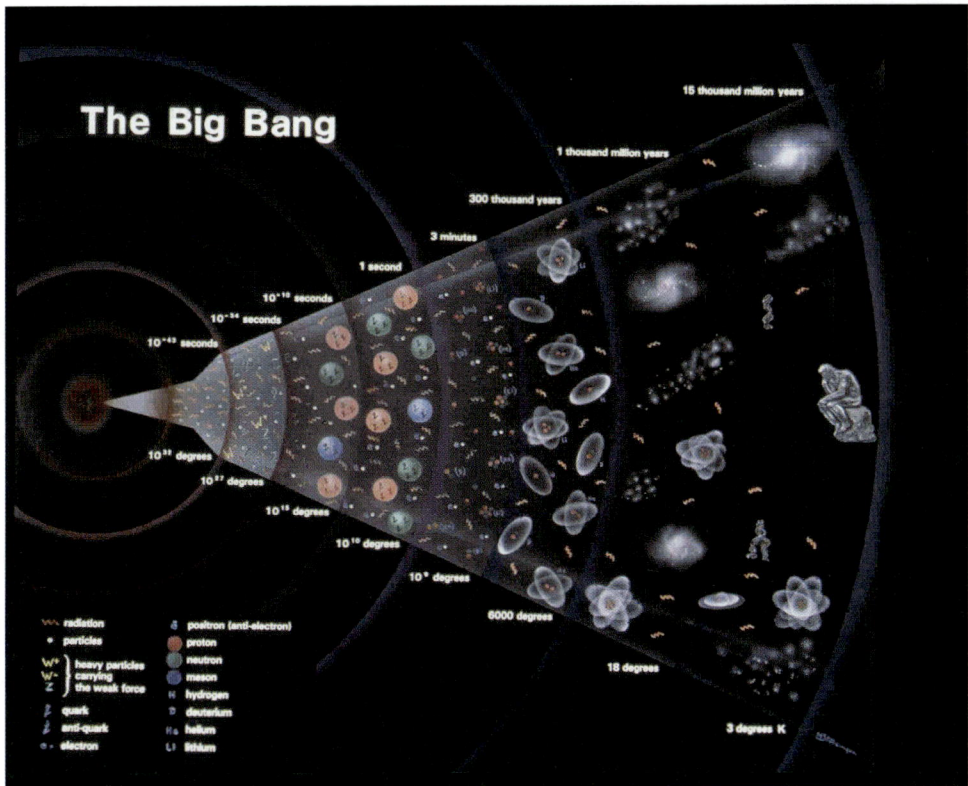

Abb. 8: Urknall mit Phasen

Die Ausgaben für Bildung und Forschung werden systematisch heruntergefahren, auch wenn momentan wieder von einer Erhöhung die Rede ist. Die Abschaffung der Eigenheimzulage zugunsten der Bildungspolitik, vorgeschlagen von Ministerin Bulmahn, wäre eine gute Sache, nur legt sich hier die Opposition quer. Vermutlich will die Opposition noch mehr Eigentumswohnungen, obwohl wir eigentlich schon zu viele haben.

Der vor wenigen Tagen veröffentlichte OECD-Bericht sagt deutlich, dass Deutschland weniger in sein Bildungssystem investiert als andere Staaten. Außerdem werden die Gelder nicht sinnvoll verteilt. Es wird auch beklagt, dass die verantwortlichen Politiker bislang keine ernsthaften Konsequenzen gezogen haben. Für ein Land ohne große natürliche Ressourcen ist die Reduktion der Ausgaben für Bildung und Forschung langfristig ein Problem erster Ordnung. Über Jahrzehnte hinweg sind zwar die deutschen Universitäten immer größer geworden, aber bezogen auf die einzelnen Studenten wurden die Mittel immer weniger.

Unsere Politiker verstehen eines nicht: Entscheidend für die Zukunft unseres Landes sind Bildung, Wissenschaft und Forschung. Sie zu schwächen, heißt die Chancen für die Zukunft zu beschneiden. Aber leider denken unsere Politiker kaum an die Zukunft, meist nur an die nächste Wahl.

Die heutige Welt ist nicht denkbar ohne die Forschungen eines Max Planck oder eines Albert Einstein. Gerade an der Grundlagenforschung wird unsere Zukunft sich entscheiden. Aus dem Verständnis der Quantenmechanik und Relativitätstheorie ergeben sich heute 30 Prozent des weltweiten Bruttosozialprodukts. Einstein sagte einmal: Würden wir die Forschung allein den Ingenieuren überlassen, hätten wir perfekte Petroleumlampen, aber keinen elektrischen Strom. Nicht alle, aber viele unserer Politiker streben heute perfekte Petroleumlampen an, und einige Politiker nicht einmal die, sondern bestehen auf Kerzen, manche wollen nur brennende Holzscheite.

Deutschlands Bildungspolitiker haben seit den 70er-Jahren keine gute Arbeit geleistet. Einerseits wollte man mehr Abiturienten an die Hochschulen holen, andererseits hat man die Hochschulen wegen Geldmangel nicht angemessen ausgestattet. Gleichzeitig sind in Deutschland die Sozialausgaben immer weiter gestiegen und inzwischen unvorstellbar hoch und untragbar geworden. Hier muss angesetzt werden. Viel zu viele Mittel werden für ein breites Spektrum von Sozialleistungen ausgegeben, viel zu wenig für Bildung und Forschung. Die Zahl der Arbeitslosen und der Sozialhilfeempfänger ist trotz dieser Maßnahmen gestiegen. Viele Fachleute versichern, dass gerade die inzwischen überzogenen Sozialleistungen in Deutschland eine Ursache für die hohe Arbeitslosigkeit sind. Sie treiben einerseits die Lohnkosten in die Höhe und vernichten damit Arbeitsplätze, andererseits besteht für denjenigen, der seinen Arbeitsplatz verloren hat, oft kein sehr starker Anreiz, sich wieder einen Arbeitsplatz zu suchen. Eine Reduktion der Sozialleistungen um mindestens 30 Prozent ist angesagt und auch vertretbar. Die eingesparten Mittel sollten direkt in Bildung und Forschung

fließen. Kein Industrieland gibt so viel für Arbeitslosenhilfen aus wie Deutschland, und kein Industrieland ist so wenig erfolgreich damit. Ich schließe daraus, dass in dieser Hinsicht kein Land so schlecht regiert wird wie unser Land.

Bezüglich der Bereitstellung von Mitteln für angebliche Eliteuniversitäten sprechen die Politiker von ca. 200 Millionen Euro, und das für eine Reihe von Universitäten. Für eine Universität würde dies bedeuten, dass der Etat um ca. 50 Millionen Euro steigt, ein lächerlicher Betrag im Vergleich etwa zu Harvard, einer Universität mit einem Stiftungskapital von 25 Milliarden Euro. Eine Eliteuniversität wie Harvard bekommt man damit nicht, nicht einmal ein Mini-Harvard. Die normalen Universitäten jedoch verkommen mehr und mehr.

In Deutschland bestünde durchaus die Möglichkeit, Universitäten mit Spitzenniveau zu schaffen, wie vor 100 Jahren. Auch heute gibt es in Deutschland Hochschulen, die in einigen Bereichen ein hohes Niveau haben, etwa die Universität München, die TU München, die Universität Heidelberg oder die Technische Hochschule Aachen. Um aber Weltspitze zu werden, bedarf es einer grundlegenden Änderung der Landschaft für die Wissenschaft und Forschung in Deutschland.

Zudem leiden die Universitäten als staatliche Einrichtungen unter einem Regelwerk von unsinnigen Vorschriften. Auch der Beamtenstatus der Professoren ist fragwürdig. Es wäre besser, ihn abzuschaffen, was allerdings bedeuten würde, dass die Bezahlung der Professoren verbessert werden müsste. Die gegenwärtigen Regelungen zur Besoldung gehören in den Papierkorb. Ein Professor ist kein Diener des Staates, sondern ausschließlich ein Diener der Wissenschaft.

Der ehemalige Bundespräsident Johannes Rau sagte einmal über die deutsche Universität, Bezug nehmend auf das Rahmengesetz für die Hochschulen: „Vor lauter Rahmen sieht man das Bild nicht mehr." Und er hat Recht damit. In einem internationalen Ranking der besten 50 Universitäten findet man nur eine deutsche Universität, die LMU in München, allerdings erst auf Platz 48.

Wichtig wäre vor allem, die Forschung an den Universitäten zu stärken. In wirklichen Eliteuniversitäten wie Harvard wird gute Forschung betrieben, weil den Professoren genügend Zeit für Forschung bleibt. Die durchschnittliche Lehrbelastung liegt bei etwa vier Stunden in der Woche und ist damit viel geringer als in Deutschland. Manche Politiker wollen die Lehrbelastung hier, im Moment acht Stunden in der Woche, sogar noch erhöhen, so wie in Bayern vor zwei Monaten, aber damit werden sie nur sicherstellen, dass die guten Leute aus Deutschland weggehen oder von vornherein keine Laufbahn als Professor anstreben.

Auch vor einer einseitigen Betonung der Naturwissenschaft und Technik ist zu warnen. Die Marktführerschaft in Industrie und Naturwissenschaft in Deutschland war besonders eindrucksvoll, als auch die Geistes- und Geschichtswissenschaften blühten, zu Ende des 19. und zu Beginn des 20. Jahrhunderts. Die AEG, die Inschriftensammlung der Preußischen Akademie, die Grundlagen der Atomphysik und Heideggers *Sein und Zeit* kommen aus dieser Epoche, gekennzeichnet durch eine Mischung von Neugier, Fleiß und Kühnheit.

Die Spitzenuniversitäten in den USA glänzen nicht zufällig auch in den abendländischen Orchideenfächern, genau in den Fächern, die in Deutschland demnächst dem Rotstift zum Opfer fallen sollen. Es ist lange her, dass ein Bundeskanzler wie Helmut Schmidt sich stolz als Kant-Schüler bekannt hat.

In den USA findet die Forschung an den Universitäten statt. Dafür sind aber die führenden Universitäten auch hervorragend ausgestattet. In Harvard z. B. lehren fünfmal so viele Professoren ebenso viele Studenten wie an der TU in München, und die hat noch eine ganz gute Ausstattung. In Deutschland kommen im Mittel auf einen Professor 58 Studenten, in Harvard sind es vier. Das ist kein kleiner Effekt, sondern ein Faktor 14, eine absurde Situation.

Wichtig wäre vor allem, die Forschung an den Universitäten zu konzentrieren, wie in den USA. Dort gibt es kaum außeruniversitäre Forschungsinstitute, und diese meist auch nur eine begrenzte Zeit. Ganz anders ist es in Deutschland. Hier gibt es zahlreiche Großforschungseinrichtungen, zusammengefasst in der Helmholtz-Gemeinschaft, weiterhin etwa 80 Forschungsinstitute, vor allem in Ostdeutschland, die in der Leibniz-Gesellschaft zusammengefasst sind, sowie eine Reihe von weiteren außeruniversitären Forschungsinstituten. Zudem gibt es in Deutschland die zahlreichen Max-Planck-Institute, darunter viele ausgezeichnete Institute mit hervorragender Infrastruktur für die Forschung.

Dies heißt aber: Deutschland hat ein System in der Wissenschaft und Forschung, das unglücklicherweise an die Struktur in der untergegangenen Sowjetunion erinnert. Auch in der Sowjetunion gab es zahlreiche außeruniversitäre Forschungseinrichtungen, und die Universitäten spielten eine untergeordnete Rolle, ganz im Gegensatz zu den USA. Das war politisch so gewollt und geht auf Stalin zurück.

Der Bau von Großforschungseinrichtungen, etwa dem Zentrum in Karlsruhe, dem Forschungszentrum Jülich oder dem Herzzentrum in Heidelberg, war eine fragwürdige Sache und geschah in einer Zeit, als offensichtlich zu viele Mittel für den Bau der Forschungseinrichtungen vorhanden waren. Im Gegensatz zu den Universitäten sind diese Einrichtungen nicht dem steten Strom neuer Studenten ausgesetzt. Die Forschungsleistungen, die an diesen Zentren erbracht werden, sind nicht selten zweitrangig, jedenfalls kaum besser als die Leistungen der Universitäten. Es gibt keinerlei Gründe, Großforschungseinrichtungen zu bauen, es sei denn, es handelt sich um eine Einrichtung mit einer sehr teuren Maschine, etwa am Hamburger Forschungszentrum DESY. Aber gerade DESY ist untypisch für die Großforschungseinrichtungen in Deutschland, denn es unterhält sehr starke Beziehungen zur Hamburger Universität.

Es gibt Politiker in Deutschland, die vorschlagen, dass die Universitäten sich ganz der Ausbildung widmen sollten. Die Forschung sollte ausschließlich an den Instituten der Helmholtz-Gemeinschaft, an den Max-Planck-Instituten und den Leibniz-Instituten gemacht werden. Mir graut davor. Eine Realisierung dieser Idee würde zum völligen Niedergang der deutschen Wissenschaft führen. Die Professoren würden zu drittrangigen Wissenschaftlern degradiert.

Es ist vielmehr Zeit, an die Rückführung der staatlichen Großforschung und der Leibniz-Institute an die Universitäten zu denken. Zentren wie Jülich oder Karlsruhe könnten und sollten schrittweise in die Universitäten integriert werden. Manche Einrichtungen müssen auch geschlossen werden. Die Wissenschaftler könnten von den Universitäten übernommen werden. Die Integration der Wissenschaftler in den Hochschulen würde die Hochschullehrer entlasten und zu einer Verbesserung der Lehre und Forschung führen.

Wenn man an die Einrichtung von Eliteuniversitäten in Deutschland denkt, sollte man auch die Max-Planck-Gesellschaft berücksichtigen. Diese Institute haben ein hervorragendes Personal. Sie in die Universitäten zu integrieren, wäre eine wünschenswerte Sache und würde auch von vielen der Max-Planck-Wissenschaftler begrüßt werden, wobei die Details der Integration noch diskutiert werden müssen.

Ein Beispiel wäre die Umwandlung der Münchner Universität in eine Eliteuniversität. Dies wäre durchaus möglich, würde aber bedeuten:

a) Rückführung der Studentenzahl auf etwa 25 000 von jetzt etwa 45 000,
b) strenge Eingangsprüfungen für die Studenten,
c) Eingliederung der meisten Max-Planck-Institute in München in die Universität,
d) Eingliederung einiger Großforschungseinrichtungen im Münchner Raum in die Universität.

Einige Worte zu Studiengebühren. Facharbeiter zahlen viel Steuern, und ein Teil der Steuereinnahmen wird dazu benutzt, dass z. B. das Kind eines gut verdienenden Akademikers kostenlos studiert und später genauso viel verdient wie sein Vater. Das wird als normal angesehen. Ich halte dies für sozial völlig unausgewogen.

Keine Studiengebühren zu verlangen, ist nicht zu verantworten, meine Damen und Herren. Das Ende der Hochschulausbildung zum Nulltarif ist, denke ich, vorprogrammiert. Eine gute Idee war es nie. Was nichts kostet, ist nichts wert. Dieses alte Wort gilt hier auch. Zudem – mit staatlichen Geldern allein wird man ein internationales Spitzenniveau nicht erreichen können. Wenn jemand Handwerksmeister werden will, muss er heute dafür viel bezahlen. Wird jemand Arzt oder Chemiker, bekommt er das zum Nulltarif – das ist ziemlich unsinnig.

Studiengebühren würden auch den überfälligen Wettbewerb zwischen den

Hochschulen ankurbeln, ein Aspekt, den ich als wichtig empfinde. Hochschulen, die Gebühren verlangen, müssen zwangsläufig auch mit guter Lehre und guter Forschung um die Studenten werben.

Und zudem denke ich, dass Studiengebühren durchaus hoch sein sollten. Die Größenordnung sollte bei mindestens 4000 Euro pro Semester liegen. Auch sollten die Gebühren vom Studienfach abhängen. Ein Mediziner zahlt mehr, ein Sprachwissenschaftler weniger.

Aber die Einführung muss gut durchdacht sein und gekoppelt mit einem Stipendiensystem. Es darf nicht so sein, dass hohe Studiengebühren manche davon abhalten, überhaupt zu studieren. Man kann dies leicht realisieren, wenn man festlegt, dass die Rückzahlung des größten Teils der Studiengebühr, sagen wir 90 Prozent, erst nach dem Studium erfolgt und erst dann, wenn ein gewisses hohes Einkommen erreicht ist, das mindestens 30 Prozent höher liegt als das Einkommen eines Facharbeiters. Ist das Gehalt nicht so hoch, wird die Rückzahlung reduziert. 20 Prozent der Gebühren, also etwa 10 000 Euro, sollten aber in jedem Fall zurückgezahlt werden – ein Studium ganz zum Nulltarif wie jetzt sollte es in Zukunft nicht mehr geben.

Die Rückzahlung soll langfristig angelegt sein. Ein Student, der mit 25 fertig ist, hat dann leicht 30 Jahre Zeit, die Gebühren zurückzuzahlen, insgesamt etwa 50 000 Euro plus Zinsen. Die Rückzahlung kann aber auch schneller erfolgen. Die Zahlung pro Jahr dürfte bei 30 Jahren Dauer dann etwa 2500 Euro betragen. Das Jahreseinkommen wäre aber mindestens 20 000 Euro höher als das eines Facharbeiters. Man zahlt also nur einen kleinen Teil dieser Differenz als Gebühr zurück, in den meisten Fällen dürften es tatsächlich weniger als 10 Prozent sein. Kann in begründeten Fällen, etwa bei schweren Unfällen oder Krankheit,

die Zahlung nicht erfolgen, übernimmt der Staat die Schuld. Studenten, die sehr gute Abschlussnoten erhalten, bekommen zudem einen Teil der Studiengebühren erlassen. Auf diese Weise wäre sichergestellt, dass niemand aus finanziellen Gründen Bedenken haben muss, ein Studium zu beginnen.

Ich denke auch, dass die deutsche Industrie auf die Studiengebühren reagieren wird, mit dem Effekt, dass die Industriegehälter künftig höher sein werden als heute, ähnlich wie in den USA, wo die akademischen Gehälter im Vergleich zu Facharbeitergehältern höher sind als in Deutschland. Für den öffentlichen Dienst gilt dies allerdings nicht. Deshalb würde ich vorschlagen, dass für Angestellte des öffentlichen Dienstes ein großer Teil der Studiengebühren vom Staat übernommen wird. Das ist fair, denn der Staat hat ja auch etwas davon.

Ich denke, dass man Studiengebühren in der erwähnten Höhe verlangen sollte. Trotzdem wären die Gebühren wesentlich geringer als in den USA, wo an den Elitehochschulen Gebühren von mehr als 35 000 Dollar pro Jahr verlangt werden. Man kann darüber streiten, ob dies noch vernünftig ist, aber ich halte diese Kosten für zu hoch. Die Studiengebühren, die in Deutschland anfallen würden, werden zum größten Teil nur von den Gutverdienenden eingefordert, die die Abgaben leicht bezahlen können. Das macht den Unterschied zu den USA aus.

Der Staat hat ja auch etwas davon, wenn die besten jungen Staatsbürger an Hochschulen ausgebildet werden, und er soll durchaus einen Teil der Kosten tragen, ich denke an 50 Prozent. Deshalb plädiere ich für eine 50/50-Regelung. Genau die Hälfte der Kosten der Universität übernimmt der Student, die andere Hälfte der Staat. Zusätzlich übernimmt der Staat aber auch noch Kosten, die durch die Reduktion der Gebühren bei sehr guten Abschlüssen entstehen, und die Kosten, die als Folge von Unfällen und Krankheiten entstehen.

Die Hochschulen erhalten also genau so viel Mittel vom Staat, wie sie von den Studenten einnehmen, nicht mehr, aber auch nicht weniger. Gute Universitäten mit vielen Studenten erhalten dann viel, schlechte weniger. Die Einkommen der Professoren würden auch von der Universität abhängen. Es ist jedoch darüber hinaus notwendig, dass die Universitäten von Grund auf reformiert werden. Die Universität der Zukunft wird anders aussehen als die von heute.

Ich würde auch Wert darauf legen, dass der Staat zumindest manche ausgewählte Hochschulen besser unterstützt, damit diese einen eigenen Kapitalstock aufbauen können durch Zahlung von Zusatzmitteln, die angespart werden. Es könnte nach Jahrzehnten die Grenze von 10 Milliarden Euro erreichen. Dann wäre der Zeitpunkt erreicht, dass diese Hochschulen privatisiert werden können, wobei allerdings am Prinzip festgehalten werden sollte, dass genau 50 Prozent der Kosten vom Staat beigetragen werden.

Dies wären dann die Eliteuniversitäten im Land. Beispiele dafür könnten sein etwa die Universität München, die TU München, die Universität Heidelberg und die Technische Hochschule in Aachen. Diese Hochschulen wären sehr attraktive Anziehungspunkte für ausländische Studenten.

Nehmen wir einmal an, wir würden die deutsche Wissenschaftslandschaft tatsächlich so umgestalten wie von mir beschrieben. Dies wäre möglich, ohne dass wesentliche neue Kosten für den Staat anfallen. Ich denke, die Chancen sind hoch, dass dann Deutschland wieder seinen alten Platz in der Wissenschaft bekommen wird. Es würde vermutlich zum führenden Land

in Wissenschaft und Forschung in der Welt aufrücken, vor den USA. Ich brauche nicht zu betonen, dass dies auch für die deutsche Wirtschaft von großer Bedeutung wäre. Auch sie würde vermutlich zu einer Führungsrolle weltweit aufrücken. Das von mir beschriebene Modell der Studiengebühren könnte als Beispiel für die Einführung von Studiengebühren in ganz Europa gelten. Sicher wäre es gut, wenn in Europa ein einheitliches System eingeführt würde.

Ist so etwas realistisch? Ich denke schon, aber wir brauchen hierzu mutige Politiker, die in der Lage sind, über den Zeitraum von Jahrzehnten hinaus zu denken. Wir brauchen Politiker, die auch regieren können, nicht nur reagieren wie die jetzige Bundesregierung. Diese dürfte zu einer wesentlichen Reform der Universitäten nicht in der Lage sein.

Eine neue Bundesregierung, im Amt ab 2006, könnte und sollte die Weichen anders stellen. Der neue Bundespräsident Köhler sagte am Tag seiner Wahl: Deutschland soll wieder ein Land der Ideen werden. Ich frage mich aber, warum es dies nicht längst schon ist. Vor vielen Jahren war ja Deutschland ein Land der Ideen. Es ist vieles seit den 70er-Jahren schief gelaufen in unserem Land, und daran haben die Politiker Schuld.

III.

Raum – Zeit – Materie sind die großen Themen dieser Tagung. Wie bereits erwähnt, lassen sich in der Verquickung von Raum, Zeit und Materie alle großen Themen der Naturwissenschaften darstellen, wie etwa die Evolution im Kosmos oder in den Biowissenschaften oder die Dynamik in der Physik oder Chemie. Das Ziel soll sein, ein in sich geschlossenes Bild unserer Welt zu erhalten, in dem sich die verschiedenen Blickwinkel der einzelnen Fachwissenschaftler auflösen und die Sicht auf das Ganze zumindest andeutungsweise gestatten.

Wie in der 122. Versammlung in Halle werden wir deshalb auf die traditionelle Gliederung in fachbezogene Sektionssitzungen verzichten und auf diese Weise die Einheit der Wissenschaften herausstellen. Ich erinnere an die Worte von Goethe in seinem Werk *Trilogie der Leidenschaft*:

„Betrachtet, forscht, die Einzelheiten sammelt, Naturgeheimnis werde nachgestammelt."

Genau dies will die GDNÄ verhindern. Sie betont die Einheit der gesamten Naturwissenschaft. Die Natur ist eine Einheit, und die verschiedenen Naturwissenschaften betonen nur die verschiedenen Aspekte der Natur. Aber diese Einteilung ist nicht durch die Natur vorgegeben, sie wurde von den Menschen gemacht und muss ständig überdacht werden. Im Jahre 1950 sagte in seiner Rede zur Tagung der GDNÄ Bundespräsident Theodor Heuss:

„Und nun besteht seit über 100 Jahren in dieser Gesellschaft neben der Welt des Sammelns und Sichtens, neben der Differenzierung und dem Auseinanderfallen doch die Atmosphäre des Gebens und Nehmens von Wissenschaft zu Wissenschaft, von Mensch zu Mensch, die freie Atmosphäre der gemeinsamen Wahrheitsfindung. Davon werden viele reicher, mancher stiller, jeder Redliche dankbarer werden."

Wir haben Redner ausgewählt, die gestandene Forscher auf ihrem Gebiet sind, aber auch gut über ihr Gebiet reden können, ganz im Sinne Albert Einsteins, der einmal über seinen Vortrag bei der GDNÄ sagte: „Es geht darum, alles so einfach wie möglich zu machen. Aber auch nicht einfacher." Aus Zeitgründen möchte ich nur auf die Vorträge von heute eingehen.

Quarks und Leptonen, die Grundbausteine unserer Welt, stehen im Zentrum des Vortrags von Siegfried Bethke, einem Vertreter der physikalischen Grundlagenforschung und der Teilchenphysik, also meinem eigenen Gebiet. Chaos und Ordnung auf Oberflächen, darum geht es im Vortrag von Harm Hinrich Rotermund. Und wir hören einen Vortrag von Bärbel Friedrich über Energiewandlung bei Mikroorganismen, in dem Physik, Chemie und Biologie sich näher kommen.

Noch ein Hinweis auf einen Vortrag am Montag über neurologische Rehabilitation. Darum ging es mir auch selbst vor einiger Zeit nach dem schweren Unfall in den Bergen. Eberhard Koenig, in dessen Klinik in Bad Aibling ich nach meinem Unfall war, wird uns das näher bringen. Hervorzuheben sind auch die Schlussworte von Professor Donner am Ende der Tagung. Er ist der örtliche Geschäftsführer unserer Versammlung hier in Passau.

Hinweisen möchte ich auf den Experimentalvortrag von Otto Paul Krätz über Chemie und Medizin auf Jahrmärkten. Herr Krätz lässt in seinem Vortrag die öffentliche Wirkung von Medizin und Chemie in früheren Zeiten wieder lebendig werden.

Wir haben auch eine ganze Reihe von Mittagsveranstaltungen. Da ist einmal das Mittagssymposium über Wissenschaftstheorie mit einem speziellen Beitrag über Hermann Weyl.

Ein großes Anliegen der GDNÄ ist die Gestaltung der Zukunft unseres wissenschaftlichen Nachwuchses. Wenn jetzt verstärkt jüngere Wissenschaftler attraktive Positionen in den USA annehmen, so liegt das weniger an den guten Möglichkeiten in den USA, sondern mehr daran, dass die Aussichten, in Deutschland eine attraktive permanente Anstellung zu erhalten, schlechter geworden sind – keine guten Aussichten für die Zukunft unseres Landes. Ein Mittagssymposium wird sich mit den aktuellen Fragen der Bildungspolitik beschäftigen.

Weiter möchte ich hinweisen auf Mittagssymposien über Kunst und Wissenschaft, auf die Sitzung über Wasserstoff als Energiequelle der Zukunft, auf die Sitzung über bildgebende Diagnostik in der Medizin und auf die Sitzung über die Auswirkungen des Klimawandels auf den Bayerischen Wald und die Kosten des Klimaschutzes.

Die Tagung wird eingebettet sein in größere Aktivitäten für die Wissenschaft in der Stadt Passau. Hervorzuheben ist der Abendvortrag, für den es uns gelang, Hans Küng zu verpflichten. Herr Küng wird uns über seine Sicht der Wissenschaften, speziell über die Kosmologie, im Zusammenhang mit den Weltreligionen berichten, wohl ganz im Sinne von Albert Einstein, der einst sagte:

„Wissenschaft ohne Religion ist lahm,
Religion ohne Wissenschaft ist blind."

Dr. Winter vom Vorstand der HDI Hamburg wird Hans Küng einführen. Falls Sie nicht stehen wollen, sollten Sie also rechtzeitig zu dem Vortrag kommen.

Ich möchte auch erwähnen: Der Passauer Dom hat die größte Kirchenorgel der Welt, die noch aus der Barockzeit stammt. Das sollten Sie sich nicht entgehen lassen, am Montagabend zum Orgelkonzert.

Ich komme jetzt zum Ende meiner Rede. Lassen Sie mich Ihnen viel Freude und

Abb. 9: Der Blaue Planet

auch viel Spaß an der 123. Versammlung der GDNÄ in Passau wünschen. Sie haben spannende Tage vor sich, hier am Ufer des Inn.

Vor einiger Zeit sah ich in München ein Plakat mit der Erde als Blauer Planet, mitten im Weltraum. Darunter stand: Wir wünschen Ihnen einen guten Aufenthalt. Das möchte ich auch tun:

Ich wünsche Ihnen einen guten Aufenthalt im schönen Passau an der blauen Donau auf dem Blauen Planeten Erde, und das alles ist in einer ganz normalen Galaxie in unserem Universum, in einer von Milliarden von Galaxien.

Zum Ursprung des Kosmos

Hans Küng

Sehr herzlich danke ich Ihnen, sehr verehrte Damen und Herren, für diese höchst ehrenvolle Einladung, vor der Gesellschaft Deutscher Naturforscher und Ärzte sprechen zu dürfen. Doch lassen Sie mich mit einem Geständnis beginnen. Schon aufgrund des Titels „Zum Ursprung des Kosmos" können Sie es vermuten: Es ist dies ein Vortrag aus der **Werkstatt**: Nicht nur weil ich ihn wie eh und je zunächst altmodisch mit der Hand geschrieben habe, sondern weil ich mit dem Durchdenken dieser Problematik von in der Tat „kosmischen" Dimensionen in keiner Weise fertig geworden bin – und dies trotz eines durch diesen Vortrag angestoßenen und in den letzten Monaten erarbeiteten Buchmanuskripts von bereits über 100 Seiten. Aber erste Grundeinsichten kann ich Ihnen hier vorlegen.

Immerhin habe ich mich schon in den 70er-Jahren des vergangenen Jahrhunderts im Anschluss an mein Buch *Christ sein* (1974) intensiv der Frage „Existiert Gott? Antwort auf die Gottesfrage der Neuzeit" (1978) zugewendet und dafür den neuesten Forschungsstand der Astrophysik wie der Mikrobiologie im Hinblick auf die Kosmologie studiert. Im Jahr 1994 hatte ich dann, durch des Heiligen Stuhles Gnade von regelmäßigen Vorlesungen im Fach Dogmatik befreit, Zeit und Lust, mit meinen Tübinger Kollegen vom Physikalischen Institut (Fäßler, Gönnenwein, Müther, Pfister, Rex, Staudt, Wildermuth) in einem Semester-Colloquium über „Unser Kosmos. Naturwissenschaftliche und philosophisch-theologische Aspekte" meine Auffassungen zu testen und sie am Ende in 22 Thesen zusammenzufassen. Doch diese etwas spröde-akademischen Erörterungen wollte ich Ihnen lieber nicht als geistige Abendmahlzeit auftischen.

Und so machte ich mich denn, nachdem ich meine Trilogie zur religiösen Situation der Zeit mit dem in diesen Tagen erscheinenden Band über den Islam glücklich abgeschlossen hatte, erneut an die Arbeit, um mich wieder mit den Grundfragen der Kosmologie zu beschäftigen. Dabei nutzte ich die Ferienwochen in meiner Schweizer Heimat, wo übrigens der Naturforscher und Naturphilosoph **Lorenz Oken** (1803–1851) schon früh das Vorbild für die von ihm zu gründende Gesellschaft Deutscher Naturforscher und Ärzte und später dann auch eine neue Heimat gefunden hatte. Er war nämlich als Professor der Physiologie in München (in Passau darf ich das sagen) wegen Zwistigkeiten mit der bayerischen Staatsregierung amtsenthoben und an die neu gegründete Universität Zürich berufen worden, um dort noch volle zwei Jahrzehnte bis zu seinem Tod zu lehren. Ähnliches Gelehrtenschicksal blieb mir erfreulicherweise in Schwaben 1979/80 erspart.

Nun ist jedoch in den letzten Jahrzehnten die Forschung in der Kosmologie so umfangreich geworden, dass sie zumal ein „Fachfremder" kaum noch zu überblicken vermag. Dies könnte freilich auch für manche Naturwissenschaftler gelten. Jedenfalls hat einer der Großen in der Physik das Dilemma einer universalen Betrachtungsweise schon früh formuliert und nur „den einen Ausweg" gesehen: „daß einige von uns sich an die Zusammenschau von Tatsachen und

Prof. **Hans Küng**, geboren 1928 in Sursee, Schweiz. Studium der Philosophie und Theologie an der Universität Gregoriane, Rom, sowie an der Sorbonne und am Institut Catholique, Paris. 1960–1996 Professor für Ökumenische Theologie und Direktor des Instituts für Ökumenische Forschung, Universität Tübingen; Gastprofessor in New York, Basel, Chicago, Ann Arbor/Michigan, Houston/Texas. 1962–1965 Ernennung durch Papst Johannes XXII zum offiziellen theologischen Berater (Peritus) am Zweiten Vatikanischen Konzil. Entzug der kirchlichen Lehrbefugnis 1979 wegen Infragestellung der Unfehlbarkeit des Papstes. Präsident der Stiftung Weltethos. Er entwarf die „Erklärung zum Weltethos" des Parlaments der Weltreligionen 1993 sowie den Vorschlag des InterAction Council für eine „Allgemeine Erklärung der Menschenpflichten" 1997. Er wurde 2001 von UN-Generalsekretär Kofi Annan in eine „Gruppe hochrangiger Persönlichkeiten" berufen, die das Manifest „Crossing the Divide. Dialogue among Civilizations" verfasste (dt. „Brücken in die Zukunft"). Mitherausgeber mehrerer Zeitschriften und Verfasser vieler Bücher.

Prof. Dr. Hans Küng
Waldhäuser Str. 23
D-72076 Tübingen

Theorien wagen, auch wenn ihr Wissen teilweise aus zweiter Hand stammt und unvollständig ist – und sie Gefahr laufen, sich lächerlich zu machen – so viel zu meiner Entschuldigung". So schrieb in seinem Buch *Was ist Leben* der Begründer der Wellenmechanik und Nobelpreisträger (1935) Erwin Schrödinger. Und seine Entschuldigung mögen Sie, meine Damen und Herren, gnädig auch als die meine akzeptieren.

Ich schlage Ihnen, um Ihnen den Weg etwas leichter zu machen, neun Gedankenschritte vor und möchte bei alledem selbstverständlich niemanden über Physik belehren, wohl aber die Ergebnisse der Physik ernst nehmen und in den theologischen Diskurs einbeziehen.

Zur historischen Situation

Leicht können Sie, meine verehrten Kolleginnen und Kollegen von der Naturwissenschaft, sich vorstellen, dass ich als Theologe im Blick auf die **Geschichte** des Verhältnisses von Theologie und Kirche zur Naturwissenschaft zunächst in der Defensive bin. Das hängt nicht nur zusammen mit der sattsam bekannten Borniertheit einzelner römisch-katholischer und oft auch protestantischer Amtsträger. Das hat vor allem zu tun mit der **revolutionären Entwicklung in Astronomie**, **Astrophysik** und **Biologie**: Sie hatte schwerwiegende Konsequenzen für Glauben und Sitten, ja für die Religion überhaupt.

Bedenken Sie: Früher sah man in Gott den für alles Unerklärliche unmittelbar Zuständigen. Als es dann gelang, die innerweltlichen Vorgänge aus ihren eigenen natürlichen Ursachen wissenschaftlich zu erkennen, ohne auf die „Hypothese Gott" zurückgreifen zu müssen, schien **Gott** buchstäblich **überflüssig** zu werden: Wetter und Schlachtensiege, Krankheit und Heilung, Glück und Unglück des Einzelnen, der Gruppen und Völker werden vom modernen Menschen nicht mehr durch Gottes direkten und unmittelbaren Eingriff, sondern durch natürliche Ursachen im Rahmen der Naturgesetzlichkeit erklärt.

Diese Zurückdrängung Gottes aus der Welt hat der Theologie verständlicherweise Schwierigkeiten bereitet und ihr einen ungewohnten Lernprozess abgefordert. Bedauerlicherweise aber hat sie in einer merkwürdigen **theologischen Abschirmungs- und Rückzugsstrategie** nur unfreiwillig Stück um Stück des Bodens preisgegeben: stets neue, nutzlose Nachhutgefechte, denen zahllose Menschen in Theologie und Kirche zum Opfer fielen. Eine kurze Erinnerung ist hier am Platz: Brauchten Theologie und Kirche Gottes unmittelbaren Eingriff nicht mehr zur Erklärung der unerklärlichen Dinge des Alltags, so zogen sie sich zurück – auf die Notwendigkeit Gottes für die Lenkung der Planetenbahnen. Als dann die Planetenbahnen durch die Gravitation erklärt werden konnten, zogen sie sich wiederum zurück – auf Gottes direktes Eingreifen zur Erklärung ihrer noch nicht erklärbaren Abweichungen (Newton). Als dann auch diese Abweichungen naturwissenschaftlich erklärt werden konnten und Gott im gegenwärtigen Universum funktionslos erschien (Laplace), traten sie erneut den Rückzug an. Theologie und Kirche konzentrierten sich jetzt auf den Anfang der Welt und verteidigten noch gegen die Evolutionstheorie Darwins vehement ein wörtliches Verständnis der biblischen Schöpfungsberichte, besonders die unmittelbare Erschaffung des Lebens und des Menschen.

Ich brauche Ihnen dagegen, meine Damen und Herren, nicht auszuführen, dass mir solche Apologetik fern liegt und dass ich voller Bewunderung vor der Entwicklung stehe, welche die moderne Naturwissenschaft genommen hat; im Übrigen oft angestoßen von großen Denkern, die häufig entweder selbst Theologen waren oder sich intensiv mit Theologie beschäftigten: Denken Sie nur an Nikolaus Kopernikus, Johannes Kepler, Galileo Galilei, Isaac Newton und Charles Darwin.

Aber ich kann hier aus Zeitgründen nicht auf diese spannende Wissenschaftsgeschichte eingehen. Ich möchte vielmehr in einem zweiten Schritt ganz direkt in die aktuelle Wissenschaftsdebatte eintreten.

Eine Weltformel – die große Hoffnung

Ich will Sie nicht langweilen mit einer Exposition, wie heute der Urknall und das Standardmodell von der Entstehung unseres Kosmos verstanden werden, sondern mich auf die Frage einlassen, ob es so etwas gibt wie eine „physikalische Theorie von allem, was ist – a Theory of Everything (TOE)".

Die Physiker konnten in der Tat stolz sein auf all die entdeckten, reflektierten und experimentell bestätigten Ergebnisse ihrer Forschung. Alle Naturwissenschaftler müssen ja immer wieder auf die Physik zurückgreifen, welche nun einmal die Elementarteilchen und Grundkräfte der materiellen Wirklichkeit erforscht und analysiert. So kann man verstehen, dass manche Physiker aufgrund der unbestreitbaren grandiosen Erfolge erwarteten, man könne eines Tages das Universum entschlüsseln, indem man eine Theorie fände für alles, was ist: eine **Weltformel**, welche die tiefsten Welträtsel zu lösen und die ganze Wirklichkeit physikalisch zu erklären vermöchte.

Albert Einstein hatte mit Recht angenommen, dass Raum und Zeit nicht etwa in einem sozusagen leeren Raum, sondern im Urknall selbst entstanden sind. Erst mit ausgedehnter Raumzeit konnte sich die Materie verdichten und konnten Galaxien und Sterne entstehen. Dieses ganze Geschehen war von der Schwerkraft bestimmt. In logischer Fortführung der Relativitätstheorie versuchte Einstein bekanntlich ab 1920 jahrzehntelang, eine „einheitliche" Feldtheorie aufzustellen, die sowohl die Gravitation wie die Elektrodynamik umfassen sollte. Erfolglos, wie man weiß. Er hatte ohnehin die Erfordernisse der Quantentheorie und der Elementarteilchenphysik, besonders die Existenz so starker Wechselwirkungen wie die Kernkräfte, nicht berücksichtigt.

Denn unterdessen hatten vor allem der Deutsche Werner Heisenberg (1901 bis 1976), der Österreicher Erwin Schrödinger (1887–1961) und der Brite Paul Dirac (1902–1984) die **Quantenmechanik** entwickelt. Diese vermag für die kleinste als Einheit auftretende Energiemenge (Quant) die Teilchen- wie die Welleneigenschaft zu erfassen und so Korpuskular- und Wellentheorie widerspruchsfrei zu vereinigen. Doch schien sie gar nicht in das Einstein'sche Weltmodell zu passen. Bemühungen der Physiker konzentrierten sich seither auf die große Aufgabe, die Gesetze der Gravitation, welche die Welt im Großen beschreibt, und die der Quantentheorie, welche die mikroskopische Struktur der Materie erklärt, in eine einzige Theorie zusammenzuführen. Eine solche allumfassende Lehre von der Natur oder „Weltformel" schien nach allen bisherigen sensationellen Erfolgen durchaus im Bereich des Möglichen zu liegen.

Vor allem **Werner Heisenberg** versuchte nach dem Zweiten Weltkrieg, eine einheitliche Theorie der Materie zu entwickeln: mithilfe einer Quantenfeldtheorie eine Weltformel für sämtliche Elementarteilchen und ihre Wechselwirkung. Doch die schließlich gefundene „Heisenberg'sche Welt-Formel" (1958) vermochte die Physiker nicht zu überzeugen.

Einen neuen Zugang zur Lösung der Grundproblematik versprach schließlich die **Stringtheorie**, welche die elementarsten Quantenteilchen nicht als ausdehnungslose Punkte, sondern als winzige Fädchen („Strings") betrachtet, die in verschiedenen Frequenzen schwingen. Allerdings zeigte sich beim Versuch der Quantifizierung der Theorie, dass eine konsistente mathematische Beschreibung dieser Strings schwierig ist: Man kam auf zehn oder elf Raum-Zeit-Dimensionen und auf tausend verschiedene mögliche Universen, ohne andererseits erklären zu können, warum ausgerechnet unser Universum Wirklichkeit wurde. Und wie sollen diese Fädchen in einem Raum-Zeit-Gefüge schwingen, das sie selber aufbauen?

Auch im Hintergrund dieser Theorie steht bei manchen das Wunschdenken, mit einer hieb- und stichfesten Stringtheorie begründen zu können, dass ein Schöpfergott gar keine Wahl gehabt hätte, wie er die Welt schaffen sollte. Gott würde auf diese Weise überflüssig beziehungsweise mit der gesuchten Weltformel identisch.

In den Geist Gottes hineinsehen?

Die weltanschaulichen Hintergründe dieser Theorie hat niemand so deutlich gemacht wie derjenige Physiker, der sich in neuester Zeit um eine Große Vereinheitlichte Theorie (GUT = Grand Unified Theory) bemühte, die einen Schöpfergott (GOD) überflüssig machen würde. Also GUT statt GOD?

Es war der von vielen Menschen zu Recht bewunderte englische Physiker **Stephen Hawking** (geb. 1942) in Cambridge – er kann sich bekanntlich wegen einer unheilbaren Zerstörung der für die Muskulatursteuerung zuständigen Nerven im Rückenmark nur per Computer mit seiner Umwelt verständigen –, der hoffte, in seinen Untersuchungen über das Universum im Zustand unmittelbar nach dem Urknall durch Verschmelzung aller bekannten

Wechselwirkungen eine „Große Vereinheitlichte Theorie" (GUT) zu entwickeln. Sie sollte erklären, was „die Welt im Innersten zusammenhält". Während aber Heisenberg mit der Quantenmechanik bereits eine empirisch bestätigte große Theorie vorgelegt hatte und im Übrigen großen Respekt vor der Sphäre des Religiösen zeigte, versprach Hawking in seinem Bestseller *Eine kurze Geschichte der Zeit* [1] (Auflage 25 Millionen!) voll des aufklärerischen Optimismus eine einheitliche große Theorie, die uns nicht nur bestimmte empirische Daten erklären, sondern uns auch fähig machen würde, „to see in the mind of God". Zu Deutsch: **„in den Geist Gottes hineinzusehen"**.

Das war von ihm, dem Atheisten, selbstbewusst gedacht und ironisch gesagt. Denn Hawkings Meinung war: Mit einer solchen „Theorie für Alles" (Theorie of Everything = TOE) würde die Welt sich selbst erklären und Gott als Schöpfer nicht mehr notwendig sein. Wenn das Universum völlig in sich geschlossen wäre, ohne Singularitäten und Grenzen, wenn es ganz durch eine vereinheitlichte Theorie beschrieben würde, dann hätte die Physik Gott endgültig entbehrlich gemacht. Eine beeindruckende Abkürzung GUT oder TOE war freilich rascher zu finden als die Theorie selber, die alle physikalischen Kräfte vereinigen würde.

In Hawkings Vorstellung von Welt – einem in sich geschlossenen Universum ohne Grenzen und Anfangsbedingungen – soll es anders als in der älteren Urknalltheorie keine Singularität geben, bei der Gott die volle Freiheit gehabt hätte, die Anfangsbedingungen und die Gesetze des Universums festzulegen. „Natürlich hätte es immer noch in [Gottes] Ermessen gestanden, die Gesetze zu wählen, die das Universum bestimmen. Doch eine echte Entscheidungsfreiheit könnte er bei dieser Wahl auch nicht gehabt haben, denn es ist durch

aus möglich, dass es nur sehr wenige vollständige einheitliche Theorien gibt – vielleicht sogar nur eine, z. B. die heterotische Stringtheorie –, die in sich widerspruchsfrei sind und die Existenz von so komplizierten Gebilden wie den Menschen zulassen, die die Gesetze des Universums erforschen und nach dem Wesen Gottes fragen können." [2]

Aber ob sich das komplette Universum mit schönen mathematischen Gleichungen in den Griff kriegen lässt? Hawking ist nüchtern genug festzustellen, dass mit noch so ingeniösen **Gleichungen** für Alles die **Realität** von Allem noch keineswegs gegeben ist und somit die Frage offen bleibt, **warum es überhaupt ein Universum gibt**: „Auch wenn nur eine einheitliche Theorie möglich ist, so wäre sie doch nur ein System von Regeln und Gleichungen. Wer bläst den Gleichungen den Odem ein und erschafft ihnen ein Universum, das sie beschreiben können? Die übliche Methode, nach der die Wissenschaft sich ein mathematisches Modell konstruiert, kann die Frage, warum es ein Universum geben muss, welches das Modell beschreibt, nicht beantworten." [2]

Trotzdem gab Hawking deutlich seiner Hoffnung Ausdruck, eine GUT könne bald die Frage beantworten, „warum es uns und das Universum gibt … Wenn wir die Antwort auf diese Frage fänden, wäre das der endgültige Triumph der menschlichen Vernunft – denn dann würden wir Gottes Plan kennen." Die Weltformel würde Gott ersetzen. [3] Die Überraschung freilich:

Eine Weltformel –
die große Enttäuschung

Im Jahr 2004 lässt Hawking in einer Cambridger Vorlesung verlauten, dass er im Prinzip seine Suche nach einer Großen Vereinheitlichten Theorie für immer aufgegeben habe. [4] Er war zur Überzeugung gekommen: Die Hoffnung hat getrogen, eine umfassende Theorie zu finden, um die Welt zu erkennen und damit auch zu kontrollieren. Es ist offensichtlich nicht möglich, eine Theorie des Universums mit einer endlichen Anzahl von Aussagen aufzustellen. Hawking beruft sich dabei überraschenderweise auf das Theorem des österreichischen Mathematikers **Kurt Gödel** (1906–1978), vielleicht der bedeutendste Logiker des 20. Jahrhunderts. Dieses besagt, dass ein endliches System von Axiomen nicht ausreiche, um jedes Resultat in der Mathematik beweisen zu können. Gödels Theorem ist belegt durch Aussagen, die sich auf sich selbst beziehen und die zu Paradoxien führen. Ein Beispiel: „Diese Aussage ist falsch. Wenn die Aussage wahr ist, ist sie falsch. Und wenn die Aussage falsch ist, ist sie wahr." [5]

Hawking hat mit alledem nur die Erfahrung nachvollzogen, welche führende Mathematiker und Wissenschaftstheoretiker schon Jahrzehnte vor ihm gemacht hatten, denn die Entwicklung der Mathematik hatte schon früh zu Antinomien, Paradoxien, Widersprüchlichkeiten geführt, welche die Grundlagen von Mathematik und Logik zutiefst erschüttert und damit die universalen Ansprüche des mathematisch-naturwissenschaftlichen Denkens überhaupt von Grund auf fragwürdig gemacht haben. Wer sich selber schon in den 70er-Jahren eingehend mit den Ergebnissen der Wissenschaftstheorie beschäftigt hat [6], wird über Hawkings Wende nicht erstaunt sein.

Ein Mathematiker oder Physiker, der „in den Geist Gottes hineinzusehen" beabsichtigte, hätte sich in der Tat mit der theologischen Frage ebenso ernsthaft auseinander setzen müssen wie mit der physikalischen und bedenken sollen: Wenn die Grundlagen der Mathematik derart ungesichert sind, sollte man universale Ansprüche des mathematisch-naturwissenschaftlichen Denkens nur mit Bescheidenheit und Zurückhaltung formulieren.

Heute sieht **Stephen Hawking** dies ein: „Wenn es mathematische Resultate gibt, die nicht bewiesen werden können, dann gibt es physikalische Probleme, die nicht vorausgesagt werden können. Wir sind keine Engel, die das Universum von außen sehen. Vielmehr sind wir und unsere Modelle Teile des Universums, das wir beschreiben. So ist eine physikalische Theorie auf sich selbst bezogen, wie in Gödels Theorem. Man mag deshalb erwarten, dass sie entweder widersprüchlich ist oder unvollständig." [6]

Aber Hawking gibt das Scheitern seines Bestrebens nach einer in Gottes Geist hineinsehenden einheitlichen Theorie letztlich doch nur indirekt zu: „Einige Leute werden sehr enttäuscht sein, wenn es keine endgültige Theorie (ultimate theory) gibt, die als eine begrenzte Zahl von Prinzipien formuliert werden kann." Er habe auch zu diesem Lager gehört: „Aber ich habe meine Auffassung (mind) geändert. Ich bin nun froh, dass unsere Suche nach Verstehen nie an ein Ende kommen wird und dass wir immer wieder die Herausforderung neuer Entdeckungen haben werden." So macht Hawking aus der Not eine Tugend und fügt hinzu: „Ohne dies würden wir stagnieren. Gödels Theorem garantiert, dass es immer wieder Arbeit für die Mathematiker geben wird." Und natürlich für die Physiker auch.

Aber auch seine empirischen Auffassungen über die Schwarzen Löcher musste

Hawking korrigieren. Im Juli 2004 revidierte er auf dem 17. Kongress über Relativität und Gravitation in Dublin auch die von ihm drei Jahrzehnte lang vertretene Auffassung, das angebliche Verschwinden von Materie und Energie in den Schwarzen Löchern sei mit Paralleluniversen zu erklären. Die massiven Strudel, die sich beim Zerfall von Sternen bilden, schickten keinesfalls die von ihnen angesaugte Energie und Materie in ein Paralleluniversum. Alles bleibe in unserem Universum und überdauere in gequetschter Form die Auflösung der Schwarzen Löcher: „Es gibt kein Baby-Universum, wie ich einst dachte." Er bedauere sehr, dass er die Science-Fiction-Gemeinde enttäuschen müsse.

Ob es nicht an der Zeit wäre, frage ich mich, dass Hawking und ähnlich denkende Wissenschaftler nicht nur gewisse empirische Auffassungen überprüfen, sondern vor allem die positivistischen Grundlagen ihres wissenschaftlichen Denkens? Doch kann ich hier nicht auf das Ungenügen jenes Logischen Positivismus eingehen, dessen Vertreter im berühmten Wiener Kreis zu Beginn des 20. Jahrhunderts meinten, man könne alle metaempirischen und metaphysischen Sätze von vornherein aufgrund der Empirie eliminieren. Karl Poppers Kritik hat schon längst mit der positivistischen „Erkenntnis" aufgeräumt, dass metaphysische Probleme nur „sinnlose Scheinprobleme", nichts als Wunschdenken seien. Und das bedeutet:

Naturwissenschaft – Grundlage, nicht Weltanschauung

Zu Recht wurde die Naturwissenschaft die Grundlage für neuzeitliche Technik und Industrie, ja für das moderne Weltbild, die moderne Zivilisation und Kultur überhaupt. Aber dieser Rolle wird die Naturwissenschaft nur dann sinnvoll gerecht, wenn man **aus der Grundlage nicht das ganze Gebäude macht**: wenn man die Relativität, Vorläufigkeit und soziale Bedingtheit eines jeden Weltbildes, aller Entwürfe, Modelle und Aspekte sieht; wenn man neben den naturwissenschaftlichen Methoden auch die der Human- und Sozialwissenschaften und so auch die der Philosophie und – in wiederum unterschiedlicher Weise – die der Theologie gelten lässt; kurz, wenn man also aus der **Naturwissenschaft keine Weltanschauung** macht. Jede Wissenschaft, und sei sie die exakteste oder tiefschürfendste, die sich selbst verabsolutiert, macht sich vor dem Ganzen lächerlich. Und wenn sie alle anderen zu entzaubern versucht (man denke an die Psychoanalyse), wird sie am Ende selbst entzaubert.

So anerkennen denn heute auch Naturwissenschaftler, dass sie keine endgültigen, definitiven Wahrheiten bieten können. Sie erscheinen heute mehr denn je bereit, den einmal gewonnenen Standpunkt wieder zu revidieren und gegebenenfalls auch ganz zurückzunehmen. Freilich besitzen auch Philosophen und Theologen, die sich um die Wahrheit mühen, diese Wahrheit nicht definitiv. Auch sie müssen die Wahrheit immer wieder neu suchen, können sich ihr nur annähern, müssen durch Versuch und Irrtum lernen und deshalb zur Revision ihres Standpunktes bereit sein. Auch in der Theologie ist prinzipiell das wissenschaftliche Wechselspiel von Entwurf, Kritik, Gegenkritik und Verbesserung möglich, ja geboten.

Hier hat Kant Recht behalten: Die physikalische Erkenntnis hat es nicht mit der Welt an sich zu tun, unabhängig von unserer Subjektivität, sondern nur mit der Welt der Erscheinungen, die sie prinzipiell nicht überschreiten kann. Allerdings wird die heutige Physik Kant kaum darin zustimmen, dass die Grundbestimmungen der Natur – Raum, Zeit, Kausalität – nicht als objektive Gegebenheiten, sondern nur als unsere apriorischen Bedingungen zu verstehen seien und die Erfahrungswelt gänzlich in der reinen Subjektivität fundiert sei. Nicht nur ist der absolute Vorrang der reinen Subjektivität aufgehoben worden, zugleich ist auch das „Ding an sich", das uns Kant zufolge „affiziert", problematisch geworden. Wie das formende Bewusstsein keine zeitlose Instanz ist, so ist der objektivierbare Inhalt keine Welt **hinter** den Erscheinungen. [7]

Das alles heißt: Das klassische Selbstverständnis der Wissenschaft, dass man das Seiende, so wie es wirklich, das heißt „an sich", ist, eindeutig auf den Begriff bringen könne, diese Annahme kann heute nicht mehr aufrechterhalten werden. Und selbst wenn man verschiedene naturwissenschaftliche Theorien mit begrenztem Geltungsbereich zu einem naturwissenschaftlichen Welt-Bild zusammenfügt, nimmt die empirische Verlässlichkeit nicht unbedingt zu. Auch für den Naturwissenschaftler, der die Relativität seiner Perspektive auf die Wirklichkeit ernst nimmt, stellt sich bei weiterem Nachdenken die Frage nach Grund und Sinn des Ganzen der Wirklichkeit, nach einem Sinn-Grund. Genau das ist gemeint, wenn ich sage: Auch der Naturwissenschaftler steht als Mensch vor der Gottes-Frage. Doch da stellt man nun ein merkwürdiges Phänomen fest:

Eine „instinktive Opposition"

Als Bewunderer der großen Leistungen der Physik erstaunt es mich immer wieder, welche intellektuelle Hilflosigkeit manche heutigen Physiker angesichts der Frage nach dem letzten Woher des Kosmos an den Tag legen. Wenn am Anfang nur ein Ur-Feuerball von kleinstem Umfang, aber größter Dichte und Temperatur da war – da stellt sich doch unweigerlich die Frage: Woher kam er? Und was war die Ursache der unvorstellbaren gigantischen Urexplosion? Woher die unermessliche Energie der kosmischen Expansion? Was bewirkte ihren ungeheuren Anfangsschwung? Was legte schon in der frühesten Phase die Bedingungen fest, die garantierten, dass noch nach 13,7 Milliarden Jahren das Universum die Eigenschaften haben würde, die wir heute beobachten: Woher also die **fundamentalen universellen Naturkonstanten**

- atomare Grundkonstanten wie die Elementarladung e, die Ruhemassen von Elektron und der Bausteine (Quarks) der Protonen und Neutronen,
- das Planck'sche Wirkungsquantum,
- die Boltzmann-Konstante k,
- auch abgeleitete atomare Konstanten und Größen wie die Lichtgeschwindigkeit?

Gewiss, irgendwann einmal wird man die Feinabstimmung der kosmischen Grundkonstanten, diese raffiniert ausbalancierten, nur annähernd symmetrischen Kräfte- und Energieverhältnisse, zu erklären vermögen. Doch bleibt die Frage: Woher die **Minimalstruktur schon beim Urknall**? In den letzten beiden Jahrzehnten ist die Frage, welche besonderen Charakteristika in der ersten Hundertstelsekunde – manche sprechen gar vom ersten milliardsten Teil der ersten Sekunde – gegeben waren, noch drängender geworden, und die Alternativen sind deutlicher hervorgetreten. Notwendig war ja eine vielfache **Feinabstimmung**

- von **Energie und Masse**: Wäre die Masse nur etwas zu gering gewesen, hätte sich das Universum zu schnell ausgedehnt und es wäre zu keiner Verdichtung von Materie und keiner Bildung von Sternen und Entstehung von Leben gekommen.

Umgekehrt: Wäre die Masse nur ein wenig zu hoch gewesen, hätte sich das Universum fast sofort zusammengezogen;

- von **nuklearen elektromagnetischen Kräften**: Wären die Nuklearkräfte schwächer gewesen, hätten sich die für Leben nötigen schweren Elemente (Kohlenstoff, Sauerstoff, Stickstoff) nicht gebildet und das Universum bestünde nur aus Wasserstoff.

Umgekehrt: Wären die Nuklearkräfte auch nur ein wenig zu stark gewesen, gäbe es nur schwere Kerne und keinen Wasserstoff;

- von **Gravitationskraft und Energie durch Kernreaktion** in unserer Sonne: Wäre die Gravitationskraft etwas größer gewesen, hätten die Sterne nuklearen Brennstoff viel rascher ausgebrütet, ihre Lebensspanne wäre nur sehr kurz gewesen und es hätte sich kein Leben bilden können.

Umgekehrt: Wäre die Gravitationskraft geringer gewesen, hätte die Materie kaum so gut zusammengehalten.

Doch ein Nestor der amerikanischen Physik, der zusammen mit zwei Kollegen für die Entdeckung des Lasers 1964 den Nobelpreis erhielt, **Charles Townes**, legte neuerdings genau die obigen Feinabstimmungen mit ihren Alternativen dar, stellt dann aber – ungewöhnlich offen – bei Physikern eine **„instinktive Opposition"** fest: „Dennoch ist die wissenschaftliche Gemeinschaft im Allgemeinen instinktiv gegen (‚instinctively opposed') die Annahme, dass es jemals irgendeine derart einzigartige Periode oder Situation im Universum gege-

ben hat. Das erscheint zu willkürlich und zu unwahrscheinlich." [8]

Erstaunlich: Es geht hier offensichtlich nicht um rationale, wissenschaftliche Argumente, wie von Naturwissenschaftlern erwartet, sondern um ein – von ihnen sonst zumeist in der religiösen Sphäre vermutetes – „Gefühl": „Dieses Gefühl (feeling) führte zu einem beträchtlichen Aufwand, einen großen Bogen um die Besonderheit eines Urknalls und die Entstehungsphase zu machen." [9]

Man kann Charles Townes dankbar sein, dass er ein sonst im physikalischen Diskurs meist tabuisiertes emotionales, „irrationales", „religiöses" Element offen anspricht. Ich habe es genauer analysiert, möchte mich aber hier nur knapp von zwei entgegengesetzten Reaktionen auf die kosmische Feinabstimmung absetzen: sowohl von der kosmologischen Spekulation wie von der kosmologischen Demonstration.

Weder irreale kosmologische Spekulation noch rationalistische kosmologische Demonstration

Ich wende mich keineswegs prinzipiell gegen die Möglichkeit anderer Universen. Ich sehe auch keine grundsätzlichen theologischen Einwände gegen ein „Multiversum"; der unendliche Gott würde durch ein unendliches Universum oder auch durch mehrere Universen in keiner Weise begrenzt. Nur gegen physikalische Hypothesen wende ich mich, die andere Universen extrapolieren und errechnen, so wie man goldene Berge postulieren und kalkulieren kann, die zwar rein theoretisch, mathematisch, möglich sind, doch die es leider in der Realität nicht gibt. Man kann natürlich **ein** anderes Universum oder zwei, zwölf, tausend oder eine Milliarde anderer „Universen", „Zyklen", „Bereiche", „Quantenwelten" oder „Quantenfluktuationen" errechnen – sicherlich reizvolle mathematische Konstruktionen –, aber physikalische Realitäten? Und dies alles vor allem zum Zweck, die Feinabstimmung der realen Grundkonstanten unseres einen realen Universums als ein „Zufallsereignis" zu erklären: als ein zufälliges Ereignis in einer Menge anderer (durch keine empirischen Daten belegten) Welten? Ob es da nicht etwas einfacher und plausibler wäre, statt der Utopie „sich selbst reproduzierender Universen" nachzuhängen, sich von der traditionellen Auffassung eines **sich nicht selbst schaffenden Universums** herausfordern zu lassen?

Gegen solche kosmologischen Spekulationen von Physikern, die sogar ein ewiges chaotisch-inflationäres Universum oder andere Universen postulieren, setzt der Professor für mathematische Physik und Autor des Bestsellers „Eine Physik der Unsterblichkeit", Frank J. Tipler (New Orleans), entschlossen die **kosmologische Demonstration**: den strikt rationalen Beweis im mathematisch-naturwissenschaftlichen Sinn, der eine Zustimmung intellektuell erzwingen soll. Man kann ja zum Satz des Pythagoras oder zum Newton'schen Gravitationsgesetz als vernünftiger Mensch schlechterdings nicht Nein sagen. Aber – auch nicht zu Gott?

Wenn wir die Folgen der bekannten physikalischen Gesetze akzeptieren, meint Tipler, so gelangen wir „zu einem verblüffenden Schluss": „Das Universum existiert seit einer begrenzten Zeit, darüber hinaus wurden das physikalische Universum und die Gesetze, die es regieren, von einer Einheit ins Leben gerufen, die diesen Gesetzen nicht unterliegt und außerhalb von Raum und Zeit liegt. Kurzum: Wir leben in einem Universum, das von GOTT geplant und erschaffen wurde!" [10]

Wie über die verschiedenen kosmologischen Spekulationen, so muss ich auch über Tiplers kosmologische Demonstration das Urteil den Fachgelehrten überlassen – ob also Tipler tatsächlich rational zwingend bewiesen hat:

1. „dass die bekannten physikalischen Gesetze die Existenz der kosmologischen Singularität erfordern",
2. „dass diese tatsächlich alle Eigenschaften aufweist, die traditionell dem jüdisch-christlich-muslimischen Gott zugeschrieben werden". [10]

Doch ich teile den grundsätzlichen Vorbehalt vieler Physiker, dass kein physikalisches Gesetz die Existenz einer tatsächlichen Unendlichkeit implizieren kann, und disqualifiziere dieses Argument nicht wie Tipler als „religiösen Einwand". Vielmehr sehe ich darin eine Anwendung der Kant'schen Grundeinsicht, dass die theoretische Vernunft außerhalb der raum-zeitlichen Erfahrung nicht mehr zuständig ist und sie folglich vom realen Endlichen nicht einfach auf ein reales Unendliches schließen kann. Doch dann stellt sich erst recht die Frage:

Wie die Existenz Gottes annehmen?

Gern erinnere ich mich an den Besuch jenes amerikanischen Physikers, der die Quantenmechanik aus Europa nach USA gebracht hatte, John Archibald Wheeler, bei mir in Tübingen. Er bringt das Problem auf die originelle Formel „It from Bit": Wie entsteht das „it" (die Welt) aus einem Substrat von „bit" (Information)? Kein „information generating process" wurde bisher entdeckt. Aber ob ihn die Physik je zu entdecken vermag? Oder deutlicher formuliert: ob die Physik als die Lehre von den grundlegenden Strukturen und Veränderungsprozessen von Materie und Energie nicht überfordert ist, wenn sie mit ihren Mitteln, also mit Beobachtung, Experiment und Mathematik, sich an eine **Letztbegründung** der Wirklichkeit wagt? Ob nicht vielmehr eine Art von „Meta-Physik" gefordert ist, wenn die Empirie definitiv überschritten und die Frage nach dem Sein gestellt werden soll? Die Ereignisse zum Zeitpunkt t = 0 sind doch wohl der Physik prinzipiell unzugänglich.

Die Kontingenz der Welt lässt sich freilich nicht ausblenden und das große „Warum das alles?" nicht übersehen. Eine **radikal verstandene Rationalität fordert Antwort** auf die Frage: Warum ein Kosmos? Warum dieses als Ganzes einzigartige Universum (oder auch „Multiversum")? Der Naturwissenschaftler müsste hier – wenn schon nicht als Wissenschaftler, so doch als vernunftgeleiteter, verantwortlicher Mensch – weiterdenken, subtiler denken, wie **Werner Heisenberg** sagte, und es auch auszusprechen wagen: „Wenn jemand aus der unbezweifelbaren Tatsache, daß die Welt existiert, auf eine Ursache dieser Existenz schließen will, dann widerspricht diese Annahme unserer wissenschaftlichen Erkenntnis in keinem einzigen Punkt." [11]

Dass – naturwissenschaftlich gesehen – unser Universum wahrscheinlich **endlich** ist in Raum und Zeit, wie die große Mehrheit der Naturwissenschaftler heute annimmt, ist für unser Welt- und Selbstverständnis – auch theologisch gesehen – von nicht geringer Bedeutung. Es bestätigt nur uralte religiöse Überzeugungen von der Endlichkeit und Vergänglichkeit alles Geschaffenen, alles Seienden. Aber selbst die Annahme eines **unendlichen** Universums würde den unendlichen Gott nicht automatisch aus dem Kosmos „verdrängen". Ein solches Universum wäre für den un-

endlichen Gott, der kein Lückenbüßer, sondern reiner allumfassender und alles durchdringender Geist ist, keine Beschränkung seiner Unendlichkeit, sondern deren Bestätigung. Der Gottesglaube ist jedenfalls mit verschiedenen Weltmodellen vereinbar. Sowohl ein Anfang der Zeit wie eine unendliche Dauer sind ohnehin nicht vorstellbar, da sich beide außerhalb unseres Erfahrungsbereichs befinden.

Die Frage jedoch nach dem letzten Woher von Welt und Mensch ist nicht nur die Frage danach, was war „vor Urknall und Wasserstoff", ist **nicht nur die Frage nach einem Anfangsereignis**, sondern ist die **Frage nach der Wirklichkeit überhaupt: warum es überhaupt etwas gibt und nicht vielmehr nichts.** Dies ist die Grundfrage der Philosophie (Leibniz), ja sie ist eine grundlegende Frage des Menschen, die jedenfalls der Naturwissenschaftler, der jenseits des Erfahrungshorizonts nicht mehr zuständig ist, nicht beantworten kann. Es ist die Frage nach der grundlegenden Beziehung der Welt zu einem möglichen **Ursprung**, zu einem **Urgrund, Urhalt und Urziel dieser Wirklichkeit**, die sich für den Menschen als Menschen stellt.

Wie aber wird es mir gewiss, dass die menschliche Freiheit und schließlich auch Gott nicht nur „Ideen", sondern „Wirklichkeiten" sind? Nicht durch einen theoretischen Beweis der reinen Vernunft, sondern durch ein **praktisch vollzogenes (aber rational durchaus verantwortbares) Grundvertrauen** des ganzen Menschen! Nicht also auf dem Boden reiner Theorie, sondern – im Prinzip hat Kant Recht – auf dem der gelebten und reflektierten Praxis sind auf alle diese Grundfragen Antworten zu suchen. Nicht durch theoretische Operationen der reinen Vernunft, allerdings auch nicht durch irrationale Gefühle oder pure Stimmungen, **vielmehr** aufgrund meiner praktischen positiven **rational verantwort-**

baren vertrauenden Grundentscheidung
und Grundeinstellung, die mein ganzes Erleben, Verhalten und Handeln bestimmen,
kann ich trotz aller Zweifel das – zunächst
so selbstverständlich hingenommene –
Wirklich-Sein der Wirklichkeit erfahren,
also die grundlegende Identität, Werthaftig-
keit und Sinnhaftigkeit dessen, was ist. Und
in einem solchen rational verantwortbaren
Vertrauen kann ich auch das **Wirklich-Sein
eines Urgrundes** von allem, was ist, annehmen. Womit auch schon gesagt ist: In der
Gottesfrage kann rein nichts rational er-
zwungen werden. In dieser Entscheidung ist
der Mensch, und der Naturwissenschaftler
erst recht, ganz und gar frei.

Bei einem solchen Grundvertrauen geht
es nicht nur um die in diesem Vortrag ent-
faltete Grundfrage der Kosmologie, woher
die kosmischen Grundkonstanten, die von
allem Anfang an die Entwicklung des Universums bestimmen, kommen. Es geht um
zahllose existenzielle Fragen, die ich hier,
an die drei Fragen Kants anknüpfend, nur
nennen kann [12]:

- **Was können wir wissen?** Warum gibt
  es überhaupt etwas? Woher kommt das
  Universum und wofür? Woher kommt
  der Mensch und wohin geht er? Warum
  ist die Welt, wie sie ist? Was ist der letzte
  Grund und Sinn aller Wirklichkeit?
- **Was sollen wir tun?** Warum tun wir,
  was wir tun? Warum und wem sind wir
  letztlich verantwortlich? Was verdient
  unbedingt Verachtung, was Liebe? Was
  ist der Sinn von Treue und Freund-
  schaft, was der von Leid und Schuld?
  Was ist für den Menschen entscheidendes Maß?
- **Was dürfen wir hoffen?** Wozu sind wir
  auf Erden? Was soll das Ganze? Gibt es
  etwas, was uns in aller Nichtigkeit trägt,
  was uns nie verzweifeln lässt? Ein Be-
  ständiges in allem Wandel, ein Unbe-

dingtes in allem Bedingten? Ein Ab-
solutes trotz der überall erfahrenen
Relativität? Was bleibt uns: der Tod,
der am Ende alles sinnlos macht? Was
soll uns Mut zum Leben und was Mut
zum Sterben geben?

Meine hier nur ganz knappe Antwort lautet: Wenn Gott **existiert**, dann gibt es eine
grundsätzliche Antwort auf solche Fragen,
dann lässt sich von der Tiefe her verstehen,
warum wir sehr endliche Mangelwesen
sind und doch Wesen von unendlicher
Erwartung, Hoffnung und Sehnsucht.
Dann lässt sich von Grund auf eine Antwort finden, woher letztlich die kosmischen Grundkonstanten, woher die Materie und die Energie, woher also Kosmos
und Mensch sind. Gott ist dann die Antwort. Aber – letzter Schritt:

Was meint das Wort „Gott"?

Die Physik fordert dem Theologen manche
harte Gedankenarbeit ab. Ob umgekehrt
nicht auch die Theologie dem Naturwissenschaftler, wenn es um ihr Zentrum geht,
ein wenig Denkarbeit abfordern darf?
Manche Naturwissenschaftler lehnen einen
Gott ab, der so primitiv ist, dass kein einigermaßen gebildeter Gottgläubiger in ihm
ihren Gott erkennen würde. Ich deute zum
Schluss nur einige Denkrichtungen an.

Zuerst: Gott ist **keine Metapher für
Weltliches**. „If you are religious, this is like
looking at God", so der amerikanische
Astrophysiker George Smoot, als er die
Fluktuationen in der kosmischen Hintergrundstrahlung (Echo des „Urknalls") an-
kündigte. Dies tönt fromm, ist aber ober-
flächlich. Hier ist Gott eine Metapher für
Weltliches, für Natur. So auch beim Nobel-

preisträger Leon Lederman mit seinem Buchtitel *The God Particle*.

Aber: **Gott** ist **nicht gleich Kosmos**! Und dies bedeutet dreierlei:

- Gott ist **kein innerirdisches Wesen**, er ist kein „Ding" dieser Welt.
- Gott ist aber auch **kein überirdisches Wesen** über den Wolken, im physikalischen Himmel! Die naiv-anthropomorphe Vorstellung ist endgültig überholt: Gott ist kein im wörtlichen oder räumlichen Sinn „über" der Welt, in einer „Überwelt", wohnendes „höchstes Wesen".
- Gott ist auch **kein außerirdisches Wesen** jenseits der Sterne, im metaphysischen Himmel! Auch die aufgeklärt-deistische Vorstellung ist überholt: Gott ist kein im geistigen oder metaphysischen Sinn „außerhalb" der Welt in einem außerweltlichen Jenseits, in einer „Hinterwelt", wesendes, verobjektiviertes, verdinglichtes Gegenüber.

Was also ist auf der Höhe des gegenwärtigen wissenschaftlichen Bewusstseins zu sagen? Zunächst grundsätzlich: Gott ist **in diesem Universum** und dieses **Universum in Gott**! Es gilt ein einheitliches Wirklichkeitsverständnis: Gott ist nicht als Teil der Wirklichkeit ein (höchstes) Endliches neben Endlichem. Vielmehr ist er die nicht greifbare „Dimension Unendlich" in allen Dingen. Die nicht nur mathematische, sondern die unsichtbare **Realdimension Unendlich**, das Unendliche im Endlichen, mit dem man im Prinzip rechnen sollte, auch wenn es in den Alltagsgleichungen nicht einkalkuliert werden muss. Philosophisch formuliert: Gott ist die Transzendenz in der Immanenz, das Absolute im Relativen – so wenig einfach konstatierbar wie die alles tragende baustatische Formel in der den Abgrund überspannenden Brücke.

Sie werden sich fragen, meine Damen und Herren: Kann nun am Ende vielleicht der Theologe leisten, was der Physiker offenkundig nicht vermochte, „in den Geist Gottes hineinsehen"? Zwar nicht die „Weltformel" finden, dafür aber eine die Welt erklärende „Gottesformel"? Aber nein, das gilt auch für den Theologen: Der **Urgrund** der Gründe lässt sich **nicht ergründen**. Aber für die jüdisch-christlich-muslimische Tradition ist sicher: Gott ist kein Abgrund der Dunkelheit – Finsternis kann kein Licht gebären. Vielmehr ist er die **Fülle des Lichts**, die das „Es werde Licht!" im Kosmos allein möglich macht.

In allen Religionen ist das Licht eine ausgezeichnete Metapher, ein Bild-Wort, für die höchste Wirklichkeit, für Gott – und die moderne naturwissenschaftliche Lichtforschung lässt die religiös-symbolische Bedeutung des Lichts vertieft verstehen. Denn was ist das Licht? Eine auch für Physiker noch immer geheimnisvolle Wirklichkeit, die widersprüchliche Eigenschaften zu haben scheint, die sich manchmal als Welle, manchmal als Quantenteilchen zeigt. Gleichzeitig zwei verschiedene Bilder, Wellenbild und Teilchenbild, die sich ausschließen und doch ergänzen. Der dänische Atomphysiker Niels Bohr hat dafür bekanntlich den Begriff der **„Komplementarität"** eingeführt: Beide gegensätzliche Bilder braucht es, um das Geheimnis des Lichts zu beschreiben. Und solche Komplementarität gegensätzlicher Bilder und Begriffe braucht es auch, um das Geheimnis Gottes zu umschreiben. Sehr treffend hat der Renaissance-Denker Nikolaus von Kues Gott als eine „coincidentia oppositorum", als ein „Ineinanderfallen von Gegensätzen" umschrieben.

Das Wesen des Lichtes wird ständig weiter erforscht, und vielleicht kann man eines Tages das Geheimnis des Lichts erklären, das Geheimnis Gottes aber keinesfalls: Er ist der Unendliche, Unermessliche, **Unerforschliche** und vereint in sich Gegensätze wie Gerechtigkeit und Barmherzigkeit, Ewigkeit und Zeitlichkeit, Ferne und Nähe. Er ist im Kosmos wie in meinem Herzen, entschieden mehr als eine Person und doch jederzeit ansprechbar. Er wird sich jedenfalls nie letztlich erklären, in seinen Geist eindringen lassen. „Wie bist Du groß …", heißt es im Psalm 104,1–2, „der Du in Licht Dich hüllst." Oder im Neuen Testament: Gott „wohnt in unzugänglichem Lichte" (1 Tim 6,15 f.); „Gott ist Licht, und keine Finsternis ist in Ihm" (1 Jo 1,5).

Gott also als das urbildliche Licht, der die erleuchtende, wärmende und heilende Kraft aussendet in den Kosmos. „Es werde Licht. Und es ward Licht", heißt es im Buch Genesis, „und Gott sah, dass das Licht gut war." Jawohl, gut für die Welt und gut für die Menschen. Ich schließe deshalb diesen Vortrag mit Versen aus Ingeborg Bachmanns Gedicht *An die Sonne*, das Physiker wie Theologen in gleicher Weise anzusprechen vermag:

„Viel schöner als der feurige Auftritt
eines Kometen
Und zu weit Schönrem berufen als
jedes andere Gestirn,
Weil dein und mein Leben jeden Tag
an ihr hängt, ist die Sonne. (…)
Schönes Licht, das uns warm hält,
bewahrt und wunderbar sorgt,
Daß ich wieder sehe und daß ich dich wiederseh!
Nichts Schönres unter der Sonne als unter der Sonne zu sein …" [13]

Diese Erfahrung wünsche ich Ihnen, meine Damen und Herren, immer wieder neu und danke Ihnen für Ihre geduldige Aufmerksamkeit.

Anmerkungen

[1] Hawking, S.: A Brief History of Time: From the Big Bang to the Black Holes. New York, 1988; dt.: Eine kurze Geschichte der Zeit. Die Suche nach der Urkraft des Universums. Reinbek, 1988.

[2] Hawking, S.: Eine kurze Geschichte der Zeit, S. 216.

[3] Hawking, S.: Eine kurze Geschichte der Zeit, S. 218.

[4] Hawking, S.: Gödel and the End of Physics, in: www.damtp.cam.ac.uk/strtst/dirac/hawking.

[5] Hawking, S.: Gödel and the End of Physics.

[6] Vgl. Küng, H.: Existiert Gott? München 1978, Kap. A III,1: Die wissenschaftstheoretische Diskussion.

[7] Vgl. Schulz, W.: Philosophie in der veränderten Welt. Pfullingen, 1972, S. 114 f.

[8] Townes, C.: Warum sind wir hier? – Wohin gehen wir? In: Wabbel, T. D. (Hrsg.): Im Anfang war (k)ein Gott. Naturwissenschaftliche und theologische Perspektiven. Düsseldorf, 2004, S. 29–44, zit. S. 29 f.

[9] Townes, C.: a. a. O. S. 30.

[10] A. a. O. S. 73.

[11] Heisenberg, W.: Naturwissenschaftliche und religiöse Wahrheit. In: Schritte über Grenzen, S. 49.

[12] Vgl. Kant, I.: Kritik der reinen Vernunft. In: Werke, Bd. II. Weischedel, v. W. (Hrsg.). Frankfurt/M., 1964, S. 677.

[13] Bachmann, I.: An die Sonne. In: Bachmann, I.: Werke, Bd. I. Koschel, v. C. u. a. (Hrsg.). München, 1982, S. 136 f.

Zur Vertiefung das im September 2005 im Piper Verlag, München, erscheinende Buch: Küng, H.: Der Anfang aller Dinge. Naturwissenschaft und Religion.

Einführung in die Sitzung am Samstagnachmittag

Gunnar Berg

Das sehr umfassende Thema Raum – Zeit – Materie, der Rahmen, innerhalb dessen sich alle Naturwissenschaften abspielen und den der Präsident bereits in seinem Festvortrag abgeschritten hat, wird in der heutigen ersten Sitzung beispielhaft auf elementare Vorgänge angewendet, die für die jeweilige Wissenschaft kennzeichnend sind:

- Der Physiker behandelt die kleinsten bisher bekannten Bausteine der Materie, die Quarks und die Leptonen,
- der Chemiker befasst sich mit den Reaktionen kleiner Moleküle auf Oberflächen,
- die Biologin untersucht ein einfaches Modellsystem für den Stoffwechsel.

Ich sehe für diese Art des Vorgehens, sich auf elementare Vorgänge zu beschränken, drei Funktionen. Die elementaren Vorgänge sind in der Regel am übersichtlichsten und deswegen geeignet, die Grundprinzipien am deutlichsten zu zeigen, sie sind beispielhaft für die Untersuchungsmethodik und haben deswegen auch einen gewissen Modellcharakter, und sie liefern aber auch selbst grundlegende Ergebnisse für das Verständnis der Materie.

Dazu noch eines, es wird uns hier idealtypisch die Vorgehensweise in allen Naturwissenschaften gezeigt werden: Zunächst werden die im jeweiligen Zusammenhang einfachstmöglichen Elemente untersucht, und dann werden die Resultate auf komplexere Systeme übertragen. Das wird gemeinhin als Reduktionismus bezeichnet und philosophisch nicht sehr hoch geschätzt. Meines Wissens hat aber noch niemand eine alternative Methode erfolgreich praktiziert, und so werden wir dieses Erfolgsrezept auch in den folgenden Vorträgen angewendet sehen.

Ein heute selbstverständlicher Aspekt bei der Untersuchung elementarer Vorgänge ist, dass dabei vom Teilchencharakter der Materie ausgegangen wird. Die drei Vortragenden werden das natürlich auch tun, aber wir sollten uns vor Augen führen, dass diese Vorstellung absolut nicht immer Allgemeingut war. In den Anfangsjahren unserer Gesellschaft, am Beginn des 19. Jahrhunderts, herrschte die Kontinuumsvorstellung vor, und die Existenz kleinster Teile, die Existenz der Atome, wurde kontrovers diskutiert und teilweise lebhaft bestritten.

Ein weiterer Aspekt fällt am ersten Vortrag auf. Zur naturwissenschaftlichen Methode gehört es, dass die Ergebnisse reproduzierbar sind. Doch die Astrophysik wagt sich mittlerweile im Verein mit der Elementarteilchenphysik an die Interpretation der Entwicklung des Universums, ein zumindest für uns einmaliger Vorgang. Lassen wir uns davon faszinieren, was sich aus dieser Verbindung der kleinsten untersuchbaren Objekte mit dem größten uns bekannten System über den Aufbau unserer Welt ableiten lässt.

Prof. Dr. rer. nat. Dr. Ing. **Gunnar Berg**, geb. 1940. Physikstudium Universität Halle, 1963 bis 1970 Institut für Bergbausicherheit Leipzig; Promotion in Physik 1971 (Halle); Promotion in Ingenieurwissenschaften 1975 (Bergakademie Freiberg); Habilitation in Physik 1983 (Halle). 1990–1992 Direktor der Sektion Physik, Universität Halle-Wittenberg; 1991–1992 Dekan der Mathematisch-Naturwissenschaftlichen Fakultät; 1992–1996 Rektor der Universität; 1990–1998 Mitglied im Vorstand der Deutschen Physikalischen Gesellschaft; 1996–1998 und 2000–2002 Vorsitzender des Mathematisch-Naturwissenschaftlichen Fakultätentages (MNFT); Vorsitzender der Universitätsstiftung Leucorea in Wittenberg. Mitglied im Präsidium des Deutschen Hochschulverbandes, Mitglied der Deutschen Akademie der Naturforscher Leopoldina; Mitglied der GDNÄ und (seit 2003) Bildungsbeauftragter der GDNÄ.

Forschungsschwerpunkte: Festkörperphysik, Glasphysik, Festkörperreaktionen.

Prof. Dr. Dr. Gunnar Berg
Fachbereich Physik
Martin-Luther-Universität
Friedemann-Bach-Platz 6
D-06108 Halle/S.

Quarks und Leptonen – Bausteine des Universums

Siegfried Bethke

Die Struktur des Universums

Die Entstehung, der Aufbau und die Zukunft unseres Universums werden bestimmt durch die grundlegenden Kräfte und die elementaren Bausteine der Materie. Die kleinsten Strukturen, die wir heute

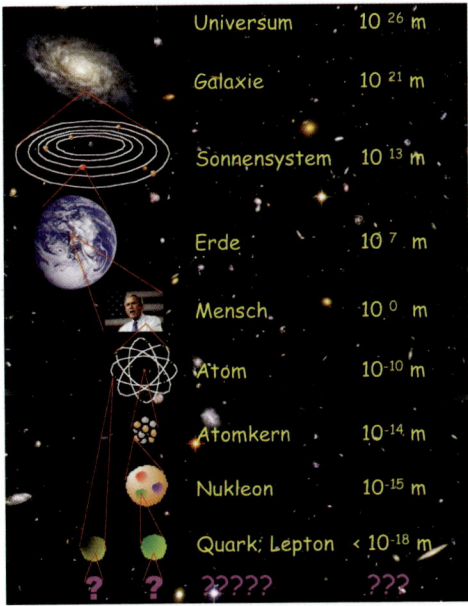

Universum	10^{26} m
Galaxie	10^{21} m
Sonnensystem	10^{13} m
Erde	10^{7} m
Mensch	10^{0} m
Atom	10^{-10} m
Atomkern	10^{-14} m
Nukleon	10^{-15} m
Quark, Lepton	$< 10^{-18}$ m

Abb. 1: Strukturen der Materie des Universums und deren typische Ausdehnungen und Größen. Das sichtbare Universum misst heute, ca. 13,7 Milliarden Jahre nach seinem Ursprung aus einem heißen Urknall, ca. 10^{26} Meter, während die kleinsten heute bekannten Grundbausteine der Materie, die Quarks und die Leptonen, Ausdehnungen von weniger als 10^{-18} Metern, also den milliardstel Teil eines Nanometers, besitzen.

kennen, sind die Quarks und die Leptonen. Quarks sind die elementaren Bestandteile der Protonen und Neutronen, der Bausteine der Atomkerne. Der prominenteste Vertreter der Leptonen, das Elektron, bildet die Atomhüllen und ist der Träger des elektrischen Stromes. Quarks und Leptonen sind die Urbausteine der bekannten Materie unseres Universums. Dessen Strukturen sowie deren typische Größe und Ausdehnung sind in Abb. 1 exemplarisch dargestellt.

Derzeit ist nicht bekannt, ob auch Quarks und Leptonen eine Substruktur aufweisen, ob sie vielleicht selbst aus noch grundlegenderen Bausteinen aufgebaut sind. Gegenwärtige experimentelle Grenzen reichen hinab bis zu Auflösungen von 10^{-18} Metern, also den milliardstel Teil eines Nanometers, bis zu denen Quarks und Leptonen sich noch wie punktförmige Teilchen ohne eigene Ausdehnung verhalten.

Elementare Teilchen und fundamentale Kräfte

Angesichts der faszinierenden Komplexität des Universums ergibt sich für die Mikrowelt der Quarks und Leptonen ein vergleichsweise einfaches Weltbild von verblüffender Symmetrie. Wir kennen heute sechs verschiedene Quarks und sechs verschiedene Leptonen, die man – entsprechend ihrer physikalischen Eigenschaften – in jeweils drei Familien mit je zwei Mitglie-

Prof. Dr. **Siegfried Bethke**, geb. 1954 in Ludwigshafen/Rh. 1975–1983 Studium der Physik und Promotion an der Universität Heidelberg; 1983–1986 Universitätsassistent in Heidelberg, wissenschaftliche Arbeiten am DESY in Hamburg; 1987 und 1988 Feodor-Lynen-Stipendiat der Alexander von Humboldt-Stiftung, als Gastwissenschaftler am Lawrence Berkeley Laboratory. 1987 Habilitation an der Universität Heidelberg. 1989–1993 Heisenberg-Stipendiat, als Gastwissenschaftler am CERN. 1993–1999 C4-Professur am III. Physikalischen Institut der RWTH Aachen. 1995 Gottfried Wilhelm Leibniz-Preis der DFG. Seit 1999 Direktor am Max-Planck-Institut in München, seit 2000 Geschäftsführender Direktor. Seit 2000 Honorarprofessor an der TU München.
Forschungsschwerpunkte: experimentelle Elementarteilchenphysik; Entwicklung, Konzeption, Bau und Betrieb präziser Teilchendetektoren, meist im Rahmen internationaler Großkollaborationen; experimentelle Tests der Quanten-Chromodynamik und des Standardmodells der Elektroschwachen Wechselwirkung; Astro-Teilchenphysik.

Prof. Dr. Siegfried Bethke
Max-Planck-Institut für Physik
Föhringer Ring 6
D-80805 München

hüllen bestehen. Der leptonische Partner des Elektrons, das Elektron-Neutrino ν_e, entsteht z. B. beim radioaktiven Zerfall eines d-Quarks (z. B. in einem Neutron) in ein u-Quark, ein Elektron und ein Neutrino.

Die Quarks der zweiten und der dritten Familie, also das c-(„charm"), das s-(„strange"), das t-(„top") und das b-(„bottom")Quark sowie die elektrisch geladenen μ-(„Myon") und τ-(„tau") Leptonen sind selbst nicht stabil; sie alle zerfallen innerhalb sehr kurzer Zeiten in die Teilchen der ersten Familie und in Neutrinos. Lediglich das Myon, das langlebigste [2] der instabilen Quarks und Leptonen, spielt in der kosmischen Höhenstrahlung eine Rolle in unserer täglichen Welt.

In Abb. 2 werden neben dem „Periodensystem" der elementaren Teilchen auch die Kräfte, die zwischen diesen Teilchen wirken können, zusammengefasst. Man unterscheidet heute insgesamt vier fundamentale Kräfte: Da ist zunächst die „starke" Kraft, die nur auf Quarks wirkt und für deren Bindung in Protonen und Neutronen, aber auch für den Zusammenhalt der Protonen und Neutronen in Atomkernen verantwortlich ist. Die elektromagnetische Kraft wirkt zwischen allen elektrisch geladenen Teilchen, Quarks wie Leptonen. Die „schwache" Kraft ist für den radioaktiven Zerfall verantwortlich, sie wirkt auf alle elementaren Teilchen. Die Gravitationskraft schließlich wirkt auf massive Teilchen und damit, wie wir heute wissen, ebenfalls auf alle elementaren Teilchen.

Diese vier Kräfte unterscheiden sich durch ihre relativen Stärken und ihre Reichweiten (Abb. 2). Die starke und die schwache Kraft sind nur bei kleinsten, subatomaren Abständen aktiv. Die elektromagnetische Kraft sowie die Gravitation haben unendliche Reichweite; sie sind daher beide in unserer makroskopischen Welt

dern gruppiert (Abb. 2). Die Materie des sichtbaren Universums, Sterne, Planeten, unsere Umgebung und wir selbst, bestehen ausschließlich aus den Teilchen und Vertretern der ersten Familie: Protonen und Neutronen, aus denen Atomkerne bestehen, sind aus u- und d-Quarks („up" und „down") zusammengesetzt [1]; Elektronen sind die Teilchen, aus welchen die Atom-

Elementare Teilchen:

(sowie jeweilige Anti-Teilchen)

Sichtbare Welt besteht nur aus Teilchen der ersten Generation !

Fundamentale Kräfte:

Kräfte zwischen Elementarteilchen werden durch Austausch von sogenannten Austauschbosonen übertragen.

Familien				elektr. Ladung	Kräfte			
					st	em	schw	grav
Quarks	u	c	t	2/3	x	x	x	x
	d	s	b	-1/3	x	x	x	x
Leptonen	ν_e	ν_μ	ν_τ	0	-	-	x	x
	e	μ	τ	-1	-	x	x	x

Kaft	relative Reichweite	zugehörige Austauschteilchen	relative Stärke
Stark	subatomar	Gluon (g)	1
Elektromagnetisch	unendlich	Photon (γ)	$\frac{1}{137}$
Schwach	subatomar	W^+, W^-, Z^0	10^{-14}
Gravitation	unendlich	Graviton (G)	10^{-40}

Theoretische Vorhersage zur Erzeugung der Teilchenmassen:
→ Higgs-Teilchen (H) ;   bisher unentdeckt

Abb. 2: Zusammenfassung der elementarsten Materieteilchen und der fundamentalen Kräfte

anschaulich bekannt und bestimmen unser subjektives Leben.

Die Gravitation ist 40 Größenordnungen [3] schwächer als die starke und 38 Größenordnungen schwächer als die elektromagnetische Kraft! Dennoch bestimmt sie die Dynamik des Universums bei großen Abständen: Sie hält Planeten auf ihren Bahnen, bindet Galaxien und Sternhaufen zusammen und hält uns Menschen auf der Erdoberfläche fest.

Im Bereich der mikroskopischen Quantenwelt der Quarks und Leptonen werden Kräfte zwischen zwei Teilchen durch den Austausch von anderen Quanten bzw. Teilchen, die man Austauschbosonen nennt, beschrieben. Das bekannteste Austauschquant ist das der elektromagnetischen Kraft: das Photon, das auch der Träger des Lichts und aller elektromagnetischen Wellen ist. Die Partner des Photons im Bereich der starken Kraft sind die Gluonen, die auch als Klebeteilchen angesehen werden können, welche die Quarks zusammenhalten. Die schwache Kraft wird durch die so genannten W- und Z-Bosonen vermittelt, die Gravitation durch Austausch von Gravitonen. Mit Ausnahme der Gravitation werden alle Kräfte sehr erfolgreich durch eichinvariante Quantenfeldtheorien beschrieben; für die Gravitation ist dies bisher noch nicht gelungen.

Mit dieser Aufstellung der Quarks und Leptonen sowie der fundamentalen Kräfte mit ihren zugehörigen Austauschteilchen (Abb. 2) ist die Übersicht der elementaren Teilchen und der Quantenwelt fast komplett. Es fehlt noch der Hinweis, dass alle Leptonen und Quarks jeweils ein Antiteilchen besitzen. Teilchen und ihre Antiteilchen besitzen exakt dieselben Eigenschaften, bis auf die genau entgegengesetzte elektrische Ladung. Das Antiteilchen des Elektrons (e^-) hat einen speziellen Namen – Positron (e^+) –, während ansonsten Antiteilchen allgemein mit dem Vorsatz „Anti-" und einem Querstrich über ihrem Symbol, also z. B. Anti-u-Quark ($\bar{u}$), bezeichnet werden. Als letzter Bestandteil des so genannten „Standardmodells" der Elementarteilchen schließlich wird ein Teilchen postuliert, das allen anderen Teilchen (verschiedene) Massen gibt, das aber selbst bisher noch nicht im Experiment bestätigt werden konnte: das „Higgs"-Teilchen.

Einige grundlegende Eigenschaften von Quarks und Leptonen

Die wichtigsten Eigenschaften von Quarks und Leptonen sowie ihre Unterschiede sind in Abb. 3 zusammengefasst und gegenübergestellt. Sie werden im Wesentlichen definiert durch die Unterschiede der elektromagnetischen und der starken Kraft. So koppelt das Photon als Austauschteilchen der elektromagnetischen Kraft an die elektrische Ladung der Teilchen, während Gluonen an eine Quanteneigenschaft der Quarks, die man in einer Analogie zur makroskopischen Welt „Farbe" nennt, koppeln. Im Gegensatz zu der einen elektrischen (negativen) Ladung (und ihrer positiven Anti-Ladung) gibt es im Bereich der starken Kraft *drei* verschiedene Farb-Ladungen (sowie die jeweiligen Anti-Ladungen). Die starke Kraft wird auch dadurch noch weiter kompliziert, dass die Austauschteilchen, die Gluonen, selbst zwei Einheiten von Farbladung tragen, während ihr elektromagnetisches Pendant, das Photon, keine Ladung trägt. Deshalb können Gluonen an andere Gluonen koppeln, während Photonen nicht direkt mit anderen Photonen Kräfte austauschen können.

Dieser Unterschied hat weit reichende Konsequenzen: die Kopplungsstärke zwischen zwei Quarks wird bei kleinen Impulsüberträgen, oder äquivalent bei großen Abständen, immer größer, während sie bei hohen Impulsüberträgen bzw. kleinen Abständen immer kleiner wird und verschwindet. Letzteren Effekt nennt man „asymptotische Freiheit". Für dessen theoretische Formulierung wurde 2004 der Nobelpreis in Physik an die Physiker David Gross, Frank Wilczek und David Politzer vergeben.

Asymptotische Freiheit erklärt, warum Quarks sich bei sehr hohen Impulstransfers wie quasi-freie Teilchen verhalten. Umgekehrt erklärt der gegenteilige Effekt, nämlich die bei großen Abständen zunehmende Kopplungsstärke, warum bisher noch keine einzelnen Quarks experimentell gesehen werden konnten. Quarks kommen offenbar nur in „farbneutralen" Bindungszuständen zwischen zwei oder drei Quarks vor [4]. Nur solche Objekte können auch bei großen Abständen „frei", d. h. von der ansonsten alles überragenden Stärke der starken Kraft unbehelligt, sein.

Teilchenphysik und Kosmologie

Die Entstehungs- und Entwicklungsgeschichte unseres Universums, vom Urknall bis zur Gegenwart, wurde bestimmt durch die Dynamik der elementaren Teilchen und der fundmentalen Kräfte. Eine cartoon-ähnliche Darstellung wie in Abb. 4 mag die Geschichte des Universums aus der Sicht der Teilchenphysik verdeutlichen:

Vor ca. 13,7 Milliarden Jahren entstand unser Universum in einer unendlichen

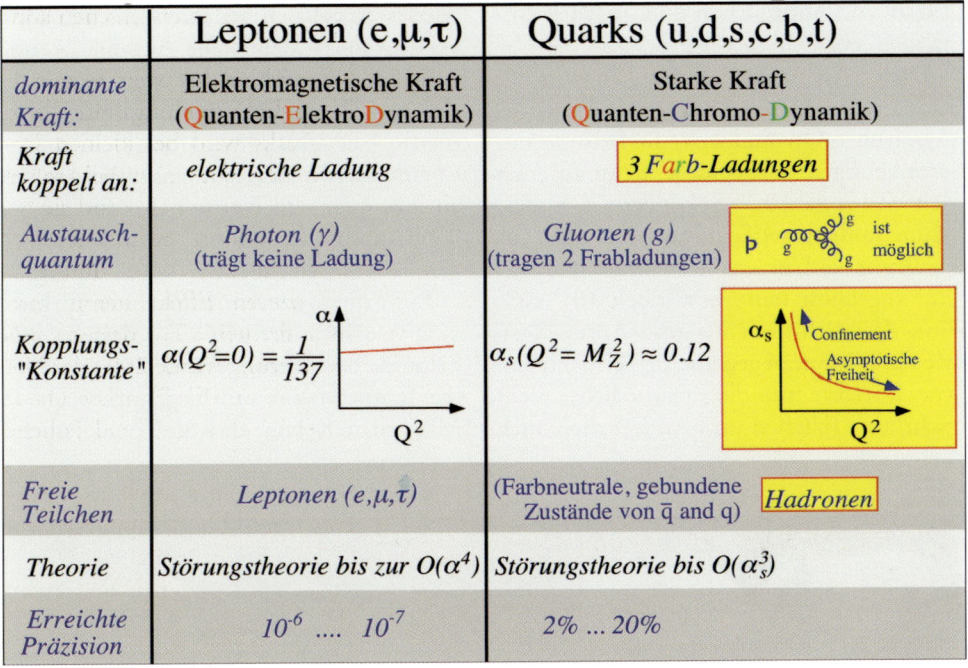

	Leptonen (e,μ,τ)	Quarks (u,d,s,c,b,t)
dominante Kraft:	Elektromagnetische Kraft (Quanten-ElektroDynamik)	Starke Kraft (Quanten-Chromo-Dynamik)
Kraft koppelt an:	elektrische Ladung	3 *Farb*-Ladungen
Austausch-quantum	Photon (γ) (trägt keine Ladung)	Gluonen (g) (tragen 2 Frabladungen) g → g + g ist möglich
Kopplungs-"Konstante"	$\alpha(Q^2{=}0) = \frac{1}{137}$	$\alpha_s(Q^2 = M_Z^2) \approx 0.12$
Freie Teilchen	Leptonen (e,μ,τ)	(Farbneutrale, gebundene Zustände von q̄ and q) Hadronen
Theorie	Störungstheorie bis zur $O(\alpha^4)$	Störungstheorie bis $O(\alpha_s^3)$
Erreichte Präzision	$10^{-6} \dots 10^{-7}$	2% … 20%

Abb. 3: Einige der grundlegenden Eigenschaften von elektrisch geladenen Leptonen und Quarks, hier im Vergleich der jeweils dominanten Kräfte, der elektromagnetischen und der starken Kraft. Die erreichte Präzision bezieht sich auf theoretische Unsicherheiten sowie auf experimentelle Überprüfungen der zugrunde liegenden Theorien, der Quanten-Elektrodynamik und der Quanten-Chromodynamik.

dichten, heißen Phase, die wir mit dem lapidaren, aber eindringlichen Wort „Urknall" beschreiben. Hier existierten alle elementaren Kraft- und Materieteilchen (Abb. 2) in demokratischer Vielfalt. Die extrem hohe Energiedichte zu dieser Zeit, wo das Universum eine Ausdehnung kleiner als die eines Protons hatte, bewirkte, dass alle diese Teilchen beständig in hochenergetischen Kollisionen vernichtet und wieder erzeugt wurden, Teilchen wie auch Antiteilchen. Zu dieser Zeit waren die heutigen, fundamentalen Kräfte gleich stark und vereint in einer großen vereinheitlichten Kraft (GUT, von Grand Unified Theory). Bei der sofort einsetzenden Expansion des Universums kühlte dieses auch rasch ab, wie in Abb. 4 dargestellt.

Zu einem Zeitpunkt von weniger als 10^{-34} Sekunden nach dem Urknall expandierte das Universum für sehr kurze Zeit mit einer Geschwindigkeit weit größer als der des Lichtes, was quantenmechanisch im Rahmen der Heisenberg'schen Unschärferelation erlaubt ist. Diese Phase der Ausdehnung wird „Inflation" genannt. Zu dieser Zeit wurden kleine Quantenfluktuationen in der Ursuppe auf makroskopische Entfernungen aufgebläht. Diese Fluktuationen entwickelten sich dann zu den Keimen der Strukturbildung, welche später die nichthomogene Verteilung der Materie im Raum generierte. Etwa 10^{-34} Sekunden nach dem Urknall muss auch, durch einen heute noch nicht ganz verstandenen Prozess, eine kleine Asymmetrie zwischen der

Anzahl von Antiteilchen und Teilchen entstanden sein.

Dieser Asymmetrie verdanken wir, wie auch vielen anderen Prozessen in dieser extrem frühen Quantenwelt, die Existenz unseres heutigen Universums, denn zu einer Zeit von etwa 10^{-10} Sekunden, d. h. eine zehntelmilliardstel Sekunde nach dem Urknall, war das Universum so weit expandiert und abgekühlt (auf „nur" noch 10^{15} Kelvin), dass sich Teilchen und Antiteilchen wie zuvor spontan gegenseitig vernichteten, jedoch reichte nun die Energiedichte nicht mehr aus, Teilchen und Antiteilchen auch

wieder paritätisch zu erzeugen. Zunächst verschwanden damit alle Antiquarks, und übrig blieben nur noch wenige Quarks, genau so viele wie die oben erwähnte Asymmetrie erzeugte. Diese übrig gebliebenen Quarks banden sich dann, nur wenig später, zu Protonen und Neutronen zusammen – die Bausteine der Atomkerne unserer heutigen Welt waren geboren!

Positronen, die Antiteilchen der Elektronen, verschwanden erst viel später, ca. eine Sekunde nach dem Urknall. Erst dann war die Temperatur so weit abgesunken, auf 10 Milliarden Kelvin, dass die Energiedichte

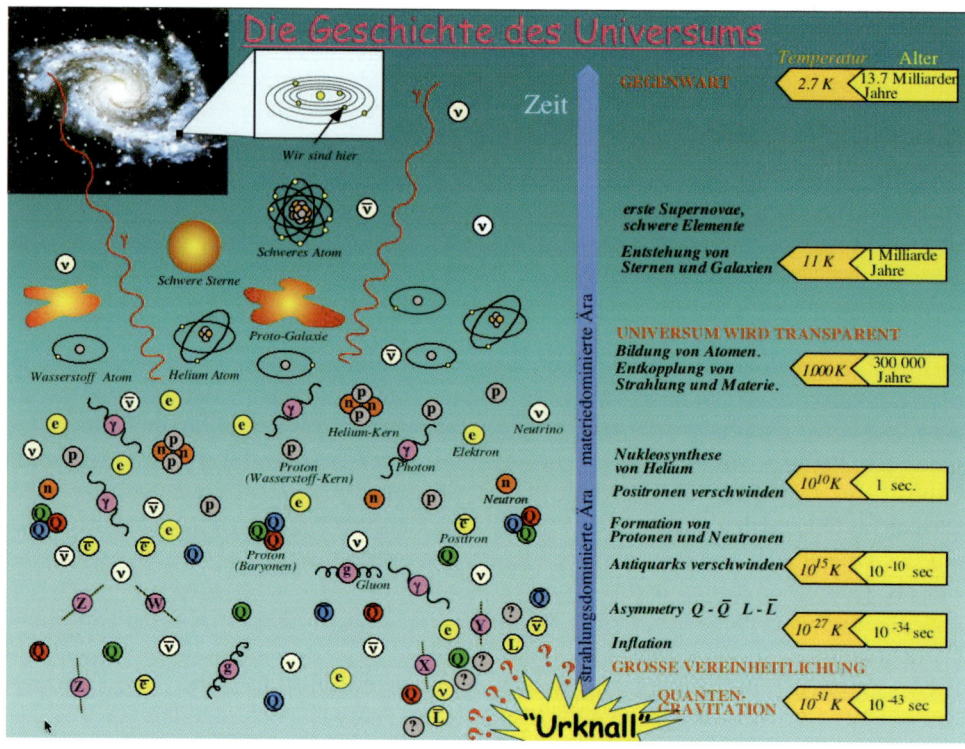

Abb. 4: Die zeitliche Entwicklung unseres Universums, dargestellt auf einer stark nicht-linearen Zeitachse von einer infenitesimal kurzen Zeit nach dem Urknall am unteren Rand bis zur Gegenwart. Wichtige Meilensteine der Entwicklung sind, zusammen mit der zur entsprechenden Zeit herrschenden Temperatur auf der rechten Seite, auf der linken Seite eine exemplarische Darstellung der zeitlich variierenden freien Objekte im Universum, von den elementaren Kraft- und Materieteilchen bis hin zu den Atomen, der kosmischen Hintergrundstrahlung und den Sternsystemen unserer heutigen Zeit.

zu klein war, um die paarweise Erzeugung von Elektronen und Positronen noch weiter zu erlauben. Antimaterie war nun vollständig aus dem Universum verschwunden! Ohne die oben erwähnte Asymmetrie im sehr frühen Universum gäbe es jetzt allerdings überhaupt keine Materie mehr, sondern nur noch Strahlung in Form von Photonen, den leichtesten aller Kraftteilchen. Stattdessen gibt es jetzt Protonen, Neutronen, Elektronen und Photonen. Neutrinos „froren" etwas früher als Elektronen und Positronen aus dem Kreislauf ständiger Vernichtung und Erzeugung aus. Sie waren nun auch als freie Teilchen unterwegs, haben aber wegen ihrer geringen Wechselwirkungskraft keine weitere Bedeutung mehr für unsere weiteren Stationen.

Kurz nach dem Verschwinden der Positronen geschah etwas anderes von enormer Wichtigkeit: die Nukleosynthese von Helium, also die Verschmelzung von je zwei Protonen und zwei Neutronen zu einem dann stabilen Heliumkern. Dies hat ebenfalls sehr praktische Vorteile für unser heutiges Leben: Freie Neutronen leben nur einige Minuten, bevor sie in einem radioaktiven Zerfall in ein Proton, ein Elektron und ein Neutrino zerfallen; gebunden in komplexen Atomkernen jedoch bleiben sie stabil. Der Einfang von Neutronen in Heliumkerne wenig später als eine Sekunde nach dem Urknall hat die Neutronen für unsere heutige Welt bewahrt. Ohne diesen Prozess gäbe es heute keine schwereren Atome als den Wasserstoff – eine vermutlich sehr langweilige Welt!

Ein weiterer, sehr gewichtiger Meilenstein in der Entwicklung des Universums wurde 300 000 Jahre nach dem Urknall erreicht: Die Temperatur des Universums betrug „nur" noch 1000 Kelvin und fiel damit unter die Ionisationstemperatur von Wasserstoffatomen. Alle freien Elektronen wurden von Protonen eingefangen und bilde-

ten so elektrisch neutrale Wasserstoffatome. Die unmittelbare praktische Auswirkung für das Universum: Es wurde „durchsichtig" für elektromagnetische Strahlung. Photonen, die in dem vorherigen Plasma aus geladenen Protonen und Elektronen beständig absorbiert und wieder emittiert wurden, konnten sich nun über längere Wegstrecken frei ausbreiten. Damit entkoppelten sie thermisch von den Materieteilchen. Im weiteren Verlauf der Ausdehnung und Abkühlung des Universums verlängerte sich auch die Wellenlänge der Photonen. Heute werden diese Photonen als „kosmische Hintergrundstrahlung" gemessen; ihre Temperatur beträgt nur noch 2,7 Kelvin.

Diese kosmische Hintergrundstrahlung ist Zeuge der Struktur des Universums vor 13,4 Milliarden Jahren, nur 300 000 Jahre nach dem Urknall. Sie ist erstaunlich homogen: Abweichungen von der Durchschnittstemperatur betragen heute nur wenige millionstel Grad. Die exakte Messung dieser Abweichungen erlaubt es uns, erstaunliche Details über unser Universum zu erfahren, welche bisher aus der Teilchenphysik nicht erhalten werden konnten. Neben dem Alter des Universums verrät sie uns auch, dass unser in Abb. 2 zusammengefasstes Weltbild doch noch nicht vollständig ist. Darüber soll weiter unten, im Kapitel *Fundamentale offene Fragen*, berichtet werden.

Die weitere Entwicklung des Universums nach der Bildung von neutralen Wasserstoff- und Helium-Atomen soll hier nur kurz skizziert werden: Bei weiterer Ausdehnung und Abkühlung klumpt ein Teil der Materie zunehmend zusammen, ausgelöst durch die ehemals kleinen Quantenfluktuationen und verstärkt durch gravitative Anziehungskräfte. Es entstanden schließlich Sterne und Galaxien. Die leichten Elemente, vom Helium bis zum Eisen, wurden in den Sternen durch Kernfusionsprozesse erbrütet und von explodierenden Sternen, den Novae und Supernovae, in den freien Raum gepustet. Die schweren Elemente, jenseits des Eisens, entstanden in endothermen Kernfusionsprozessen, die nur in Supernova-Explosionen möglich waren. Etwa vor 4 Milliarden Jahren entstand dann aus einer lokalen Ansammlung von Materie, die bereits alle schweren, aus vormaligen Sternexplosionen erbrüteten Elemente enthielt, unser Sonnensystem und unsere Erde.

Doch nun zurück zur Teilchenphysik und zu den elementaren Bausteinen der Materie. Wie kann man Quarks und Leptonen „sehen", wie kann man ihre Eigenschaften bestimmen, wie die Gesetzmäßigkeiten der fundamentalen Kräfte studieren?

Dazu benötigt man Sonden zur Auflösung kleinster Strukturen.

Teilchenbeschleuniger: Sonden für kleinste Strukturen

Eines der wichtigsten physikalischen Messprinzipien ist in Abb. 5 verdeutlicht. Es besagt, dass die Wellenlänge λ der zum „Abtasten" verwendeten Sonde kleiner sein muss als die typische Größe Δs der noch aufzulösenden Strukturen: $\lambda < \Delta$s. Im Falle von optischen Mikroskopen bedeutet dies, dass man Objekte und Strukturen bestenfalls bis hinunter zu ca. 1 Mikrometer (= 10^{-6} Meter) auflösen und untersuchen kann, denn

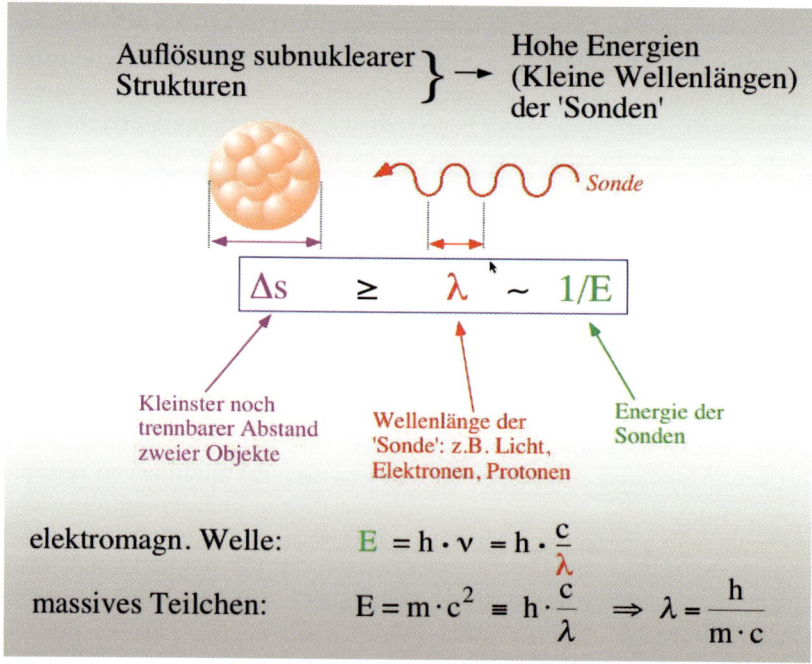

Abb. 5: Physikalische Grundprinzipien zur Auflösung kleinster Strukturen. Die Wellenlänge λ einer elektromagnetischen Welle bzw. eines massiven Teilchens ist umgekehrt proportional zu seiner Energie bzw. zu seiner Masse. Massive und hochenergetische Teilchen sind daher die besten Sonden zur Auflösung subnuklearer Strukturen.

sichtbares Licht hat Wellenlängen im Bereich von 0,4–0,8 Mikrometer [5].

Will man noch kleinere Strukturen untersuchen, muss man zu Sonden kleinerer Wellenlängen greifen, also z. B. zu Röntgenstrahlung oder, unter Ausnutzung des Teilchen-Welle-Dualismus, zu hoch beschleunigten Teilchen. Der Teilchen-Welle-Dualismus besagt, dass Teilchen im subnuklearen Bereich auch Wellencharakter haben, mit allen Interferenz- und Beugungserscheinungen wie bei elektromagnetischer Strahlung. Die Energie E eines Teilchens und seine äquivalente Wellenlänge λ bzw. seine Frequenz ν erfüllen die Relation $E = h \cdot \nu = h \cdot c/\lambda$, wobei $h = 6{,}63 \cdot 10^{-34}$ Joule $\cdot$ Sekunde die Planck'sche Konstante und $c = 3 \cdot 10^8$ Meter/Sekunde die Lichtgeschwindigkeit sind. Für die Energie eines Teilchens mit der relativistischen Masse m gilt außerdem $E = m \cdot c^2$, sodass weiterhin gilt: $\lambda = h/(m \cdot c)$. Hohe Teilchenenergien sind also äquivalent zu kleinen Wellenlängen, und Teilchen mit hoher Masse entsprechen kleinen Wellenlängen (Abb. 5).

In Elektronenmikroskopen werden Elektronen, die mit Spannungen von einigen zehntausend Volt beschleunigt werden, als Sonden benutzt. Damit erreicht man Auflösungsvermögen von typischerweise 10^{-10} Metern und kann z. B. einzelne Atome in Kristallstrukturen „sehen". Noch kleinere Strukturen kann man mit Teilchen, typischerweise mit Elektronen oder Protonen, untersuchen, die man in größeren Teilchenbeschleunigern auf mehrere Millionen oder Milliarden Elektronenvolt (eV) beschleunigt. 1 eV = $1{,}9 \cdot 10^{-19}$ Joule entspricht der Energie eines Elektrons oder Protons, das eine Beschleunigungsspannung von 1 Volt durchlaufen hat. Abb. 6 gibt einen Überblick über die wichtigsten Sonden und ihr Auflösungsvermögen.

Moderne Teilchenbeschleuniger, wie der im Jahre 2000 außer Betrieb gegangene „Large Electron Positron Collider" (LEP) am CERN in Genf (Abb. 7) oder die „Hadron-Elektron-Ring-Anlage" (HERA) bei DESY in Hamburg, die bis zum Jahre 2007 in Betrieb sein wird, erreichen Teilchenenergien bis zu mehreren 100 GeV

Sonde, Instrument	typ. Energie	Auflösung bis ca.	auflösbare Objekte
sichtbares Licht	1 ... 3 eV	10^{-6} m	Viren
Röntgenstrahlung; Elektronenmikroskop	10 keV	10^{-10} m	Atome, Kristallstruktur
niederenergetische Teilchenbeschleuniger	100 MeV	10^{-14} m	Atomkern
hochenergetische Teilchenbeschleuniger (LEP, HERA)	100 GeV	10^{-18} m	Quarks & Co.
Zukunft: Large Hadron Collider (in Bau; Start 2007)	14 TeV	10^{-20} m	????

Abb. 6: Die wichtigsten Sonden zur Auflösung kleinster Strukturen sowie deren typische Auflösungsvermögen

(Giga-Elektronenvolt; 1 GeV = 10^9 eV). Der höchstenergetische von Menschenhand je gebaute Teilchenbeschleuniger wird der „Large Hadron Collider" sein, der – im ehemaligen LEP-Tunnel installiert – ab 2007 am CERN seinen Betrieb aufnehmen wird. Er wird Kollisionsenergien von 14 TeV (Tera-Elektronenvolt; 1 TeV = 10^{12} eV) erreichen und somit das gegenwärtig erreichte Auflösungsvermögen um einen weiteren Faktor 100 steigern.

LEP und seine Detektoren: Größe und Präzision

Am Beispiel von LEP soll das Prinzip von Studien hochenergetischer Teilchenkollisionen näher erläutert werden. LEP ist mit 26,7 Kilometern Umfang die bisher größte und präziseste Maschine der Welt. Abb. 7 zeigt eine Luftaufnahme von der Umgebung des CERN Forschungslabors. Die Lage des ringförmigen LEP-Tunnels, der in ca. 100 Metern Tiefe unterhalb des schweizerisch-französischen Grenzlandes verläuft, ist durch die kreisförmige Linie skizziert. Oberirdisch sind nur die Versorgungs-

Abb. 7: Luftaufnahme von Genf (im Vordergrund mit dem internationalen Flughafen) sowie des Geländes des Europäischen Labors für Teilchenphysik, CERN (pink eingerahmte Flächen). Punktierte Linie: Verlauf der französisch-schweizerischen Grenze. Im Hintergrund die Berge des Französischen Jura. Die Lage der unterirdischen Teilchenbeschleuniger SPS und LEP/LHC sowie der Großexperimente ALEPH, DELPHI, L3 und OPAL am ehemaligen LEP-Beschleuniger und ATLAS, CMS, LHCb und ALICE am zukünftigen LHC-Beschleuniger ist ebenfalls skizziert. Der ehemalige LEP-Tunnel, in welchem derzeit der neue LHC-Beschleuniger installiert wird, hat 27 Kilometer Umfang und liegt ca. 100 Meter unter der Erde.

gebäude der vier großen Teilchendetektoren und Experimente ALEPH, DELPHI, L3 und OPAL zu sehen.

Einen Blick in den Beschleunigertunnel vermittelt Abb. 8. Hier verläuft eine von großen Magneten umgebene Strahlröhre von wenigen Zentimetern Durchmesser, in der Elektronen und Positronen auf gegenläufigen Kreisbahnen bis zu 105 GeV Energie beschleunigt und bei erreichter Sollenergie auf stabilen Kreisbahnen gehalten („gespeichert") werden. Im Inneren der Strahlröhre herrscht ein durch Ionengetter- und Ionenzerstäuberpumpen erzeugtes Vakuum mit einem Restdruck von nur 10^{-10} Torr, um den Verlust von Teilchen durch Kollisionen mit Gasmolekülen zu minimieren.

Elektronen und Positronen sind in jeweils vier oder acht Paketen („bunches") von ca. 2 Zentimetern Länge und 200 x 8 Mikrometern Querschnittsfläche konzentriert; ein Paket enthält ca. $4 \cdot 10^{11}$ Teilchen. Die Teilchenpakete werden durch die Magnetfelder von 3304 Dipolmagneten auf einer wohl definierten Kreisbahn in der Mitte der Strahlröhre gehalten. 816 fokussierende Quadrupol- und 514 Sextupolmagnete stellen sicher, dass die Pakete nicht durch gegenseitige Abstoßung der (gleich geladenen) Teilchen auseinander diffundieren.

Die Elektronen- und Positronenpakete, die sich quasi mit Lichtgeschwindigkeit bewegen, durchdringen sich alle 22 Mikrosekunden an insgesamt vier wohl definierten Stellen des Speicherringes, den so genannten Wechselwirkungszonen. Trotz der hohen Teilchendichte in den Paketen treffen nur relativ selten, etwa einmal pro Sekunde, jeweils ein Elektron und ein Positron so aufeinander, dass sie sich in reine Energie vernichten. Die dabei auftretende Energiedichte, zweimal die Teilchenenergie in einem Raumvolumen von ca. 1 Femto-

meter (10^{-15} Meter) Durchmesser, ist unvorstellbar groß; sie entspricht einer Temperatur von ca. 10^{14} Kelvin, so heiß wie das Universum etwa 10^{-10} Sekunden nach dem Urknall war.

Eine technologische Meisterleistung war die genaue Kalibration der Energien der Teilchenstrahlen im LEP, die für einige der am LEP durchgeführten teilchenphysikalischen Präzisionsmessungen notwendig ist. Mithilfe von resonanten Depolarisationseffekten konnte man die Energie der Elektronen auf 0,02 Promille genau bestimmen. Die Bedeutung einer solchen Präzision für eine Maschine solch großer Ausmaße wird deutlich, wenn man bedenkt, dass die durch den Mond in der Erdkruste hervorgerufenen Gezeitenkräfte den Umfang des LEP-Ringes um ca. 0,3

Abb. 8: Blick in den Tunnel des ehemaligen LEP-Beschleunigers

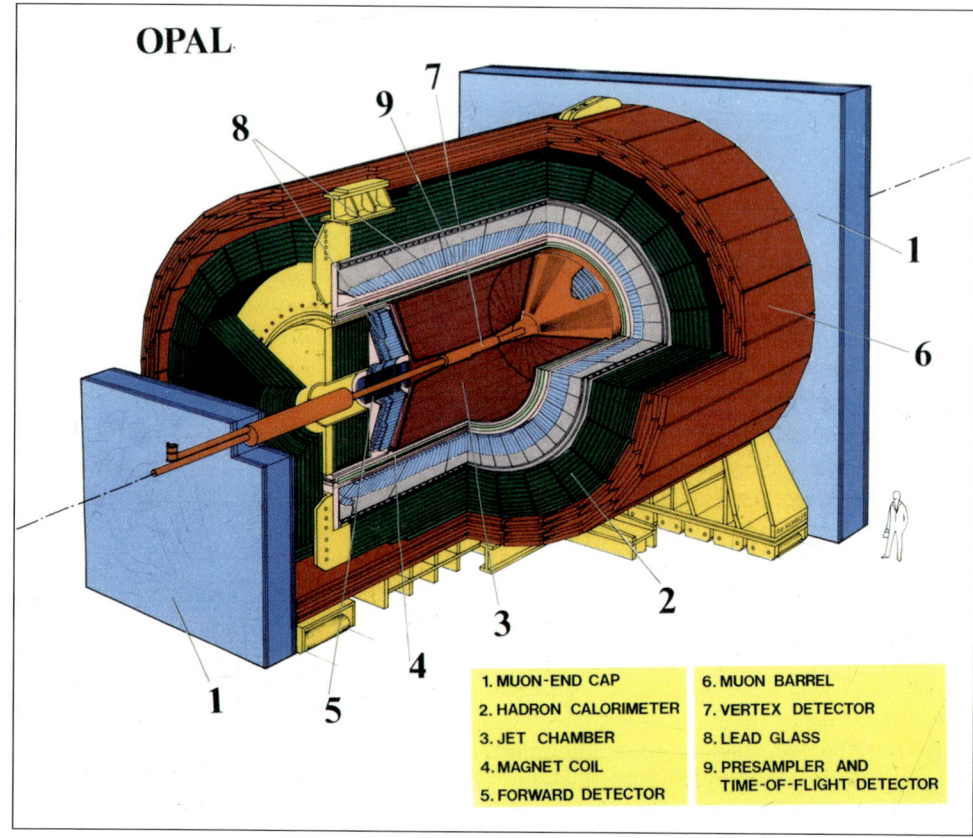

OPAL

1. MUON-END CAP	6. MUON BARREL
2. HADRON CALORIMETER	7. VERTEX DETECTOR
3. JET CHAMBER	8. LEAD GLASS
4. MAGNET COIL	9. PRESAMPLER AND
5. FORWARD DETECTOR	TIME-OF-FLIGHT DETECTOR

Abb. 9: Der OPAL-Teilchendetektor. In seinem Zentrum kollidieren Elektronen, die in der Strahlröhre von links kommend auf die gegenläufigen Positronen treffen. Die dabei frei werdende Vernichtungsenergie materialisiert in eine Vielzahl von Teilchen, welche mit Lichtgeschwindigkeit aus der Strahlröhre herausfliegen und in den zwiebelschalenförmig die Wechselwirkungszone umgebenden Teilchenzählern gemessen werden. Von innen nach außen sind dies ein hochauflösender Silizium-Vertexzähler, eine zentrale Spurkammer zur Messung von Spuren geladener Teilchen, eine große Magnetspule, Flugzeitzähler, Bleiglaszähler zur Absorption und Energiemessung von Photonen und Elektronen, ein hadronisches Kalorimeter zur Absorption und Energiemessung von Hadronen (Protonen, Neutronen, Pionen) sowie ganz außen Spurkammern zur Messung von Myonen.

Millimeter periodisch verändern. Diese verschwindend kleine Störung reichte bereits aus, die Strahlenergie des LEP durch den veränderten Orbit um 0,2 Promille zu verschieben – zehnmal mehr als die erzielte Gesamtpräzision. Selbst die ins Erdreich diffundierenden Rückströme von französischen TGV-Schnellzügen, die am nahe gelegenen Genfer Bahnhof anfuhren, beeinflussten die LEP-Strahlenergie noch merklich und mussten korrigiert werden, um die geforderte Präzision zu erreichen.

Teilchendetektoren: sensible Ungetüme

Aus der hohen Energiedichte, die z. B. bei Kollisionen von Elektronen und Positronen im LEP entstehen, materialisieren nach unmessbar kurzer Zeit eine Vielzahl von Teilchen, die mit annähernd Lichtgeschwindigkeit aus der Strahlröhre herausfliegen. Die Vermessung dieser Teilchen erlaubt Rückschlüsse auf die elementaren Kräfte zwischen Quarks und Leptonen. Die vier Wechselwirkungszonen von LEP sind daher von jeweils einem Großexperiment umgeben, eingebaut in riesigen unterirdischen Hallen. Diese Experimente haben Ausmaße von typischerweise 12 Metern Durchmesser und 12–15 Metern Länge; ihr Gewicht beträgt mehrere tausend Tonnen. Sie bestehen aus mehreren Lagen hochpräziser Teilchenzähler (Teilchendetektoren), die meist konzentrisch um den Wechselwirkungspunkt herum angeordnet sind.

Die Experimente wurden im Rahmen internationaler Kollaborationen von jeweils 300–500 Physikern und vielen Technikern aufgebaut und nahmen von der Inbetriebnahme von LEP im August 1989 bis zu seiner Schließung im November 2000 Daten auf, mit jährlich nur wenigen Monaten Unterbrechung. Eines der vier LEP-Experimente, der **O**mni **P**urpose **A**pparatus at **L**EP (OPAL), ist schematisch in Abb. 9 gezeigt. Abb. 10 zeigt einen Blick in den zu Wartungszwecken teilweise geöffneten Apparat.

Teilchen, die vom primären Wechselwirkungspunkt in der Mitte des OPAL-Experiments nach außen fliegen, hinterlassen elektronische Signale in den verschiedenen Arten der zwiebelschalig angeordneten Teilchendetektoren. Diese Signale werden

Abb. 10: Blick in den zu Wartungszwecken teilweise geöffneten OPAL-Detektor

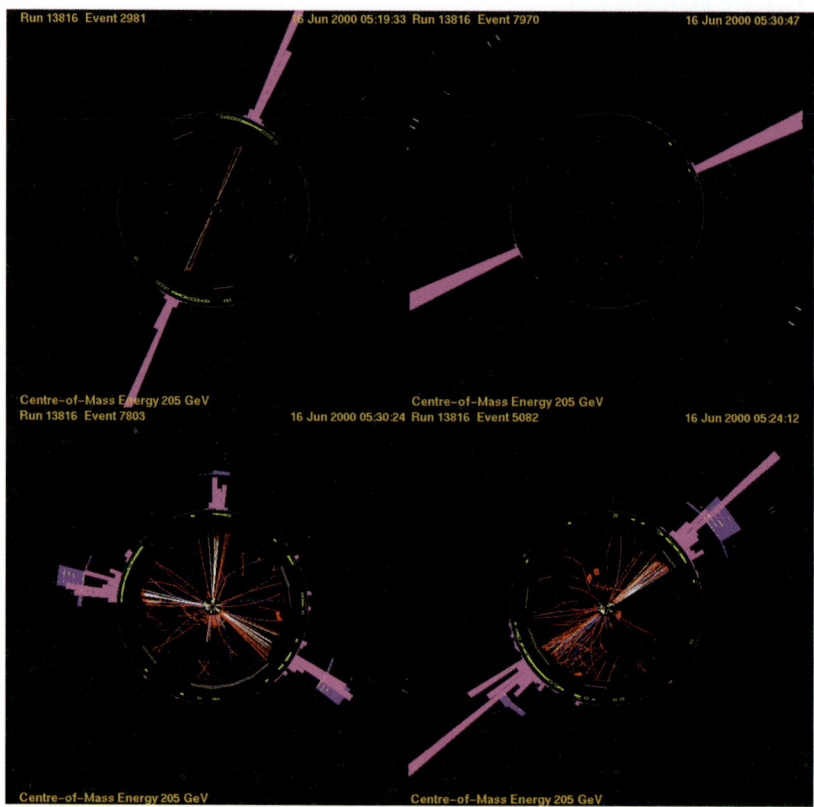

Abb. 11: Aus Kollisionsdaten rekonstruierte, grafische Darstellung von Elektron-Positron-Vernichtungsreaktionen, gemessen mit dem OPAL-Detektor. Die Ansichten entsprechen einem Schnitt senkrecht zur Strahlachse. Die Auswahl der „Ereignisse" demonstriert den Quantencharakter solcher Teilchenreaktionen: Jedes Mal passiert etwas anderes, einzelne Ereignisse und ihre Topologien sind nicht vorhersagbar. Beginnend von links oben und im Uhrzeigersinn sind folgende Reaktionen dargestellt:
$e^+e^- \rightarrow e^+e^-$; $e^+e^- \rightarrow \gamma\gamma$; $e^+e^- \rightarrow q\bar{q}$; $e^+e^- \rightarrow q\bar{q}g$

von speziell entwickelter, schneller Elektronik verstärkt, digitalisiert, gefiltert und dann von Computern ausgelesen. Aus diesen Daten können dann Richtung, Impuls und Energie der Teilchen rekonstruiert werden. Aus der kinematisch möglichst vollständigen Rekonstruktion von ganzen „Ereignissen", d. h. der aus einer Vernichtungsreaktion entstandenen Teilchen, können dann Details der zugrunde liegenden Wechselwirkungen rekonstruiert werden.

In der Welt der Teilchenphysik gelten die Gesetze der Quantenmechanik. Diese bestimmen, dass niemals zwei solcher Ereignisse exakt gleich sein können und dass zu keinem Zeitpunkt die spezielle Natur des nächsten Ereignisses vorbestimmt werden kann. Dies kann durch die Zufallsauswahl von vier solcher Ereignisse, gemessen mit dem OPAL-Detektor während einer 15-minütigen Messphase im Juni 2000, demonstriert werden, die in Abb. 11 gezeigt sind. Physikalisch relevante und detaillierte Aussagen über die zugrunde liegenden Prozesse und Kräfte benötigen daher die statistische Auswertung vieler solcher Ereignisse.

Dies erklärt auch die lange Lebensdauer solcher teilchenphysikalischer Experimente. LEP z. B. wurde mehr als elf Jahre betrieben, mit durchschnittlich 200 Tagen Betrieb pro Jahr rund um die Uhr, bevor es Ende 2000 endgültig beendet wurde. Das Abschalten geschah nicht etwa aus dem Grund, dass alles, was möglich war, schon erforscht worden war, sondern vielmehr wegen begrenzter Ressourcen und der Vorbereitung neuer Projekte wie des Large Hadron Collider, über den wir weiter unten noch berichten werden.

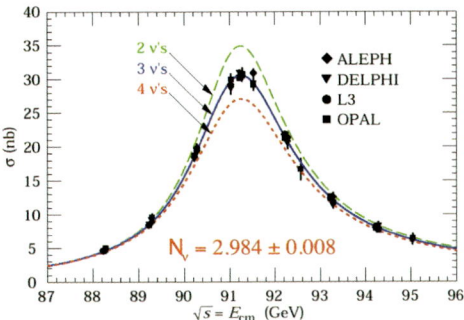

Abb. 12: Resonante Produktionsrate von Z^0-Bosonen, gemessen von den 4 Experimenten am LEP-Beschleuniger, verglichen mit den theoretischen Vorhersagen unter der Annahme der Existenz von zwei, drei oder vier Neutrino-Generationen

Einige Highlights der modernen Teilchenphysik

Durch Teilchenbeschleuniger wie LEP, HERA und das TEVATRON im amerikanischen Fermilab bei Chicago wurde das Standardmodell der Teilchenphysik in den letzten Jahren entscheidend komplettiert und verfeinert. Als Beispiel hierfür seien Ergebnisse zu einigen fundamentalen Fragen, die noch vor 15 Jahren nicht beantwortet werden konnten, näher beschrieben:

Wie viele Familien von Quarks und Leptonen gibt es?

Diese einfache Frage mag zunächst verblüffen, wird jedoch verständlich wenn man bedenkt, dass das oben beschriebene Periodensystem der elementaren Quarks und Leptonen in den 70er- und 80er-Jahren des 20. Jahrhunderts durch die Entdeckungen des c-, des b- und des t-Quarks sowie des τ-Leptons sukzessiv erweitert wurde. Die

Frage, ob es eventuell noch eine vierte oder noch mehr Familien von Quarks und Leptonen gibt, ist berechtigt, konnte aber zunächst nicht abschließend beantwortet werden. Dies änderte sich jedoch bereits nach wenigen Monaten anfänglichen Betriebs von LEP: Dank der hohen Präzision der Strahlenergie konnte die resonante Produktionsrate von Z^0-Bosonen, deren Verlauf von der Anzahl von Neutrino-Generationen, N_ν, abhängt, die Anzahl der Neutrino-Generationen – und damit die Zahl der Quark- und Lepton-Familien – auf genau drei festlegen (Abb. 12).

Wie groß ist die Masse des Z^0-Bosons?

Aus der Analyse der in Abb. 12 gezeigten Daten konnte auch die Masse des Z^0-Bosons, eines weiteren freien Parameters der Theorie des Standardmodells, mit einer Präzision von 20 ppm (parts per million) bestimmt werden: $M_z = (91,1875 \pm 0,0021)$ GeV/c^2. Diese Präzision erforderte u. a. die sorgfältige Korrektur der Energie von LEP auf die Mondphasen sowie auf den Fahrplan des TGV, wie oben bereits erwähnt.

Existiert das Higgs-Boson, und wie groß ist seine Masse?

Die Existenz des Higgs-Bosons (Abb. 2) wird von der Theorie als die wahrscheinlichste Methode, allen anderen Teilchen Masse zu geben, vorhergesagt – nicht jedoch seine eigene Masse. Nach dem Higgs-Boson wurde daher besonders intensiv gefahndet. Leider konnte es bisher auch an den höchstenergetischen Beschleunigern nicht gefunden werden. Insbesondere die LEP-Experimente schließen daher die Existenz des Higgs-Bosons mit einer Masse unterhalb von 114 GeV/c^2 aus. Während die direkte Suche nach dem Higgs-Boson bisher erfolglos war, ergeben präzise Analysen der LEP-Daten starke indirekte Hinweise auf seine Existenz, woraus sich eine *obere* Massengrenze von 185 GeV/c^2 ergibt. Die LEP-Experimente sagen also voraus, dass 114 GeV/c^2 < M_H < 185 GeV/c^2. Daraus folgt, dass das Higgs-Boson „gleich um die Ecke" liegt, d. h. dass es existiert und dass es mit der nächsten Generation von hochenergetischen Teilchenbeschleunigern, insbesondere mit dem LHC, entdeckt werden wird.

Wie groß ist die Kopplungsstärke α_s zwischen Quarks, und kann man das Konzept der asymptotischen Freiheit experimentell belegen?

Die Kopplungsstärke α_s der starken Kraft ist – äquivalent zur Sommerfeld'schen Feinstrukturkonstanten α der elektromagnetischen Kraft – eine der wichtigsten Naturkonstanten, deren Wert von der Theorie jedoch nicht vorhergesagt wird. Die Quan-

ten-Chromodynamik (QCD) enthält α_s sowie die Quark-Massen als freie Parameter, die experimentell bestimmt werden müssen. Ist der Wert von α_s in einer Teilchenreaktion gemessen, sagt die QCD jedoch die *Energieabhängigkeit* von α_s präzise voraus: Es wird erwartet, dass α_s logarithmisch mit ansteigender Energie abfällt, bis es bei unendlich großen Energien, oder äquivalent bei kleinen Abständen, gegen Null geht; diesen Effekt nennt man „asymptotische Freiheit" der Quarks. Umgekehrt wird erwartet, dass bei kleinen Energien, oder bei großen Abständen, α_s immer größer wird. Dieser Effekt wird das „Confinement" der Quarks genannt. Er würde erklären, warum es bisher nicht gelungen ist, einzelne Quarks zu isolieren. Neben der Energieabhängigkeit von α_s sagt die QCD weiterhin voraus, dass α_s unabhängig von der spezifischen Art von Teilchenreaktionen und somit eine universelle Größe ist.

Abb. 13 enthält eine Zusammenfassung aller signifikanten Messungen von $\alpha_s(Q)$, in Abhängigkeit der Energie Q des jeweiligen Prozesses, bei welcher die Messung durchgeführt wurde. Fast alle der gezeigten Ergebnisse wurden in den letzten 15 Jahren an den höchstenergetischen Teilchenbeschleunigern erzielt. Die Messwerte sind in bester Übereinstimmung mit den Vorhersagen der QCD. Dies betrifft sowohl die markante Energieabhängigkeit als auch die Unabhängigkeit von α_s vom Typ der spezifischen Teilchenreaktion. Insbesondere werden die Vorhersagen der asymptotischen Freiheit und des Confinement experimentell bestätigt.

Eine Zusammenfassung aller Ergebnisse ergibt, dass der Wert der Kopplungskonstante, ausgedrückt bei einer Referenz-Energie, nämlich der Ruheenergie des Z^0-Bosons mit der Masse M_z= 91,2 GeV/c^2, $\alpha_s(M_z)$ = 0,118 ± 0,003 beträgt.

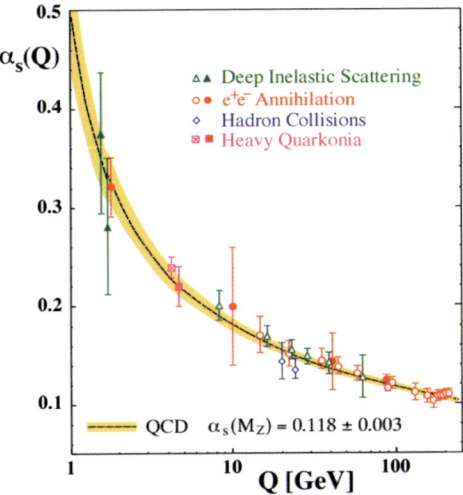

Abb. 13: Zusammenfassungen aller Messungen der Kopplungskonstante α_s der starken Kraft, in Abhängigkeit der jeweiligen Energie Q, bei welcher die Messung vorgenommen wurde. Die Kopplungsstärke ist, wie von der QCD vorhergesagt, energieabhängig und fällt mit zunehmender Energie logarithmisch ab – ein signifikanter Nachweis der asymptotischen Freiheit von Quarks. Die Kurven zeigen die Vorhersagen der QCD. Hier wurde der einzige freie Parameter, die Größe der Kopplungsstärke α_s bei einer Referenzenergie (hier: die Ruheenergie des Z^0-Bosons mit seiner Masse M_Z), an den aus Daten bestimmten Wert, $\alpha_s(M_Z) = 0{,}118 \pm 0{,}003$, angepasst.

Die Unsicherheit von 3 Prozent in α_s ist im Wesentlichen theoretischer Natur, da die QCD durch die Selbstkopplung der Gluonen sehr schwierig zu berechnen und daher intrinsisch ungenau ist. Zum Vergleich: die Kopplungsstärke der elektromagnetischen Kraft ist wesentlich kleiner, aber präziser bekannt: $\alpha = 0{,}007297352568 \pm 0{,}000000000024 \approx 1/137$. Auch die Energieabhängigkeit von α ist kleiner, wurde aber ebenso durch Messungen bei LEP bestätigt.

Fundamentale offene Fragen

Das Standardmodell der Teilchenphysik beschreibt die vereinheitlichte elektroschwache Kraft sowie die starke Kraft mithilfe eichinvarianter Quantenfeldtheorien. Es ist extrem erfolgreich in der konsistenten und präzisen Beschreibung aller bis heute untersuchten Teilchenreaktionen. Heute wissen wir jedoch auch, dass das Standardmodell nicht die ultimative Theorie sein kann:

- Es versagt bei sehr hohen Energien, jenseits von ca. 1 TeV, wo es teilweise inkonsistente und physikalisch unsinnige Vorhersagen macht (Stichwort Unitaritätsverletzung).
- Es hat zu viele freie Parameter, die nur durch experimentelle Messungen bestimmt werden können.
- Es schließt die Gravitation, für die es bisher keine quantenfeldtheoretische Beschreibung gibt, nicht mit ein.
- Es lässt viele fundamentale Fragen unbeantwortet.

Zu den wichtigsten heute ungeklärten fundamentalen Fragen gehören folgende:

- Was ist der Ursprung der verschiedenen Teilchenmassen?
- Warum gibt es genau drei Familien von Quarks und Leptonen?
- Warum ist der Betrag der elektrischen Ladung des Elektrons exakt gleich groß wie der des aus drei Quarks zusammengesetzten Protons?
- Wo ist die Antimaterie im Universum, bzw. durch welchen Mechanismus wurde im frühen Universum die Asymmetrie zwischen Materie und Antimaterie erzeugt?

- Gibt es eine Universalkraft als gemeinsame Urkraft (so genannte „Grand Unified Theories", GUT)?
- Gibt es verborgene Raumdimensionen (Stringtheorien leben z. B. in zehn- bzw. elfdimensionalen Räumen)?
- Woraus bestehen die „Dunkle Materie" und die „Dunkle Energie", deren Existenz zwingend aus den neuesten astrophysikalischen Beobachtungen folgt und die gemeinsam 95 Prozent der Materie- und Energiedichte unseres Universums ausmachen?

Gerade die letzte dieser Fragen treibt Teilchenphysiker derzeit besonders an, besagt sie doch schließlich, dass die sichtbare und uns präsente Welt sowie das Standardmodell der Teilchenphysik, mit dem wir diese Welt beschreiben, nur 5 Prozent des Universums darstellen – die Natur der „restlichen" 95 Prozent ist uns derzeit absolut unbekannt! Wir wissen lediglich, dass die Dunkle Materie elektrisch neutral ist, dass sie nur der schwachen Kraft und der Gravitation unterliegt und dass sie in ihrer Gesamtheit nicht identisch ist mit irgendeiner Form von Materie aus den uns bekannten Quarks und Leptonen. „If it's not DARK, it doesn't MATTER" – ein Kalauer, der unser derzeitiges Unwissen prägnant beschreibt.

Die aktive Suche nach Teilchen der mysteriösen Dunklen Materie ist in vollem Gange, z. B. mit ausgefeilten und hochsensiblen Detektoren, welche, abgeschirmt von der kosmischen Strahlung und von radioaktiven Zerfällen, in Untergrundlaboratorien wie dem italienischen Gran-Sasso-Labor betrieben werden. Hier versucht man, die überaus seltenen und schwachen Stöße von Teilchen der Dunklen Materie, die überall um uns herum im Überfluss existieren müssten, an einzelnen Atomen geeigneter Detektormaterialien zu messen.

Damit könnte man die derzeit nur aus indirekten, astrophysikalischen Messungen gefolgerte Existenz der Dunklen Materie direkt nachweisen.

Um die Eigenschaften der Teilchen der Dunklen Materie jedoch detailliert zu erforschen, muss man sie im Experiment kontrolliert *erzeugen* und vermessen. Dies ist, zusammen mit der Aufklärung der anderen Punkte aus obiger Aufzählung der offenen Fragen, eine der Hauptaufgaben zukünftiger Großprojekte der experimentellen Teilchenphysik.

Der Large Hadron Collider

Und die Zukunft hat bereits begonnen: In internationaler Kollaboration werden am CERN derzeit der Large Hadron Collider (LHC) und die dazugehörigen Experimente der nächsten Generation gebaut. Der LHC wird im ehemaligen LEP-Tunnel (Abb. 7) errichtet. Für die beiden Großdetektoren ATLAS und CMS wurden neue, größere unterirdische Kavernen geschaffen; zwei kleinere Experimente mit speziellen Aufgaben, ALICE und LHCb, werden in Hallen errichtet, die bereits für LEP-Experimente benutzt wurden.

Ab Sommer 2007 sollen im LHC Protonen gegenläufig auf jeweils 7 TeV Energie beschleunigt werden und in den vier Wechselwirkungszonen zur Kollision gebracht werden. Die Kollisionsenergie von insgesamt 14 TeV entspricht einer Energiedichte, wie sie im frühen und heißen Universum nur 10^{-15} Sekunden nach dem Urknall herrschten. Sie sollte ausreichen, um Antworten auf die meisten der oben genannten offenen Fragen zu finden. Insbesondere gilt als sicher, dass am LHC das Higgs-Boson sowie neue Formen von Materie, wenn sie denn im Massenbereich bis zu einigen TeV existieren, gefunden und vermessen werden können – so hoffentlich auch die Teilchen der Dunklen Materie.

Solche super-massiven Teilchen werden allerdings nur extrem selten auftreten. Um während einer für menschliche Wesen akzeptablen Messzeit von maximal einigen Jahren noch eine verwertbare Anzahl solcher Prozesse zu erhalten, muss das LHC mit gigantischen Kollisionsraten aufwarten. Dies wiederum impliziert Beschleuniger- und Detektortechnologien, die heute am Rande des gerade noch Machbaren rangieren.

LHC wird in jeder Umlaufrichtung mit insgesamt 2835 Paketen („bunches") von Protonen gefüllt; jedes Paket enthält 10^{11} Protonen. Um die auf 7 TeV beschleunigten Protonen auf einer Kreisbahn in der LHC-Strahlröhre zu halten, sind Magnet-felder von bis zu 9 Tesla erforderlich, die von 1300 supraleitenden Dipolmagneten von je 15 Metern Länge erzeugt werden.

Der räumliche Abstand der mit Lichtgeschwindigkeit zirkulierenden Pakete beträgt nur 7,5 Meter. Dies bedeutet, dass in jeder der vier Wechselwirkungszonen alle 25 Nanosekunden, also 40 Millionen mal pro Sekunde, zwei Pakete miteinander kollidieren. Dabei werden sich jedes Mal im Mittel die Ereignisse von 23 Proton–Proton-Wechselwirkungen überlagern. Dies ergibt eine Gesamtrate von einer Milliarde (10^9) Ereignissen pro Sekunde, deren Reaktionsprodukte von den Detektoren präzise und möglichst vollständig erfasst werden müssen – um anschließend die berühmte Suche nach der Nadel im Heuhaufen, nach Higgs-Teilchen oder an-

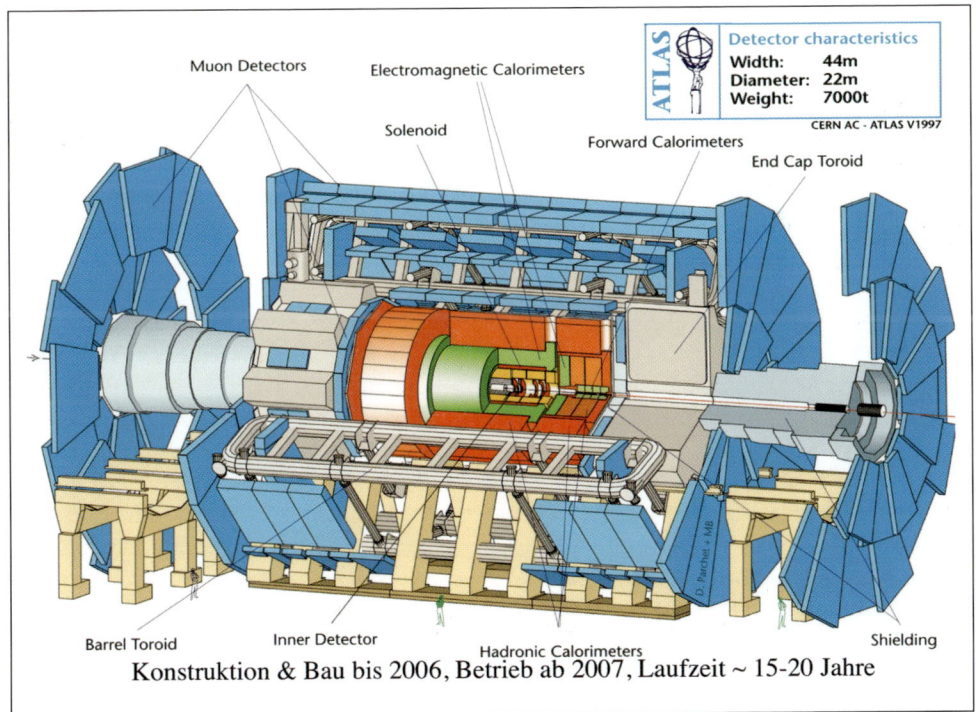

Muon Detectors   Electromagnetic Calorimeters

ATLAS   Detector characteristics
Width: 44m
Diameter: 22m
Weight: 7000t

CERN AC - ATLAS V1997

Solenoid

Forward Calorimeters

End Cap Toroid

Barrel Toroid   Inner Detector   Shielding

Hadronic Calorimeters

Konstruktion & Bau bis 2006, Betrieb ab 2007, Laufzeit ~ 15-20 Jahre

Abb. 14: Schematische Darstellung des derzeit im Bau befindlichen ATLAS-Detektors für den Large Hadron Collider (LHC)

deren neuen Prozessen, durchführen zu können.

Auch die LHC-Detektoren entsprechen in jeder Hinsicht technologischen Superlativen. Der Aufbau von ATLAS, des größten der vier LHC-Experimente, ist in Abb. 14 dargestellt. Mit einem Durchmesser von 22 Metern und einer Länge von 44 Metern besitzt ATLAS das zehnfache Volumen des oben beschriebenen OPAL-Detektors (Abb. 9 und 10). Den Status des Aufbaus des ATLAS-Detektors in der großen unterirdischen Kaverne zeigt Abb. 15.

ATLAS wird von einer internationalen Kollaboration von ca. 1800 Physikern und Technikern aus 151 Instituten in 35 Ländern gebaut. Abb. 16 gibt einen Überblick über die geografische Lage der beteiligten Institute.

Die Abfolge der verschiedenen Teildetektoren in ATLAS ist ähnlich wie bereits bei OPAL besprochen, jedoch werden wesentlich neuere und verfeinerte Technologien eingesetzt. Besonders zu erwähnen ist hier das riesige und aufwändige System von Magneten, die benötigt werden, um aus der Spurkrümmung elektrisch geladener Teilchen in den Magnetfeldern deren Impuls und Energie präzise bestimmen zu können. Neben dem zentralen supraleitenden Solenoid-Magneten gibt es acht supraleitende, je 22 Meter lange Luft-Toroid-Spulen im Zentralteil („barrel") sowie zweimal acht Toroide in Vorwärts- und Rückwärtsrichtung. Der Zentrale Spurdetektor ganz im Inneren besteht aus hochauflösenden und strahlenharten Silizium-Vertex- und Silizium-Streifen-Zählern.

Abb. 15: Blick in die unterirdische Halle, in welcher das ATLAS-Experiment aufgebaut wird. ATLAS wird nach seiner Fertigstellung gegen Ende 2006 fast die gesamte Halle ausfüllen. Die kreisförmige Öffnung im Zentrum des Bildes ist der Austritt aus dem Tunnel des LHC-Beschleunigers. Das Bild zeigt das Absenken des ersten aktiven Detektorelementes, eines 400 Tonnen schweren Teilstücks des zentralen Hadronkalorimeters von ATLAS, im April 2004.

Armenia
Australia
Austria
Azerbaijan
Belarus
Brazil
Canada
China
Germany
Danmark
Spain
Finland
France
Georgia
Greece
Italy
Israel
Japan
Kazakhstan
Morocco
Norway
Netherlands
Portugal
Poland
Romania
Russia
Sweden
Switzerland
Slovenia
Slovakia
Taiwan
Turkey
UK
USA

ATLAS Collaboration

Abb. 16: Weltkarte aller am ATLAS-Experiment teilnehmenden Institute, deren Lage durch rote Punkte gekennzeichnet ist. Insgesamt kollaborieren ca. 1800 Physiker und Ingenieure aus 151 Instituten und 35 Ländern.

Insgesamt enthält ATLAS 150 Millionen elektronische Auslesekanäle; auch wenn nur ein Bruchteil von diesen bei einzelnen Kollisions-Ereignissen angeregt wird, ergeben sich doch Datenmengen gigantischen Ausmaßes, die von den Detektoren, der Elektronik und den Computern verkraftet werden müssen: Der Rohdatenfluss aus ATLAS heraus wird 10^{14} Byte pro Sekunde betragen, das ist mehr als der heutige Telekommunikationsverkehr auf der ganzen Welt!

Nicht alle diese Daten werden zur Analyse gespeichert; nur eine sorgfältig in „realtime" gefilterte Untermenge kann aufgehoben werden. Dennoch ist die Datenmenge der LHC-Experimente, die jährlich auf Festplatten und anderen Medien gespeichert werden muss, riesig: Ca. 7 Peta-Byte (10^{15} Byte) an Rohdaten werden jedes Jahr archiviert werden; ausgedruckt auf normales Papier in A4-Format entspricht diese Datenmenge einem Stapel von 100 000 Kilometern Höhe, also ein Drittel der Wegstrecke zum Mond. Zur Bewältigung dieser enormen Datenmengen ist die Entwicklung eines neuen hochleistungsfähigen Netzwerks von leistungsfähigen Computer-Zentren rund um den Erdball notwendig, das neben der Datenspeicherung auch den effizienten Zugriff aller beteiligten Wissenschaftler auf diese Daten sowie deren Analyse ermöglichen soll.

Dieses neue System trägt den Namen „GRID", in Anspielung auf ein Spinnennetz, wie in Abb. 17 gezeigt. Dabei sind große nationale und internationale Rechenzentren in einer hierarchischen, mehrschichtigen (englisch: multi-tier) Struktur miteinander vernetzt. Die Rohdaten werden in dem großen „Tier-0"-Zentrum beim CERN gespeichert. Rekonstruierte und komprimierte Daten werden dann auf diverse Tier-1-Zentren, die in den größeren beteiligten Ländern wie Deutschland, England, Frankreich, Italien, den USA sowie im asiatischen Raum angesiedelt sind, verteilt. Kleinere Tier-2-Zentren dienen dem Abarbeiten von Aufträgen („jobs") der lokalen Nutzer sowie der Erstellung aufwändiger Computer-Simulationen und Modellrechnungen. Tier-3-Zentren sind typische Computer-Cluster in beteiligten Instituten, die Tier-4-Stufe entspricht den Workstations einzelner Nutzer. Dieser muss letztendlich nicht wissen, wo die entsprechenden Daten, die er benötigt, physisch gespeichert sind, noch auf welchem Computer ihr Analyse-Job abgearbeitet wird; der Nutzer submittiert seinen Auftrag einfach an das GRID, das ihm wenig später die Resultate liefert.

Mit dem LHC-Projekt beginnt ein großer Schritt in die Zukunft der Teilchenphysik, der nicht nur unser Wissen um die kleinsten Bausteine des Universums, sondern auch unser kosmologisches (Selbst-) Verständnis signifikant erweitern wird. Welche unserer offenen Fragen es beantworten wird und welche neuen Fragen wir

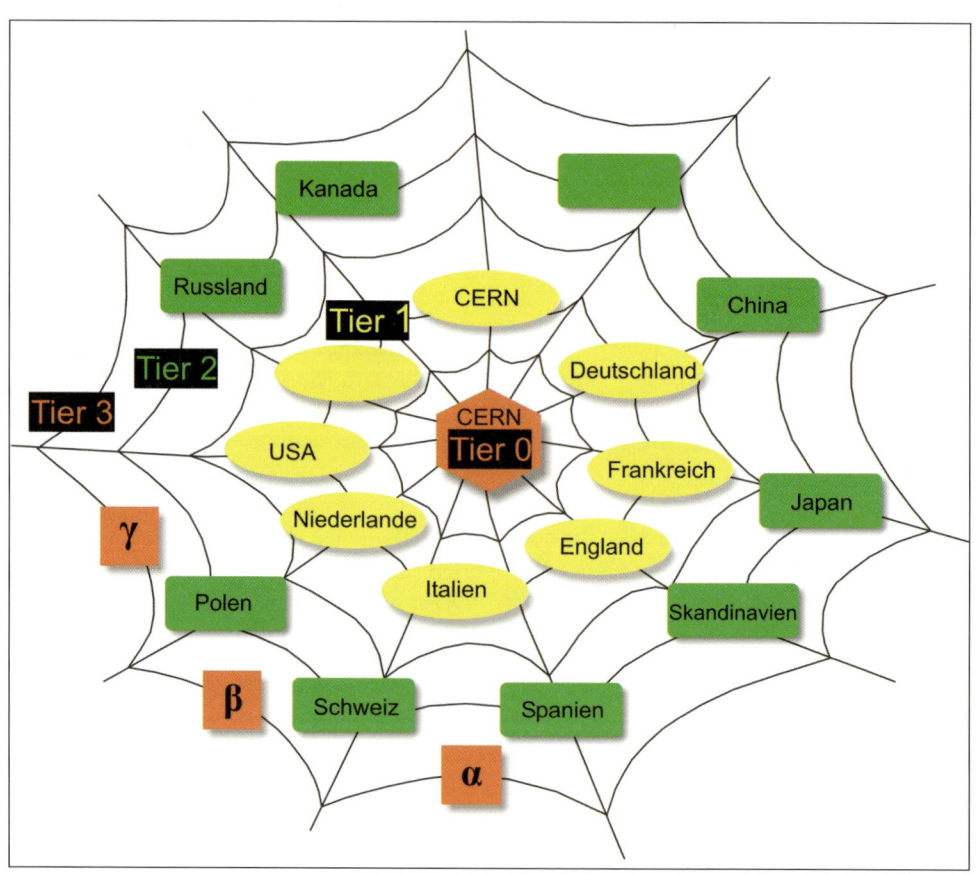

Abb. 17: Struktur des LHC Data GRID zur Verteilung, Speicherung und Analyse der Daten der LHC-Experimente

uns dann vielleicht stellen werden, liegt noch in den Sternen – oder in den kleinsten Dimensionen jenseits von 10^{-18} m.

Anmerkungen

[1] Ein Proton besteht aus zwei u-Quarks und einem d-Quark; ein Neutron besteht aus einem u-Quark und zwei d-Quarks.

[2] Ein ruhendes Myon zerfällt nach ca. 2 Mikrosekunden (10^{-6} Sekunden) in ein Elektron, ein Myon-Neutrino und ein Elektron-Antineutrino: $\mu^- \rightarrow e^- \nu_\mu \overline{\nu}_e$.

[3] Eine Größenordnung bedeutet einen *Faktor 10*. Das Verhältnis zwischen der starken Kraft und der Gravitationskraft zwischen zwei Quarks ist demnach ebenso groß wie das Verhältnis zwischen der Größe des Universums und der eines Atomkerns, vgl. Abb. 1.

[4] Die Natur erreicht „Farbneutralität" offenbar durch Bindungszustände von drei Quarks, von denen jedes einen anderen der drei elementaren Quantenzustände (die man rot, grün und blau nennt) besitzt, oder von je einem Quark und einem Anti-Quark, von denen eines die Antifarbe des anderen aufweist. In Analogie zu Mischungszuständen in der klassischen Farblehre werden die Quantenzustände der Quarks deshalb mit dem Wort „Farbe" (englisch: colour) beschrieben. Mit klassischen Farben haben diese natürlich nichts zu tun!

[5] Der Einsatz lasertechnischer und interferometrischer Verfahren erlaubt, unter bestimmten Umständen die Auflösung auf bis zu 1/20 der optischen Wellenlänge zu verbessern.

Literatur

Cottingham, W. Noel, Derek A. Greenwood: An Introduction to the Standard Model of Particle Physics. Cambridge University Press, 1998 und 2003).

Lohrmann, E.: Der Traum von der Weltformel – Standardmodell der Teilchenphysik. Physik in unserer Zeit 32, 158–163 (2001).

Bethke, S., P. Zerwas: Schwache Starke Wechselwirkung – Die asymptotische Freiheit der Quarks. Physik Journal 3/12, 31 (2004).

Börner, G.: Der Nachhall des Urknalls. Physik Journal 3/2, 21 (2005).

Internet

http://www.teilchenphysik.org
    – Informationen, Links zu Laboratorien

http://www.didaktik.physik.uni-erlangen.de/gdt/gdt.htm
    – Grundlagen der Teilchenphysik für Schüler, Lehrer und junge Studenten

http://pdg.lbl.gov/
    – Zusammenfassung aktueller Ergebnisse aus der Teilchen- und Astrophysik; mit Einführungs- und Übersichtsartikeln sowie Verweisen auf Originalarbeiten

Chaos und Ordnung auf Oberflächen

Harm Hinrich Rotermund

Unsere Welt unterliegt in weiten Bereichen den Gesetzen der nichtlinearen Dynamik. Dies beginnt auf kleinster Skala bei selbstorganisierten Molekülen, zeigt sich in größerer Dimension beim Kammerflimmern des Herzens oder am Wetter und lässt sich selbst in den Größenordnungen des Universums bei Galaxien wieder finden. Um diese Vielfalt zu erklären, sind einfache Modellsysteme notwendig, die dennoch die ganze Komplexität der nichtlinearen Dynamik aufweisen. Dafür eignen sich besonders chemische Systeme, die sich meist durch Reaktions-Diffusions-Modelle theoretisch charakterisieren lassen. In ihrer einfachsten Form sind es zweidimensionale Oberflächenreaktionen bei der heterogenen Katalyse mit einer Fülle von Mustern. Daher liegt der Schwerpunkt dieser Darstellung bei der CO-Oxidation auf Platinoberflächen, wie sie in jedem Autokatalysator abläuft. Es wird gezeigt, wie sich das „Chaos" kontrollieren lässt und eine neue Ordnung entsteht.

Das Entstehen von Ordnung aus Chaos hat die Menschen seit je beschäftigt. So wundert es nicht, dass sich 1988 in Freiburg die 115. Versammlung der Gesellschaft Deutscher Naturforscher und Ärzte ausschließlich mit dem Thema „Ordnung und Chaos in der unbelebten und belebten Natur" beschäftigte. Die Themen reichten dabei von „Fraktale Dimension in der Chemie" über „Ordnung und Chaos bei Psychosen" bis zu „Spin-Gläser und Hirngespinste" [1]. Hermann Hakens einleitender Vortrag über „Synergetik – Vom Chaos zur Ordnung und weiter ins Chaos" veranschaulicht das deterministische Chaos, und wie es aus mikroskopischem Chaos

Abb. 1: Sandformen auf Kniepsand, Amrum, Mai 2004

Prof. Dr. **Harm Hinrich Rotermund**, geb. 1949 in Flensburg. Studium der Physik an der Universität Tübingen und an der TU Berlin. 1975–1979 wissenschaftlicher Assistent am Institut für Festkörperphysik der TU Berlin, 1979 Promotion in Physik. 1980 Studienaufenthalt in Südamerika. 1981–1985 wissenschaftlicher Mitarbeiter am Fritz-Haber-Institut der Max-Planck-Gesellschaft. 1985–1987 Gastwissenschaftler am IBM Almaden Research Center in San Jose, USA. Seit 1988 Leiter der Arbeitsgruppe „Surface Imaging" am Fritz-Haber-Institut. 1991 Habilitation an der TUB. 2000–2001 Gastprofessor an der Princeton University, Dept. of Chemical Engineering, seit 2003 Adjunct Professor am Dept. of Physics and Atmospheric Science, Dalhousie University, Halifax, Kanada.
Forschungsschwerpunkte: Heterogene Katalyse, nichtlineare Oberflächenreaktionen und deren Musterbildungen, Kontrolle von Mustern, Verbesserung von Ausbeute und Selektivität, Korrosionsphänomene.

Prof. Dr. Harm Hinrich Rotermund
Fritz-Haber-Institut der Max-Planck-Gesellschaft
Faradayweg 4–6
D-14195 Berlin, Dahlem

entstehen kann. Aber auch makroskopische Systeme, sofern sie sich weit genug vom thermodynamischen Gleichgewicht befinden, können spontan Strukturen bilden.

Schaut man sich unsere unberührte Erdoberfläche an, so lässt sich dort in unterschiedlichsten Bereichen die Entstehung von Ordnung aus Ungeordnetem beobachten. Ein Beispiel sind Wellenmuster aus Sand, wie sie sich jederzeit im Wattenmeer bei Ebbe finden lassen. Aber auch das

Wechselspiel von Wind, Sand und Schwerkraft prägt Formen (Abb. 1), die oft bereits binnen weniger Stunden entstehen können.

Muster, die sich vermutlich erst über Jahrzehnte hinweg durch ein zyklisches Auftauen und wieder Einfrieren der Oberfläche entwickeln und dabei wie von Menschenhand aufgeschichtete Steinringe aussehen, finden sich in vielen Permafrostgebieten (Abb. 2). Diese Ringe haben Durchmesser von mehreren Metern und zeugen von Selbstorganisationsphänomenen, die über längere Zeiträume ablaufen.

Aber selbst auf der nicht mehr vorstellbaren Zeitskala von Milliarden Jahren und auf der ebenso nicht erfahrbaren Längenskala von Millionen Lichtjahren spiegeln sich die Gesetzmäßigkeiten der nichtlinearen Dynamik in Form nahezu unzähliger Spiralgalaxien des bekannten Universums wider (Abb. 3).

Es liegt auf der Hand, dass sich in dieser Größenordnung keine Experimente mehr machen lassen, und auch die zeitliche Entwicklung individueller Galaxien lässt sich im Rahmen eines Forscherlebens nicht verfolgen. Jedoch sind Spiralgalaxien in millionenfacher Anzahl vorhanden, sodass deren Entwicklung dennoch nachvollziehbar bleibt und über die Zukunft des Universums recht konkret spekuliert werden kann [3].

Zu einem tieferen Verständnis der nichtlinearen Dynamik bietet sich die Erforschung einfacher Modellsysteme, die im Labor zugänglich sind, an. Diese Systeme sollten so einfach wie möglich sein, dennoch aber die gesamte Vielfalt der Musterbildung wiedergeben. Besonders geeignet sind dabei nichtlineare chemische Reaktionen.

So sind im Bereich der Chemie bzw. physikalischen Chemie seit fast 200 Jahren oszillierende nichtlineare Phänomene bekannt. Schon 1827 berichtete J. W. Döbereiner [4] über Experimente mit Platin als

Abb. 2: Steinringe auf Spitzbergen, Foto Mark Kessler, Santa Cruz [2]

Katalysator und erfand ein Feuerzeug, welches Wasserstoff an einem Platinschwamm zur Flammenerzeugung bringt. Ein Jahr später entdeckte G. Th. Fechner Veränderungen in der Polarität einer einfachen elektrischen Kette [5, 6]. Wilhelm Ostwald berichtete über „Periodische Erscheinungen beim Auflösen des Chroms in Säuren" [7]. Er war es auch, der vor der Gesellschaft Deutscher Naturforscher und Ärzte 1901 (73. Versammlung) erstmals die bis heute übliche Definition einer katalytischen Reaktion gab: „Ein Katalysator ist ein Stoff, der, ohne im Endprodukt einer chemischen Reaktion zu erscheinen, ihre Geschwindigkeit verändert." [8] Insgesamt war die Vielfalt nichtlinearer Phänomene allein in der physikalischen Chemie damals derart beachtlich, dass bereits 1926 ein fast 100-seitiger zusammenfassender Artikel über periodische Erscheinungen in der physikalischen Chemie erschien [9].

Viele dieser ersten Beobachtungen gerieten anschließend nahezu vollständig in Vergessenheit, und um die Mitte des 20. Jahr-

hunderts dominierte dann der feste Glaube an die Vorhersagbarkeit in weiten Bereichen der klassischen Physik und Chemie. Daher gelang es B. P. Belousov, der immerhin Leiter eines chemischen Institutes in Moskau war, nicht, seine Beobachtung einer oszillierenden, homogenen katalysierten chemischen Reaktion zu veröffent-

Abb. 3: Spiralgalaxie NGC 1232, siehe auch G. Hasinger in [3]

lichen [10]. Sein eingereichtes Manuskript wurde mehrfach abgelehnt, jeweils mit dem Hinweis, dass Reaktionen einen chemischen Zustand in einen anderen überführen und daher nicht oszillieren könnten. Erst A. M. Zhabotinsky gelang es Jahre später, eigene Forschungsarbeiten basierend auf der Belousov-Reaktion zu publizieren [11–14]. Seitdem ist die nunmehr Belousov-Zhabotinsky (BZ) genannte Reaktion die meistuntersuchte oszillierende Reaktion überhaupt geworden. Allerdings ist sie durch die Beteiligung von fast 20 Reaktanden nicht einfach zu modellieren.

Aber auch bei nicht homogenen Reaktionen, also in der heterogenen Katalyse, sind oszillierende Systeme (wieder-)entdeckt worden. In der Arbeitsgruppe von E. Wicke in Münster wurden erstmals 1970 Oszillationen der Reaktionsrate während der Kohlenmonoxid-Oxidation unter Atmosphärendruck an Platinkatalysatoren beobachtet [15, 16]. Dabei gehört die CO-Oxidation zu den denkbar einfachsten Reaktionen überhaupt und ist wohl gerade deswegen die Meistuntersuchte in der Oberflächenphysik. Natürlich ist sie auch von größter Bedeutung für unsere Umwelt, da fast alle Verbrennungsmotoren und Kraftwerke

tödliche Mengen an CO im Abgas aufweisen. Um diese Abgase zu entgiften, werden heute Abgaskatalysatoren eingesetzt. In ihnen wird durch ein fein verteiltes Edelmetall, meist Platin oder Rhodium, zum einen der dem Abgas zugesetzte molekulare Sauerstoff in Sauerstoffatome aufgespalten, zum anderen wird das Kohlenmonoxid als Molekül schwach an die Oberfläche des Katalysators gebunden. Damit bleibt es beweglich genug, um zu den O-Atomen zu gelangen und mit diesen CO_2 zu bilden. Kohlendioxid verlässt die Oberfläche sofort, und somit bleiben zwei freie Plätze auf der Katalysatoroberfläche zurück, der Prozess kann von neuem beginnen. Trotz dieser guten Überschaubarkeit der CO-Oxidation gibt es selbst nach 150 Jahren kontinuierlicher Forschung noch immer viele offene Fragen zu klären.

Bereits in den 80er-Jahren gelang Ertl und Mitarbeitern die Beobachtung und Deutung von Oszillationen bei der CO-Oxidation unter definierten Bedingungen im Ultrahochvakuum (UHV) [17–20]. Dabei wird das UHV-System praktisch als Durchflussreaktor betrieben, und somit läuft die Oberflächenreaktion weit entfernt vom thermodynamischen Gleichgewicht ab. Als ein Beispiel ist in Abb. 4 eine Messung von M. Eiswirth [21] gezeigt, während derer er den Partialdruck für Sauerstoff zur angezeigten Zeit um 33 Prozent erhöht. Dabei werden die Untersuchungen an bestimmten Einkristalloberflächen durchgeführt, d. h. durch einen definierten Schnitt wird eine Ebene aus einem z. B. kubisch flächenzentrierten Kristallgefüge präpariert und dann entsprechend den Vektoren der Elementarzelle benannt, hier z. B. (110). Diese Oberfläche ist später in Abb. 7 dargestellt.

Ganz allmählich steigt dabei die CO_2-Produktion an, und dann setzen immer stärker werdende Oszillationen der Re-

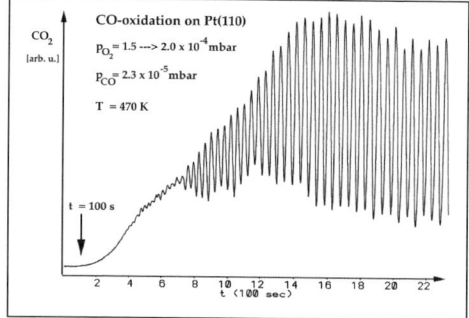

Abb. 4: Oszillationen der Reaktionsrate CO_2 nach Erhöhung des Partialdruckes für Sauerstoff, ursprünglicher Messwert war die Austrittsarbeitsänderung [21].

aktionsrate ein. Nicht eindeutig geklärt werden konnte damals die Frage, ob denn diese Oszillationen nur zeitlicher Natur wären oder ob sich währenddessen auch lokal auf der Oberfläche räumlich-zeitlich veränderliche Bedeckungszustände der Adsorbate, also von CO-Molekülen bzw. Sauerstoffatomen, einstellen würden.

Ende der 80er-Jahre begann die Entwicklung eines geeigneten Verfahrens zur Abbildung unterschiedlicher Oberflächenbedeckungen. Nach Konstruktion und Bau eines speziellen Photoemissions-Elektronenmikroskopes (PEEM) [22] war dann die Überraschung groß, als eine Vielzahl unterschiedlichster Muster während der CO-Oxidation auf Platin entdeckt wurden [23–25].

Hier sei kurz die Arbeitsweise eines PEEMs erläutert: Durch die homogene Bestrahlung der beobachteten Oberfläche mit UV-Licht werden Elektronen aus der Probenoberfläche ausgelöst und dann ihre örtliche Verteilung durch elektronenoptische Linsen auf einen Phosphorschirm abgebildet. Dort entsteht sodann in Echtzeit ein Abbild der Austrittsarbeit für Elektronen der Oberflächen. Da die Austrittsarbeit stark von der jeweiligen Bedeckung der Oberfläche mit Gasmolekülen, den bereits erwähnten Adsorbaten, abhängt, ergibt sich so ein Abbild der Adsorbatverteilung.

Sauerstoff, der atomar gebunden auf der Oberfläche vorliegt und damit ein starkes Dipolmoment besitzt, erhöht dabei die Austrittsarbeit am stärksten. Somit erscheinen Bereiche, welche mit Sauerstoff bedeckt sind, meist dunkel oder schwarz. Kohlenmonoxid erhöht die Austrittsarbeit nur geringfügig; als Molekül besitzt es nur ein schwaches Dipolmoment, also zeichnen sich solche Gebiete durch hellgraues Aussehen aus, während sich die saubere Oberfläche fast weiß darstellt. Dies setzt natürlich die Verwendung einer geeigneten UV-Strahlungsquelle voraus, deren Photonenenergie gerade unterhalb der Austrittsarbeit von mit Sauerstoff bedeckten Flächen liegt. Da im Allgemeinen Platinoberflächen die höchsten Austrittsarbeiten aufweisen und diese sich durch Sauerstoffbedeckung nochmals um fast 1 Elektronenvolt erhöhen, bedarf es einer Deuterium-Entladungslampe, die etwa 6,5 Elektronenvolt Photonenenergie liefert.

Als Beispiel seien hier die typischen Spiralwellen, die während der CO-Oxidation auf Pt(110) entstehen, gezeigt. In Abb. 5 sind vier Einzelaufnahmen in 20 Sekunden Abstand dargestellt. Diese Spiralwellen ergeben sich spontan unter bestimmten konstanten Reaktionsparametern wie Temperatur und den Partialdrücken für O_2 und CO. Dabei verläuft die Reaktion im so genannten anregbaren Bereich, welcher sich dadurch auszeichnet, dass eine genügend starke Störung beispielsweise einen sich fortbewegenden Puls auslösen kann, um nach einer gewissen Zeit, der Refraktärphase, in der das System nicht anregbar ist, wieder in den Anfangszustand zurückzukehren. Die Spiralen in diesem Beispiel sind an makroskopische Defekte auf der Oberfläche angeheftet, somit wandern ihre Zentren um diese festen Defekte herum. Je ausgedehnter ein solcher ist, umso mehr Zeit braucht der Kern der Spirale, diesen zu umlaufen. Daraus ergeben sich dann sofort die deutlichen Unterschiede der Wellenlängen der Spiralen. Je schneller der Kern rotiert, umso kleiner ist die Wellenlänge.

Spiralwellen sind die dominierenden Muster in so genannten Reaktions-Diffusions-Systemen, zu denen auch fast alle Oberflächenreaktionen gehören. Die lokale Kopplung geschieht dabei durch die Diffusion von CO zu benachbarten Plätzen auf der Oberfläche. Befindet sich in der unmittelbaren Nachbarschaft ein Sauerstoffatom, so verbindet sich das beweglichere CO-

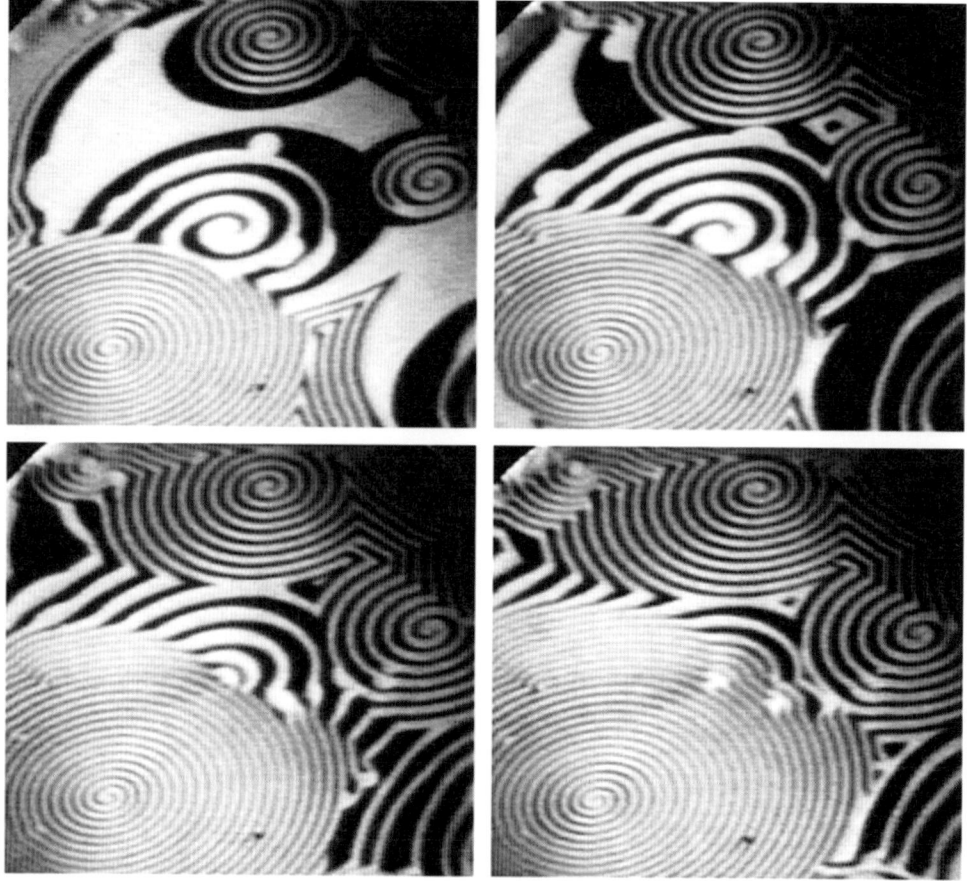

Abb. 5: Zeitliche Entwicklung (im Abstand von 20 Sekunden) von Sauerstoffspiralen während der CO-Oxidation auf Platin

Molekül spontan mit ihm und es entsteht CO_2, welches dann sofort desorbiert, also die Oberfläche verlässt und somit zwei freie Plätze hinterlässt.

Diese Spiralwellen sind naturgemäß streng zweidimensional, lassen sich allerdings zum Veranschaulichen auch dreidimensional und in Farbe darstellen. Dies ist in der Abb. 6 gezeigt, wozu eine Aufnahme aus [26] umgerechnet wurde, in der zwei Spiralen faktisch Rotationsperioden von 25 bzw. 13 Sekunden aufweisen.

Offensichtlich haben die Spiralwellen unterschiedlichen Drehsinn, ganz wie es auch in der belebten Natur, z. B. bei den Mustern auf Muscheln, zu beobachten ist. Diese sind vermutlich auch die Vorlage für das Spiralbild in der Klostermauer rechts auf Abb. 6.

An dieser Stelle sei eine Bemerkung zur Datensicherung erlaubt: Die Abbildungen der Griechen überdauern nun schon mehr als 3200 Jahre, die Speichermedien, die wir derzeit benutzen, haben Gebrauchsdauern von bestenfalls Jahrzehnten. Wer könnte heute noch Daten eines Lochkartensatzes lesen, selbst „Floppy Disks", vor 15 Jahren noch überall im Einsatz, sind von den allermeisten Rechnern, die im Jahre 2004 verkauft wurden, bereits nicht mehr lesbar.

Aber zurück zum Thema: Wie kann es bei einer solch einfachen Reaktion wie der CO-Oxidation auf einer Platinoberfläche zu Oszillationen und Musterbildung kommen?

Einen wichtigen Aspekt stellt das unterschiedliche Adsorptionsverhalten der beiden Reaktanden dar, wenn sie miteinander um freie Adsorptionsplätze konkurrieren müssen. Dabei ist die Adsorption von CO-Molekülen in mehrerer Hinsicht bevorzugt:

1. Das CO adsorbiert molekular und nicht dissoziativ wie Sauerstoff. Während Sauerstoff zwei benachbarte freie Adsorptionsplätze benötigt, genügt dem CO ein einziger freier Platz.
2. Da CO über einen schwach gebundenen Zwischenzustand adsorbiert, kann es aus diesem Zustand heraus nach einem geeigneten Platz „suchen". Daher hat es die Möglichkeit, eine komplette Monolage auszubilden, und es kann dann zur CO-Vergiftung der Oberfläche kommen.
3. Sauerstoff, atomar sehr viel stärker gebunden, kann kaum über die Oberfläche diffundieren und bildet daher eine relativ offene Adsorptionsstruktur aus. In den Zwischenräumen bleibt ausreichend Platz für die Adsorption von CO.

Man nennt dieses unterschiedliche Verhalten auch asymmetrische Inhibierung: Adsorbiertes CO inhibiert die Adsorption von Sauerstoff, während dies umgekehrt nicht der Fall ist. Mit anderen Worten: Zu viel CO kann eine Katalysatoroberfläche völlig vergiften.

Für die praktische Anwendung ist dies von großer Bedeutung. Wann immer die Temperatur eines Katalysators zu niedrig

Abb. 6: Dreidimensionale Spiralen künstlerisch aufgearbeitet für die CO-Oxidation auf Pt(110) und in Stein gehauen in einer Klostermauer in Griechenland, datiert um 1200 v. Chr.

ist, z. B. beim Start eines kalten Motors, dauert es bis zu mehreren Minuten, bis der Autokatalysator durch die heißen Auspuffgase auf Betriebstemperatur gelangt ist und einwandfrei arbeitet. Da die Belastung der Umwelt in diesen 2–3 Minuten sehr hoch ist, wird an Konzepten gearbeitet, die Kaltstartphase zu entgiften.

Ein weiterer wichtiger Aspekt zur Musterbildung ist das Vorhandensein eines autokatalytischen Schrittes. Dieser ist bei der CO-Oxidation durch das Freiwerden von Adsorptionsplätzen auf der Platinoberfläche durch die Reaktion selbst gegeben.

Damit ein nichtlineares System oszillatorisches Verhalten zeigen kann, ist zusätzlich eine negative Rückkopplung erforderlich. Andernfalls hätte man es mit einer „Runaway"-Situation zu tun. Bei der CO-Oxidation auf bestimmten Platinoberflächen ist diese negative Rückkopplung durch eine bedeckungsabhängige Rekonstruktion der Oberfläche gegeben, in deren Folge sich der Haftkoeffizient für Sauerstoff deutlich ändert. In diesem Zusammenhang bedeutet Haftkoeffizient die Wahrscheinlichkeit, mit der ein Molekül beim Auftreffen auf die Oberfläche tatsächlich haften bleibt. Ist der Haftkoeffizient 1, so heißt dies, dass alle eintreffenden Moleküle nicht unmittelbar wieder in die Gasphase zurückkehren, bei einem Haftkoeffizienten von 0,1 adsorbieren nur 10 Prozent der Moleküle. Wie unterschiedliche Haftkoeffizienten zu Oszillationen führen können, ist in Abb. 7 illustriert: Die unbedeckte Pt(110)-Oberfläche ist in der so genannten „Missing row"-Struktur rekonstruiert. Diese Umordnung der obersten Atomlage erniedrigt die Energie der Oberfläche und wird daher spontan angenommen. Allerdings reichen bereits kleine Bedeckungen mit CO aus, um dies Energieminimum zu stören, was sich direkt mit Rastertunnelaufnahmen beweisen ließ [20]. Der wesentliche Unterschied zwischen der rekonstruierten und der nicht rekonstruierten Oberfläche besteht im veränderten Haftkoeffizienten für Sauerstoff.

Er beträgt auf der rekonstruierten Oberfläche etwa 0,4 und erhöht sich nach dem Aufheben der Rekonstruktion um 50 Prozent. Dies hat zur Folge, dass bei fest vorgegebenen und richtig ausgewählten Partialdrücken für CO und Sauerstoff, während die rekonstruierte Phase der Oberfläche vorliegt, immer mehr CO ad-

sorbieren kann, bis dadurch die kritische Bedeckung mit CO von etwa 0,5 Monolagen überschritten wird. Ist die Rekonstruktion erst einmal aufgehoben, wird vermehrt Sauerstoff adsorbieren, wodurch die CO-Bedeckung durch Reaktion mit Sauerstoff wieder reduziert wird. Wird die kritische Bedeckung unterschritten, kommt es erneut zur Rekonstruktion, und das Spiel kann von neuem beginnen.

Natürlich lässt sich das gerade dargestellte Verhalten auch in der Sprache der Mathematik ausdrücken, und zwar in Form von drei partiellen Differenzialgleichungen, welche die zeitlichen Veränderungen der Bedeckungen mit CO und Sauerstoff wie auch die der Rekonstruktion beschreiben. Diese Gleichungen wurden erstmals 1992 von Krischer, Eiswirth und Ertl aufgestellt [27]. Dieses so genannte Rekonstruktionsmodell hat sich grundlegend bewährt und wird praktisch für alle realistischen Simulationen der CO-Oxidation auf Pt(110) benutzt [28, 29].

Bei fast allen heterogen katalysierten einfachen Reaktionen lässt sich unter bestimmten Reaktionsbedingungen Musterbildung beobachten. So fanden Imbihl und Mitarbeiter während der Reaktion von Stickoxid mit Wasserstoff auf Rhodium(110) exzentrische Spiralen bzw. Zielscheibenmuster [30]. Dies ist in Abb. 8 gezeigt. Die Autoren konnten das fast rechteckige Aussehen dieser Wellen durch eine zustandsabhängige Anisotropie der Diffusion erklären.

Im Allgemeinen können nichtlineare Systeme im Hinblick auf ihr Verhalten in verschiedene Klassen eingeteilt werden. Es kann generell zwischen Monostabilität, Bistabilität, Anregbarkeit und oszillatorischem Verhalten unterschieden werden. Durch Veränderungen der Systemparameter, in unserem Beispiel also Temperatur und Partialdrücke der Reaktanten, kann

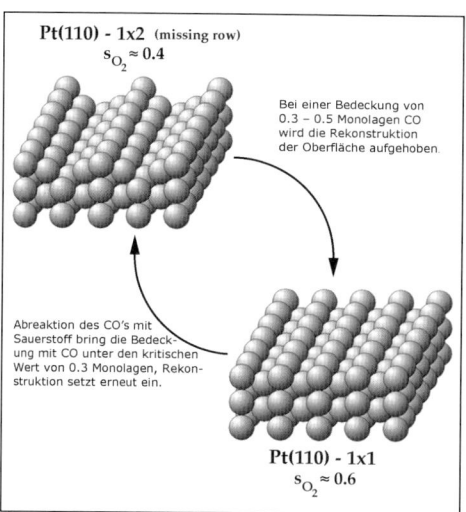

Pt(110) - 1x2 (missing row)
$s_{O_2} \approx 0.4$

Bei einer Bedeckung von 0.3 - 0.5 Monolagen CO wird die Rekonstruktion der Oberfläche aufgehoben.

Abreaktion des CO's mit Sauerstoff bringt die Bedeckung mit CO unter den kritischen Wert von 0.3 Monolagen, Rekonstruktion setzt erneut ein.

Pt(110) - 1x1
$s_{O_2} \approx 0.6$

Abb. 7: Veranschaulichung eines Oszillationszyklus, der durch die Umrekonstruktion der Oberfläche und die verschiedenen Haftkoeffizienten von Sauerstoff auf den beiden Oberflächenstrukturen zustande kommt

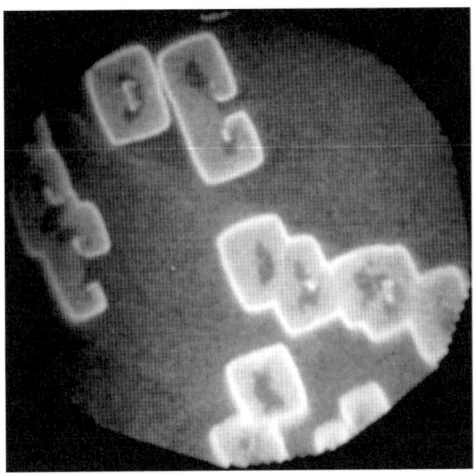

Abb. 8: Musterbildung während der Reaktion NO + H$_2$ auf Rh(110); linkes Bild: Temperatur: 620 Kelvin, rechtes Bild: 560 Kelvin, aus [30]

sich das dynamische Verhalten eines nichtlinearen Systems ändern.

Bistabile Systeme bestehen, im Gegensatz zu monostabilen Systemen, welche immer in einem Zustand verweilen, aus Elementen, die zwei unterschiedliche, aber eben stabile Zustände einnehmen können. Diese Zustände sind bezüglich kleiner Störungen stabil. Wenn Störungen jedoch einen kritischen Wert überschreiten, erfolgt der Übergang von einem stabilen Zustand in den anderen.

Bei einem anregbaren System wird jeder Aktivitätsausbruch, hervorgerufen durch eine superkritische externe Störung, wieder in den Ausgangszustand zurückkehren. Eine superkritische Störung kann beispielsweise durch Diffusion von benachbarten Elementen des Systems verursacht werden. Dieser Fall resultiert dann in der Ausbreitung eines sich fortbewegenden Anregungspulses. Da ein anregbares System nach Durchlaufen eines Anregungspulses in seinen Anfangszustand zurückgeht, können aufeinander folgende Pulse beliebig häufig dieselbe Region durchlaufen. Dies ermöglicht eine Vielzahl von räumlichen Musterbildungen. Bricht z. B. eine sich fortbewegende Welle auf, kann sich das Ende bei weiterer Ausbreitung auch eindrehen. Dadurch bildet sich im weiteren zeitlichen Verlauf ein Spiralmuster aus (Abb. 5 und 6).

Bei oszillatorischen Systemen wechselwirken eine große Zahl selbst oszillierender Elemente schwach miteinander. Abhängig von den Eigenschaften des Systems können sich die Oszillationen der einzelnen Elemente entweder synchronisieren oder desynchronisieren.

Als ein Beispiel für den oszillatorischen Bereich der CO-Oxidation auf Pt(110) sind in Abb. 9 „Stehende Wellen" gezeigt. Diese unterliegen bei kleinen Veränderungen der Reaktionsführung sprunghaften Veränderungen. Ausgehend von einem streng periodischen Verhalten, den Stehenden Wellen, kommt es zu ausgeprägtem turbulenten oder chaotischem Verhalten, was in den beiden letzten Einzelbildern der Abb. 9 rechts deutlich wird.

Die ersten vier Bilder zeigen eine Oszillationsperiode; sie dauert etwa 1 Sekunde.

Besonders herausgehoben sind die hellen Streifen in Bild 1 und 3. Zwischen diesen beiden Zuständen, die um eine halbe Wellenlänge gegeneinander versetzt sind, oszilliert das System. Dabei geschieht der Austausch der Information über den jeweiligen eigenen Zustand durch die Gasphase: Die Reaktion verbraucht im reaktiven, das heißt mit Sauerstoff bedeckten Zustand so viel CO aus der Gasphase, dass dadurch der CO-Partialdruck leicht abfällt. Diese Änderung breitet sich mit Schallgeschwindigkeit, also mit mehr als 300 Meter/Sekunde aus. Da die Katalysatoroberfläche nur einen Durchmesser von 10 Millimetern besitzt, erfolgt der Informationsaustausch praktisch augenblicklich, daher spricht man auch von globaler Koppelung oder Gasphasenkoppelung. Wenn von außen eine geringfügige Verringerung des CO-Partialdruckes (im Promillebereich)

erfolgt, so verändert sich das Aussehen der Muster schlagartig. Es zeigt sich nach einer kurzen transienten Phase ein chaotisches Bild. Unregelmäßige Wellenzüge und Spiralturbulenz gehen ständig ineinander über, der zeitliche Abstand der beiden letzten Einzelbilder 5 und 6 der Abb. 9 beträgt gerade einmal 8 Sekunden. Dieser Zustand wird allgemein als chemische Turbulenz bezeichnet.

Will man nun die Musterbildung direkt steuern, so lassen sich zwei unterschiedliche Wege einschlagen:

- Zum einen lässt sich die Reaktion global steuern, ganz ähnlich wie es auch während der intrinsischen Gasphasenkoppelung geschieht. Dazu wird einer der Partialdrücke von außen kontrolliert.
- Zum anderen lässt sich auch eine lokale Kontrolle der Reaktion einsetzen, z. B.

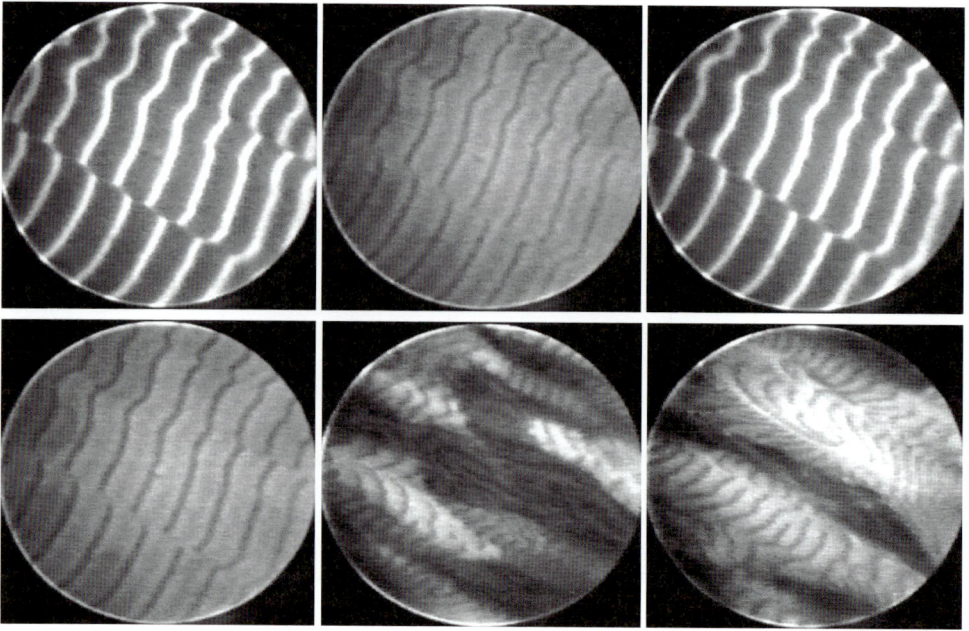

Abb. 9: Stehende Wellen und Turbulenz. Zeitlicher Abstand zwischen Bildern 1–4 jeweils 250 Millisekunden, zwischen Bildern 4 und 5 30 Sekunden, zwischen den letzten beiden 8 Sekunden

durch Schaffung fixierter Grenzbedingungen durch Aufdampfen geeigneten Materials in definierten Geometrien. Auch ist eine lokale Erwärmung der Katalysatoroberfläche möglich, und Kombinationen beider Formen der Kontrolle werden bereits systematisch untersucht.

Bei der globalen Steuerung kann man direkt den CO-Partialdruck in Amplitude und Frequenz modulieren, dabei spricht man dann von Forcierung. Es kann aber auch ein Messsignal, z. B. die PEEM-Intensität, als Rückkoppelungssignal verwandt werden, u. a. mit der Möglichkeit, eine zusätzliche Zeitverzögerung einzubauen. Dies ist in Abb. 10 skizziert.

In dem dargestellten Fall wird das PEEM-Bild integriert und ein einstellbarer Wert davon abgezogen, um dann nach einer wählbaren Zeitverzögerung und Anpassung in der Amplitude sowie Invertierung des Signals den Zufluss des CO-Gases zu steuern. Wird z. B. das PEEM-Bild heller, erhöht sich also die CO-Bedeckung, so verringert sich, je nach der frei wählbaren Zeitverzögerung, innerhalb von etwa 0,5–2 Sekunden die CO-Gaszufuhr. Mit

dieser Methode ist es gelungen, ausgehend von chemischer Turbulenz, diese in geordneten Strukturen, z. B. Phasencluster (Abb. 11 C), zu stabilisieren [31]. Einen Überblick über die mit dieser Methode gefundenen Muster gibt Abb. 11.

In Abb. 11 sind jeweils in den drei oberen Bildern PEEM-Schnappschüsse mit 500 Mikrometern Durchmesser gezeigt, die darunter angeordneten Raum-Zeit-Diagramme zeigen die Entwicklung entlang des Schnittes a–b, jeweils im ersten oberen PEEM-Bild eingezeichnet.

Die unteren Kurven geben die zeitliche Entwicklung des Partialdruckes von CO (schwarz) sowie des integrierten Helligkeitssignals des PEEMs (rot) wieder. Dort ist auch sofort die Zeitverzögerung ersichtlich. Sie liegt hier in allen Beispielen bei 0,6 Sekunden.

Es ist auch denkbar, ein wellenlängenabhängiges Signal aus dem PEEM-Bild zur globalen Rückkoppelung zu benutzen. So lässt sich ein beliebiger Bereich des Bildes mittels einer mathematischen Transformation, der Fast Fourier Transformation (FFT), bezüglich frei wählbarer Ortsfrequenzkomponenten analysieren, um das Ergebnis dann als Steuerungssignal dem System zur Verstärkung gewünschter Wellenlängen zurückzukoppeln [32]. Will man hingegen die lokale Kontrolle der Reaktion zur Steuerung ausnutzen, kann dies durch Schaffung fixierter Grenzbedingungen mittels Mikrolithographie oder auch durch eine lokale Erwärmung der Katalysatoroberfläche z. B. durch einen fokussierten Laserstrahl erfolgen.

Das zuerst genannte Verfahren, mit dem sich gezielt einzelne Wellenzüge isolieren lassen, benutzt, wie gesagt, das Verfahren der Mikrolithographie, welches in großem Umfang für die Chipproduktion Anwendung findet: Zuerst wird eine Ti-Schicht auf die Pt-Oberfläche aufgedampft, dann

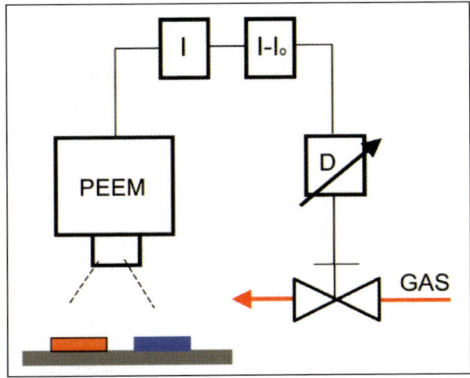

Abb. 10: Rückkoppelungsschema für die zeitverzögerte globale Koppelung

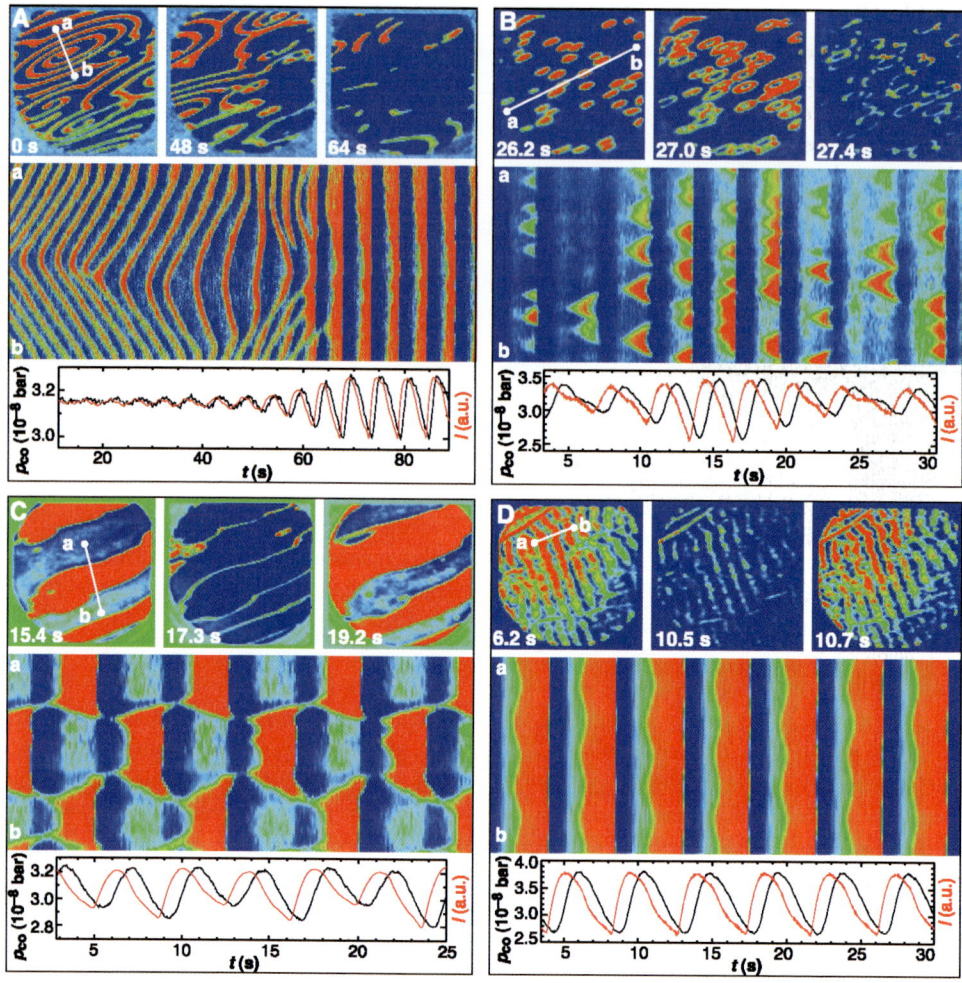

Abb. 11: A) Unterdrückung der Spiralturbulenz, B) Intermittente Turbulenz, C) Phasencluster, D) Stehende Wellen

kommt ein Photolack-Film per Spin-Coating darauf. Die zuvor geplante Struktur wird als Negativ mittels einer Maske, die fotografisch gefertigt wurde, in den Photolack durch UV-Bestrahlung eingebrannt. Nach Entwicklung des latenten Bildes der Maske kann die Strukturinformation mittels Ätzen in die darunter liegende Titanschicht übertragen werden. Es lassen sich zwei verschiedenartige Grenz-bedingungen einstellen: Zum einen durch die Verwendung von katalytisch für die CO-Oxidation inaktivem Material wie Titan oder auch Gold, zum anderen durch die Verwendung von katalytisch aktiven Metallen wie Rhodium, Palladium oder Ruthenium. So lassen sich dann kombinierte Katalysatoren herstellen, die auch verschiedene Reaktionen gleichzeitig ablaufen lassen.

Abb. 12 gibt zwei Beispiele für inaktive Randbedingungen wieder. Deutlich zu erkennen ist eine Spiralwelle im linken Bildteil bzw. ein Zielscheibenmuster im rechten Teil des Bildes. Verfolgen lässt sich in diesen Strukturen das Verhalten solcher Wellen beim Durchlaufen von 90-Grad-Abzweigungen oder das Zusammentreffen von Wellenzügen im unteren Teil des rechten Bildes.

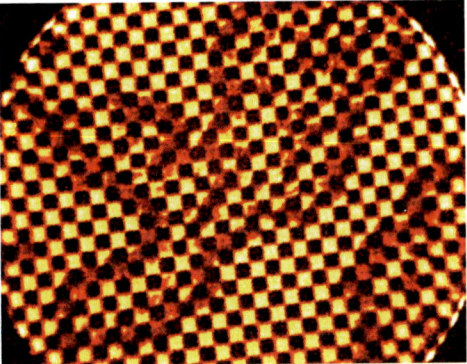

Abb. 13: Schachbrettmuster aus 10 x 10 μm^2 TiO$_2$ (schwarz) mit CO-Wellen (rot) in mit Sauerstoff bedeckten Bereichen (gelb), aus [33]

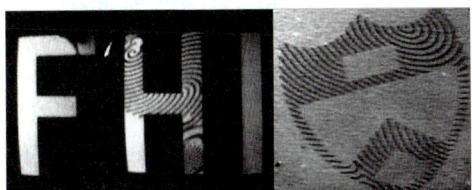

Abb. 12: Mikrolithographisch auf Pt(110) aufgebrachte Ti-Strukturen. In den unbedeckten Pt(110)-Gebieten entwickeln sich Spiralwellen bzw. Zielscheibenmuster.

Es lassen sich natürlich auch ganz andere Grenzbedingungen realisieren. Ein Beispiel dafür ist in Abb. 13 gezeigt. Dort ist ein engmaschiges schachbrettartiges Muster aus aktiven Pt(110)- und inaktiven Ti- (vermutlich bereits TiO$_2$) -Bereichen gewählt worden. Die TiO$_2$-Quadrate berühren sich gegenseitig allerdings nicht, sondern lassen Öffnungen von 1–2 Mikrometern frei, durch die CO-Wellen übertreten können. Beim Übergang in den anregbaren Bereich entstehen dann innerhalb der aktiven Quadrate an den Grenzen zum Titan CO-Wellen, die sich bevorzugt in der Diagonalen von links unten nach rechts oben ausbreiten und praktisch ein verstärkt eindimensionales Erscheinungsbild ergeben. Dabei zeigt sich die bereits erwähnte Anisotropie für die Diffusion der CO-Moleküle recht deutlich. Eine ideale Geometrie, um diese Anisotropie zu studieren, bieten naturgemäß Ringsysteme, wie sie in Abb. 14 gezeigt

sind. Dort ist zusätzlich auch die Art der Grenzbedingungen zu katalytisch aktivem Rh geändert, sodass die Nukleation ausschließlich an den Pt/Rh-Übergängen stattfindet.

Ändert man die Form der Grenzbedingungen ab und benutzt man katalytisch aktives Material wie Palladium oder Rhodi-

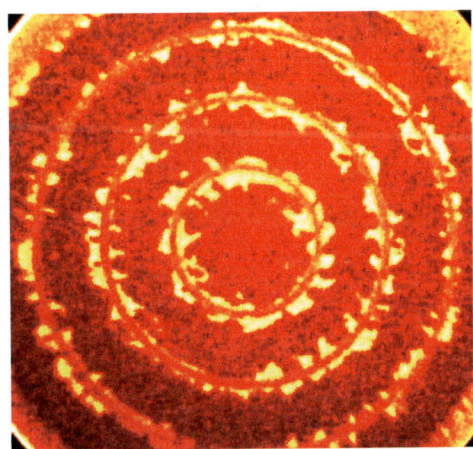

Abb. 14: Ringe aus Rh (Breite 6 µm), welche die einkristallinen Pt-Bereiche (Breite 44 µm) trennen. Je nach Krümmung (kleinere Ringe) und Ausrichtung gibt es unterschiedlich viele CO-Fronten, aus [33].

um, so kann man dadurch auch das Erscheinungsbild der Pulse stark verändern (Abb. 15). So werden aus den normalerweise rechteckigen Pulsen durch die Veränderungen der Randbedingungen fast runde Pulse, deren gegenseitige Auslöschung sich in derartigen geometrischen Konstellationen im Detail studieren lässt.

Als ein weiteres Beispiel ist in Abb. 16 Rhodium als Randmaterial verwendet worden. Wieder erfahren die Pulse eine drastische Veränderung ihrer Pulsform. Die Sauerstoffpulse nehmen nun eine dreieckige Form an, wobei die Ausbreitung über die flache Seite des Dreiecks erfolgt, während das spitze Ende sozusagen den Schwanz des Pulses darstellt. Alle Erscheinungsformen lassen sich auch in den dazugehörigen Simulationsrechnungen wiederfinden, wobei für ein verändertes Aussehen der Pulse bereits die Annahme einer unterschiedlichen Einspeisung von CO-Molekülen aus den Randbereichen ausreicht, die diversen Formen zu erklären.

Alle bislang aufgezeigten Beobachtungen von Musterbildung während Oberflächenreaktionen waren unter Verwendung von Photoemissions-Elektronenmikroskopen gemacht worden. Wie erwähnt, wird dabei die lokale Austrittsarbeit der Oberfläche abgebildet, welche von der jeweiligen Bedeckung der Katalysatorfläche abhängt. Damit lassen sich je nach PEEM-Instrument Ortsauflösungen zwischen 1 Mikrometer und 20 Nanometern erreichen, bestens geeignet für Reaktions-Diffusions-Systeme. Allerdings lassen sich solche Messungen nur unter strikten Vakuumbedingungen durchführen, denn elektronenoptische Systeme brauchen naturgemäß ausreichende freie Weglängen für die abzubildenden Photoelektronen. Technisch relevante chemische Reaktionen laufen aber immer unter Atmosphärendruck oder deutlich höheren Drücken ab. Aus diesem Grunde ist es wünschenswert, ein Abbildungsverfahren für die Darstellung von Adsorbatbedeckungen zur Verfügung zu haben, welches unter

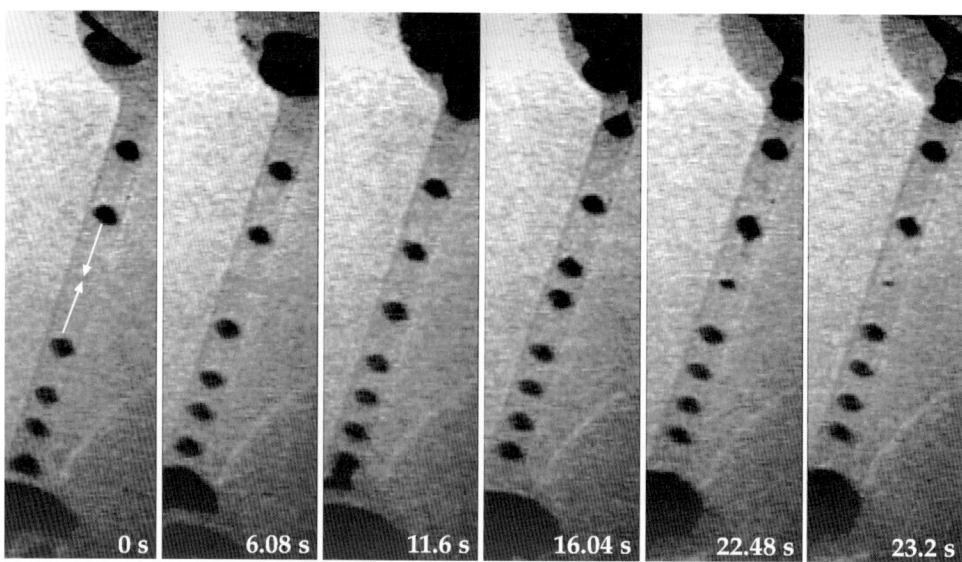

Abb. 15: PEEM-Bilder runder O-Pulse, die in einer Hantel aus Pt(110), umgeben von amorphem Pd, erzeugt werden. Pt-Kanalbreite beträgt 20 µm (aus [34]).

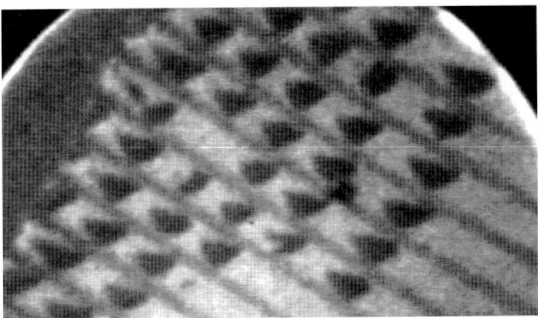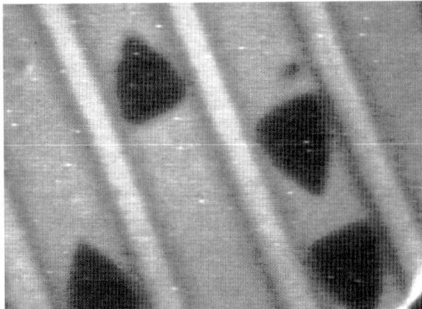

Abb. 16: PEEM-Bilder von O-Pulsen innerhalb von Kanälen aus Rh/Pt(110); Temperatur: 440 Kelvin, aus [35]

beliebigem Druck arbeitet. Die Weiterentwicklung der schon am Ende des 19. Jahrhunderts weit verbreiteten Ellipsometrie [36] zu der mikroskopischen Methode „Ellipso-Microscopy for Surface Imaging" (EMSI) [37] erlaubt die Beobachtung von Reaktionsfronten unter jedem Druck. Gleichzeitig wurde auch die in der Halbleiterherstellung oft benutzte Reflexions-Anisotropie-Spektroskopie als eine Mikroskopiemethode, „Reflection Anisotropy Microscopy" (RAM), vorgestellt und dann später weiterentwickelt [38]. Beide Methoden lassen sich, wie auf Abb. 17 zu erkennen, auch simultan einsetzen und ergänzen sich dabei in ihrem Informationsgehalt.

Im EMSI wird monochromatisches Licht benötigt, welches durch einen Argon-Ionen-Laser erzeugt wird. Das Licht wird dann im Polarisator linear polarisiert und anschließend mittels eines $\lambda/4$-Plättchens derart elliptisch polarisiert, dass nach der Reflexion von der Probe wiederum linear polarisiertes Licht dominiert. Das reflektierte Licht wird nun mittels eines weiteren Polarisators analysiert und mithilfe eines Objektivs auf den CCD-Chip vergrößernd abgebildet. Der Kontrast im EMSI entsteht im Wesentlichen durch die unterschiedlichen Schichtdicken der Adsorbate und/oder auch deren unterschiedliche dielektri-

sche Konstanten, während der Kontrast des RAMs hauptsächlich auf die Veränderungen in der Rekonstruktion der Metalloberfläche anspricht, d. h. es wird die Struktur der Oberfläche abgebildet. Im Prinzip kann man also erwarten, dass zuerst einmal eine Veränderung der Probe im EMSI sichtbar wird, z. B. das Wachsen einer CO-Insel. Kurze Zeit später sollte diese dann auch im RAM sichtbar werden. Dieser Zeitunterschied lässt sich über eine energetische Betrachtung der Rekonstruktion verstehen: Es handelt sich um einen thermisch aktivierten Prozess, der je nach Temperatur von Bruchteilen einer Sekunde bis hin zu Minuten dauern kann. Wird beispielsweise bei Raumtemperatur CO auf eine saubere Pt(110)-Oberfläche dosiert, so erfolgt die Aufhebung der Rekonstruktion erst nach mehreren Minuten.

Aber nicht nur die Druckunabhängigkeit der optischen Methoden ist ein entscheidender Vorteil, sondern auch die bei diesen Methoden kaum eingeschränkte direkte Zugänglichkeit der untersuchten Oberfläche für zusätzliche Experimente. Dies ermöglicht, wie bereits eingangs erwähnt, eine ganz neue Art der Kontrolle bei chemischen Reaktionen [39]. Wie in Abb. 18 gezeigt, erlaubt der Aufbau von EMSI den Einsatz eines zusätzlichen Lasers

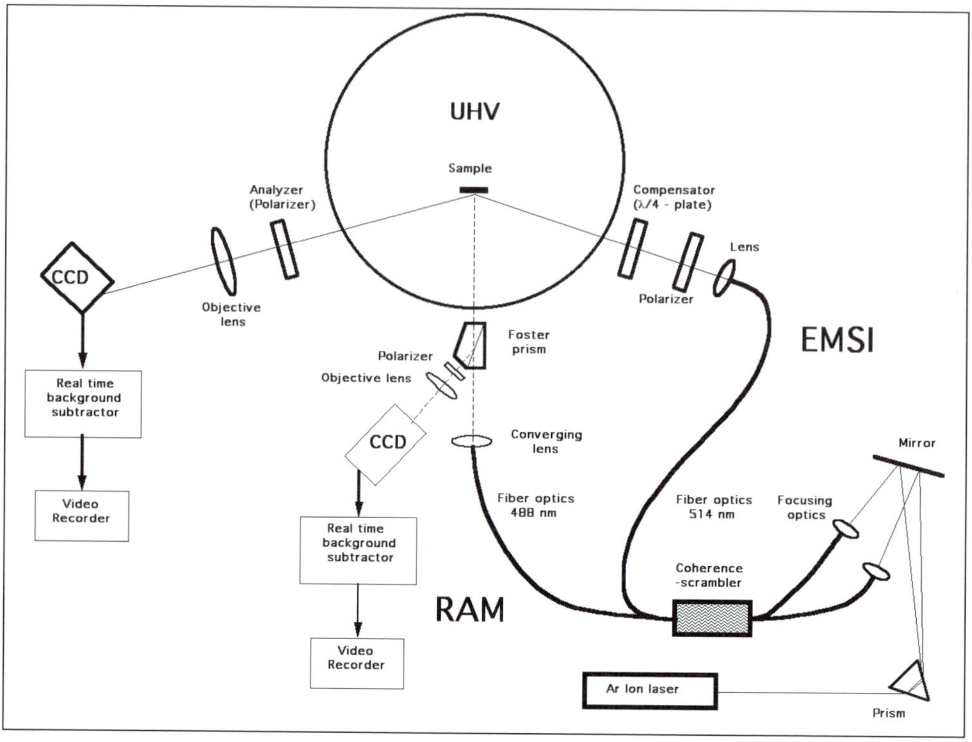

Abb. 17: Schematischer Aufbau der Ellipsomikroskopie (EMSI) und des Reflektionsanisotropie-Mikroskops (RAM)

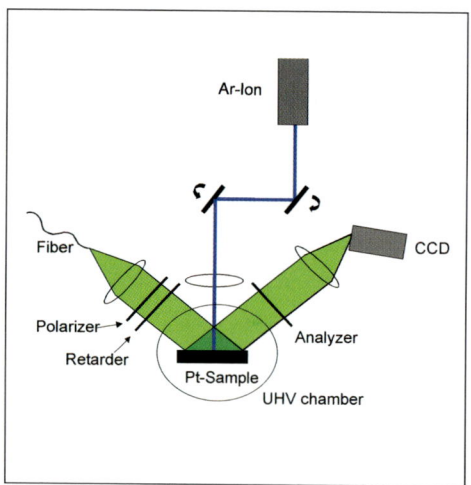

Abb. 18: Schematischer Aufbau zur Abbildung von Oberflächenreaktionen bei gleichzeitiger lokaler Steuerung

zum lokalen Aufheizen der Probe. Dazu wird der Laser mittels eines Objektivs auf die Probe bis zu einem Durchmesser von etwa 40 Mikrometern fokussiert. Dieser Laserspot kann dann über zwei gekreuzte, computergesteuerte galvanische Spiegel innerhalb von 1–2 Millisekunden auf beliebige Punkte der Oberfläche bewegt werden.

Als Beispiel für die sich daraus ergebenden Möglichkeiten ist in Abb. 19 ein zusammengesetztes Bild aus zwei Schnappschüssen gezeigt, in denen der Laserspot jeweils auf einer etwas elliptischen Bahn umläuft und dabei entlang seiner Bahn Sauerstoffpulse auslöst. Für die Darstellung sind Fehlfarben gewählt worden, um die Unterschiede zwischen CO-Bedeckung (rot bis orange), der Sauerstoffbedeckung (hell) sowie der Laserbahn (schwarz) besser hervorheben zu können. Bei diesen Versuchen befindet sich das System im oszillatorischen Bereich, in dem, allerdings ohne dabei eine Musterbildung zu zeigen, homogene Oszillationen dominieren.

Befindet sich das System dagegen im anregbaren Bereich, so lassen sich durch das lokale Heizen der Oberfläche, welches für die jeweilige Position des Laserspots in wenigen Millisekunden erfolgt, beliebige Muster schreiben. In Abb. 20 wird dazu der Sauerstoffpartialdruck am Beginn des Experiments sprunghaft auf den erforderlichen Wert für Anregbarkeit erhöht und dann mit dem Schreiben der Muster begonnen. Blau gibt den CO-vergifteten Bereich wieder, das zu Beginn entstandene Zielscheibenmuster ist rötlich gelb, während der gerade entstehende „Mach"-Kegel gelb dargestellt ist. Die aktuelle Position des Laserspots zeigt der weiße Fleck oben links an. Abb. 20 ist eine Momentaufnahme, nachdem der Sauerstoffdruck auf den gewünschten Wert eingestellt und dann der Laserspot 2,4 Sekunden lang mit konstanter Geschwindigkeit über die Oberfläche geführt wurde. Die Abbildung vereint also die natürlichen Muster (Zielscheiben) mit dem künstlich erzeugten (Machkegel).

Die Abb. 19 und 20 haben gezeigt, welche Auswirkungen das Schreiben eines Kreises oder einer geraden Linie mit dem Laser hat. Dabei war die Temperaturerhöhung durch den lokalen Laserspot immer ausreichend, sodass im unbewegten Zustand Sauerstoffpulse ausgelöst wurden. Nun soll es um den Einfluss eines subkritischen Laserspots gehen, also eines fokussierten Lasers, dessen Intensität so weit reduziert wurde, dass er nicht mehr in der Lage ist, eigenständig Sauerstoffwellen zu erzeugen. Der Laserspot wird zu Beginn des Experiments vor einer Welle positio-

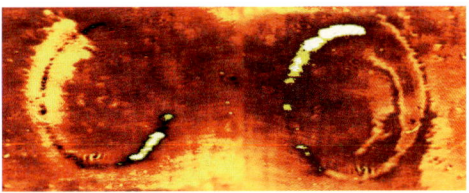

Abb. 19: Durch lokale Erwärmung kreierte Pulse, zusammengesetzt aus zwei Schnappschüssen („CO"), Variation aus [40]

niert, die spontan an einer anderen Stelle auf dem Kristall entstanden ist. Sobald die Welle den Laserspot erreicht, wird dieser entlang einer vorgegebenen Linie mit konstanter Geschwindigkeit bewegt. Es zeigt sich, dass bei nicht zu hohen Geschwindigkeiten die Welle am Laserspot „haften" bleibt und dadurch eine neue Form annimmt, die der einer Bugwelle bei einem Schiff ähnelt. Diese Art, eine Welle zu ziehen, wird im weiteren Verlauf auch „Dragging" genannt. Ein Beispiel für ein solches Experiment ist in Abb. 21 gezeigt.

Eine Sauerstoffwelle kommt von rechts oben in den Beobachtungsbereich hinein. Der Laser wird im zweiten Bild vor diese Welle positioniert. Nachdem die Welle im dritten Bild den Laserspot erreicht hat, beginnt dieser mit seiner Bewegung in Rich-

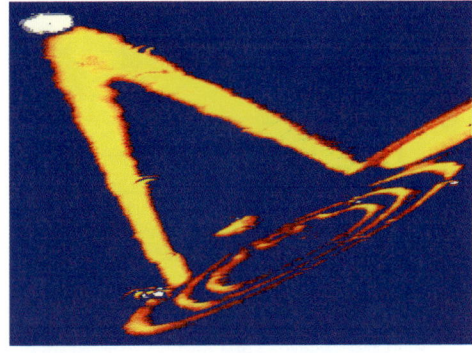

Abb. 20: Ein künstliches Muster, welches an einen Mach'schen Kegel erinnert

tung des linken unteren Bildbereichs. Die Richtung ist um ca. 10 Grad gegenüber der Richtung der schnellen CO-Diffusion gekippt. Die Welle wird vom Laserspot mitgezogen, sodass sich eine Keilform ausbildet.

Um zu demonstrieren, in welchem Umfang dieses modellhafte Reaktions-Diffusions-System auch theoretisch verstanden ist, soll hier als Abschluss noch der Vergleich zwischen Messserien aus dem Labor und Simulationen in Abb. 22 gezeigt werden. Für die Simulationen wurde das bereits besprochene Rekonstruktionsmodell in einer um einen Temperaturterm erweiterten Form benutzt [41].

Auch wenn in den Simulationen die Dragging-Geschwindigkeit um den Faktor 2 höher liegt als im Experiment, ist doch die Ähnlichkeit im Verlauf und in den Details verblüffend. Unterdessen ist das theoretische Verständnis von einfachen Reaktions-Diffusions-Systemen so weit fortgeschritten, dass es eine Vielzahl von Beispielen gibt, in welchen die Theorie

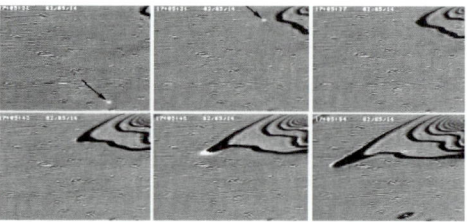

Abb. 21: Beispiel für ein „Dragging"-Experiment. Der Laserspot ist in den ersten beiden Bildern durch einen schwarzen Pfeil markiert. Die Zeitunterschiede betragen 10, 6, 6, 5, und 6 Sekunden zwischen den gezeigten Einzelaufnahmen. Experimentelle Bedingungen: T = 456 K, Laserleistung 1 W. Die Größe des Bildausschnitts beträgt 1,6 x 1,1 mm².

Vorhersagen machen konnte, die nach verstärkter Suche vom Experiment auch bestätigt werden konnten.

Literatur

[1] Gerok, W. (Hrsg.): Ordnung und Chaos in der unbelebten und belebten Natur. Verhandlungen der Gesellschaft Deutscher Na-

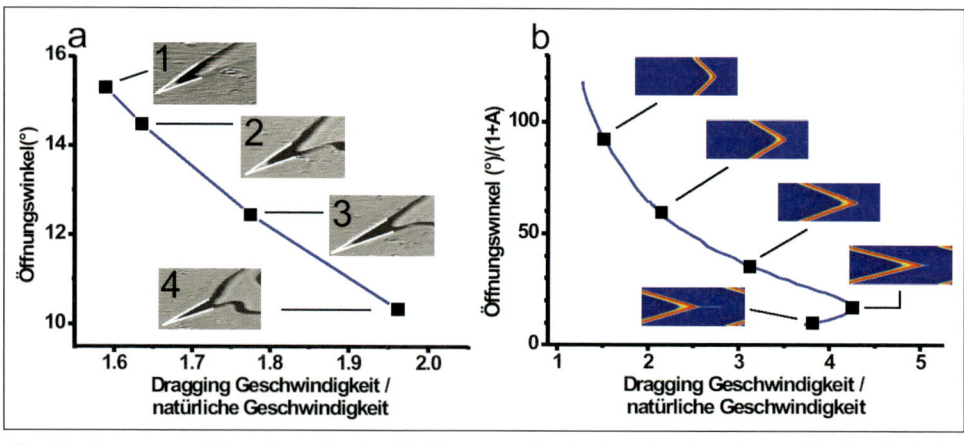

Abb. 22: Gemessenes (a) und berechnetes (b) Diagramm für das Dragging-Experiment. Die Geschwindigkeit, mit der der Laserspot die Welle zieht, ist normiert worden mit der Geschwindigkeit, die die Welle natürlicherweise in dieser Richtung hätte (experimentell 29,1 µm/s). Die eingesetzten Bilder zeigen jeweils das experimentelle bzw. das berechnete Aussehen der gezogenen Wellen, bei denen die Öffnungswinkel bestimmt wurden (aus [42]).

turforscher und Ärzte. Hirzel, Wiss. Verl.-Ges., Stuttgart, 1990, S. 443.

[2] Kessler, M. A., Werner, B. T.: Self-Organization of Sorted Patterned Ground. Science 299, 380–383 (2003).

[3] Emmermann, R. et al. (Hrsg.): An den Fronten der Forschung. Kosmos – Erde – Leben. Verhandlungen der Gesellschaft Deutscher Naturforscher und Ärzte. S. Hirzel Verlag, Stuttgart – Leipzig, 2003, S. 318.

[4] Döbereiner, J. W.: Vermischte Erfahrungen ueber Platina Gährungschemie. Schweiggers Jahrbuch der Chemie und Physik 23, 412–426 (1828).

[5] Fechner, G. T.: Ueber Umkehrungen der Polaritaet in der einfachen Kette. Schweiggers Jahrbuch der Chemie und Physik 23, 61–77 und 129–151 (1828).

[6] Fechner, M. G. T.: Zur Elektrochemie. Ueber Umkehrungen der Polaritaet der einfachen Kette. Schweiggers Jahrbuch der Chemie und Physik 23, 61–77 und 129–151 (1828).

[7] Ostwald, W.: Periodische Erscheinungen bei der Auflösung des Chroms in Säuren. Z. f. physikal. Chemie 35, 33–76 und 204–256 (1900).

[8] Ostwald, W.: Über Katalyse. Phys. Z. 3, 313–322 (1902).

[9] Hedges, E. S., Myers, J. E.: The problem of physico-chemical periodicity. Edward Arnold & Co., London, 1926, p. 95.

[10] Kuhnert, L., Niedersen, U. (Hrsg.): Selbstorganisation chemischer Strukturen: Arbeiten von F. F. Runge, R. E. Liesegang, B. P. Belousov und A. M. Zhabotinsky. Ostwalds Klassiker der exakten Wissenschaften 272. Akademische Verlagsgesellschaft Geest & Portig, Leipzig, 1987, S. 111.

[11] Zhabotinsky, A. M.: Eine oszillierende Oxydationsreaktion in flüssiger Phase. Pcod. Acad. Sci. USSR 157, 392–395 (1964).

[12] Zaikin, A. N., Zhabotinsky, A. M.: Concentration wave propagation in two-dimensional liquid-phase self-oscillating system. Nature 225, 535–537 (1970).

[13] Winfree, A. T.: Spiral waves of chemical activity. Science 175, 634–636 (1972).

[14] Zhabotinsky, A. M.: A history of chemical oscillations and waves. Chaos 1, 379–386 (1991).

[15] Jakubith, M.: Isotherme Oszillationen bei der CO-Oxidation am Pt-Netz. Chem. Ing. Tech. 14, 943–944 (1970).

[16] Wicke, E.: Instabile Reaktionszustände bei der Heterogenen Katalyse. Chemie-Ing.-Techn. 46, 365–404 (1974).

[17] Ertl, G., Norton, P. R., Rüstig, J.: Kinetic oscillations in the platinum-catalysed oxidation of CO. Phys. Rev. Lett. 49, 177–180 (1982).

[18] Cox, M. P., Ertl, G., Imbihl, R.: Spatial self-organization of surface structure during an oscillating catalytic reaction. Phys. Rev. Lett. 54, 1725–1728 (1985).

[19] Imbihl, R., Cox, M. P., Ertl, G., Müller, H., Brenig, W.: Kinetic oscillations in the catalytic CO oxidation on Pt(100): Theory. J. Chem. Phys. 83, 1578–1587 (1985).

[20] Gritsch, T., Coulman, D., Behm, R. J., Ertl, G.: Mechanism of the CO induced 1 x 2 → 1 x 1 structural transformation of Pt(110). Phys. Rev. Lett. 63, 1086–1089 (1989).

[21] Eiswirth, R. M.: Phänomene der Selbstorganisation bei der Oxidation von CO an Pt(110), Technische Universität, München, 1987.

[22] Engel, W., Kordesch, M. E., Rotermund, H. H., Kubala, S., Oertzen, A. v.: A UHV-compatible photoelectron emission microscope for applications in surface science. Ultramicroscopy 36, 148–153 (1991).

[23] Rotermund, H. H., Engel, W., Kordesch, M., Ertl, G.: Imaging of spatio-temporal pattern evolution during carbon monoxide oxidation on platinum. Nature 343, 355–357 (1990).

[24] Jakubith, S., Rotermund, H. H., Engel, W., Oertzen, A. v., Ertl, G.: Spatiotemporal concentration patterns in a surface reaction: Propagating and standing waves, rotating spirals, and turbulence. Phys. Rev. Lett. 65, 3013–3016 (1990).

[25] Rotermund, H. H., Jakubith, S., Oertzen, A. v., Ertl, G.: Solitons in a surface reaction. Phys. Rev. Lett. 66, 3083–3086 (1991).

[26] Nettesheim, S., Oertzen, A. v., Rotermund, H. H., Ertl, G.: Reaction diffusion patterns in the catalytic CO oxidation on Pt(110): front propagation and spiral waves. J. Chem. Phys. 98, 9977–9985 (1993).

[27] Krischer, K., Eiswirth, M., Ertl, G.: Oscillatory CO oxidation on Pt(110): Modeling of temporal self-organization. J. Chem. Phys. 96, 9161–9172 (1992).

[28] Bär, M., Eiswirth, M., Rotermund, H. H., Ertl, G.: Solitary-wave phenomena in an excitable surface reaction. Phys. Rev. Lett. 69, 945–948 (1992).

[29] Bär, M., Falcke, M., Zülicke, C., Engel, H., Eiswirth, M., Ertl, G.: Reaction fronts and pulses in the CO oxidation on Pt: theoretical analysis. Surf. Sci. 269/270, 471 (1992).

[30] Gottschalk, N., Mertens, F., Bär, M., Eiswirth, M., Imbihl, R.: Chemical waves in media with state-dependent anisotropy. Phys. Rev. Lett. 73, 3483–3486 (1994).

[31] Kim, M., Bertram, M., Pollmann, M., Oertzen, A. v., Mikhailov, A. S., Rotermund, H. H., Ertl, G.: Controlling chemical turbulence by global delayed feedback: Pattern formation in catalytic CO oxidation on Pt(110). Science 292, 1357–1360 (2001).

[32] Beta, C., Moula, G., Mikhailov, A., Rotermund, H. H., Ertl, G.: Excitable CO oxidation on Pt(110) under nonuniform coupling. Phys. Rev. Lett. 93, 188302 (2004).

[33] Pollmann, M.: „Musterbildung während der CO-Oxidation auf mikrostrukturierten Pt(110) Oberflächen". Freie Universität, Berlin, 2002.

[34] Lauterbach, J., Asakura, K., Rasmussen, P. B., Rotermund, H. H., Bär, M., Graham, M. D., Kevrekidis, I. G., Ertl, G.: Catalysis on mesoscopic composite surfaces: Influence of Palladium Boundaries on Pattern Formation during CO-Oxidation on Pt(110). Physica D 123, 493–501 (1998).

[35] Pollmann, M., Rotermund, H. H., Ertl, G., Li, X., Kevrekidis, I. G.: Formation of 2-d concentration pulses on microdesigned composite catalyst surfaces. Phys. Rev. Lett. 86, 6038–6041 (2001).

[36] Drude, P.: Ueber Oberflächenschichten. II. Theil. Ann. d. Phys. u. Chem. 36, 865–897 (1889).

[37] Rotermund, H. H., Haas, G., Franz, R. U., Tromp, R. M., Ertl, G.: Imaging pattern formation in surface reactions from ultra-high vacuum to atmospheric pressures. Science 270, 608–610 (1995).

[38] Dicke, J., Erichsen, P., Wolff, J., Rotermund, H. H.: Reflection anisotropy microscopy: Improved setup and applications to CO oxidation on platinum. Surf. Sci. 462, 90–102 (2000).

[39] Wolff, J., Papathanasiou, A. G., Kevrekidis, I. G., Rotermund, H. H., Ertl, G.: Spatio-Temporal Addressing of Surface Activity. Science 294, 134–137 (2001).

[40] Rotermund, H. H.: Titelblatt von J. Phys. Chem. 108, Issue 38 (2004).

[41] Wolff, J., Papathanasiou, A. G., Rotermund, H. H., Ertl, G., Li, X., Kevrekidis, I. G.: On the gentle dragging of reaction waves. Phys. Rev. Lett. 90, 018302 1–4 (2003).

[42] Wolff, J.: Lokale Kontrolle der Musterbildung bei der CO-Oxidation auf einer Pt(110)-Oberfläche. FU Berlin, 2002.

Energiewandlung bei Mikroorganismen: Wasserstoff, eine begehrte Nahrungsquelle

Bärbel Friedrich

Im Jahre 1887 entdeckte der russische Pflanzenphysiologe Sergej N. Winogradsky (1856–1953), dass einige Mikroorganismen anstelle organischer Nährstoffe anorganische Substrate wie Schwefelwasserstoff oder Ammoniak oxidieren und damit sogar wachsen. Dieser als „Chemolithotrophie" klassifizierte Energiestoffwechsel ist unter prokaryotischen Mikroorganismen weit verbreitet. Zu den beliebtesten anorganischen Substraten zählt molekularer Wasserstoff (H_2). H_2 wird von metallhaltigen Bio-

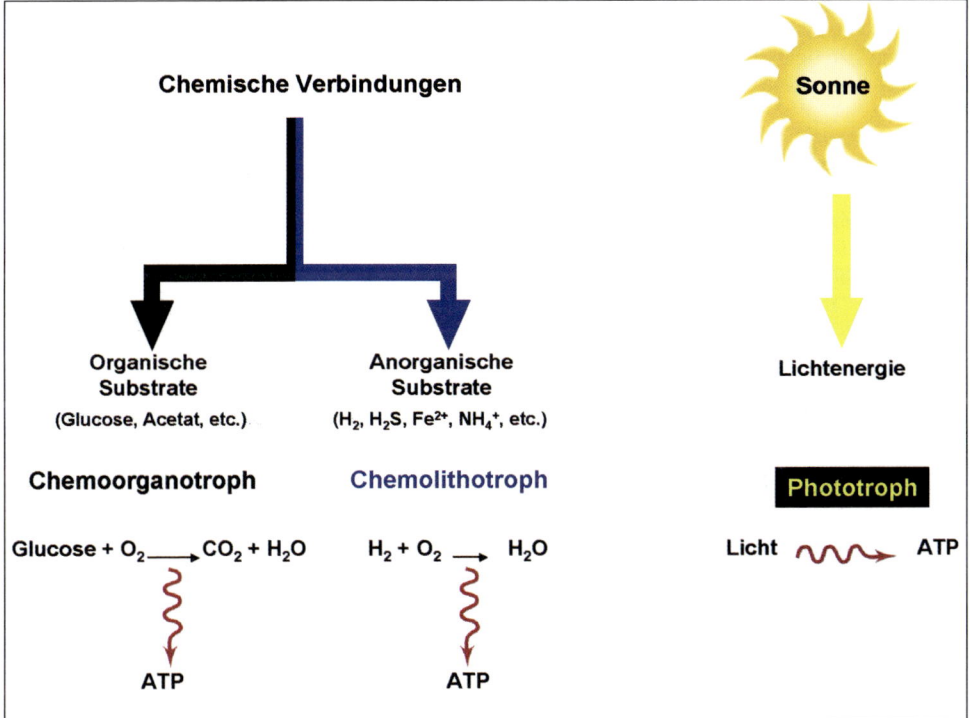

Abb. 1: Die Klassifizierung des Energiestoffwechsels. Mikroorganismen verwenden entweder chemische Verbindungen (chemotroph) oder Sonnenlicht (phototroph) als Energiequelle. Die Zelle transformiert die freigesetzte Energie in biochemisch verwertbare Energie, z. B. in Form von Adenosintriphosphat (ATP). Bei der Verwertung chemischer Verbindungen wird zwischen organischen Substraten (chemoorganotroph) und anorganischen Substraten (chemolithotroph) differenziert.

Prof. Dr. **Bärbel Friedrich**, geb. 1945 in Göttingen; Studium der Biologie mit Schwerpunkt Mikrobiologie in Göttingen und Gießen; 1973 Promotion, Universität Göttingen. 1971–1976 Postdoc am MIT, Cambridge, USA; 1983 Habilitation, Universität Göttingen; 1985–1994 C4-Professur für Mikrobiologie am Fachbereich Biologie der Freien Universität Berlin; seit 1994 C4-Professur für Mikrobiologie an der Mathematisch-Naturwissenschaftlichen Fakultät I der Humboldt-Universität zu Berlin. Mitgliedschaft in der GDNÄ und mehreren Fachgesellschaften sowie in der Deutschen Akademie der Naturforscher Leopoldina, Berlin-Brandenburgische Akademie der Wissenschaft. 1997–2003 Vizepräsidentin der DFG, Bundestags-Enquete-Kommission Ethik und Recht der Modernen Medizin.

Prof. Dr. Bärbel Friedrich
Humboldt-Universität Berlin
Institut für Biologie/Mikrobiologie
Chausseestraße 117
D-10115 Berlin

Chemolithotrophie, ein besonderer mikrobieller Stoffwechsel

Der Stoffwechsel (Metabolismus) einer Zelle dient dem Wachstum und der Vermehrung eines Organismus und umfasst eine Abfolge chemischer Prozesse. Zunächst werden die in der Umgebung befindlichen Nährstoffe von der Zelle aufgenommen, danach in grundlegende Bausteine umgewandelt, aus denen schließlich neue Zellbestandteile synthetisiert werden. Diese Biosynthese erfordert chemische Energie, die durch Energietransformation gewonnen wird. Dies kann durch Oxidation chemischer Verbindungen oder durch Umwandlung der Energie des Sonnenlichtes geschehen. Die Zelle konserviert diese Energien in Form von biochemisch verwertbarer Energie, z. B. als Adenosintriphosphat (ATP). Man unterscheidet also die chemotrophe und die phototrophe Lebensweise (Abb. 1).

Die Mehrzahl der Lebewesen nutzt organische Verbindungen als Energiequelle, z. B. Zucker, Säuren und deren Polymere; sie werden als chemoorganotroph klassifiziert. Einige Mikroorganismen, besonders jene, die Lebensräume mit extremen Bedingungen erschlossen haben, sind dagegen befähigt, anorganische Verbindungen wie Schwefelwasserstoff (H_2S), Ammoniak (NH_3) oder molekularen Wasserstoff (H_2) als Energiequelle zu verwerten; sie werden als chemolithotroph bezeichnet.

1887 beglückwünschten Straßburger Kollegen Sergey N. Winogradsky mit den Worten: „Sie haben einen neuen *modus vivendi* gefunden." Dieser Anerkennung lag die Beobachtung zugrunde, dass das farblose, langfädige Bakterium *Beggiatoa* nicht nur H_2S über Schwefel (S°) zu Schwefelsäure (H_2SO_4) oxidiert, sondern mit diesen

katalysatoren, so genannten Hydrogenasen, in Protonen und Elektronen gespalten. Durch Aufklärung der Synthese, der molekularen Funktion und des Reaktionsmechanismus von Hydrogenasen gewinnen wir Einblicke in einen elementaren Prozess der Energiewandlung, der neue biologisch inspirierte Wege der Wasserstoff-Technologie eröffnet.

anorganischen Verbindungen sogar zu wachsen vermag [1]. Winogradsky beschrieb den Stoffwechsel dieses Schwefelbakteriums (Abb. 2) zunächst als Chemosynthese. Später wurde diese Form der Energiegewinnung als Chemolithotrophie klassifiziert.

Doch nicht nur schwefelhaltige Verbindungen, sondern eine Vielzahl anderer reduzierter anorganischer Substanzen dient einigen Mikroorganismen als Energiequelle (Tab. 1). Darunter befinden sich Übergangsmetalle wie Eisen (Fe^{2+}) oder Mangan (Mn^{2+}) sowie die für andere Lebewesen normalerweise toxisch wirkenden Verbindungen Kohlenmonoxid (CO) oder Nitrit (NO_2^-). Eine besonders bevorzugte Energiequelle ist das kleinste Molekül unseres Universums, molekularer Wasserstoff (H_2). Er dient den Methan bildenden Archaeen als Elektronendonator für die Reduktion von Kohlendioxid (CO_2) zu Methan (CH_4). Darüber hinaus liefert er den Sulfatreduzenten die Elektronen für die anaerobe Sulfatatmung. Beide Prozesse laufen in Abwesenheit von Sauerstoff (O_2) ab, d. h. anaerob. Dagegen oxidieren die so genannten Knallgasbakterien H_2 in Gegenwart von Sauerstoff. Die bei der Knallgasreaktion freigesetzte Energie nutzen viele

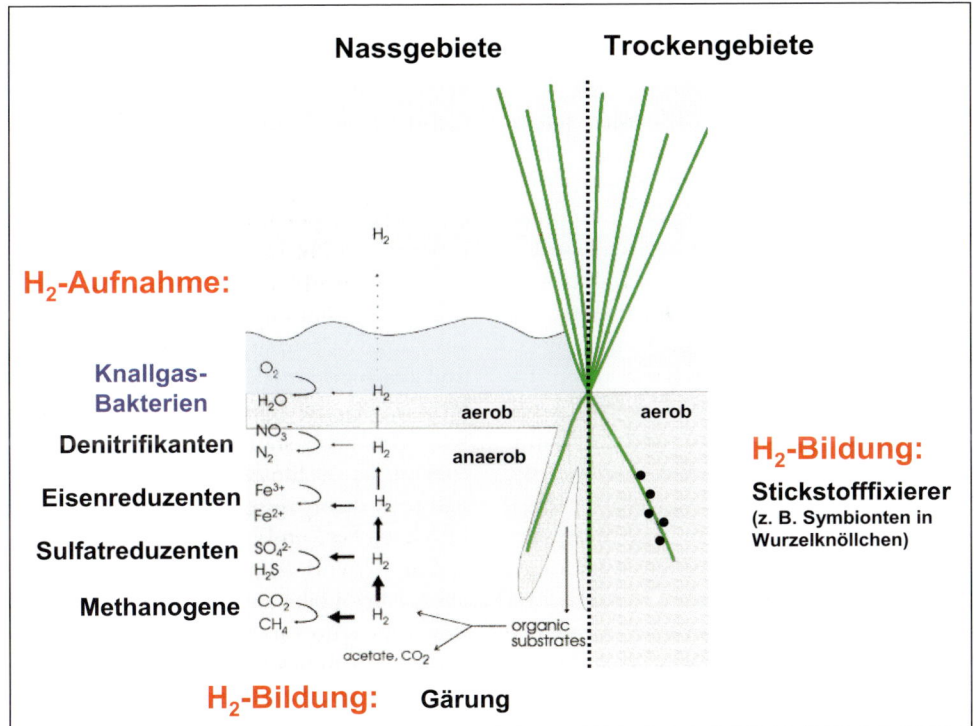

Abb. 2: Wasserstoff wird vorwiegend in anaeroben Biotopen umgesetzt. In terrestrischen sowie aquatischen sauerstofffreien oder sauerstoffbegrenzten Zonen wird Wasserstoff von gärenden und stickstofffixierenden Mikroorganismen gebildet. Er wird hauptsächlich von dort lebenden anaeroben chemolithotrophen Mikroorganismen, z. B. den methanogenen Archaeen, als Energiequelle aufgenommen und verbraucht. Nur geringe Konzentrationen stehen gelegentlich den aeroben H_2-oxidierenden Bakterien, den „Knallgasbakterien", als Energiequelle zur Verfügung. Sie sind deshalb in der Regel fakultativ chemoorganotroph.

Tab. 1: Chemolithotrophe Stoffwechseltypen

Typ	Elektronendonator	Elektronenakzeptor
Schwefeleloxidierer	HS^-, S^0, $S_2O_3^{2-}$	O_2, NO_3^-
Nitrifikanten	NH_4^+, NO_2^-	O_2
Eisen- und Mangan-Oxidierer	FE^{2+}, Mn^{2+}	O_2
Carboxydotrophe Bakterien	CO	O_2
Methanbildner	H_2	CO_2
Sulfatreduzenten	H_2	S^0, SO_4^{2-}
„Knallgasbakterien"	H_2	O_2, NO_3^-

dieser aeroben chemolithotrophen Bakterien, um CO_2 autotroph in Zellsubstanz zu assimilieren. Sie gleichen in diesem Merkmal den grünen Pflanzen.

Welche Bedeutung hat der chemolithotrophe Stoffwechsel für die biologische Evolution? Bis zur Entwicklung der Cyanobakterien vor etwa 2,8 Milliarden Jahren war die Erdatmosphäre weitgehend sauerstofffrei. Erst durch die photosynthetisch katalysierte Wasserspaltung der Cyanobakterien wurde O_2 in nennenswerten Konzentrationen in die Atmosphäre freigesetzt und damit der Weg für die Entwicklung der energetisch effizienten aeroben Atmung geebnet. Die ersten Lebewesen waren vermutlich auf Energie erzeugende Mechanismen angewiesen, die unter anoxischen Bedingungen ablaufen, z. B. die Gärung, die anaerobe Atmung und die anaerobe Photosynthese. In der reduzierenden Atmosphäre der frühen Erde gab es neben Wasser eine Vielzahl von Gasen (CH_4, CO_2, NH_3, CO, H_2S und H_2) und beträchtliche Mengen an Sulfid (z. B. FeS). In dieser „Eisen-Schwefel-Welt" waren also Substrate verfügbar, die von Chemolithotrophen als willkommene Energiequelle verwertet wurden. Außerdem war die Erde wesentlich heißer als heutzutage und müsste demzufolge Organismen beherbergt haben, die hitzetolerant waren.

Diese postulierten Eigenschaften früher Organismen ähneln den hyperthermophilen Prokaryoten, die wir gegenwärtig an heißen Standorten finden. Darunter sind sowohl Vertreter der Bacteria, die Temperaturen bis zu 95 Grad Celsius tolerieren, als auch der Archaea, die bei bis zu 121 Grad Celsius leben können. Unsere Kenntnisse über diese faszinierenden Lebewesen verdanken wir den Pionierarbeiten der Arbeitsgruppen von Thomas D. Brock, Karl-Otto Stetter und Wolfram Zillig. Sie haben diese Organismen aus heißen Standorten, z. B. den Geysiren des Yellowstone Parks, aus sauren Schwefelquellen, den Solfataren, und aus geothermalen eisenreichen Gewässern isoliert und charakterisiert. Ein an diesen Standorten häufig anzutreffendes Archaeon ist *Sulfolobus*. Chemolithotrophe Stämme dieser Gattung oxidieren neben H_2S auch Fe^{2+} und H_2 [2].

Ein weiteres an anorganischen Substraten reiches Habitat für Chemolithotrophe sind die hydrothermalen Quellen, so genannte Black Smoker, die sich im Meer in Regionen geothermaler Aktivitäten befinden. Im unmittelbaren Umkreis dieser Quellen gibt es überraschenderweise reiches Leben, z. B. gigantische Muscheln und Röhrenwürmer, die von vornehmlich chemolithotrophen endosymbiontischen Prokaryoten ernährt werden. Es kann also die

Schlussfolgerung gezogen werden, dass die chemolithotrophen Mikroorganismen keine kleine Gruppe extravaganter Lebenskünstler darstellen, sondern dass sie schon sehr früh die Entwicklung des Lebens auf unserem Planeten mitbestimmt haben.

Ein Leben mit Wasserstoff

Im Folgenden soll das Leben mit Wasserstoff, um den zahlreiche Gruppen von Mikroorganismen konkurrieren (Abb. 2), näher beleuchtet werden. Der Hauptanteil des biologisch verfügbaren Wasserstoffs wird durch anaerobe Mikroorganismen im Ver-

lauf von Gärungsprozessen sowie als Nebenprodukt der biologischen Stickstofffixierung freigesetzt. Der so entstandene Wasserstoff wird hauptsächlich in anaeroben Zonen als Energiequelle für die Methanbildung und andere anaerobe Atmungsprozesse verbraucht. Nur sehr wenig Wasserstoff dringt sporadisch in die aeroben Biotope, in denen die Knallgasbakterien leben [3]. Um in einer derartigen Umgebung erfolgreich existieren zu können, ist es für die aeroben H_2-Oxidierer vorteilhaft, möglicherweise gar unerlässlich, wenn sie zwei Voraussetzungen erfüllen: (i) den Besitz eines robusten, an die Gegenwart von O_2 angepassten, H_2 oxidierenden Enzym-

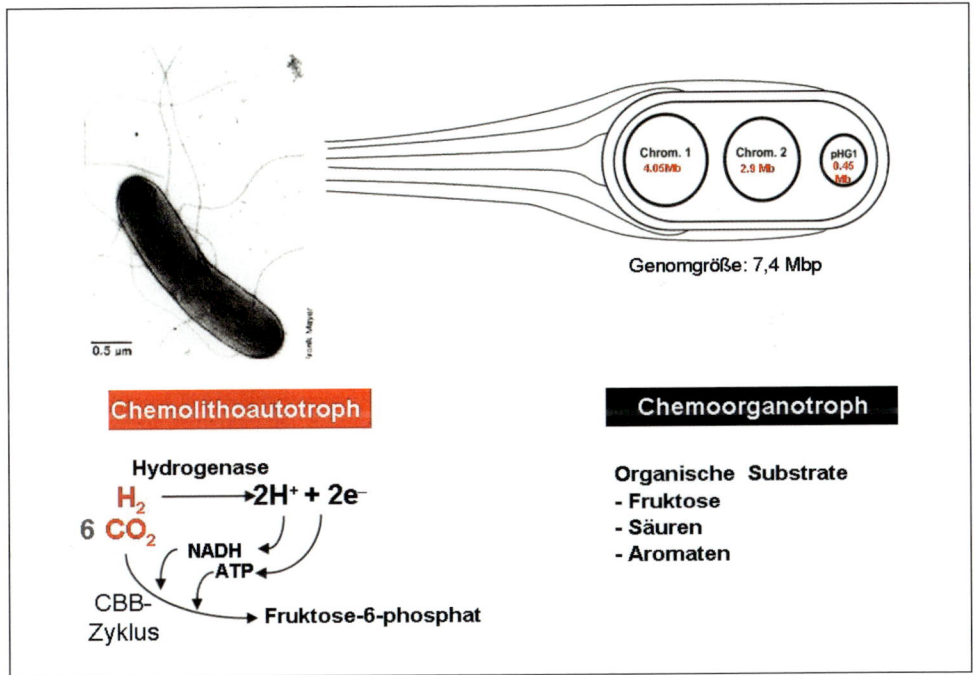

Abb. 3: *Ralstonia eutropha* Stamm H16, ein molekulares Modell für die H_2-Oxidation. Das Proteobacterium *R. eutropha* H16 oxidiert H_2 in Gegenwart von O_2 und nutzt die dabei freigesetzte Energie (ATP und reduziertes Nicotinamidadenindinukleotid, NADH) zur autotrophen Fixierung von Kohlendioxid über den Calvin-Benson-Bassham(CBB)-Zyklus. Alternativ kann es mit organischen Substraten chemoorganotroph wachsen. Die große Stoffwechselvielfalt korreliert mit einem komplexen Genom, bestehend aus zwei Chromosomen und einem riesigen Plasmid. Das Megaplasmid pHG1 beherbergt die Information für die H_2-Oxidation.

systems und (ii) die Ausstattung mit einem alternativen Energiestoffwechsel, z. B. dem der Chemoorganotrophie, der bei H_2-Mangel die fakultative Verwertung organischer Nährstoffe erlaubt.

Das 1962 in der Göttinger Arbeitsgruppe von H. G. Schlegel isolierte Knallgasbakterium *Hydrogenomonas eutropha* H16 [4], das zwischenzeitlich mehrere Namenswechsel durchlaufen hat und in diesem Beitrag als *Ralstonia eutropha* bezeichnet wird, erfüllt diese Voraussetzungen in vorbildlicher Weise. Die große Stoffwechselflexibilität dieses „modernen" H_2-Oxidierers, der sowohl chemolithotroph als auch mit einer Vielzahl organischer Substrate chemoorganotroph zu wachsen ver-

mag, wird durch ein bemerkenswert komplexes Genom reflektiert (Abb. 3). *R. eutropha* besitzt drei sich unabhängig voneinander replizierende DNA-Moleküle, zwei Chromosomen mit einer Größe von 4,05 Megabasenpaaren (Mbp) und 2,90 Mbp sowie ein Megaplasmid von 0,45 Mbp [5]. Mit einer Gesamtgröße von 7,4 Mbp hat das Genom von *R. eutropha* eine nahezu doppelte Codierkapazität wie das Genom von *Escherichia coli* K12 (4,63 Mbp) und erreicht mit mehr als 50 Prozent die Genomgröße eines eukaryotischen Mikroorganismus, *Saccharomyces cerevisiae* (13,5 Mbp). Interessant ist die Beobachtung, dass die genetische Information für das H_2 oxidierende Enzymsystem in *R. eu-*

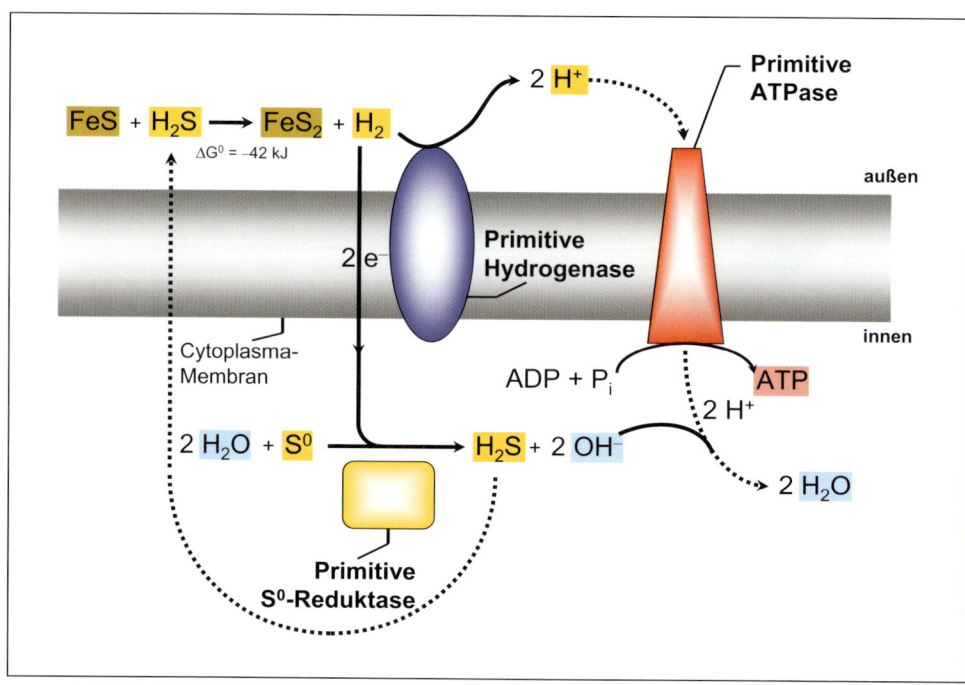

Abb. 4: Ein hypothetischer Mechanismus einer „primitiven" Energieerzeugung. Der Reaktionszyklus eines von Madigan et al. [2] postulierten „primitiven" Energiestoffwechsels besteht aus einer einfachen membranständigen Hydrogenase, die H_2 aufnimmt, dabei Protonen (H^+) an eine ebenso einfache ATP-Synthase abgibt und die Elektronen (e^-) auf intrazellulären Schwefel (S^0) leitet, der von einer Schwefelreduktase zu H_2S reduziert wird. Der Wasserstoff entstammt der Pyrit-Bildung (FeS_2), die in der Eisen-Schwefel-Welt der frühen Erde wahrscheinlich sehr aktiv war.

tropha auf dem Megaplasmid verankert ist. Dadurch wird eine laterale Verbreitung dieser Gene in verwandte, auch in nicht chemolithotrophe Bakterien begünstigt.

Hydrogenase, ein komplexer Redoxkatalysator

In einem hypothetisch als primitiv eingestuften Energie erzeugenden Stoffwechsel nimmt das Enzym Hydrogenase, das H_2 in Elektronen und Protonen spaltet, eine Schlüsselposition ein (Abb. 4). Es wird bei diesem Mechanismus postuliert, dass eine einfache mit der Membran assoziierte Hydrogenase H_2 aufnimmt und dadurch einen Protonengradienten erzeugt, der von einer ähnlich einfach strukturierten ATP-Synthase für die Bildung von ATP genutzt wird [2]. Die freigesetzten Elektronen fließen auf $S°$ und werden von einer Schwefelreduktase zu H_2S reduziert. Der Wasserstoff entstammt in diesem Modell einer chemischen Reaktion, der Bildung von Pyrit. Attraktiv an diesem Konzept der Energiegewinnung sind die Beteiligung weniger katalytischer Proteine, ein kurzer Reaktionszyklus sowie die tatsächliche Verfügbarkeit der daran mitwirkenden Substrate in der frühen „Eisen-Schwefel-Welt".

„Eisen-Schwefel-Welt"

Gibt es eine „primitive" Hydrogenase? Diese Frage lässt sich schwerlich beantworten. Die Hydrogenasen, die wir gegenwärtig erforschen, vermitteln eher einen gegenteiligen Eindruck, den eines überaus komplexen Katalysators. Aufgrund ihres Metallgehaltes werden drei Klassen von Hydrogenasen unterschieden, die sich phy-

logenetisch unabhängig entwickelt haben [6]: (i) die Nickel-Eisen[NiFe]-Hydrogenasen, (ii) die zwei Eisenatome tragenden [FeFe]-Hydrogenasen und (iii) die einfachen [Fe]-Hydrogenasen, in denen Eisen an einen organischen Cofaktor gebunden ist. Die letztgenannte Gruppe kommt nur in wenigen Methan bildenden Archaeen vor [7]. Die beiden dominanten Klassen von Hydrogenasen sind in Prokaryoten und niederen Eukaryoten weit verbreitet. Allerdings scheinen Grünalgen, Pilze und Protozoen ausschließlich [FeFe]-Hydrogenasen zu beherbergen, deren Aktivität in Gegenwart von Sauerstoff schnell zerstört wird. Die robusteren [NiFe]-Hydrogenasen sind vorherrschend in den Archaeen und kommen gemeinsam mit den [FeFe]-Hydrogenasen bei nahezu allen Vertretern der Bakterien vor. Höhere Eukaryoten besitzen keine Hydrogenasen. Genomstudien offenbaren allerdings die Existenz Hydrogenase ähnlicher Proteine. Ein Beispiel hierfür ist das Protein Nar1p in der Hefe. Es wurde kürzlich gezeigt, dass dieses Protein für den Einbau von Eisen-Schwefel-Zentren (FeS-Cluster) in Proteine des Cytosols und des Kerns unentbehrlich ist [8].

Die Aufklärung der ersten Kristallstruktur einer [NiFe]-Hydrogenase aus dem strikt anaeroben Sulfatreduzenten *Desulfovibrio gigas* [9] und begleitende infrarotspektroskopische Studien [10] brachten unerwartete Details über das aktive Zentrum zum Vorschein, die unser Wissen über den Reaktionsmechanismus der Hydrogenasen erheblich bereichern (Abb. 5). Das [NiFe]-Zentrum liegt tief im Innern der großen Untereinheit verborgen; diese ist eng mit der kleinen Elektronen übertragenden Untereinheit assoziiert. Nickel und Eisen sind über vier cystein-stämmige Thiole mit dem Protein verbunden. Auffällig und ungewöhnlich sind drei mit dem Eisen ligierte diatomare Gruppen (ein CO

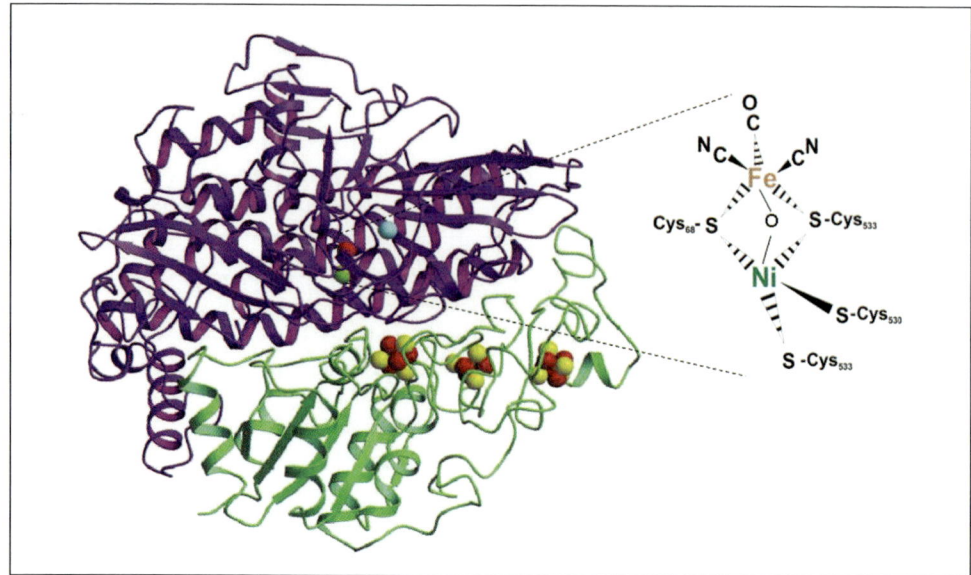

Abb. 5: Molekulare Struktur einer [NiFe]-Hydrogenase. Die erste Kristallstruktur einer [NiFe]-Hydrogenase wurde mit dem Enzym aus dem strikt anaeroben Sulfatreduzenten *Desulfovibrio gigas* gewonnen [9]. In Anlehnung an diese Struktur links das tief im Innern der großen Untereinheit (violett) verborgene katalytische NiFe-Zentrum. Es ist mit drei Eisen-Schwefel-Clustern in der kleinen Untereinheit (grün) elektronisch gekoppelt. Über diese Mediatoren gelangen die Elektronen an die Proteinoberfläche. Rechts das katalytische Zentrum, vergrößert dargestellt. Ni und Fe sind durch vier Cystein-stämmige Thiole mit dem Protein verbunden, von denen zwei Reste die Metalle verbrücken. Durch Infrarotspektroskopie [11] wurden am Eisen drei zusätzliche diatomare Gruppen (2 CN^- und 1 CO) entdeckt, die offensichtlich das Fe in einem niedrigen Redoxstatus halten.

und zwei CN). Sie halten das Eisen offenbar in einem für die Reaktion wichtigen niedrigen Redoxstatus. Das Reaktionsmodell postuliert die H_2-Bindung am Nickel in Form eines Hydrids (H^-). Die bei der Oxidation des Hydrids frei werdenden Elektronen fließen wie in einem Stromkabel über Eisen-Schwefel(FeS)-Cluster der kleinen Untereinheit an die Proteinoberfläche [11].

Die ungewöhnliche Architektur des [NiFe]-Zentrums provoziert die Frage nach seiner Entstehung. Genetische Studien zeigten, dass das [NiFe]-Zentrum sich nicht autokatalytisch bildet, sondern dass daran mindestens sechs Hilfsproteine, so genannte Hyp-Proteine mitwirken, die in

Mikroorganismen mit [NiFe]-Hydrogenasen strikt konserviert sind. Aufgrund der wegweisenden Arbeiten der Arbeitsgruppe von August Böck an einer Hydrogenase aus *E. coli* haben wir inzwischen eine modellhafte Vorstellung (Abb. 6) vom Ablauf der Metallassemblierung [12]. Die große Untereinheit der Hydrogenase wird als metallfreies Apoprotein gebildet, und in einem ersten Schritt, katalysiert durch zwei Proteinkomplexe (HypD-C und HypF-E), wird ein Rest aus $Fe(CN)_2CO$ in die Hydrogenase inseriert. Anschließend ist die Vorläuferform bereit zur Nickelaufnahme, an der ein HypA-B-Komplex mitwirkt.

Die konkreten chemischen Abläufe sind noch weitgehend unverstanden. Es gibt inzwischen experimentelle Daten, die zeigen, dass zumindest die CN-Liganden aus Carbamoylphosphat stammen. In einem abschließenden Schritt prüft eine Hydrogenase-spezifische Endopeptidase den Einbau von Nickel und beendet den Prozess der Maturation durch Entfernen von etwa 20 Aminosäuren vom C-terminalen Ende der Untereinheit. Dies löst offenbar ein Signal für die Faltung des Proteins und die Vereinigung mit der kleinen Untereinheit aus.

Ist damit der Reifungsprozess des Enzyms abgeschlossen? Diese Frage lässt sich nur mit Einschränkungen bejahen, denn [NiFe]-Hydrogenasen variieren in ihrer Gesamtstruktur, ihrer physiologischen Funktion und der zellulären Lokalisation [13], wie dies an den drei [NiFe]-Hydrogenasen des Knallgasbakteriums *R. eutropha* beispielhaft demonstriert werden kann (Abb. 7). Alle drei Hydrogenasen teilen den Besitz des Hydrogenase-Grundmoduls, bestehend aus der [NiFe] tragenden großen und der (FeS)-Cluster beherbergenden kleinen Untereinheit. Ihre eigentliche physiologische Funktion gewinnen die Hydrogenasen erst im Verbund mit einem weiteren Modul. Die im Cytoplasma ange-

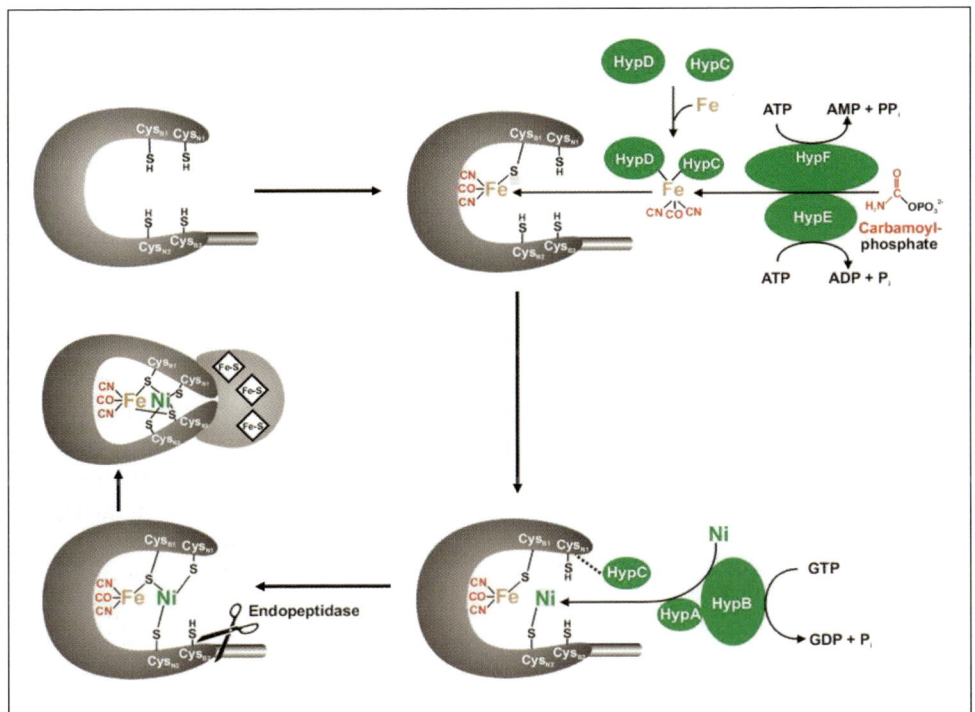

Abb. 6: Modell der Synthese des [NiFe]-Zentrums. Dieses beruht hauptsächlich auf Studien mit der Hydrogenase 3 aus *Escherichia coli* [12] und zeigt, dass an diesem Prozess viele in [NiFe]-Hydrogenase-haltigen Organismen konservierte Hilfsproteine beteiligt sind. Die große Hydrogenase-Untereinheit wird als metallfreies Apoprotein gebildet. Komplexe aus den Proteinen HypF-HypE und HypC-HypD bilden zunächst eine Fe(CN)$_2$CO-Einheit, die über Cysteinreste in das Apoprotein eingebaut wird. Anschließend erfolgt die Insertion von Ni, unterstützt durch die Proteine HypA-HypB. Der Prozess der Metallassemblierung wird durch Abspaltung eines Peptids vom C-terminalen Ende der großen Untereinheit und der Assoziation des gefalteten Proteins mit der kleinen Untereinheit beendet.

siedelte Hydrogenase SH verbindet sich z. B. mit einem Flavin-haltigen Dehydrogenase-Protein, wodurch die Hydrogenase in die Lage versetzt wird, Nicotinamidadenindinucleotid (NAD$^+$) direkt mit H_2 zu reduzieren und damit wertvolle Reduktionsäquivalente u. a. für die Biosynthese bereitzustellen.

Die zweite im Cytoplasma befindliche Hydrogenase RH hat keine Funktion im Energiestoffwechsel, sondern ist an der Regulation der Hydrogenase-Genexpression beteiligt. Sie wirkt als H_2-Sensor und wird im nächsten Kapitel näher beschrieben. Die membrangebundene Hydrogenase MBH erzeugt einen Protonengradienten, der primär für die ATP-Synthese genutzt wird. Sie ist über ein Cytochrom b mit der Cytoplasmamembran verankert. Das Cytochrom lenkt die bei der H_2-Oxidation freigesetzten Elektronen in die Atmungskette.

Da die MBH an der Außenseite der Membran befestigt ist, muss das Enzym die

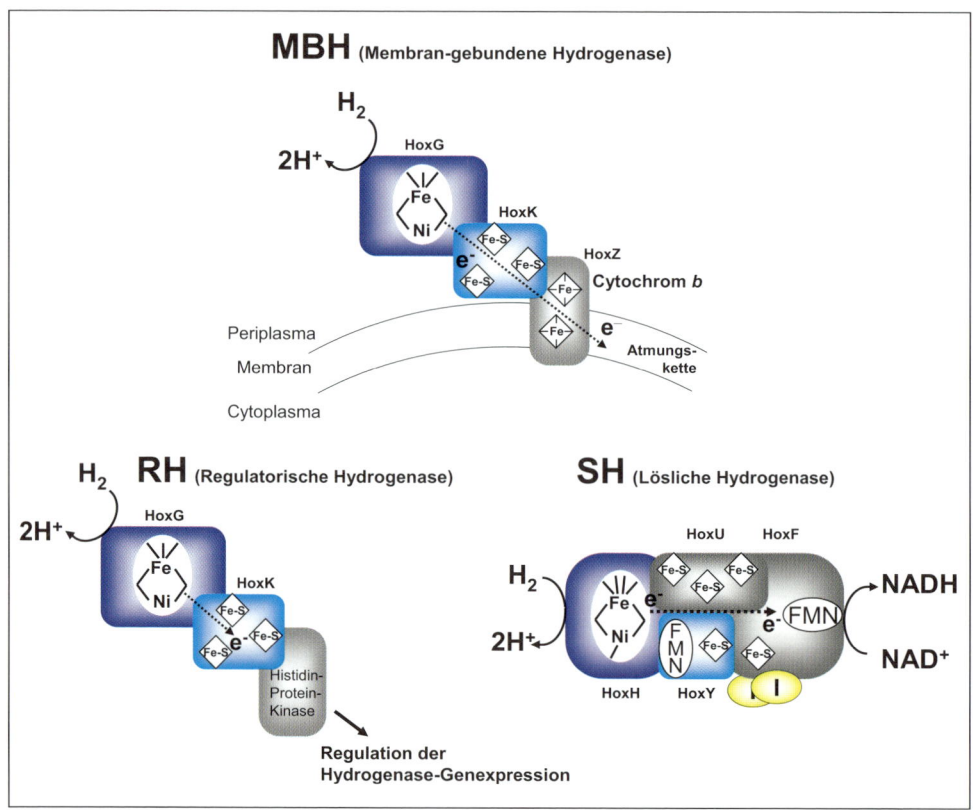

Abb. 7: [NiFe]-Hydrogenasen sind variabel in ihrer Funktion und in ihrer modularen Struktur. Der Modellorganismus *Ralstonia eutropha* H16 besitzt drei [NiFe]-Hydrogenasen, die sich sowohl in ihrer physiologischen Funktion als auch in ihrem Aufbau unterscheiden. Die membrangebundene Hydrogenase (MBH) oxidiert H_2 an der äußeren Seite der cytoplasmatischen Membran. Die energiegekoppelte Hydrogenase (SH) ist im Cytoplasma lokalisiert. Sie besteht aus einem Hydrogenase- und einem flavinhaltigen NADH-Dehydrogenase-Modul. Die regeneratorische Hydrogenase (RH), ein lösliches Protein, hat ausschließlich sensorische Funktion.

undurchlässige Cytoplasmamembran überwinden. Hier stellt sich ein Dilemma: Die Reifung des Proteins bis hin zur Faltung und Vereinigung mit einer zweiten Untereinheit findet im Zellinneren statt. Wie kann ein so großes komplexes Molekül die Membran durchqueren? Lange Zeit galt es als Dogma, dass Proteine nur im ungefalteten Zustand die Membran passieren. Der allgemeine Proteinsekretionsapparat der Zelle (Sec) erkennt die zu exportierenden Proteine an einer typischen Signalsequenz und befördert sie im ungefalteten Zustand über die Membran (Abb. 8). Die Signalse-

quenz der Hydrogenasen und anderer Cofaktor tragenden periplasmatischen Proteine unterscheidet sich dagegen von dem konventionellen Sec-Signalpeptid. Herausragendes Merkmal ist ein hoch konserviertes Doppelarginin-Motif (Twin-Arginin), das den Namen für einen neuen Translokationsmechanismus geprägt hat, die Tat-Translocase. Die Tat-Translocase ermöglicht Proteinen, im gefalteten Zustand die Membran zu passieren [14]. Die Aufklärung des molekularen Mechanismus dieses ungewöhnlichen Proteintransport-Apparates ist Gegenstand laufender Forschung.

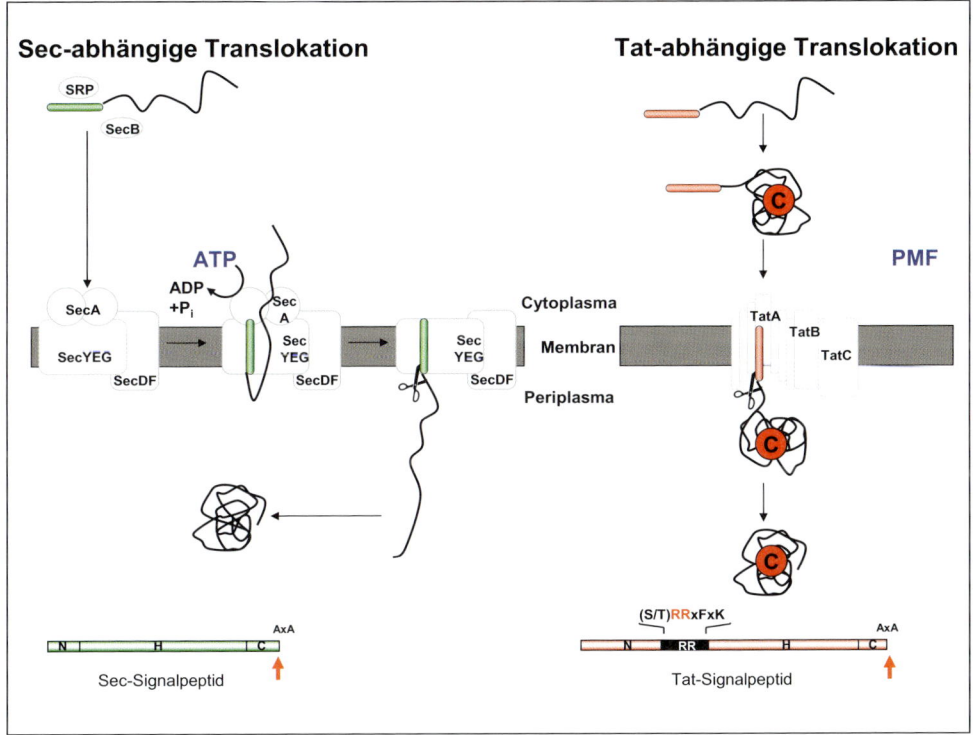

Abb. 8: [NiFe]-Hydrogenasen werden im gefalteten Zustand durch die Membran exportiert. Links: Bakterielle Proteine, die außerhalb des Cytoplasmas lokalisiert sind, werden normalerweise ungefaltet durch den allgemeinen Sekretionsapparat der Zelle (Sec) nach außen transportiert. Einige Proteine mit komplexen Cofaktoren, u. a. [NiFe]-Hydrogenasen, folgen einem Sec-unabhängigen Exportmechanismus (rechts). Dieser Translokationsweg (Tat-Translocase) ermöglicht es, Proteine im gefalteten, Cofaktor-haltigen Zustand zu exportieren. Typisch ist ein besonderes argininreiches Signalpeptid, das durch den Tat-Apparat der Zelle erkannt wird und sich von dem für Sec typischen Signalpeptid unterscheidet.

Die Sensierung von Wasserstoff

Die komplexe Biogenese der [NiFe]-Hydrogenasen veranschaulicht, dass die Zelle einen enormen Aufwand betreiben muss, um Wasserstoff als Energiequelle nutzen zu können. Vom ökonomischen Standpunkt überzeugt es, dass aerobe, fakultativ H_2 oxidierende Organismen, die nur gelegentlich von diesem Substrat profitieren, die Syn-

these von Hydrogenasen nur dann initiieren, wenn H_2 zugegen ist und keine attraktiveren organischen Energiequellen verfügbar sind. Auch hier liefert das Knallgasbakterium *R. eutropha* ein anschauliches Regulationsverhalten.

Die Synthese der Hydrogenasen wird bereits auf der Ebene der Transkription gesteuert (Abb. 9). Hierbei sind zwei Signale entscheidend: (i) die Verfügbarkeit von Wasserstoff und (ii) das Angebot an organischen Energiequellen wie Succinat, Fruktose oder Glyzerin. Diese beiden Signale bestimmen, ob an der Schaltstelle der Transkription, dem Promotor, die Genexpression der Hydrogenasen an- bzw. abgeschaltet wird. H_2 ist für die Genexpression stets erforderlich. Ist jedoch ein bevorzugtes organisches Substrat wie Succinat oder Fruktose verfügbar, so hat der Organismus die Möglichkeit, die Hydrogenase-Biosynthese selbst in Gegenwart von H_2 zu unterbinden bzw. zu drosseln. Wird dem Bakterium ein minderwertiges organisches Substrat wie Glyzerin geboten, entscheidet es sich für den lithotrophen Stoffwechsel, und die Hydrogenase-Genexpression erfolgt auf hohem Niveau. Das regulatorische Wechselspiel zwischen Chemolithotrophie und Chemoorganotrophie ist auf molekularer Ebene noch wenig verstanden.

Wir haben inzwischen Einblicke in die Verarbeitung des Wasserstoff-Signals gewinnen können [15]. An diesem Prozess der Signalübertragung sind vier regulatorische Genprodukte beteiligt: (i) ein Aktivatorprotein, das im Promotorbereich der DNA bindet und die RNA-Polymerase für die Transkription aktiviert, (ii) eine Histidin-Protein-Kinase (HoxJ), die durch Übertragung einer Phosphatgruppe den Aktivator modifiziert und dadurch seine Aktivität beeinflusst, und (iii) eine [NiFe]-Hydrogenase, die als Sensor H_2 bindet, mit der Histidin-Protein-Kinase einen Kom-

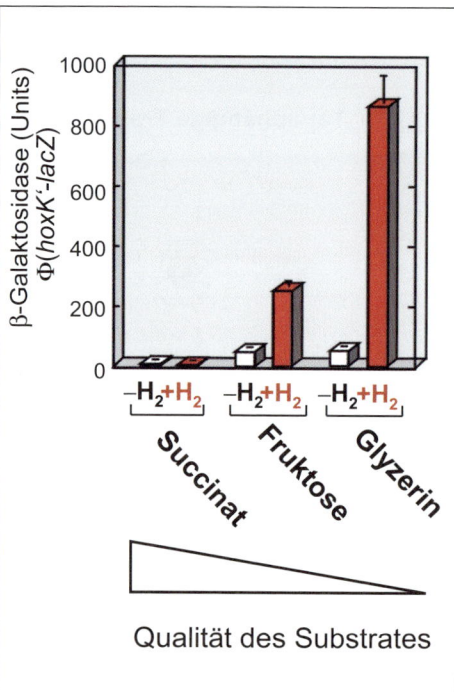

Abb. 9: Regulatorische Signale für die Verwertung von Wasserstoff. H_2 dient *Ralstonia eutropha* als alternative lithotrophe Energiequelle. Bevorzugt wächst das Bakterium organotroph mit organischen Säuren, z. B. Succinat; mit abnehmender Qualität des Substrates verlangsamt sich das Wachstum und es bildet Hydrogenasen (dargestellt als Aktivität des Indikatorproteins ß-Galaktosidase). Diese Hydrogenasebildung erfolgt nur in nennenswerten Konzentrationen, wenn das Substrat H_2 zugegen ist (rote Balken).

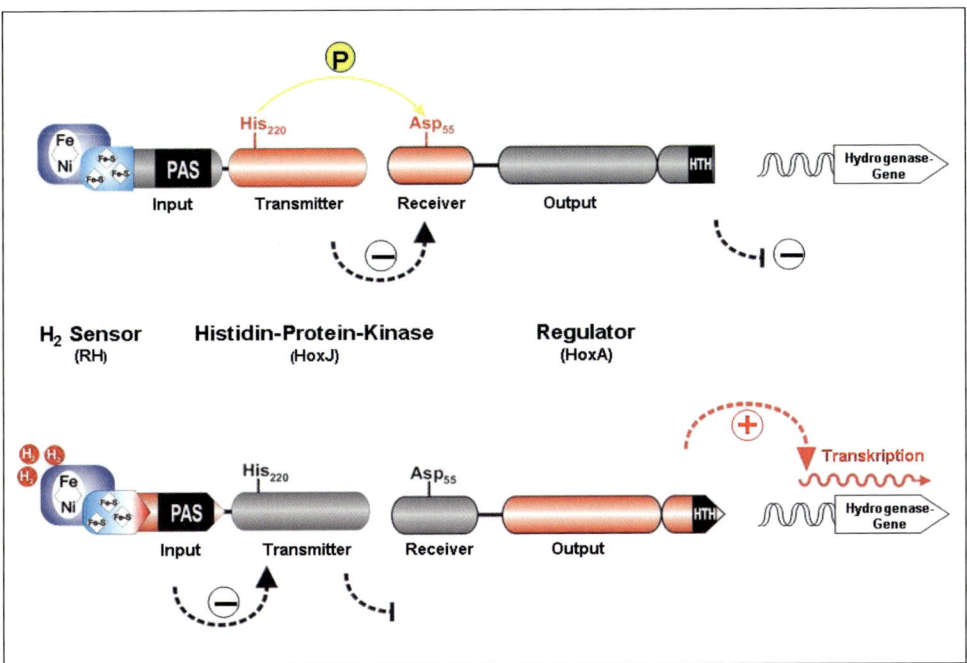

Abb. 10: Molekulares Modell der Wasserstoff-Sensierung. In Abwesenheit von H_2 ist die Transkription der Hydrogenasegene unterdrückt (oben). In dieser Situation fehlt die Aktivierung durch den Regulator HoxA. Er wird vom RH-HoxJ-Sensorkomplex durch Phosphorylierung modifiziert. In der phosphorylierten Form ist HoxA inaktiv. Ist Wasserstoff als Substrat verfügbar, wird das Molekül von der RH erkannt, gebunden und gespalten. Dadurch wird ein Signal über die Kinase HoxJ vermittelt, das die Phosphorylierung von HoxA unterdrückt. Die Transkription wird dann durch HoxA aktiviert und die Energie liefernden Hydrogenasen werden gebildet.

plex eingeht und somit die phosphorylierende Aktivität steuert [16]. Das Zusammenwirken dieser Komponenten ist in einem Modell der Signalübertragung zusammengefasst (Abb. 10).

In Abwesenheit von Wasserstoff kann der Sensorkomplex aus Hydrogenase und Kinase den Regulator ungehindert phosphorylieren. In der phosphorylierten Form ist der Regulator jedoch nicht in der Lage, die Transkription zu aktivieren. In diesem Merkmal unterscheidet sich die H_2-Sensorik von vergleichbaren konventionellen bakteriellen Regulationssystemen, bei denen in der Regel der phosphorylierte Regulator den aktiven Zustand darstellt. Taucht H_2 in der Umgebung des Bakteriums auf, so wird das Molekül von dem Sensorkomplex erkannt und gebunden. Wahrscheinlich infolge einer redoxabhängigen Reaktion wird dann die Phosphorylierung des Sensorkomplexes verhindert und damit auch die Phosphorylierung des Regulators unterbunden. Dieser kann nun ungehindert die Transkription der Hydrogenasegene aktivieren. Das Ergebnis ist die Bildung der Hydrogenasen, die H_2 aktivieren und der Energiewandlung der Zelle zuführen.

Biotechnologische Anwendung der Hydrogenasen: Lernen von der Natur

Molekularer Wasserstoff ist nicht nur für Mikroorganismen seit Millionen von Jahren eine willkommene Energiequelle, sondern gilt als einer der wichtigsten zukünftigen Energieträger unserer industriellen Gesellschaft. Derzeit wird H_2 hauptsächlich aus fossilen Ressourcen wie Erdgas und Erdöl gewonnen. Können wir aus den natürlichen H_2 umsetzenden Systemen etwas für die Anwendung lernen? Können wir aus dem angewachsenen Wissen der Grundlagenforschung einen neuen, kreativen Beitrag zur Wasserstoff-Technologie leisten? Aus dem Spektrum der anwendungsbezogenen Gebiete sollen in diesem Beitrag zwei Aspekte diskutiert werden: (i) die biologische Wasserstoffproduktion durch Photolyse des Wassers und (ii) der Einsatz von Hydrogenasen in biologischen Brennstoffzellen.

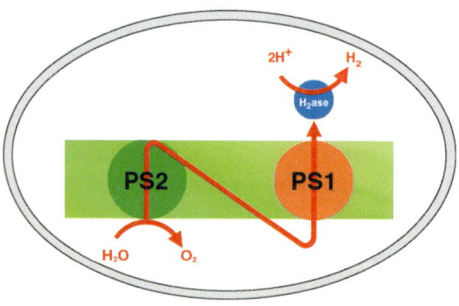

Abb. 11: Photobiologische Wasserstoffproduktion. Durch Kopplung der beiden Photosysteme (PSI und PSII) mit einer H_2 freisetzenden Hydrogenase (H$_2$ase) kann, wie bereits in Grünalgen verwirklicht, Wasserstoff aus der Spaltung des Wassers gewonnen werden.

Die Photoproduktion von Wasserstoff nutzt das Sonnenlicht und beruht auf der Kommunikation der Photosysteme I und II mit einer Wasserstoff produzierenden Hydrogenase (Abb. 11). Hierbei werden die bei der Wasserspaltung durch Photosystem II freigesetzten Elektronen für die Reduktion von Protonen genutzt, und es entsteht H_2. H_2 bildende Hydrogenasen, zu denen die [FeFe]-Hydrogenasen zählen, gehören bezüglich ihrer Umsatzrate zu den aktivsten Enzymen. Ein Molekül Hydrogenase entwickelt bis zu 9000 Moleküle H_2 pro Sekunde. Das Problem ist jedoch, dass diese Hydrogenasen im Gegensatz zu den Hydrogenasen der Knallgasbakterien extrem empfindlich gegenüber Sauerstoff sind. Da bei der Wasserspaltung neben Protonen und Elektronen auch O_2 entsteht, ist ein effizienter Einsatz der Photoproduktion von H_2 nur durch Lösung des Sauerstoffproblems denkbar. Hierzu gibt es mehrere Strategien:

(i) die zeitliche oder räumliche Trennung der O_2-Bildung und der H_2-Produktion. Mit Kulturen der Grünalge *Chlamydomonas* ist dies ansatzweise gelungen [17]. Werden die Algen in ein Medium überführt, das Schwefel nur in Spuren enthält, so läuft eine Serie physiologischer Veränderungen ab, die dazu führen, dass die O_2-Bildung durch das Photosystem II herabgesetzt und vorübergehend ein anaerober Stoffwechsel aufgebaut wird. In dieser anaeroben Phase kommt es verstärkt zur H_2-Produktion. Die Produktionsraten (pro Stunde) liegen mit 2,5 Milliliter H_2 pro Liter Bioreaktor bisher allerdings auf einem bescheidenen Niveau.

(ii) Der Einsatz von Sauerstoff-toleranten Hydrogenasen. Diese Vorgehensweise ist nicht utopisch, da bereits O_2-tolerante Hydrogenasen in der Natur entdeckt worden sind und genetische Studien Wege aufzeigen, Sauerstofftoleranz durch gezielte Veränderungen am Hydrogenase-Protein zu induzieren.

(iii) Die Entwicklung eines *In-vitro*-Systems, in dem die betreffenden Komponenten (PSI, PSII, Elektronenmediatoren und Hydrogenase) in isolierter Form an Trägermaterialien immobilisiert werden.

(iv) Die chemische Synthese von Modellverbindungen nach dem Vorbild der natürlichen Katalysezentren. Auf der Ebene der Grundlagenforschung besteht auf diesem Gebiet bereits ein reger Gedankenaustausch zwischen Chemikern, Biochemikern und Molekularbiologen.

Das zweite Beispiel nimmt Bezug auf wasserstoffgetriebene Brennstoffzellen. Synthetische Brennstoffzellen sind bereits im Einsatz, z. B. in stationären Systemen zur Elektrizitäts- und Wärmegewinnung sowie in Fahrzeugen. In der umweltfreundlichen Brennstoffzelle reagieren Wasserstoff und Sauerstoff zu Wasserdampf. Die dabei frei werdende Energie wird in Analogie zu der Knallgasreaktion der chemolithotrophen Bakterien in diesem Fall nicht in biochemisch verwertbare, sondern in elektrische und thermische Energie umgewandelt.

Eine typische Brennstoffzelle besteht aus einer Anode und einer Kathode, die über einen Elektrolyten gekoppelt sind (Abb. 12). Wasserstoff wird der Anode zugeführt, oxidiert und gleichzeitig Sauerstoff an der Kathode zu Wasser reduziert. Diese elektrochemischen Reaktionen erzeugen Strom und damit elektrische Energie. An der Anode und Kathode beschleunigen Elektrokatalysatoren die Reaktion. Einer der gebräuchlichsten und effizientesten Elektrokatalysatoren ist Platin. Der Platinkatalysator hat jedoch zwei Nachteile; er ist sehr teuer und wird irreversibel durch Kohlenmonoxid zerstört. Dies hat zur Konsequenz, dass nur hochgradig gereinigter Wasserstoff in einer solchen Brennstoffzelle zum Einsatz kommen kann. Dadurch erhöhen sich die Betriebskosten erheblich.

Die biologische Brennstoffzelle ist derzeit in der Entwicklung. In einem Modellsystem (Abb. 12) wird eine Sauerstoff- und Kohlenmonoxid-resistente Hydrogenase anstelle von Platin an die Anode gekoppelt. Die ersten Versuche, mit einer solchen einfachen Zelle Strom zu erzeugen, verliefen viel versprechend [18].

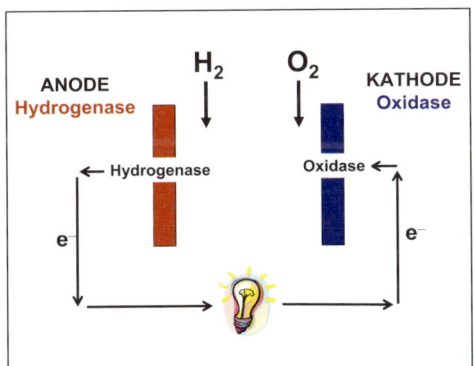

Abb. 12: Das Modell einer biologischen Brennstoffzelle. Durch Verbrennung von Wasserstoff mit Sauerstoff zu Wasser kann thermische und elektrische Energie gewonnen werden, dies ist das Prinzip einer H_2-getriebenen Brennstoffzelle. In dem Modell dienen anstelle von chemischen Katalysatoren eine an die Anode fixierte Hydrogenase, gekoppelt mit einer an die Kathode fixierte Oxidase, als Katalysatoren für die Stromerzeugung.

Ausblick

Die Erforschung des chemolithoautotrophen Stoffwechsels am Beispiel der aeroben Wasserstoffoxidation illustriert deutlich, dass es sich nicht um einen „primitiven" Energiestoffwechsel handelt, sondern um einen Prozess, der vermutlich in mehreren

Milliarden Jahren von einem einfachen, wahrscheinlich wenig effizienten Katalysator zu einem hochgradig komplexen, multifunktionellen Enzymsystem herangereift ist.

Die „Zeit" hat in diesem Fall die „Materie" geprägt und die noch offenen Fragen können in einem interdisziplinären „Raum" gelöst werden. Folgende Fragen sind offen:

- der genaue Katalysemechanismus der Wasserstoffoxidation,
- die chemischen Grundlagen des Einbaus der Metallzentren,
- der Mechanismus des Membrantransports bereits gefalteter Cofaktor-haltiger Proteine,
- die intramolekularen Abläufe bei der Wasserstoff-Sensorik.

Aus der Funktion der biologischen Wasserstoffoxidation lassen sich neue Ideen und Verfahren für die zukünftige Wasserstoff-Technologie ableiten.

Dank

Meinen Mitarbeitern, insbesondere Oliver Lenz und Thorsten Buhrke, danke ich für die Hilfe bei der Erstellung des Manuskriptes. Meinen Kollegen Fraser A. Armstrong, Anne Volbeda und Juan Fontecilla-Camps sowie den Autoren des Lehrbuches „Brock, Biology of Microorganisms" bin ich dankbar für die Grundlage anschaulichen Bildmaterials. Mein Dank gilt nicht zuletzt meinem akademischen Lehrer Hans Günter Schlegel, der mir die Tür zu einem faszinierenden Forschungsgebiet geöffnet hat.

Die Arbeiten der Berliner Arbeitsgruppe wurden unterstützt durch die Deutsche Forschungsgemeinschaft, die Europäische Union und durch das Bundesministerium für Bildung und Forschung sowie den Fonds der Chemischen Industrie.

Literatur

[1] Schlegel, H. G.: Geschichte der Mikrobiologie. In: Folkerts, M. (ed.): Acta Historica Leopoldina, Nummer 28, Deutsche Akademie der Naturforscher Leopoldina, Halle (Saale), 1999.

[2] Madigan, M. T., Martinko, J. M., Parker, J. (Hrsg.): Brock Mikrobiologie. Spektrum Akademischer Verlag Heidelberg, Berlin, 2001.

[3] Conrad, R.: Soil microorganisms as controllers of atmospheric trace gases (H_2, CO, CH_4, OCS, N_2O, and NO). Microbiol. Rev. 60, 609–640 (1996).

[4] Wilde, E.: Untersuchungen über Wachstum und Speicherstoffsynthese von *Hydrogenomonas*. Arch. Mikrobiol. 43, 109–157 (1962).

[5] Schwartz, E., Henne, A., Cramm, R., Eitinger, T., Friedrich, B., Gottschalk, G.: Complete nucleotide sequence of pHG1: a *Ralstonia eutropha* H16 megaplasmid encoding key enzymes of H_2-based lithoautotrophy and anaerobiosis. J. Mol. Biol. 332, 369–383 (2003).

[6] Vignais, P. M., Billoud, B., Meyer, J.: Classification and phylogeny of hydrogenases. FEMS Microbiol. Rev. 25, 455–501 (2001).

[7] Shima, S., Lyon, E. J., Sordel-Klippert, M., Kauss, M., Kahnt, J., Thauer, R. K., Steinbach, K., Xie, X., Verdier, L., Griesinger, C.: The cofactor of the iron-sulfur cluster free hydrogenase Hmd: structure of the light-inactivation product. Angew. Chem. Int. Ed. Engl. 43, 2547–2551 (2004).

[8] Balk, J., Pierik, A. J., Netz, D. J., Muhlenhoff, U., Lill, R.: The hydrogenase-like Narlp is essential for maturation of cytosolic and nuclear iron-sulphur proteins. EMBO J. 23, 2105–2115 (2004).

[9] Volbeda, A., Charon, M. H., Piras, C., Hatchikian, E. C., Frey, M., Fontecilla-Camps, J. C.: Crystal structure of the nickel-iron hydrogenase from *Desulfovibrio gigas*. Nature 373, 580–587 (1995).

[10] Bagley, K. A., Duin, E. C., Roseboom, W., Albracht, S. P., Woodruff, W. H.: Infrared-detectable groups sense changes in charge density on the nickel center in hydrogenase from *Chromatium vinosum*. Biochemistry 34, 5527–5535 (1995).

[11] Cammack, R., Frey, M., Robson, R. (Hrsg.): Hydrogen as a fuel: learning from nature.

Taylor & Francis, London and New York, 2001.

[12] Blokesch, M., Paschos, A., Theodoratou, E., Bauer, A., Huber, M., Huth, S., Bock, A.: Metal insertion into NiFe-hydrogenases. Biochem. Soc. Trans. 30, 674–680 (2002).

[13] Schwartz, E., Friedrich, B.: The H_2-metabolizing prokaryotes. In: Dworkin, M., Schleifer, K. H., Stackebrandt, E. (Hrsg.): The prokaryotes: an evolving electronic resource for the microbiological community. 3rd edit., release 3.14, Springer, New York.

[14] Berks, B. C., Palmer, T., Sargent, F.: The Tat protein translocation pathway and its role in microbial physiology. Adv. Microb. Physiol. 47, 187–254 (2003).

[15] Lenz, O., Friedrich, B.: A novel multicomponent regulatory system mediates H_2 sensing in *Alcaligenes eutrophus.* Proc. Natl. Acad. Sei. U. S. A. 95, 12474–12479 (1998).

[16] Buhrke, T., Lenz, O., Porthun, A., Friedrich, B.: The H_2-sensing complex of *Ralstonia eutropha:* interaction between a regulatory [NiFe] hydrogenase and a histidine protein kinase. Mol. Microbiol. 51, 1677–1689 (2004).

[17] Kosourov, S., Tsygankov, A., Seibert, M., Ghirardi, M. L.: Sustained hydrogen photoproduction by *Chlamydomonas reinhardtii:* Effects of culture parameters. Biotechnol. Bioeng. 78, 731–740 (2002).

[18] Armstrong, F. A.: Hydrogenases: active site puzzles and progress. Curr. Opin. Chem. Biol. 8, 133–140 (2004).

Einführung in die Sitzung am Sonntagvormittag

Markus Schwoerer

Grenzgebiete: Henning Scheich forscht auf einem Grenzgebiet zwischen den Neurowissenschaften und der Physik, Ernst O. Göbel auf einem Grenzgebiet zwischen der Physik und der Technik und eigentlich auch der Wirtschaft, Katharina Kohse-Höinghaus auf einem Grenzgebiet zwischen Chemie und Physik und Michael Hecker auf Grenzgebieten zwischen den Neurowissenschaften, der Molekularbiologie und der Biochemie. Alle vier Redner wurden jedoch nicht nur deshalb eingeladen, hier einen Vortrag für Sie zu halten, weil sie auf Grenzgebieten forschen, sondern vor allem deshalb, weil sie mit ihren Mitarbeitern international hervorragende Erfolge in der Forschung erzielt haben. Trotzdem werden wir in den vier folgenden Vorträgen erfahren, dass die Physik, die Chemie, die Lebenswissenschaften und auch die moderne Technik immer näher zusammenwachsen. Offensichtlich sind Grenzgebiete zwischen den Naturwissenschaften attraktiv.

Kurz vor meinem Abitur traf ich zufällig den mir bis dahin unbekannten Heidelberger Kernphysiker Hans Kopfermann. Er fragte mich, was ich denn studieren wolle, und meine Antwort war „Maschinenbau". Nach einer kurzen Unterhaltung riet er mir: „Studieren Sie Physik, dann lernen Sie Ihr Leben lang was Neues." Das hat mich zwar überzeugt, denn ich bin Physiker geworden, aber ich konnte damals nicht ahnen, dass es nach einem grundlegenden Studium der Physik nicht sehr schwierig, aber sehr attraktiv ist, an den Grenzen der Physik mit Naturwissenschaftlern aus anderen Fächern – in meinem eigenen Fall der Chemie – zu kooperieren. Kooperationen auf Grenzgebieten zwischen den Naturwissenschaften sind dann besonders interessant und erfolgreich, wenn beide Partner immer von neuem dazulernen – aus dem eigenen wie aus dem anderen Fach.

Viele neue Erkenntnisse in den Naturwissenschaften und auch viele moderne technische Verfahren und Anwendungen sind aus Kooperationen solcher Partner entstanden, die in ihrem eigenen Fach jeweils grundlegend ausgebildet wurden und darin auch Erfolge hatten. Lassen Sie mich das am Beispiel der bildgebenden Verfahren kurz illustrieren: Wir alle wissen, dass Bilder nicht nur den Fachleuten, sondern auch einer breiten Öffentlichkeit zur Erkenntnis und zum Nachdenken verhelfen. Um gute Bilder zu erzeugen, müssen die Objekte vorher studiert und die Techniken und Methoden geübt werden.

Michelangelo hat in der Leichenhalle heimlich seziert, um die Muskeln unter der Haut zu studieren. Nur damit und natürlich mit seinen geübten Techniken der Meißel- und Pinselführung konnte er seinen David und viele seiner Bilder und anderen Skulpturen schaffen. Auch Grünewald hat Leichen heimlich studiert, um die Pusteln auf Jesu Haut am Isenheimer Altar naturgetreuer malen zu können als seine Kollegen. Noch Röntgen war – soviel ich weiß – ein Einzelforscher. Weil aber seine Bilder keine Leichen erforderten, hat er das Tor zur Medizin weit und extrem erfolgreich geöffnet.

Prof. Dr. **Markus Schwoerer**, geb. 1937 in Waiblingen. Studium der Physik in Stuttgart und Zürich, 1967 Promotion in Stuttgart. 1974 Jahrespreis für Chemie der Göttinger Akademie der Wissenschaften. 1974 Professur an der Universität Stuttgart, 1975 Lehrstuhl für Experimentalphysik an der Universität Bayreuth. 1985 Bundesverdienstkreuz, 1996–1998 Präsident der Deutschen Physikalischen Gesellschaft, 1999 Ordentliches Mitglied der Bayerischen Akademie der Wissenschaften, 2002 Bayerischer Verdienstorden.
Forschungsgebiet: Physik organischer Festkörper.

Prof. Dr. Markus Schwoerer
Experimentalphysik II
Universität Bayreuth
D-95440 Bayreuth

Die modernen bildgebenden Verfahren, von denen wir heute hören werden – allen voran die Kernspintomographie – sind ohne die jahrzehntelange Kooperation von Physikern, Medizinern, Elektrotechnikern, Chemikern, Biologen und Experten der elektronischen Datenverarbeitung völlig undenkbar. Alle Partner haben daran wesentliche und unverzichtbare Anteile. Es ginge viel zu weit, das hier im Einzelnen zu belegen. Aber auf den Anfang darf ich trotzdem hinweisen: Der theoretische Physiker Wolfgang Pauli hat in den 20er-Jahren des vorigen Jahrhunderts aus kleinen Strukturen in den optischen Spektren atomarer Gase erkannt, dass die Atomkerne bestimmter Elemente nicht nur elektrisch geladen, sondern auch Kreisel sind, also einen Drehimpuls – den Kernspin – und damit verbunden ein magnetisches Dipolmoment, also einen Nordpol und einen Südpol, besitzen – etwa so wie die Erde, nur viel, viel kleiner. Ohne Paulis Erkenntnis wäre die Kernspintomographie und übrigens auch die Atomuhr, über die wir heute auch viel erfahren werden, nicht denkbar. Pauli selbst ahnte natürlich noch nichts von diesen Anwendungen. Dafür waren Kooperationen auf Grenzgebieten nötig.

Unter uns sind heute 100 ausgezeichnete Schüler aus naturwissenschaftlichen Leistungskursen in der Kollegstufe bayerischer Gymnasien. Sie sind für drei Tage als Stipendiaten der Wilhelm und Else Heraeus-Stiftung unsere Gäste und für zwei Jahre als Mitglieder in die GDNÄ aufgenommen worden. Da die meisten von Ihnen in Bälde ein naturwissenschaftliches Studium beginnen werden, bitte ich Sie aus meinen Bemerkungen nicht den Schluss zu ziehen, dass es etwa besonders attraktiv wäre, von vornherein ein Grenzgebiet zu studieren, auch wenn volle naturwissenschaftliche Studiengänge existieren, deren Titel attraktive Fächer kombinieren. Versuchen Sie herauszufinden, ob die Studienpläne wenigstens in einem der kombinierten Fächer fachliche Tiefe vorsehen. Ich kann nur empfehlen, zu Beginn möglichst intensiv nur ein Grundlagenfach zu studieren, egal ob das Physik oder Chemie oder ein anderes Fach ist. Die Reize, aber auch die Schwierigkeiten, werden Sie schon in den ersten zwei Semestern erfahren. Wenn Sie in dieser Zeit mehr Schwierigkeiten als Freude verspüren, dann ist ein Wechsel keine Schande, sondern eine Lebenserfahrung. Wenn Ihnen das Fach Ihrer Wahl aber dann immer noch zusagt, dann sollten Sie es bis zum Ende studieren. Nämlich so lange, bis Sie Gelegenheit gehabt haben werden, eine selbstständige wissenschaftliche Arbeit in diesem wohl definierten Grundlagenfach durchzuführen. Danach kann eine Grenzüberschreitung zu einem anderen Grundlagenfach sehr attraktiv und erfrischend sein. Neugier auf der Basis solider Grundlagen kann lebenslänglich beflügeln. Wer sich von vornherein auf einer Grenze ansiedelt, weiß oft nicht, wohin er eigentlich gehört, und weiß oft zu wenig über die großen Schätze in den Gebieten hinter der Grenze.

Zeitmessung – die technische Bedeutung der genauesten Uhren

Ernst O. Göbel und Fritz Riehle

Die Genauigkeit der derzeit besten Atomuhren entspricht einer Sekunde Unsicherheit in 30 Millionen Jahren. Damit erlauben Frequenz- und Zeitmessungen die genauesten Messungen überhaupt. In der Vergangenheit war ein Trend zu immer höherer Genauigkeit in immer schnellerer Abfolge zu beobachten. Wird dieser Trend anhalten? Und: Wem nützt diese Entwicklung noch? Die hier vorgelegte Arbeit soll diese beiden Fragen beantworten. Dazu wird zuerst der gegenwärtig erreichte Stand bei den besten Atomuhren dargestellt und die weltweit laufenden Forschungsaktivitäten beschrieben, die zu noch genaueren Uhren führen werden. Im zweiten Teil der Arbeit präsentieren wir Beispiele für unterschiedliche Bereiche in Technik und Forschung, in denen heute die genauesten und zukünftig noch genauere Uhren gebraucht werden.

Turmuhren, die auf mittelalterlichen italienischen Marktplätzen den Menschen die Zeit wiesen, hatten eine typische Ungenauigkeit von etwa einer Viertelstunde am Tag. Demgegenüber sind die heutigen Caesiumatomuhren, die die moderne Zeitmessung garantieren, um etwa 13 Größenordnungen genauer. Beobachtet man diese Entwicklung über die Jahrhunderte näher (Abb. 1), so fällt auf, dass die Steigerung der Genauigkeit in der letzten Zeit immer noch zuzunehmen scheint.

Bei gegenwärtigen Steigerungsraten der Genauigkeit der besten Uhren von etwa einer Größenordnung pro Jahrzehnt drängen sich einem die Fragen auf, ob und wie lange eine solche Entwicklung weitergehen kann und welchen Nutzen eine solche Entwicklung noch hat. Dazu ist es nützlich, die Entwicklung in der Vergangenheit auf Parallelen zur heutigen Zeit zu betrachten.

Im 18. Jahrhundert war die treibende Kraft für die Entwicklung immer genauerer Uhren die Seefahrt, die bessere Uhren für die Navigation benötigte. Während sich der Breitengrad aus der mittäglichen Höhe des Sonnenstands über dem Horizont ablesen ließ, konnte der Längengrad nur bestimmt werden, wenn eine Uhr an Bord die genaue Zeit des Heimathafens beibehielt, die dann mit einer anderen Uhr verglichen wurde, die nach der jeweiligen Ortszeit, bestimmt durch den höchsten Sonnenstand am Mittag, gestellt war. Da sich die Erde in jeder Stunde um 15 Grad um die eigene Achse dreht, ergibt die Differenz beider

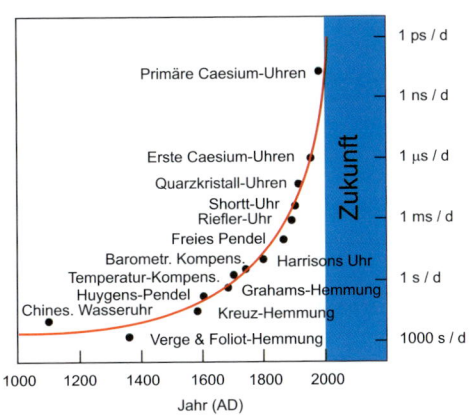

Abb. 1: Entwicklung der Ganggenauigkeit von Uhren über die letzten Jahrhunderte

Prof. Dr. **Ernst Otto Göbel**, geboren 1946 in Seelbach, Hessen. Studium der Mathematik und Physik an der Universität Frankfurt, 1970 an der Universität Stuttgart; 1973 Promotion, 1979 Habilitation. Anschließend Max-Planck-Institut für Festkörperforschung in Stuttgart, 1985 Berufung auf den Lehrstuhl für Experimentelle Festkörperphysik an der Philipps-Universität, Marburg. Unter seiner wesentlichen Mitwirkung entstand in Marburg ein interdisziplinäres Zentrum für Materialforschung. Seit 1995 ist er Präsident der Physikalisch-Technischen Bundesanstalt und Honorarprofessor an der Philipps-Universität in Marburg. Zahlreiche Gastaufenthalte im Ausland, zahlreiche Anerkennungen und Preise, u. a. 1990 Max-Born-Preis und 1991 Gottfried-Wilhelm-Leibniz-Förderpreis der DFG. Außerordentliches Mitglied der Berlin-Brandenburgischen Akademie der Wissenschaften, ausländisches Mitglied der Akademie der Wissenschaften der Ukraine, seit 1997 Mitglied des „Comité International des Poids et Mesures (CIPM)" und seit 2004 dessen Präsident.

Prof. Ernst O. Göbel
Physikalisch-Technische Bundesanstalt
Bundesallee 100
D-38116 Braunschweig

Zeiten direkt die Differenz zwischen dem Längengrad des Schiffes und dem Längengrad des Heimathafens. Nach einer Schiffskatastrophe wegen eines Navigationsfehlers, bei der etwa 2000 Personen umkamen, lobte das englische Parlament 1714 im so genannten Longitude Act einen Preis von 20 000 Pfund (mehrere Millionen Euro nach heutiger Währung) für eine Uhr aus, die auch an Bord eines Schiffes und in verschiedenen klimatischen Zonen die genaue Zeit anzeigen sollte. Den Preis sicherte sich der britische Uhrmacher Harrison, der verschiedene Uhren konstruierte, von denen eine im Verlauf einer Seereise nach Jamaika nach mehreren Monaten nur um 1,2 Minuten falsch ging [1].

Auch heute ist neben der Grundlagenforschung die Navigation – jetzt Satellitennavigation – einer der Treiber für die Entwicklung immer besserer Uhren, die gegenwärtig die metergenaue Navigation von Schiffen, Flugzeugen und Autos garantieren. Genaue Zeit- und Frequenzmessungen sind aber auch auf vielen anderen Gebieten der Alltagstechnologie wie bei der Synchronisierung von elektrischen Verbundnetzen, Mobilfunkzellen oder der Hochgeschwindigkeits-Digitaltelekommunikation unabdingbar. Weniger bekannte Anwendungen, auf die in den folgenden Abschnitten etwas näher eingegangen wird, sind die Navigation im tiefen Weltraum (Deep Space Network), die Interferometrie mit großen Basislängen (Very Long Baseline Interferometry; VLBI), die Messung von Fundamentalkonstanten und die Darstellung von messtechnischen Einheiten.

Bei der Entwicklung immer genauerer Uhren wechselten sich Phasen der evolutionären Weiterentwicklung mit revolutionären Innovationsschüben ab, wobei die Letzteren praktisch immer mit einer Erhöhung der Frequenz des „Pendels" in der Uhr einhergingen. Ein Pendel von größeren mechanischen Uhren, die bis in die 30er-Jahre des letzten Jahrhunderts die genauesten Uhren darstellten (z. B. die Uhren nach Shortt oder Riefler, Abb. 1) schwingt mit einer Frequenz von typischerweise einer Schwingung in der Sekunde (1 Hertz). Die in den 30er-Jahren des letzten Jahrhunderts entwickelten Quarzuhren erlauben Frequenzen bis in den Megahertzbereich und die ab 1950 entwickelten Atomuhren, wie die

Caesiumatomuhr [2], nutzen „Pendel", die im Gigahertzbereich oszillieren. Heute stehen wir an der Schwelle, wo optische Atomuhren möglich werden, deren „Unruh" durch die Schwingung von Laserlicht angeregt wird – mit einer Frequenz von Hunderten von Terahertz [3, 4]. Die Funktion der gegenwärtigen und zukünftigen Atomuhren soll im Folgenden skizziert werden.

Uhren und Frequenznormale

Prinzip und Funktionsweise von Atomuhren und Frequenznormalen

Alle Atomuhren arbeiten nach dem in Abb. 2 vereinfacht dargestellten Prinzip. Ein Oszillator erzeugt ein möglichst stabiles Signal mit einer Frequenz ν, die in der Nähe einer atomaren Übergangsfrequenz ν_0 einer geeignet gewählten Referenz liegt. Bei einer Caesiumatomuhr erzeugt der Oszillator eine elektromagnetische Strahlung im Mikrowellenbereich; bei zukünftigen optischen Atomuhren ist der Oszillator ein Laser, der elektromagnetische Strahlung als Licht emittiert.

Dr. **Fritz Riehle**, geboren 1951, studierte an der Technischen Universität in Karlsruhe Physik, wo er auch 1977 mit einem Thema zu Röntgenresonanzen in Lanthan promovierte. Nach seiner Habilitation untersuchte er ab 1982 in der Physikalisch-Technischen Bundesanstalt (PTB) in Berlin, inwieweit ein Elektronenspeicherring als berechenbares Strahlungsnormal genutzt werden kann. Seit 1987 arbeitete er in der PTB in Braunschweig an der Entwicklung optischer Längen- und Frequenznormale, hochauflösender Laserspektroskopie, Laserkühlung und Atominterferometrie. Seit 2000 leitet er die Abteilung Optik, in der auch die Atomuhren betrieben werden. Seine Arbeiten führten zu über 100 Veröffentlichungen und 2 Helmholtzpreisen.

Dr. Fritz Riehle
Physikalisch-Technische Bundesanstalt
Bundesallee 100
D-38116 Braunschweig

Als Referenz kann beispielsweise die Absorptionslinie von Atomen oder Molekülen

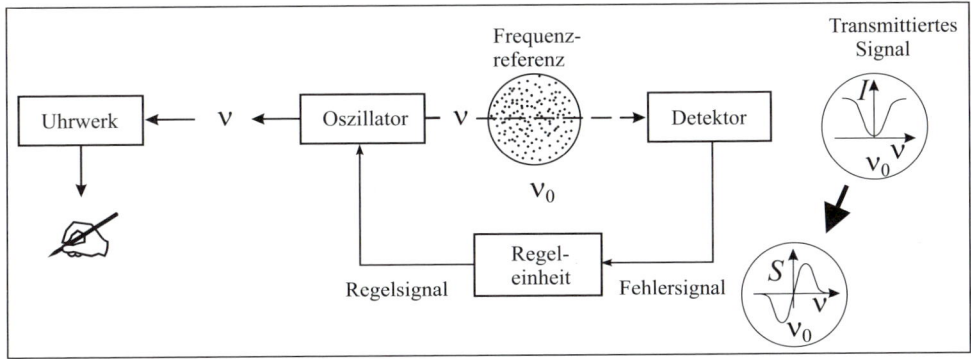

Abb. 2: Prinzip einer Atomuhr

in einem Gas oder auch die eines einzelnen Ions dienen. Wird die Referenz mit der elektromagnetischen Strahlung des Oszillators bestrahlt und stimmt deren Frequenz mit der Übergangsfrequenz der mikroskopischen Absorber überein, so wird die Strahlung zumindest teilweise absorbiert und das im Detektor nachgewiesene Signal zeigt bei der Übergangsfrequenz ein Minimum. In einer Atomuhr wird die Frequenz des Oszillators durch einen elektronischen Regelkreis so nachgeführt, dass sie immer möglichst gut mit dem Minimum des detektierten Signals I übereinstimmt. Im Allgemeinen wird aus der symmetrischen Absorptionslinie (z. B. durch Differenzieren) ein antisymmetrisches „Fehlersignal" S erzeugt, das genau bei der Übergangsfrequenz verschwindet. Für nicht zu große Abweichungen von der Referenzfrequenz ist das Fehlersignal entweder positiv oder negativ, je nachdem ob die Frequenzabweichungen positiv oder negativ sind, sodass es für die Regelung ein eindeutiges Regelkriterium gibt. Ist die Übergangsfrequenz bekannt, so stellt die ganze Anordnung aus Oszillator, Absorber und Regelung ein Frequenznormal dar. Wird diese Frequenz in einem Uhrwerk so heruntergeteilt, dass Sekundenimpulse entstehen, die auf einer Anzeige kontinuierlich gezählt werden, so nennt man die ganze Anordnung eine Uhr, die zur Zeitmessung benutzt werden kann.

Aufgrund unvermeidlicher Signalschwankungen (Rauschen) fluktuiert auch die geregelte Frequenz des Oszillators. Diese Frequenzfluktuationen sind umso kleiner, oder anders ausgedrückt, die abgegebene Frequenz ist umso stabiler, je größer das Signal-zu-Rausch-Verhältnis und je kleiner die relative Linienbreite der Absorptionslinie, d. h. die Linienbreite bezogen auf die Referenzfrequenz, ist. Neben der Stabilität ist die Genauigkeit eines Frequenznormals oder einer Uhr ein ausschlaggebendes Kriterium für deren Qualität. Anstelle des wenig quantifizierbaren Begriffs „Genauigkeit" benutzt man heute lieber den Ausdruck „relative Unsicherheit", die aufgrund sorgfältiger Untersuchungen nach allgemein akzeptierten Regeln [5] abgeschätzte relative Abweichung der stabilisierten Frequenz von der Frequenz der ruhenden, ungestörten atomaren, molekularen oder ionischen Absorber. Die höchste Genauigkeit wird heute mit Caesiumatomuhren erreicht, die im Folgenden etwas genauer beschrieben werden sollen.

Die Caesium-Fontänenuhr

In allen Caesiumatomuhren wird der Übergang zwischen den beiden durch die Hyperfeinwechselwirkung aufgespalteten Niveaus des Grundzustands im Caesiumatom mit dem Atomgewicht 133 angeregt, dessen Übergangsfrequenz von 9 192 631 770 Hertz nach dem Beschluss der 13. Generalkonferenz für Maß und Gewicht (CGPM) die Sekunde definieren. Dieser Übergang hat eine extrem kleine natürliche Linienbreite, was für die erreichbare Stabilität der Atomuhr wichtig ist. Allerdings erfährt die Linienbreite des gemessenen Absorptionssignals gegenüber der natürlichen Linienbreite durch die begrenzte Wechselwirkungszeit T der Caesiumatome mit dem Mikrowellenstrahlungsfeld eine Verbreiterung $\Delta\nu \approx 1/T$.

Um diese Wechselwirkungszeit groß zu halten, wird ein für die Genauigkeit der heute besten Atomuhren unerlässlicher Trick angewendet; er geht auf Norman Ramsey zurück, der für seine Arbeiten 1989 den Nobelpreis erhielt [6]. Ramsey zeigte, dass es nicht nötig ist, die Atome während der ganzen Zeit T mit dem elektromagnetischen Feld wechselwirken zu lassen, sondern dass die Linienbreite sogar noch schmaler wird, wenn die Atome die Wechselwirkung für kurze Zeit zu Beginn und am Ende der Zeit T erfahren. Der so genannte Ramsey-Resonator ist Bestandteil jeder „klassischen" Caesiumatomuhr, wie sie heute in Stückzahlen von etwa 150 pro Jahr als kommerzielles Produkt vertrieben werden. Auch in der modernen Variante, der Caesiumfontänenuhr, kommt Ramseys Prinzip zur Anwendung.

In der Atomfontäne von Abb. 3 werden in einer ersten Stufe die Caesiumatome aus einem Metalldampf durch zwei Paare horizontaler und ein Paar vertikaler Laserstrahlen auf Geschwindigkeiten von wenigen Millimetern in der Sekunde abgebremst [7]. Da die Laserstrahlen nahezu in Resonanz, aber etwas „rotverschoben", mit einem optischen Übergang im Caesiumatom sind, werden wegen des Dopplereffektes die Atome vorzugsweise durch den Laserstrahl angeregt, dem sie entgegenlaufen. Die Atome werden dadurch abgebremst und gekühlt, dass bei jedem Absorptionsakt der Rückstoß des entgegenkommenden Photons auf das Atom übertragen wird, während das Atom die Photonen danach im Mittel wieder ungerichtet abstrahlt.

Die Wolke von etwa einer Million Caesiumatomen wird dann durch die beiden vertikalen Laserstrahlen kurz auf eine Geschwindigkeit von etwa 4 Meter/Sekunde nach oben beschleunigt. Dazu wird kurz die Frequenz der Laserstrahlen geändert. Die Atome laufen beim Aufsteigen ein erstes Mal durch einen Mikrowellenresonator, in dem sie mit der 9,192-Gigahertz-Strahlung wechselwirken. Durch die Erdanziehungskraft werden die Atome in ihrem ballistischen Flug abgebremst und fallen wie die Tropfen in einer Wasserfontäne wieder nach unten, um zum zweiten Mal die Wechselwirkungszone zu durchlaufen. Im Gegensatz zu Abb. 2 wird die Anregung der Atome nicht über die absorbierte Mi-

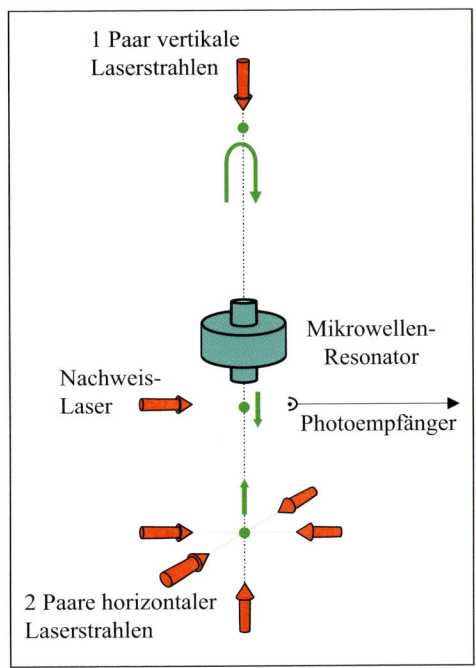

Abb. 3: Prinzip einer Atomfontäne

krowellenleistung nachgewiesen, sondern mit einem Lasernachweis direkt der Anteil der angeregten Atome bezogen auf ihre Gesamtzahl bestimmt. Diese Art des Nachweises reduziert eventuelle Frequenzschwankungen, die von den Atomzahlfluktuationen von Wurf zu Wurf herrühren. Die gleichzeitige Abfrage von etwa einer Million Caesiumatomen in der Caesium-Fontänenuhr erhöht die Frequenzstabilität, da das Signal-zu-Rausch-Verhältnis letztendlich durch das Schrotrauschen der Atome begrenzt ist und mit der Quadratwurzel aus der Anzahl der Atome abnimmt. Vorausgesetzt, alle anderen Bedingungen sind gleich, hat also ein Frequenznormal mit einer Million Atome eine tausendfach höhere Stabilität als eines, bei dem ein einzelnes Atom oder Ion abgefragt wird.

Der Erhöhung der Anzahl der Atome sind allerdings dadurch Grenzen gesetzt, dass eine höhere Dichte zu höheren Stoßraten zwischen den Atomen führt, die die Frequenz der Absorptionslinie verschieben und damit die Genauigkeit der Uhr begrenzen. Neben der Stoßverschiebung gibt es eine ganze Reihe von Effekten, die zu einer Frequenzverschiebung führen können. Dazu gehören z. B. die Geschwindigkeit der Atome über den Dopplereffekt oder der Einfluss elektrischer und magnetischer Felder. Alle diese Einflüsse sind bei einer Atomuhr zu bestimmen und gegebenenfalls zu korrigieren. Diese Korrektion ist nur mit einer endlichen Unsicherheit möglich, da z. B. das magnetische Feld längs der unterschiedlichen Flugbahnen der Atome nur mit einer gewissen Unsicherheit bestimmt werden kann. Die sorgfältige Untersuchung aller Effekte führt dann zu einer Gesamtunsicherheit der Frequenz, die üblicherweise auf die Übergangsfrequenz bezogen ist. Bei der Caesium-Atomfontäne CSF1 der PTB (Abb. 4) ist diese relative Unsicherheit zu $1 \cdot 10^{-15}$ abgeschätzt worden [8]. Damit gehört CSF1 mit ähnlichen Uhren in Frankreich, Italien und den USA zu den derzeit genauesten der Welt. Die relative Unsicherheit kann so beschrieben werden, dass die von einer solchen Uhr angezeigte Zeit erst nach 30 Millionen Jahren um eine Sekunde von der Zeit einer hypothetischen idealen Uhr abweichen würde.

Abb. 4: Die Atomfontäne CSF1 der PTB mit Dr. Weyers, einem ihrer Erbauer

Optische Atomuhren

Noch höhere Genauigkeiten sind von Atomuhren zu erwarten, bei denen optische Übergänge in Neutralatomwolken oder einzelne Ionen zwischen zwei elektronischen Energieniveaus angeregt werden. Bei gleicher absoluter Linienbreite des Übergangs wird wegen der gegenüber Mikrowellenuhren um etwa fünf Größenordnungen höheren Frequenz optischer Übergänge die relative Linienbreite um den gleichen Faktor kleiner. Das führt einerseits zu einer höheren Stabilität, andererseits kann auch die relative Unsicherheit dadurch kleiner werden, dass der relative Beitrag z. B. der Stoßverschiebung ebenfalls geringer wird. In jüngster Zeit wurden erhebliche Fortschritte auf verschiedenen Gebieten erreicht, die für optische Uhren relevant sind. Dazu gehört die Entwicklung frequenzstabiler Laser mit Linienbreiten von 1 Hertz und darunter [9], die die Anregung schmaler optischer Übergänge erlauben. Dazu gehört auch die Laserkühlung und -manipulation der Atome und Ionen, die die Unterdrückung frequenzverschiebender Effekte ermöglichen. Ganz besonders wichtig war die Entwicklung eines einfachen und praktikablen „Uhrwerks" auf der Basis eines Femtosekundenlasers, das es gestattet, aus den optischen Frequenzen Sekundenimpulse zu erzeugen.

Auch bei optischen Frequenznormalen und Atomuhren gibt es verschiedene Kandidaten, die lasergekühlte Neutralatomwolken als Absorber benutzen, wie z. B. Calciumatome (Abb. 5), die die Basis eines optischen Frequenznormals mit einer Frequenz von 455 986 240 494 143 ± 5 Hertz des Übergangs $^1S_0$–$^3P_1$ mit einer Wellenlänge von 657 Nanometern [10] sind.

Wegen der Linienbreite des Uhrenübergangs von etwa 370 Hertz stehen die ballistischen Atome nach der Laserkühlung nur etwa 1 ms für die Abfrage mit dem Laserfeld zur Verfügung. Während dieser Zeit fallen die Atome noch nicht merklich unter den Einfluss der Schwerkraft. Auch hier wird Ramseys Methode angewendet, insofern modifiziert, als die quasi-ruhenden Atome durch kurze Laserpulse angeregt werden. Relative Unsicherheiten von 10^{-15}–10^{-16} scheinen in nächster Zukunft erreichbar, wobei die größten Beiträge von der restlichen Geschwindigkeit beeinflusst sind. Ein solches Frequenznormal wird gegenwärtig an der PTB und am National Institute of Standards and Technology in Boulder, USA, betrieben [11].

Im Gegensatz zu Neutralatomen können ionisierte Atome in so genannten Ionenfallen mit elektrischen Wechselfeldern praktisch beliebig lange gespeichert werden, sodass die Wechselwirkungsverbreiterung kein Problem mehr darstellt. Eine typische Ionenfalle nach Paul [12] (Abb. 6) besteht aus zwei Endelektroden und einer dazwischen liegenden Ringelektrode, an die eine hochfrequente Wechselspannung angelegt wird.

Im Zentrum der Falle verschwindet das elektrische Feld, sodass bei einem einzelnen Ion keine Frequenzverschiebung des Uhrenübergangs zu erwarten ist. Da die gegenseitige Abstoßung zwischen mehreren Ionen in einer Paulfalle diese aus dem feldfreien Raum treibt, wird bei einem Frequenznormal nur ein einzelnes Ion gespeichert. Damit sind das Signal-zu-Rausch-Verhältnis und die erreichbare Stabilität im Allgemeinen geringer als bei Frequenznormalen mit Neutralatomwolken. Auf der anderen Seite kann ein lasergekühltes Ion in einem Raumbereich gehalten werden, dessen Abmessungen kleiner als die Wellenlänge der anregenden Strahlung ist. In diesem Fall verschwinden Frequenzverschiebungen

```
└──┴──┴──┴──┴──┴──┴──┘
  -1 mm      0      1 mm
```

Abb. 5: Atomwolke mit etwa 10 Millionen Calciumatomen, die in einem der genauesten optischen Frequenznormale benutzt wird

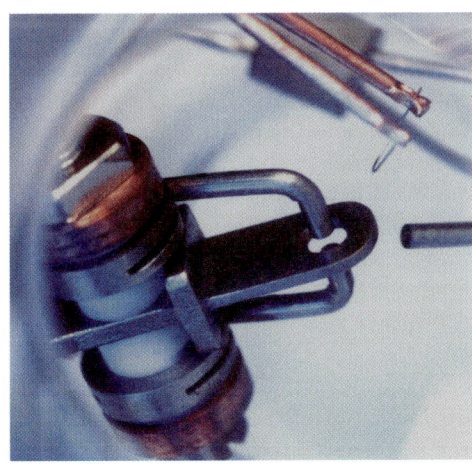

Abb. 6: Yb$^+$-Ionenfalle der PTB

aufgrund des Dopplereffektes und es wurde abgeschätzt, dass unter geeigneten Bedingungen Einzelionenfrequenznormale mit relativen Unsicherheiten bis herab zu 10^{-18} möglich sein sollten. Es werden gegenwärtig verschiedene Ionen in Frequenznormalen genutzt [13]. Dazu gehören das in der PTB entwickelte $^{171}Yb^+$-Frequenznormal [14] oder das am NIST untersuchte $^{199}Hg^+$ Frequenznormal [15]. Die bisher erzielte relative Frequenzunsicherheit des optischen $^{171}Yb^+$-Frequenznormals wird mit $9 \cdot 10^{-15}$ abgeschätzt. Gegenwärtig durchgeführte tiefer gehende Untersuchungen zeigen bereits, dass bei beiden Normalen die erreichbaren relativen Unsicherheiten weit kleiner sein werden.

Ein neues interessantes Konzept für eine optische Atomuhr wurde von H. Katori vorgeschlagen [16]. Es vereinigt die Vorteile von optischen Uhren, die ein einzelnes Ion benutzen, und solchen, die mit einem Ensemble von neutralen Atomen arbeiten. Um lange Wechselwirkungszeiten und hohe Stabilität zu kombinieren, speicherte Katori ultrakalte Strontiumatome in einem optischen Gitter. Der einfachste Fall eines solchen optischen Gitters kann durch eine stehende Lichtwelle realisiert werden, wo die Atome in den im Abstand einer halben Wellenlänge auftretenden Maxima des elektrischen Feldes durch die optische Dipolkraft gehalten werden. Obwohl beide Energieniveaus, zwischen denen der optische Uhrenübergang angeregt wird, durch die Wechselwirkung mit dem Gitterlaser verschoben werden, kann eine so genannte „magische Wellenlänge" des Gitterlasers gefunden werden, bei der beide Niveaus genau gleich verschoben werden, sodass die Frequenz des Uhrenübergangs gegenüber dem ungestörten Atom nicht verschoben ist. Die erwartete relative Unsicherheit einer solchen „Gitteruhr" wurde kleiner als 10^{-17} geschätzt [17].

Das „Uhrwerk" für optische Uhren, das die optische Frequenz in Sekundenimpulse herunterteilt, stellte lange Zeit ein Problem dar. Zwar gab es so genannte Frequenzmessketten, die auf der Methode der Frequenzvervielfachung basierten, bei der eine Mikrowellenfrequenz in mehreren Stufen von der Frequenz der Caesiumatomuhr bis in den optischen Bereich vervielfacht wurde. Eine solche Frequenzmesskette wurde z. B. in der PTB benutzt, um die Frequenz des optischen Calcium-Frequenznormals durch direkten Vergleich mit der Frequenz der Caesiumatomuhr zu messen [18].

In der Zwischenzeit wurde in der Arbeitsgruppe von Th. Hänsch im Max-Planck-Institut für Quantenoptik in Garching eine einfachere und universellere Methode zur Messung optischer Frequenzen entwickelt [19], die jetzt weltweit eingesetzt wird. Die Methode nutzt einen modengekoppelten Femtosekundenlaser, der mit einer gegebenen Repetitionsfrequenz ultrakurze Impulse mit wenigen Femtosekunden Dauer aussendet. Diesem Impulszug im Zeitbereich mit zeitlichen Abständen Δt entspricht im Frequenzbereich ein Spektrum, das aus einem äquidistanten Kamm von Spektrallinien besteht, die im Abstand der Repetitionsfrequenz $f_{rep} = 1/\Delta t$ auftreten (Abb. 7).

Jede Spektrallinie dieses Kamms kann durch die einfache Beziehung

$$\nu(m) = \nu_{CEO} + m \cdot f_{rep}$$

dargestellt werden, wobei m eine ganze Zahl und ν_{CEO} eine Frequenz ist, um die die Spektrallinie des Kamms mit der kleinsten Frequenz von der Frequenz $\nu = 0$ verschoben ist. Die Frequenzverschiebung ν_{CEO} entsteht, wenn sich von Impuls zu Impuls die Phase des Lichtfeldes unter der Einhüllenden verschiebt. Um eine beliebige Frequenz eines stabilisierten Lasers

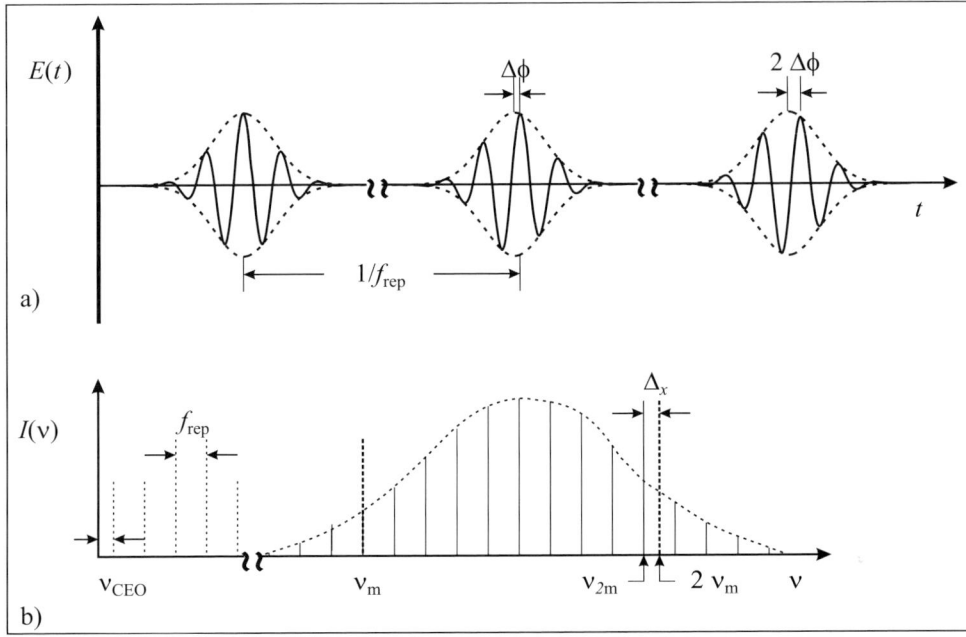

Abb. 7: Der zeitlichen Impulsfolge a) eines modengekoppelten Femtosekundenlasers entspricht im Frequenzbereich b) ein Kamm von äquidistanten Spektrallinien.

oder eines optischen Frequenznormals zu messen, genügen jetzt ein paar einfache Messungen. Zuerst koppelt man die Repetitionsfrequenz des Femtosekundenlasers phasenstarr an eine bekannte Frequenz, beispielsweise an die Frequenz der Caesiumatomuhr. Dann misst man die Differenz zwischen der Frequenz des optischen Frequenznormals und einer benachbarten Spektrallinie des Kamms, die direkt als Schwebungssignal im Photostrom eines schnellen Photodetektors auftritt, wenn man ihn mit beiden Strahlungen gleichzeitig beleuchtet. Wird auch noch ν_{CEO} bestimmt und ist m durch eine grobe Vormessung bekannt, kann die Frequenz des optischen Frequenznormals berechnet werden. Üblicherweise misst man die drei Frequenzen ν_{CEO}, f_{rep} und die Schwebungsfrequenz gleichzeitig und verrechnet sie

direkt. Abb. 8 zeigt die Messung der optischen Frequenz des Calciumfrequenznormals über acht Jahre.

Anwendungen der genauesten Uhren

Uhren werden in erster Linie dazu gebraucht, Zeitskalen festzulegen, die die Datierung von Ereignissen erlauben. Zeitskalen ermöglichen die Zeitbestimmung im täglichen Leben, aber auch wissenschaftlich-technische Anwendungen in der Astronomie, Geodäsie, Navigation und Telekommunikation. Je weiter die Globalisierung fortschreitet, umso wichtiger wird die Verfügbarkeit weltweit genauer und einheitlicher Zeitskalen.

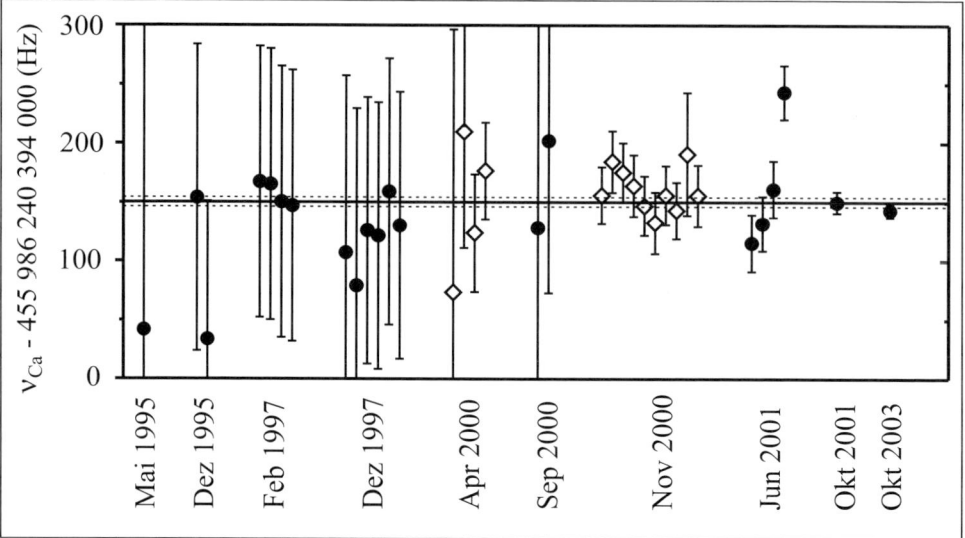

Abb. 8: Messung der optischen Frequenz des Calciumfrequenznormals der PTB (ausgefüllte Punkte) und des NIST, USA (offene Rauten). In den Jahren vor 2000 wurde eine Frequenzmesskette [18] benutzt, danach ein Frequenzkamm aus einem Femtosekundenlaser [20].

Weltweit genaue und einheitliche Zeitskalen

Die Koordinierte Weltzeit (Coordinated Universal Time, UTC) ist die wichtigste internationale Zeitskala zur Synchronisierung von Uhren und Ereignissen und die Basis des heutigen Weltzeitsystems mit 24 Zeitzonen. Sie entstand nach Vorschlägen der International Telecommunication Union (ITU), nach denen die Aussendung von Zeitzeichen weltweit „koordiniert", d. h. bezogen auf eine gemeinsame Zeitskala, erfolgen sollte. UTC ist eine Atomzeitskala, deren Skalenmaß die Sekunde des Internationalen Einheitensystems (SI) ist. UTC wird durch die Einführung von Schaltsekunden an die Erddrehung angepasst [21]. Etwa 250 Atomuhren aus weltweit etwa 50 Zeitinstituten tragen zu UTC bei, wobei die Arbeit der Zeitinstitute und die Verbreitung von UTC durch das Inter-

nationale Büro für Maß und Gewicht (BIPM) in Paris koordiniert wird.

Nach dem Zeitgesetz von 1978 ist in Deutschland UTC die Basis der gesetzlichen Zeit. Die PTB, wie auch andere Zeitinstitute, stellt mit ihren Atomuhren eine lokale atomare Zeitskala [22], genannt UTC(PTB), dar, die mit UTC in möglichst guter Übereinstimmung gehalten wird. Die gesetzliche Zeit in Deutschland, die mitteleuropäische Zeit MEZ(D) bzw. die mitteleuropäische Sommerzeit MESZ(D), entsteht durch Hinzufügen von einer bzw. zwei Stunden zu UTC(PTB). In gleicher Weise entstehen die Lokalzeiten in den verschiedenen Zeitzonen durch die jeweiligen nationalen Zeitinstitute. Während der letzten Jahre lag die Abweichung UTC–UTC(PTB) immer unter 100 Nanosekunden (Abb. 9).

Zeitvergleiche zwischen den einzelnen Zeitinstituten werden mit verschiedenen

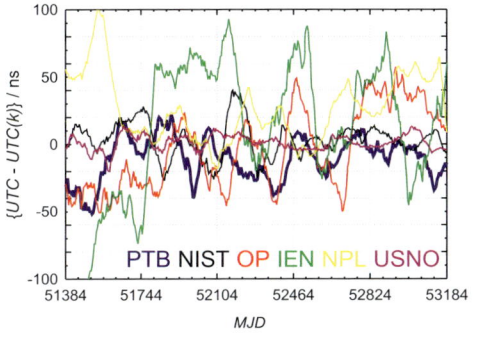

Abb. 9: Vergleich der Zeitskalen UTC mit den Zeitskalen UTC(k) verschiedener Zeitinstitute. NIST: National Institute of Standards and Technology (USA), OP: Observatoire de Paris (Frankreich), USNO: United States Naval Observatory (USA), IEN: Istituto Elettrotecnico Nazionale Galileo Ferraris (Italien), NPL: National Physical Laboratory (Großbritannien). Das modifizierte Julianische Datum (MJD) entspricht der Zeit zwischen Juli 1999 und Juli 2004.

Methoden durchgeführt (Abb. 10). Eine sehr verbreitete und relativ einfache Methode benutzt das GPS-Common-View-Verfahren, bei dem zwei Zeitinstitute 1 und 2 die Zeitsignale von einem Satelliten des Global Positioning Systems (GPS, Abschnitt „Satellitennavigation") gleichzeitig an beiden Orten empfangen und mit den jeweiligen Zeitskalen vergleichen. Werden die gemessenen Differenzen $\Delta t_1 = [UTC(1) - T(GPS)]$ und $\Delta t_2 = [UTC(2) - T(GPS)]$ ausgetauscht und voneinander abgezogen, erhält man die Differenz der beiden Zeitskalen $UTC(1) - UTC(2)$, ohne dass die GPS-Systemzeit $T(GPS)$ bekannt sein muss. Werden typischerweise 20–30 tägliche Common-View-Beobachtungen über jeweils etwa eine Viertelstunde gemittelt, kann man die Zeitskalen zweier Institute, die sich auf dem gleichen Kontinent befinden, mit einer Unsicherheit von etwa 1–2 Nanosekunden vergleichen.

Dazu müssen allerdings die Laufzeiten der Signale von den Satelliten sehr genau bestimmt und korrigiert werden, was voraussetzt, dass die Positionen von Zeitinstituten und Satellit bekannt sind (Abschnitt „Satellitennavigation"). Zu dieser Korrektur müssen z. B. auch die Einflüsse der unterschiedlichen Ladungsträgerverteilungen in der Ionosphäre, die die Laufzeiten beeinflussen, modellmäßig erfasst werden. Bei Interkontinentalvergleichen erhöht sich die Unsicherheit auf etwa 5–8 Nanosekunden. Kleinere Unsicherheiten erhält man bei Zweiweg-Zeit- und Frequenzvergleichen (Two-Way Satellite Time and Frequency Transfer, TWSTFT) über geostationäre Telekommunikationssatelliten, bei denen gleichzeitig von beiden Zeitinstituten aus Zeitsignale über den Satelliten ausgetauscht werden und sich die Laufzeitunterschiede bei der Differenzbildung weitgehend aufheben.

In Deutschland wird die Zeit durch die PTB mit verschiedenen Methoden verbreitet. Dazu gehören Zeitinformationen über das öffentliche Telefonnetz (mehr als 500 Anrufe pro Tag), über das Internet (mehr als 10 Millionen Zugriffe pro Tag) oder über den Langwellensender DCF77 [23] bei Mainflingen in der Nähe von Frankfurt/Main, der etwa 20 Millionen Empfänger in Europa erreicht. Diese werden zur Synchronisation von Telefonnetzen und Elektrizitätsverbünden oder für die Flugsicherung benutzt, um nur einige Anwendungen zu nennen.

Längenmessung ist Zeitmessung

Von der Verfügbarkeit genauester Zeit- und Frequenzmessungen mit den entsprechenden Uhren und Frequenznormalen profitiert auch die Längenmessung. 1983 beschloss die 17. Generalkonferenz für Maß und Gewicht (CGPM) die derzeit gültige Definition des Meters. Sie lautet:

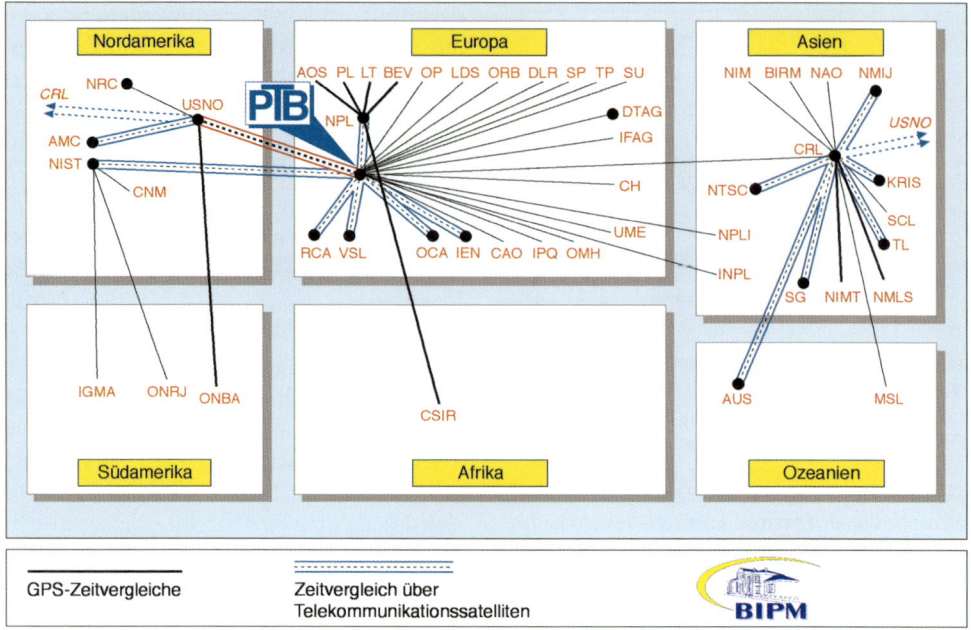

Abb. 10: Regelmäßige Verbindungen für die Zeitvergleiche zwischen verschiedenen Zeitinstituten auf den einzelnen Kontinenten. Bild mit freundlicher Genehmigung durch das BIPM

„Das Meter ist die Länge der Strecke, die Licht im Vakuum während der Dauer von 1/299 792 458 Sekunde durchläuft."

Obwohl das Meter nach wie vor eine Basiseinheit des internationalen Einheitensystems (SI) ist, hängt es nach dieser Definition von der Zeiteinheit ab. Gleichzeitig wird der Lichtgeschwindigkeit als einer fundamentalen Konstante der festgelegte Wert c = 299 792 458 Meter pro Sekunde (exakt) zugewiesen.

Im Folgenden soll zuerst näher auf mehrere Beispiele eingegangen werden, bei denen Längenmessungen direkt auf die Messung der Laufzeit ausgesandter elektromagnetischer Signale zurückgeführt werden, wie bei der Satellitennavigation, der Interferometrie mit langen Basislängen (Very Long Baseline Interferometry) oder der Navigation im Weltraum (Deep Space Network), bevor interferometrische Längenmessungen im Labormaßstab mit Laserwellenlängen behandelt werden.

Satellitennavigation. Weltraumgestützte Satellitennavigationssysteme ersetzen mehr und mehr die erdgebundenen Navigationssysteme. Die bekanntesten Satellitennavigationssysteme sind das Global Positioning System (GPS) der Vereinigten Staaten von Amerika, das russische Global Navigation Satellite System (GLONASS) und das zukünftige rein zivile europäische GALILEO-System. Die Systeme können in drei Segmente eingeteilt werden, die als Weltraumsegment, als Kontrollsegment und als Benutzer-Gerätesegment bezeichnet werden. Das Weltraumsegment besteht aus einer systemabhängigen Anzahl von Satelliten (24 bei GPS, 30 bei GALILEO), die etwa zweimal am Tag in rund 20 000 Kilometern Höhe die Erde umkreisen. Die

Satelliten des Weltraumsegments sind mit Atomuhren ausgerüstet. Jeder Satellit sendet kontinuierlich ein Signal mit der Information über seine Position, seinen Status und der Zeit seiner Borduhr, das von den Geräten der Benutzer empfangen wird.

Das Kontrollsegment beinhaltet Monitorstationen, Bodenantennen und eine Hauptkontrollstation. Die Monitorstationen verfolgen passiv alle sichtbaren Satelliten und sammeln Entfernungsdaten. Aus diesen Informationen werden in der Hauptkontrollstation die Satellitenbahnen und die Zeitdifferenzen zwischen Borduhr und Systemzeit bestimmt, die dann an die Satelliten über die Bodenantennen geschickt werden, um die Satellitenstatusmeldungen aktualisieren zu können. Der Empfänger des Nutzers bestimmt seine Position durch die Entfernungen zu mehreren Satelliten mit bekannten Positionen, indem die Laufzeit bestimmt wird, die das Signal braucht, um vom Satelliten zum Empfänger zu gelangen.

Um die eigene Position auf der Erde zu bestimmen, benutzt der Empfänger gleichzeitig die Signale mit Zeitstempeln von verschiedenen Satelliten und vergleicht sie mit seiner eingebauten Uhr. Das Prinzip ist aus Abb. 11 zu erkennen. Wenn ein Signal vom Nutzer U, der sich am Ort mit den Koordinaten X, Y, Z befindet, von einem bestimmten Satelliten „i" mit bekannter Position xi, yi, zi empfangen wird, der sich im gleichen Koordinatensystem befindet, ist die Laufzeit zwischen der Aussendung und dem Empfang des Signals ein Maß für die Entfernung zwischen dem Satelliten und dem Nutzer.

Wären die Uhr im Empfänger des Nutzers und die Uhr an Bord des Satelliten synchronisiert, ließe sich der wahre Abstand vom ersten Satelliten aus der Ausbreitungsgeschwindigkeit c und der Laufzeit δt_1 als $R_1 = c \cdot \delta t_1$ berechnen. Eine ähnliche Berechnung mit dem zweiten Satelliten ergäbe die Position des Nutzers in der Ebene, in der sich die beiden Satelliten und der Nutzer befinden, als einem der beiden Schnittpunkte der beiden Kreise mit den beiden Abständen R_1 und R_2 (Abb. 11). Für eine Festlegung des Ortes des Nutzers im dreidimensionalen Raum ist ein dritter Satellit notwendig. Allerdings ist im Allgemeinen auch die Uhr im Empfänger nicht mit der erforderlichen Genauigkeit mit der Uhr im Satelliten synchronisiert, da z. B. schon eine Zeitdifferenz von 1 Mikrosekunde zu einem systematischen Fehler von 300 Metern führen würde. Die Abstände, die mit den gemessenen Zeitunterschieden einschließlich der Zeitdifferenz zwischen Satelliten- und Empfängeruhr berechnet werden, sind daher nicht genau genug und werden als „Pseudoentfernungen" bezeichnet. Benutzt man aber vier Pseudoentfernungen, so ergeben sich vier Gleichungen für die vier Unbekannten X, Y, Z und die Differenz zwischen den Uhren, die damit auch bestimmt werden kann. Die Koordinaten von Satelliten und Benutzer werden auf ein Rotationsellipsoid bezogen, durch das die Gestalt der Erde in guter Näherung wiedergegeben wird.

Die zivilen Anwendungen der Satellitennavigationssysteme sind sehr zahlreich. Die genaue Positions- und Zeitbestimmung wird für die Position und Navigation von Flugzeugen und Landfahrzeugen genutzt oder um verschiffte Güter zu verfolgen, für Such- und Rettungsdienste oder für Überwachungsaufgaben, um nur einige zu nennen. In der Landwirtschaft werden GPS-Empfänger für Echtzeitanwendungen für die optimale Ausbringung von Schädlingsbekämpfungsmitteln oder Dünger genutzt. Wegwerfempfänger, die durch tropische Stürme fallen gelassen wurden, übermittelten hochaufgelöste Messungen von Umgebungsparametern wie der Temperatur,

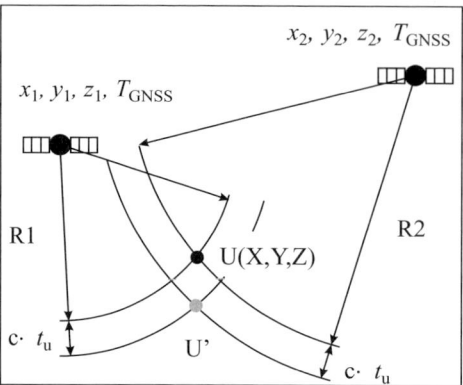

Abb. 11: Prinzip der Ortsbestimmung mit einem globalen Satellitennavigationssystem wie GPS oder dem zukünftigen europäischen System GALILEO

Feuchtigkeit, Druck und Windgeschwindigkeit im Innern der Stürme und führten zu einem besseren Verständnis der Mechanismen, wie solche Stürme an Gewalt zunehmen. Lastabhängige Bewegungen von Brücken oder Gebäuden können in Echtzeit überwacht werden. Für GALILEO soll eine ganze Palette von Sicherheitsdienstleistungen angeboten werden, innerhalb derer z. B. eine Person in Not und unwirtlichem Gelände mit einem Knopfdruck ein Rettungssignal mit genauer Positionsangabe abschicken kann.

Diese und andere Anwendungen zu genauen Positions- und Zeitangaben auch im Sport- und Freizeitbereich führen zu einer schnellen ökonomischen Verbreitung der Produkte und Leistungen eines Satellitennavigationssystems. Über 50 Hersteller fertigen heute mehr als 350 verschiedene GPS-Produkte für kommerzielle, private oder militärische Anwendungen. Jährlich werden über zwei Millionen Empfänger hergestellt. Jüngste Marktstudien sagen voraus, dass im Jahr 2006 die Einnahmen für GPS-Geräte und -Dienstleistungen auf über 34 Milliarden US-Dollar steigen werden. Für das europäische GALILEO-Sys-

tem erwartet man Erlöse von 10 Milliarden Euro pro Jahr.

Very Long Baseline Interferometry. Unsere heutigen Kenntnisse vom Aufbau des Universums beruhen fast ausschließlich auf der elektromagnetischen Strahlung, die von astronomischen Objekten ausgesandt wird. Neben der Strahlung im sichtbaren Spektralbereich werden dazu insbesondere Radiowellen benutzt, die mit Teleskopen nachgewiesen werden.

Die Winkelauflösung, die sich mit einem Teleskop erreichen lässt und die für eine genaue Lokalisierung einer Radioquelle am Himmel benötigt wird, ist umgekehrt proportional zum Durchmesser des Teleskopspiegels. Das ist wie bei allen optischen Geräten ein Ergebnis der Interferenz zwischen verschiedenen Teilwellen, die von den unterschiedlichen Orten des Spiegels ausgehen und in seinem Fokus überlagert werden. Da der Größe eines Teleskops technische Grenzen gesetzt sind, lässt sich die Winkelauflösung nur mit einem Trick verbessern, indem ein „Superteleskop" aus mehreren einzelnen Teleskopen gebildet wird und die Signale der verschiedenen Teleskope mit der richtigen Phasenbeziehung zusammengeführt werden. Werden die Signale von verschiedenen Empfängern einer so genannten Kreuzkorrelation unterworfen, liefert die Analyse des Signals das Bild einer entfernten Quelle oder eine genaue Bestimmung des Ortes einer astronomischen Radioquelle mit einer Auflösung, die dem Abstand der einzelnen Empfänger entspricht.

Für diese so genannte Interferometrie mit langen Basislinien (Very Long Baseline Interferometry, VLBI) können die Einzelteleskope eines kombinierten Interferometers über Tausende von Kilometern getrennt sein oder sich sogar über mehrere Kontinente erstrecken. Bei solch großen Abständen ist es nicht länger möglich, die Signale der einzelnen Teleskope direkt zu korrelieren. Stattdessen werden die Signale in digitalisierter Form mit den entsprechenden Zeitstempeln, die von einer Atomuhr, meist einem Wasserstoffmaser, geliefert werden, auf Magnetband aufgenommen und später korreliert. Vereinfacht kann man sich VLBI als eine Messung der Zeitdifferenz der Ankunftszeit elektromagnetischer Signale vom gleichen Ausgangspunkt vorstellen (Abb. 12).

Extrem starke Radioquellen stellen die so genannten Quasare (Quasi stellare Radioquellen) dar, die etwa 10 Milliarden Lichtjahre von der Erde entfernt sind. Aus der Tatsache, dass sich deren beobachtete Strahlungsleistung innerhalb weniger Tage um eine Größenordnung ändern kann, muss man schließen, dass ihre Ausdehnung auch nicht größer als wenige Lichttage sein kann. Die wahre Natur eines Quasars ist noch unbekannt, aber eine Hypothese geht von einem schwarzen Loch im Zentrum einer Galaxis aus, das Gas aus den benachbarten Sternen aufsaugt. Das beschleunigte ionisierte Gas könnte dann sehr hohe Magnetfelder erzeugen, in dem geladene Teilchen die beobachtete elektromagnetische Strahlung erzeugen.

Trifft die nahezu ebene Wellenfront der Strahlung eines Quasars auf die Teleskope des Interferometers, so werden in jedem Teleskop die gleichen charakteristische Fluktuationen des Signals registriert. Je nachdem, wo sich die Empfangsstationen auf der Erde befinden, tritt bei der Registrierung einer solchen Fluktuation im Radiosignal ein Zeitverzug gegenüber den Partnerstationen auf, die später bei der Korrelation der Signale bestimmt wird. Aus der Zeitdifferenz lassen sich z. B. die unterschiedlichen Abstände der Teleskope zum Quasar sehr genau bestimmen. VLBI-Messungen erlauben die Bestimmung der relativen Positionen der Teleskopantennen für eine Messung über einen Tag mit einer

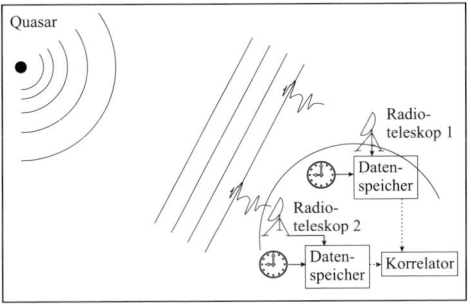

Abb. 12: Prinzip der Very Long Baseline Interferometry (VLBI)

Unsicherheit von 1 Millimeter in der horizontalen und 3 Millimetern in der vertikalen Richtung. Mit solchen Daten kann z. B. die unterschiedliche Bewegung der beteiligten Radioteleskope auf verschiedenen Platten der Erdkruste (tektonische Plattenbewegung) abgeleitet werden (Abb. 13).

Zusätzlich können die Positionen der extragalaktischen Radioquellen (meist Quasare) mit VLBI auf Bruchteile einer Millibogensekunde bestimmt werden. Die großen Entfernungen dieser Quellen machen ihre Bewegung am Himmel praktisch nicht messbar, sodass sie ein inertiales,

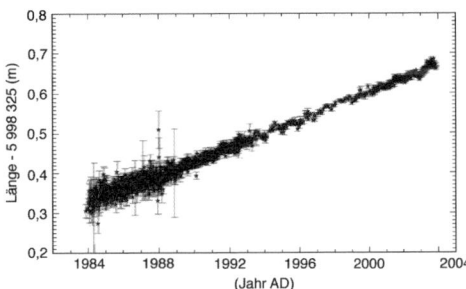

Abb. 13: Mit VLBI gemessene Verschiebung der beteiligten Radioteleskope auf verschiedenen Platten der Erdkruste zwischen der Fundamentalstation des Bundesamts für Kartographie und Geodäsie Wettzell (auf der europäischen Platte) und der Station in Westford (auf der nordamerikanischen Platte). Bild mit freundlicher Genehmigung von W. Schlüter, Bundesamt für Kartographie und Geodäsie

raumfestes Bezugssystem bilden, das als Katalog (International Celestial Reference Frame, ICRF) der International Astronomical Union (IAU) zur Verfügung steht. Auf dieses System werden die Positionen der Sterne in unserer Milchstraße bezogen und die Position der Erde und die Orientierung ihrer Achse im Raum lassen sich daraus genau bestimmen (Abb. 14). Diese Daten werden dann von Geophysikern benutzt, um z. B. Modelle für den Einfluss des Drehimpulses der Atmosphäre, der Tiden oder die elastischen Eigenschaften der Erde zu erhalten, die ihrerseits Rückschlüsse auf Vorgänge und Bewegungen im Erdinneren erlauben, die auf andere Weise nicht möglich sind.

Deep Space Network. Die Anforderungen an genaues Timing in der Telemetrie erfordern den Einsatz der genauesten Uhren, wenn es um die Navigation eines Raumschiffs in großer Entfernung von der Erde geht, wie im Cassini-Projekt. Das Raumschiff Cassini startete 1997 für eine siebenjährige Reise zum Saturn mit vier Vorbeiflügen an den Planeten, an Erde, Jupiter und zweimal an der Venus, um dabei jeweils Schwung für die Reise zu holen (Abb. 15).

Während dieses Vorbeiflugs wird kinetische Energie auf das Raumschiff übertragen, das mit einem Minimum an Startgewicht und damit einem Minimum an Treibstoff dennoch am Zielort ankommen muss. Die Mission erforderte beispielsweise, dass die Raumsonde den Planeten Venus in einer Höhe von 300 ±25 Kilometern passieren musste. Eine andere Herausforderung stellte die geforderte Genauigkeit von 10 Kilometern bei Titan dar, der sich in einem Abstand von 1,5 Milliarden Kilometern von der Erde befindet.

Die Telemetrie für das Raumschiff wird bereitgestellt durch das Deep Space Network der NASA mit drei verschiedenen Stationen zur Bahnverfolgung in Goldstone (Kalifornien), Canberra (Australien) und Madrid (Spanien), die etwa 120 Längengrade auseinander liegen. Um das Raumschiff zu lokalisieren, wird ein mit einem Pseudo-Zufallscode moduliertes Radiosignal zu ihm geschickt, das seinerseits dieses Signal zur Erde zurückschickt. Aus der Dopplerverschiebung der Trägerfrequenz zwischen dem gesendeten und empfangenen Signal kann die Bodenstation die Geschwindigkeit des Raumschiffs bestimmen. Die Korrelation des in der Bodenstation empfangenen Codes mit der Kopie des zum Raumschiff geschickten Signals erlaubt der Bodenstation die Messung der Gesamtlaufzeit des Signals und damit der Entfernung. Im Jahr 2004 ist der Orbiter *Cassini* im Saturnsystem angekommen, wo

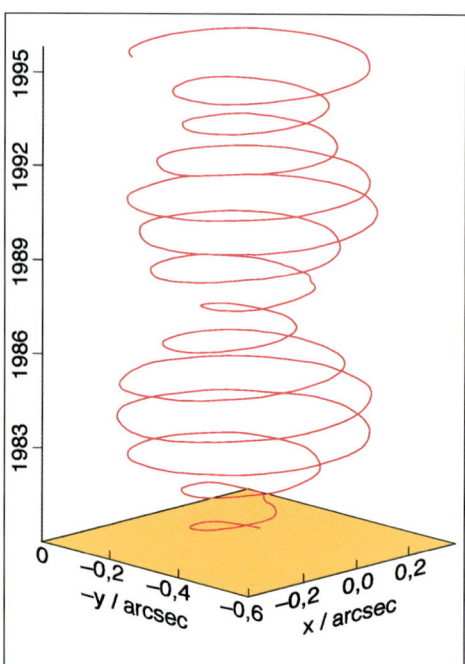

Abb. 14: Mit VLBI gemessene Wanderung der Rotationsachse relativ zur Erdoberfläche (Polwanderung). Bild mit freundlicher Genehmigung von W. Schlüter

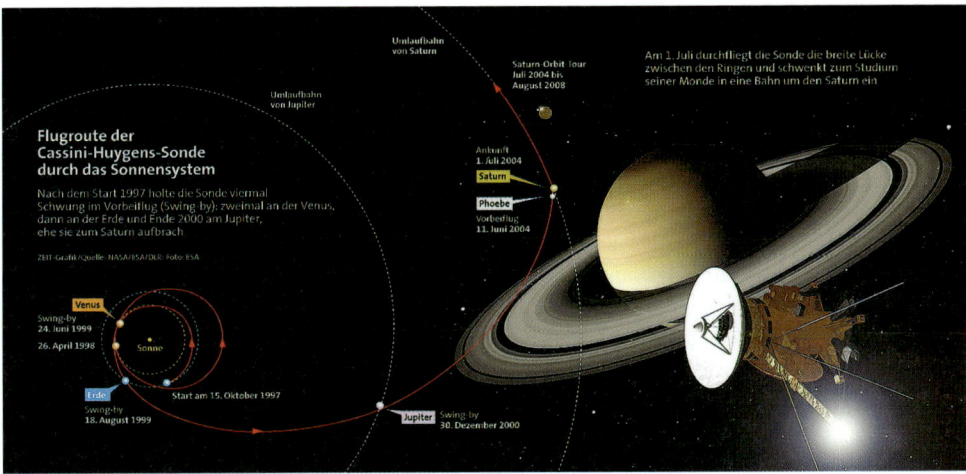

Abb. 15 Flugbahn von Cassini-Huygens von der Erde zum Saturn. Grafik: Phoebe Arns, Die Zeit

geplant war, dass die Sonde *Huygens* der Europäischen Weltraumagentur ESA in die Atmosphäre des Saturnmonds Titan hinabsteigt, um dort das Windprofil messen zu können [24]. Die Windgeschwindigkeit kann aus den Änderungen der Horizontalgeschwindigkeit der Sonde über die Dopplerverschiebung eines Radiosignals erschlossen werden. Zu diesem Zweck befindet sich an Bord der *Huygens*-Sonde eine Rubidiumatomuhr und an Bord von *Cassini* eine hochstabile Quarzuhr.

Interferometrische Längenmessung. Für Längenmessungen im Labormaßstab ist die Messung der Laufzeit eines elektromagnetischen Signals nicht geeignet. So wäre z. B. für die Messung einer Länge mit einer relativen Unsicherheit von $1 \cdot 10^{-7}$, wie sie heute in vielen technischen Anwendungen nicht einmal mehr ausreicht, die Laufzeit von 3 Nanosekunden mit einer Unsicherheit von 0,3 Femtosekunden zu messen, was gegenwärtig nur unter äußersten Schwierigkeiten erreichbar wäre. Daher werden für Längenmessungen im Labormaßstab interferometrische Methoden eingesetzt, bei denen man die zu messende

Entfernung mit der Wellenlänge einer geeigneten optischen Strahlung vergleicht. Solch eine Strahlung wird z. B. von einem optischen Frequenznormal ausgesandt, bei dem die Frequenz eines Lasers auf einen optischen Übergang in Atomen, Molekülen oder Ionen stabilisiert ist.

Ist die Frequenz ν einer ebenen elektromagnetischen Welle bekannt, erlaubt die Definition des Meters über die Sekunde und die gleichzeitige Festlegung der Vakuum-Lichtgeschwindigkeit c = 299 792 458 Meter pro Sekunde mit der für jede Welle gültigen Beziehung $\lambda = c/\nu$ die Vakuumwellenlänge λ aus der bekannten Frequenz zu berechnen.

Für die interferometrische Längenmessung z. B. an hochgenauen Endmaßen oder Strichmaßen werden unterschiedliche Interferometer, meist speziell angepasste Michelson-Interferometer [25, 26], benutzt. Auch Fabry-Perot-Interferometer werden z. B. zur Bestimmung kleinster Längenänderungen von speziellen Glaskeramiken angewandt, die bei einer Alterung des Materials auftreten [27]. Da solche Glaskeramiken mit sehr kleinen Temperaturausdehnungskoeffizienten in verschiedenen Bereichen der Hochtechnologie benutzt werden, z. B. für Spiegel von Weltraumteleskopen, Gyroskope oder superstabile optische Resonatoren, hat die schnelle Bestimmung der Langzeitstabilität verschiedener Proben eine hohe praktische Bedeutung.

Wird Laserstrahlung in ein Fabry-Perot-Interferometer eingekoppelt, das aus zwei hochreflektierenden Spiegeln besteht, die im Abstand L angeordnet sind, so zeigt das Interferometer eine hohe Transmission immer dann, wenn gilt

$$n \cdot \lambda = n\, c/\nu = 2\, L,$$

wobei n eine große ganze Zahl ist. Wird die Frequenz eines Lasers durch einen Regelkreis exakt auf ein Transmissionsmaximum des Fabry-Perot-Interferometers stabilisiert, so ändert sich die Frequenz des Lasers empfindlich in Abhängigkeit von der Länge L. Wird die Frequenz dieses Lasers mit der Frequenz eines optischen Frequenznormals verglichen, so können kleinste Änderungen der Länge des Abstandshalters zwischen den Spiegeln sehr genau und in kurzer Zeit bestimmt werden (Abb. 16).

Die genauesten Messungen basieren auf Frequenzmessungen

Das Prinzip, nach dem die genaue Messung einer physikalischen Größe möglichst auf eine Frequenzmessung zurückgeführt werden soll, wird erfolgreich in vielen Bereichen der Technik angewandt. So lassen sich z. B. magnetische Felder in einer Kernspinresonanzsonde über die feldabhängige Präzessionsfrequenz der Protonen auf eine Frequenzmessung zurückführen. Wir geben hier zwei andere Beispiele, für die genaue Frequenzmessungen benutzt werden, nämlich die Erzeugung höchstgenauer elektri-

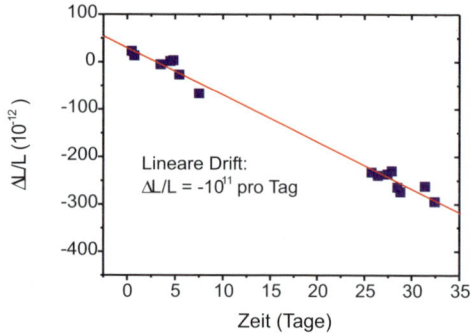

Abb. 16: Die gemessene Änderung einer Eigenfrequenz eines Fabry-Perot-Interferometers erlaubt die genaue Bestimmung der Längenänderung einer Glaskeramik, die als Abstandshalter zwischen den Spiegeln des Fabry-Perot-Interferometers dient.

scher Spannungen und die Messung der Erdbeschleunigung.

Genaueste Messung elektrischer Spannungen. Die Messung einer elektrischen Spannung kann über den Josephson-Effekt auf eine Frequenzmessung zurückgeführt werden. Im Jahre 1962 beschrieb Brian D. Josephson Effekte [28], die in einem so genannten Josephson-Kontakt auftreten, in dem zwei supraleitende Schichten durch eine isolierende Schicht mit einer Dicke von wenigen Nanometern getrennt sind. Der supraleitende Zustand auf jeder Seite der isolierenden Barriere ist charakterisiert durch so genannte Cooper-Paare, die aus zwei gepaarten Elektronen mit entgegengesetzten Spins und Impulsen bestehen, und wird beschrieben durch eine einzige makroskopische (quantenmechanische) Wellenfunktion für alle Cooper-Paare. Ist die Barriere dünn genug, dass Cooper-Paare sie durchtunneln können, werden die beiden Wellenfunktionen in den beiden Supraleitern schwach gekoppelt. Diese Kopplung der beiden quantenmechanischen Zustände führt zu einem Strom durch die Barriere, der sinusförmig von der

Phasendifferenz der beiden Zustände abhängt, wenn der Josephson-Kontakt von einer Gleichstromquelle gespeist wird.

Die zeitliche Entwicklung der Phasendifferenz ist direkt abhängig von einer Spannung U, die an den beiden Supraleitern angelegt wird, und führt zu einem Wechselstrom der Frequenz

$$f = 1/(2\,f)\,\mathrm{d}\pi/\mathrm{d}t = 2\,e/h\,\Phi\,U = K_J \cdot U.$$

Die Josephson-Konstante $K_J = 2\,e/h \approx 5 \cdot 10^{14}$ Hertz/Volt kann mit der Planck'schen Konstante h und der Elementarladung e berechnet werden. Damit führt der Josephson-Effekt zu einer Realisierung eines spannungskontrollierten Oszillators, der eine Spannung mit einer Frequenz über fundamentale Konstanten verknüpft. Wenn dieser Oszillator an eine extreme Frequenz fe angekoppelt wird, kann die nichtlineare Gleichspannungscharakteristik des Josephson-Kontakts zu höheren Harmonischen der Oszillationsfrequenz führen und dadurch zu Stufen bei den Spannungen

$$U_n = n\,h/2\,e\,f_e$$
$$\text{mit } n = 1, 2, \ldots$$

Mit Frequenzen von etwa 1 Gigahertz kann daher an einem Josephson-Kontakt eine Spannung von 2 Millivolt erzeugt werden.

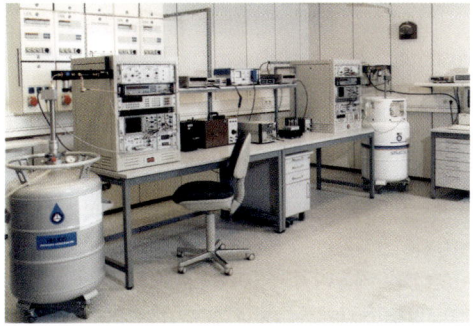

Abb. 17: PTB – Labor mit Josephson-Normalen

Höhere Spannungen werden erzeugt, indem man eine große Zahl von Josephson-Elementen in einer Reihenschaltung anordnet. In der PTB (Abb. 17) wurde z. B. eine Schaltung entwickelt, mit der bei einer angelegten Mikrowelle mit einer Frequenz von 70 Gigahertz Gleichspannungen zwischen −15 und +15 Volt erzeugt werden. Die relative Unsicherheit, mit der solche Spannungen reproduziert werden können, liegt bei etwa 10^{-9}.

Messung der Erdbeschleunigung. Hochgenaue Werte der Erdbeschleunigung g aufgrund der Gravitationskraft m · g, die die Erde auf einen Körper mit der Masse m ausübt, werden in einem weiten Bereich wissenschaftlicher und technischer Anwendungen benötigt. Da die Erdbeschleunigung das Ergebnis aller Massenelemente der Erde mit unterschiedlicher Dichte und Anordnung darstellt, kann aus der zeitlichen Veränderung von g z. B. die Deformation der Erdkruste, Veränderungen des Meeresniveaus oder der Eismassen in Grönland oder der Antarktis bestimmt werden. Gravimeter für genaue Messungen von g werden in geophysikalischen Explorationen auf der Suche nach Bodenschätzen eingesetzt, da lokale Anomalien von g, die an der Erdoberfläche beobachtet werden, Hinweise auf Dichteänderungen des Erdmaterials geben können, die von Blasen von Erdgas oder Öl- oder Erzlagerstätten herrühren. Der genaue Wert von g geht auch in die Experimente mit der Wattwaage ein, die zur Bestimmung des Planck'schen Wirkungsquantums und für Untersuchungen zu einer möglichen neuen Definition der Masseneinheit [29] eingesetzt wird.

Ein oft benutztes Gravimeter basiert auf einem Michelson-Interferometer mit einem vertikalen Arm, dessen Endspiegel durch einen Katzenaugenretroreflektor ersetzt ist; g wird dadurch bestimmt, dass der Retroreflektor im Innern einer evakuierten vertikalen Röhre frei fällt. Seine Höhe wird interferometrisch bestimmt, indem die Interferenzen des Michelson-Interferometers als Funktion der Zeit aufgenommen werden. Die gemessene Zeitreihe der Interferenzmaxima erlaubt die Bestimmung der Höhe $h(t)$ des Retroreflektors über die Beziehung

$$h\,(t-t_0) = 1/2\,\mathrm{g}\,(t-t_0)^2.$$

Sowohl die interferometrische Längenbestimmung $h\,(t-t_0)$ als auch die dazu gehörenden Zeitdifferenzen werden mit Frequenznormalen und Uhren gemessen. Der Retroreflektor fällt in einem gleichfalls frei fallenden Gehäuse, um den Einfluss der Reibung durch das Restgas in der Apparatur klein zu halten, was einen zu kleinen Wert der gemessenen Erdbeschleunigung ergeben würde. Die heutzutage besten Gravimeter benutzen Iod-stabilisierte He-Ne-Laserfrequenznormale. Die relative Unsicherheit $\Delta g/g$, die man mit solchen Geräten bei der Bestimmung der Erdbeschleunigung erreichen kann [30], beträgt 10^{-9}.

Der Nutzen genauester Uhren für Grundlagenforschung und Wissenschaft

Die Verfügbarkeit genauerer Uhren und Frequenznormale [31] hat von jeher neue Untersuchungen erlaubt, die das Vertrauen in die Gültigkeit physikalischer Theorien verbesserten oder zum Ausschluss bestimmter Hypothesen führten.

Messung fundamentaler Konstanten. Die Notwendigkeit, die Fundamentalkonstanten der Physik mit zunehmender Genauigkeit zu messen, rührt von verschiedenen Gründen her. Zum einen können diese Konstanten dazu benutzt werden, um physikalische Einheiten darzustellen, die nicht mehr länger von der Umgebung, lokalen Bedingungen oder von verkörperten Normalen abhängen. Die Benutzung eines verabredeten Wertes für die Josephson-Konstante gibt ein Beispiel dieser Art, das es heute erlaubt, die hohe erreichbare Genauigkeit in der angewandten Metrologie zum Nutzen für Industrie und Handel einzusetzen. Zum andern tauchen diese Konstanten in verschiedenen Bereichen der Naturwissenschaften in speziellem Kontext auf. Die genaue Bestimmung der relevanten physikalischen Konstanten in den verschiedenen Teilbereichen führt dann zu einer Überprüfung der Konsistenz dieser Theorien oder ihrer Begrenzungen.

Beispiele dieser Art stellen die Feinstrukturkonstante und die Rydbergkonstante dar. Die Rydbergkonstante bestimmt den Abstand der Energieniveaus in einem Atom und hängt nur von anderen Fun-

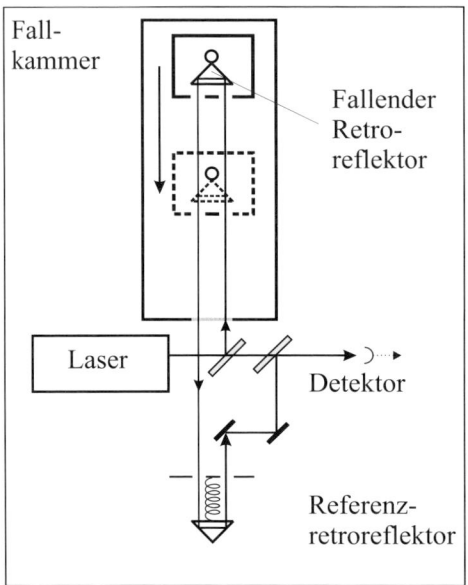

Abb. 18: Schematischer Aufbau eines Gravimeters zur Messung der Erdbeschleunigung

damentalkonstanten wie der Elektronen-masse, der Elementarladung und der Lichtgeschwindigkeit ab. Die Rydbergkonstante wurde mit der höchsten Genauigkeit in Wasserstoff bestimmt, da dies das einfachste Atom ist, dessen Energieniveaus mit der höchsten Genauigkeit berechnet werden können und das geeignete Übergänge besitzt, die der höchstauflösenden Laserspektroskopie zugänglich sind [32, 33]. Die damit erreichte relative Unsicherheit liegt heute deutlich unter 10^{-11} und hat besondere Bedeutung bei Ausgleichsrechnungen der anderen Fundamentalkonstanten, mit denen die Rydbergkonstante verknüpft ist.

Die Feinstrukturkonstante $\alpha \approx 1/137$ stellt eine der fundamentalsten Naturkonstanten dar, da sie die elektromagnetische Wechselwirkung skaliert. Ihr Wert kann in vielfältiger Weise durch unabhängige Messungen in unterschiedlichen Gebieten der Physik bestimmt werden, die überwiegend auf Frequenzmessungen beruhen. Dazu gehören der Von-Klitzing-Effekt (Quanten-Hall-Effekt), der Wechselstrom-Josephson-Effekt, der g-2-Wert des Elektrons, die Messung der De-Broglie-Wellenlänge monochromatischer Neutronen oder die Rückstoßaufspaltung von Atomen im Atominterferometer.

Gehen alle Uhren gleich? Oder: Wie konstant sind die Naturkonstanten? Die Frage, ob fundamentale Konstanten wie die Feinstrukturkonstante wirklich konstant sind oder sich mit der Zeit ändern, wurde schon 1937 durch Dirac aufgrund der sehr ungleichen dimensionslosen Verhältnisse gewisser Naturkonstanten gestellt und durch seine Hypothese der großen Zahlen bejaht. Heute ist Diracs Hypothese durch experimentelle Daten widerlegt, aber neue Theorien, die versuchen, die Gravitation mit den anderen Wechselwirkungen zu vereinigen, erlauben oder for-

dern sogar solche Zeitabhängigkeiten auf einer allerdings wesentlich kleineren Skala. Verschiedene experimentelle Befunde, die die heutigen Verhältnisse mit denen vor Milliarden von Jahren modellabhängig vergleichen, geben unterschiedliche Grenzen für eine mögliche Zeitabhängigkeit bestimmter Konstanten [34].

Der Vergleich der Frequenzen verschiedener Frequenznormale, bei denen die Übergangsfrequenz des Uhrenübergangs in unterschiedlicher Weise von den Naturkonstanten abhängt, könnte einen Hinweis auf deren mögliche Zeitabhängigkeit geben. Ein großer Vorteil solcher Experimente liegt darin, dass sie unter kontrollierten Bedingungen und mit steigender Genauigkeit wiederholt werden können. Ein Beispiel für eine solche Messreihe stellt Abb. 8 dar, die das Verhältnis der Frequenzen des optischen Calciumfrequenznormals und der Caesiumatomuhr über mehr als sieben Jahre darstellt – ohne einen Hinweis auf eine zeitabhängige Änderung. In jüngster Zeit sind mehrere solche Messungen mit Mikrowellenuhren und optischen Frequenznormalen durchgeführt worden [35–38], alle ohne einen Hinweis auf eine solche Änderung.

Um eine quantitative Grenze angeben zu können, nutzt man die Tatsache, dass eine mögliche Änderung der Fundamentalkonstanten sich unterschiedlich auf die verschiedenen Uhrenübergänge in verschiedenen Atomen oder Ionen auswirken würde und dass man diese unterschiedlichen Abhängigkeiten, die so genannten Sensitivitätsparameter κ, kennt. Die Veränderungen der optischen Übergangsfrequenzen gegenüber einer möglichen Änderung der Feinstrukturkonstanten α ist sehr unterschiedlich für die Übergänge im Ytterbiumion (κ_{Yb} = +0.88), im Quecksilberion (κ_{Hg} = −3.19) und im Wasserstoff- oder Calciumatom ($\kappa_H \approx \kappa_{Ca} \approx 0$). Die beobachtete Än-

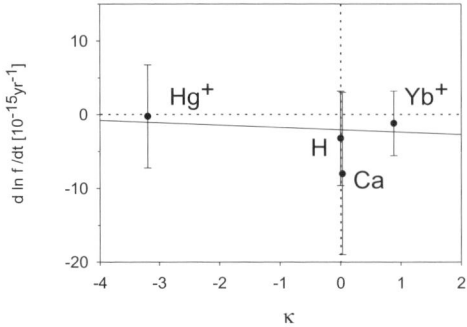

Abb. 19: Gemessene relative Frequenzänderung für drei optische Frequenznormale als Funktion des Sensitivitätsparameters κ nach [38]. Bild mit freundlicher Genehmigung von E. Peik

derung der relativen Frequenz als Funktion dieses Sensitivitätsparameters κ zeigt keine signifikante Änderung (Abb. 19) im Rahmen der Unsicherheit der durchgeführten Messungen.

Aus diesen Daten schließen Peik et al. [38], dass keine Änderung von α im Rahmen einer relativen Unsicherheit von $2 \cdot 10^{-15}$/Jahr beobachtet wurde. Der Fortschritt mit optischen Frequenznormalen lässt erwarten, dass diese obere Grenze in den nächsten Jahren sehr schnell reduziert werden kann.

Zusammenfassung

Auf die eingangs gestellten Fragen, inwieweit die rasante Entwicklung immer genauerer Uhren weitergehen wird und wem diese Entwicklung noch nützt, lassen die hier genannten Arbeiten zu optischen Atomuhren vermuten, dass die Entwicklung immer genauerer Uhren mindestens in den nächsten zwei Dekaden mit ähnlicher Geschwindigkeit wie bisher weitergehen wird. Bereits heute werden unterschiedliche optische Frequenznormale entwickelt, deren Stabilität den besten Caesiumatom-

uhren schon überlegen ist. Solange die Zeiteinheit über den Hyperfeinübergang im Caesium definiert ist, werden diese Normale jedoch nicht in der Lage sein, die Sekunde oder das Hertz besser darzustellen als die besten Caesiumatomuhren. Allerdings werden sie als sekundäre Normale dienen, sie werden genauere Messungen von Frequenzverhältnissen zulassen und sie werden möglicherweise einmal zu einer neuen Definition der Zeiteinheit führen.

Auch die zweite Frage lässt sich anhand der hier gegebenen Beispiele beantworten. Generell werden die allerbesten Uhren in den ersten wenigen Jahren nach ihrer Entwicklung hauptsächlich zur Lösung von wissenschaftlichen Problemen oder in Hochtechnologieanwendungen wie der Raumfahrt genutzt. Wie aber z. B. die rasante Entwicklung auf dem Gebiet der Satellitennavigation zeigt, entsteht schon nach wenigen Jahren die Notwendigkeit, die besten Uhren auf breiter Front für neue Anwendungsmöglichkeiten einzusetzen.

Danksagung

Wir danken Herrn Dr. A. Bauch für kritisches Lesen des Manuskripts.

Literatur

[1] Dava Sobel: Längengrad. btb Taschenbücher, München, 1998.

[2] Bauch, A.: Caesium atomic clocks: Function, performance, and applications. Meas. Sci. Technol. 14, 1159–1173 (2003).

[3] Udem, Th., Diddams, S. A., Vogel, K. R., Oates, C. W., Curtis, E. A., Lee, W. D., Itano, W. M., Drullinger, R. E., Bergquist, J. C., Hollberg, L.: Absolute Frequency Measurement of the Hg⁺ and Ca Optical Clock Transitions with a Femtosecond Laser. Phys. Rev. Lett. 86, 4996–4999 (2001).

[4] Stenger, J., Tamm, Ch., Haverkamp, N., Weyers, S., Telle, H. R.: Absolute frequency measurement of the 435.5 nm ^{171}Yb$^+$ clock transition with a Kerr-lens mode-locked femtosecond laser. Opt. Lett. 26, 1589–1591 (2001).

[5] Guide to the expression of uncertainty in measurement, ISO/TAG 4. Veröffentlicht durch ISO, 1993 (korrigiert und neu gedruckt 1995), im Auftrag von BIPM, IEC, IFCC, ISO, IUPAC, IUPAP und OIML.

[6] Ramsey, N. F.: Experiments with separated oscillatory fields and hydrogen masers. Rev. Mod. Phys. 62, 541–552 (1990).

[7] Metcalf, H. J., van der Straaten, P.: Laser cooling and trapping. Springer, New York, 1999.

[8] Weyers, S., Bauch, A., Schröder, R., Tamm, Chr.: The atomic caesium fountain CSF1 of PTB. In: Gill, P. (ed.): Frequency Standards and Metrology. Proceedings of the Sixth Symposium. World Scientific, Singapore, 2002, pp. 64–71.

[9] Young, B. C., Cruz, F. C., Itano, W. M., Bergquist, J. C.: Visible Lasers with Subhertz Linewidths. Phys. Rev. Lett. 82, 3799–3802 (1999).

[10] Wilpers, G., Binnewies, T., Degenhardt, C., Sterr, U., Helmcke, J., Riehle, F.: Optical clock with ultracold neutral atoms. Phys. Rev. Lett. 89, 230801-1–4 (2002).

[11] Degenhardt, C., Stoehr, H., Lisdat, Ch., Sterr, U., Helmcke, J., Riehle, F., Wilpers, G., Oates, Ch., Hollberg, L.: Optical Ca frequency standards at PTB and NIST, R. Physique 5, 845–855 (2004).

[12] Paul, W.: Electromagnetic traps for charged and neutral particles. Rev. Mod. Phys. 62, 531–540 (1990).

[13] Quinn, T. J.: Practical realization of the definition of the metre, including recommended radiations of other frequency standards (2001). Metrologia 40, 103–133 (2003).

[14] Tamm, Ch., Schneider, T., Peik, E.: Spectroscopy and precision frequency measurement of the 435.5 nm clock transition of ^{171}Yb$^+$. In: Gill, P. (ed.): Frequency Standards and Metrology, Proceedings of the Sixth Symposium. World Scientific, Singapore, 2002, pp. 369–375.

[15] Bergquist, J. C., Tanaka, U., Drullinger, R. E., Itano, W. M., Wineland, D. J., Diddams, S. A., Hollberg, L., Curtis, E. A., Oates, C. W., Udem, Th.: A mercury-ion optical clock. In: Gill, P. (ed.): Frequency Standards and Metrology. Proceedings of the Sixth Symposium. World Scientific, Singapore, 2002, pp. 99–105.

[16] Ido T., Katori, H.: Recoil-free spectroscopy of neutral Sr atoms in the Lamb-Dicke regime. Phys. Rev. Lett. 91, 053001-1–4 (2003).

[17] Katori, H., Takamoto, M., Pal'chikov, V. G., Ovsiannikov, V. D.: Ultrastable optical clock with neutral atoms in an engineered light shift trap. Phys. Rev. Lett. 91, 173005-1–4 (2003).

[18] Schnatz, H., Lipphardt, B., Helmcke, J., Riehle, F., Zinner, G.: First phase-coherent frequency measurement of visible radiation. Phys. Rev. Lett. 76, 18–21 (1996).

[19] Reichert, J., Holzwarth, R., Udem, Th., Hänsch, Th.: Measuring the frequency of light with mode-locked lasers. Opt. Commun. 172, 59–68 (1999).

[20] Stenger, J., Binnewies, T., Wilpers, G., Riehle, F., Telle, H. R., Ranka, J. K., Windeler, R. S., Stentz, A. J.: Phase-coherent frequency measurement of the Ca intercombination line at 657 nm with a Kerr-lens mode-locked laser. Phys. Rev. A 63, 021802(R) (2001).

[21] Nelson, R. A., McCarthy, D. D., Malys, S., Levine, J., Guinot, B., Fliegel, H. F., Beard, R. L., Bartholomew, T. R.: The leap second: its history and its possible future. Metrologia 38, 509–529 (2001).

[22] Bauch, A., Heindorff, Th.: Zeit – Die SI-Basiseinheit Sekunde. PTB-Mitt. 112, 291–298 (2002).

[23] Piester, D., Hetzel, P., Bauch, A.: Zeit- und Normalfrequenzverbreitung mit DCF77. PTB-Mitt. 114, Heft 4 (2004).

[24] Atkinson, D. H., Pollack, J. B., Seiff, A.: Measurement of a zonal wind profile on Titan by Doppler tracking of the Cassini entry probe. Radio Science 25, 865–881 (1990).

[25] Flügge, J., Riehle, F., Kunzmann, H.: Fundamental length metrology. In: Webb, C. E., Jones, J. D. C. (eds.): Handbook of laser technology and applications. IOP Publishing, 2004, pp. 1723–1748.

[26] Helmcke, J.: Länge – Die SI-Basiseinheit „Meter". PTB-Mitt. 113, 3–17 (2003).

[27] Riehle, F.: Use of optical frequency standards for measurements of dimensional stability. Meas. Sci. Technol. 9, 1042–1048 (1998).

[28] Josephson, B. D.: Possible new effects in superconductive tunneling. Phys. Lett. 1, 251–253 (1962).

[29] Göbel, E. O.: Wer gewinnt den Wettlauf um das Kilogramm? Physikalische Blätter 57, 35–41 (2001).

[30] Robertsson, L., Francis, O., vanDam, T. M., Faller, J., Ruess, D., Delinte, J.-M., Vitushkin, L., Liard, J., Gagnon, C., Guo You Guang, Huang Da Lun, Fang Yong Yuan, Xu Jin Yi, Jeffries, G., Hopewell, H., Edge, R., Robinson, I., Kibble, B., Makinen, J., Hinderer, J., Amalvict, M., Luck, B., Wilmes, H., Rehren, F., Schmidt, K., Schnull, M., Cerutti, G., Germak, A., Zabek, Z., Pachuta, A., Arnautov, G., Kalish, E., Stus, Y., Stizza, D., Friederich, J., Chartier, J.-M., Marson, I.: Results from the fifth international comparison of absolute gravimeters, ICAG'97. Metrologia, 38, 71–78 (2001).

[31] Riehle, F.: Frequency standards: basics and applications, Wiley-VCH, Weinheim, 2004.

[32] Andreae, T., König, W., Wynands, R., Leibfried, D., Schmidt-Kaler, F., Zimmermann, C., Meschede, D., Hänsch, T. W.: Absolute frequency measurement of the hydrogen 1S–2S transition and a new value of the Rydberg constant. Phys. Rev. Lett. 69, 1923–1926 (1992).

[33] Schwob, C., Jozefowski, L., de Beauvoir, B., Hilico, L., Nez, F., Julien, L., Biraben, F., Acef, O., Clairon, A.: Optical frequency measurement of the 2S–12D transitions in Hydrogen and Deuterium: Rydberg Constant and Lamb Shift Determinations. Phys. Rev. Lett. 82, 4960–4963 (1999).

[34] Astrophysics, clocks and fundamental constants. Karshenboim, S. G., Peik, E. (eds.): Springer Lecture Notes in Physics (2004).

[35] Marion, H., Pereira Dos Santos, F., Abgrall, M., Zhang, S., Sortais, Y., Bize, S., Maksimovic, I., Calonico, D., Grünert, J., Mandache, C., Lemonde, P., Santarelli, G., Laurent, Ph., Clairon, A., Salomon, C.: Search for variations of fundamental constants using atomic fountain clocks, Phys. Rev. Lett. 90, 150801–1–4 (2003).

[36] Bize, S., Diddams, S. A., Tanaka, U., Tanner, C. E., Oskay, W. H., Drullinger, R. E., Parker, T. E., Heavner, T. P., Jefferts, S. R., Hollberg, L., Itano, W. M., Bergquist, J. C.: Testing the stability of fundamental constants with the ^{199}Hg$^+$ single-ion optical clock. Phys. Rev. Lett. 90, 150802–1–4 (2003).

[37] Fischer, M., Kolachevsky, N., Zimmermann, M., Holzwarth, R., Udem, Th., Hänsch, T. W., Abgrall, M., Grünert, J., Maksimovic, I., Bize, S., Marion, H., Pereira Dos Santos, F., Lemonde, P., Santarelli, G., Laurent, P., Clairon, A., Salomon, C., Haas, M., Jentschura, U. D., Keitel, C. H.: New limits on the drift of fundamental constants from laboratory measurements. Phys. Rev. Lett. 92, 230802–1–4 (2004).

[38] Peik, E., Lipphardt, B., Schnatz, H., Schneider, T., Tamm, Chr., Karshenboim, S. G.: Limit on the present temporal variation of the fine structure constant. Phys. Rev. Lett. 93, 170801–1–4 (2004).

Zuschauen bei der chemischen Reaktion?
Laserdiagnostik mit kurzen Lichtpulsen

Katharina Kohse-Höinghaus und Andreas Brockhinke

Auch wenn es auf den ersten Blick nicht so erscheint – auf molekularer Ebene ist Materie ständig in Umwandlung begriffen. Chemische Prozesse verändern in jedem Moment unsere gesamte (Um-)Welt, inklusive unseres eigenen Körpers. Denkvorgänge beim Lesen dieses Textes, der Stoffwechsel unseres Körpers, chemische Reaktionen in der uns umgebenden Atmosphäre und viele andere Prozesse gehen mit zahlreichen Veränderungen auf molekularer Ebene einher. Moleküle sind beständig in Bewegung, sie verändern ihre Form, knüpfen neue Bindungen, tauschen Energie mit ihrer Umgebung aus. Für ein detailgetreues Verständnis vieler chemischer und biochemischer Vorgänge sind Informationen über diese molekularen Veränderungen notwendig. Mit modernen Lasertechniken lassen sich solche dynamischen Prozesse sichtbar machen und präzise untersuchen.

Wie schnell verläuft eine chemische Reaktion?

Dies lässt sich gar nicht so einfach beantworten. Nehmen wir als Maßstab die Zeitspanne eines Menschenlebens, das etwa 75 Jahre umfasst – dies entspricht der beachtlichen Zahl von etwa 2 Milliarden Sekunden. Etliche chemische Umsetzungen benötigen noch größere Zeiträume. So ist der Diamant, den wir gern als Symbol für Beständigkeit betrachten, in Wirklichkeit instabil: Er verwandelt sich sehr langsam und für uns unmerklich in Graphit. Aktuelle physikalisch-chemische Forschung interessiert sich dagegen vielfach für Reaktionen, die wir ebenfalls zeitlich nicht erfassen können, weil sie zu schnell für unsere Beobachtung sind.

Um diese Reaktionen genau untersuchen und gegebenenfalls auch beeinflussen zu können, wurde in den letzten Jahren eine ganze Reihe von speziellen Techniken entwickelt, die zumeist mit Lasern als hierfür ganz besonders geeigneten Lichtquellen arbeiten. Laser können nämlich Licht ganz bestimmter Wellenlänge (Farbe) gezielt in Bruchteilen von Sekunden abgeben. Ist der Lichtblitz kurz genug, wird das chemische Reaktionsgeschehen quasi „eingefroren", und wir können eine Momentaufnahme des Systems beobachten – entsprechend etwa dem Zielfoto bei einem Wettlauf. Ebenso kann bei passender Zeitauflösung von Laser-Blitzlicht und aufnehmender Kamera das Geschehen „in Echtzeit" verfolgt, also quasi ein Film der chemischen Vorgänge aufgenommen werden. Einige Beispiele aus der Forschung unserer Arbeitsgruppe sollen den Einsatz von kurzen Laserpulsen zur Aufklärung dynamischer Reaktionsvorgänge verdeutlichen.

Prof. Dr. **Katharina Kohse-Höinghaus**, geb.
1951 in Hagen. Studium der Chemie an der
Ruhr-Universität Bochum. Promotion in Bochum
1978; 1979 Wissenschaftliche Mitarbeiterin
beim DLR Stuttgart; 1987–1988 Forschungsaufenthalte an der Stanford University und im Molecular Physics Laboratory, SRI, Menlo Park,
USA; 1988 Gruppenleiterin am DLR. 1992 Habilitation an der Fakultät für Energietechnik der
Universität Stuttgart. 1993–1994 Heisenberg-
Stipendium der DFG, Forschungsaufenthalte in
Bielefeld und Paris. 1994 Lehrstuhl für Physikalische Chemie an der Universität Bielefeld.
Zahlreiche Mitgliedschaften in Stiftungen und
Gesellschaften, u.a. GDNÄ. PUSH-Preise in
2000 und 2002. Editor bei Combustion and
Flame und Mitherausgeberin anderer Fachzeitschriften.
Forschungsschwerpunkte: Verbrennungsfor-
schung, Laserdiagnostik der Verbrennung, Chemical Vapour Deposition, Weiterentwicklung
von laserspektroskopischen Methoden für die
chemische und biochemische Analytik, Chemical Education (Gründerin des Schülerlabors
teutolab).

Prof. Dr. Katharina Kohse-Höinghaus
Physikalische Chemie I
Universität Bielefeld
Universitätsstraße 25
D-33615 Bielefeld

Zeitskalen chemischer Veränderungen

Hilfreich ist für solche Untersuchungen zunächst eine Vorstellung, auf welchen Zeitskalen chemische Umwandlungen in der
Regel ablaufen, denn selbstverständlich
muss die gewählte Untersuchungsmethode
zur chemischen Zeitskala passen. Der uns
hier interessierende Zeitbereich ist in
Abb. 1 mit einigen Beispielen entlang eines
Zeitpfeils illustriert, der 15 (!) Größenordnungen umfasst. In der dort angegebenen,
für Fachleute gebräuchlichen Terminologie
wird eine Sekunde in Tausender-Schritten
unterteilt: Millisekunden oder tausendstel
(0,001 bzw. 10^{-3}) Sekunden sind noch mit
Stoppuhren messbar, und für Sprinter können einige Millisekunden über Gewinn
oder Verlust einer Goldmedaille entscheiden. Dieser längste Zeitbereich am rechten
Ende der Skala in Abb. 1 entspricht auch
etwa der Verschlusszeit üblicher fotogra-
fischer Kameras, wobei eine scharfe Momentaufnahme z. B. eines Tennisballes im
Fluge bereits eine höhere Zeitauflösung erfordern kann. Nach links sind entlang des
Zeitpfeils kürzere Zeiten aufgetragen: Ein
Tausendstel einer Millisekunde ist eine Mikrosekunde (0,000 001 bzw. 10^{-6} Sekunden), hiervon ein Tausendstel eine Nano-
sekunde (0,000 000 001 bzw. 10^{-9}
Sekunden) und so fort.

Die kürzesten Laserlichtpulse, die heute
zur Verfügung stehen, liegen im Bereich
von Attosekunden (1 Attosekunde = 10^{-18}
Sekunden) [1–4]. An diesem unteren Ende
der experimentell zugänglichen Zeitskala
können dynamische Prozesse in einzelnen
Atomen, wie z. B. die Entfernung eines
Elektrons aus dem Atom, untersucht werden. Im zwar tausendfach „langsameren",
aber dennoch unvorstellbar kurzen Zeitbereich von Femtosekunden (10^{-15} Sekunden) beobachtet man die Bewegung von
Atomen in einem Molekül: Moleküle
schwingen, führen Drehbewegungen aus
und ändern dabei ihre Struktur. Einzelne
chemische Bindungen werden in diesem
Zeitbereich geknüpft und gelöst. Ahmed
Zewail erhielt „für seine Untersuchungen

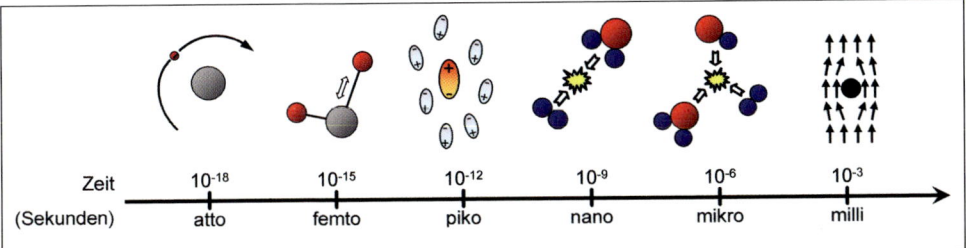

Abb. 1: Überblick über verschiedene in der Chemie relevante Zeitbereiche vom Attosekundenbereich (Bewegung von Elektronen im Atom) bis zum Millisekundenbereich (Geschwindigkeit des makroskopischen Stofftransports)

des Übergangszustandes chemischer Reaktionen mittels Femtosekunden-Spektroskopie" 1999 den Nobelpreis für Chemie [5, 6], und nicht erst seit diesem Zeitpunkt ist „Femtochemie" ein fester Begriff. Etliche Arbeitsgruppen, auch in Deutschland, benutzen Femtosekunden-Laserpulse, um grundsätzliche Aspekte individueller, oft prototypischer Reaktionen zu studieren und somit unsere Vorstellung des detaillierten Reaktionsablaufs zu überprüfen und zu vertiefen [7–10].

In vielen „praktischen" Reaktionssystemen spielen Umgebungseinflüsse eine große Rolle, und Wechselwirkungen mit benachbarten Molekülen oder durch die Umgebung veranlasste Änderungen der Molekülstruktur brauchen mit einigen Pikosekunden (10^{-12} Sekunden) oft etwas mehr Zeit. Verdeutlicht ist dies in Abb. 1 durch die Reorientierung von Lösungsmittelmolekülen (z. B. Wasser) um ein angeregtes Molekül. Notwendig für Reaktionen ist zudem der Kontakt zwischen Molekülen, bei Elementarreaktionen normalerweise zwischen zwei Partnern.

Dieses Zusammentreffen erfolgt häufig auf der Zeitskala von Nanosekunden. Dabei werden gerade in der Gasphase vielfach reaktive Zwischenprodukte gebildet, so genannte „Radikale", die für den weiteren Verlauf der Reaktion entscheidend sein

HD Dr. **Andreas Brockhinke**, geb. 1966 in Rheda. Studium der Physik an der Universität Bielefeld. 1996 Promotion in der Arbeitsgruppe „Angewandte Laserphysik", 2003 Habilitation an der Fakultät für Chemie mit dem Thema „Laser Diagnostic Methods in Physical Chemistry". 2004 Erteilung der *venia legendi* in Physikalischer Chemie und Ernennung zum Hochschuldozenten.
Forschungsschwerpunkte: Optische Methoden zur Strukturanalyse in biologischen Makromolekülen; Untersuchung von Energietransferprozessen in kleinen Radikalen; Entwicklung von quantitativen Nachweisverfahren für die Flammendiagnostik.

HD Dr. Andreas Brockhinke
Physikalische Chemie I
Universität Bielefeld
Universitätsstraße 25
D-33615 Bielefeld

können. Um diese Radikale abzubauen, sind oft Stöße dreier Reaktionspartner notwendig. Ein solcher Dreier-Stoß ist wesentlich unwahrscheinlicher als das Zusammentreffen zweier Moleküle, und bei Gasreaktionen in der Atmosphäre oder bei Verbrennungsprozessen geschieht dies eher im Mikrosekundenbereich. Als Konsequenz kann bei schnell ablaufenden Reaktionen in der Gasphase kurzzeitig ein „Überangebot" an reaktiven Zwischenprodukten entstehen. Noch langsamer, eher auf einer Zeitskala von Millisekunden, erfolgen Transport und Durchmischung der Reaktionsteilnehmer.

Für das Studium vieler chemischer Reaktionen auf molekularer Ebene ist somit insbesondere der Bereich zwischen Piko- und Mikrosekunden interessant. Unterhalb der Pikosekunden-Domäne lassen sich vornehmlich fundamentale Vorgänge in Atomen und Molekülen klären, oberhalb des Mikrosekundenbereichs geschehen vielfach bereits makroskopische Veränderungen. Wem Pikosekunden nun langsam erscheinen, der möge sich vergegenwärtigen, dass Licht (mit der höchsten möglichen Geschwindigkeit) in 3 Pikosekunden gerade einmal eine Wegstrecke von einem Millimeter zurücklegt – keine geringe Anforderung an das Experiment!

Im Folgenden werden mehrere Anwendungsbeispiele von Kurzpuls-Lasertechniken aus unserer Arbeitsgruppe vorgestellt. Untersuchungen des Energietransfers kleiner Moleküle in der Gasphase benötigen eine Zeitauflösung im Pikosekundenbereich. Der orts- und zeitaufgelöste Nachweis chemischer Substanzen mit Lasern, hier bei der Verbrennungsdiagnostik, erfolgt üblicherweise mit gepulsten Nanosekunden-Lasern. Ein weiter Zeitbereich ist für das Studium von Reaktionen in biochemischen Systemen erforderlich. Während Elementarprozesse wie die Bewegung von Seitenketten oder Konformationsänderungen häufig im Piko- bis Nanosekundenbereich ablaufen, sind Reaktionen zwischen Proteinen, wie z. B. die Aggregation einzelner Proteine, deutlich langsamer.

Energietransfer kleiner Moleküle in der Gasphase

Das am häufigsten eingesetzte optische Verfahren für den spezifischen Nachweis kleiner Moleküle in der Gasphase ist die laserinduzierte Fluoreszenz (LIF). Mit diesem Verfahren können Konzentrationen reaktiver Spurenstoffe z. B. in der Atmosphäre oder bei Verbrennungsvorgängen bestimmt werden. LIF ist jedoch keinesfalls auf solche Systeme beschränkt. Folgendes Prinzip liegt der LIF-Technik zugrunde: Durch Absorption von Laserlicht genau passender Energie werden die zu untersuchenden Moleküle in definierten Zuständen bezüglich ihrer Elektronen-Konfiguration, ihrer Schwingung und Rotation präpariert – „angeregt". Diese angeregten Moleküle senden nach den Regeln der Quantenmechanik Licht bestimmter Wellenlängen (ein charakteristisches Spektrum) aus, das für die untersuchte Substanz spezifisch ist; dies ist das Fluoreszenzlicht, das zu ihrem Nachweis dient. Dabei kehren die angeregten Moleküle wieder in den Grundzustand zurück. Allerdings ist dieses Verfahren nur bei isolierten Molekülen so einfach – meist spielen nämlich Stöße mit Nachbarmolekülen eine große Rolle. Dabei wird ein Teil der durch die Laseranregung in den Molekülen deponierten Energie auf benachbarte Molekülzustände umverteilt bzw. auf den Stoßpartner übertragen.

Die Aussendung von Fluoreszenzlicht steht somit in direkter Konkurrenz zu diesen Stoßprozessen, die in Abb. 2 schematisch dargestellt sind. Links ist durch den aufwärts gerichteten Pfeil die Anregung durch den Laser angedeutet; hierbei wird

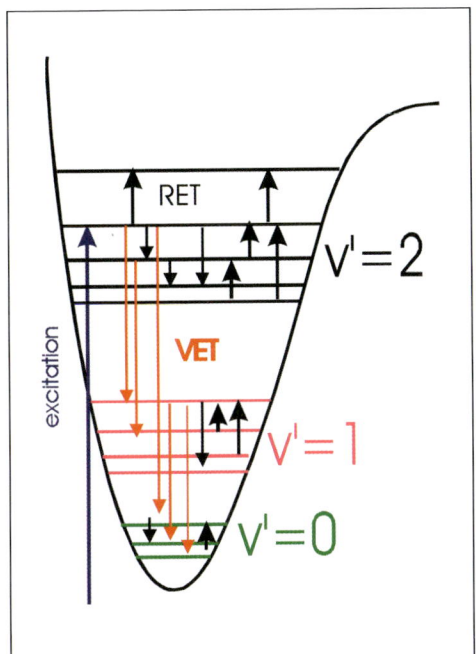

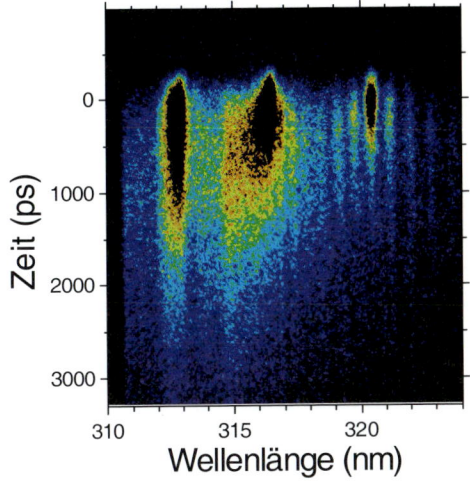

Abb. 3: Mithilfe einer speziellen Kamera wird ein zeit- und wellenlängenaufgelöstes Bild aufgenommen, das die Prozesse im angeregten Molekül nach der Laseranregung widerspiegelt. Die Farbskala ist der gemessenen Intensität proportional.

Abb. 2: Energietransferprozesse nach Laseranregung (linker Pfeil) eines Moleküls. Durch Stöße werden auch benachbarte Energiezustände besetzt. Schwarze Pfeile kennzeichnen Rotationsenergietransfer (RET), rote Schwingungsenergietransfer (VET).

ein bestimmter Zustand der Schwingungsenergie (gekennzeichnet mit der entsprechenden Quantenzahl $v' = 2$) erreicht. Durch Stöße können nun weitere Schwingungen oder Rotationen des Moleküls stimuliert werden – alle weiteren Pfeile in Abb. 2 symbolisieren solche Energietransferprozesse. Rotationsenergietransfer (RET) ermöglicht Übergänge in benachbarte, energetisch nicht weit entfernte Rotationszustände (schwarze Pfeile), Schwingungsenergietransfer (VET) solche in energetisch etwas ferner liegende Schwingungszustände (rote Pfeile).

Uns interessieren die „Spielregeln", nach denen diese Prozesse ablaufen, denn sie führen zu recht komplexen Fluoreszenzspektren, die für eine Konzentrationsmessung quantitativ ausgewertet werden müssen. Zudem besteht eine hohe Wahrscheinlichkeit, dass ein angeregtes Molekül durch Abgabe eines sehr großen Energiebetrags an den Stoßpartner direkt in den Grundzustand zurückkehrt („Quenching") und somit nicht mehr leuchten – und auch nicht mehr nachgewiesen werden – kann.

Für sehr kleine Moleküle in der Gasphase können wir die durch Stöße verursachten Energietransferprozesse mit Lasertechniken im Detail analysieren. Ein Resultat eines solchen Experiments ist in Abb. 3 dargestellt. Hier wurden die bei der Oxidation von Kohlenwasserstoffen in Verbrennungs- und Atmosphärenchemie wichtigen OH-Radikale in einer Wasserstoff/Luft-Flamme in den $A^2\Sigma^+$ ($v' = 1$) Zustand angeregt. Hierzu wurden Pikosekunden-Laserpulse mit einer Wellenlänge von etwa 280 Nanometern verwendet; der Nachweis des Fluoreszenzlichtes erfolgte mit einer hoch empfindlichen, schnellen Kamera.

Die hohe Pulsleistung unseres Lasersystems ermöglicht dabei auch die unkonventionelle zweidimensionale Nachweistechnik, bei der zeitliche und spektrale Veränderungen simultan erfasst werden: Das Rohdatenbild in Abb. 3 stellt auf einer zur gemessenen Intensität proportionalen Farbskala in der x-Richtung die Wellenlänge, in der y-Richtung den Zeitverlauf dar. Es kodiert also den gesamten zeitlichen Verlauf des Fluoreszenzspektrums und entspricht somit einem „Film" des von den OH-Radikalen abgegebenen Lichtes.

Bereits aus diesem Rohdatenbild ergeben sich ohne weitere Auswertung einige wesentliche Beobachtungen. In unmittelbarer zeitlicher Nähe des anregenden Laserpulses (Zeitnullpunkt) erfolgt die Emission praktisch ausschließlich in drei Wellenlängenbereichen; diese drei Linien sind so intensiv, dass die Farbskala in Abb. 3 auf schwarz umschlägt. Die Intensitäten verringern sich im Laufe der Zeit. Neben den drei intensiven Linien tauchen zudem mit einem Zeitversatz von einigen hundert Pikosekunden weitere, benachbarte Spektrallinien auf.

Eine genauere Analyse der Vorgänge zeigt Abb. 4. Hier wurden zu vier Zeitpunkten vertikale Schnitte (bei konstanter Wellenlänge) aus dem Rohdatenbild entnommen, die nun die Zeitverläufe für bestimmte Linien des Fluoreszenzspektrums wiedergeben. Die schwarze Kurve zeigt das schnelle Abklingen der Fluoreszenz aus dem direkt durch den Laser angeregten Zustand mit einer Zerfallszeit von etwa 300 Pikosekunden. Die farbigen Kurven repräsentieren die Emission von Licht nach Energietransfer durch Stöße. Sehr deutlich

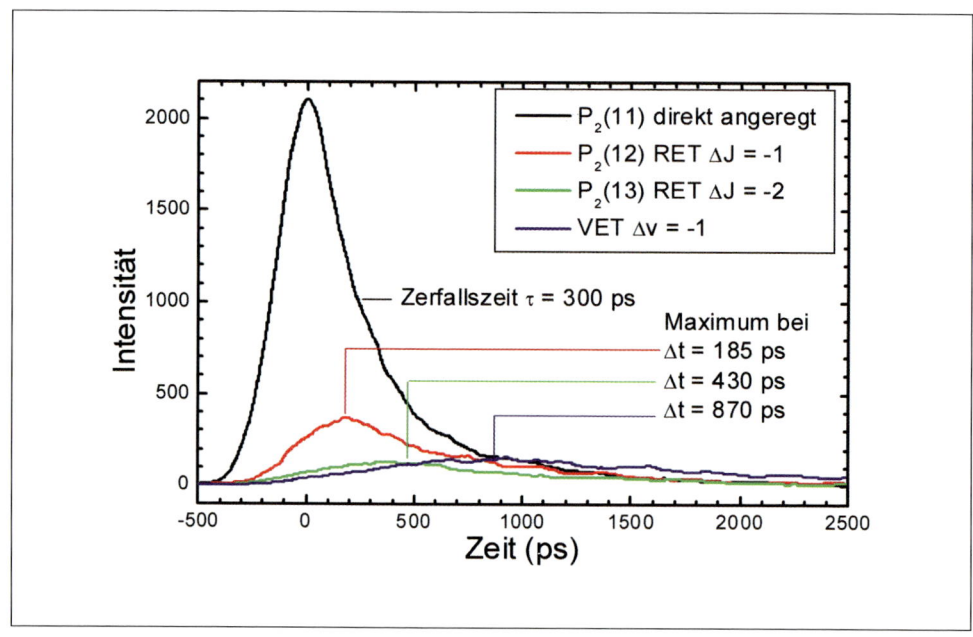

Abb. 4: Schnitte durch das in Abb. 3 dargestellte Rohdatenbild erlauben die genaue Bestimmung von Zerfallszeiten einzelner Energiezustände im Molekül und der Verzögerung der Lichtemission nach Energietransfer relativ zum anregenden Laserpuls.

ist an den Maxima dieser Kurven ein späteres Einsetzen der Fluoreszenz mit einem zeitlichen Abstand von 185–870 Pikosekunden zu erkennen. Dabei ist Rotationsenergietransfer (rote und grüne Kurve) vergleichsweise schneller als Schwingungsenergietransfer (blaue Kurve).

Diese und ähnliche Messungen haben wir systematisch bei verschiedenen Stoßumgebungen, Temperaturen und für unterschiedliche Energiezustände durchgeführt [11–13]. Sie erlauben die Bestimmung von Energietransferkonstanten, die uns als Grundlage für die Entwicklung eines Modells für die Simulation von Energietransfer in Fluoreszenzspektren dienen [14, 15]. Für das OH-Radikal haben wir inzwischen eine sehr detailgetreue Übersicht über diese Stoßprozesse gewonnen, und die Fluoreszenzspektren lassen sich mit hoher Genauigkeit vorhersagen [16]. Zur Zeit verfeinern wir dieses inzwischen in vielen Instituten benutzte Modell und passen es mithilfe entsprechender Messungen auf andere in der Verbrennungschemie wichtige Moleküle wie CH und NO an [17]. Auf dieser Basis lassen sich die Auswirkungen von Stößen auf unterschiedliche experimentelle Situationen vorhersagen.

Verbrennungsdiagnostik

Die Entstehung von Schadstoffen bei der Verbrennung, insbesondere von Ruß, polyzyklischen aromatischen Kohlenwasserstoffen (PAH) und Stickoxiden (NO_x), beruht auf komplizierten Netzwerken von Elementarreaktionen, bei denen reaktive Zwischenprodukte wie Wasserstoffatome, OH-, CH- und kleine Kohlenwasserstoffradikale eine wesentliche Rolle spielen. Deshalb ist die Bestimmung quantitativer Konzentrationen dieser Zwischenprodukte ein wichtiger Aspekt der Verbrennungsche-

mie, insbesondere angesichts immer schärferer Regulierung des Schadstoffausstoßes von Verbrennungsanlagen. Chemische Reaktionsmechanismen für die Verbrennung, auf denen heute Abschätzungen der Schadstoffemission aus Motoren und Triebwerken basieren, müssen sich auf solche quantitativen Messungen verlassen [18, 19]. Übliche Verfahren mit in den Brennraum eingeführten Sonden sind hierzu oft nicht in der Lage – z. B. hält kein Thermometer Temperaturen von 3000 Grad aus. Außerdem verändern Sonden das Strömungsfeld und bieten nicht die notwendige Zeit- und Ortsauflösung. Solche Messungen erfolgen daher berührungslos mit Laserlicht, für reaktive Zwischenprodukte sehr häufig mit laserinduzierter Fluoreszenz, oft mit Laserpulsen von wenigen Nanosekunden Dauer.

Während bei stabilen Molekülen gute Kalibrierverfahren existieren, ist dies für die instabilen Radikale schwieriger; eine Probe bekannter Konzentration ist nicht immer herzustellen. Darüber hinaus verhindern in vielen Fällen die beschriebenen Stoßprozesse laserangeregter Radikale die quantitative Auswertung der gemessenen Spektren und die genaue Bestimmung von Konzentration und Temperatur. Für den Fluoreszenznachweis kleiner Radikale hilft hier ebenfalls die Pikosekunden-Technik. Aus dem gemessenen Fluoreszenzsignal kann unter „stoßfreien" Bedingungen die Konzentration erhalten werden.

Dies wird in Abb. 5 am Beispiel einer OH-Messung verdeutlicht: Die Grafik zeigt den anregenden Laserpuls (von etwa 80 Pikosekunden Dauer) in blau sowie das zeitaufgelöste Fluoreszenzsignal in schwarz. Die Abnahme der Fluoreszenzintensität ist hierbei in erster Linie auf Quenching durch Stöße zurückzuführen; unter den hier vorliegenden Bedingungen löscht bei 1000 angeregten OH-Radikalen das Quenching typisch das Leuchten von 997, und nur 3

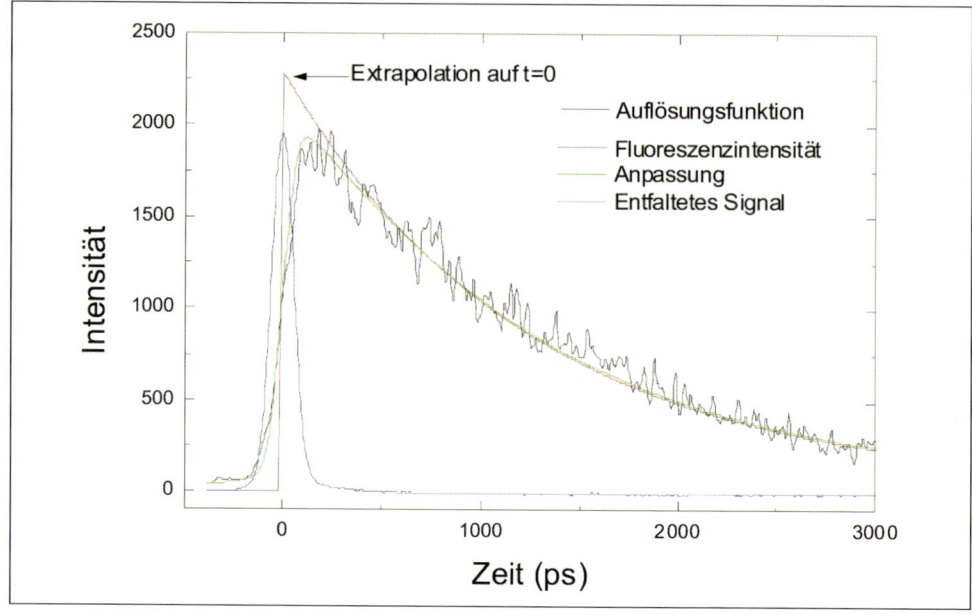

Abb. 5: Zeitlicher Verlauf der Signalintensität nach Laseranregung eines Moleküls. Durch Rück-Extrapolation auf den Zeitnullpunkt erhält man das von Stoßprozessen unbeeinflusste Signal, aus dem die Konzentration der Substanz bestimmt werden kann.

können durch ihre Fluoreszenz nachgewiesen werden. Durch Rück-Extrapolation der gemessenen Intensität (rote Kurve) auf den Zeitnullpunkt erhält man das von Stoßprozessen unbeeinflusste Signal und somit die OH-Konzentration.

In den meisten technischen Umgebungen verläuft die Verbrennung in einer turbulenten Strömung; Kraftstoff und Luft werden dadurch sehr schnell und fein durchmischt. Allerdings ändert sich durch diese Wirbelströmung an jedem Ort der Flamme rasch und regellos die chemische Zusammensetzung. Es ist daher vor allem für das Verständnis und die Vorhersage der Entstehung von Schadstoffen wichtig, die Wechselwirkung zwischen der chemischen Umsetzung in der Verbrennungszone (der „Flammenfront") und der turbulenten Strömung zu untersuchen. Besonders detailliert können einzelne interessante

Aspekte in einer Gegenstrom-Diffusionsflamme mit injiziertem Wirbel untersucht werden, die auf dem Foto in Abb. 6 gezeigt ist. Der für eine internationale Kooperation etlicher Institute speziell entwickelte Brenner stabilisiert eine Flammenfront zwischen zwei Düsen (oben und unten im Bild zu erkennen). Verdünnter Kraftstoff

Abb. 6: Gegenstrom-Diffusionsflamme mit injiziertem Wirbel

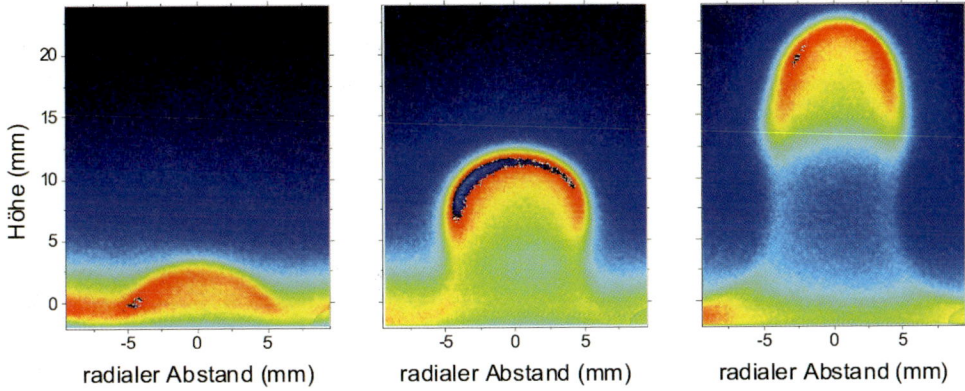

Abb. 7: Interaktion eines Wirbels mit einer ebenen Flammenfront, sichtbar gemacht durch das Leuchten heißer OH-Radikale (Chemilumineszenz). Gezeigt sind von links nach rechts Aufnahmen beim Zeitpunkt 2, 8 und 20 Millisekunden nach Beginn der Störung.

strömt von oben aus, Luft dagegen von unten. Die sich bei exakter Kontrolle der Gasflüsse ausbildende ebene Flammenfront (blaue Scheibe in Abb. 6) ist für optische Diagnostik sehr gut zugänglich. Zudem erfolgt kein Wärmeaustausch oder sonstige Wechselwirkung mit anderen Oberflächen.

In der unteren Düse ist ein zusätzliches Rohr erkennbar, aus dem elektronisch gesteuert ein schneller Luftpuls ausgestoßen werden kann. Damit entsteht in regelmäßiger Abfolge ein einziger, sehr präzise kontrollierter Wirbel, der die Flammenfront durchdringt und sie dabei aufwölbt. Dies ist sozusagen die kleinste Elementarzelle eines turbulenten Verbrennungsvorgangs. Für die Weiterentwicklung von Modellvorstellungen zur Wechselwirkung des Wirbels mit der Flammenfront ist die quantitative Bestimmung von Radikalkonzentrationen wichtig. Dazu ist das zuvor diskutierte LIF-Verfahren mit Pikosekunden-Laserpulsen besonders gut geeignet.

Die zeitliche Veränderung der durch den Wirbel gestörten Flammenfront ist in Abb. 7 zu erkennen. Hier wurde zunächst ohne den Laserpuls das Leuchten (die

„Chemilumineszenz") heißer, in der Flamme gebildeter OH-Radikale aufgenommen und somit ein erstes qualitatives Bild der Wechselwirkung gewonnen. Die mit Pikosekunden-LIF gemessenen Konzentrationsprofile von Wasserstoffatomen (H) und OH-Radikalen sind in Abb. 8 für die ungestörte Flamme gezeigt. Die Höhenskala repräsentiert den Abstand zwischen den beiden Düsen. Eine sehr gute Übereinstimmung unserer experimentellen Daten mit Modellrechnungen ist zu erkennen; die Radikalkonzentrationen erreichen die Werte des adiabatischen Gleichgewichts. Die reaktiven Zwischenprodukte H und OH, die als wichtige Glieder der Reaktionskette die Verbrennung fördern und unterhalten, entstehen nicht exakt am gleichen Ort. Zudem ist die Konzentrationsverteilung der leichten, in der Flamme schneller beweglichen H-Atome deutlich breiter und asymmetrisch. OH-Radikale spielen auf der sauerstofffreien Seite der Flamme, wo Oxidationsprozesse ablaufen, eine größere Rolle, während H-Atome verstärkt auf der brennstoffreichen Seite der Flamme zu finden sind.

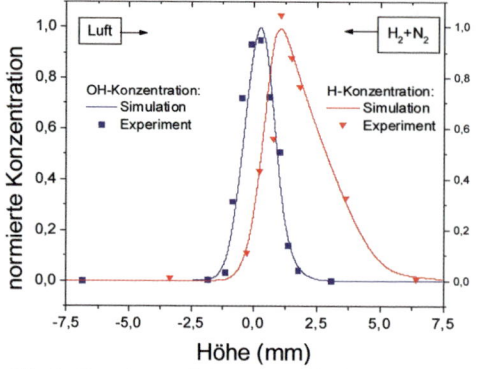

Abb. 8: Experimentell bestimmte höhenabhängige Konzentrationsprofile in der ungestörten Gegenstrom-Diffusionsflamme für OH-Radikale und H-Atome im Vergleich zu Ergebnissen einer Modellrechnung

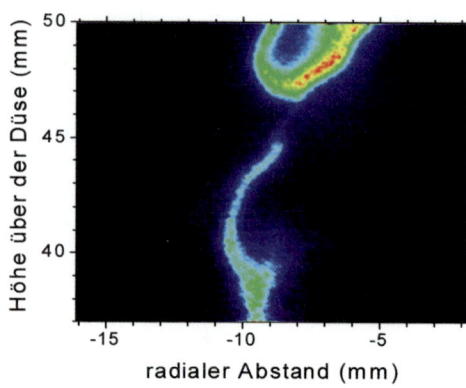

Abb. 9: Ortsaufgelöste Messung der Verteilung reaktiver OH-Radikale in einer turbulenten Wasserstoff/Luft-Diffusionsflamme

In der durch den Wirbel gestörten Flamme finden wir dagegen Konzentrationen von H und OH, die die Gleichgewichtswerte um einen Faktor 2 für H-Atome bzw. um einen Faktor 4 für OH-Radikale übertreffen – ein deutliches Indiz für die Wechselwirkung des Strömungsfeldes mit der Flammenchemie [20]. Während solche Überangebote an reaktiven Zwischenprodukten für das OH-Radikal bereits aus turbulenten Flammen bekannt waren, haben wir dies für das schwieriger nachzuweisende H-Atom erstmalig beobachtet. Unsere Messungen stehen nun als Basis für die Weiterentwicklung von numerischen Modellen zur Verfügung. Auch für andere chemische Prozesse, z. B. die Bildung von umwelt- und gesundheitsschädlichen polyaromatischen Kohlenwasserstoffen bei der turbulenten Verbrennung, sind experimentelle Daten aus solchen Gegenstrom-Diffusionsflammen sehr nützlich für die Überprüfung von Modellvorstellungen [21]. Ferner ist dieser Brenner sehr interessant für die Untersuchung der Flammenlöschung: Wird die Wirbelstärke zu intensiv, so kann die Flamme entweder lokal oder sogar global verlöschen. Das genaue Studium dieser Prozesse ist von großem sicherheitstechnischem Interesse.

Für die Messungen in der durch den Wirbel gestörten Flammenfront wurde die Intensität mehrerer hundert Einzelbilder addiert, um das Rauschen zu verringern. Die LIF-Technik erlaubt jedoch auch einzelne Momentaufnahmen [22]. Das proportional zur Fluoreszenzintensität kodierte Falschfarbenbild in Abb. 9 zeigt die ortsaufgelöste Verteilung des OH-Radikals in einer turbulenten Wasserstoff/Luft-Diffusionsflamme mit einer „Belichtungszeit" von 10 Nanosekunden. Die Darstellung gibt – wie beim fliegenden Tennisball – ein „scharfes" Bild der Verbrennungssituation wieder, da die chemische Umsetzung des Kraftstoffs und die turbulente Strömung auf langsameren Zeitskalen ablaufen. Man sieht, dass Verbrennung im eigentlichen Sinne nur in einer schmalen Zone stattfindet: Der Bildausschnitt zeigt die Radikalverteilung in einem Bereich etwa 40 Millimeter oberhalb der Düse, durch die der Brennstoff mit hoher Geschwindigkeit ausströmt. Die Verbrennungszone befindet sich hier etwa 10 Millimeter von der Mittelachse der Flamme entfernt und ist nur wenige hundert Mikrometer dick – Änderungen der Temperatur von mehr als 1000 Grad sowie die wesentlichen chemischen Umsetzungen finden in dieser schmalen Zone statt. Im inneren Bereich oberhalb der Mittelachse der Düse (rechts in Abb. 9) befindet sich hauptsächlich unverbranntes Kraftstoff/Luft-Gemisch.

Die gekrümmten Strukturen in Abb. 9 sind auf Wirbel im Strömungsfeld zurückzuführen, die hauptverantwortlich für die intensive Durchmischung von Wasserstoff und Luft sind. Kombiniert mit Laserverfahren, die eine simultane Bestimmung der Konzentrationen von Brennstoff, Sauerstoff und Verbrennungsprodukten sowie der Temperaturverteilung erlauben [23], können mit der LIF-Technik strukturelle Aspekte der turbulenten Verbrennung von der Ausbildung einer Flammenfront bis hin zur Flammenlöschung analysiert werden.

In den dargestellten Beispielen wurde mit Wasserstoff ein chemisch sehr einfacher, sauberer Brennstoff benutzt. Oft lassen sich fundamentale Prinzipien der Verbrennung gerade in solchen Flammen sehr gut untersuchen und auch modellieren. Für die Bildung von Ruß und Rußvorläufern wie PAH – ein sehr aktives Forschungsfeld – interessieren Flammen verschiedener Brennstoffe, die wesentliche Bestandteile eines technischen Kraftstoffes repräsentieren. Lasertechniken können zwar einige wesentliche kleinere Moleküle nachweisen [24], müssen aber häufig unter wohl definierten Strömungsbedingungen mit anderen, mit Sonden zur Probenentnahme arbeitenden Methoden wie der Massenspektrometrie kombiniert werden [25–27]. Hier können Kurzpuls-Lasertechniken insbesondere den Einfluss dieser Sonden auf die Flamme analysieren [28].

Konformationsänderungen in Biomolekülen

Laserverfahren wie die laserinduzierte Fluoreszenz sind nicht auf Anwendungen in der Gasphase beschränkt, sondern sie haben auch für die Untersuchung von Biomolekülen sehr große Vorteile. Änderungen der Konformation von Biomolekülen sind oft entscheidend für das Reaktionsverhalten. Auch DNA, Peptide und Proteine lassen sich zur Fluoreszenz anregen, entweder durch entsprechende natürlich vorhandene Molekülgruppen oder durch speziell eingefügte Farbstoffe.

Die Pikosekunden-Fluoreszenzspektroskopie gestattet sehr vielseitige Einblicke in das Reaktionsgeschehen [29–35]. So kann durch Energietransfer zwischen zwei geeignet ausgewählten Farbstoffen, die an bestimmten Stellen gebunden sind, der Abstand zwischen ihnen gemessen werden. Man kann also feststellen, wann sich bestimmte Domänen nahe kommen – beispielsweise bei der Bildung von supermolekularen Komplexen. Ferner kann man hieraus Rückschlüsse auf die Struktur ziehen. Fluoreszenzsonden gestatten es zudem als lokale Sensoren, Umgebungseinflüsse zu analysieren.

Ein Anwendungsbeispiel für die Fluoreszenzspektroskopie mit Pikosekunden-Laserpulsen an biologischen Systemen soll hier kurz erläutert werden. Für das detaillierte Verständnis der Auswirkung so genannter oxidativer Stressfaktoren auf Pflanzen wurde in einem Kooperationsprojekt das Protein 2-Cystein-Peroxiredoxin aus Gerste untersucht. Dieses Protein katalysiert die Reduktion aktiver Sauerstoffspezies und nimmt so eine wichtige Funktion im Verteidigungssystem des Organismus gegen solche Stoffe ein; Schädigungen des Organismus durch oxidative Einflüsse wer-

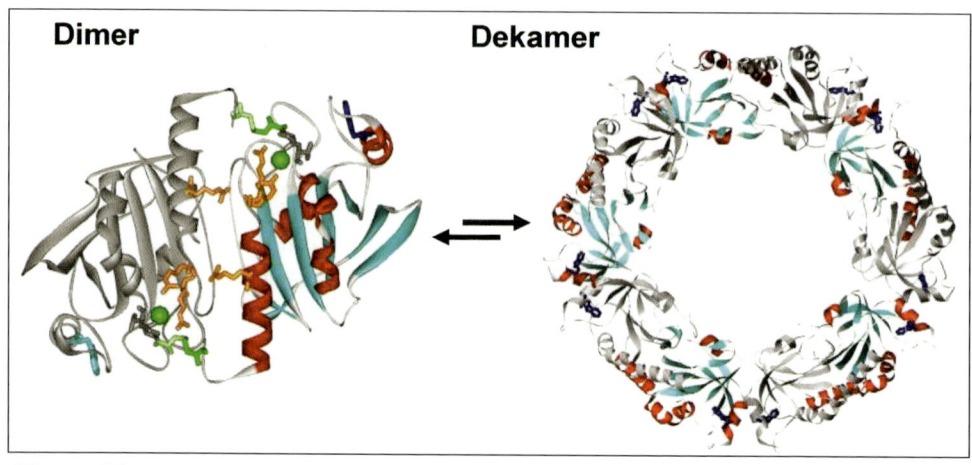

Abb. 10: Bildung von 2-Cystein-Peroxiredoxin-Dekameren aus kleineren Untereinheiten (Dimeren). Hierbei ändert sich die chemische Umgebung der im Protein (Monomer) an zwei Positionen der Primärsequenz als Sonde vorhandenen Aminosäure Tryptophan.

den dadurch verringert. Das Enzym ändert bei diesen Regelungsvorgängen seinen Oxidationszustand und damit seine Struktur. Eine genaue Funktionsanalyse auf molekularer Ebene benötigt daher Informationen über diese Strukturen und ihre Veränderungen unter den für die Regelungsprozesse relevanten Bedingungen.

Im oxidierten Zustand sind 2-Cystein-Peroxiredoxine antiparallel angeordnet und über zwei Disulfidbrücken zu Dimeren verknüpft, wie links in Abb. 10 gezeigt. Unter reduzierenden Bedingungen werden die Disulfidbrücken gespalten; jedoch liegen dann nicht notwendig einzelne Monomere vor, sondern zehn Proteineinheiten können sich zu Dekameren (rechts in Abb. 10) zusammenlagern. Diese Strukturvorschläge in Abb. 10 stammen allerdings aus der Analyse von 2-Cystein-Peroxiredoxinen anderer Organismen als Gerste, weil für dieses spezielle Protein bisher keine Strukturinformationen vorlagen. Spektroskopisch sollte daher in unseren Untersuchungen diese Strukturhypothese geprüft werden. Das Protein verfügt über zwei Tryptophan-Res-

te, die für diese Analyse als natürlich vorhandene Fluoreszenzsonden herangezogen wurden. Sie befinden sich an den Positionen 99 und 189 der Primärsequenz des Proteins, wobei sich gemäß der in Abb. 10 gezeigten Struktur der Tryptophanrest an Position 99 eher an der Außenseite des Proteins, derjenige an der Position 189 jedoch an der „Nahtstelle" des Dimerverbundes befinden sollte. Um die Beiträge dieser beiden Tryptophan-Reste zur laserinduzierten Fluoreszenz unterscheiden zu können, wurden zusätzlich zum Wildtyp zwei Einzeltryptophan-Mutanten eingesetzt, bei denen das jeweils andere Tryptophan durch die nicht fluoreszierende Aminosäure Leucin ersetzt wurde [34].

Wie Abb. 11 zeigt, ist das Emissionsspektrum der Tryptophane stark abhängig von der jeweiligen Umgebung im Protein, und mit systematischen Untersuchungen dieser Spektren können Rückschlüsse auf die Struktur erfolgen [34, 35]. Die Kombination von spektraler und zeitlicher Auflösung gestattet es auch in diesem sehr komplexen System, die Beteiligung der bei-

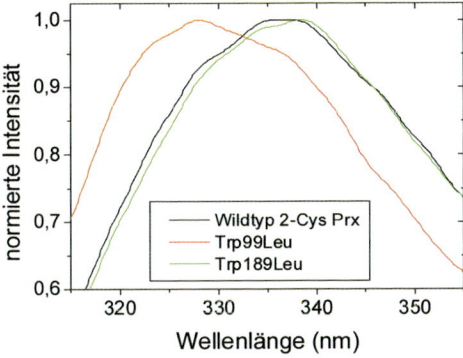

Abb. 11: Emissionsspektren des Wildtyps 2-Cystein-Peroxiredoxin sowie zweier untersuchter Mutanten. Die Verschiebung der Spektren ist auf die unterschiedliche chemische Umgebung der als Sonden verwendeten Tryptophan-Reste zurückzuführen und erlaubt Rückschlüsse auf die Lage im Protein sowie in größeren Komplexen.

den Tryptophane an der Gesamtfluoreszenz zu analysieren und ihre jeweilige Umgebung in Bezug auf das Emissionsverhalten (spektrale Verschiebung, Fluoreszenzlöschung) zu charakterisieren. Damit können bestimmte Strukturvorschläge als wahrscheinlich zutreffend eingestuft und andere ausgeschlossen werden. Im vorliegenden Fall bestätigen zeitaufgelöste Experimente mit Pikosekunden-LIF am nativen und mutierten Protein im oxidierten und reduzierten Zustand aufgrund der starken Änderungen der Fluoreszenzlebenszeiten die vermuteten Konformationsänderungen. Zusätzliche Quenching-Experimente mit stark fluoreszenzlöschenden Substanzen wie Acrylamid sowie Caesium- und Iodid-Ionen wurden durchgeführt, um die Zugänglichkeit der Fluoreszenzsonden zu prüfen und die Strukturvorschläge weiter zu erhärten. Die Ergebnisse sind konsistent mit einer Aggregation des Proteins bei Reduktion wie z. B. einer Dekamerisierung.

Zusammenfassung

Die Antwort eines Moleküls auf einen kurzen Laserpuls verrät uns Wissenswertes über die einzelnen Schritte chemischer Reaktionen. Laserdiagnostik im Pikosekundenbereich erlaubt quantitative Konzentrationsmessungen mit hoher Zeit- und Ortsauflösung. Darüber hinaus können Stoßprozesse angeregter Moleküle studiert werden – wichtige Elementarschritte bei einer chemischen Reaktion. Ebenso können Änderungen der Konformation großer bioorganischer Moleküle nachgewiesen werden. Damit ist diese Methode eine der Schlüsseltechniken der modernen chemischen Analytik.

Danksagung

Ein herzlicher Dank für die Beiträge zu der hier dargestellten Forschung gebührt den gegenwärtigen und ehemaligen Mitgliedern der Arbeitsgruppe, speziell Dr. Andreas Bülter, Ulrich Lenhard, Dr. Kirsten Lotte, Dr. Regina Plessow sowie Ulrich Rahmann. Zudem sind wir für die finanzielle Förderung durch die Deutsche Forschungsgemeinschaft (insbesondere in den Projekten Ko 1363/9–1 bis 9–3, im SFB 549 und in der Forschergruppe FOR-387) sowie durch den Fonds der Chemischen Industrie sehr dankbar.

Literatur

[1] Hentschel, M., Kienberger, R., Spielmann, Ch., Reider, G. A., Milosevic, N., Brabec, T., Corkum, P., Heinzmann, U., Drescher, M., Krausz, F.: Attosecond metrology. Nature 414, 509 (2001).

[2] Paul, P. M., Toma, E. S., Breger, P., Mullot, G., Augé, F., Balcou, Ph., Muller, H. G.,

Agostini, P.: Observation of a train of attosecond pulses from high harmonic generation. Science 292, 1689 (2001).

[3] Tzallas, P., Charalambidis, D., Papadogiannis, N. A., Witte, K., Tsakiris, G. D.: Direct observation of attosecond light bunching. Nature 426, 267 (2003).

[4] Kienberger, R., Goulielmakis, E., Uiberacker, M., Baltuska, A., Yakovlev, V., Bammer, F., Scrinzi, A., Westerwalbesloh, Th., Kleineberg, U., Heinzmann, U., Drescher, M., Krausz, F.: Atomic transient recorder. Nature 427, 817 (2004).

[5] www.nobel.se/chemistry/laureates/1999/index.html sowie Nobel Prize Report: Baskin, J. S., Zewail, A. H.: Freezing atoms in motion. J. Chem. Educ. 78, 737 (2001).

[6] Zewail, A. H.: Chemie am Unschärfelimit. Angew. Chem. 113, 4501 (2001).

[7] Witte, T., Windhorn, L., Yeston, J.-S., Proch, D., Motzkus, M., Kompa, K.-L.: Infrared femtochemistry: Vibrationally induced molecular dissociation and its control employing shaped fs MIR pulses. In: Hynes, J. L., Martin, M. M. (Hrsg.): Femtochemistry and femtobiology: Ultrafast events in molecular science. Elsevier Science, 2004, S. 103–106.

[8] Kiefer, W., Materny, A., Schmitt, M.: Femtosecond time-resolved spectroscopy for the investigation of elementary molecular dynamics. Naturwiss. 89, 250 (2002).

[9] Lupulescu, C., Vajda, S., Lindinger, A., Merli, A., Wöste, L.: Femtosecond pump&probe experiments on non-stoichiometric sodiumfluoride clusters: I. First direct observation of periodical structural changes in Na_2F. Europ. Phys. J. D 24, 173 (2003).

[10] Iglev, H., Laenen, R., Laubereau, A.: Femtosecond dynamics of electron photodetachment of the fluoride anion in liquid water. Chem. Phys. Lett. 389, 427 (2004).

[11] Kienle, R., Jörg, A., Kohse-Höinghaus, K.: State-to-state rotational energy transfer in OH ($A^2\Sigma^+$, v' = 1). Appl. Phys. B 56, 249 (1993); Lee, M. P., Kienle, R., Kohse-Höinghaus, K.: Measurements of rotational energy transfer and quenching in OH $A^2\Sigma^+$, v' = 0 at elevated temperature. Appl. Phys. B 58, 447 (1994); Hartlieb, A. T., Markus, D., Kreutner, W., Kohse-Höinghaus, K.: Measurement of vibrational energy transfer of OH ($A^2\Sigma^+$, v' = 0 $\rightarrow$ 1) in low-pressure flames. Appl. Phys. B 65, 81 (1997).

[12] Brockhinke, A., Kreutner, W., Rahmann, U., Kohse-Höinghaus, K., Settersten, T. B., Linne, M. A.: Time-, wavelength- and polarization-resolved measurements of OH ($A^2\Sigma^+$) picosecond laser-induced fluorescence in atmospheric pressure flames. Appl. Phys. B 69, 477 (1999).

[13] Brockhinke, A., Linne, M. A.: Short-pulse techniques: Picosecond fluorescence, energy transfer and „quench-free" measurements. In: Kohse-Höinghaus, K., Jeffries, J. B. (Hrsg.): Applied combustion diagnostics. Taylor and Francis, New York, 2002, S. 128–154.

[14] Kienle, R., Lee, M. P., Kohse-Höinghaus, K.: A detailed rate equation model for the simulation of energy transfer in OH laser-induced fluorescence. Appl. Phys. B 62, 583 (1996); Kienle, R., Lee, M. P., Kohse-Höinghaus, K.: A scaling formalism for the representation of rotational energy transfer in OH ($A^2\Sigma^+$) in combustion experiments. Appl. Phys. B 63, 403 (1996).

[15] Rahmann, U., Kreutner, W., Kohse-Höinghaus, K.: Rate-equation modeling of single- and multiple-quantum vibrational energy transfer of OH ($A^2\Sigma^+$, v' = 0 to 3). Appl. Phys. B 69, 61 (1999).

[16] Brockhinke, A., Kohse-Höinghaus, K.: Energy transfer in combustion diagnostics: Experiment and modeling. Faraday Discuss. 119, 275 (2001).

[17] Bülter, A., Rahmann, U., Kohse-Höinghaus, K., Brockhinke, A.: Study of energy transfer processes in CH as prerequisite for quantitative minor species concentration measurements. Appl. Phys. B 79, 113 (2004).

[18] Kohse-Höinghaus, K.: Laser techniques for the quantitative detection of reactive intermediates in combustion systems. Prog. Energy Combust. Sci. 20, 203 (1994).

[19] Kohse-Höinghaus, K., Barlow, R. S., Aldén, M., Wolfrum, J.: Combustion at the focus: Laser diagnostics and control. Proc. Combust. Inst. 30, 89 (2005).

[20] Brockhinke, A., Bülter, A., Rolon, J. C., Kohse-Höinghaus, K.: ps-LIF measurements of minor species concentration in a counterflow diffusion flame interacting with a vortex. Appl. Phys. B 72, 491 (2001).

[21] Böhm, H., Kohse-Höinghaus, K., Lacas, F., Rolon, J. C., Darabiha, N., Candel, S.: On PAH formation in strained counterflow dif-

fusion flames. Combust. Flame 124, 127 (2001).

[22] Hult, J., Kaminski, C., Brockhinke, A.: Evolution of vortical structures in the lift-off region of a turbulent hydrogen jet flame. Combust. Flame, eingereicht.

[23] Brockhinke, A., Haufe, S., Kohse-Höinghaus, K.: Structural properties of lifted hydrogen jet flames measured by laser spectroscopic techniques. Combust. Flame 121, 367 (2000).

[24] Brockhinke, A., Hartlieb, A. T., Kohse-Höinghaus, K., Crosley, D. R.: Tunable KrF laser-induced fluorescence of C_2 in a sooting flame. Appl. Phys. B 67, 659 (1998).

[25] Lamprecht, A., Atakan, B., Kohse-Höinghaus, K.: Fuel-rich flame chemistry in low-pressure cyclopentene flames. Proc. Combust. Inst. 28, 1817 (2000).

[26] Kohse-Höinghaus, K., Atakan, B., Lamprecht, A., González Alatorre, G., Kamphus, M., Kasper, T., Liu, N.-N.: Contributions to the investigation of reaction pathways in fuel-rich flames. Phys. Chem. Chem. Phys. 4, 2056 (2002).

[27] Atakan, B., Lamprecht, A., Kohse-Höinghaus, K.: An experimental study of fuel-rich 1,3-pentadiene and acetylene/propene flames. Combust. Flame 133, 431 (2003).

[28] Hartlieb, A. T., Atakan, B., Kohse-Höinghaus, K.: Effects of a sampling quartz nozzle on the flame structure of a fuel-rich low-pressure propene flame. Combust. Flame 121, 610 (2000).

[29] Plessow, R., Brockhinke, A., Eimer, W., Kohse-Höinghaus, K.: Intrinsic time- and wave-length-resolved fluorescence of oligonucleotides: A systematic investigation using a novel picosecond laser approach. J. Phys. Chem. B 104, 3695 (2000).

[30] Brockhinke, A., Plessow, R., Dittrich, P., Kohse-Höinghaus, K.: Analysis of the local conformation of proteins with two-dimensional fluorescence techniques. Appl. Phys. B 71, 755 (2000).

[31] Brockhinke, A., Plessow, R., Kohse-Höinghaus, K., Herrmann, Ch.: Structural changes in the Ras protein revealed by fluorescence spectroscopy. Phys. Chem. Chem. Phys. 5, 3498 (2003).

[32] Brockhinke, A., Plessow, R., Lotte, K., Schmitt-John, T., Palmisano, R.: Identification of cells using FRET mapping. BMC Genetics, eingereicht.

[33] Hagenstein, M. C., Mussgnug, J. H., Lotte, K., Plessow, R., Brockhinke, A., Kruse, O., Sewald, N.: Mechanism-based tagging of protein families with reversible inhibitors – A novel concept in functional proteomics. Angew. Chem. Int. Ed. 42, 5635 (2003).

[34] König, J., Lotte, K., Plessow, R., Brockhinke, A., Baier, M., Dietz, K.-J.: Reaction mechanism of the 2-Cys peroxiredoxin: Role of the C-terminus and the quarternary structure. J. Biol. Chem. 278, 24409 (2003).

[35] Lotte, K., Plessow, R., Brockhinke, A.: Static and time-resolved fluorescence investigations of tryptophan analogues – a solvent study. Photochem. Photobiol. Sci. 3, 348 (2004).

Vom Genom über das Proteom bis zum Verständnis des Lebens im Zeitalter der funktionellen Genomforschung

Michael Hecker

Prof. Dr. Friedrich Mach zum 80. Geburtstag gewidmet

Proteomanalyse im Zeitalter der funktionellen Genomforschung

Die Frage nach dem Leben ist so alt wie die Menschheitsgeschichte selbst. Diese zentrale, die Menschen bewegende Frage finden wir von der Antike über das Mittelalter bis in die Neuzeit. Zunächst noch eine Domäne der Philosophen, mischten sich in der Neuzeit zunehmend Naturwissenschaftler und Ärzte ein, insbesondere die Vordenker der Naturwissenschaftler, die Physiker, aber auch Biologen und Mediziner. Und das zu Recht: Das vergangene Jahrhundert wird als solches in die Geschichte der Wissenschaften eingehen mit dem großen Anspruch, die Fragen nach den grundlegenden Mechanismen der Lebensprozesse weitgehend beantwortet zu haben.

Lassen Sie mich mit einer kleinen Exkursion in die Geschichte beginnen: Im Jahre 1897 machten die Gebrüder Buchner ein entscheidendes Experiment. Sie versuchten einen Hefeextrakt, der keine lebenden Hefezellen mehr enthielt, mithilfe von Saccharose zu konservieren. Nach einiger Zeit stellten Sie fest, dass ein Teil der Saccharose in Alkohol umgewandelt wurde, und interpretierten dies richtig: Enzymreaktionen als die wichtigsten Lebensprozesse sind nicht an die Integrität der lebenden Zelle gebunden, sondern funktionieren auch außerhalb des Lebens. Damit gilt das Jahr 1897 als die Geburtsstunde der experimentellen Enzymologie.

Die sich unmittelbar daran anschließende erste Hälfte des 20. Jahrhunderts könnte dann auch als das Zeitalter der Enzymologie verstanden werden. In einem atemberaubenden Tempo wurden die Basisreaktionen des Energiestoffwechsels, die Glykolyse und der Tricarbonsäurezyklus, sowie andere Stoffwechselwege beschrieben. Das ATP, der für die Zellen notwendige universelle Energieträger Adenosintriphosphat, wurde entdeckt und bald konnte das Leben als kompliziertes Netzwerk von Enzymen in Form komplexer *Pathways* verstanden werden, ein Netzwerk miteinander agierender Enzyme, die all die unterschiedlichen Metabolite der lebenden Zelle in ihre metabolischen Bahnen schicken.

In der Mitte des 20. Jahrhunderts wurde mehr und mehr die Frage nach den Erbträgern gestellt, die all diese Stoffwechselprozesse programmieren. Nachdem Avery im Jahre 1944 gezeigt hatte, dass die Erbsubstanz aus einem Molekül besteht, das Desoxyribonucleinsäure (DNA) heißt, konnten 1953 Watson und Crick die Dop-

Prof. Dr. **Michael Hecker**, geb. 1946 in Annaberg. 1965–1970 Studium der Biologie. Seit 1986 Professor für Mikrobiologie an der Ernst-Moritz-Arndt-Universität Greifswald; 1990–1994 Dekan der Mathematisch-Naturwissenschaftlichen Fakultät der Ernst-Moritz-Arndt-Universität. 1995–2001 Präsident bzw. Vizepräsident der Vereinigung für Allgemeine und Angewandte Mikrobiologie (VAAM). Mitglied der American Academy of Microbiology, der Berlin-Brandenburgischen Akademie der Wissenschaften und der Deutschen Akademie der Naturforscher Leopoldina.

Prof. Dr. Michael Hecker
Institut für Mikrobiologie
und Molekularbiologie
Universität Greifswald
Friedrich-Ludwig-Jahn-Straße 15
D-17487 Greifswald

pelhelix der DNA vorstellen. Mit dieser Epoche machenden Entdeckung war die Struktur der genetischen Substanz aufgeklärt. Und wiederum ging es Schlag auf Schlag: Die „älteste Sprache des Lebens", die Sprache der Gene und mit ihr der genetische Code wurden aufgeklärt, es wurde gezeigt, wie die Sprache der Gene über die mRNA-Moleküle in die der Proteine umgeschrieben werden kann. Das waren die „wilden 60er- und 70er-Jahre", die diese Ereignisse bestimmten, die Ergebnisse waren in aller Munde und noch beherrschte eine um sich greifende Euphorie die allgemeine Stimmung. Und *Escherichia coli*, der Modellorganismus des Lebens, „gewann" Nobelpreis um Nobelpreis. Wenig später erfolgte die Entdeckung der Restriktionsendonucleasen, und damit sind die Möglichkeiten für eine Technologie geschaffen, die als Gentechnik ebenfalls in die Geschichte der Wissenschaften eingehen wird.

Doch jetzt begann in vielen Ländern, besonders in Deutschland, eine verhängnisvolle Diskussion, die sich am möglichen Fluch der Gentechnik aufrieb und den unermesslichen Segen dieser Technik in den Schatten stellte oder einfach ignorierte; ein Segen, der uns die Möglichkeit bescherte, die Mechanismen maligner Entartung zu verstehen oder irgendwann einmal HIV-Infektionen und andere tödliche Krankheiten kausal bekämpfen zu können. Diese wissenschaftsfeindliche Diskussion, die sehr häufig jeder vernünftigen Logik zu entbehren droht, hält bis in die heutige Zeit an.

Später wurde deutlich, dass nicht die Gene, sondern die Proteine die eigentlichen Spieler des Lebens sind. Jedes Protein hat aufgrund seiner charakteristischen Reihenfolge von insgesamt 20 Aminosäuren seine unverwechselbare Struktur. Die Reihenfolge der 20 Aminosäuren wird wiederum durch die Folge von nur 4 Basen in der Erbsubstanz determiniert, woraus diese jedem Protein eigene Struktur resultiert. Und diese Struktur jedes einzelnen Proteins macht wiederum seine unverwechselbare Funktion aus, welche ihm seine genau festgelegte Rolle in dem Prozess des Lebens zuordnet (Abb. 1). Wenn damit jedem Protein seine charakteristische Aufgabe im Lebensprozess zukommt, macht erst das Zusammenspiel aller Proteine die eigentliche Spezifik des Lebens aus. Damit wird die Natur des Lebens lediglich durch die Gene vorgegeben, realisiert wird sie erst durch das Miteinander der Proteine. Dieses Wechselspiel der Proteine findet im Proteom seinen Niederschlag: So wie die Gene im Genom organisiert sind, bilden alle Proteine eines lebenden Systems das Proteom.

Bis zum Jahr 1995 war selbst von den „Modellorganismen des Lebens" wie *Escherichia coli* oder *Bacillus subtilis* nur ein Teil der Gene bekannt. Doch dann kam das Jahr 1995: Mit der vollständigen Entschlüsselung des Genoms des ersten lebenden Orga-

Proteine sind Spieler des Lebens:

• Jedes Protein ist anders
• Folge der Aminosäuren – gespeichert in Folge der DNA-Basen – macht Spezifik des Proteins aus

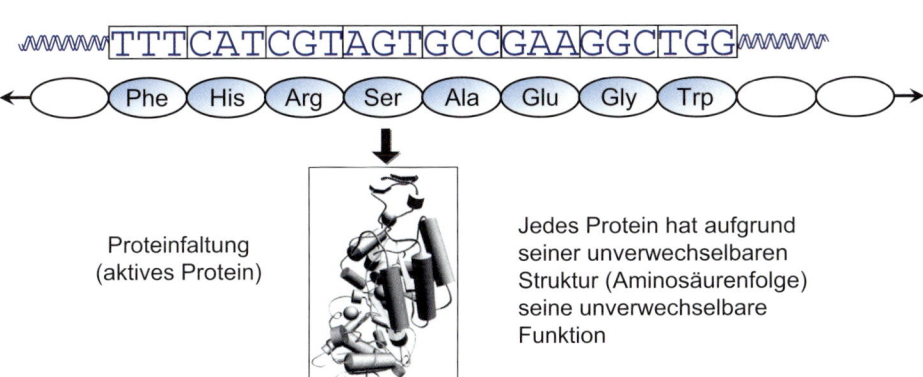

Proteinfaltung
(aktives Protein)

Jedes Protein hat aufgrund seiner unverwechselbaren Struktur (Aminosäurenfolge) seine unverwechselbare Funktion

Zusammensetzung aller Proteine der Zelle (Organismus) macht Spezifik des Lebens aus.

alle Gene – Genom
alle Proteine – Proteom

Abb. 1: Die Proteine, nicht die Gene, sind die „Spieler des Lebens".

nismus, *Haemophilus influenzae*, wurde das Zeitalter der funktionellen Genomforschung eingeläutet (Tab. 1). Damit ist der Bauplan des Lebens, der Bauplan des Organismus *H. influenzae*, vollständig entschlüsselt. Eine dramatische Entwicklung, die bis in die Gegenwart reicht, wurde eingeleitet. Im Jahre 1997 wurde das Genom der Modellbakterien *Escherichia coli* und *B. subtilis* aufgeklärt, bereits ein Jahr davor die Genomsequenz des ersten zellkernhaltigen Organismus, der Bäckerhefe *Saccharomyces cerevisiae*. Im Jahre 2000 folgten die Genome der Fruchtfliege *Drosophila melanogaster* oder der Ackerschmalwand *Arabidopsis thalianum* und im Jahre 2001, nur sechs Jahre nach der Publikation der ersten Genomsequenz eines Bakteriums, die Genomsequenz des Menschen. Allerdings wurde der Hochmut des Menschen, der sich als Krone der Schöpfung wähnte, empfindlich verletzt: Der Mensch hat nicht einmal 30 000 Gene, nicht viel mehr als das eben genannte Ackerunkraut *A. thalianum*, und vom Genom des Menschenaffen unterscheidet sich sein Bauplan nur ganz geringfügig.

Auch wenn wir in den Jahren nach 1995 unendlich viel über das Leben aus der vergleichenden Genomik gelernt haben, wurde doch deutlich: Die Genomsequenz stellt nur den Bauplan des Lebens dar, nicht das Leben selbst. Jetzt ist die so genannte funktionelle Genomforschung gefragt, das „virtuelle Leben der Gene in das reale Leben der Proteine" umzuschreiben, denn die Proteine, nicht die Gene, sind die eigentlichen Spieler des Lebens. Damit kann das

Tab. 1: Die Vorlage der Genomsequenz von *Haemophilus influenzae* läutet das Zeitalter der funktionellen Genomforschung ein.

Vollständiger Bauplan (Genomsequenz) eines lebenden Organismus entschlüsselt. Damit Bauplan (Zeichnung) des Lebens bekannt.	
1995 *Haemophilus influenzae* (1700)	
Es folgten weitere „Schlag auf Schlag"	
1995	*Mycoplasma genitalium*	(470)
1996	*Saccharomyces cerevisiae*	(5900)
1997	*Escherichia coll*	(4300)
	Bacillus subtilis	(4100)
	Helicobacter pylori	
	Borrelia burgdorferi	
1998	*Mycobacterium tuberculosis*	
1999	*Caenorhabditis elegans*	
2000	*Drosophila melanogaster* *Arabidopsis thaliana*	
2001	*Homo sapiens*	(ca. 30 000 Gene)

Genom mit einer Partitur einer Bach-Kantate verglichen werden, während das Proteom diese Partitur zum Klingen bringt.

Wenn das Genom eines Organismus relativ stabil ist, ist das Proteom hochgradig flexibel. Die auf die Organismen einwirkenden Umweltsignale oder das Differenzierungsprogramm eines höheren Organismus legen fest, welche Gene zum jeweiligen Zeitpunkt am jeweiligen Ort aktiv sind und welche nicht. Wir sprechen von differentieller Genexpression, die bei gleichem Genom ganz unterschiedliche Gene aktiviert und damit unterschiedliche Proteine zur Verfügung stellt. Diese verschiedenartigen Proteome bestimmen so unterschiedliche Gestaltungsformen des Lebens wie eine bakterielle Zelle oder eine Spore, einen Schmetterling oder eine Raupe, eine Hirn- oder eine Leberzelle. In all diesen Fällen ist das Genom nahezu gleichartig. Die unterschiedlichen Phänotypen

werden durch das Spektrum unterschiedlicher Proteine realisiert. Damit wird deutlich, dass die Gene, die im Genom angeordnet sind, uns nur sagen, was prinzipiell passieren könnte; die Proteine lehren uns, was wirklich in der Zelle passiert.

Wenn man Lebensprozesse in ihrer Vielfalt begreifen will, muss man folglich verstehen, welche Proteine in einer Zelle in welcher Konzentration vorkommen, welche Rolle sie im Lebensprozess spielen, wo sie sich innerhalb oder außerhalb der Zelle anordnen, wie sie miteinander agieren, sich stimulieren, sich hemmen oder gar zerstören. Das war die Motivation für die Entwicklung der Proteomik mit dem Ziel, alle Proteine einer Zelle, eines Organismus zu identifizieren, zu quantifizieren und ihr Spiel innerhalb und außerhalb der Zelle zu verfolgen als Basis für das Verständnis von komplexen Lebensprozessen. Man kann das Studium der Umschreibung des Bauplans des Lebens in das reale Leben natürlich mit menschlichen Zellen beginnen, die zweifellos im Fokus auch solcher Analysen stehen. Der Mensch mit nur 30 000 Genen, aber viel, viel mehr Proteinen ist für ein solches Unterfangen jedoch hoffnungslos zu komplex. Einzellige Bakterien sind wegen ihrer geringen Komplexität geradezu ideale Organismen, um diesen Umschreibungsprozess exemplarisch „zu üben" [1]. Bevor wir dazu kommen, sollen zunächst die Methoden der Proteomanalyse erläutert werden.

Methoden der Proteomanalyse

Die Abb. 2 zeigt die prinzipiellen Schritte, die bei der Proteomanalyse erforderlich sind. Sie beginnen mit der Proteinextraktion, im zweiten Schritt werden die einzel-

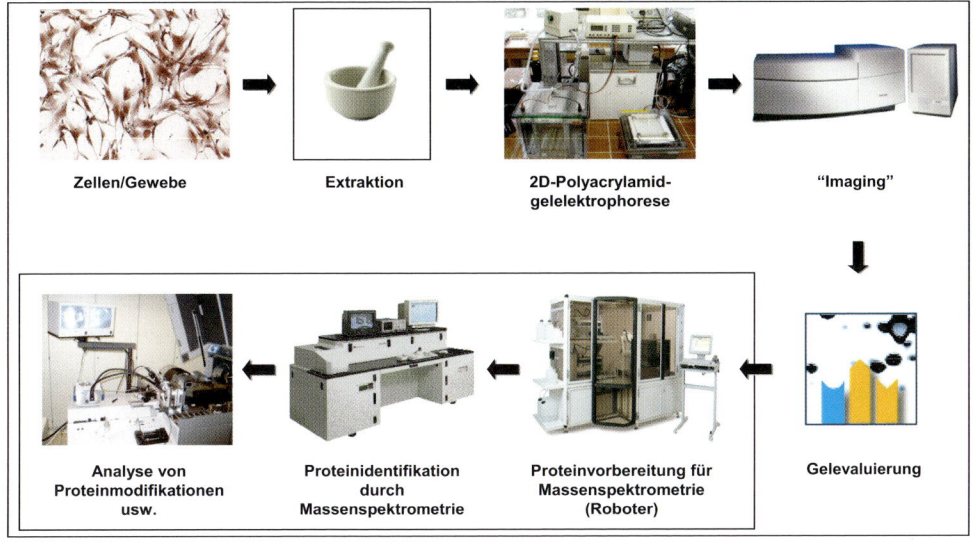

Abb. 2: Zusammenfassung der einzelnen experimentellen Schritte der Proteomanalyse. Einzelheiten siehe Text

nen Proteine aufgetrennt, um im dritten Schritt schließlich mithilfe moderner massenspektrometrischer Verfahren identifiziert zu werden. Die Basistechnik für die Proteomanalyse ist seit vielen Jahren die 1975 von O'Farrell [2] und Klose [3] erstmalig beschriebene hochauflösende zweidimensionale Proteingelelektrophorese (Abb. 3). Auf einer Fläche von 20 x 20 Zentimetern findet jedes einzelne Protein aufgrund seiner unverwechselbaren Markenzeichen, der Ladung, die durch die Aminosäurefolge bestimmt wird, und der Größe seinen genau definierten Platz. Bis zu 10 000 Proteinspots können damit aufgetrennt werden.

Im zweiten Teil werden diese komplexen Proteinmuster genau evaluiert, wenn man z. B. die Besonderheiten der Proteome gesunder und kranker Organismen vergleichen will, um krankheitsbestimmende Markerproteine schnell herauszufinden. Dafür gibt es eine Reihe von Softwareverfahren, die zwei oder mehr Gelmuster mit-

einander „warpen" können. Mit dieser Software können sehr zügig die Proteine, die sich in den einzelnen Versuchsreihen unterschiedlich verhalten und auf die sich die nachfolgende Analyse konzentriert, sichtbar gemacht werden.

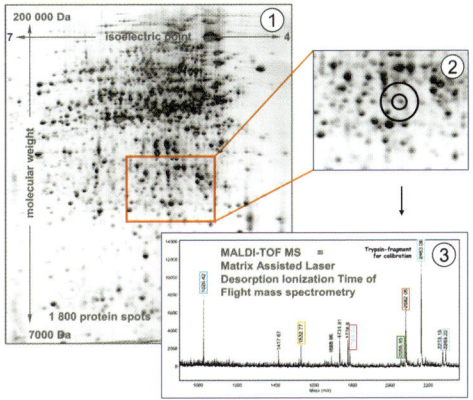

Abb. 3: Proteine werden durch die hochauflösende zweidimensionale Polyacrylamidgelelektrophorese sichtbar. Bis zu 10 000 unterschiedliche Proteinspots können so voneinander getrennt werden.

Im nächsten Schritt geht es darum, diese Proteine, die zunächst nur als „Spots" auf den Gelen zu sehen sind, zu identifizieren. Auch hier hat die Genomsequenzierung die Proteomanalyse geradezu revolutioniert. Erst mithilfe der Genomsequenz ist es möglich, jedes einzelne Protein auf den zweidimensionalen Gelen sehr schnell seinem Gen zuzuordnen. Dafür sind folgende Schritte erforderlich:

Zunächst wird das Protein aus dem Gel ausgeschnitten, anschließend wird es mit einer Protease verdaut, die an ganz bestimmten Stellen in der Aminosäurefolge schneidet (Trypsin schneidet z. B. hinter Arginin und Lysin). Infolge dieses Proteaseverdaus entsteht ein charakteristisches Muster unterschiedlicher Peptide, dessen molekulare Massen im Massenspektrometer exakt bestimmt werden. Dieses Peptidmuster ist der charakteristische Fingerabdruck des Proteins.

Der zweite Teil des Vorgehens gehört der Bioinformatik. Zunächst wird vorausgesetzt, dass die Genomsequenz des Organismus bekannt ist. Damit können aus der Basensequenz der einzelnen Gene die Aminosäuresequenzen aller Proteine abgeleitet werden. Alle diese Proteine, die in Datenbanken abgelegt sind, werden jetzt mit der gleichen Protease virtuell verdaut. Aus der Aminosäurefolge können dann die Peptid-Fingerabdrücke, d. h. die Peptidmuster sowie die molekularen Massen eines jeden Peptids virtuell ermittelt werden.

Im letzten Schritt wird das experimentell erhaltene Peptidmuster mit all den theoretisch abgeleiteten verglichen; wegen der spezifischen Aminosäurefolge jedes einzelnen Proteins kann es mit nur einem der theoretisch abgeleiteten übereinstimmen. Damit ist durch den Fingerabdruck das gesuchte Protein identifiziert (Abb. 4).

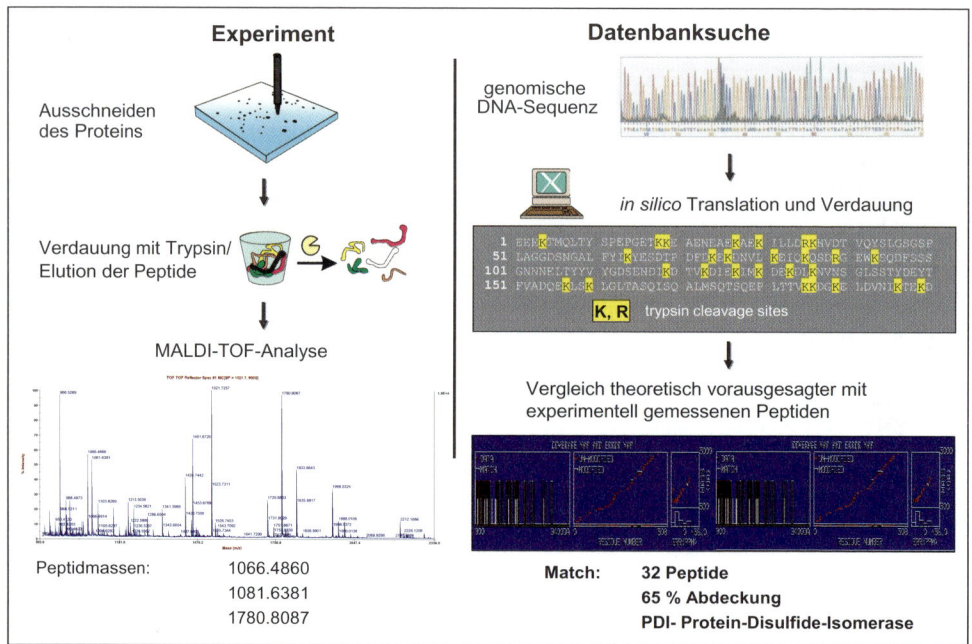

Abb. 4: Proteinidentifizierung mithilfe der MALDI-TOF-Massenspektrometrie – Einzelheiten im Text

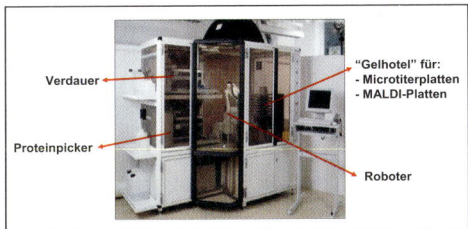

Abb. 5: Die Ettan-Spot-Handling-Plattform – ein wichtiges Arbeitsgerät der Hochdurchsatz-Proteomanalyse von GE Health Care (vorher Amersham Biosciences Europe GmbH)

Im so genannten Proteomhochdurchsatzverfahren werden heute mithilfe eines automatischen Robotersystems (Abb. 5) solche Proteine aus Gelen automatisch ausgeschnitten, verdaut und für die Massenspektrometrie vorbereitet. Mit derartigen Hochdurchsatzverfahren kann man mehrere hundert Proteine am Tag identifizieren. Damit wird sehr anschaulich deutlich, dass erst die Genomsequenzierung die Proteomanalyse von heute ermöglicht hat.

Zum Schluss dieses Kapitels soll noch darauf hingewiesen werden, dass sich in jüngerer Zeit eine zweite Domäne der Proteomanalyse entwickelt, die so genannte „nicht-gel-basierte Proteomik". Nehmen wir an, dass die Spaltung eines Proteins zehn Peptide liefert, so würde die Spaltung von 100 Proteingemischen 1000 Peptide liefern. Mit der Entwicklung der Massenspektrometrie ist es nun möglich geworden, einzelne Peptide nach Auftrennung großer Peptidgemische über die so genannte multidimensionale Chromatographie zu analysieren und ihre Masse bzw. auch in einem zweiten Schritt ihre Sequenz zu bestimmen. Damit gelingt die Identifizierung von Proteinen aus großen Proteingemischen, ohne dass sie vorher durch gelelektrophoretische Verfahren aufgetrennt werden müssen (Abb. 6).

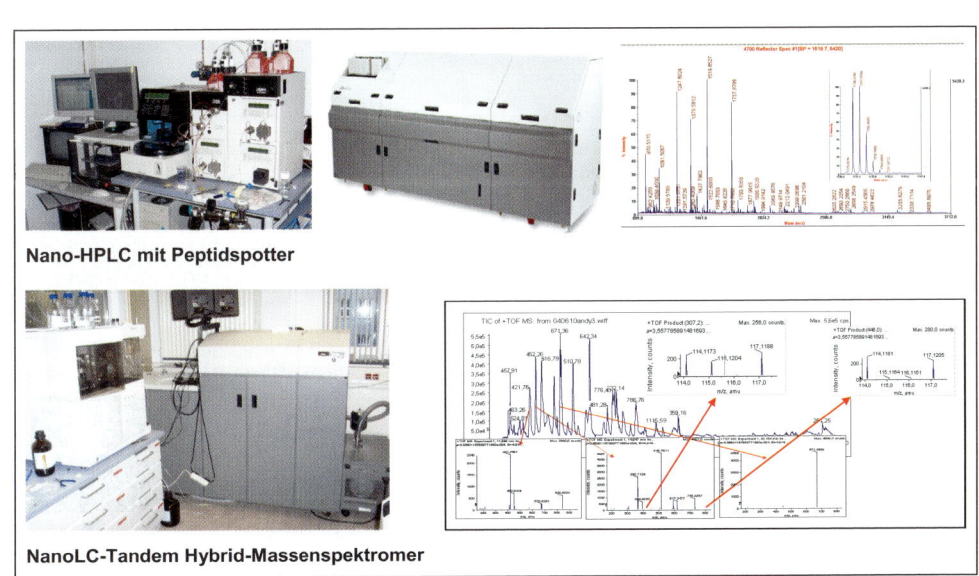

Abb. 6: Moderne analytische Verfahren wie die multidimensionale Chromatographie (MDLC), gekoppelt mit Massenspektrometrie, bestimmen die „nicht-gel-basierte Proteomanalyse".

Bakterien als einfache Modellsysteme für die Proteomanalyse

Anhand unseres Modellorganismus, *B. subtilis*, soll im Folgenden exemplarisch gezeigt werden, wie mithilfe der Proteomanalyse das Genom in das Leben der Proteine umgeschrieben werden kann. Die Genomsequenz von *B. subtilis* ist im Jahre 1997 publiziert worden. Das Genom enthält 4100 Gene, davon immerhin 1700 noch unbekannter Funktion [4]. Damit weist die „naturwissenschaftliche Bibel" von *B. subtilis*, die wir nahezu vollständig wähnten, noch viele leere Kapitel auf. Die Tatsache, dass dennoch sehr umfangreiche Kenntnisse über den Stoffwechsel, über die Genetik und die Molekularbiologie, über Wachstum, Vermehrung und Differenzierung von *B. subtilis* vorliegen, machte diesen Organismus zu einem bevorzugten Modell der funktionellen Genomforschung überhaupt. Darüber hinaus sind Vertreter der Gattung *Bacillus* auch von wirtschaftlicher Bedeutung: 50 Prozent der auf dem Weltmarkt verkauften Enzyme, etwa für die Waschmittelindustrie, werden industriell von Vertretern der Gattung *Bacillus*, insbesondere von *Bacillus licheniformis* und *Bacillus amyloliquefaciens*, aber auch von *B. subtilis* produziert.

Um das Leben von *B. subtilis* auf der Ebene des Proteoms abzubilden, ist es zunächst erforderlich, Zellen zum Wachstum zu bringen. Für unseren Modellorganismus gilt, was für andere auch gilt: Während eines bestimmten Wachstumsstadiums wird jeweils nur ein Teil der Gene in Proteine umgeschrieben, die anderen bleiben stumm. So kann man für die Bakterien zwei Hauptgruppen von Proteinen und damit von Proteomen unterscheiden. Das Proteinspektrum der wachsenden und sich vermehrenden Bakterien wird völlig unterschiedlich von dem sein, was wir bei nicht wachsenden Bakterien finden (Abb. 7).

Während die Proteine der Wachstumsphase insbesondere benötigt werden, um die Vermehrung der Zellsubstanz, also im Wesentlichen vegetative Leistungen, aufrechtzuerhalten, werden die Proteine der nicht wachsenden Bakterienzelle vor allen Dingen notwendig sein, um die nicht wachsenden Zellen möglichst lange vor widrigen Umweltbedingungen zu schützen und am Leben zu erhalten, bis sie erneut auf Nährstoffe stoßen und Wachstumsprozesse wieder aufnehmen können. Die Proteomanalyse ist eine hervorragende Technik, um diese Proteine der ganz unterschiedlichen Lebensformen in ihrer Gesamtheit sichtbar zu machen und damit Lebensprozesse auf Proteomebene abzubilden.

Beginnen wir mit den vegetativen Proteinen der wachsenden Zelle, die in Abb. 3 zu sehen sind. Nahezu 1000 solcher Proteine sind bisher sicher identifiziert worden. Man kann sie nun den wesentlichen Stoffwechselleistungen der wachsenden und sich vermehrenden Zelle zuordnen, die für den Aufbau der Zellsubstanz, für die Synthese von Aminosäuren oder Nucleinsäurebasen oder für den Energiestoffwechsel und die Bereitstellung von ATP notwendig sind. Die Mehrzahl dieser für *B. subtilis* metabolischen Routen lassen sich auf der großen metabolischen Karte mit definierten Enzymen untersetzen. Viele dieser Enzyme, deren Stoffwechselreaktionen als selbstverständlich vorausgesagt wurden, hat bisher noch niemand gesehen. Der Panoramablick der Proteomanalyse macht die Katalysatoren der Stoffwechselwege nicht nur sichtbar, der Blick auf die gesamte metabolische Sequenz und nicht nur auf einzelne Schritte lässt auch ihre Kontrolle in der Gesamtheit studieren, was wir für die Regulation der Glykolyse und

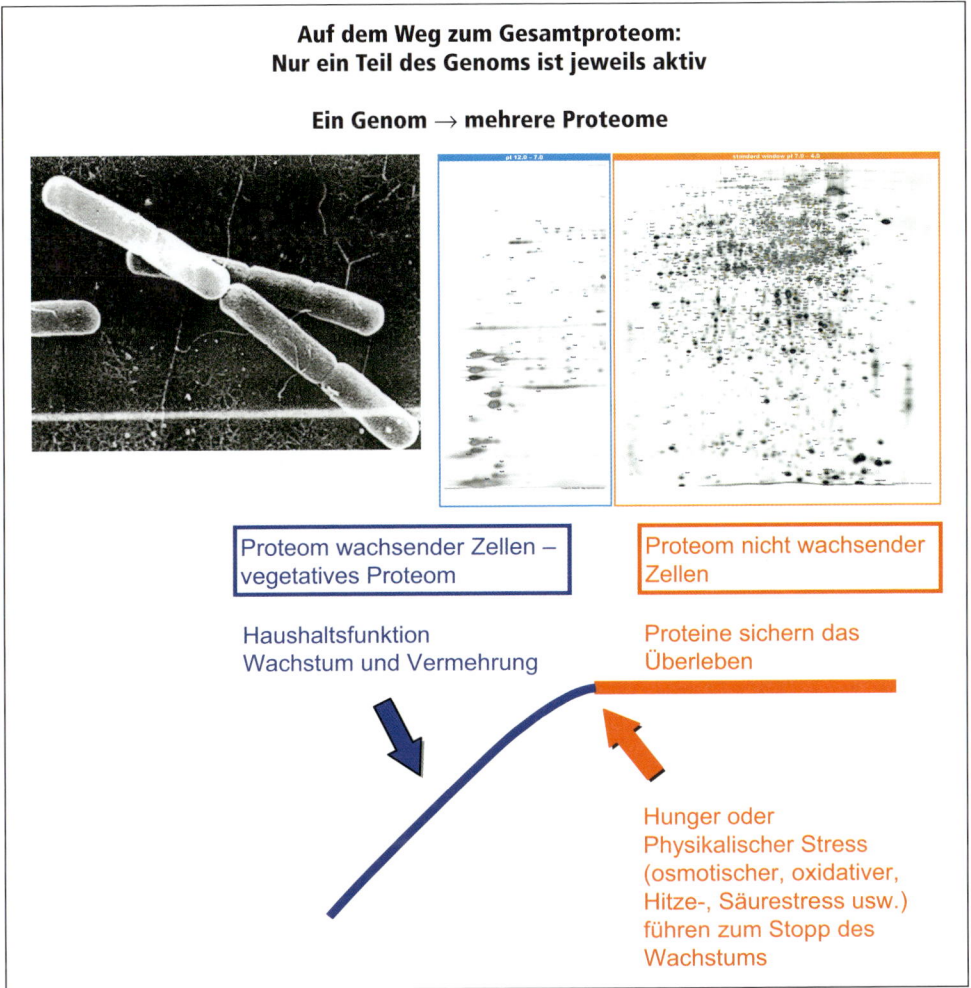

Abb. 7: Wachsende und nicht wachsende *B.-subtilis*-Zellen produzieren völlig unterschiedliche Proteine, die durch Proteomanalyse sichtbar gemacht werden können. Rechts: Das vegetative Proteom wachsender *B.-subtilis*-Zellen

des Tricarbonsäurezyklus exemplarisch getan haben (Abb. 8). Dann kann man rein quantitativ die Proteine der wachsenden und sich vermehrenden Zelle den großen anabolen und katabolen Stoffwechselwegen zuordnen.

Insgesamt machen etwa 2500 Proteine, die allerdings nur zum Teil identifiziert wurden, gemeinsam das Leben der wach-

senden *Bacillus*-Zelle aus, die sich in der Glykolyse, im Tricarbonsäurezyklus, in der Aminosäurebiosynthese oder in anderen Reaktionen wiederfinden lassen. Damit wird deutlich, dass die Proteomanalyse das hält, was wir uns von ihr versprochen haben: Sie bringt das Genom wachsender Zellen zum Leben der einzelnen Proteine [5, 6].

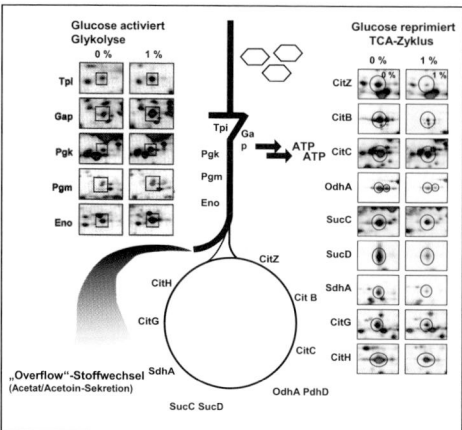

Abb. 8: Mit der Proteomanalyse kann man die Regulation metabolischer Routen analysieren, gezeigt für die Regulation der Glykolyse und des Tricarbonsäurezyklus (TCC). Glucoseüberschuss aktiviert die Glykolyse und reprimiert den TCC. ATP wird bei Glucoseüberschuss vorrangig über die Glykolyse (Substratphosphorylierung) bereitgestellt. Die aus der Glucose stammenden überschüssigen Intermediate können nicht in den TCC gelangen, da er reprimiert ist. Sie werden über einen „Überflussstoffwechsel" in das extrazelluläre Medium entsorgt (aus [6]).

Verlassen wir nunmehr die wachsende Zelle und bringen sie durch Einwirkung möglichst umweltnaher Stress- und Hungerfaktoren in einen Nichtwachstumszustand. Das Proteinsynthesemuster wird sich beim Übergang vom Wachstums- in den Nichtwachstumszustand drastisch ändern. Die Proteine, die für Wachstum und Vermehrung erforderlich waren, werden nicht mehr benötigt, ihre Synthese wird abgeschaltet. An ihre Stelle treten solche, die die nicht wachsende Zelle möglichst langfristig vor Hunger- und Stressfaktoren, die während der langen Nichtwachstumsphase auf die Zelle einwirken können, schützen sollen. Diese Stress- und Hungerantwort ist auch aus physiologischer Sicht eine ganz entscheidende, denn in den natürlichen Ökosystemen der Bakterien sind Stress und

Hunger die Regel und Überfluss, der hohe Wachstumsraten erlaubt, die eher seltene Ausnahme.

Um sich vor Stress und Hunger zu schützen, stellt sich die nicht wachsende Zelle den umweltwidrigen Faktoren mit einem komplexen adaptiven Netzwerk entgegen (Abb. 9). In jeder Box befinden sich Proteine, die die Zelle vor den unterschiedlichen Stress- und Hungerstimuli, vor Hitzestress oder oxidativem Stress, vor Phosphat-Hunger oder Stickstoff-Hunger zu bewahren in der Lage sein müssen. Dabei gibt es solche Proteine, die ganz spezifisch vor einem Stress- oder Hungerfaktor schützen, und andere wiederum, die ganz unspezifisch die nicht wachsende Zelle auf eine lange Nichtwachstumsphase vorbereiten, ganz gleich, aus welchem Grunde sie in den Nichtwachstumszustand gezwungen wurde. Auch hier ist die Proteomanalyse eine geeignete Technik, um aus dem Genom exakt die Gene herauszufiltern, die schließlich nach Umschreibung in die zugehörigen Proteine die in Abb. 9 dargestellten Stress- und Hungerboxen füllen. Das soll am Beispiel der Proteinbox, die nach Hitzeschock mit so genannten Hitzschockproteinen gefüllt wird, exemplarisch gezeigt werden.

Um diese Proteine sichtbar zu machen, hat Jörg Bernhardt in seiner Doktorarbeit in Greifswald eine Technik entwickelt, die „Dual Channel Imaging Technique" genannt wird. Proteine, die in der Zelle akkumuliert sind, können mit verschiedenen Techniken, z. B. mit Coomassie-Brilliant-Blau, gefärbt und damit sichtbar gemacht werden. Wenn man die Zellen für einen kurzen Zeitraum mit radioaktiv markierten Aminosäuren füttert, dann werden alle Proteine, die in dieser Zeit neu synthetisiert werden, d. h., die diese markierten Aminosäuren in die Proteinketten eingebaut haben, radioaktiv markiert sein.

Diese radioaktiv markierten Proteine kann man nun durch andere Verfahren, beispielsweise durch Phosphoimaging, sichtbar machen. Die in der Zelle akkumulierten, gefärbten Proteine bekommen die Falschfarbe Grün, die durch Nachweis der radioaktiv markierten Aminosäuren neu synthetisierten Proteine, die nicht in jedem Fall schon in solcher Menge auftreten müssen, dass sie schon durch Färbung sichtbar gemacht werden können, erhalten die Falschfarbe Rot. Wenn man jetzt beide Bilder, die gefärbten grünen Proteine mit den neu synthetisierten roten, kombiniert und überlagert, dann enthalten alle die Proteine, die durch einen Umweltstress, in unserem Fall Hitzestress, neu synthetisiert werden, die also schon radioaktiv markiert, aber noch nicht akkumuliert sind (färbbar), die Falschfarbe Rot. (Die Neusynthese ist

einfach empfindlicher als die Proteinfärbung. Ein neu synthetisiertes Protein braucht eine gewisse Zeit, bis es akkumuliert in der Zelle vorliegt.) Damit ist die Suche nach rot markierten Proteinen eine ganz überzeugende und einfache Technik, die durch einen Umweltfaktor neu induzierten Proteine sichtbar zu machen. Jetzt kann man all die durch Hitzestress rot markierten Proteine identifizieren, und man wird eine Übersicht darüber erhalten, wie sich die Zelle vor einem Hitzestress zu schützen vermag (Abb. 10). In gleicher Weise kann man die Boxen für oxidativen Stress, Sauerstoff- oder Phosphat-Hunger mit ihren Proteinen füllen, diese identifizieren und so erfahren, wie die Zelle ganz allgemein in der Lage ist, sich vor solchen Umweltfaktoren zu schützen.

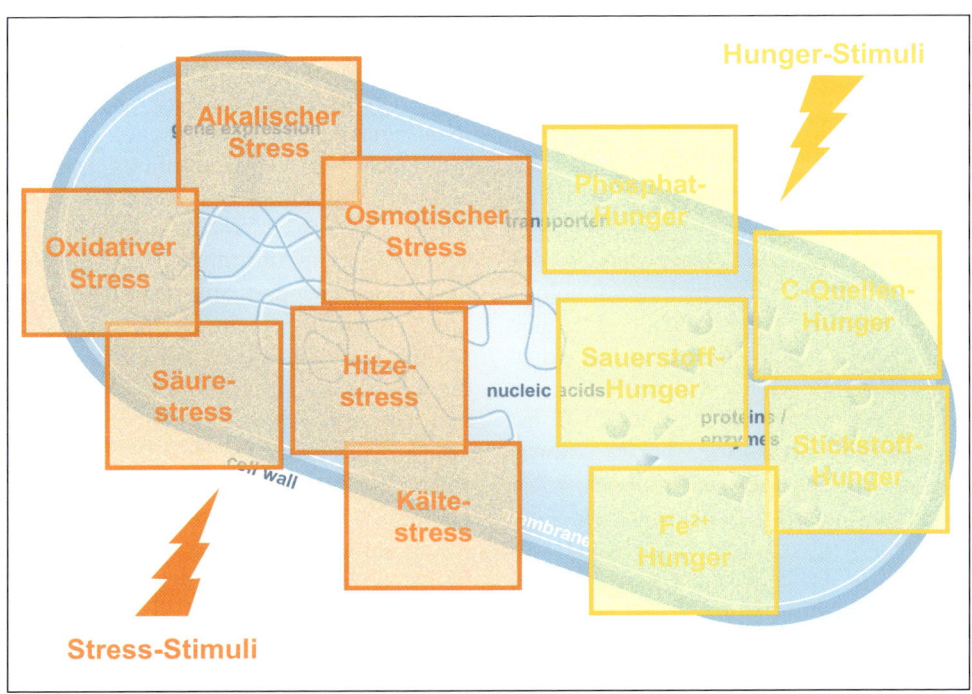

Abb. 9: Die nicht wachsende Bakterienzelle stellt sich dem Hunger oder Stress mit einem komplexen adaptiven Netzwerk entgegen.

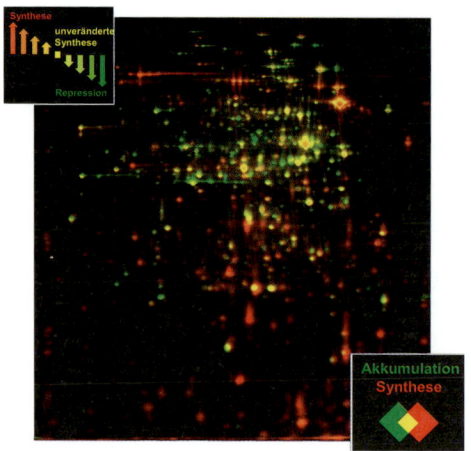

Abb. 10: Die „Dual Channel Imaging Technique" zeigt die Proteine, die durch Stress- und Hungerstimuli neu gebildet werden und die die Zelle kurz- oder langfristig vor ihnen schützen sollen. In dieser Abbildung sind alle die Proteine, die durch Hitzestress neu induziert werden, rot gefärbt.

Diese Analysen führen nicht nur zu neuartigen Kenntnissen über spezielle und den Nichtfachmann vielleicht wenig interessierende bakterienphysiologische Fragestellungen. Im Gegenteil: Oft finden sich die in die Stressanpassung einbezogenen Proteine in ganz ähnlicher Weise bei allen Organismen, auch beim Menschen, wieder. So ist hier ein ganz allgemeines zellbiologisches Phänomen angesprochen: Die gleichen Proteine, die bei Bakterien vor oxidativem Stress zu schützen in der Lage sind, sind auch für menschliche Zellen von herausragender Bedeutung. Fehlfunktionen können zu Alterungserscheinungen, maligner Entartung oder zu degenerativen Nervenerkrankungen führen.

Wenn in Zellen Proteomsignaturen für Stress- und Hungerstimuli auftreten, sind das untrügliche Zeichen dafür, dass eine Zellpopulation einem Hitzestress, einem Säurestress oder einem Glucose-Hunger ausgesetzt war. Man kann diese Stress- und Hungerproteomsignaturen nutzen, um mit deren Hilfe die physiologische Situation von Zellen ganz allgemein zu beurteilen. Diese Technik wird von uns gezielt eingesetzt, um in Zusammenarbeit mit Industriepartnern, beispielsweise mit der Henkel KGaA (K.-H. Maurer, S. Evers), den physiologischen Zustand von Zellen, die in großen Bioreaktoren gewachsen sind, zu beurteilen. So haben wir gefunden, dass in der stationären Phase von Zellen, die in einem komplexen Medium gewachsen waren, eine strenge Proteomsignatur für oxidativen Stress angezeigt wird, die uns darüber informiert, dass die Proteine durch Sauerstoffradikale stark geschädigt werden können. Mit solchen Proteomsignaturen kann man wiederum die für den Fermentationsprozess kritischen Markergene herausfiltern. Mithilfe dieser kritischen Markergene können für den jeweiligen Bioprozess optimierte DNA-Chips hergestellt werden, mit denen der Fermentationsverlauf prinzipiell überwacht werden kann.

Eine zweite Anwendung dieser Proteomsignaturen sei im Folgenden genannt. So haben wir zeigen können, dass bestimmte Antibiotika Signaturen für Stressfaktoren aufzeigen, woraus man schließen kann, dass diese Antibiotika in der Zelle einen entsprechenden Stress auslösen. Dadurch entstand gemeinsam mit der Bayer AG (H. Labischinski, H. Brötz, J. Bandow) die Idee, eine Proteomsignaturbibliothek für ganz unterschiedliche Antibiotika zusammenzustellen. Und diese Antiobiotika-Proteomsignaturbibliothek ist ein wichtiges Hilfsmittel geworden, um die Wirkungsmechanismen ganz unbekannter, neu entwickelter Antibiotika in den molekularen Mechanismen aufzuklären [7].

Es sollte bisher deutlich geworden sein, dass die Proteomanalyse eine wichtige Technik darstellt, um aus dem Genom die Gene herauszufiltern und in Proteine umzuschreiben, welche dann in ihrer Wechselwirkung die Lebensprozesse der wachsenden und auch der nicht wachsenden Zelle ausmachen und bestimmen.

Bisher wurden mit der Proteomanalyse nur Momentaufnahmen „aus dem Leben einer *Bacillus*-Zelle" erstellt, Schnappschüsse, die noch nichts über die Kinetik von Lebensprozessen aussagen. Reiht man jedoch Momentaufnahme hinter Momentaufnahme, so läuft das Leben der Zelle wie in einem Film auf einer Leinwand von nur 20 x 20 Zentimetern auf molekularer Ebene ab. Abb. 11 zeigt das für eine Zellpopulation, die durch Glucose-Hunger aus dem Wachstum in die stationäre Phase gezwungen wurde. Durch die Wahl des bereits erläuterten Farbcodes kann man die Kinetik der Synthese und Akkumulation eines jeden Proteins sowie ganzer Proteingruppen verfolgen: Rot zeigt an, dass das Protein neu synthetisiert, aber noch nicht akkumuliert (anzufärben) ist, gelb zeigt, dass es synthetisiert und akkumuliert wird, und grün bedeutet, dass es noch anzufärben, d. h. noch vorhanden ist, aber nicht mehr synthetisiert wird.

Mit dieser „Dual Channel Imaging Technique" ist es möglich, das Schicksal der Synthese und Akkumulation eines jeden Proteins in seiner Kinetik zu verfolgen. Die Abb. 11 zeigt, dass mit dem Eintritt in die durch Glucose-Hunger ausgelöste stationäre Phase eine vollständige Umstellung des Proteinsyntheseprogrammes erfolgt ist: Die Synthese von über 400 Proteinen wird abgeschaltet (Farbwechsel von gelb zu grün), während 150 Proteine in einer detaillierten Kinetik neu induziert werden (rote Proteine, d. h. schon synthetisiert, aber noch nicht akkumuliert). Mithilfe der Proteomanalyse lässt sich dieses Glucose-Hunger-Stimulon in einzelne Regulonsgruppen auflösen: Da sieht man die Induktion des σ^B-Regulons, die negative „Stringent Control", die Abschaltung der Glykolyse auf der einen und die Anschaltung der Gluconeogenese auf der anderen Seite und viele andere Reaktionen (Abb. 11). Dieses Beispiel soll zeigen, dass gerade durch die Verbindung der Proteomanalyse mit einer Kenntnis der Zellphysiologie ein Verständnis der Lebensprozesse in einer neuen Dimension möglich wird [8].

Damit sollte deutlich gemacht werden, dass man das Leben der Zellen als „Tanz ihrer Proteine" in einer nie vorher da gewesenen Vollständigkeit abbilden und verstehen kann. Mit der Beantwortung der Frage, welche Proteine in welcher Menge in der Zelle vorkommen, ist allerdings nur der erste Schritt getan. Leben ist mehr als „die Summe der Proteine". Aussagen sind erforderlich darüber, welche Funktion die einzelnen Proteine haben, wohin sie in der Zelle transportiert werden, wie sie miteinander reden, wie sie sich gegenseitig beeinflussen, verändern, gar schädigen oder reparieren und wie sie sich letzten Endes auch gegenseitig zerstören. Auf all diese Fragen kann die Proteomanalyse heute schon eine befriedigende Antwort geben. Beispielsweise werden viele Proteine in der Zelle posttranslational verändert, indem sie an verschiedenen Aminosäuren phosphoryliert werden. Diese durch die Einführung der Phosphatgruppe negative Ladung verändert die Ladung und damit die Eigenschaften der Proteine. Mithilfe neuer Verfahren der Proteomanalyse lässt sich auch dieses Phosphoproteom in der Zelle unmittelbar abbilden.

Wenn man diese Proteomdaten noch durch die Gesamtheit der Genexpressionen, die man durch DNA-Chip-Technologien messen kann, oder durch die Gesamtheit der Metabolite, die im Metabolom zusammengefasst werden, komplettiert, dann wird man letzten Endes zu einer vollständigen Beschreibung und Abbildung

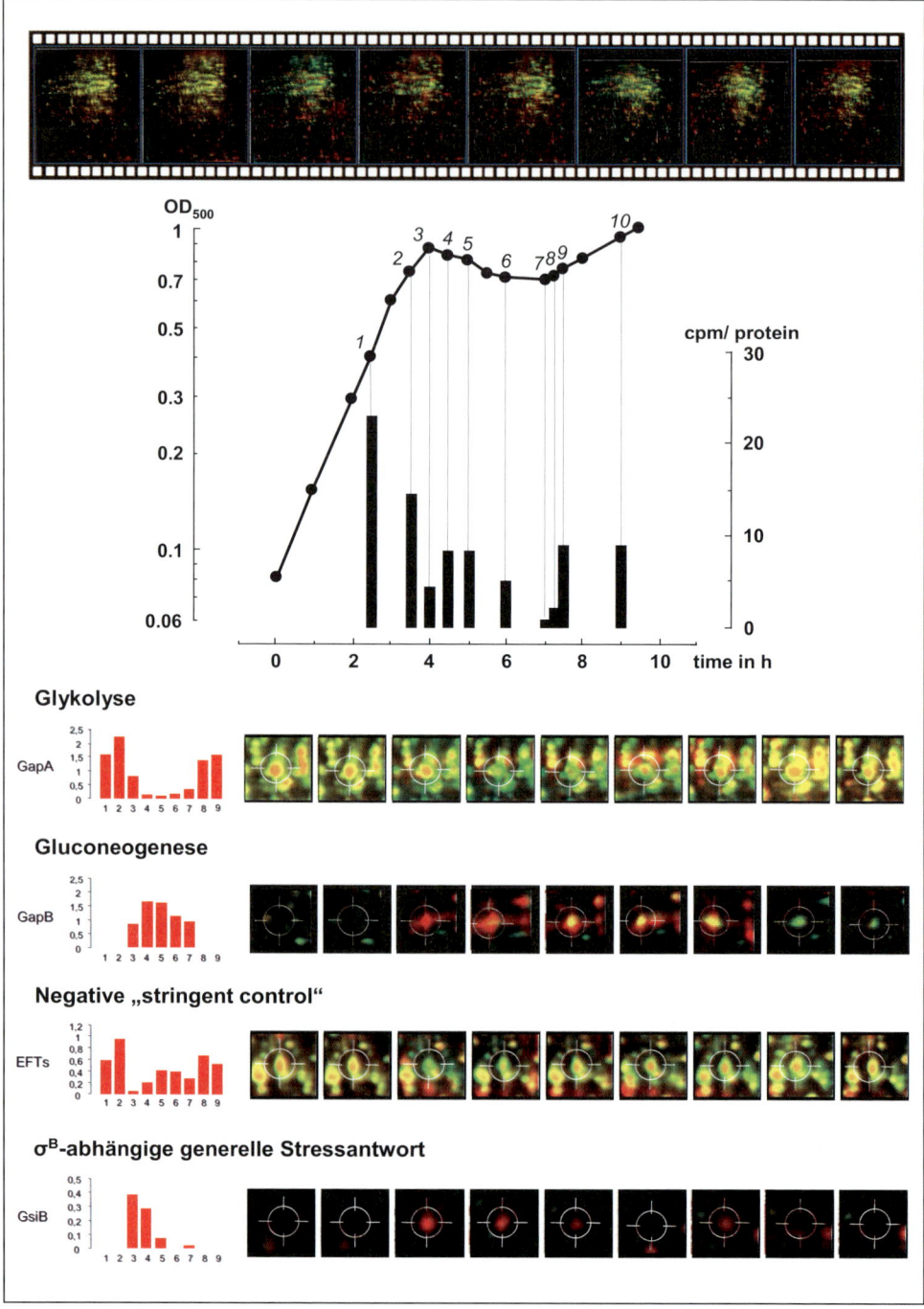

Abb. 11: „A movie of life" zeigt die Kinetik bakterieller Wachstumsprozesse auf Proteomebene. Erklärungen im Text (aus [6, 8])

der konkreten Lebensprozesse auf molekularer Ebene kommen können, die von dem Genom lediglich ihren Ausgang nehmen und die über das Transkriptom zum Proteom und Metabolom die konkreten Lebensprozesse sichtbar machen. Alle diese Daten werden mit bioinformatischen und später auch mathematischen Methoden zu einer systembiologischen Gesamtbetrachtung der Zelle geführt. Allerdings wird unter den „-omics" die Proteomanalyse immer eine Schlüsselstellung behalten, weil nur sie sich mit den eigentlichen Hauptspielern des Lebens, den Proteinen, beschäftigt.

Proteomics pathogener Bakterien – *Staphylococcus* als Modell

Auch für die pathogenen Bakterien gilt, dass der Panoramablick der Proteomanalyse hilft, Dinge zu sehen, die noch niemand vorher gesehen hat. Das ist für die Beschreibung der Pathogenität solcher Bakterien von enorm wichtiger Bedeutung. Mehr und mehr ist durch die zunehmende Publikation von Genomsequenzen pathogener Bakterien die Voraussetzung für die Proteomanalyse gegeben. In unserem Laboratorium beschäftigen wir uns mit der Proteomanalyse von *Staphylococcus aureus*. *Staphylococcus aureus* ist ein Problembakterium in den Kliniken der Welt, das eine Vielzahl mehr oder weniger ernst zu nehmender Erkrankungen hervorruft und das insbesondere deshalb in die Schlagzeilen geraten ist, da wegen seiner Multiresistenz kaum noch Antibiotika für seine Therapie eingesetzt werden können. Die umfassende Kenntnis der Infektionsbiologie dieser Bakterien ist von enorm großer Bedeutung, will man auch in Zukunft *Staphylococcus*-

Infektionen wirksam bekämpfen können. Da bekanntlich die so genannten Pathogenitätsfaktoren der *Staphylococcus*-Arten entweder zelloberflächengebunden vorliegen oder sogar in das extrazelluläre Milieu ausgeschieden werden, um die Wirtszellen zu bekämpfen, haben wir mithilfe der Proteomanalyse die Gesamtheit extrazellulärer Proteine analysiert. Damit konnten wiederum auch Proteine sichtbar gemacht werden, die vorher noch niemand gesehen hat. Es ist hochgradig wahrscheinlich, dass darunter viele neue Pathogenitätsfaktoren sind. Zurzeit arbeiten wir gemeinsam mit infektionsbiologischen Gruppen in Würzburg (Hacker), in Braunschweig (Wehland) oder in Tübingen (Götz) daran, diese mutmaßlichen Pathogenitätsfaktoren auf einen Proteinchip zu bringen, der in Zukunft für die Diagnostik von *Staphylococcus*-Infektionen eingesetzt werden soll (Abb. 12).

Zusammenfassend kann festgestellt werden, dass die Proteomanalyse zurzeit die wichtigste Technik ist, das „virtuelle Leben der Gene in das reale Leben der Proteine" umzuschreiben und damit zu einem vollen Verständnis der Lebensprozesse dieser Bakterien modellhaft zu gelangen.

Proteomforschung – von der Mikrobiologie in die Medizin

Das Jahr 2001, in dem die humane Genomsequenz vorgelegt wurde, wird wie kaum ein anderes Ereignis die Molekulare Medizin der Zukunft verändern. Mit der Vorlage der Genomsequenz wurde klar: Wer heute noch kompetitiv auf dem Gebiet der Molekularen Medizin forschen will, muss auf Methoden der Proteomanalyse zurückgreifen können. Das hat einen ganz

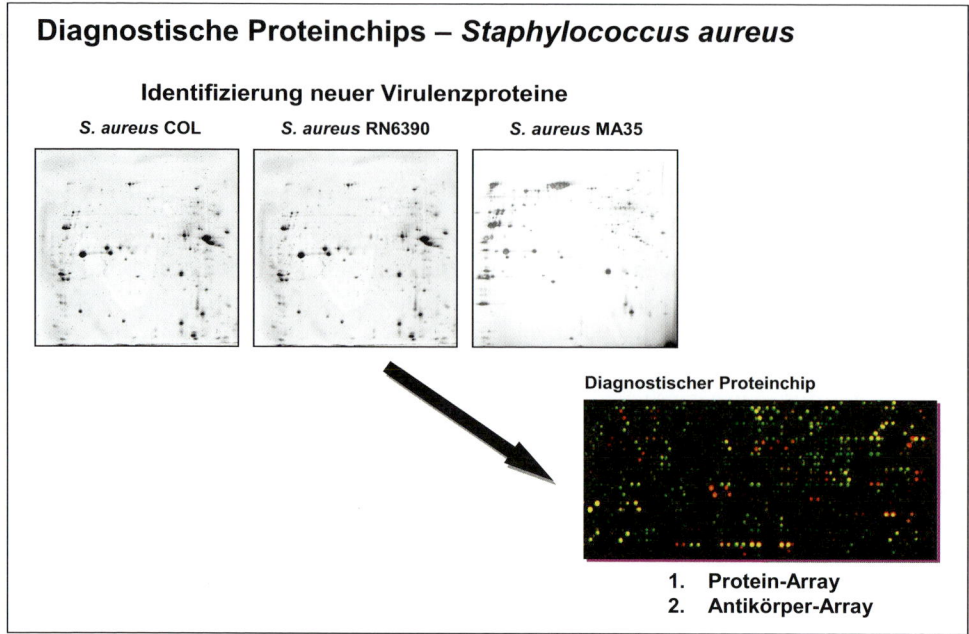

Diagnostische Proteinchips – *Staphylococcus aureus*

Identifizierung neuer Virulenzproteine

S. aureus COL *S. aureus* RN6390 *S. aureus* MA35

Diagnostischer Proteinchip

1. Protein-Array
2. Antikörper-Array

Abb. 12: Extrazelluläre Proteine von Krankheitserregern werden auf einen Proteinchip gebracht, der in Zukunft für die Diagnostik eingesetzt werden kann.

einfachen Grund: Mithilfe der nunmehr vorliegenden Genomsequenz können alle Proteine des Menschen identifiziert werden, ganz gleich, ob sie bekannter oder noch unbekannter Funktion sind. Die Proteine sind nun mal die Spieler des Lebens, nicht nur in der gesunden, auch in der kranken Zelle.

Schon heute wird mit der Proteomanalyse fieberhaft nach Markerproteinen für verschiedenste Krankheiten gesucht. Und damit eröffnet die Proteomanalyse eine neue Chance, solche Indikatorproteine für kranke Zellen sehr gezielt zu identifizieren, mit enormen Konsequenzen für die zukünftige molekulare Diagnostik, die wiederum die Basis für neue Therapieverfahren, auch für bisher unheilbare Krankheiten, darstellt. Damit wird die Proteomanalyse zur Schlüsseltechnologie für zukünftige Entwicklungen in der Diagnos-

tik und Therapie schwer heilbarer oder gar unheilbarer Krankheiten. Allerdings muss vor übereilten Hoffnungen gewarnt werden; die ersten Ergebnisse zeigen, dass wir uns gedulden müssen: Von der Identifizierung über die Validierung eines neuen diagnostischen Markerproteins bis zu neuen Therapieansätzen vergehen in der Regel mehrere Jahre, wenn nicht Jahrzehnte.

Die Erkenntnis, dass die Entwicklung der Molekularen Medizin in den nächsten 20 Jahren weitgehend durch die funktionelle Genomforschung bestimmt wird, war die Basis dafür, dass wir in Greifswald ein die in Deutschland meist sehr starren und engen Fakultätsgrenzen aufbrechendes interfakultäres Zentrum für Funktionelle Genomforschung geschaffen haben mit dem Ziel, die in der Mikrobiologie etablierten Techniken der Proteomanalyse in die gesamte Medizinische Fakultät zu übertragen.

Mit der Berufung sehr leistungsorientierter junger Mediziner war dafür eine hervorragende Basis gefunden. Die nach Vorlage der humanen Genomsequenz im Jahre 2001 vorgestellten Pläne fanden beim Dekan Kroemer offene Ohren, sodass innerhalb eines knappen Jahres eine Professur für funktionelle Genomforschung an der Medizinischen Fakultät eingerichtet und im Jahre 2002 mit Uwe Völker aus Marburg besetzt wurde. Gerade diese Bündelung der Mittel aus zwei Fakultäten sollte auch bei knappen Kassen den Aufbau eines Zentrums ermöglichen, das in Zukunft profilbestimmend für die gesamte Universität und die Region sein wird. In beispielhafter fakultätsübergreifender Weise arbeiten Naturwissenschaftler und Mediziner in diesem Zentrum gemeinsam an solchen entscheidenden Fragen wie der Infektionsbiologie mit dem Erreger auf der einen und dem menschlichen Wirt auf der anderen Seite, der Systembiologie, und es werden Proteinchips entwickelt, die als diagnostische molekulare Sonden für die Fermentationsüberwachung bis zur Früherkennung von Krankheiten eingesetzt werden. Oder es werden Wirkstoffsignaturbibliotheken etabliert, die zur Analyse der molekularen Wirkungen und Nebenwirkungen von Pharmaka und Antibiotika eingesetzt werden können (Abb. 13).

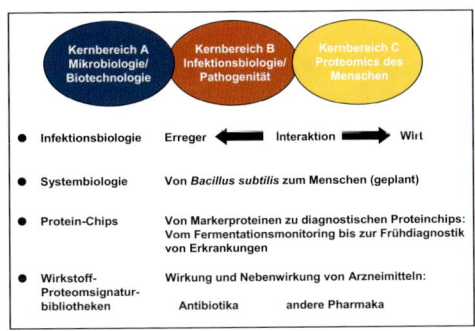

Abb. 13: Fakultätsübergreifende Forschungsthemen des Zentrums für Funktionelle Genomforschung an der Universität Greifswald

Ausblick – wie viele Proteine braucht das Leben?

Wenn die Proteine die Spieler der Lebensprozesse sind, dann ist schon die Frage nach der minimalen Proteinausstattung berechtigt, die einen Organismus „lebendig" werden lassen. In Analogie zu Leo Tolstois „Wie viel Erde braucht der Mensch?"

könnte man die Frage stellen: „Wie viele Proteine braucht das Leben?" Wir haben bereits gehört, dass etwa 2500 Proteine benötigt werden, um das Wachstum und die Vermehrung von *B.-subtilis*-Zellen zu steuern. Ist das schon die minimale Anzahl oder können wir noch deutlich darunter kommen? Nun hilft uns hier zunächst die vergleichende Genomforschung weiter. Bis zum heutigen Zeitpunkt sind weit mehr als 100 Genome von Bakterien bekannt. Eine sehr überzeugende wie einfache Strategie, nach der minimalen Proteinausstattung für das Leben zu suchen, ist, nach solchen Genomen Ausschau zu halten, die selbst über nur wenige Gene verfügen. Da fallen insbesondere die *Mycoplasmen* auf, die etwa mit der Art *Mycoplasma genitalium* nur über 480 proteincodierende Gene verfügt. Das bedeutet: Nur 480 Proteine bilden die Minimalausstattung des Lebens.

Und damit nicht genug. Wissenschaftler haben versucht, durch Transposonmutagenesen zu zeigen, auf welche dieser 480 Proteine man noch verzichten kann. Parallel dazu hat ein großes europäisches und japanisches Konsortium analysiert, wie viele der 4100 *Bacillus*-Gene wirklich für das Leben benötigt werden (Abb. 14). Beide Strategien führen uns zu 300–350 Proteinen.

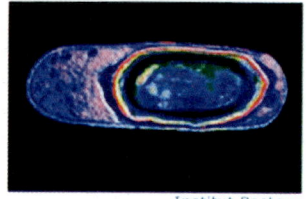

SPIEGEL ONLINE WISSENSCHAFT

Übersicht   Weltraum   Erde   Mensch & Technik

MINIMAL-ERBGUT

Bakterium überlebt mit 271 Genen

Wenn die Umweltbedingungen stimmen, brauchen Bakterien zum Überleben nur ein spartanisches Erbgut. Schon 271 Gene können genügen, wie Forscher jetzt herausgefunden haben.

Bakterien brauchen nicht viel zum Leben - und das gilt nicht nur für ihre Nahrung, sondern auch für ihr eigenes Erbgut. Um die Bodenmikrobe Bacillus subtilis gedeihen zu lassen, so haben Forscher jetzt ermittelt, sind lediglich 271 Gene nötig. Das sind nicht einmal sieben Prozent der Vollausstattung von rund 4100 Erbanlagen, über die der Mikroorganismus normalerweise verfügt.

Institut Pasteur

Bacillus subtilis: Nur 271 Gene sind lebensnotwendig

Abb. 14: Spiegel online: Bakterium überlebt mit 271 Genen.

Nach heutiger Auffassung kann das Leben einer Bakterien-Zelle von 300–350 unabhängig miteinander agierenden Proteinen gesteuert werden, natürlich nur unter artifiziellen Bedingungen im Laboratorium. Im harschen Ökosystem wäre ein solcher „Salonorganismus" zum Tode verurteilt. Dennoch ist eine sehr wichtige und zudem unerwartete Erkenntnis aus der funktionellen Genomforschung die, dass ein überraschend kleiner Satz von Proteinen Lebensprozesse zu steuern vermag.

Die Diskussion um das „Minimalproteom des Lebens" hat noch eine Dimension angenommen, auf die abschließend verwiesen werden soll. Amerikanische Wissenschaftler sind dabei, ein solches „Minimalgenom" des Lebens im Reagenzglas herzustellen und dieses in eine lebende Zelle zu übertragen, deren eigenes Genom nach erfolgreicher Transformation zerstört

werden soll. Sollte das Experiment irgendwann einmal gelingen, würde damit der Mensch zwar nicht als eigentlicher „Schöpfer" auftreten, aber zumindest lebende Organismen in der Retorte nach dem Vorbild der Natur nachgebaut haben. Über Sinn und Unsinn, Recht und Unrecht dieser Experimente soll hier nicht debattiert werden („… und der Mensch versuche die Götter nicht …"), es soll lediglich zeigen, in welche Dimension funktionelle Genomforschung vorzudringen in der Lage ist.

So könnte auch der Vortrag in zweierlei Hinsicht beendet werden. Selbstgefällig über das, was in den vergangenen 50 Jahren erreicht wurde, könnte man sagen: Für viele unbemerkt vollzieht sich zurzeit eine Revolution. Die uralte Frage nach den Mechanismen des Lebens kann heute weitgehend als beantwortet gelten, die „naturwissenschaftliche Bibel" ist fast vollendet.

Der alternative Schluss sieht das von einer mehr bescheideneren, fast demütigen Perspektive: Wir sind erst am Beginn eines langen, dornigen Weges. Was wissen wir „mit dem Tanz der Proteine" denn wirklich über das Leben? Wie weit sind wir noch davon entfernt, kognitive Prozesse oder gar Emotionen wie Freude, Leid, Trauer als einen solchen „Tanz der Proteine" zu begreifen? Gibt es ein Leben, das sich hinter der „Bühne, auf der die Proteine des Lebens tanzen", etwa jenseits von Physik und Chemie verbirgt? Wir werden in naher Zukunft unendlich viel Neues über das Leben erforschen, dabei können wir nur ahnen, was wir vielleicht nie erfahren werden.

Zusammenfassung

Im Jahre 1995 wurde mit der Publikation der vollständigen Genomsequenz eines lebenden Organismus, des Bakteriums *Haemophilus influenzae*, das Zeitalter der funktionellen Genomforschung eingeleitet. Dennoch bietet die Genomsequenz nur den Bauplan des Lebens, nicht das Leben selbst. Jetzt ist die funktionelle Genomforschung, allen voran die Proteomanalyse, gefragt, um das „virtuelle Leben der Gene in das reale Leben der Proteine" umzuschreiben.

Welchen Durchbruch und Erfolg die Proteomforschung ermöglicht, aber auch, wie weit wir heute noch von der „molekularen Interpretation des Lebens" entfernt sind, wurde exemplarisch an einigen Beispielen gezeigt.

Danksagung

Allen Mitarbeitern und Kollegen sei für die gute Zusammenarbeit sehr herzlich gedankt, ebenfalls der DFG, dem BMBF, dem Land Mecklenburg-Vorpommern und der EU für die finanzielle Unterstützung.

Uwe Völker (Greifswald) danke ich für die Bereitstellung der Vorlagen zu den Abbildungen 2 und 4.

Literatur

[1] Hecker, M., Müllner, S. (Hrsg.): Proteomics of Microorganisms. Fundamental Aspects and Application. Advances in Biochemical Engineering/Biotechnology. Vol. 83, Springer Verlag, Berlin, Heidelberg, New York, 2003.

[2] O'Farrell, P. H.: High resolution two-dimensional electrophoresis of proteins. J. Biol. Chem. 250, 4007–4021 (1975).

[3] Klose, J.: Protein mapping by combined isoelectric focusing and electrophoresis of mouse tissues. A novel approach to testing for induced point mutations in mammals. Humangenetik 26, 231–243 (1975).

[4] Kunst. F., Ogasawara, N. et al.: The complete genome sequence of the gram-positive bacterium *Bacillus subtilis*. Nature 390, 249–256 (1997).

[5] Eymann, C., Dreisbach, A., Albrecht, D., Bernhardt, J., Becher, D., Gentner, S., Le Thi, T., Büttner, K., Buurmann, G., Scharf, C., Venz, S., Völker, U., Hecker, M.: A comprehensive proteome map of growing *Bacillus subtilis* cells. Proteomics 4, 2849–2876 (2004).

[6] Hecker, M., Völker, U.: Towards a comprehensive understanding of *Bacillus subtilis* cell physiology by physiological proteomics. Proteomics 4, 3727–3750 (2004).

[7] Freiberg, C., Brötz-Oesterhelt, H., Labischinski, H.: The impact of transcriptome and proteome analyses on antibiotic drug discovery. Curr. Opin. Microbiol. 7, 451–459 (2004).

[8] Bernhardt, J., Weibezahn, J., Scharf, C., Hecker, M.: A movie of the life of *Bacillus subtilis* during feast and famine: Visulization of the overall regulation of protein synthesis during glucose starvation by proteome analysis. Genome Res. 13, 224–237 (2003).

Festsitzung der Gesellschaft Deutscher Chemiker Begrüßung und Einführung

Henning Hopf

Unter den großen Veranstaltungen, an denen die Gesellschaft Deutscher Chemiker teilnimmt, spielt die Versammlung der Gesellschaft Deutscher Naturforscher und Ärzte immer eine ganz besondere Rolle, präsentiert sich auf ihr die Chemie doch sozusagen doppelt. Zum einen trägt sie zum Programm bei: anlässlich der 123. Versammlung hier in Passau durch insgesamt sechs Vorträge, mit deren Hilfe ein großes Spektrum aktueller chemischer Forschung behandelt wird, aber auch – wie im Experimentalvortrag von Otto Paul Krätz – durch einen Blick in die Vergangenheit der Chemie. Zum anderen findet immer eine so genannte Festsitzung der GDCh statt, auf der wir einige der angesehensten Preise unserer Gesellschaft an herausragende Wissenschaftler und Wissenschaftlerinnen verleihen (vgl. hierzu „Berichte und Mitteilungen").

Das Thema unserer diesjährigen Tagung, *Raum – Zeit – Materie*, ist zugleich der Titel eines wichtigen Buches des Mathematikers Hermann Weyl. Vielen wird die unmittelbare Verknüpfung dieser Begriffe mit der Physik sofort einleuchten, aber was haben sie mit der Chemie zu tun? Was kann diese zur Diskussion über diese zentralen Themen der Naturwissenschaften, ja eigentlich jeder Wissenschaft, beitragen?

Eine erste Antwort findet wir in der Person und dem Werk des Chemikers Friedrich August Kekulé, einem der wichtigsten Chemiker der zweiten Hälfte des 19. Jahr-

hunderts, in dem die Organische Chemie in Deutschland einen enormen Aufschwung erlebte. Zwei unserer drei Titelbegriffe tauchen bereits in der Definition der Chemie auf, die Kekulé 1861 in seinem *Lehrbuch der Organischen Chemie oder der Chemie der Kohlenstoffverbindungen* gegeben hat. Laut Kekulé ist „die Chemie die Lehre von den stofflichen Metamorphosen der Materie. Ihr wesentlicher Gegenstand ist nicht die existierende Substanz, sondern vielmehr ihre Vergangenheit und ihre Zukunft. Die Beziehungen eines Körpers zu dem, was er früher war, und zu dem, was er werden kann, bilden den eigentlichen Gegenstand der Chemie."

Kekulé spricht hier klar den dynamischen Charakter der Chemie an – Chemie als die Veränderungswissenschaft schlechthin **muss** eine zeitliche Komponente besitzen. Auch was die Raumstruktur chemischer Verbindungen anbelangt, machte die Chemie zu Kekulés Zeit bedeutsame Schritte nach vorn. Auf ihn selber, der im Übrigen zunächst Architektur studiert hatte, bevor er unter dem Einfluss Liebigs zur Chemie wechselte, geht das Tetraedermodell gesättigter Kohlenstoffverbindungen zurück. Und zwei Zeitgenossen von ihm – van't Hoff und LeBel – erkannten mit der Händigkeit, der Chiralität, von organischen Verbindungen, die vier verschiedene Substituenten tragen (solche Verbindungen verhalten sich wie Bild und Spiegelbild zueinander), ein Phänomen,

Prof. **Henning Hopf**, PhD, geb. 1940 in Wildeshausen (Niedersachsen). Studium der Chemie an den Universitäten Göttingen und Wisconsin; PhD University of Wisconsin, Madison, USA; Habilitation Universität Karlsruhe (1972). Postdoktorand an der Universität Reading, England (1972). Assistent an den Universitäten Marburg (1967–1969) und Karlsruhe (1969–1972); Privatdozent und Oberassistent, Universität Karlsruhe (1972–1975); C3-Professur, Universität Würzburg (1975–1978); C4-Professur, TU Braunschweig seit 1978.
Zahlreiche internationale Auszeichnungen. Mitglied der GDNÄ und zahlreicher chemischer Gesellschaften und wissenschaftlicher Akademien. Seit 2004 Präsident der Gesellschaft Deutscher Chemiker. Mehr als 500 Publikationen, Übersichtsartikel und Bücher.
Forschungsschwerpunkte: Chemie ungesättigter Verbindungen, thermische und photochemische Reaktionen, Konformationsanalyse und Untersuchungen zur Sicherheit chemischer Laborversuche und der ökologischen Chemie.

Prof. Henning Hopf, PhD
Institut für Organische Chemie
Technische Universität Braunschweig
Hagenring 30
D-38106 Braunschweig

das Synthesechemiker und Theoretiker bis heute gleichermaßen fesselt, ist es doch mit Lebensprozessen aufs Innigste verwoben.

Heute bedeutet Raum in der Chemie zuallererst gezielte Gestaltung des dreidimensionalen Raums durch Synthese. Als Bausteine, als Materie, ein Begriff, mit dem Chemiker im Allgemeinen wenig Probleme haben, können im Prinzip alle Elemente gelten und die Vielfalt ist grenzenlos. Begrenzt man z. B. die Zahl der Nichtwasserstoffatome auf 30, bei denen zwischen C, N, O, P, S, F, Cl und Brom gewählt werden kann, überschreitet man ein Atomgewicht von 500 nicht – bleibt also alles in allem bei recht kleinen Molekülen – und ist man nur an Molekülen interessiert, die bei Raumtemperatur gegenüber Wasser und Sauerstoff stabil sind, gibt es bereits rund 3×10^{62} Kombinationsmöglichkeiten. Da bis heute die Chemiker lediglich rund 2×10^{7} organische Moleküle herstellen konnten, kennen wir bestenfalls ein winziges Sandkorn in einem riesigen Komplexitätsgebirge. Die Erzeugung molekularer Vielfalt ist und bleibt eine der Hauptaufgaben der Chemie, und aus diesem Grunde befassen sich auch zwei unserer Chemievorträge direkt mit Synthesefragen.

Man kann die Stoffe unterschiedlich einteilen, z. B. in anorganische und organische. Man kann aber auch eine andere Einteilung wählen, indem man zwischen Natur- und Nichtnaturstoffen unterscheidet. Die Ersteren finden wir in der uns umgebenden Natur vor, sie sind im Laboratorium Erde in der Zeit ihres bisherigen Bestehens entstanden bzw. haben sich als so lebensfähig erwiesen, dass wir sie heute identifizieren können. Die Nichtnaturstoffe haben wir Menschen hergestellt, gezielt seit etwa 200 Jahren. Einen Einblick in moderne Syntheseforschung auf beiden Gebieten geben die Beiträge von Alois Fürstner über moderne Naturstoff- und Klaus Müllen über moderne Nichtnaturstoffforschung. Tatsächlich ist der letzte Ausdruck wenig gebräuchlich – wer will sich schon gern durch Negation eines anderen Begriffs, einer anderen Wissenschaft definieren – und man spricht deshalb hier meistens von Materialforschung.

Raum hat in der Chemie sehr häufig etwas mit Abgrenzung zu tun. Moleküle, besonders komplexe Biomoleküle, besitzen z. B. Innen- und Außenflächen, andere Moleküle können in einer Hemisphäre reagieren und in der ihr entgegengesetzten nicht. Zum Themenkomplex Raum gibt es gleichfalls zwei Beiträge: In dem von Harm Hinrich Rotermund zu Fragen der Organisation chemischer Verbindungen an Grenzflächen wird die Bedeutung zweidimensionaler Oberflächenreaktionen behandelt, die als Modellreaktionen für die heterogene Katalyse ebenso wichtig sind wie für das bessere Verständnis z. B. meteorologischer Phänomene. Der Katalyseforschung kommt bei der Erzielung jeder Art von Nachhaltigkeit, was man mit verantwortungsvollem Umgang mit Materie und Energie übersetzen kann, überragende Bedeutung zu. Fragen, die mit dem Problem des dreidimensionalen Raums zu tun haben, werden in der Chemie traditionell in dem Teilgebiet Stereochemie diskutiert.

Zur Stereochemie zählt auch die Topochemie, ein vom griechischen Wort topos = Ort, Platz, Stelle abgeleiteter Begriff, der sich auf die Wechselwirkung zwischen Chemie und Raum bezieht. Topochemisch kontrollierte Reaktionen sind solche, bei denen die Eigenschaften der Reaktionsprodukte durch die exakte Anordnung der Startmoleküle im dreidimensionalen Raum vorherbestimmt sind. Da eine hohe Ordnung in Lösung im Allgemeinen nicht gegeben ist, wohl aber im Kristall oder an Grenzflächen, sind topochemische Prozesse überwiegend Festkörperreaktionen.

Eine interessante und seit langem gestellte Frage der Topochemie ist, ob es Moleküle geben kann, bei denen eine Unterscheidung zwischen inneren und äußeren Oberflächen unmöglich ist. Ob es – um ein Ihnen allen bekanntes Bild zu verwenden – Moleküle gibt, die die Topologie eines Möbiusbandes besitzen. Möbius-Systeme werden sowohl in der Biochemie – also der

Naturstoffchemie – als auch in der Nichtnaturstoffchemie seit Jahren diskutiert. Rainer Herges berichtet über die erste gezielte Synthese derartiger Systeme, für die also der Satz, dass alle Dinge zwei Seiten haben, nicht gilt.

Zum Begriff *Zeit*: In der Chemie diente das menschliche Zeitgefühl sehr lange als Maßstab. Reaktionen liefen z. B. „über Nacht", oder auch einmal für einige Tage. Man konnte ihren Ablauf bequem mit der Armbanduhr verfolgen, nur manchmal war der Einsatz einer Stoppuhr vonnöten. Reaktionszwischenstufen konnten nur dann charakterisiert werden, wenn sie wenigstens eine Lebensdauer von einigen Minuten hatten. Diese langen und langsamen Zeiten sind in der Chemie seit langer Zeit vorbei. Die Chemie ist in Zeitdimensionen vorgestoßen, die unser Vorstellungsvermögen sprengen. Hierfür sind vor allen Dingen spektroskopische Methoden verantwortlich – durch die Beobachtung chemischer Verbindungen mithilfe von elektromagnetischer Strahlung aller Art sind wir bis in den Femtosekundenbereich vorgestoßen und können heute Übergangszustände chemischer Reaktionen ebenso beobachten wie den Verlauf einzelner Schwingungen.

Zum anderen hat es enorme Fortschritte durch die Tieftemperaturspektroskopie gegeben. Durch Abkühlen chemischer Verbindungen, die bei Raumtemperatur extrem schnell weiterreagieren würden, die also nur sehr kurze Lebensdauern haben, auf Temperaturen bis an den absoluten Nullpunkt machen wir sie reaktionsträger, wie frieren sie ein und können sie dann in Ruhe studieren. Einige Aspekte der Chemie bei extrem tiefen Temperaturen, die es uns erlauben, extrem rasche Reaktionen besser zu verstehen, behandelt der Beitrag von Katharina Kohse-Höinghaus. Ein ebenso interessantes Thema ist im Übrigen die Hochtemperatur- und die Hochdruckchemie – die thematische Breite der Extremchemie hat in den letzten Jahrzehnten deutlich zugenommen.

Alle Beiträge der Chemie entstammen der Grundlagenforschung – das ist kein Zufall, sondern wird von uns als ganz bewusstes Signal gesehen und gesetzt. Die Universitäten stehen heute unter erheblichem Druck, weil sie angeblich weder in ihrer Organisationsform noch in ihrer wissenschaftlichen Leistung international konkurrenzfähig seien. Ich möchte dieser Auffassung für die Chemie an dieser Stelle nachdrücklich widersprechen. In Deutschland wird in dieser Disziplin – und ich weiß natürlich, dass das auch in anderen Bereichen so ist – Spitzenforschung betrieben, trotz abnehmender finanzieller und personeller Ressourcen, trotz einer ständig wachsenden Bürokratisierungslast und ständigem Druck, so genannte angewandte Forschung zu betreiben.

Die Aufgaben, die an den Max-Planck-Instituten und den Universitäten zu erfüllen sind, sind klar definiert: Es geht um möglichst gute Forschung und Lehre – auf Dauer. Kein Hochschullehrer wird sich dagegenstellen, wenn seine oder ihre Forschungen zu technischen und kommerziell nutzbaren Anwendungen führen. Aber gezielt darauf zu setzen, dass aus den Hochschulen mehr Patente kommen oder bei der Bewilligung von Mitteln von Beginn an auf ein Anwendungspotenzial zu schauen, halte ich für einen Irrweg. Das Entscheidende ist die wissenschaftliche Qualität eines Vorhabens – und das, was ein junger Mensch bei der Lösung dieses Problems lernt. Die Einheit von Forschung und Lehre ist so wahr und so richtig wie zu Humboldts Zeiten. Dass sie innerhalb der heutigen Massenuniversität schwieriger zu erreichen ist als ehemals, ist ein anderes Problem. Als Ziel hat sie mitnichten ausgedient und es ist ja auch kein Zufall, dass gerade die amerikanischen Eliteinstitutionen sich diesem Ideal verpflichtet fühlen.

An dieser Stelle soll der Begriff Zeit noch aus einem anderen Blickwinkel betrachtet werden. Zeit bedeutet auch die Lebens- und Arbeitszeit des individuellen Forschers, der individuellen Forscherin, die sie oder er einem bestimmten wissenschaftlichen Problem widmen kann. Zeit bedeutet hier Muße, Ruhe, Zeit für das wissenschaftliche Gespräch, zum Nachdenken, auch zum Nichtstun. Diese Zeit, die immer wieder eher eine Abwesenheit von Zeit, jedenfalls von Zeitdruck bedeutet, ist rapide im Schwinden begriffen. Oder anders ausgedrückt: wird durch einen endlosen Strom von Evaluationen und Begutachtungen ebenso irreversibel aufgefressen wie von Gremiensitzungen, Berichte- und Anträgeschreiben. Diese Entwicklungen sind Gift für die Wissenschaft. Die meisten Wissenschaftler, die ich kenne, sind hoch motiviert und bedürfen nicht einer ständigen von Misstrauen geprägten Kontrolle oder des Hineinredens externer Institutionen, ob diese nun CHE oder McKinsey heißen.

Ob alles gut wird, wenn man die Wissenschaftler mehr sich selbst überlässt, sie also bei ausreichender Alimentierung freier forschen lässt, weiß ich nicht, aber besser wird es ganz sicher.

Optoelektronische Bauelemente mit organischen Materialien

Klaus Müllen, Lileta Gherghel und Andrew Grimsdale

Elektronik und Optoelektronik mit organischen Halbleitern gehören zweifellos zu den Zukunftstechnologien. Man könnte auf den ersten Blick geneigt sein, Forschung und Entwicklung im Bereich der elektronischen Bauelemente als Domäne der Physiker und Ingenieure zu betrachten, aber diese Sichtweise wird den „stofflichen" Erfordernissen, also der notwendigen Suche nach optimalen Materialien, nicht gerecht. Deshalb kommt die Chemie ins Spiel, welche die am besten geeigneten Halbleitermoleküle synthetisiert und sie durch „Verarbeitung" in die notwendigen supramolekularen Anordnungen bringt. Ohne Chemie gibt es keine Zukunftstechnologien.

Die Welt der Elektronik und Optoelektronik erlebt gegenwärtig durch die Einführung von „Plastik", also organischen Kunststoffen, als Halbleitermaterialien eine Revolution. Diese Materialien weisen große Bereiche beweglicher π-Elektronen auf und vermögen deshalb in einem Bauelement elektrische Ladungen zu transportieren. Nahe liegende Einsatzgebiete sind Feldeffekttransistoren (FETs) [1], Solarzellen [2] und Leuchtdioden (LEDs) [3]. Die organischen Halbleiter zeichnen sich durch niedrige Herstellungs- und Verarbeitungskosten aus sowie durch die Tatsache, dass sie großflächig auf flexible Träger („elektronisches Papier") aufgebracht werden kön-

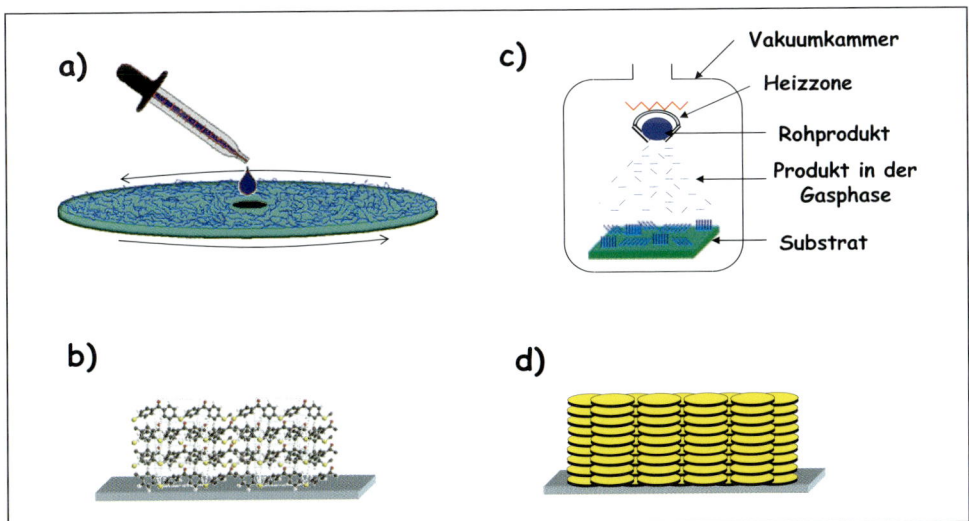

Abb. 1: Verarbeitungsmethoden für die Herstellung von Bauelementen: (a) Aufschleudern aus Lösung, (b) Züchtung von Einkristallen, (c) Sublimation im Ultrahochvakuum, (d) Bildung flüssigkristalliner Phasen

Prof. Dr. **Klaus Müllen**, geb. 1947 in Köln. Diplom bei Prof. E. Vogel 1969 an der Universität Köln. Promotion 1972 an der Universität Basel in der Arbeitsgruppe von Prof. F. Gerson über verdrillte π-Systeme und EPR-spektroskopische Eigenschaften der korrespondierenden Radikalanionen. Als Postdoktorand an der ETH in Zürich forschte er in der Gruppe von Prof. J. F. M. Oth auf dem Gebiet der dynamischen NMR-Spektroskopie und Elektrochemie. Dort 1977 Habilitation und Privatdozent. 1979 Berufung zum Professor am Institut für Organische Chemie der Universität Köln, 1983 Annahme des Rufs auf einen Lehrstuhl für Organische Chemie an der Universität Mainz. 1989 Beitritt zur Max-Planck-Gesellschaft als einer der Direktoren des Max-Planck-Instituts für Polymerforschung. Forschungsschwerpunkte: synthetische makro- und supramolekulare Chemie sowie Materialforschung.

Prof. Dr. Klaus Müllen
Max-Planck-Institut für Polymerforschung
Ackermannweg 10
D-55128 Mainz

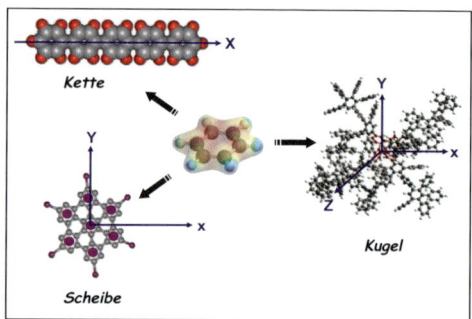

Abb. 2: 1-, 2- und 3-dimensionale Molekülstrukturen aus Benzoleinheiten

und Herstellung von Stoffen, die im Hinblick auf ihre optische und elektronische Funktion im Bauelement hin optimiert sind. Diese Optimierung zielt nicht nur auf die Eigenschaften individueller Moleküle in Lösung, sondern auch auf Festkörper mit ausgeprägten intermolekularen Wechselwirkungen. Oftmals ist eine hohe Ordnung der Moleküle, man spricht dann von supramolekularen Strukturen, wichtig. Deshalb müssen die Moleküle so konzipiert sein, dass supramolekulare Ordnung bei der Verarbeitung einstellbar ist. Vereinfacht gesagt kommen dafür vier Methoden in Betracht: die Verfilmung aus Lösung, die Vakuumdeposition, die Zucht von Einkristallen und die Bildung von flüssigkristallinen Phasen (Abb. 1). Erstere Methode ist am billigsten, aber am wenigsten zur Gewinnung hoch geordneter Schichten geeignet. Dieser Aspekt ist wichtig, denn die Verfahrenskosten müssen immer gegen die Bauelementspezifikation aufgerechnet werden.

In diesem Aufsatz werden organische Halbleiter betrachtet, die sich unter Verwendung des Benzols als modularem Baustein gewinnen lassen. Benzoleinheiten können zu langen eindimensionalen Ketten (konjugierten Polymeren), zweidimensionalen Scheiben (polycyclischen aromatischen Kohlenwasserstoffen) oder zu

nen. Einige Produkte sind bereits auf dem Markt, weitere sind in Entwicklung, und man kann erwarten, dass die „Plastikelektronik" unter den Zukunftstechnologien einen gewichtigen Platz einnehmen wird, zumal sie attraktive Ansätze zur weiteren Miniaturisierung der Bauelemente bietet.

Die Entwicklung neuer elektronisch aktiver Materialien setzt eine enge Wechselwirkung zwischen Synthesechemikern, Physikern und Ingenieuren voraus. Die Aufgabe der Chemiker ist dabei die Entwicklung

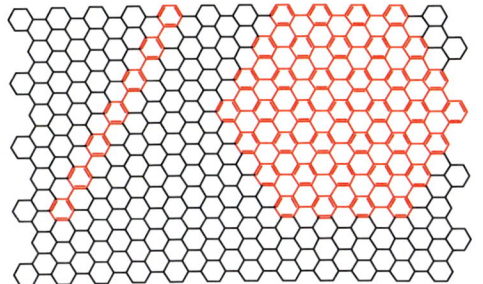

Abb. 3: Ein- und zweidimensionale Graphitausschnitte

Dipl.-Ing. **Lileta Gherghel**, geb. 1955 in Focsani, Rumänien. Diplom 1980 bei Prof. M. Banciu an dem Polytechnischen Institut Bukarest, Fachgebiet organische Chemie. Nach dem Studium Leiterin des Analytiklabors am Institut für energetische Forschung und Modernisierung. Dort beschäftigte sie sich mit der Optimierung der Verbrennungsprozesse von fossilen Brennstoffen durch die Verwendung von Additiven und mit Studien über den Einfluss der Gasemission und anfallenden Abfall- und Reststoffe auf die Umwelt. Seit 1991 Mitarbeiterin am Max-Planck-Institut für Polymerforschung in Mainz, Arbeitsgruppe Prof. K. Müllen. Forschungsschwerpunkt: Pyrolyse von Kohlenwasserstoffen zur Herstellung von Materialien für die Lithium- und Wasserstoffspeicherung.

Dipl.-Ing. Lileta Gherghel
Max-Planck-Institut für Polymerforschung
Ackermannweg 10
D-55128 Mainz

dreidimensionalen sphärischen Gebilden (Dendrimeren) zusammengefügt werden (Abb. 2) [4–7]. Die 1D- und 2D-Systeme lassen sich anschaulich als Ausschnitte aus einem Graphitgitter verstehen (Abb. 3).

Wie die Chemie Eigenschaften synthetisiert

Als erstes Beispiel für die Entwicklung der Molekülarchitektur lassen sich starre Polyphenylene als Prototypen konjugierter Polymere zeigen (Abb. 4). Die Wechselwirkung der Wasserstoffatome an den aromatischen Ringen führt zu einer Verdrillung in Bezug auf die Ringverknüpfung, ein Vorgang, der noch stärker wird, wenn die Wasserstoffe durch größere Alkylketten ersetzt werden. Diese Verdrillung beeinträchtigt die Wechselwirkung der beweglichen Elektronen entlang der Kette, was sich negativ auf die optischen und elektrischen Eigenschaften auswirkt.

Baut man aber zwischen benachbarte Ringe einen einzelnen Kohlenstoff als Brücke ein, zwingt man das ganze Elektronensystem in eine Ebene. Zusätzlich kann man an diese Brücken flexible Ketten anheften, was die Löslichkeit und Verarbeitbarkeit der Ketten erhöht, ohne die unerwünsch-

ten Verdrillungen zu bedingen [8]. Eine Kompromisslösung zwischen Einebnung des π-Systems und synthetischem Aufwand besteht darin, nur jedes zweite Benzolpaar zu überbrücken (Abb. 4) [9].

Ein zweites Beispiel für die Kontrolle elektronischer Eigenschaften durch das „Moleküldesign" sind die „Graphitmoleküle". Diese sind nun in vorher nicht für möglich gehaltener Größe zugänglich, indem man dendritische Vorläufer aus verdrillten Benzolringen durch einen Dehydrierungsprozess in eine gemeinsame Ebene zwingt. Abb. 5 zeigt ein Beispiel eines Scheibenmoleküls aus 222 C-Atomen

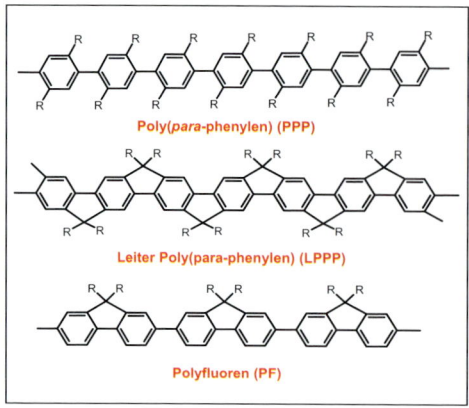

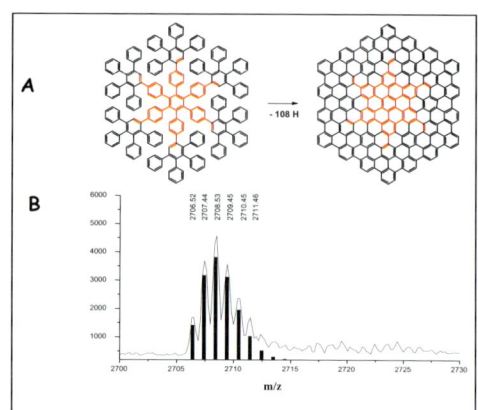

Abb. 4: Ein- und doppelsträngige Poly(para-pheny-lene)

Abb. 5: Einebnung (durch Cyclodehydrierung) eines Oligophenylen-Vorläufers zum polycyclischen aromatischen Kohlenwasserstoff C_{222} (A) und das MALDI-TOF-Massenspektrum des Endprodukts (B)

[7]. Diese 2D → 3D-Umwandlung kann man auch so führen, dass keine völlige Einebnung erfolgt und propellerförmige Graphitmoleküle entstehen. Solche 3D-Graphitstrukturen sind als Modelle wichtig, um auf dem Weg zu effizienten Batterieelementen die Lithiumspeicherung in Kohlenstoffmaterialien zu optimieren (Abb. 6) [10]. Wenn die Größe der Scheiben zunimmt, verschieben sich die Banden in den Elektronenabsorptionsspektren zu höheren Wellenlängen. Einen analogen Trend kennt man zwar auch aus den kettenförmigen Molekülen, aber das C_{222}-Graphitmolekül

zeigt eine ganz erstaunliche Absorption, die den ganzen Bereich des sichtbaren Lichts bis weit in das nahe Infrarot hinein abdeckt (Abb. 7) [7].

Verknüpft man scheibenförmige Moleküle zusätzlich noch mit heteroatomhaltigen (auxochromen) Gruppen (Abb. 8) [11], so entstehen tiefgefärbte Verbindungen, die zu Färbezwecken, aber auch als aktive Komponenten der oben genannten

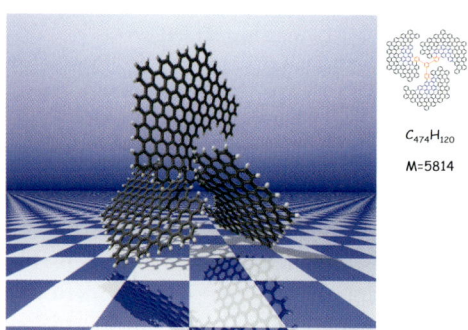

Abb. 6: Computersimulation des C_{474}-Propellers

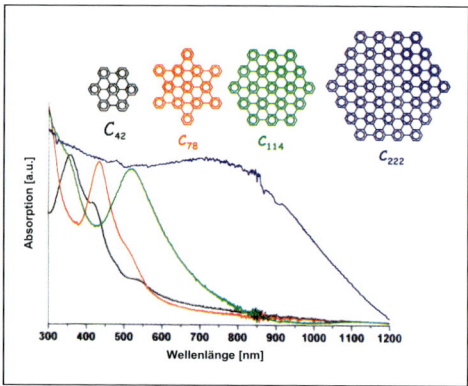

Abb. 7: Festkörper-UV/Vis-Spektren von ausgedehnten unsubstituierten Graphitmolekülen mit hexagonaler Symmetrie

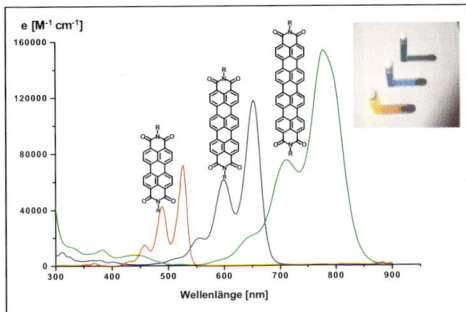

Abb. 8: Absorptionsspektren von Perylen-, Terrylen- und Quaterrylendiimid (in CHCl3)

Dr. **Andrew Grimsdale**, geb. 1963 in Waiouru, Neuseeland. Studium an der Universität Auckland. Arbeit dort bei Prof. R. C. Cambie an der Synthese von Analoga biologisch aktiver Drimansesquiterpen, Promotion 1990. Als Postdoktorand in der Arbeitsgruppe von Prof. A. Pelter, Universität von Wales, Swansea, Beschäftigung mit photochromen und elektroaktiven organischen Materialien, später in der Arbeitsgruppe von Prof. A. B. Holmes, Universität von Cambridge, mit elektrolumineszenten Polymeren. Seit 1999 Mitarbeiter am Max-Planck-Institut für Polymerforschung in Mainz, Arbeitsgruppe Prof. K. Müllen, zurzeit Projektleiter des Teilbereiches Konjugierte Polymere. Forschungsschwerpunkte: Synthese von Materialien basierend auf Polyphenylenen für optoelektronische Anwendungen.

Dr. Andrew Grimsdale
Max-Planck-Institut für Polymerforschung
Ackermannweg 10
D-55128 Mainz

Bauelemente eingesetzt werden können. Die Kontrolle der Farbe durch Größe und Form der Moleküle ist auch hier ein wichtiges Syntheseziel, hinzu kommen aber als weitere Ziele eine hohe Fluoreszenzquantenausbeute und hohe Stabilität.

Supramolekulare Strukturen und ihre Rolle im Bauelement

Die Graphitmoleküle dienen zugleich als überzeugende Beispiele dafür, wie sich die supramolekulare Ordnung (und damit z. B. die Beweglichkeit von Ladungen in einem Ladungstransportprozess) steuern lässt. Scheiben (Diskoten) wie das Hexabenzocoronen (Abb. 9) bilden aus der Schmelze oder aus Lösung kolumnare Überstrukturen, die wie Geldrollenstapel aussehen. Durch die räumliche Überlappung der Bereiche beweglicher Elektronen kommen Ladungstransportkanäle, man spricht auch von Nanodrähten, zustande.

Allerdings erfolgt der Ladungstransport nicht entlang der Moleküle, sondern senkrecht zu den Molekülen in Stapelrichtung (Abb. 10). Die Perfektion der kolumnaren Überstruktur lässt sich auch hier auf molekularer Basis (Abb. 9) bis hin zur Einführung helikaler Säulen optimieren [12].

Feldeffekttransistoren

Um diese Kolumnen wirklich in einem elektronischen Bauelement nutzbar zu machen, erfordert die Entwicklung aber noch einen weiteren Schritt. Die zunehmende Komplexität in der Verarbeitung funktionaler organischer Materialien lässt sich am Beispiel eines FET, hier in einfacher Form (Abb. 11) gezeigt, veranschaulichen.

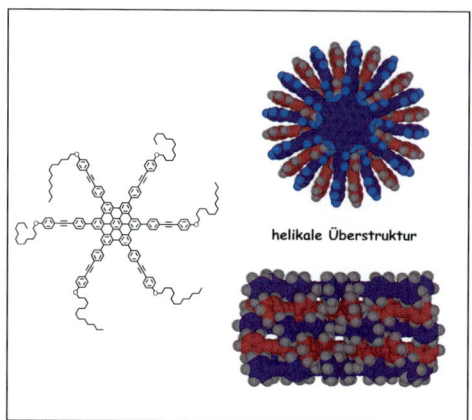

Abb. 9: Kolumnare Überstruktur der gestapelten Hexabenzocoronen-Moleküle

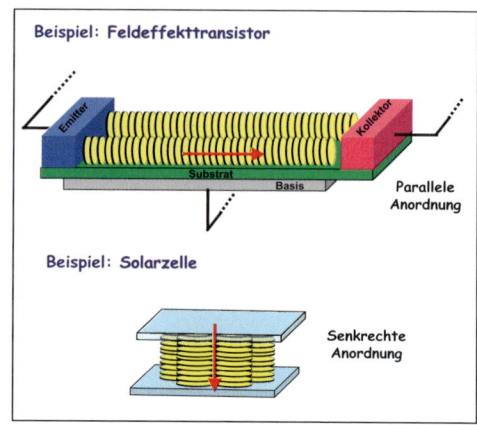

Abb. 10: Steuerung des kolumnaren Ladungstransports zwischen der Anode und Kathode von Bauelementen

Ein FET besitzt eine dünne Halbleiterschicht auf einem isolierenden Träger, die den Raum zwischen zwei Elektroden (*Source* und *Drain*) überspannt. Von der Halbleiterschicht durch den Isolator getrennt ist eine weitere Elektrode (*Gate*), deren Potenzial ein elektrisches Feld erzeugt, das den Strom zwischen *Source* und *Drain*

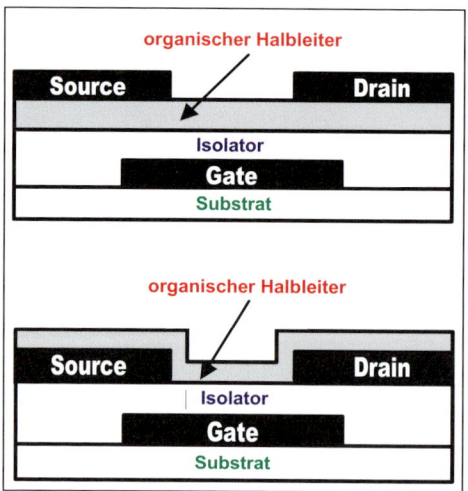

Ab. 11: Prinzipieller Aufbau eines organischen Feldeffekttransistors (OFET)

in komplexer Weise zu steuern ($\rightarrow$ Feldeffekt) gestattet. Zentrale Anforderungen an ein solches Element sind hohe Ladungsträgerbeweglichkeiten (mindestens 10^{-2} cm^2/V · sec) und hohe An-/Aus-Verhältnisse des Stromes (mindestens 10^4) [1]. Wie leicht erkennbar, können die kolumnaren Überstrukturen ihren Zweck als Ladungstransportkanäle in einem FET nur erfüllen, wenn sie mit den Kanten der Scheiben auf der Isolatoroberfläche liegen und den Raum zwischen *Source* and *Drain* überbrücken (Abb. 10) [12]. Diese Forderung konnte durch ein neues Verfahren des zonenweisen Verfilmens aus Lösung („Zone-casting") erfüllt werden (Abb. 12 und 13) [13, 14].

Das Dilemma der Bauelementerzeugung aus organischen Halbleitern lässt sich am Beispiel des viel genutzten Pentacens, eines anderen Graphitausschnitts, veranschaulichen. Im Einkristall mit seiner perfekten Ordnung findet man die höchsten Ladungsbeweglichkeiten, allerdings sind Einkristalle teuer und stehen in der gewünschten Packungsform nicht immer zur Verfügung. Alternativ kann man die Halb-

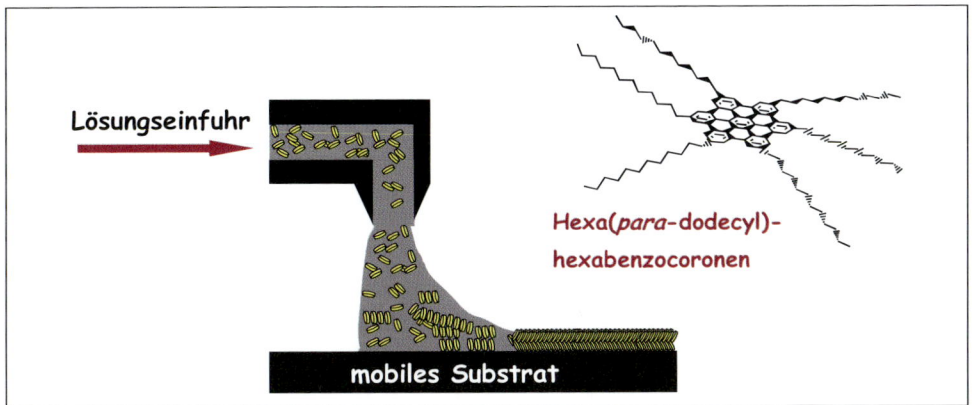

Abb. 12: „Zone-casting"-Verfahren zur Verarbeitung von löslichen Graphitmolekülen

leiter auf die isolierende Trägerschicht aufdampfen. Dieses Verfahren hat den Vorteil, die Komponenten in hoher Reinheit zu liefern, ist aber auf größere Moleküle nicht mehr anwendbar. Die schon angesprochene Verfilmung aus Lösung muss, wie geschildert, die Möglichkeit zur Erzeugung supramolekularer Ordnung bieten, und sie setzt natürlich die Löslichkeit der Materialien voraus. Ist dies nicht der Fall, wie bei Pentacen, kann man chemisch einen löslichen Pentacen-Vorläufer erzeugen, der dann nach der Verfilmung durch eine Reaktion, hier eine Pyrolyse, in das aktive Pentacen überführt wird [15].

Sowohl ketten- als auch scheibenförmige Halbleitermoleküle müssen sich zwischen die Elektroden möglichst geordnet packen, und auch bei den Ketten gilt, dass die Perfektion des Molekülbaus die Ordnung mitbestimmt. So kommt es bei den Poly-3-alkylthiophenen, einem ladungsreichen Polymer, darauf an, dass die Alkylketten in jeder Wiederholungseinheit gleich angebracht sind [1].

Die aktuelle Frage nach der Miniaturisierung von Bauelementen zielt in diesem Kontext auch auf die Längenskala, über welche sich eine Ordnung beibehalten

lässt. Sie schließt aber auch Probleme wie das der Ansteuerung mit ein. Deshalb ist es eine faszinierende Idee, auch wenn eine technische Realisierung noch fern liegt, eine komplexe Funktion wie die eines FET in einem einzelnen Molekül zu realisieren und damit die Miniaturisierung zum Extrem zu bringen. Gemäß Abb. 14 wird ein Graphitmolekül flach auf eine leitfähige Oberfläche deponiert [16]. An diesem Molekül hängen Alkylketten, die an ihren Enden als Elektronenakzeptoren fungierende Anthrachinoneinheiten tragen. Über die zentrale Graphitscheibe wird die Spitze eines Rastertunnelmikroskops entlanggeführt, aus der ein Tunnelstrom durch das

Abb. 13: Hochaufgelöste TEM-Aufnahmen der „Edge-on"-Deposition kolumnarer Überstrukturen von substituierten Hexabenzocoronen-Molekülen auf der Isolatoroberfläche

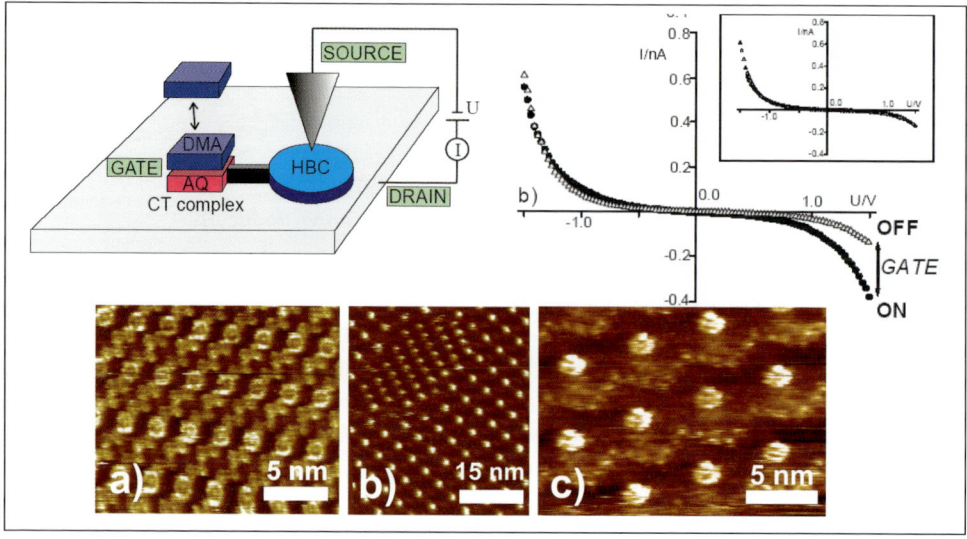

Abb. 14: Chemischer Feldeffekttransistor aus einem (!) Molekül

absorbierte Molekül fließt. Fügt man nun eine Elektronendonorverbindung zu, so bildet diese mit dem Anthrachinon einen Donor-Akzeptor-Komplex, dessen elektrisches Feld den Tunnelstrom beeinflusst. Somit kommt ein chemisch gesteuerter Feldeffekttransistor zustande, der auf einer Skala von wenigen Nanometern arbeitet.

Solarzellen

Solarzellen können zur Umwandlung von Lichtenergie in elektrische Energie dienen, ein Vorgang, der angesichts des Energiehungers unserer Gesellschaft von extrem großer Bedeutung ist. Dabei bewirkt Licht eine Ladungstrennung zwischen einer Elektronendonor(p-Typ-Halbleiter)- und einer Elektronenakzeptor(n-Typ-Halbleiter)-Verbindung, die Ladungen werden dann zu Elektroden abgeführt und führen zu einer nutzbaren Zellspannung [2]. Ein

hoher Wirkungsgrad der Energieumwandlung erfordert eine effiziente Ladungstrennung ohne nachträgliche Ladungsrekombination und eine rasche Ableitung der Ladungen zu den Elektroden. Hier gilt es zu bedenken, dass anorganische Solarzellen auf Basis von Silizium als Halbleiter schon seit längerem bekannt sind. Andererseits zielen viele Bemühungen darauf ab, hybride Solarzellen aus organischen und anorganischen Halbleitern oder aber rein organische Zellen zu entwickeln. Die Mechanismen der Ladungstrennung und des Ladungstransports lassen sich wieder durch die molekulare und supramolekulare Struktur der aktiven Komponenten steuern. Das Beispiel in Abb. 15, bei dem ein Graphitmolekül als Elektronendonor und ein Farbstoffmolekül als Elektronenakzeptor fungieren, belegt vor allem die Bedeutung der Packung im Festkörper, welche separate „Wanderwege" für positive und negative Ladungen eröffnen muss [17].

Leuchtdioden

Physikalisch betrachtet bildet eine Leuchtdiode (LED) die Umkehrung einer Solarzelle: In einer LED wird eine Halbleiterschicht zwischen zwei Elektroden gebracht, aus denen positive und negative Ladungen injiziert werden (Abb. 16) [3]. Wenn diese sich in der aktiven Schicht treffen, kann die Rekombinationsenergie als Licht abgestrahlt werden. Es kommt also im Endeffekt zur Umwandlung von elektrischer in optische Energie, ein Vorgang, zu dessen Erklärung man die Natur der bei der Ladungskombination zustande kommenden angeregten Elektronenzustände kennen muss.

LEDs aus organischen Lichtemittern sind in den letzten 20 Jahren Gegenstand intensiver Forschung gewesen, da sie wiederum Kosten- und Verarbeitungsvorteile gegenüber anorganischen Halbleitern bieten. Hierbei müssen die Halbleiterfilme amorph, d. h. ungeordnet sein, da geordnete Molekülbereiche unerwünschtes Streulicht erzeugen (hohe Ladungsbeweglichkeit ist trotzdem von Vorteil). Zentrale Kriterien für die Bauelementfunktion sind also die Helligkeit, wobei die Anforderungen bei Leuchtanzeigen andere sind als bei Beleuchtungssystemen, sowie natürlich die Lebensdauer der Bauelemente.

Im Bereich organischer Emitter beobachtet man wiederum eine Konkurrenz niedermolekularer Farbstoffe, die verdampft werden, und konjugierter Polymere, die aus Lösung verfilmt werden. Deren Molekülstruktur bestimmt die Emissionswellenlänge und damit die Farbe des ausgesendeten Lichtes. Benzoleinheiten sind auch hier wichtige Bausteine, so in dem gelben Emitter Polyphenylenvinylen und dem blauen Emitter Polyphenylen (Abb. 4). Im letzteren Fall ist die Lebensdauer besonders kritisch, ein Problem, zu dessen Beherrschung es auch gehört, die Konzentration von positiven und negativen Ladungen sorgfältig zu justieren. Bei rotem Emissionslicht wiederum besteht vielfach ein Effizienzproblem. Man benötigt aber Rot, Grün und Blau, um durch geeignete

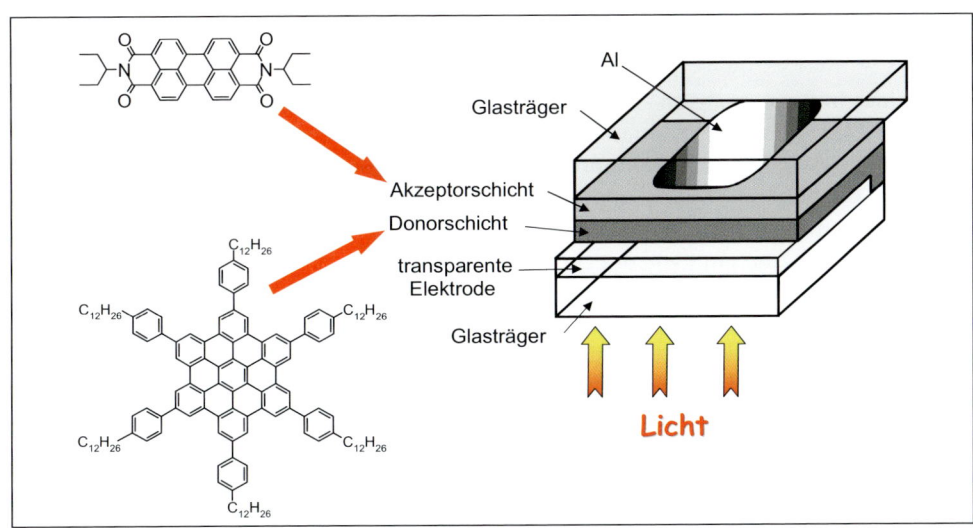

Abb. 15: Materialien zum Aufbau einer Solarzelle

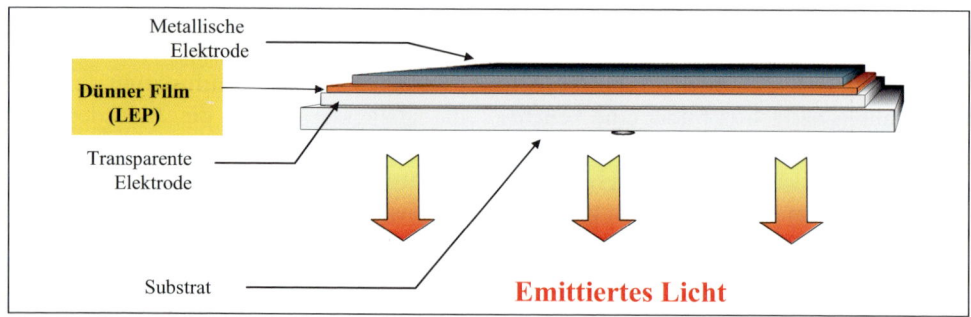

Abb. 16: Prinzipieller Aufbau einer Leuchtdiode (LED)

Farbmischung alle Farben für die Leuchtanzeigen erzeugen zu können.

Neben den schon aufgezeigten Schwierigkeiten muss auch die Reinheit der Farben sichergestellt werden, ein Phänomen, das durch das Zustandekommen von Molekülaggregaten erschwert wird, denn Molekülaggregate verändern die Elektronenzustände der einzelnen Moleküle. Im Bereich der Polyphenylene wurde bereits die Bedeutung leiterförmiger, verbrückter Molekülstrukturen hervorgehoben. Die Unterdrückung der Aggregatbildung gelingt synthetisch dadurch, dass man auf synthetischem Wege das Emittermolekül in eine eigene (abschirmende) Hülle einpackt.

Zusätzlich kann man an solche lichtemittierenden Polymere geringe Mengen (1–5 Prozent) von Farbstoffen anbinden, die Licht bei höheren Wellenlängen emittieren. Es kommt dann zu einem effizienten Transfer der Anregungsenergie auf den Farbstoff, dessen Emission die Farbe des LEDs bestimmt. Analog kann man auch durch einfaches Zumischen von Farbstoffen zum Polymer die Farbe des LEDs variieren (Abb. 17) [18].

Zusammenfassung und Ausblick

Die vorliegende Übersicht hatte drei Ziele:

i) die grundlegenden physikalischen Vorgänge in elektronischen und optoelektronischen Bauelementen auf Basis organischer Halbleiter zu schildern,

ii) die synthetische Steuerung der zentralen Bauelementcharakteristika zu dokumentieren und

iii) die große wirtschaftliche Bedeutung dieser Forschung erkennbar zu machen.

Dass die Materialforschung für die Zukunft unserer Gesellschaft von zentraler Bedeutung sein wird, liegt auf der Hand: Informationsspeicherung und -verarbeitung, aber auch Technologien zur Energiegewinnung und -umwandlung sind in ihrer Bedeutung kaum zu überschätzen, auch wenn Prognosen über das konkrete Marktpotenzial von organischen FETs, Solarzellen und LEDs weit auseinander liegen. Es wurde vorstehend geschildert, dass anorganische und organische oder niedermolekulare und höhermolekulare organische Halbleiter, aber auch die Verarbeitungsverfahren jeweils zueinander in Konkurrenz stehen. Das gilt auch für komplette Tech-

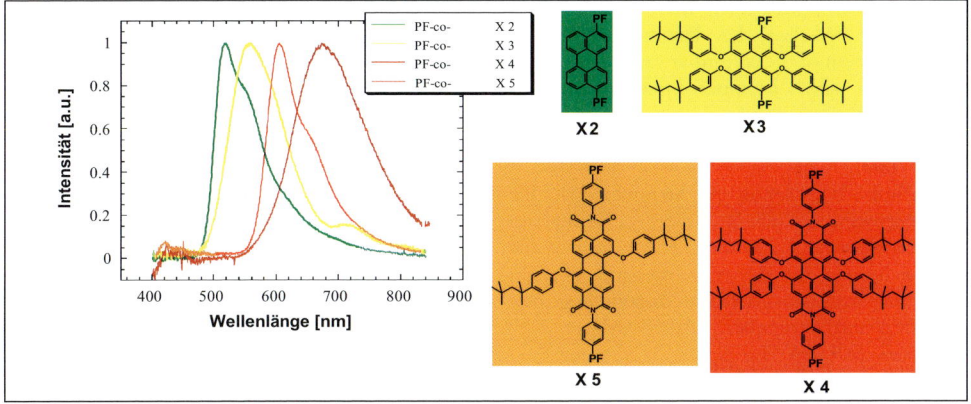

Abb. 17: Elektrolumineszenz-Spektren von Copolymeren aus Fluoren und Perylen-Farbstoffen

nologien: So sind parallel zur LED-Entwicklung auch die Flüssigkristallanzeigen weiter perfektioniert worden. Weiterhin wird man prognostizieren können, dass alles, was in der Elektronik mit Silizium gemacht werden kann, auch mit Silizium gemacht werden wird. Mit anderen Worten: Jegliche Forschung im Bereich organischer elektronischer Materialien „schießt" auf Ziele, die nicht stillhalten. Aber da wir in einer stofflichen Welt leben, wird im Laufe dieser Entwicklung die Bedeutung der Chemie als der Wissenschaft von den Stoffen nur noch zunehmen.

Literatur

[1] Dimitrakopoulos, C. D., Malenfant, P. R. L.: Organic thin film transistors for large area electronics. Adv. Mater. 14, 99–117 (2002).

[2] Brabec, C. J., Sariciftci, N. S., Hummelen, J. C.: Plastic solar cells. Adv. Funct. Mater. 11, 15–26 (2001).

[3] Kraft, A., Grimsdale, A. C., Holmes, A. B.: Electroluminescent conjugated polymers – seeing polymers in a new light. Angew. Chem. Int. Ed. Engl. 37, 402–428 (1998).

[4] Müller, M., Kübel, C., Müllen, K.. Giant polycyclic aromatic hydrocarbons. Chem. Eur. J. 4, 2099–2109 (1998).

[5] Berresheim, A. J., Müller, M., Müllen, K.: Polyphenylene nanostructures. Chem. Rev. 99, 1747–1785 (1999).

[6] Grimsdale, A. C., Müllen, K.: 1-, 2- and 3-dimensional polyphenylenes – from molecular wires to functionalised nanoparticles. Chem. Record 1, 243–257 (2001).

[7] Watson, M. D., Fechtenkötter, A., Müllen, K.: Big is beautiful – „aromaticity" revisited from the viewpoint of macromolecular and supramolecular benzene chemistry. Chem. Rev. 101, 1267–1300 (2001).

[8] Scherf, U.: Ladder-type materials. J. Mater. Chem. 9, 1853–1864 (1999).

[9] Neher, D.: Polyfluorene homopolymers: conjugated liquid crystalline polymers for bright blue emission and polarized electroluminescence. Macromol. Rapid Commun. 22, 1365–1385 (2001).

[10] Wu, J., Grimsdale, A. C., Müllen, K.: Combining one-, two- and three-dimensional polyphenylene nanostructures. J. Mater. Chem. 15, 41–52 (2005).

[11] Geerts, Y., Quante, H., Platz, H., Mahrt, R., Hopmeier, M., Böhm, A., Müllen, K. Quatrylenebic(carboxdiimide)s: near infrared absorbing and emitting dyes. J. Mater. Chem. 8, 2357–2369 (1998).

[12] Simpson, C. D., Wu, J., Watson, M. D., Müllen, K.: From graphite molecules to columnar superstructures – an exercise in nanoscience. J. Mater. Chem. 14, 494–504 (2004).

[13] Tracz, A., Jeszka, J. K., Watson, M. D., Pisula, W., Müllen, K., Pakula, T.: Uniaxial alignment of the columnar super-structure of a hexa (alkyl) hexa-peri-hexabenzocoronene on untreated glass by simple solution processing. J. Am. Chem. Soc. 125, 1682–1683 (2003).

[14] Pisula, W., Menon, A., Stepputat, M., Lieberwirth, I., Kolb, U., Tracz, A., Sirringhaus, H., Pakula, T., Müllen, K.: A zone-casting technique for device fabrication of field-effect transistors based on discotic hexa-peri-hexabenzocoronene. Adv. Mater. 17, 684–689 (2005).

[15] Herwig, P. T., Müllen, K.: A soluble pentacene precursor. Synthesis, solid-state conversion into pentacene, and application in a field-effect transistor. Adv. Mater. 11, 480–483 (1999).

[16] Jäckel, F., Watson, M. D., Müllen, K., Rabe, J. P.: Prototypical single-molecule chemical field-effect transistor with nanometer-sized gates. Phys. Rev. Lett. 92, 188303 (2004).

[17] Schmidt-Mende, L., Fechtenkötter, A., Müllen, K., Moons, E., Friend, R. H., MacKenzie, J. D.: Self-organized discotic liquid crystals for high-efficiency organic photovoltaics. Science 293, 1119–1122 (2001).

[18] Ego, C., Marsitzky, D., Becker, S., Zhang, J., Grimsdale, A. C., Müllen, K., MacKenzie, J. D., Silva, C., Friend, R. H.: Attaching perylene dyes to polyfluorene: Three simple, efficient methods for facile color tuning of light-emitting polymers. J. Am. Chem., Soc., 125, 437–443 (2003).

Möbius, Escher, Bach
Das unendliche Band in Kunst und Wissenschaft

Rainer Herges

Die Verbindung von Kunst und Wissenschaft war ein zentrales Thema der Versammlung der GDNÄ. Das Thema „Raum – Zeit – Materie" nach einem gleichnamigen Buch des Mathematikers C. H. H. Weyl wurde durch ein Plakat illustriert, welches im Hintergrund das Bild „La persistance du memoire" des surrealistischen Künstlers Dalí zeigt. Dalí soll die Idee zu diesem Bild beim Essen von warmem Camembert gekommen sein. Mathematisch gesehen sind die deformierten Uhren ein illustratives Beispiel für das, was man als topologische Transformation bezeichnet. Ein Mathematiker hätte dem Bild vielleicht den weniger klangvollen, aber wissenschaftlich präziseren Titel „Homöomorphe Uhren" (oder topologisch äquivalente Uhren) gegeben.

Als topologische Transformationen bezeichnet man solche Veränderungen von Strukturen, die sich allein durch Dehnen, Stauchen, Verdrehen und andere „kontinuierliche" Operationen herbeiführen lassen und somit ineinander überführbar sind. Die Topologie eines Objektes wird verändert durch Eingriffe wie Löcher bohren, Auseinanderreißen oder Zusammenkleben. Klebt man beispielsweise die auf dem Ast hängende Uhr zu einem Band zusammen, oder die am Strand liegende Uhr nach einer Verdrillung um 180 Grad zu einem Möbius-Band, erhält man topologisch verschiedene Objekte (Abb. 1). Eine normale Uhr und auch die bandförmige Uhr haben zwei Seiten. Die Uhrzeit kann man nur von einer Seite ablesen. Die in der normalen Uhr durchgehende Zifferneinteilung ist in der bandförmigen in zwei nicht zusammenhängende Außenkanten getrennt. Anders bei der „Möbius-Uhr". Sie besitzt nur eine Seite und ein zusammenhängendes Ziffernblatt.

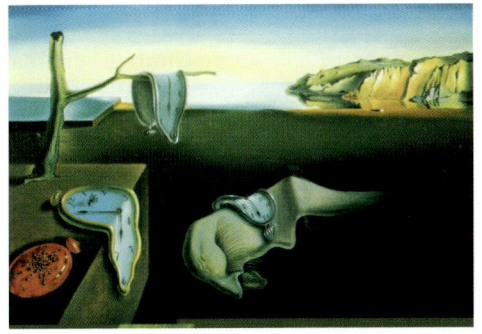

Abb. 1: Beispiele für homöomorphe und nicht homöomorphe Transformationen von Uhren. Links: „La persistance de la memoire" (Dalí 1931); rechts: „Nicht homöomorphe Uhren" (Herges 2004)

Prof. Dr. **Rainer Herges**, geb. 1955 in St. Ingbert. Studium der Chemie an der Universität des Saarlandes Saarbrücken; 1981 Diplom. Promotion 1984 bei Prof. I. Ugi, Organisch-Chemisches Institut der TU München. Post-Doc. 1984–1985 bei Prof. G. A. Olah, University of Southern California, Los Angeles. 1992 Habilitation am Institut für Organische Chemie, Universität Erlangen-Nürnberg. 1996 Professor TU Braunschweig. Seit 2001 C4-Professur für Organische Chemie, Universität Kiel.
Zahlreiche wissenschaftliche Auszeichnungen; Gastprofessuren an École Normale Supérieure, Paris, und Stanford University, USA.

Prof. Dr. Rainer Herges
Institut für Organische Chemie
Universität Kiel
Otto-Hahn-Platz 4
D-24098 Kiel

Mathematisch zum ersten Mal beschrieben wurde die Möbius-Topologie von Johann Benedikt Listing 1858. Er veröffentlichte seine entscheidende Arbeit zwei Monate vor August Ferdinand Möbius (Abb. 2). Dass heute die Anerkennung ausschließlich Möbius (1790–1868) zukommt, ist sicherlich nicht berechtigt und hat vermutlich eher soziologische als wissenschaftliche Gründe. Johann Benedikt Listing (1808–1882) war es auch, der den Begriff Topologie prägte. Beide waren Schüler von Carl Friedrich Gauß in Göttingen, dem wohl bedeutendsten Mathematiker seiner Zeit.

Das Großartige an der Möbius-Topologie ist die Tatsache, dass sie einem überall im Leben begegnet (Abb. 3). Eine der ersten Editionen der Beatles kam auf einem Möbius-Magnetband auf den Markt, welches man auf einem Möbius-Recorder endlos abspielen konnte. Farbbänder von Schreibmaschinen waren (als es noch welche gab) als Möbius-Band verdrillt, damit sich die Oberfläche gleichmäßig abnutzte. Am häufigsten trifft man wohl auf das Möbius-Band in Form des internationalen Recycling-Zeichens. Die Entstehung des Symbols ist interessant. 1970 schrieb die Container Corporation of America (CCA) zum Anlass des Earth Day einen Wettbewerb aus. Kunst- und Design-Studenten waren aufgerufen, ein Symbol für Papier-Recycling zu entwerfen.

Unter den mehr als 500 Einsendungen gewonnen hatte ein Vorschlag mit drei Pfeilen, die miteinander verknüpft ein Möbius-Band ergeben. Die Firma gab nach ein paar Jahren das Copyright auf und überließ es dem Public Domain. Das Logo verbreitete sich schnell und wurde bald zum internationalen Symbol für Recycling. Jeder kennt dieses Zeichen. Weniger bekannt ist die Tatsache, dass es zwei Versionen gibt, die sich wie Bild und Spiegelbild verhalten. In der Chemie bezeichnet man entsprechende Moleküle als Enantiomere. Das falsche Enantiomer (rechts in der Abbildung) tauchte zum ersten Mal Anfang der 80er-Jahre auf. Man kann spekulieren, wie es entstanden ist. Vielleicht hatte jemand einen der drei Pfeile ausgeschnitten, dreimal kopiert und falsch herum aufgeklebt. Tatsache ist, dass das „falsche" Enantiomer mit der Zeit häufiger wurde und mittlerweile etwa 20 Prozent der im Internet veröffentlichten Symbole ausmacht.

Möbius-Topologien gibt es nicht nur in der Mathematik und Technik, sondern auch in Bereichen, in denen man sie nicht unmittelbar vermutet, wie z. B. in der Literatur. Im Prinzip kann man zwei Katego-

Abb. 2: Die Entdecker der Möbius-Topologie (1858): links August Ferdinand Möbius, rechts Johann Benedict Listing

rien unterscheiden: Erzählungen und Kurzgeschichten, bei denen der Gegenstand der Handlung ein Möbius-Objekt ist, und Theaterstücke und Romane, deren Handlung selbst die Topologie eines Möbius-Bandes annimmt. Vier ausgewählte Beispiele, zwei davon aus der Sammlung von Kurzgeschichten *Fantasia Mathematica* von Clifton Fadiman [1] sollen das im Folgenden illustrieren.

Beim Basteln eines Möbius-Bandes aus einem rechteckigen Streifen Papier erzeugt man aus einem zweiseitigen zweidimensionalen ein einseitiges Objekt. Die Kurzgeschichte von Martin Gardner *No-sided Professor* geht noch einen Schritt weiter. Ein Topologe erfindet eine Faltung, die ein dreidimensionales Objekt in ein nullseitiges verwandelt. Auf einem wissenschaftlichen Kongress demonstriert er dies an einem kritischen Kollegen, indem er den praktischen Beweis antritt. In der in Handgreiflichkeiten ausartenden Diskussion bringt er ihn durch entsprechendes „Falten" zum Verschwinden.

Die Erzählung *A Subway Named Möbius* von A. J. Deutsch nimmt ein Thema auf, welches aus zahlreichen Science-Fiction-Romanen als „Wurmloch-Phänomen" bekannt ist. Nehmen Sie an, Sie sind ein zweidimensionales Wesen, ein „Flatlander" der

auf einem Möbius-Band lebt. Sie würden die eigenartige Topologie Ihrer Welt nicht bemerken. Angenommen, Sie laufen an einem der beiden Ränder Ihrer Welt entlang, dann kehren Sie nach einer Umrundung zum Ausgangspunkt zurück. Von einer bandförmigen Welt, die Sie sich zumindest abstrakt vorstellen könnten, wäre das nicht zu unterscheiden. Sie würden auch nicht bemerken, dass ein Punkt, der genau auf der gegenüberliegenden Seite des Bandes liegt und den Sie nur durch komplettes Umrunden der Schleife erreichen können, eigentlich ganz nahe liegt (Abb. 4). Aber als Flatlander ist Ihnen die dritte Dimension nicht zugänglich und Sie können kein Loch

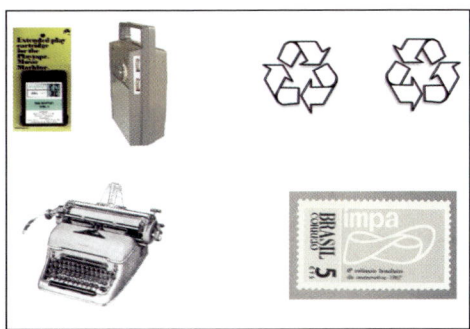

Abb. 3: Beispiele für Möbius-Objekte im täglichen Leben: Beatles-Edition auf Möbius-Tape, Recycling-Symbol, Schreibmaschinen-Farbband, brasilianische Briefmarke

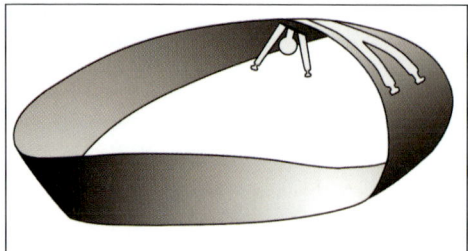

Abb. 4: Ein Flatlander, der auf einem Möbius-Band wohnt, entdeckt eine phantastische, dreidimensionale Abkürzung.

bohren, um den Weg abzukürzen, denn ein Loch im Band wäre dreidimensional.

A. J. Deutsch extrapoliert diese Situation in die nächsthöhere Dimension. Durch einen Konstruktionsfehler verwandelt sich die U-Bahn von Boston mit sieben Linien auf vier Ebenen in ein dreidimensionales Analogon eines Möbius-Bandes. Die Züge finden den Weg in die vierte Dimension, verschwinden plötzlich und tauchen an unerwarteten Stellen wieder auf. Ein begabter Topologe löst das Problem und bringt die Passagiere wieder in ihre gewohnte Welt zurück, indem er die entscheidende Verbindungsstelle unterbricht. Mit ausreichend Phantasie kann man sich vorstellen, dass wir auf ähnliche Weise, durch vierdimensionale Löcher, eine Abkürzung zu ganz weit entfernten Punkten im Weltraum finden könnten.

Ein Beispiel für die zweite Kategorie von Möbius-Literatur, in der die Handlung selbst Möbius-Topologie besitzt, ist das Theaterstück *The Bald Soprano* von Eugène Ionesco [2]. Mr und Mrs Smith bekommen Besuch von Mr und Mrs Martin. Die Unterhaltung nimmt ihren Lauf, wird immer verwirrender, bis man gegen Ende feststellt, dass beide Ehepaare die Rollen getauscht haben. Das Stück endet, wie es begonnen hat, nur dass Mr und Mrs Martin die gleichen Worte sagen wie anfangs das Ehepaar Smith. Es soll Aufführungen dieses „absurden" Theaterstücks gegeben haben mit wechselnden Rollen zwischen den Smiths und Martins, die bis zu 24 Stunden dauerten. Nicht bekannt ist, ob es Ionesco bewusst war, dass sein Stück Möbius-Topologie hatte. Eines der anspruchsvollsten, aber auch schönsten Beispiele für Möbius-topologische Handlungen ist der Roman *Die Gabe* von Vladimir Nabokov [3]. Auch Nabokov war sich der Topologie seines Buches vermutlich nicht bewusst. Die Interpretation als Möbius-Metapher

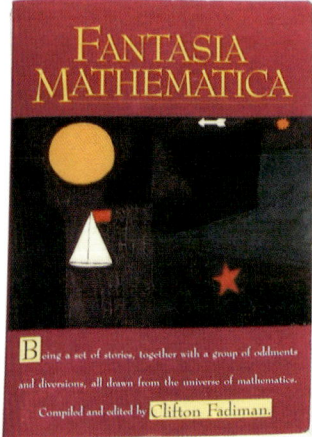
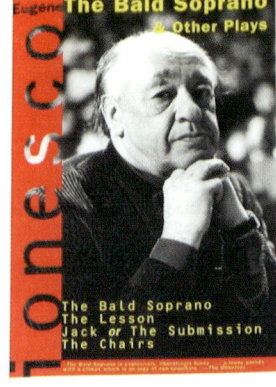

Abb. 5: Möbius-Literatur

geht auf Omry Ronen, einen Literaturprofessor an der University of Michigan [4], und seinen Schüler Serguei Davidov zurück.

Die Möbius-Topologie hat auch Künstler inspiriert, wie den Schweizer Architekten und Bildhauer Max Bill (1908–1995), der dieses Motiv auf vielfältige Weise mit verschiedenen Materialien variiert hat.

Die meisten Menschen assoziieren vermutlich die Grafik von M. C. Escher mit den neun Ameisen, die über ein Möbius-Band krabbeln, mit der Möbius-Topologie.

Abb. 6: Möbius-Skulptur von Max Bill (aus [5])

Möbius-Topologie in der Chemie

Das Interesse in der Chemie begann 1964 mit einer Veröffentlichung des Schweizer theoretischen Chemikers Edgar Heilbronner [7]. Um die Konsequenzen seiner Arbeit zu verstehen, muss man sich zunächst mit einem zentralen Konzept in der Chemie, der Aromatizität, vertraut machen. Lange bekannt, aber erst 1932 durch Erich Hückel (1896–1980) theoretisch begründet ist die Tatsache, dass cyclisch konjugierte Ringe nur stabil sind, wenn sie eine bestimmte Größe besitzen [8, 9]. Cyclisch konjugiert nennt man Ringe, bei denen alternierend Einfach- und Doppelbindungen vorliegen. Der Kohlenstoff besitzt nur drei Bindungen, die vierte „freie" Valenz, die senkrecht zur Ringebene stehenden p-Orbitale, „verschmelzen" zu einem ringförmigen Aufenthaltsraum, in dem sich die Elektronen frei bewegen können. Sie bilden das „delokalisierte" System, in dem jedes Kohlenstoff-Atom ein Elektron zur Delokalisation zur Verfügung stellt.

Die Hückel-Regel besagt, dass in einem solchen Ring eine abgeschlossene „Schale" vorliegt, wenn $4n + 2$ Elektronen delokali-

Abb. 7: Möbius Band II, M. C. Escher (aus [6])

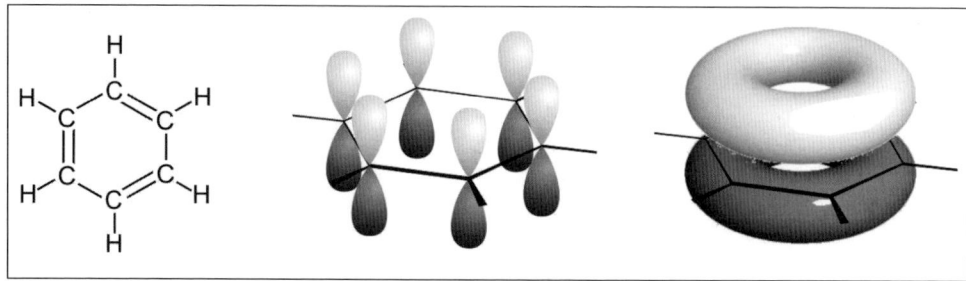

Abb. 8: Das delokalisierte System von Elektronen in Benzol

siert sind. Normalerweise bedeutet das, dass 6-, 10-, 14- und 18-gliedrige Ringe stabil sind, aber z. B. 4- und 8-Ringe instabil. Das bekannteste Beispiel für einen aromatischen Ring ist der Benzolring (Abb. 8), der mit 6 Elektronen eine abgeschlossene Schale besitzt und außerordentlich stabil ist. Benzolringe kommen in sehr vielen Naturstoffen wie Proteinen, Duftstoffen (daher vermutlich der Name „aromatisch"), Kunststoffen (z. B. Polystyrol) und pharmazeutischen Wirkstoffen vor. Der entsprechende 4-Ring (Cyclobutadien) ist nur unter extremen Bedingungen haltbar, z. B. bei

Temperaturen nahe dem absoluten Nullpunkt in einem gefrorenen Edelgas.

Die Hückel-Regel ist eine der zentralen Regeln in der Chemie und hat für die organische Chemie eine ähnliche Bedeutung wie das Schalenmodell für den Aufbau der Atomkerne. Entsprechend Aufsehen erregend war die Vorhersage von Heilbronner, dass cyclisch konjugierte Ringe, bei denen das π-System um 180 Grad im Sinne eines Möbius-Bandes verdrillt ist, genau mit den umgekehrten, „magischen" Elektronenzahlen stabil ist, nämlich mit $4n$ Elektronen (Abb. 9).

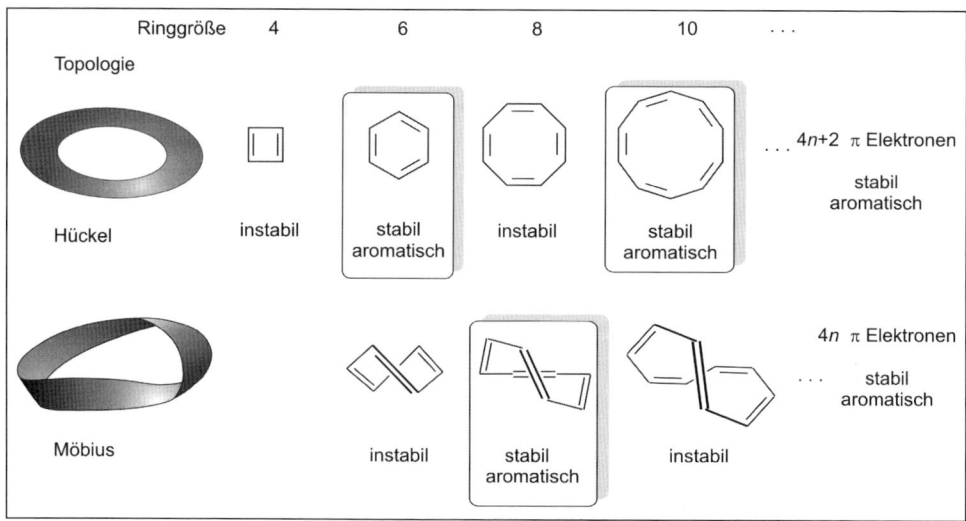

Abb. 9: „Magische" Elektronenzahlen für Hückel- und Möbius-Annulene

In einem Briefwechsel schrieb mir Edgar Heilbronner kürzlich, wie die Idee zu seiner Arbeit zustande kam. Die Anekdote zeigt eindrucksvoll, dass die Kunst einen direkten Einfluss auf die Entwicklung wissenschaftlicher Theorien ausüben kann. Bei einem „Arbeitssessen" und nach dem „Genuss einiger Gläser Cognac" diskutierten E. Heilbronner, ein Industriechemiker und ein Professor der theoretischen Chemie über ungewöhnliche Dinge, die man in der Chemie entdecken oder entwickeln könne.

E. Heilbronner saß gegenüber einer Möbius-Skulptur von Max Bill, und inspiriert von der Topologie schlug er vor, die π-Energien von Möbius-verdrillten Aromaten zu berechnen, worauf der Industriechemiker meinte, er würde es nicht wagen, einen solchen Unsinn zu publizieren, zumal wohl niemals jemand solche verrückten Strukturen werde synthetisieren können. E. Heilbronner schrieb innerhalb weniger Tage ein Manuskript, welches kurz darauf (1964) in der Zeitschrift *Tetrahedron Letters* publiziert wurde [7] und sich zu einer der einflussreichsten theoretischen Arbeiten der letzten 50 Jahre entwickelte.

Wie so häufig in der Wissenschaft, stellte es sich heraus, dass das Konzept allgemeiner und breiter anwendbar ist als ursprünglich vermutet. Howard E. Zimmerman postulierte zwei Jahre nach Heilbronner, dass nicht nur Moleküle, sondern auch Übergangszustände von Reaktionen aromatisch sein können und dass Reaktionen bevorzugt über solche stabile Hückel- oder Möbiustopologische Übergangszustände verlaufen [10]. Mit dieser „Hückel-Möbius-Methode" kann man den Verlauf von Reaktionen voraussagen. Mehr als 200 theoretische Arbeiten wurden seitdem publiziert, in denen die Eigenschaften von hypothetischen Möbius-Molekülen vorhergesagt und Vorschläge für deren Synthese gemacht werden. Darunter sind so schöne Moleküle wie das Möbius-Cyclacen und das Möbius-Coronen (Abb. 10). Trotz zahlreicher Versuche in den renommiertesten Forschungslabors konnte keines dieser Moleküle bislang im Labor hergestellt werden.

Was ist der Grund für die offensichtlichen Schwierigkeiten bei der Synthese? Am besten kann man sich die Probleme veranschaulichen, wenn man das folgende Gedankenexperiment an einem Molekülmodell macht (Abb. 11).

Angenommen man geht von einem „normalen", cyclisch konjugierten Ring

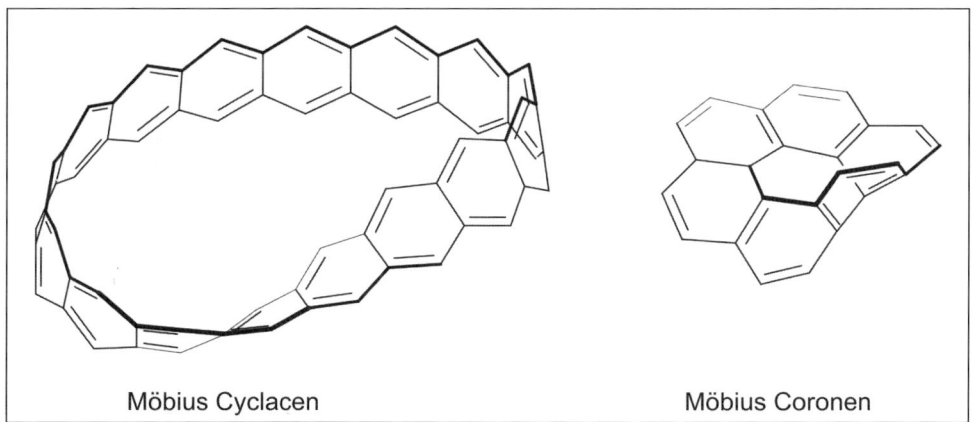

Möbius Cyclacen   Möbius Coronen

Abb. 10: Theoretisch vorhergesagte Möbius-Moleküle

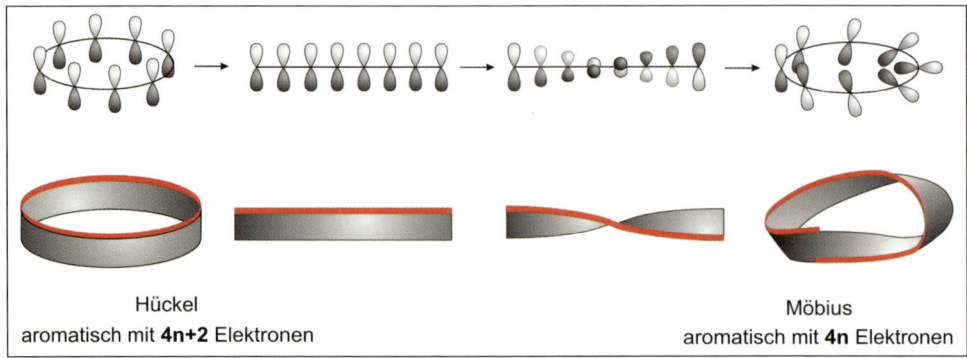

Hückel
aromatisch mit **4n+2** Elektronen

Möbius
aromatisch mit **4n** Elektronen

Abb. 11: Topologisch verbotene Transformation eines Hückel- in ein Möbius-Band

aus. Hier stehen die p-Orbitale, wie oben beschrieben, senkrecht auf der Ringebene und bilden das delokalisierte System. Bricht man nun eine der Bindungen, erhält man ein linear konjugiertes System, welches im nächsten Schritt um 180 Grad verdrillt und dann wieder zu einem Möbius-Ring geschlossen wird. Beim Experimentieren mit dem einfachen Modell „fühlt" man bereits den Widerstand, den das System der Verdrillung und dem Ringschluss entgegensetzt. Das Modell möchte, anthropomorph interpretiert, wieder in die unverdrillte, spannungsfreie Form zurückkehren. Ein weiteres Problem ergibt sich aus der Verdrillung: Die Überlappung der p-Orbitale ist in der Möbius-Topologie weniger effizient, da sie nun nicht mehr parallel stehen. Dadurch wird die Delokalisierung und damit die Aromatizität abgeschwächt.

Selbst für einen Nichtchemiker und anhand des Modells unmittelbar einsichtig wäre folgender Ausweg aus dem Dilemma: Man mache den Ring größer, dann verteilt sich die Spannung auf eine größere Anzahl von Ringatomen und auch die Überlappung wird besser, da die jeweils benachbarten p-Orbitale weniger stark von der günstigen parallelen Anordnung abweichen. Leider ist diese Strategie zum Scheitern verurteilt. Die Destabilisierung durch die Verdrillung wird auch bei großen Ringen nicht durch die Möbius-Aromatizität wettgemacht. Darüber hinaus werden die Ringe mit zunehmender Größe immer „weicher". Mit anderen Worten: Sie flippen zurück in die unverdrillte Hückel-Topologie.

Wie kann man dies verhindern bzw. wie kann man eine Verdrillung stabilisieren? In der Chemie besitzen wir leider keine „Nanowerkzeuge" (jedenfalls noch nicht). Selbst wenn wir eine solche molekulare Maschine bauen könnten, die analog zu unserem obigen Gedankenexperiment eine Million normale Ringe pro Sekunde auftrennen, verdrillen und wieder zu einem Möbius-Ring schließen könnte, würde es länger dauern als das Alter des Weltalls, um nur ein paar Milligramm der entsprechenden Verbindung herzustellen. Es ist absolut hoffnungslos, so zu vernünftig handhabbaren Mengen zu kommen. In der Chemie benötigen wir Strategien, die vom alltäglichen Ingenieurdenken stark abweichen. Wir brauchen Methoden, um die reagierenden Moleküle so vorzubereiten, dass sie auf Kommando selbsttätig möglichst nur noch eine Reaktion ausführen. Übersetzt in die mechanische Denkweise bedeutet das eine Parallelproduktion von etwa 10^{20} Produktmolekülen, ohne dass wir jedes Molekül einzeln anfassen müssen. Dies ist nur

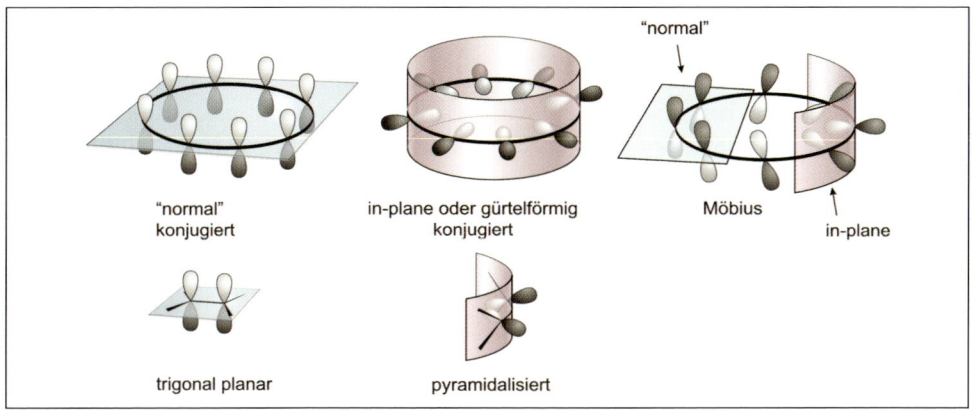

Abb. 12: Verschiedene Arten der cyclischen Konjugation in Ringverbindungen

möglich, wenn das Ausgangsmolekül entsprechend beschaffen ist und die gewünschte Reaktion „von selbst" herbeiführt.

Makroskopisch könnte man das mit einer Autoproduktion vergleichen, bei der wir 10^{20} Autos ohne Räder zusammen mit $4 \cdot 10^{20}$ Rädern in eine riesige Box kippen, kräftig schütteln und die Räder montieren sich selbsttätig. Für einen Laien ist diese typisch chemische Denkweise nur schwer nachzuvollziehen. Vielleicht ist das einer der Gründe, warum die Chemie auch heute noch einen alchemistischen Beigeschmack hat. Im Folgenden werde ich daher versuchen, unsere Strategie zur Stabilisierung der Verdrillung an einem einfachen Modell zu veranschaulichen [11].

In normalen konjugierten Ringen wie Benzol stehen, wie bereits erwähnt, die p-Orbitale senkrecht zur Ringebene (Abb. 12). Der Kohlenstoff besitzt die energetisch günstige trigonal planare Konfiguration (alle drei Bindungen liegen in einer Ebene, das p-Orbital steht senkrecht dazu). Es gibt aber noch eine andere Form der cyclischen Konjugation, die in-plane oder gürtelförmige Konjugation, wie sie z. B. in den bekannten Kohlenstoff-Nanotubes vor-

liegt. Hier stehen die p-Orbitale senkrecht auf der Oberfläche eines Zylinders und die inneren Phasen der p-Orbitale zeigen alle zur Achse des Systems. Diese Form von cyclischen Verbindungen ist relativ selten, da dazu der Kohlenstoff pyramidalisiert werden muss, d. h. die drei vom Kohlenstoffatom ausgehenden Valenzen liegen nicht mehr in einer Ebene. Eine solche Deformation ist ungünstig und nur unter Energieaufwand möglich. Möbius-Systeme enthalten beide Formen der Konjugation, die normale (in Abb. 12 blau hervorgehoben) und die gürtelförmige (rot), die kontinuierlich ineinander übergehen.

Unser Ansatz geht von folgender Überlegung aus: Wir fertigen zunächst den gürtelförmig konjugierten Teilbereich als separaten Baustein und stabilisieren ihn mit einem externen Molekülgerüst, sodass er zwangsweise pyramidalisiert bleibt. Dann verbinden wir dieses Teilstück mit einem normal konjugierten Bauteil. Nun sind noch zwei Probleme zu lösen: Wie stellen wir das gürtelförmige Teilstück her? Und: Wie verbinden wir das gürtelförmige mit dem normal konjugierten Bauteil? Zur Verknüpfung haben wir die Metathesereaktion gewählt (Abb. 13).

Die Metathese kann man grob mit dem Verschmelzen zweier kleiner Blasen zu einer großen vergleichen. Um damit eine Möbius-Schleife zu bauen, brauchen wir einen normalen, unverdrillten Ring (blau), der mit einem gürtelförmigen Ring (rot) reagiert. Für die Verschmelzung gibt es nun zwei Möglichkeiten: Es entsteht ein verdrillter oder ein unverdrillter Ring. Der verdrillte Möbius-Ring ist stabiler und sollte daher bevorzugt gebildet werden.

Dass dies tatsächlich der Fall ist, kann man mit einem einfachen Papiermodell zeigen. Nehmen Sie einen Streifen festes Papier oder dünnes Blech, biegen Sie den Streifen zu einer halb geschlossenen Röhre oder einem Gürtel (half-pipe) und fixieren Sie die Form mit einer Stange, die beide Enden in der gebogenen Geometrie stabilisiert. Dieses Teil stellt nun den vorgefertigten pyramidalisierten Baustein dar. Dann schneiden Sie eine Scheibe mit einem großen Loch aus, als Modell für einen normalen Aromaten. Wenn Sie dieses flache Band an einer Stelle durchschneiden und damit die beiden Enden des halb geschlossenen Gürtels zu

einem vollständigen Ring überbrücken, werden Sie feststellen, dass dies mit einer Verdrillung zu einer Möbius-Schleife einfacher ist, als ein unverdrilltes Band zu knüpfen. Das vorfixierte, gürtelförmige Bauteil stabilisiert also die Verdrillung.

Nun muss man dieses Modell in Chemie übersetzen (Abb. 14). Wir nehmen dazu einen normalen cyclisch konjugierten Ring (blau) und lassen ihn mit einem röhren- oder gürtelförmig konjugierten Ring (rot) reagieren. Im Sinne der Metathese kann nun wieder entweder ein Möbius- oder ein nicht verdrillter Hückel-Ring entstehen. Zumindest nach unserem Papiermodell sollte auch in diesem chemischen System die Möbius-Topologie bevorzugt werden.

Als gürtelförmiges System haben wir Tetradehydrodianthracen (TDDA, rot) ausgewählt. Leider ließ sich die in der Literatur beschriebene Synthese des Moleküls nicht reproduzieren. Es waren etwa zwei Jahre Entwicklungs- und Optimierungsarbeit notwendig, um diese Verbindung herzustellen. Mit ausreichenden Mengen TDDA in Händen wurde zunächst die Verknüp-

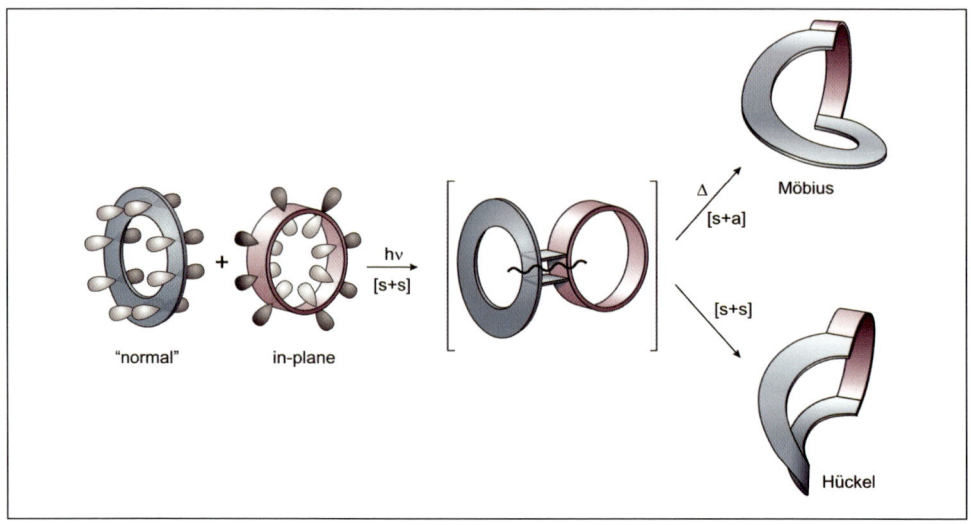

Abb. 13: Metathese-Strategie zum Aufbau des Möbius-Ringes

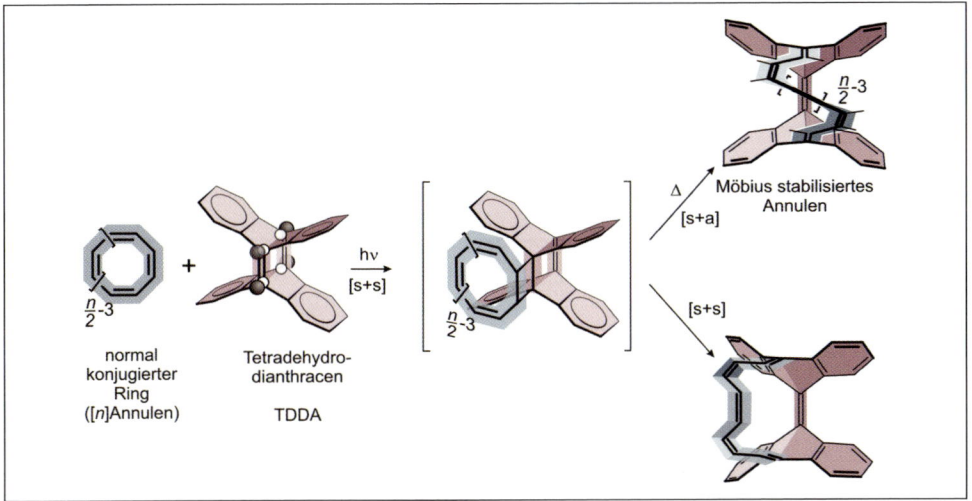

Abb. 14: Chemische Realisierung der Metathese-Strategie

fungsreaktion an dem einfachsten denkbaren Reaktionspartner, Ethylen, getestet (Abb. 15). Zwei Dinge konnten mit diesem Experiment gezeigt werden: 1. dass die Verknüpfungsreaktion (Metathese) prinzipiell funktioniert, 2. dass die erzwungene Pyramidalisierung durch das Molekülgerüst so gut fixiert ist, dass sie im Produkt stabil bleibt.

Das Produkt-Molekül (Bianthrachinodimethan) kann keine flache Gestalt annehmen, da sich die inneren H-Atome beim Planarisieren zunehmend behindern (Abb. 15 rechts oben). Dieser Bianthrachinodimethan-Baustein sollte bei geeigneter Überbrückung mit einem normal konjugierten System die Verdrillung zum Möbius-System stabilisieren. Ob diese ein-

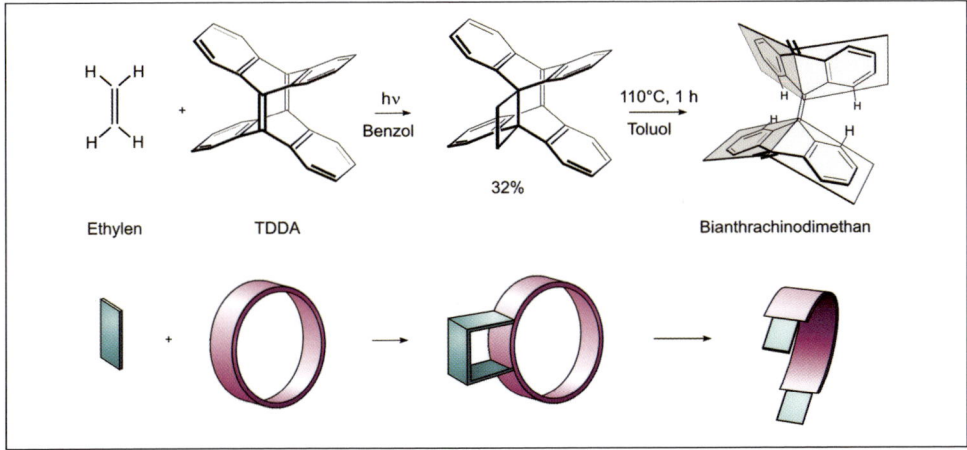

Abb. 15: Metathese von TDDA mit Ethylen

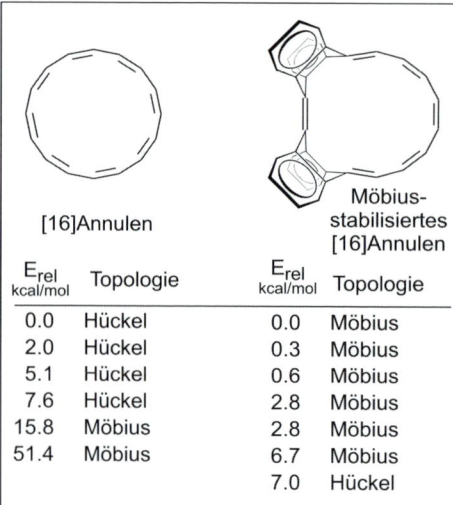

E_{rel} kcal/mol	Topologie	E_{rel} kcal/mol	Topologie
	[16]Annulen		Möbius-stabilisiertes [16]Annulen
0.0	Hückel	0.0	Möbius
2.0	Hückel	0.3	Möbius
5.1	Hückel	0.6	Möbius
7.6	Hückel	2.8	Möbius
15.8	Möbius	2.8	Möbius
51.4	Möbius	6.7	Möbius
		7.0	Hückel

Abb. 16: Theoretisch berechnete relative Energien der stabilsten Isomere des [16]Annulen Stammsystems und des „Möbius-stabilisierten" [16]Annulen. Es sind jeweils die Werte innerhalb einer Spalte zu vergleichen. Man beachte, dass beim Stammsystem die Hückel-Isomere und bei dem stabilisierten Annulen die Möbius-Isomere oben stehen, also am stabilsten sind. Unter den zahlreichen Isomeren werden im stabilisierten System also diejenigen mit Möbius-Topologie begünstigt.

fache Modellvorstellung auch in diesem molekularen System gültig ist, kann man mit quantenmechanischen Simulationsrechnungen überprüfen. Eine solche Rechnung zeigt, dass dies tatsächlich der Fall ist (Abb. 16): In einem 16-gliedrigen, cyclisch konjugierten Ring ist die unverdrillte Form um 15,8 Kilokalorien/Mol stabiler als die verdrillte Form. In unserem „Möbius-stabilisierten" Molekül sind die Stabilitäten tatsächlich umgekehrt. Das stabilste Möbius-Isomer ist um 7 Kilokalorien günstiger als die unverdrillte Hückel-Verbindung. Unser einfaches Papiermodell ist damit auch in der Welt der Moleküle gültig (zumindest laut theoretischer Rechnung).

Eigentlich sollte der experimentellen Realisierung nun nichts mehr im Wege stehen. Aber wie so oft bei Experimenten war der Ausgang unerwartet. Zur Durchführung der Reaktion im Labor haben wir die beiden Komponenten in Benzol gelöst und mit einer starken Lichtquelle bestrahlt. Das Experiment erwies sich als vollständiger Fehlschlag. Leider hat sich trotz aller Pla-

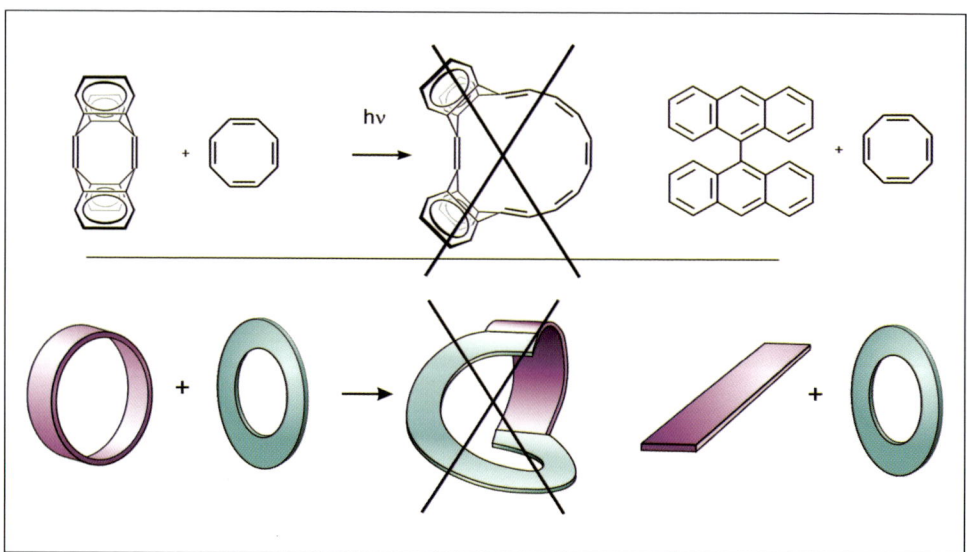

Abb. 17: Gescheiterter Versuch zur Synthese des Möbius-Rings

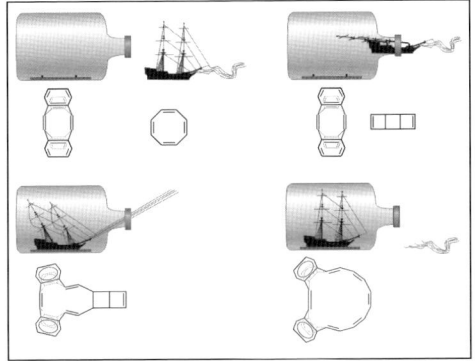

Abb. 18: Buddelschiff-Lösung des Syntheseproblems. Der 8-Ring wird durch einen „gefalteten" Ring (Tricyclooctadien, TCOD) ersetzt, die zusätzlichen Bindungen in späteren Schritten wieder gelöst und damit der Möbius-Ring „entfaltet".

nung das reaktive System entschieden, einen anderen Reaktionsweg einzuschlagen. Dürrenmatt hat diese Situation einmal so ausgedrückt: „Je planmäßiger die Menschen vorgehen, desto wirksamer trifft sie der Zufall." Unser gewünschtes Produkt war nicht einmal in Spuren entstanden. Stattdessen entstand ein anderes Molekül (Bianthryl). Grund für das Scheitern ist die Übertragung von Triplett-Anregungsenergie vom 8-gliedrigen Ring auf den Reak-

tionspartner TDDA, der daraufhin sofort Ringöffnung eingeht (Abb. 17).

Das heißt, dass unser normal konjugiertes Ringmolekül das gürtelförmige zerstört, statt mit ihm zu reagieren. Anschaulich kann man das Problem und auch seine Lösung mit der Herstellung eines Buddelschiffs vergleichen.

Wie bekommt man ein Schiff unversehrt in eine Flasche? Man faltet es zusammen, schiebt es in die Flasche, zieht an einem Faden und richtet es wieder auf. Übertragen auf unser System entspricht die Flasche dem TDDA und das Schiff dem ringförmigen Reaktionspartner. Um die Metathese-Reaktion zu erreichen, „falten" wir den 8-Ring, indem wir zwei zusätzliche Bindungen einführen, addieren ihn an das TDDA und „entfalten" das Produkt durch Lösen der zusätzlichen Bindungen (Abb. 18).

In der Chemie nennt man dieses Vorgehen „Maskieren" oder „Verwenden eines Syntheseäquivalents". Statt des 8-Ringes verwenden wir den maskierten (gefalteten) 8-Ring, der aus drei viergliedrigen Ringen besteht und den klangvollen Namen Tricyclooctadien (TCOD) trägt. Auch in diesem Fall mussten wir ein halbes Jahr Optimie-

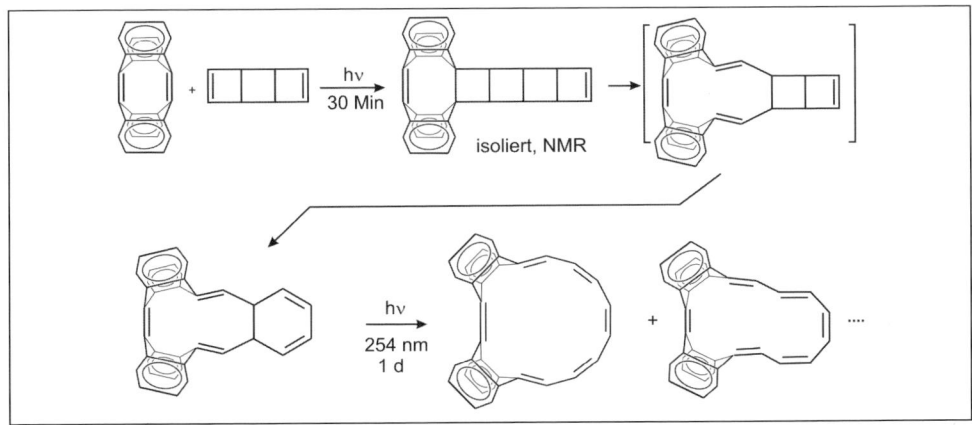

Abb. 19: Synthese des Möbius-Moleküls durch Metathese von TDDA mit TCOD

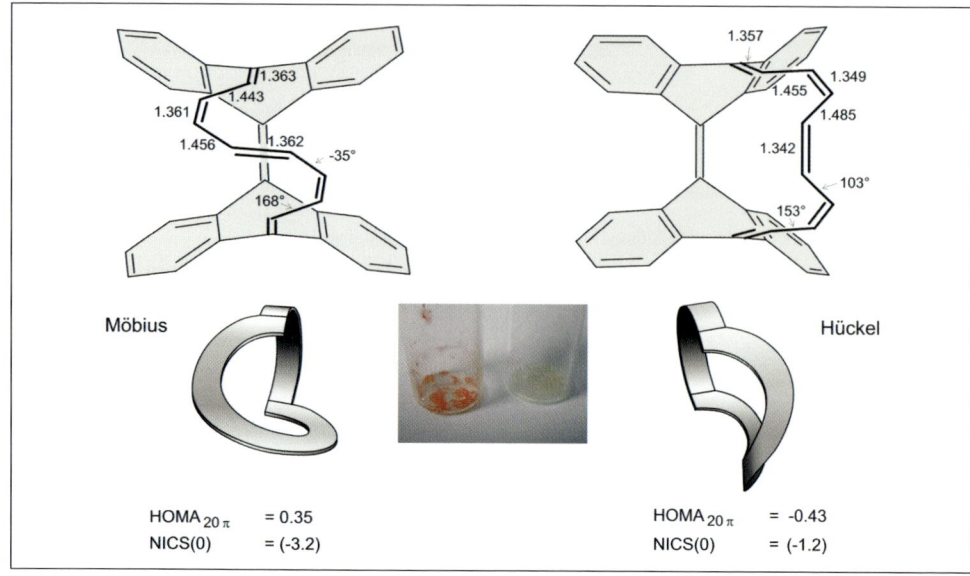

Abb. 20: Eigenschaften des Möbius-Isomers im Vergleich zur entsprechenden, unverdrillten Hückel-Verbindung

rungsarbeit leisten, um genügende Mengen des TCOD für das entscheidende Experiment herzustellen. Wenn man nun TDDA mit TCOD in Benzol belichtet, erhält man tatsächlich Additionsprodukte (Abb. 19).

Zunächst entsteht ein so genanntes Ladderan (nach englisch ladder = Leiter). Die Spannungsenergie in diesem leiterförmigen Molekül ist so hoch, dass es sich teilweise ohne weiteres Zutun aufrichtet, bis auf die letzte Bindung. Um den letzten Schritt zur vollständigen Entfaltung zu induzieren, mussten wir etwas stärker „am Faden ziehen", d. h. mit Licht höherer Energie (kürzerer Wellenlänge, 254 Nanometer) belichten. Es entstanden tatsächlich mehrere ringgeöffnete Produkte, von denen drei Möbius- und eines Hückel-Topologie besitzen. Von einem Möbius- und dem Hückel-Isomer konnten wir die genaue Geometrie durch Röntgenstrukturanalyse bestimmen, welche übrigens exakt mit den theoretisch berechneten Geometrien über-

einstimmt. Die Möbius-Verbindung kristallisiert in roten Rhomben, die Hückel-Verbindung ist farblos (Abb. 20).

Alle C-C-Bindungen im Möbius-Molekül sind konjugiert und bilden das erste delokalisierte System, welches nur eine Seite besitzt. Der Vergleich der Eigenschaften der beiden Verbindungen, des verdrillten Möbius- und des unverdrillten Hückel-Isomers, versetzt uns in die Lage, Heilbronners Vorhersage zu überprüfen. Danach sollte die Möbius-Verbindung aromatisch und die Hückel-Verbindung antiaromatisch sein. Eine ausgeprägte Aromatizität zeigt sich in den Bindungslängen. Im Benzol-Molekül, dem Prototyp aller Aromaten, sind alle Bindungen gleich lang. In weniger aromatischen Molekülen ist der Bindungslängenausgleich weniger stark ausgeprägt. Mit einem darauf basierenden mathematischen Verfahren, der HOMA-Methode (HOMA = Harmonic Oscillator Model of Aromaticity), kann man die Aromatizität

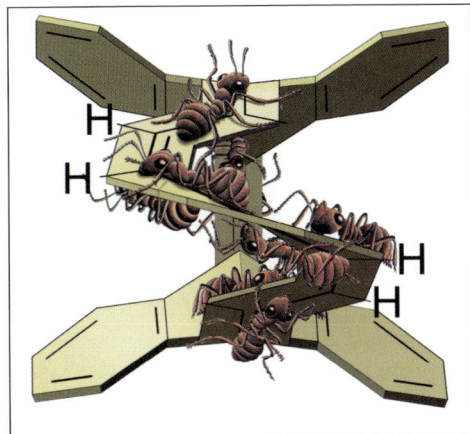

Abb. 21: Möbius-Molekül mit Ameisen

einer Verbindung quantifizieren. Benzol hat einen HOMA-Wert von 1,0, unser Möbius-Molekül kommt auf 0,35. Es besitzt also etwa ein Drittel der Aromatizität von Benzol. Einen ähnlichen Wert erhält man mit einer anderen Methode, die die Stabilisierung durch Aromatizität quantifiziert. Die Stabilisierung beträgt 4 Kilokalorien/Mol, das sind 20 Prozent des Wertes von Benzol. Damit ist zum ersten Mal Heilbronners Vorhersage auch experimentell bewiesen.

In Analogie zu Eschers berühmter Grafik, die ein Möbius-Band zeigt, auf dem neun Ameisen krabbeln, haben wir die Ameisen auf unserem Möbius-Molekül platziert. Die Ameisen bilden eine einzige zusammenhängende Kolonne und repräsentieren anschaulich die Tatsache, dass dieses Molekül nur eine Seite hat.

Wir haben Beispiele für die Möbius-Objekte in der Mathematik, in der Technik und sogar in der Literatur gefunden. Vermutlich ist diese inspirierende Topologie mehrfach unabhängig entdeckt worden. Das älteste Beispiel kommt meines Wissens nicht aus der Mathematik. Es ist mehr als 100 Jahre älter als die Arbeiten von Listing

und Möbius und stammt aus einem Gebiet, in dem man es nicht unmittelbar vermuten würde. 1747 schrieb Johann Sebastian Bach zu Ehren Friedrich des Großen anlässlich eines Besuches beim König in Potsdam eine Reihe von Fugen und Kanons, die als *Musikalisches Opfer* bekannt sind (Abb. 22).

Eines dieser Stücke, der Krebs-Kanon, ist für zwei Violinen geschrieben, die die gleichen Noten in unterschiedlicher Richtung spielen, die eine vorwärts, die andere rückwärts. In der Mitte des Stückes tauschen die Violinen die Rollen, ähnlich wie die Ehepaare Smith und Martin im *Bald Soprano* von Ionesco oder die Phasen der p-Orbitale in unserem Möbius-Molekül. Alle zwei Durchläufe spielt also jede Violine wieder die gleichen Noten. Am besten veranschaulicht man sich die Möbius-Topologie, indem man die Noten ausschneidet und zu einem durchgehenden Streifen zusammenklebt. Wenn man das Band in der Mitte faltet, liegen die Noten für beide Stimmen auf der Vorder- und Rückseite. Durch Verdrillen und Zusammenkleben erhält man ein Möbius-Band, welches sich endlos abspielen lässt.

Die vermutlich einfachste Beschreibung für Kunst ist die Schaffung von Schönheit und die für die Wissenschaft ist die Suche nach Wahrheit und Erkenntnis. Die mathematische Struktur der Möbius-Topologie, die von Listing und Möbius 1858 beschrieben wurde, hat Künstler wie Escher und Bill zu ihren wunderschönen Graphiken und Skulpturen inspiriert. Bei Bach war es umgekehrt. Auf der Suche nach Harmonie in der Musik hat er eine mathematische Struktur gefunden. Damit haben Wissenschaft und Kunst hier die Rollen getauscht. Aus „Wissen schafft Kunst" wird „Kunst schafft Wissenschaft". Die Möbius-Schleife beschreibt damit auch das Verhältnis von Kunst und Wissenschaft.

Johann Sebastian Bach

Abb. 22: *Krebs-Kanon* aus dem Musikalischen Opfer von Johann Sebastian Bach

Literatur

[1] Fadiman, C.: Copernicus. Springer-Verlag, New York, 1997.

[2] Ionesco, E.: The Bald Soprano and Other Plays. Grove Press, New York.

[3] Nabokov, V.: Die Gabe. Rowohlt Verlag, Reinbek, 1994.

[4] Ronen, O., Davidov, S.: Nine Notes to The Gift. The Nabokovian 44, 20–26 (2000).

[5] Bill, M.: Unendliche Schleife 1933–1995 und die Einflächner. Benteli Verlag, Bern, 2000.

[6] Locher, J. L. et al: Die Welten des M. C. Escher. Manfred Pawlak Verlagsgesellschaft, Herrsching, 1971.

[7] Heilbronner, E.: Tetrahedron Lett. 29, 1923–1928 (1964).

[8] Hückel, E.: Zeitschrift für Physik 70, 204–286 (1931).

[9] Hückel, E.: Zeitschrift für Physik 76, 628–648 (1932).

[10] Zimmerman, H. E.: J. Am. Chem. Soc. 88, 1564–1565 (1966).

[11] Ajami, D., Oeckler, O., Simon, A., Herges, R.: Nature 426, 819 (2003).

Einführung in die Sitzung am Montagnachmittag

Klaus Peter

Zur Einführung in diese Sitzung mit den Vorträgen vier herausragender Wissenschaftler, die ebenfalls auf ganz verschiedenen Forschungsgebieten tätig sind, möchte ich die Frage stellen, ob das bisher so erfolgreiche Konzept der Gesellschaft Deutscher Naturforscher und Ärzte wirklich noch zukunftsträchtig ist. Müssen wir uns immer noch treffen und in der Diskussion unsere Gedanken austauschen? Bieten das Internet, die Multimedia-Landschaft und alles, was sich hieraus ergibt, nicht viel effizientere Möglichkeiten des Austausches wissenschaftlicher Ergebnisse, und das zu jeder beliebigen Stunde?

Die Bereitstellung und Nutzung von Information in einem ungeheuren Umfang ist ein Merkmal unserer heutigen Welt. Innerhalb weniger Jahre verdoppelt sich diese Information in allen Disziplinen. Doch ist damit die Rede von einer Wissensgesellschaft gerechtfertigt? In der Medizin ist es nicht das *Wissen*, das sich beispielsweise alle vier Jahre verdoppelt – nein, es ist die *Informationsmenge*. Dem entspricht auch das beinahe exponentielle Ansteigen der Anzahl derjenigen, die an der Produktion und Vermittlung von Information beteiligt sind. Die Möglichkeiten des Informationsaustauschs sind heute so umfangreich, dass kaum noch jemand in der Lage ist, diese in vollem Umfang zu nutzen.

Die Information allein, so faszinierend sie in ihrer Menge auch sein mag, kann unsere Zukunft nicht bestimmen – auch wenn manche Internetsurfer das vielleicht glauben mögen. Wichtiger ist es, diese Information in Wissen zu verwandeln. Nur so können wir die Wissensgesellschaft gestalten. Was von dieser Informationsmenge ist wissenswert? Aktuell ist es nur ein Teil; ein anderer wird es vielleicht in der Zukunft.

Ist das eine neue Botschaft? Auf den ersten Blick mag es so scheinen, doch die Wurzeln des modernen Wissens liegen in der Geschichte. Auch Bayern spielte hierbei eine gewisse Rolle, da im Dreißigjährigen Krieg ein junger französischer Söldner im bayerischen Heer diente. Damals legte dieser Söldner die Grundlagen des modernen wissenschaftlichen Denkens. Es ist René Descartes, der im *Discours de la méthode* den modernen Rationalismus begründet hat. Er formulierte vier Regeln des Denkens und geistigen Handelns, die heute noch gültig sind. Die erste Regel fordert, ohne Vorurteile und ohne Hast Probleme zu behandeln; die zweite Regel, ein Problem in seine Teile zu zerlegen; vom Einfachen zum Schwierigen fortzuschreiten, besagt die dritte Regel, und die vierte ist die Forderung nach der Vollständigkeit. Auf dieser scheinbar so simplen Grundlage entwickelte sich die moderne Naturwissenschaft, hierauf basiert auch die moderne Informationstechnologie und letztlich auch die Entwicklung der Computer. – Vor Descartes hatte der in München lebende Wilhelm von Ockern die Klarheit des Denkens und die Verlässlichkeit der Kommunikation ebenfalls mit geprägt.

Mit der Forderung nach dieser gedanklichen Klarheit ist nur eine von den drei

Prof. Dr. med. Dr. med h. c. **Klaus Peter**, geb. 1938 in Zobten (Schlesien). Medizinstudium an der Universität Heidelberg, 1967 Promotion; Funktionsoberarzt ab 1970, erster Oberarzt ab 1972 an der Chirurgischen Universitätsklinik Heidelberg; 1972 Habilitation. Seit 1976 Lehrstuhlinhaber für Anästhesiologie und Direktor der Klinik für Anästhesiologie am Klinikum der Universität München. 1983–1989 Ärztlicher Direktor des Klinikums, 1989–2005 Dekan der Medizinischen Fakultät der Universität München, Gründungsmitglied der Academia Scientarium et Artium und der Alliance for medical Education Harvard Medical School LMU München. Vorsitz bzw. Präsident mehrerer Fachgesellschaften, Mitglied und Ehrenmitglied zahlreicher Gesellschaften, der Leopoldina, der Universität Regensburg, der Charité Berlin; zahlreiche weitere Ehrungen und Auszeichnungen. Herausgeber und Mitherausgeber mehrerer Fachzeitschriften.
Klinische und wissenschaftliche Schwerpunkte: Anästhesiologie, Intensivmedizin, Transfusionsmedizin, Schmerztherapie.

Prof. Dr. Dr. h. c. Klaus Peter
Klinikum der Universität München
Klinik für Anästhesiologie
Marchioninistraße 15
D-81377 München

einzelnen Menschen nur einen immer kleineren Anteil davon umfasst. Der Abstand vom insgesamt vorhandenen rationalen Wissen zu dem rationalen Wissen eines Einzelnen wird immer größer. Dieses Wissen ist in Büchern und Datenbanken abgelagert, neuerdings kreist es auch für jedermann verfügbar im Internet. Sollte man also nicht auf Kongresse, Tagungen und Versammlungen verzichten und stattdessen über das Internet nur noch in den multimedialen virtuellen Welten miteinander kommunizieren?

Indem wir uns in diese virtuellen Welten begeben, erkennen wir schon die Bedeutung der realen Orte, in denen wir uns persönlich begegnen und unseren Diskurs führen – Orte wie dieser: Passau, dieser Hörsaal, diese Zusammenkunft. Es sind auch Orte, die unsere Identität bestimmen: die Stadt, in der wir leben, die Universität, in der wir lehren oder hören, die Region, in der wir heimisch sind. Dieser Gedanke führt zur zweiten Komponente menschlichen Wissens, in der Orte und Begegnungen wichtig und notwendig sind. Mit ihnen wird unser persönliches Wissen bestimmt, welches zum rationalen Wissen hinzukommt. Es stellt sich dar in unseren bildhaften Vorstellungen, in den erinnerten Orten, an denen wir waren, in wichtigen Erlebnissen. Wir leben vor allem in Bildern; sie bestimmen unser persönliches Wissen, unsere Identität. Menschen müssen sich ein Bild voneinander machen, man muss sich auch anschauen. Am besten muss man dieses Bild auch noch mögen. Das sind wichtige Grundvoraussetzungen für eine gute Zusammenarbeit.

Die dritte Komponente ist ebenfalls mit persönlicher Begegnung verbunden: Oft ist es unmöglich zu erklären, warum wir etwas Bestimmtes tun und warum wir es gerade so tun und nicht anders. Warum führte Picasso seine Hand so und nicht anders? Wa-

Komponenten der modernen Wissensgesellschaft genannt. Es ist das rationale und sprachlich verfügbare Wissen, das in den Schulen, an den Universitäten und auch auf Versammlungen wie dieser gelehrt wird und das man auch als explizites Weltwissen bezeichnet. Sein Umfang ist inzwischen so unglaublich, dass das Wissen eines

rum gestaltete er das Bild so und nicht anders? Wir begegnen hier dem Können, dem impliziten Wissen, dem Handlungswissen. Können und persönliches Wissen kennzeichnen den Experten und den Künstler; beide sind auch die Voraussetzung für die Inspiration und die Vorstellung. Dieses Handlungswissen kennzeichnet ebenfalls den Handwerker, den Wissenschaftler, den Unternehmer, den Politiker. Es wird benötigt, um mit Intuition – und damit auch gut – zu handeln. Oft wird es auch Erfahrungswissen genannt – es ist das Ergebnis von Handlungen und Begegnungen.

Diese drei Komponenten – rationales Wissen, persönliches Wissen und Können – haben wir alle in uns. Jeder trägt es in sich, aber die Ausprägung ist unterschiedlich – das macht uns auch unterschiedlich. Diese Wissensformen sollten gleichwertig aufeinander bezogen und geformt werden. Das ist eine wichtige Aufgabe der Schule, der Universität, der Zusammenarbeit von Lehrern und Schülern. Nur wenn wir uns auf alle Wissensformen konzentrieren, wird es gelingen, aus einer Informations- eine Wissensgesellschaft zu machen. Das Wunderbare dieser Gesellschaft Deutscher Naturforscher und Ärzte ist es, dass sie schon seit ihrem Beginn dieses erkannt hatte und mit ihren Versammlungen die verschiedensten Fachgebiete und die verschiedenen Repräsentanten der Fachgebiete zeitgleich zusammenführt. Interdisziplinarität heißt über die eigenen Grenzen hinwegschauen, kommunizieren, miteinander reden und dann vielleicht auch miteinander arbeiten.

Die medizinischen Beiträge dieses Verhandlungsbandes befassen sich mit ganz unterschiedlichen Richtungen in der Medizin und vermitteln daher auch einen Eindruck von dem breiten Spektrum der aktuellen Entwicklungen in der Medizin.

Neurologische Rehabilitation: Funktionslokalisation – Hirnplastizität – therapeutische Konzepte

Eberhard Koenig

Definition und sozialrechtliche Zuordnung

Unter Rehabilitation versteht man die Behandlung der Krankheitsfolgen, nicht die direkte Behandlung der Krankheit oder die Klärung der Krankheitsursache. Sie erfolgt in speziellen Rehabilitationskliniken oder ambulant. Die Rehabilitation weniger schwer betroffener Patienten, bei denen der Anteil der akut medizinischen Behandlung gering ist, bedarf der Zustimmung der Krankenkasse oder wird bei positiver Erwerbsprognose von der Rentenversicherung getragen. Schwer erkrankte Patienten müssen im Krankenhaus behandelt werden und bedürfen unter Umständen gleichzeitig zur Vermeidung einer Verschlimmerung der Krankheitsfolgen schon rehabilitativer Maßnahmen. Diese gleichzeitige akutmedizinische und rehabilitative Behandlung Schwerkranker wurde als Frührehabilitation definiert und in den meisten Bundesländern der Akutmedizin zugerechnet. Aktuell bestehen besondere Probleme, die Frührehabilitation im neuen Entgeltsystem für Krankenhäuser (dem Diagnose-orientierten Fallpauschalensystem) abzubilden, weil die Rehabilitation primär nicht diagnoseorientiert, sondern in Hinblick auf die Krankheitsfolgen an den funktionellen Defiziten des Patienten orientiert ist.

Unter Neurologie wird das Fachgebiet der Erkrankungen des Zentralnervensystems (Gehirn und Rückenmark) und des peripheren Nervensystems verstanden. Typische Krankheitsbilder in der Neurologie sind Schlaganfall (Mangeldurchblutung oder Blutung in das Gehirn), Hirnentzündung auf bakterieller, viraler (Encephalitis) oder immunologischer Grundlage (multiple Sklerose), neurodegenerative Erkrankungen wie Morbus Parkinson und die Demenzen (am bekanntesten die Alzheimer-Krankheit), Tumore des Nervensystems, Schädel-Hirn-Trauma, Querschnittslähmungen und Läsionen des peripheren Nervensystems durch Kompression (z. B. Bandscheiben oder gelenknahe Engstellen), Trauma oder Stoffwechselstörungen (Polyneuropathie).

Angesichts der zentralen Rolle des Nervensystems sind die resultierenden Funktionsstörungen sehr vielgestaltig und zum Teil gravierend. So sind aktuell die Schlaganfallfolgen, zukünftig die Folgen der Demenzen, die Diagnosen mit den größten Folgekosten für unser Sozialsystem. Die Folgen reichen vom länger anhaltenden Bewusstseinsverlust (Koma) über Störungen der Sinnessysteme (Sehen, Hören, Gleichgewicht, Fühlen usw.), sehr vielgestaltige Lähmungserscheinungen und Störungen der Bewegungskoordination bis hin zu Störungen der höheren Hirnfunktion (Wahr-

Hirnlokalisation, Diagnosen und typische Schädigungsbilder

Prof. Dr. med. **Eberhard Koenig**, geb. 1948. 1967 Abitur an der Goetheschule in Essen, Studium der Medizin und anfangs auch Psychologie in Freiburg und Würzburg, 1973 Staatsexamen, 1974 Promotion. 1976, nach Wehrdienst als Stabsarzt am Flugmedizinischen Institut der Luftwaffe, Forschungsassistent Neurologische Universitätsklinik Freiburg. 1976/77 Ausbildungsstipendium der DFG am Mount Sinai Hospital New York, 1978–1982 Weiterbildung zum Neurologen an der Universität Tübingen, 1982–1993 Facharzt und Oberarzt an der Universität Tübingen, 1986 Habilitation und Ernennung zum Privatdozenten, Untersuchungen zur Steuerung von Augenbewegungen, Gleichgewicht, Gehen und Klassifikation von Lähmungen. Seit 1994 Chefarzt der Neurologischen Klinik Bad Aibling. Seit 2000 Vorsitzender des Arbeitskreises Rehabilitation von Schlaganfallpatienten und Schädel-Hirn-Trauma-Patienten in Bayern e. V., seit 2004 1. Vorsitzender der Deutschen Gesellschaft für Neurologische Rehabilitation, seit 2002 Vorsitzender der Kommission Rehabilitation der Deutschen Gesellschaft für Neurologie.

Prof. Dr. med. Eberhard Koenig
Chefarzt
Neurologische Klinik Bad Aibling
Kolbermoorer Straße 72
D-83043 Bad Aibling

Hirnlokalisation

Die Funktionsabläufe im zentralen Nervensystem (bestehend aus den beiden Großhirnhemisphären, dem Hirnstamm, dem Kleinhirn und Rückenmark) sind noch nicht annähernd vollständig verstanden. Wohl können aber bestimmten Hirn- und Rückenmarksarealen bestimmte Funktionen zugeordnet werden, sodass sich aus dem Muster der Funktionsausfälle häufig recht genau auf den Läsionsort schließen lässt.

Die topische Gliederung motorischer Areale im primär-motorischen Kortex dürfte am bekanntesten sein (Abb. 1). Dies stellt jedoch eine starke Vereinfachung dar, denn im Kortex sind nicht einzelne Muskeln, sondern komplexe Entitäten wie Bewegungsrichtungen, Bewegungsmuster usw. abgespeichert. Die Areale, die motorische Efferenzen zum Rückenmark entsenden, gehen auch weit über die primär-motorische Rinde (M1) hinaus und umfassen den prämotorischen und sensiblen Kortex (S1, S2), die supplementär-motorische Area (SMA) und Teile des Cingulums (Abb. 2).

Auch Areale außerhalb der Hirnrinde sind an der Motorik beteiligt, wie die Basalganglien, das Kleinhirn und Rückenmark. Schon sehr einfache motorische Aufgaben, wie das Drücken einer Morsetaste mit 1 Hertz führt zu einer Aktivierung eines motorischen Netzwerkes (Abb. 3). Neben den zahlreichen Verbindungen zum Rückenmark von den in Abb. 3 gezeigten Strukturen bestehen Verbindungen vom N. ruber (bei Läsion Störung distaler Bewe-

nehmung, Gedächtnis, Denkabläufe, emotionale Steuerung, Sprachverständnis und Sprachgeneration). Die Funktionsstörungen können permanent vorhanden sein, in ihrer Stärke fluktuieren oder auch nur intermittierend vorhanden sein, wie bei der Epilepsie.

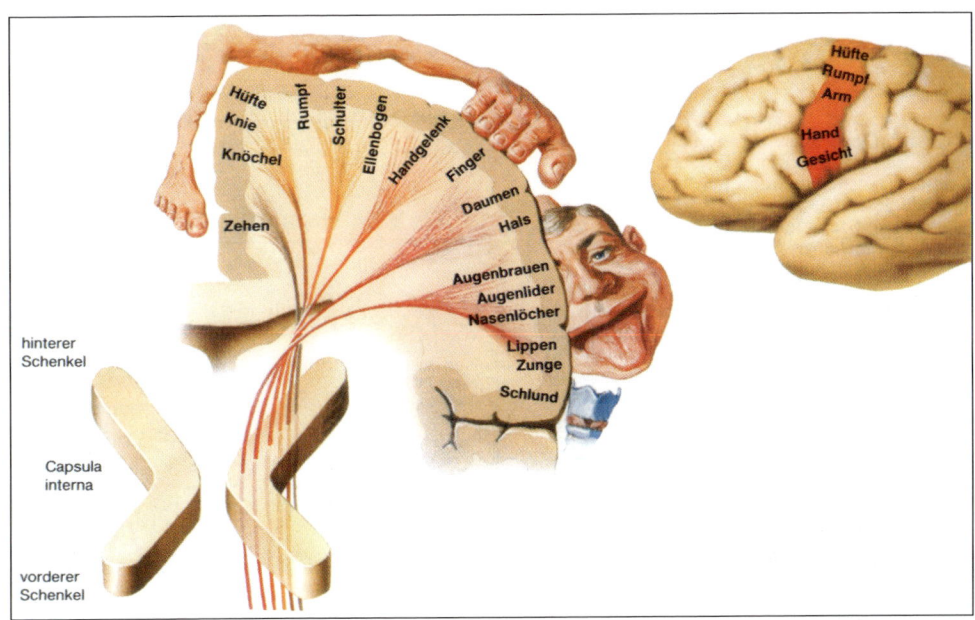

Abb. 1: Elektrische Reizung der Hirnoberfläche zeigt eine größenverzerrte Repräsentanz des menschlichen Körpers. Körperteile mit sehr differenzierter Motorik (Daumen, Gesicht, Zunge, Kehlkopf) nehmen mehr Raum in der Hirnrinde ein (nach [1]. Verändert nach Penfield)

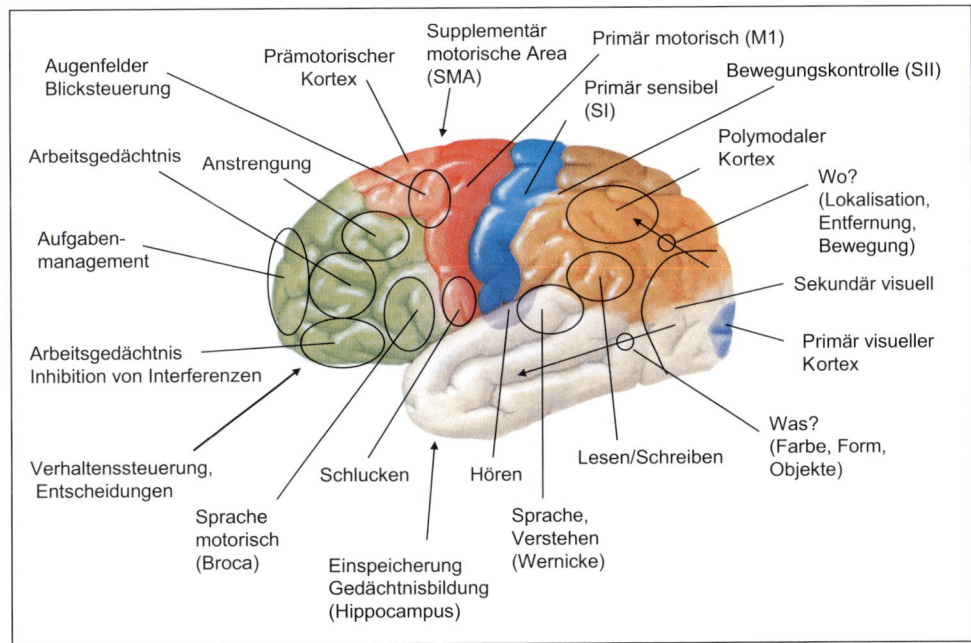

Abb. 2: Die Oberfläche der linken Hirnhälfte mit wichtigen Funktionsarealen. Verändert nach [1]

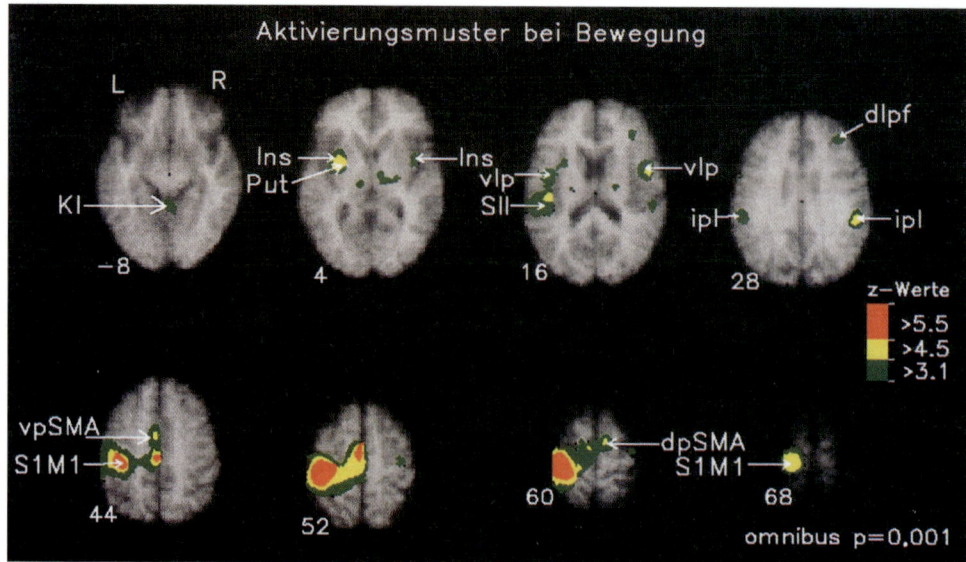

Abb. 3: Subtraktionsanalyse zwischen Bewegung und Ruhe (Bewegung = Drücken einer Morsetaste mit 1 Hz mit dem Zeigefinger) in der funktionellen Kernspintomographie zeigt die Aktivierung eines motorischen Netzwerks auch bei sehr einfachen Aufgaben. Kl = Kleinhirn, Ins = Insulärer Kortex, Put = Putamen, vlp = ventrolateraler prämotorischer Kortex, SII = sekundär somatosensorischer Kortex, ipl = inferior parietaler Kortex, SI-MI = primär sensorischer bzw. primär motorischer Kortex, vpSMA-dpSMA = ventrale bzw. dorsale posteriore supplementäre motorische Area. Nach [2]

gungen beim Affen), vom Colliculus superior (Beitrag zur visuell geführten Bewegung), der Formatio reticularis (proximale Rumpfbewegung) und dem N. vestibularis (Gleichgewichtsreaktion durch Rumpf- und Beinbewegung).

Der Frontallappen der Hemisphären (Abb. 2) ist in seinen vorderen Abschnitten für die höheren Hirnfunktionen (Antrieb, Motivation, Steuerung von Verhaltensweisen), in seinen hinteren Abschnitten (wie schon erwähnt) für die Planung und Initiierung der Willkürmotorik verantwortlich. Links (beim Rechtshänder) findet sich das motorische Sprachareal. Der nach hinten an die so genannte Zentralfurche anschließende Parietallappen ist im Wesentlichen für die Verarbeitung von Sinnesreizen der verschiedenen Qualitäten (Fühlen, Hören,

Sehen) und für die Zusammenführung zu einem einheitlichen Sinneseindruck zuständig, ist zum Teil aber auch in motorische Aufgaben involviert. Der Sinneseindruck wird mithilfe des Gedächtnisses (in beiden Schläfenlappen und Parietallappen) identifiziert und in Hinblick auf den Ort und die Geschwindigkeit relativ zum Körper lokalisiert.

Am Okzipitalpol befindet sich die Sehrinde, deren Bildanalyse im Parietallappen mit den anderen Qualitäten zusammengeführt wird. In der Schicht unter der Hirnrinde finden sich Verbindungsbahnen zwischen den verschiedenen Hirnarealen, zum Teil auch absteigend in den Hirnstamm zur Weiterleitung in Rückenmark und Kleinhirn oder von dort aufsteigend. Tiefer in den Hemisphären finden sich die so genannten Basalganglien, mit einer Funktion in der Bewegungsinitiierung und -regulation, darunter der Thalamus, die zentrale Schaltstelle für Sinnesmeldungen, die aus dem Körper an die Hirnrinde vermittelt werden sollen. Die Kleinhirnhemisphären besorgen den Feinabgleich der Bewegung der Extremitäten, die Mittellinienstrukturen des Kleinhirns (Wurm) sind für die Rumpfkoordination und die unteren Kleinhirnabschnitte für die Koordination von Gleichgewicht und Augenbewegungen zuständig. Vom Hirnstamm aus werden die Hirnnerven angesteuert (Bewegung von Augen, Gesicht, Kaumuskulatur, Zunge, Gefühle in Gesicht und Mundhöhle, Geschmackssinn), zusätzlich finden sich dort die lebenswichtigen vegetativen Steuerungszentren (Atmung; Herzfrequenz, Blutdruck). Die durch den Hirnstamm laufenden Bahnsysteme verbinden Großhirn, Kleinhirn und Rückenmark. Da die Bahnsysteme auf dem Weg von der Hirnrinde zum Hirnstamm und Rückenmark, aber auch von den Sinnesorganen (Sehbahn, somatosensible Bahn) überwiegend kreuzen, finden sich die neurologischen Ausfälle in der Regel auf der Gegenseite der Läsion im zentralen Nervensystem.

Diagnosen und typische Schädigungsbilder

Das mit großem Abstand dominierende Krankheitsbild in der Neurorehabilitation ist der Schlaganfall. Unter der volkstümlichen Bezeichnung „Schlaganfall" werden drei Krankheiten subsumiert, die alle durch einen abrupten Beginn der neurologischen Symptomatik charakterisiert sind: der cerebrale ischämische Infarkt, die intracerebrale Blutung und die Subarachnoidalblutung.

Cerebrale Ischämie (Mangeldurchblutung): Das bei weitem häufigste neurologische Krankheitsbild ist die cerebrale Ischämie (ca. 250 000 Neuerkrankungen pro Jahr in der BRD). Durch den Verschluss einer mehr oder weniger großen hirnversorgenden Arterie kommt es in dem allein von diesem Gefäß versorgten Territorium zu einem Funktionsverlust der Nervenzellen (Neurone) mit einem entsprechenden neurologischen Funktionsdefizit. Die neurologische Symptomatik hängt von der Lokalisation der Mangeldurchblutung im Gehirn ab. Kommt es nicht rasch zu einer Reperfusion, folgt eine lokale Hirnnekrose mit permanentem Ausfall der betroffenen Neurone, was wegen der Neuroplastizität gerade bei kleineren Nekrosen nicht gleichbedeutend sein muss mit einem permanenten Funktionsausfall. Am häufigsten sind Durchblutungsstörungen im Bereich der mittleren Hirnarterie, die typischerweise zu einer *Halbseitenlähmung* mit stärkerem Betroffensein des Armes und geringerem Betroffensein des Beines und der Gesichtsmuskulatur führen.

Die gravierendste Auswirkung einer Ischämie im Versorgungsbereich der A. cerebri media in der dominanten linken Hemisphäre des Rechtshänders ist eine vollständige Sprachlähmung (*globale Aphasie*), die sämtliche sprachlichen Aspekte, also das Verstehen, die Sprache, aber auch das Lesesinnverständnis und das Schreiben betreffen kann.

Charakteristisches motorisches Syndrom einer Durchblutungsstörung der vorderen Hirnarterie ist eine beinbetonte Lähmung.

Das führende Symptom bei einer ausgedehnten Durchblutungsstörung der hinteren Hirnarterie ist der halbseitige Gesichtsfeldausfall. Der Patient nimmt also von der intendierten Blickrichtung 90 Grad nach rechts oder links auf beiden Augen nichts wahr, sodass er den Ausfall primär häufig gar nicht bemerkt, sondern durch Hängenbleiben im Türrahmen,

Kollision mit Passanten, Verkehrsunfälle, Lesestörung oder Verzehr der Speisen nur in der sichtbaren Hälfte des Tellers auffällig wird.

Die beiden hinteren Hirnarterien werden von einer in der Mittellinie vor dem Hirnstamm liegenden Arterie (A. basilaris) gespeist, die wiederum aus den beiden in den Wirbelquerfortsätzen der Halswirbelsäule verlaufenden Wirbelarterien (Aa. vertebrales) versorgt wird. Die A. basilaris versorgt durch direkt abzweigende kleine Äste den Hirnstamm. Eine ausgeprägtere Durchblutungsstörung in diesem Bereich kann durch das direkte Betroffensein der lebenswichtigen vegetativen Zentren (Atemzentrum, Blutdruckregulation, Steuerung der Wachheit) unmittelbar zum Tode führen oder durch Unterbrechung der Verbindung vom Großhirn zum Hirnstamm und Rückenmark zur vollständigen Bewegungsunfähigkeit (so genanntes locked-in-Syndrom = Eingeschlossen-Sein ohne Möglichkeit der Motorik mit Ausnahme von Augen- und Lidbewegungen).

Die intracerebrale Blutung: Zweithäufigste Ursache des Schlaganfalles ist die intracerebrale Blutung, meist ausgelöst durch erhöhten Blutdruck, seltener durch Gefäßmissbildungen. Häufigste Lokalisation sind die so genannten Stammganglien mit Kompression oder Läsionen der Verbindungsbahnen von der Hirnrinde zum Rückenmark. Die resultierende halbseitige Lähmung ist klinisch nicht von einer Halbseitenlähmung durch eine Ischämie zu unterscheiden. Im Rehabilitationsverlauf unterscheiden sich die intracerebrale Blutung und Ischämie insofern, als die Besserungstendenz bei der Blutung initial langsamer ist als bei der Ischämie. Langfristig sind die Ergebnisse bei intracerebralen Blutungen aber besser, weil die Blutung das Hirngewebe mehr verdrängt und weniger Hirngewebe zugrunde geht.

Die Subarachnoidalblutung: Unter einer Subarachnoidalblutung versteht man eine Blutung in den mit Nervenwasser gefüllten Raum, der das Gehirn und Rückenmark im Sinne einer „Flüssigkeitsfederung" umgibt. Am häufigsten kommt die Subarachnoidalblutung durch das Platzen von Blutsäckchen, insbesondere bei körperlicher Anstrengung, an der Hirnbasis zustande. Entscheidend für das Überleben ist die Größe des Lecks und sein schneller Spontanverschluss.

Die Rehabilitation erreichen diese Patienten in der Regel nach neurochirurgischer oder interventioneller neuroradiologischer Intervention mit Clippung oder Verschluss des Aneurysmas mit Metallspiralen (so genannte Coils). Das Blut im Subarachnoidalraum stellt einen Reiz für die dort verlaufenden Hirnarterien dar, die mit reizbedingter Kontraktion (Vasospasmus) bis hin zum funktionellen Verschluss des Gefäßes mit der Folge eines ischämischen Hirninfarkts reagieren.

Schädel-Hirn-Trauma: Die Folgen des Schädel-Hirn-Traumas hängen vom Ausmaß und der Richtung der Gewalteinwirkung ab. Am häufigsten ist das frontale Entschleunigungstrauma. Dabei kommt es zu Verschiebungen des Gehirns im Schädel und bei ausreichender Gewalteinwirkung zu einer Quetschung des Frontalpols des Gehirns beim Anschlag an die Schädelinnenseite. Häufig kommt es auch durch elastisches Rückfedern des Gehirns zu einem Aufprall des Gehirns auf der entgegengesetzten Schädelinnenseite mit einer weiteren Hirnquetschung (Contre-Coup-Läsion). Durch die Verformung des Gehirns bei diesen abrupten Bewegungen kann es auch zu inneren Zerreißungen des Gehirns kommen (so genannter diffuser Axonschaden), insbesondere im Bereich des Balkens (Verbindungsstruktur zwischen beiden Hirnhälften) und an der Mark-Rinden-

Grenze. Durch die Verlagerung des Gehirns kann es auch zu Scherverletzungen der Hirnanhangsdrüse (Hypophyse) mit langanhaltenden Hormonstörungen kommen.

Globale cerebrale Hypoxie: Die globale cerebrale Hypoxie (Sauerstoffmangel des gesamten Gehirns) kommt meist durch Herzstillstand/Kammerflimmern im Rahmen eines Herzinfarktes, bei Kindern am häufigsten durch Ertrinkungsunfälle zustande. Überlebt werden kann dieser Zustand natürlich nur, wenn durch Reanimationsmaßnahmen schnelle Hilfe erfolgt. Die Schwere des Krankheitsbildes hängt ganz von der Dauer des Sauerstoffmangels ab (bei Ertrinkungsunfällen auch von der Auskühlung des Körpers, die zu einer Verlangsamung der Stoffwechselprozesse und damit längerer Überlebensmöglichkeit führt). Am empfindlichsten gegen Sauerstoffmangel sind die Gedächtniszellen in den mittleren Anteilen des Schläfenlappens. Patienten mit diesem Schädigungstyp haben Probleme, neue Gedächtnisinhalte abzuspeichern, während das Altgedächtnis erst bei schwereren Schädigungen betroffen ist. Meist sind die Folgen der cerebralen Hypoxie aber schwerer. Typisch ist initial eine komatöse Bewusstseinslage, die sich im Laufe der Zeit zu einem Wachkoma (apallisches Syndrom oder Durchgangssyndrom, englisch: vegetative state) bessern kann. Dieser Zustand ist charakterisiert dadurch, dass der Patient wach wirkt, die Augen geöffnet hält, auch Augenbewegungen macht, in der Regel aber Personen nicht länger dauernd fixiert und zu einer Kontaktaufnahme mit der Umwelt nicht in der Lage ist. Die vegetativen Funktionen (Atmung, Blutdruckregulation, Herzfrequenzsteuerung, Temperaturregulation und reflektorische Bewegungen, Zugreifen sowie Schmatzen bis hin zum Schlucken) können erhalten sein, eine Reaktion auf Aufforderung und eine gezielte Kontaktaufnahme mit der Umwelt bleiben aber aus. Die Patienten empfinden Schmerzen und reagieren darauf mit Unruhe, Schwitzen und Pulsbeschleunigung, schrecken auf laute Geräusche hin zusammen und entspannen sich bei liebevoller Zuwendung.

Rehabilitation nach Operation von Hirntumoren: Das Schicksal des Patienten nach einer Hirntumoroperation hängt langfristig von der Art des Tumors, dessen Lokalisation und Ausdehnung und dessen vollständiger oder unvollständiger Entfernung ab. Die Rehabilitation dient meist einer Verkürzung der Immobilisation und des stationären Krankenhausaufenthaltes.

Entzündliche Erkrankungen: Entzündliche Erkrankungen können zu relativ diffusen, aber auch sehr lokalisierten Hirnschädigungen führen. Dementsprechend unterschiedlich ist das neurologische Ausfallsmuster. Zu unterscheiden ist zwischen den Folgezuständen nach einer bakteriellen oder viralen Encephalitis mit üblicherweise einmaligem Auftreten und anschließender klinischer Besserung und immunvermittelten rezidivierenden Hirnentzündungen, z. B. bei der multiplen Sklerose. Hier sind, wie bei den bakteriellen und viralen Encephalitiden, die Rehabilitationserfolge am Anfang durchaus günstig, bei lang dauernden Entzündungsprozessen zunehmend begrenzter.

Degenerative Erkrankungen: Die degenerativen Erkrankungen sind eine sehr heterogene Gruppe von Erkrankungen. Zum Teil ist ihre genetische Grundlage nachgewiesen, häufig sind die Ursachen noch unklar. Degenerative Erkrankungen können alle Systeme erfassen, von der Hirnrinde in Form der Demenzen über subkortikale Strukturen (wie bei der Parkinson-Erkrankung), den Hirnstamm wie bei der supranukleären Blicklähmung, das Kleinhirn wie bei cerebellären Atrophien, das motorische System einschließlich des Rückenmarks (wie bei der amyotrophen Lateralsklerose) oder mehrere Systeme gleichzeitig, wie bei der oligopontocerebellären Atrophie. Trotz gewisser medikamentöser Behandlungsmöglichkeiten muss grundsätzlich von einer Progredienz ausgegangen werden. Trotzdem kann der Patient von der rehabilitativen Übungstherapie profitieren, insbesondere dann, wenn er im Rahmen der Progredienz eine Fähigkeit, z. B. das Gehen, erst kürzlich eingebüßt hat. Es ist dann durchaus aussichtsreich, durch die Übungstherapie diese Fähigkeit für eine bestimmte Zeitdauer zurückzugewinnen und dem Patienten Strategien für eine möglichst langfristige Erhaltung dieser Fähigkeit mit auf den Weg zu geben. In fortgeschrittenen Stadien wird man sich auf Maßnahmen zur Verbesserung der Pflegefähigkeit beschränken müssen.

Demenzen: Als degenerative Erkrankungen nehmen die Demenzen (am bekanntesten die Alzheimer-Demenz) wegen des primären Betroffenseins der höheren Hirnfunktionen (ca. 1 Million Betroffene in der Bundesrepublik) eine Sonderstellung ein. Rehabilitative Maßnahmen im Sinne einer Übungstherapie des Gedächtnisses sind wegen der im Vordergrund stehenden progredienten Gedächtnisstörung nicht aussichtsreich, wohl dagegen eine psychische Stabilisierung des Patienten mit Psychopharmaka (am Anfang häufig reaktive Depressionen), später bei psychomotorischer Unruhe atypische Neuroleptika und Entwicklung eines sinnvollen, möglichst tagesfüllenden Beschäftigungsprogramms auf der Basis noch vorhandener mentaler Ressourcen (Selbsterhaltungstherapie nach Romero).

Hirnplastizität

Die neuronalen Prozesse, die der Rehabilitation zugrunde liegen, sind nach wie vor

1. Spontanerholung
   - Wiedererlangen der neuronalen Erregbarkeit
2. Netzwerk-Plastizität
   - Expansion neuronaler Projektionen
   - Rekrutierung paralleler oder funktionell ähnlicher Bahnsysteme
   - Verwendung alternativer Bewegungsmuster
3. Neuronale Plastizität
   - Demaskierung vorher ungenützter Synapsen
   - Erhöhte Erregbarkeit durch Denevierungshypersensitivität
   - Synaptisches Sprouting
   - Axonale und dentritische Regeneration
   - Remyelinisierung
4. Neubildung von Neuronen

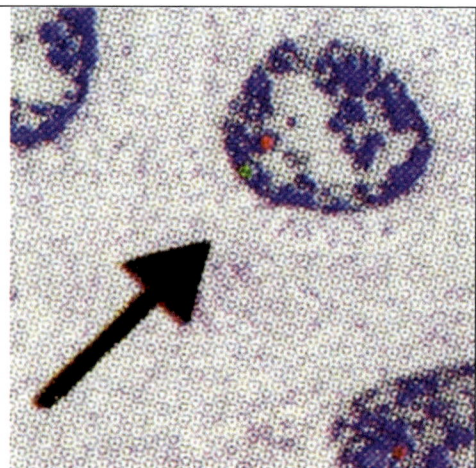

Abb. 4: Mechanismen der Funktionsrestitution. Die Abbildung belegt die Neubildung von Nervenzellen im Gehirn einer Frau, in diesem Fall aus den transplantierten Knochenmarkszellen eines Mannes (mit X- und Y-Chromosom, farbig rot und grün markiert). Nach [3]

nur andeutungsweise verstanden. Abb. 4 gibt einen Überblick über die infrage kommenden Prozesse und zeigt eine männliche Nervenzelle (X-Chromosom rot, Y-Chromosom grün) im Gehirn einer Frau, die eine Transplantation von männlichem Knochenmark erhalten hatte, als Nachweis einer möglichen Differenzierung von Nervenzellen aus dem Knochenmark. Nach Abklingen der Stoffwechselstörungen und Resorption des Ödems oder (im Falle einer Blutung) des Blutes kann es zu einer Erholung der Neurone kommen, deren Funktionsstoffwechsel gestört wurde, deren Stoffwechsel jedoch ausreichend war, um ein Überleben der Zelle zu erlauben.

Zusätzlich kann es zu einer Rückbildung von verminderter Aktivität (Diaschisis) in den eigentlich nicht von der Läsion betroffenen Arealen kommen, die von dem betroffenen Areal innerviert werden. Insbesondere bei nur partiell geschädigten Arealen oder Bahnverbindungen ist ein solcher Effekt zu erwarten. Unter Netzwerkplastizität ist eine Umorganisation mit dem Ziel der Funktionsrestitution zu verstehen. Dies kann einerseits geschehen durch die Verwendung alternativer Bewegungsmuster, andererseits durch Expansion oder Verlagerung neuronaler Projektionen. So können z. B. Neurone im Randbereich der Läsion Funktionen übernehmen, die vorher im Läsionsbereich lokalisiert waren, also de facto eine Verschiebung der funktionellen Landkarte auf der Hirnoberfläche zu Lasten von Kortexarealen, die vorher eine andere Funktion hatten.

Die Rekrutierung paralleler oder funktionell ähnlicher Bahnsysteme setzt voraus, dass derartige Systeme wie z. B. im motorischen System vorhanden sind. Hier kann eine vermehrte Innervation in der supplementärmotorischen und prämotorischen Area einen Defekt im primär motorischen Kortex wettmachen. Auch die Aktivierung ungekreuzter Anteile der Pyramidenbahn erlaubt einen partiellen Ausgleich der eingetretenen Defizite, zumal diese Anteile auch für die Extremitätenmuskulatur relevant sind (20 Prozent ungekreuzte Anteile der Pyramidenbahn, 10 Prozent mit zweiter Kreuzung auf Segmenthöhe im Rückenmark). Für Rumpfmuskeln, die kaudalen Hirnnerven, insbesondere die Schluckfunktion, sind diese Anteile zum Teil erheblich höher, sodass eine Großhirnläsion zum Teil gar nicht zu Lähmungserscheinungen führt.

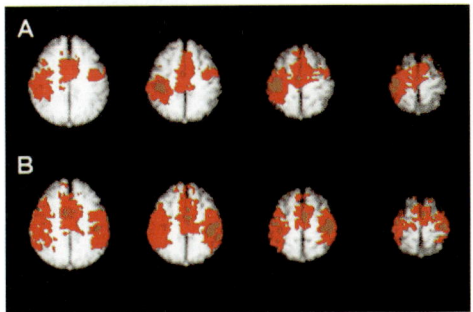

Abb. 5: Funktionelle Kernspintomographie mit stärkerer bilateraler Aktivierung beider Hemisphären bei Bewegung der gelähmten Hand (B) im Vergleich zur Bewegung der ungelähmten Hand (A) bei Schlaganfallpatienten. Nach [4]

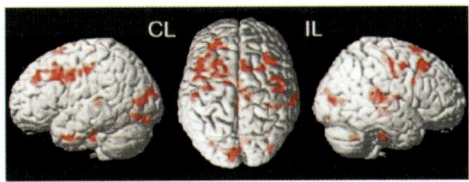

Abb. 6: Rückbildung der läsionsbedingten motorischen Aktivierung bei einem Schlaganfallpatienten im Lauf des Rehabilitationsprozesses. Farbig markiert sind die Hirnareale, die im Verlauf der Rehabilitation und mit zunehmendem Abstand zum Ereignis nicht mehr aktiviert werden, als Ausdruck der verbesserten Ökonomisierung des Innervationsmusters. CL = contralateral, IL = ipsilateral. Nach [5]

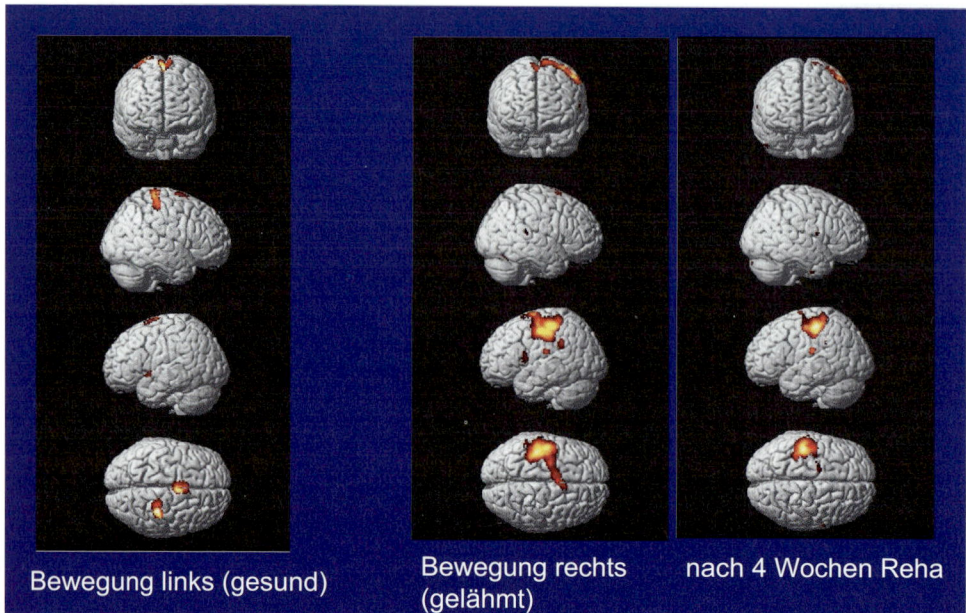

Bewegung links (gesund)

Bewegung rechts (gelähmt)

nach 4 Wochen Reha

Abb. 7: Rückbildung der läsionsbedingten motorischen Aktivierung. Vergleich mit funktioneller Kernspintomographie bei 1 Hz Bewegung des Zeigefingers auf der gesunden Seite (links), der Infarktseite zu Beginn der Rehabilitation (Mitte) und bei fortgeschrittener Rehabilitation (rechts) bei einem Patienten mit Hirninfarkt: Verkleinerung des aktivierten Areals, ohne dass die geringe Ausdehnung auf der gesunden Seite erreicht wird. Aus einer Studie unserer Klinik mit der Universität Ulm (mit Dank für die Abbildung an Dr. Kraft, Ulm)

In den vergangenen 15 Jahren ist umfangreich die Neuroplastizität untersucht worden, zunächst tierexperimentell, auch am Primaten, später mithilfe der Positronenemissionstomographie und der funktionellen Magnetresonanztomographie (fMRT) am Menschen mit Untersuchung der Stoffwechselaktivität und der Hirndurchblutung, vornehmlich bei motorischen Aufgaben. Nach diesen Untersuchungen ist davon auszugehen, dass es nach der Läsion im Vergleich zum Gesunden zu einer stärkeren Aktivierung aller motorisch relevanten Areale sowohl in der kontralateralen als auch der ipsilateralen Hemisphäre als Ursprung ungekreuzter Bahnen und auch des dorsolateralen präfrontalen Kortex als Ausdruck vermehrter

Anstrengung kommt (Abb. 5). Der Fokus der Stoffwechseländerung bzw. Durchblutungssteigerung durch die motorische Aufgabe ist aber bei verschiedenen Studien nicht einheitlich. Im Laufe des Fortschreitens der Rehabilitation und der Besserung der klinischen Ausfälle geht diese zusätzliche Rekrutierung kortikaler Areale zurück (Abb. 6). Zum Teil findet sie in unmittelbarer Umgebung des ursprünglichen Fokus (Abb. 7), zum Teil bleiben die anderen rekrutierten Hirnareale aktiv (wohl bei den Patienten mit geringerer Besserung).

Mit verschiedenen in den Dopamin- und Noradrenalin-Haushalt eingreifenden Substanzen konnte tierexperimentell und am Menschen eine Verbesserung der Neuroplastizität nachgewiesen werden (Abb. 8).

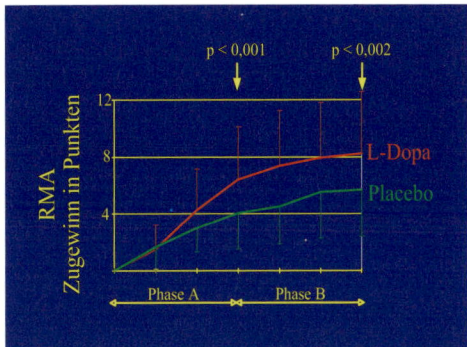

Abb. 8: Motorische Rehabilitation mit Medikamenten. Zugewinn im Durchschnitt von 47 Patienten nach Schlaganfall auf einer Skala für motorische Leistungen (Rivermead Motor Assessment) mit (für 3 Wochen) und ohne L-Dopa-Gabe (Kontrollgruppe in Woche 1–3 und beide Gruppen ab Woche 4). Nach [6]

Aus der Arbeit von Scheidtmann et al. (2001) aus dem eigenen Haus wird der Zugewinn an Punkten des Rivermead Motor Assessment (Skala für motorische Leistungen) in der dreiwöchigen Behandlungsphase (Phase A) gezeigt, die auch danach bestehen bleibt (Phase B).

Therapeutische Konzepte

Rehabilitationsziele

Vegetative Stabilisierung: Die Rehabilitationsziele differieren je nach Schwere der Schädigung. Wird der Patient noch auf der Intensivstation beatmet, so wird zunächst die Entwöhnung vom Respirator und auch die vegetative Stabilisierung im Vordergrund stehen, um eine Überlebensfähigkeit außerhalb des Krankenhauses zu sichern. Wie bei allen immobilisierten Schwerkranken ist die Vermeidung von Sekundärschäden ein weiteres wichtiges Ziel.

Pflegefähigkeit zu Hause/Unabhängigkeit in der Körperpflege: Nach dem Stabilisieren der Funktion des vegetativen Nervensystems (des Nervensystems, das die lebenswichtigen Funktionen Atmung, Blutdruck, Herzfrequenz, Verdauung, Blasen- und Darmentleerung regelt) steht häufig eine Verbesserung der Bewusstseinslage im Vordergrund, da viele Patienten mit schweren Hirnschädigungen primär komatös oder hochgradig bewusstseinsgestört sind, sodass eine Kontaktfähigkeit nicht gegeben ist. Nach wieder erreichter Kontaktfähigkeit ist der Patient grundsätzlich den für die Rehabilitation typischen übenden Verfahren zugänglich. Durch wiederholtes Üben wird versucht, eine Selbstständigkeit in den „Aktivitäten des täglichen Lebens" (Aufstehen, Gehen, Treppensteigen, Körperpflege, Zubereitung von Mahlzeiten), also eine Unabhängigkeit von pflegerischer Betreuung, zu erreichen.

Wiedereingliederung in soziales Umfeld und Beruf: Ist diese Selbstständigkeit im Wesentlichen erreicht oder war primär die neurologische Schädigung nicht so schwer, sind die weitergehenden Ziele eine Wiedereingliederung in das bisherige soziale Umfeld einschließlich der Berufstätigkeit. Durch übende Verfahren wird jeweils versucht, die verloren gegangene Funktion wiederherzustellen. Erst wenn dies nach einem ausgiebigen Versuch nicht gelingt, kommen kompensatorische Strategien in Betracht (z. B. das Erlernen des linkshändigen Schreibens bei ausbleibender Erholung der motorischen Funktion des rechten Armes). Vorübergehend oder auf Dauer kann die Verordnung von Hilfsmitteln zur Kompensation oder Erleichterung der Funktionsausfälle zweckmäßig sein, z. B. die Verordnung eines Rollstuhls oder eines behindertengerechten Geschirrs und Besteck, das einhändiges Essen erlaubt.

Behandlungsstrategien

Natürlich muss die zugrunde liegende Erkrankung weiter behandelt werden bzw. die Risikofaktoren, die zu der Erkrankung geführt haben. Dies soll hier aber nicht näher betrachtet werden, da es eigentlich nicht Bestandteil des rehabilitativen Prozesses ist.

Vermeidung von Sekundärschäden: Unter Sekundärschäden werden Folgen der Hirnläsionen verstanden, die sich erst im Zeitverlauf einstellen und primär nicht das Nervensystem direkt betreffen. Besonders häufig sind die Folgen der Immobilisation durch Lähmungserscheinungen. Durch die mangelnde Möglichkeit der Positionsänderung, auch im Liegen, kann es bei nicht ausreichend häufigen Umlagerungen des Patienten zum Wundliegen (Dekubitus) kommen. Erhebliche Schädigungen des zentralmotorischen Systems (erstes Motoneuron) führen zu erhöhter Muskelverspannung und Muskelverkürzung (Spastik) mit sekundär eingeschränkter Gelenksbeweglichkeit (Schrumpfung der Gelenkkapsel) und Sehnenverkürzung, sodass die Gliedmaßen permanent in Fehlstellung stehen und auch passiv nicht mehr in die normale Position gebracht werden können. Am Arm kommt es überwiegend zu einer Beuge-, im Bein zu einer Streckspastik, sodass typischerweise das Ellenbogengelenk, das Handgelenk und die Fingergelenke gebeugt sind, zum Teil in einem solchen Ausmaß, dass auch passiv die Hand nicht mehr geöffnet werden kann. An den Beinen ist die so genannte Spitzfußstellung typisch, eine Stellung des Fußes wie im Zehenstand, sodass auch bei Aufrichtung des Patienten die Ferse nicht mehr den Boden berührt. Weitere Sekundärschäden sind die Muskelatrophie durch die verminderte Mobilität und die Entmineralisierung des Knochens

durch die zunächst überwiegend liegende Körperhaltung, zum Teil kommt es auch zu sekundärer Verknöcherung von Muskeln (so genannte heterotope Ossifikationen), wahrscheinlich im Rahmen von Mobilisierung des Calciums aus den Knochen und Entzündungsprozessen in den Muskeln.

Zur Vermeidung dieser Sekundärschäden am Bewegungsapparat ist zunächst eine häufige Umlagerung des Patienten im Bett (Lagewechsel mindestens alle zwei Stunden) notwendig. Ist der Patient ausreichend kreislaufstabil, sollte möglichst bald eine Mobilisierung in die Vertikale zur Belastung des Knochens, Steigerung der Aktivität der Haltemuskulatur und Belastung des Fußes zur Spitzfußprophylaxe erfolgen. Hierzu gibt es Hilfsmittel (Stehbett, Stehbrett und das so genannte „Standing" – ein Gerät, das das Stehen im Becken, Knie und Fuß unterstützt, aber schon eine Kontrolle des oberen Rumpfes voraussetzt).

Wiederherstellung der Kontaktfähigkeit: Schwere, insbesondere diffuse Hirnschädigungen gehen häufig initial mit einem Bewusstseinsverlust und in der Folge einem unterschiedlich langen Koma einher. Während der frühen Akutversorgung ist zusätzlich häufig ein künstliches medikamenteninduziertes Koma notwendig, damit der Patient sich beatmen lässt und in Unruhezuständen sich nicht selbst verletzt. Eine langsame Reduzierung der sedierenden Medikation und, wenn der Patient beatmet ist, die Entwöhnung vom Respirator stehen zunächst im Vordergrund. In dieser Phase ist der Patient durch epileptische Anfälle gefährdet und muss bei deren Auftreten natürlich entsprechend antiepileptisch behandelt werden. Zum Teil besteht bei diesen Patienten eine Entgleisung des vegetativen Nervensystems mit einem lang dauernden Erregungszustand (so genannter hoher Sympathikotonus mit erhöhter Herzfrequenz, Blutdruckkrisen und diffusem Schwitzen); in solchen Fällen ist das Ausschleichen der Sedierung zunächst nicht möglich.

Die sensorische Stimulation in den verschiedenen Sinnesqualitäten erleichtert ebenfalls die Kontaktaufnahme: *akustisch* (Musiktherapie, Lieblingsmusik), *somatosensorisch* (Führen der Extremitäten bei passiven Bewegungen nach Affolter), *vestibulär* (Aufrichten in den Stand).

Übungstherapie

Neuropsychologische Behandlung: In der neuropsychologischen Behandlung stehen die so genannten höheren Hirnfunktionen mit Ausnahme der Sprache, für die ein eigener Therapiebereich besteht, im Zentrum der Behandlung. Basale neuropsychologische Funktionen wie Wahrnehmung (Kognition), deren Fokussierung (Aufmerksamkeit), Antrieb, ausgeglichene Stimmungslage (Affekt) und Gedächtnis sind Voraussetzungen dafür, dass Leistungen wie Planen, Problemlösen, die Koordination motorischer Leistungen, emotionale Kontrolle, Lernen und Entscheidungsprozesse gelingen können. Sprachlähmungen (Aphasien), die in der Regel sowohl den sprachlichen Ausdruck wie das Sprachverständnis betreffen, erschweren die neuropsychologische Behandlung erheblich. Ziel der Behandlung ist das Wiedererlernen der Alltagsfertigkeiten, ein kompetentes Sozialverhalten und letztlich natürlich die Wiedereingliederung in die frühere familiäre, soziale und berufliche Situation. Natürlich steht die Restitution der verloren gegangenen Fähigkeiten zunächst immer im Vordergrund. Kompensation, z. B. im Bereich des Gedächtnisses mit Mnemo-Techniken, oder die Substitution durch externe Hilfsmittel, z. B. ein Gedächtnisbuch oder, in Hinblick auf die Medikamenteneinnahme, das Vorsortieren der Medikamente entsprechend der Wochentage und Mahlzeiten in speziellen Behältnissen sind Möglichkeiten, die Defizite vorübergehend oder auf Dauer auszugleichen. Unter Adaptation versteht man die Anpassung der Lebenssituation an die Behinderung, soweit die Defizite durch die Behandlung nicht ausgeglichen werden können. Um effektiv zu sein, setzt dies die Akzeptanz der Behinderung durch den Patienten und die Angehörigen voraus.

Bei schwer hirngeschädigten Patienten sind in der Regel schon die basalen neuropsychologischen Funktionen wie Wachheit, Antrieb, Wahrnehmung und die Aufmerksamkeitsspanne stark eingeschränkt oder aufgehoben. Eine enge Zusammenarbeit mit den anderen Therapeutengruppen ist in dieser Situation notwendig. Eine medikamentöse Behandlung ist z. B. bei schweren Antriebsstörungen oder den häufigen Affektstörungen angezeigt. So leiden z. B. ca. 40 Prozent der Patienten an Depressionen, 20 Prozent an Angststörungen und 10 Prozent an Störungen der Affektsteuerung in Form von Ungeduld, vermehrter Reizbarkeit bis hin zu Wutausbrüchen oder in Form von Zeichen plötzlicher Traurigkeit ohne adäquaten Anlass (pathologisches Weinen). Insbesondere bei großen rechtshirnigen Läsionen kommt es zu einer verminderten affektiven Schwingungsfähigkeit (so genannte Affektnivellierung). Störungen der Wahrnehmung beeinträchtigen häufig auch die körperlichen Aktivitäten des Patienten, sodass sie gemeinsam von Neuropsychologen, Physiotherapeuten (Krankengymnastik) und Ergotherapeuten behandelt werden. Rechts-parieto-okzipitale Läsionen führen z. B. häufig zu einer verminderten Wahrnehmung aller Reize auf der linken Körperseite (so genannter Neglect). Das kann so erheblich sein, dass ein halbseitiger Gesichtsfeldausfall vorgetäuscht wird. Eine andere typische Wahrnehmungsstörung bezieht sich auf die Wahrnehmung der Körpervertikalen (so genanntes Pushen), bei der der Patient den Körperschwerpunkt auf die gelähmte Seite verlagert, statt, wie es zweckmäßig wäre, auf die gesunde Seite. Dies geht selbstverständlich mit einem erhöhten Sturzrisiko einher.

Bei gegebenen neuropsychologischen Basisfähigkeiten stützt sich die Diagnostik zunächst auf die Verhaltensbeobachtung, bei erhaltenen sprachlichen Fähigkeiten kann eine Exploration des Patienten erfolgen und schließlich eine gezielte quantitative Untersuchung mit psychometrischen Testverfahren. Anhand der Defizite im Leistungsprofil erfolgt eine Übungstherapie in Einzelsitzungen oder Kleingruppen. Letztere haben den Vorteil, dass sie den Patienten in einem geschützten Rahmen die Möglichkeit bieten, sich selbst in der Interaktion mit anderen zu erfahren, so Leistungsstärken und -schwächen zu erkennen und ein Störungsbewusstsein zu entwickeln. Wichtig in dieser Phase ist auch die Angehörigenberatung, da der Umgang mit dem Patienten für den Angehörigen durch Veränderung der Persönlichkeit, insbesondere bei Störungen der emotionalen Kontrolle und des Sozialverhaltens, sehr erschwert sein kann. Nach Wiedererreichen der Alltagsfertigkeiten ist häufig eine langfristige Betreuung außerhalb der Rehabilitationsklinik notwendig. So gibt es neuropsychologisch betreute Wohngruppen, in denen Ansätze des Alltagslebens wieder erlernt werden können, Belastungs- und Arbeitserprobungen und gegebenenfalls Umschulungsmaßnahmen durchgeführt werden, um den Patienten beruflich wieder einzugliedern.

Sprachtherapie: Bei 90 Prozent der Rechtshänder und 60 Prozent der Linkshänder ist die Sprache links dominant organisiert, linkshirnige Läsionen können also zu einer Sprachlähmung (Aphasie) führen (geschätzt 20 000–40 000 Neuerkrankungen pro Jahr). Von der Aphasie sind die Sprechstörung (Dysarthrophonie oder Dysarthrie), eine Störung der Sprechmotorik, Artikulation, Stimmgebung oder Sprechatmung, und die Sprechapraxie, eine Planungsstörung des Sprechens, zu differenzieren. Eine Unterscheidung zwischen Sprechapraxie und Aphasie gelingt über das Schreiben, das nur bei der Aphasie gestört ist. Bei der Aphasie können unterschiedliche Symptome im Vordergrund stehen. Im Rahmen der sprachexpressiven Funktionen können Wortverwechslungen (Finger statt Zehen, Auto statt Werkzeug), Wortneubildungen (Neologismen: Kaltschrank statt Kühlschrank), Veränderungen der Lautstruktur (phonematische Paraphasien: Hand statt Hund), Störung der Satzbildung (Syntax, Agrammatismus) und semantisch-lexikalische Verarbeitungsstörungen (Wortfindungsstörungen) im Vordergrund stehen. Neben den expressiven gibt es auch rezeptive Sprachlähmungen, bei denen Störungen des Sprachverständnisses im Vordergrund stehen. Folgende vier häufigen Störungsmuster werden unterschieden:

1. Broca-Aphasie: Störung der Sprachexpression mit erhöhter Sprachanstrengung, verlangsamter Sprachproduktion, unvollständigen Sätzen bis hin zu Ein- oder Zwei-Wort-Äußerungen, aufgehobener Sprachmelodie (Prosodie), Agrammatismus und Veränderung der Lautstruktur (phonematisch Paraphasien) stehen im Vordergrund. Die Läsion liegt im basalen Stirnhirn vor dem prämotorischen Kortex (Abb. 2).

2. Wernicke-Aphasie: Im Vordergrund steht eine Störung des Sprachverständnisses. Gleichzeitig ist die Sprachproduktion flüssig, zum Teil überschießend

mit semantischen und phonematischen Paraphasien und Wortneubildungen. Die Läsion liegt im Übergang von Scheitellappen zu Temporallappen im Versorgungsgebiet der hinteren Äste der mittleren Hirnarterie (Abb. 2).

3. Die globale Aphasie: Eine gleichzeitige Störung von Sprachausdruck und Sprachverständnis, also von Broca- und Wernicke-Aphasie bis hin zur völligen Aufhebung aller Sprachfunktionen bei ausgedehnten Läsionen der linken Hemisphäre.

4. Amnestische Aphasie: Wortfindungsstörung mit Satzabbrüchen, phonematischen und semantischen Paraphasien bei Läsionen im Bereich des Übergangs von Scheitellappen zu Schläfenlappen.

Seltener sind die Leitungsaphasie, bei der besonders das Nachsprechen gestört ist, und die transkortikale Aphasie, bei der das Nachsprechen besonders gut erhalten ist. Letztere kann einen motorischen Schwerpunkt haben (reduzierte Spontansprache bei gutem Sprachverständnis und gutem Lesen) oder einen sensorischen Schwerpunkt (bei flüssiger Spontansprache) mit semantischen Paraphasien und Echolalie (Wiederholung des Gesprächspartners).

Die Diagnostik erfolgt mittels Beobachtung der sprachlichen Äußerung und, wenn der Patient differenziert untersuchbar ist, mithilfe des Aachener Aphasietests, mit dem Spontansprache, Nachsprechen, Schriftsprache, Benennen, Sprachverständnis getestet werden, ebenso wie einfache Handlungen auf mündliche Aufforderung hin mit dem Token-Test (Arrangierung einfacher geometrischer Formen nach Instruktion).

Bei der Therapie gilt es zu bedenken, dass den Patienten die Sprachlähmung häufig peinlich ist und sie sich deshalb mit sprachlichen Äußerungen zusätzlich zurückhalten. Daher beginnt die Therapie mit der Aktivierungsphase, um den Patienten mit deblockierenden Verfahren (Nachsprechen, Wortreihen wie Wochentage, Monate) zu sprachlichen Äußerungen zu stimulieren. In der störungsspezifischen Behandlungsphase erfolgt ein symptomorientiertes Arbeiten an der Lautstruktur, dem Wortschatz, dem Satzbau und den Textstrukturen. In der anschließenden Konsolidierungsphase wird nicht mehr auf das einzelne Symptom konzentriert behandelt, sondern es kommt auf die Förderung der kommunikativen Kompetenz an. Diese kann auch in Gruppentherapien z. B. mit Rollenspielen oder Simulation von Alltagssituationen erfolgen. Ziel ist die kommunikative Selbstständigkeit, die sprachliche Richtigkeit steht im Hintergrund.

Schluckstörungen: Sie stellen einen separaten, der Sprachabteilung angegliederten Behandlungsbereich dar, weil weitgehend gleiche anatomische Strukturen in die Schluckfunktion wie auch in das Sprechen involviert sind (50 Muskelpaare und 6 Hirnnerven). Bei schwer Hirngeschädigten besteht eine besondere Relevanz, weil die aus Schluckstörungen resultierende Pneumonie (Lungenentzündung) eine gravierende Komplikation darstellt.

Der Schluckvorgang gliedert sich in 3 Phasen: Die orale Phase besteht aus der Vorbereitungsphase (Kauen/Einspeicheln) und dem Transport des Speiseklumpens (Bolus) Richtung Rachen. Der Kontakt des Bolus mit dem Gaumensegel oder Zungengrund löst den Schluckreflex aus.

Mit Einsetzen des Schluckreflexes beginnt die pharyngeale Phase. Um das Eindringen der Nahrung in die Nase zu verhindern, kommt es zunächst zur Hebung des Gaumensegels und Kontraktion der oberen Schlundmuskeln. Anschließend hebt sich der Kehlkopf, verbunden mit einer Senkung des Kehldeckels, und die Taschenfalten und Stimmlippen verschließen sich, sodass der Eingang in die Luftröhre luft- und wasserdicht verschlossen wird.

Durch Peristaltik wird der Bolus nach unten befördert, durch Öffnung des oberen Speiseröhrenschließmuskels (Ösophagus-Sphinkter) tritt er in die Speiseröhre ein und die ösophageale Phase (3. Phase) beginnt.

Diagnostiziert werden Schluckstörungen auf Basis der Prüfung der Oralmotorik, der Sensibilität am Gaumensegel und der Rachenhinterwand sowie der Stimmqualität. An apparativen Verfahren stehen die Videoendoskopie (endoskopische Beobachtung des Schluckaktes von oben durch die Nase und Aufzeichnung per Video) und die Röntgenkinematographie (Aufzeichnung des Transports von röntgenkontrasthaltigem Brei in der Speiseröhre) zur Verfügung. Die Kombination von gestörter Oralmotorik und mangelnder Sensibilität im Rachen- und Kehlkopfbereich kann zum Ausbleiben des Hustenstoßes führen, sodass Speisebrei oder Flüssigkeit unbemerkt in die Luftröhre gelangt (so genannte silent aspiration – stille Aspiration). Der Grad der Schluckstörung wird nach Menge der Aspiration und Vorhandensein bzw. Fehlen des Hustenreflexes graduiert.

An therapeutischen Maßnahmen kommen zur Restitution zunächst ein Training der Oralmotorik, eine sensible Stimulation insbesondere mit Kältereizen zur Schluckreflexstimulation, Adduktionsübungen im Kehlkopfbereich zum Verschluss der oberen Luftwege, ein Training zur Hebung des Kehlkopfes und Saugübungen zur Stimulation von Kontraktionen der Rachenmuskulatur in Betracht. Sind diese nicht ausreichend, kommen kompensatorische Methoden durch modifizierte Kopfhaltung beim Schlucken, willkürliches Atemanhalten mit Stimmlippenverschluss (so genanntes supraglottisches Schlucken) und das Erlernen der Mendelson-Technik zur Öffnung des oberen Speiseröhrenschließmuskels in Betracht. Externe Hilfen bestehen in der Regel in der Auswahl der richtigen Speisekonsistenz.

Motorische Rehabilitation: Die Bedeutung der motorischen Rehabilitation wird aus der Zahl von pro Jahr 250 000 neu an einer Halbseitenlähmung erkrankten Patienten klar, die Mehrzahl auf der Basis eines Schlaganfalls. Die Therapie ist Aufgabe von Physiotherapeuten (Krankengymnasten) mit dem Schwerpunkt posturale Kontrolle, d. h. Stabilisierung des Körpers gegen die Schwerkraft im Wesentlichen durch Rumpf- und Beinfunktion und das Wiedererreichen der Gehfähigkeit, während in der Ergotherapie die Arm-, Hand- und Fingermotorik mit Greifen und Manipulation von Objekten im Vordergrund steht. Grundlage der günstigen Aussichten der motorischen Rehabilitation bei kleineren Hirnläsionen sind die multiplen kortikalen Areale, die zur Motorik beitragen (Abb. 3). Klinisch entspricht dem die Erfahrung, dass kleinere Hirnläsionen (lakunäre Infarkte) in relativ kurzer Zeit spontan ausheilen. Selbst wenn am Anfang eine vollständige Halbseitenlähmung bestand, führt eine Schädigung entweder des vorderen oder hinteren Anteils der Kapsula interna zu einem klinisch guten Ergebnis, erst eine Schädigung beider Anteile führt zu einer dauerhaften Lähmung. Hirnläsionen im motorischen System müssen also relativ ausgedehnt sein, um zu einer permanenten Lähmung zu führen. Dies ist keine Selbstverständlichkeit, da in anderen Systemen, z. B. dem primär-visuellen Kortex, eine deutlich geringere Plastizität besteht.

Die Diagnostik von Lähmungserscheinungen erfolgt relativ problemlos auf der Basis des klinisch-neurologischen Befundes und kann auf der Basis eines differenzierteren physiotherapeutischen und ergothera-

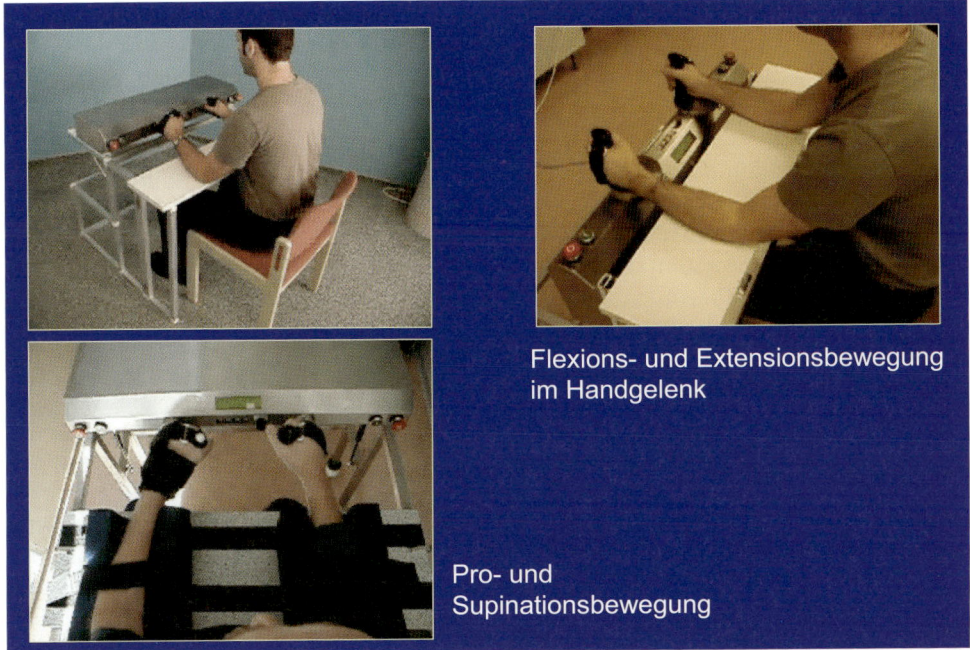

Flexions- und Extensionsbewegung im Handgelenk

Pro- und Supinationsbewegung

Abb. 9: Bi-Manu-Track der Firma Reha Stim Berlin zum Training von Flexions- und Extensionsbewegungen im Handgelenk sowie Supinations- und Pronationsbewegungen [7]

peutischen Befundes ergänzt werden. Die therapeutischen Konzepte orientierten sich traditionell an den so genannten Behandlungsverfahren auf neurophysiologischer Basis.

Das Bobath-Verfahren (Bobath 1965, 1990) stellt eine Hemmung von pathologischen Haltungs- und Bewegungsmustern und eine Regulierung der Muskelspannung (Tonus) in den Mittelpunkt, die durch taktile und propriorezeptive Reize an so genannten Schlüsselpunkten (proximale Extremitätengelenke, Halswirbelsäule und Rumpf) beeinflusst werden. Gleichzeitig sollen durch so genannte Fazilitation normale Bewegungen gebahnt werden. Ziel ist die Ausbildung der richtigen synaptischen Verbindung, sodass ein normales Bewegungsmuster erreicht wird. Kritisch ist anzumerken, dass bei dieser Technik die Aktivität des Patienten gehemmt wird, wenn Bewegungen in pathologischen Haltungs- und Bewegungsmustern vermieden werden sollen. Deshalb werden zunehmend neuere Techniken mit zielorientierten Bewegungsaufgaben in diese Technik eingeschlossen.

Bei der proprirezeptiven neuromuskulären Fazilitation (PNF) stehen eine Bahnung der Erregung der Motoneurone im Rückenmark durch plötzliche Dehnung (Reizung der Muskelspindel) durch Zug und Druck (Stimulation der Gelenkrezeptoren), gleichzeitiger Aktivierung der Willkürmotorik durch Kommando zur Maximalinnervation sowie Berührungs- und thermische Reize im gleichen Rückenmarksegment im Mittelpunkt. Es werden Bewegungsmuster in so genannten diagonalen Muskelketten angestrebt, wobei durch plötzliche Hemmung proximaler

Muskeln eine Irradiation der Erregung auf weiter distal gelähmte Muskeln angestrebt wird. Ziel ist also eine Summation der Reize aus verschiedenen sensorischen Afferenzen mit den Impulsen der Willkürinnervation an der motorischen Nervenzelle des Rückenmarks.

Bei der Brunnström-Methode (1970) steht die Maximalinnervation der nicht gelähmten Halbseite im Vordergrund, der nicht kreuzende Anteil der Pyramidenbahn soll dabei eine Irradiation der Erregung auf die gelähmte Halbseite erreichen.

Kritisch zu diesen Techniken wird zunehmend angemerkt, dass das Konzept der Fazilitation und Inhibition auf der Ebene einzelner Muskeln verbleibt und die Gleichzeitigkeit von Fazilitation und Inhibition nicht simultan erreicht werden kann. Ziel- und funktionsorientierte komplexere Bewegungen werden zunehmend

Abb. 10: Gangtrainer nach Hesse, der eine partielle Entlastung von Körpergewicht erlaubt und die Füße in einer dem Skilanglauf ähnlichen Gehbewegung führt [8]

für wichtiger gehalten. Aus der motorischen Trainingstherapie ist bekannt, dass sehr hohe Wiederholungsraten bis zum optimalen motorischen Ergebnis notwendig sind. Dies wurde auch bei cerebral gelähmten Patienten für die Handfunktion nachgewiesen. Daher steht heute das zielorientierte aktive Üben im für den Patienten lebensnahen und sinnvollen Kontext im Vordergrund. Dabei sollen die Übungen in unterschiedlicher Reihenfolge, unter variablen und realistischen Bedingungen und möglichst als vollständige motorische Handlungsabläufe geübt werden.

Ein intrinsisches Feedback, also eine Bewusstmachung der Rückmeldung über die eigenen somatosensorischen Systeme, ist wesentlich und kann durch ein extrinsisches Feedback (Betrachten von Videoaufzeichnungen der eigenen Bewegung oder Sichtbarmachung der elektrischen Muskelaktivität – elektromyographisches Feedback) verbessert werden. Die Verstärkung willkürlich hervorgerufener geringer myoelektrischer Aktivität in einem gelähmten Muskel zu einem Elektrostimulationsreiz, der zu einem sichtbaren Bewegungserfolg führt (elektromyographisch getriggerte Elektrostimulation), verhilft dem Patienten zu einem sichtbaren Erfolgserlebnis. Eine andere Form der Elektrostimulation ist die so genannte funktionelle Elektrostimulation, bei der durch einen zeitlich und örtlich adäquaten Einsatz von elektrischen Reizen die Muskeln so zur Kontraktion gebracht werden, dass ein quasi natürlicher Bewegungsablauf entsteht. Der so genannte Flexorreflex, ein Fluchtreflex des Beines, der aus einer Synergie von Hüft- und Kniebeugung und Fußhebung besteht, kann zur Initiierung des Schrittes in der Gangtherapie eingesetzt werden.

Insbesondere die Lähmung des Armes kann dazu führen, dass viele Bewegungen nur noch mit der guten, nicht gelähmten

Hand ausgeführt werden. Dies führt zum so genannten erlernten Nichtgebrauch der gelähmten Hand. Um diesen Prozess umzukehren, kann man die nicht gelähmte Hand durch Anbinden an den Körper oder einen behindernden Handschuh teilweise immobilisieren und den Patienten damit motivieren, den gelähmten Arm erzwungenermaßen vermehrt einzusetzen (so genannte Forced-use-Therapie nach Taub). Um hohe Repetitionsraten und eine entsprechende Ausdauer der Extremitätenfunktion zu trainieren, wurden verschiedene Geräte entwickelt – für die Schulter- und Ellenbogenfunktion (MIT Manus), für Pro- und Supinationsbewegungen sowie Handgelenksbewegung (Bi-Manu-Track, Abb. 9), für die Beinfunktion die Laufbandtherapie mit partieller Gewichtsentlastung sowie die vollständige Imitation der Gangbewegung durch Maschinen (Gangtrainer, Hesse, Abb. 10, und Lokomat, Hocoma, Abb. 11).

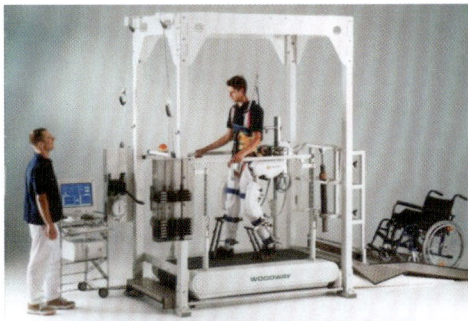

Abb. 11: Lokomat: Gangorthese mit Führung der Beine im Hüft- und Kniegelenk durch ein Exoskelett und partieller Körpergewichtsentlastung [9]

Beendigung der Rehabilitation

Die Rehabilitation wird beendet, wenn sich längere Zeit durch die Fortsetzung der Rehabilitation keine Verbesserungen der Funktionsfähigkeit mehr nachweisen lassen. Beim Fortbestehen erheblicher Defizite ist in der Regel eine Versorgung mit

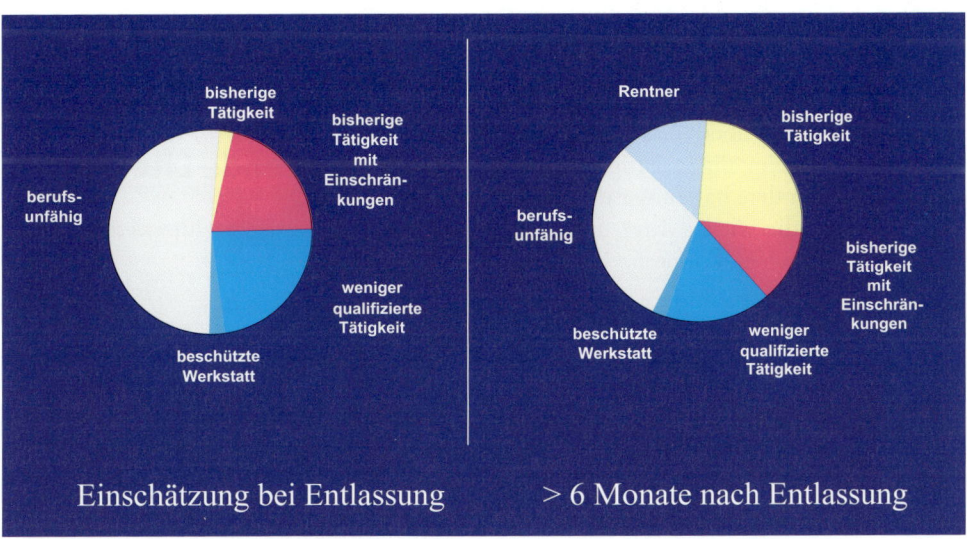

Abb. 12: Einschätzung der prospektiven Berufsfähigkeit durch die Ärzte zum Zeitpunkt der Entlassung und bei einer Befragung mehr als sechs Monate nach Entlassung von 144 Patienten mit schwerstem Schädel-Hirn-Trauma aus der eigenen Klinik zeigt eine deutlich bessere Entwicklung als erwartet.

Hilfsmitteln und eine Adaptation der Wohnverhältnisse an die Behinderung erforderlich. Wesentlich hängt die weitere Versorgung eines schwerbehinderten Patienten vom sozialen Umfeld ab. Nach unserer Erfahrung kann eine engagierte Familie alle Leistungen eines Pflegeheims erbringen. Dazu ist es allerdings notwendig, die Angehörigen zuvor in der Pflege des Patienten zu unterweisen, z. B. durch die Mitaufnahme des Angehörigen in der Endphase des stationären Aufenthaltes (so genanntes Rooming-in). Die erhebliche finanzielle Entlastung unserer sozialen Systeme durch die neurologische Rehabilitation wird insbesondere klar, wenn man sich die hohen Pflegeheimkosten (3000–6000 Euro pro Monat) und die geringe Zahl von Patienten vor Augen hält, die schließlich in ein Pflegeheim entlassen werden müssen (in der eigenen Klinik mit einem Schwerpunkt bei der Versorgung schwer hirngeschädigter Patienten 8 Prozent der Patienten). Teilweise ist die Langzeitprognose durch weitere Funktionserholung erheblich besser als erwartet. Eine Erhebung sechs Monate nach Klinikentlassung bei 144 Patienten mit schwerem Schädel-Hirn-Trauma und initial völliger Hilflosigkeit ergab, dass deutlich über 50 Prozent der Patienten einer regelmäßigen Tätigkeit nachgingen. Insbesondere hatten wir den Anteil der Patienten, die wieder ihrer bisherigen Tätigkeit nachgehen konnten, bei Krankenhausentlassung weitaus zu niedrig eingeschätzt (Abb. 12).

Anmerkungen

[1] Netter, F. H.: Nervensystem I, Neuroanatomie und Physiologie. Thieme (1983).
[2] Dettmers, C., Fink, G. R., Rijntjes, M., Stephan, K. M., Weiller, C.: Kortikale Kontrolle der Willkürmotorik: Funktionelle Bildgebung der motorischen Exekutive des ZNS. Neurologische Rehabilitation 3 (1), 15–27 (1997).
[3] Cogle, C., Yachnis, A., Laywell, E., Zander, D., Weigart, J., Steindler, D., Scott, E.: Bone marrow transdifferentiation in brain after transplantation: a retrospective study. Lancet 363, 1432–1437.
[4] Johansen-Berg, H., Dawes, H., Guy, C., Smith, S., Wade, D., Matthews, P.: Correlation between motor improvements and altered fMRI activity after rehabilitative therapy. Brain 125, 2731–2742 (2002).
[5] Ward, N., Brown, M., Thompson, A., Frackowiak, R.: Neural correlates of motor recovery after stroke: a longitudinal fMRI study. Brain 126, 2476–2496 (2003).
[6] Scheidtmann, K., Fries, W., Müller, F., Koenig, E.: Advances in adjuvant pharmacotherapy of motor rehabilitation: Effects of Levodopa. Lancet 358, 787–790 (2001).
[7] Hesse, S., Schulte-Tiggers, G., Konrad, M., Bardeleben, A., Werner, C.: Robot-assisted arm trainer for the passive and active practice of bilateral forearm and wrist movements in hemiparetic subjects. Arch. Phys. Med. Rehabil. 84, 915–920 (2003).
[8] Hesse, S., Uhlenbrock, D.: A mechanized gait trainer for restoration of gait. J. Rehab. Res. Dev. 37, 701–708 (2000).
[9] Dietz, V., Colombo, G., Jensen, L.: Locomotor activity in spinal man. Hocoma AG, Medica. Engineering, Industriestraße 4, CH 8604 Volketswil/Schweiz.

Weiterführende Literatur

Prosiegel, M., Paulig, M.: Klinische Hirnanatomie. Pflaum Verlag, 2002.
Frommelt, P., Grötzbach, H. (Hrsg.): NeuroRehabilitation. Blackwell, Berlin, Wien, 1999.
Nelles, G. (Hrsg.): Neurologische Rehabilitation. Thieme, Stuttgart, 2004.
Platz, T. (Hrsg.): Motor system plasticity, recovery and rehabilitation. Special Issue of Restorative Neurology and Neuroscience, 22, 137–398 (2004).
Hofmann, M., Boer, G., Holtmaat, A., van Someren, E., Verhagen, J., Swaab, D.: Plasticity in the adult brain: From genes to neurotherapy. Progress in Brain Research 138 (2002).

Einführung in die Sitzung am Dienstagvormittag

Jörg Hacker

Seit der Versammlung in Halle sind die Vorträge des wissenschaftlichen Programms nicht mehr nach den einzelnen Fachdisziplinen geordnet. Vielmehr haben wir die Wissenschaftler aus unterschiedlichen Disziplinen gebeten, in einer Sitzung Vorträge zu einem gemeinsamen Thema zu halten, um die Diskussion möglichst interdisziplinär zu machen. So werden auch in dieser Sitzung vier Beiträge aus unterschiedlichen Gebieten geboten, darunter zwei aus dem erweiterten Bereich der Lebenswissenschaften.

Man könnte meinen, dem Generalthema dieser Versammlung „Raum – Zeit – Materie" fehle vielleicht als Viertes der Terminus „Leben". Wir hatten das bei der Vorbereitung dieser Versammlung im Vorstandsrat auch diskutiert, glauben aber, dass in der Trias der Begriffe Raum, Zeit und Materie die Probleme der Lebenswissenschaften sehr gut aufgehoben sind.

Raum hat auch etwas zu tun mit Ausbreitung, Ausbreitung von Organismen. In einem Vortrag der nächsten Sitzung beispielsweise werden wir etwas erfahren über Ökologie, wobei Pflanzengesellschaften in ihrer räumlichen Ausdehnung diskutiert werden. Die *Zeit* hat einen inneren Zusammenhang mit Evolution. Hier ist der Beitrag von Bärbel Friedrich zu nennen, in dem die Evolutionsaspekte eine große Rolle spielen. *Materie* kann im Hinblick auf Biomoleküle interpretiert werden. Ich erinnere an den Beitrag von Michael Hecker, in dem Proteine im Zentrum standen, die ja wichtige Biomoleküle sind. Vielfach ist auch von Nukleinsäuren die Rede – vermutlich auch in dem einen oder anderen der Beiträge, die noch kommen werden. Auch die Zuckermoleküle, die Kohlenhydrate sind wichtige materielle Einheiten der Lebensprozesse.

Die Vorträge, die wir für diese Tagung ausgewählt haben, markieren unterschiedliche Abstraktionsebenen. Auch in den einzelnen Sitzungen findet sich das: In den Lebenswissenschaften haben wir einzelne Moleküle betrachtet – beispielsweise den Wasserstoff, über dessen Produktion und Funktion als Energieträger wir einiges lernten. Auf der subzellularen Ebene beschäftigten wir uns mit molekularen Schaltern und mit Proteinen. In der heutigen Sitzung stehen eher größere Systeme im Schwerpunkt des Interesses, z. B. das Gedächtnis der Honigbiene im Beitrag von Randolf Menzel oder der Patient, der im Vortrag von Bruno Reichart eine zentrale Rolle spielt. Diese Vorträge lassen sich nicht einem bestimmten Fach zuordnen, sie sind häufig fachübergreifend zu sehen. So spielt in dieser Sitzung Medizin eine Rolle, daneben Biologie, Informatik und Physik, aber auch die Technikwissenschaften, die durch die Nanotechnologie einen neuen Zugang gefunden haben.

Wir erinnern uns, dass in der abendländischen Tradition die Verbindung von Mensch und Maschine eine große Rolle spielt. Denken wir an La Mettrie, der hierzu ein Buch geschrieben hat. Auch im *Sandmann* von E. T. A. Hoffmann tritt eine Puppe auf, die dann Leben gewinnt. Ein

Prof. Dr. **Jörg Hacker**, geb. 1952 in Greves-
mühlen; 1970–1974 Studium der Biologie an
der Universität Halle; 1979 Promotion; 1987 Habilitation für das Fach Mikrobiologie; 1988 Professur für Mikrobiologie; 1993 Professur für
Molekulare Infektionsbiologie und Vorstand des
gleichnamigen Institutes an der Universität
Würzburg; 2000, 2005 Forschungsaufenthalte
am Institut Pasteur Paris. Seit 2003 Vizepräsident der Deutschen Forschungsgemeinschaft;
Mitglied unter anderem in der Deutschen Akademie der Naturforscher Leopoldina, der Akademie der Wissenschaften zu Göttingen und der
European Molecular Biology Organization (EM-
BO).
Forschungsschwerpunkte: Molekulare Analyse
von Infektionserregern, Evolutionsbiologische
Fragestellungen.

Prof. Dr. Jörg Hacker
Institut für Molekulare Infektionsbiologie
der Universität Würzburg
Röntgenring 11
D-97070 Würzburg

Im Beitrag von Menzel erfahren wir etwas über die Chemie des Gedächtnisses
und des Lernens. Auch hier werden verschiedene Ebenen berücksichtigt: die Ver-
haltensforschung ebenso wie die zelluläre
und subzelluläre Dimension bis hin zu den
Molekülen, die an der Gedächtnisbildung
beteiligt sind. Menzel ist übrigens ein
Schüler von Lindauer – er hat bei ihm in
Frankfurt promoviert – und Lindauer ist
wiederum ein Schüler des Nobelpreisträ-
gers Karl von Frisch, sodass man Randolf
Menzel als einen „Enkel" dieses Nobel-
preisträgers, der mit seinen Arbeiten über
den Tanz der Bienen – über die er übrigens
auch auf einer GDNÄ-Versammlung berichtet hatte – die Verhaltenswissenschaft
auf eine empirische Ebene geführt hat.

Der Mensch als Patient steht im Zentrum des Beitrags über Transplantations-
medizin von Bruno Reichart. Der Chirurg
auf diesem Gebiet ist in besonderem Maße
auf das Zusammenwirken mit anderen
Disziplinen angewiesen, von der Biochemie bis hin zur Technik. Reichart hat einige
Zeit in Kapstadt zugebracht bei Christiaan
Barnard, der die ersten Herztransplantationen durchgeführt hat.

Ein ganz anderes Teilsystem, nämlich eines des Universums, wird uns Reinhard
Genzel erläutern – er führt uns in das Zentrum der Milchstraße, wo sich ein Schwarzes Loch befindet. Dies ist ein Objekt, das
nicht direkt beobachtet werden kann, das
sich aber in der von ihm ausgelösten Dynamik seiner Umgebung zu erkennen gibt.

interessantes Thema also mit philosophischen Implikationen. Der Vortrag von
Hermann E. Gaub wird die Frage des Zusammenwirkens von Biomolekülen mit
technischen Systemen behandeln und uns
einen Einblick geben in den Stand des
Zusammenwirkens der Biowissenschaften
und der neuen Nanotechnik.

Das Schwarze Loch im Zentrum der Milchstraße

Reinhard Genzel

Seit der Entdeckung der Quasare vor etwa 40 Jahren haben sich die Indizien gehäuft, dass in den Zentren von Milchstraßensystemen massive Schwarze Löcher sitzen, die durch Akkretion von Gas und Sternen effizient Gravitationsenergie in Strahlung umwandeln. Durch hochauflösende Messungen im Infrarot- und Radiobereich ist es in den letzten Jahren im Zentrum unserer eigenen Milchstraße gelungen, einen überzeugenden Beweis für diese Hypothese zu liefern. Hierbei haben neue Entwicklungen in der Infrarotinstrumentierung und der adaptiven Optik an den neuen 10-Meter-Großteleskopen eine wichtige Rolle gespielt. Gleichzeitig ist es klar geworden, dass die meisten Galaxien massive Schwarze Löcher beherbergen, und dass diese Schwarzen Löcher bereits etwa eine Milliarde Jahre nach dem Urknall entstanden sein müssen. Es werden diese neuen Messungen und ihre Konsequenzen für die Entstehung von Schwarzen Löchern im frühen Universum diskutiert.

Quasare und aktive Galaxienkerne

Seit der Entdeckung der Quasare („quasistellar radio sources") vor etwa 40 Jahren haben Astrophysiker versucht, eine schlüssige Erklärung für die Energieproduktion dieser spektakulären Objekte zu finden. In den weit entfernten Quasaren wird in einem Bereich von nur wenigen Lichtjahren tausend- bis einige hunderttausendmal mehr elektromagnetische Strahlung erzeugt als sonst in ganzen Galaxien mit mehr als 10^{11} Sternen. Man weiß inzwischen, dass Quasare in den Kernbereichen von großen Galaxien liegen. Hochgebündelte Jets von aus dem Kern ausströmenden relativistischen Elektronen und zeitlich schnell variierende Röntgen- und Gamma-Strahlung sind weitere charakteristische Merkmale von Quasaren und anderen aktiven Galaxienkernen. All diese Phänomene sind nicht durch die sonst in Galaxien dominierenden Kernverschmelzungsprozesse in Sternen zu erklären, dagegen aber recht plausibel durch die Umwandlung von Gravitationsenergie in Strahlungsenergie in Akkretionsströmen in der unmittelbaren Umgebung von massiven Schwarzen Löchern.

Man weiß seit den theoretischen Arbeiten von Albert Einstein und Karl Schwarzschild, dass jede konzentrierte Massenverteilung einen charakteristischen Radius besitzt (den so genannten Schwarzschildradius [1]), innerhalb dessen selbst Lichtquanten nicht mehr aus dem Gravitationsfeld entweichen können. Paradoxerweise kann ein solches „Schwarzes Loch" dennoch Materie in Strahlung umwandeln. Wenn Materie von außen in das Gravitationsfeld eines Schwarzen Loches einfällt, kann außerhalb des Schwarzschildradius Gravitationsenergie in Strahlung umgewandelt werden, und zwar mit größerer Effizienz als in jedem anderen uns bekannten physikalischen Prozess. Quasare können so durch die Akkretion von Gas und Sternen

Prof. Dr. **Reinhard Genzel**, geb. 1952 in Bad Homburg. Studium der Physik, abgeschlossen 1975 mit Diplom an der Fakultät für Physik und Astronomie der Universität Bonn. 1978 Promotion an der Universität Bonn mit einer Dissertation in Radioastronomie, 1978–1980 Postdoctoal Fellow am Harvard-Smithsonian Center for Astrophysics (Cambridge, Mass.), 1980–1982 Miller Fellow an der Universtity of California (Berkeley), 1981–1985 Associate Professor for Physics und Associate Research Astronomer am Space Science Lab., University of California, Berkeley, 1985–1986 Visiting Professor, Berkeley. Seit 1986 Direktor am Max-Planck-Institut für extraterrestrische Physik, Garching bei München, seit 1988 Honorarprofessor an der Fakultät für Physik, Ludwig-Maximilians-Universität München, seit 1999 Full Professor of Physics ("Class of 1936"), University of California, Berkeley. Zahlreiche in- und ausländische Preise und Ehrungen. Mitgliedschaft in mehreren Akademien und wissenschaftlichen Gesellschaften.

Prof. Dr. Reinhard Genzel
Direktor des Max-Planck-Instituts
für extraterrestrische Physik
Giessenbachstraße
D-85748 Garching

Anzeichen für massive Schwarze Löcher in Galaxienkernen

Ein direkter Nachweis der Existenz einer räumlich konzentrierten Masse kann aus der Bestimmung der Geschwindigkeiten von Gas und Sternen in deren Umgebung erfolgen. Diese Technik ist eine einfache Umkehrung dessen, was Johannes Kepler bereits vor 400 Jahren im Sonnensystem gezeigt hat. Wenn man die Bahnen von Testteilchen (im Falle von Galaxienkernen sind dies Sterne oder individuelle interstellare Gaswolken) als Funktion des Abstands vom dynamischen Zentrum misst, lässt sich unter gewissen grundsätzlichen Annahmen das Gravitationsfeld bestimmen. Damit diese Methode aber zu schlüssigen Ergebnissen bezüglich der Eigenschaften der Zentralmasse kommen kann, müssen die Beobachtungen nahe genug an sie herankommen, um verschiedene Formen von Massenkonzentrationen unterscheiden zu können.

Wegen ihrer großen Entfernung lassen sich solche direkten Messungen nicht an Quasaren durchführen. Für eine Reihe von nahen Galaxienkernen, einschließlich des Zentrums unserer eigenen Milchstraße, sind dagegen in den letzten zehn Jahren große Fortschritte in der Suche nach zentralen Massenkonzentrationen gelungen [2]. Diese teils mit bodengebundenen Teleskopen und teils mit dem Hubble Space Telescope gewonnenen Daten lassen es jetzt als wahrscheinlich erscheinen, dass fast alle Galaxienkerne dunkle zentrale Massenkonzentrationen besitzen, mit Massen zwischen einigen Millionen und einigen Milliarden Sonnenmassen. Dennoch ist wegen der großen Entfernung der meisten dieser Objekte die räumliche Auflösung der Messungen noch nicht ausreichend, um sicher

auf massereiche Schwarze Löcher erklärt werden. Inzwischen hat sich dieses Modell unter Astrophysikern generell durchgesetzt. Dennoch ersetzt dieser „Indizienbeweis" natürlich keinesfalls den direkten Nachweis, der nur über die charakteristische Schwerkraft und die Existenz eines Ereignishorizonts führen kann. Gibt es also solche massiven Schwarzen Löcher wirklich?

Zentrum unserer Milchstraße aufgenommen wurden (Abb. 1). Die neuen VLT-Infrarotbilder konnten auch benutzt werden, um mit 10 Millibogensekunden Genauigkeit SgrA* auf den Infrarotbildern zu lokalisieren. Dabei stellte sich bei den Messungen im Frühjahr 2002 heraus, dass sich der Stern S2 bis auf etwa 12 Millibogensekunden (etwa 17 Lichtstunden) der Radioquelle genähert hatte und sich mit bislang nie beobachteter Geschwindigkeit von mehr als 5000 Kilometer/Sekunde (18 Millionen km pro Stunde) bewegte. Damit

eröffnete sich die Möglichkeit, die Massenverteilung auf Skalen unseres Sonnensystems zu messen.

Eine genauere astrometrische Analyse der Position von S2 in den letzten zehn Jahren zeigte zweifelsfrei, dass sich dieser Stern auf einer hochelliptischen Keplerbahn um die Radioquelle bewegt (Abb. 2). S2 kreist also um das vermutete Schwarze Loch wie ein Planet um die Sonne, und zwar mit einer Umlaufperiode von nur 15 Jahren.

Aus diesen Messungen lässt sich dann durch Anwendung der Kepler'schen Ge-

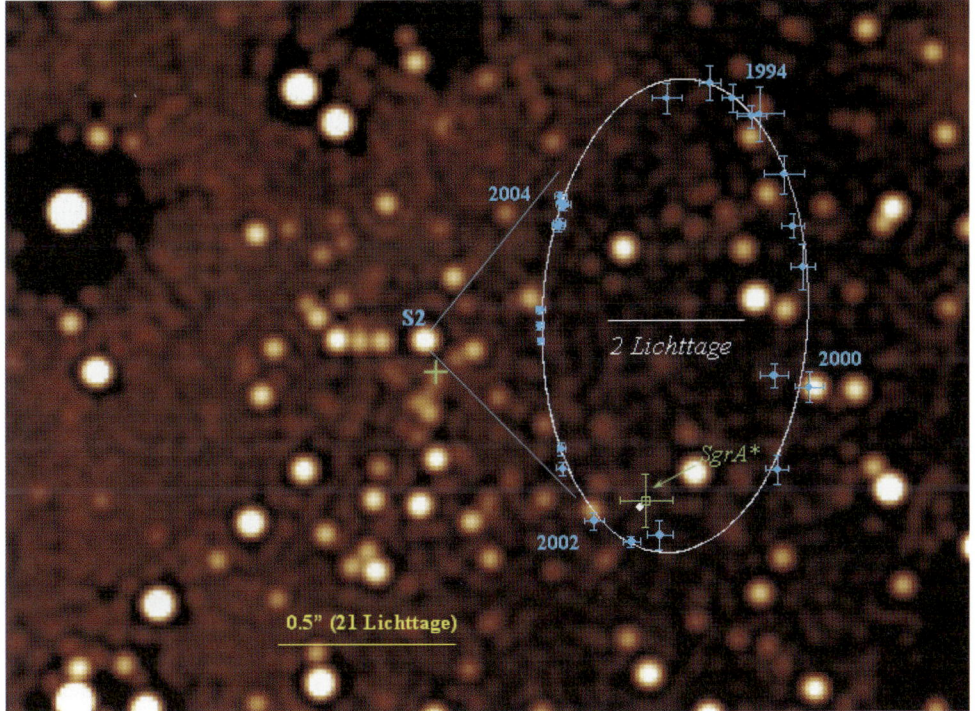

Abb. 2: Innerster Bereich des Sternhaufens im Galaktischen Zentrum um SgrA* (grünes Kreuz), beobachtet mit NACO/VLT bei einer Wellenlänge von 1,6 µm (40 Millibogensekunden Auflösung). Dank der hochauflösenden Messungen der letzten zehn Jahre konnte man für etwa ein halbes Dutzend Sterne in diesem Bereich wesentliche Bruchteile ihrer Umlaufbahnen um das Zentrum bestimmen. Beispiel: die Bahn des Sterns S2 (gefüllte Kreise mit Fehlerbalken). Die Daten können quantitativ durch eine hochelliptische Keplerbahn mit Exzentrizität 0,88, Umlaufperiode 15,4 Jahre und Semi-Halbachse 0,12" beschrieben werden, in deren einem Fokus die Radioquelle sitzt [3, 4]. Im April/Mai 2002 kam dieser Stern bis auf 17 Lichtstunden an das Gravitationszentrum heran und erlaubt deshalb eine sehr präzise Aussage über die Massenkonzentration im Zentralbereich.

setze sehr einfach die Masse innerhalb des Periradius von 17 Lichtstunden (etwa 2000-mal dem Schwarzschildradius eines Schwarzen Lochs mit drei Millionen Sonnenmassen) bestimmen: 3,9 ± 0,3 Millionen Sonnenmassen. Dies ist innerhalb der Fehler genau dieselbe Masse, die aus den oben diskutierten statistischen Methoden bei viel größeren Abständen von SgrA* abgeschätzt wurde. Das bedeutet, dass das Gravitationspotenzial mit hoher Präzision dem einer Punktmasse entspricht. Wenn man statt einer Punktmasse eine ausgedehnte Massenverteilung annimmt, muss der charakteristische Radius einer solchen Verteilung kleiner als zehn Lichtstunden sein, und damit deren Dichte mindestens 10^{18} $M_\odot$ pc^{-3} (Sonnenmassen pro Kubikparsec, entspricht etwa 10^{-4} g/cm³). Dies ist etwa zwölf Größenordnungen größer als die dichtesten bekannten astrophysikalischen Sternhaufen, einschließlich des Sternhaufens im Galaktischen Zentrum selbst. Diese Ergebnisse vom VLT wurden inzwischen durch ein ähnliches Messprogramm am Keck-Teleskop in Hawaii eindrucksvoll bestätigt [5].

Im Kontrast zu den hohen Bahngeschwindigkeiten von S2 und von etwa zehn weiteren Sternen in den zentralen 0,5" (21 Lichttage, Abb. 2) zeigen VLBI-Messungen, dass SgrA* selbst sich mit weniger als etwa 20 Kilometer/Sekunde bewegt. Aus diesem Vergleich lässt sich dann ableiten, dass die Radioquelle mindestens eine Gesamtmasse von etwa 10^5 Sonnenmassen haben und deshalb die zentrale Dichte 10^{22} $M_\odot pc^{-3}$ oder mehr sein muss, „nur" noch etwa drei Größenordnungen kleiner als die effektive Dichte eines Schwarzen Lochs von 3,9 Millionen Sonnenmassen innerhalb des Schwarzschildradius [6].

Ist SgrA* ein Schwarzes Loch?

Ein dunkler Haufen von astrophysikalischen Objekten mit solch hoher Dichte hat aber nur eine sehr begrenzte Lebensdauer, bevor er einerseits teilweise kollabiert (z. B. zu einem Schwarzen Loch) und andererseits „verdampft". Diese Lebensdauer kann aus der Masse und Dichte recht genau abgeschätzt werden und würde im Galaktischen Zentrum weniger als 10 000 Jahre betragen. Diese Altersgrenze ist aber wesentlich kleiner als das Alter aller in Abb. 1 sichtbaren Sterne (einige Millionen bis einige Milliarden Jahre). Es ist also mit großer Sicherheit auszuschließen, dass man ein solch kurzlebiges Objekt beobachten könnte.

Die Daten eliminieren auch ganz klar eine weitere Konfiguration, die in den letzten Jahren diskutiert wurde, nämlich die eines „Balls" entarteter Fermionen ohne Ladung, die in verschiedenen Modellen jenseits des heutigen Standardmodells der Teilchenphysik möglich sind. Ein solcher Ball wäre einfach zu groß und die damit verbundene Massendichte zu klein, um mit den Messungen von S2 vereinbar zu sein. Die einzige noch verbleibende Konfiguration, die kein Schwarzes Loch wäre, ist ein Ball von hypothetischen schweren Bosonen, da diese im Prinzip auf ein Volumen von wenig größer als dessen eines Schwarzen Loches kondensieren könnten. In diesem Fall würde aber die unvermeidbare Akkretion von baryonischer Materie auf den Bosonenball zu einem letztendlichen Kollaps zu einem Schwarzen Loch führen, sodass auch eine solche Konfiguration nicht stabil ist. Die neuen Messungen lassen also als einzig mögliche Konfiguration nur die eines massereichen Schwarzen Lochs zu. Damit ist SgrA* und das Zentrum unserer

Milchstraße das zur Zeit beste Beweisstück, dass die Massenkonzentrationen in Galaxienkernen wirklich die Eigenschaften Schwarzer Löcher im Sinne der Vorhersagen der Allgemeinen Relativitätstheorie haben müssen.

Was ist das weitere Schicksal des Sterns S2? Abschätzungen zeigen, dass trotz seiner geringen Entfernung zum Schwarzen Loch die Gezeitenkräfte des Lochs bei weitem nicht ausreichen, um den Stern selbst zu verzerren oder gar zu zerreißen. Es ist also zu erwarten, dass S2 weiterhin auf seiner Umlaufbahn alle 15 Jahre bei SgrA* vorbeikommt, bis er entweder selbst „stirbt" oder möglicherweise in der extrem dichten Umgebung um das Loch mit einem anderen Stern zusammenstößt. Etwa alle 100 000 Jahre kommt aber ein Stern so nahe an das Schwarze Loch, dass er durch die Gezeitenkräfte zerrissen wird und etwa die Hälfte seiner Masse in das Schwarze Loch einfällt, die andere Hälfte mit hoher Geschwindigkeit herausgeschleudert wird. Wenn das passiert, strahlt SgrA* für kurze Zeit fast so hell wie ein Quasar oder ein aktiver Galaktischer Kern. In den Zwischenperioden, wie zurzeit, fällt im Mittel nur ein geringer Fluss von heißem interstellarem Gas in das Loch. In der Tat sieht man diese Akkretion als variable Infrarot- und Röntgenemission von SgrA*. Etwa ein- bis viermal am Tag gibt es für etwa eine Stunde einen intensiven Lichtausbruch, den man sich als „Gewitter" in der Akkretionszone um den Schwarzschildradius vorstellen kann. Die zeitliche Struktur einiger dieser Lichtblitze gibt auch interessante Information über die Raum-/Zeitstruktur in der Umgebung des Lochs, mit ersten Indizien, dass das Schwarze Loch recht schnell rotiert [7].

Diese neuen Ergebnisse läuten eine neue Phase von Präzisionsmessungen ein, in der mit immer höherer räumlicher Auflösung die unmittelbare Umgebung eines Schwarzen Loches und die dort ablaufenden physikalischen Prozesse untersucht werden können. In den nächsten Jahren wird es mit interferometrischen Verfahren möglich werden, durch die Zusammenkoppelung der vier 8-m-Spiegel des VLT Auflösungen von weniger als 5 Millibogensekunden zu erreichen und damit den relativistischen Bereich starker Gravitation um das Loch zu untersuchen. Es wird vielleicht auch mit interkontinentaler Sub-mm-Interferometrie möglich werden, den Ereignishorizont selbst zu detektieren. Das Galaktische Zentrum bleibt also auf viele Jahre ein spannendes Labor der Gravitationsphysik.

Entstehung von Schwarzen Löchern und Galaxien

In den letzten zehn Jahren haben also optische, Infrarot-, Radio- und Röntgenbeobachtungen Beweise für eine eine immer größer werdende Anzahl von dunklen Zentralmassen in benachbarten Galaxien erbracht. Relativ massereiche Galaxien scheinen fast immer eine zentrale Massenkonzentration zu haben. Dabei ist die Masse des Schwarzen Lochs in unserer Milchstraße eher an der unteren Grenze der in anderen Galaxien gefundenen Zentralmassen. In einigen Galaxien hat das zentrale Schwarze Loch eine Masse von mehreren Milliarden Sonnenmassen. Interessanterweise zeigt sich, dass es eine recht gute Korrelation der Masse des Schwarzen Lochs mit der Leuchtkraft und Geschwindigkeitsdispersion der Sterne der umgebenden Galaxie gibt [8]. Dies bedeutet, dass ein Schwarzes Loch ‚weiß', in welcher Galaxie es lebt. Umgekehrt können die Sterne der Galaxie nicht wissen, wie groß das zentrale Schwarze Loch ist, da seine Gravitationskraft im typischen Abstand von 1000 Lichtjahren vernachlässigbar ist.

Die Lösung dieses Rätsels liegt wahrscheinlich in der Entstehungsgeschichte der Galaxien wie auch der Schwarzen Löcher, die in der Frühzeit der Entwicklung unseres Universums liegt. In den letzten zehn Jahren ist es möglich geworden, sowohl die Entwicklung der Quasare (also der Schwarzen Löcher) wie auch der Galaxien selbst bis mehr als 10 Milliarden Jahre vor unserer Zeit zurückzuverfolgen. Leuchtkräftige Quasare und damit die massereichsten Schwarzen Löcher sind selbst bei den höchsten heute beobachtbaren Rotverschiebungen (z ~ 6,4) zu finden, also nur etwa 800 Millionen Jahre nach dem Urknall. Dabei ist klar geworden, dass Galaxien und Quasare 1–6 Milliarden Jahre nach dem Urknall durch eine extreme aktive Phase gegangen sind. Die kosmische Sternentstehungsaktivität wie auch die Quasaraktivität war damals 20- bis 100-mal höher als in der Gegenwart. Die überraschende Ähnlichkeit des Verlaufs der Quasaraktivität und der kosmischen Sternentstehungsrate unterstützt die Interpretation, dass Schwarze Löcher und Galaxien etwa zur gleichen Zeit und damit sehr früh in der Entwicklungsgeschichte des Universums entstanden sind.

Die Entstehung von Galaxien wird im Wesentlichen durch das Wachsen und Verschmelzen von Dichtefluktuationen der Dunklen Materie im expandierenden Weltall bestimmt. In Bereichen hoher Dichte Dunkler Materie, die schon kurz nach dem Urknall entstanden waren, kam es zur lokalen Umkehr der Expansion und zur Bildung von dichten Klumpen normalen (baryonischen) Gases. Diese Klumpen kühlten ab und fielen einerseits durch den Einfluss der Gravitation in sich zusammen, zum anderen kam es in der Folge zu Verschmelzungsprozessen mit anderen Klum-

pen in der Nachbarschaft. In diesem Prozess könnte es zur Bildung von zentralen Gaskonzentrationen gekommen sein, die dann zu massiven Schwarzen Löchern kollabierten. Je größer dabei die zentrale Masse war, umso größer war auch die sich darum bildende „Ur"galaxie, wobei die dabei eine Rolle spielenden physikalischen Prozesse bisher noch nicht im Einzelnen verstanden sind. Auch in der späteren Entwicklung kam es weiterhin gelegentlich zum Zusammenstoß und zum Verschmelzen von Galaxien. So könnten große elliptische Galaxien aus kleineren Spiralgalaxien entstanden sein, im Prozess des Verschmelzens könnten sich auch sehr große Schwarze Löcher durch schnellen und starken Gaseinfall gebildet haben und dabei für einige zehn Millionen Jahre einen Quasar gebildet haben.

Unsere Milchstraße hat in diesem Sinne „Glück" gehabt. Sie ist bisher von einem solchen kosmischen Verkehrsunfall verschont geblieben. Als Folge hat sie auch nur ein recht kleines zentrales Schwarzes Loch. Dieses könnte ursprünglich durch den Kernkollaps eines dichten zentralen Sternhaufens entstanden sein und dann in der Folge sehr langsam, aber stetig durch Einfall von lokalen Gaswolken und hin und wieder von Sternen auf seine heutige Größe gewachsen sein.

Anmerkungen

[1] Der Schwarzschildradius wächst linear mit der Masse und hat den Wert von etwa 15 Sonnenradien für eine Masse von vier Millionen Sonnenmassen.

[2] Kormendy, J., Richstone, D.: Inward Bound – The Search For Supermassive Black Holes In Galactic Nuclei. Annual Reviews of Astronomy & Astrophysics 33, 581 (1995).

[3] Schoedel, R., Ott, T., Genzel, R., Hofmann, R., Lehnert, M., Eckart, A., Mouawad, N., Alexander, T., Reid, M. J., Lenzen, R., Hartung, M., Lacombe, F., Rouan, D., Gendron,

E., Rousset, G., Lagrange, A.-M., Brandner, W., Ageorges, N., Lidman, C., Moorwood, A. F. M., Spyromillo, J., Hubin, N., Menten, K. M.: A Star in a 15.2-Year Orbit Around the Supermassive Black Hole at the Centre of the Milky Way. Nature 419, 694 (2002).

[4]   Eisenhauer, F., Schoedel, R., Genzel, R., Ott, T., Tecza, M., Abuter, R., Eckart, A., Alexander, T.: A Geometric Determination of the Distance to the Galactic Center. Astrophysical Journal (Letters) 597, L121 (2003).

[5]   Ghez, A. M., Duchene, G. et al.: The First Measurement of Spectral Lines in a Short-Period Star Bound to the Galaxy's Central Black Hole: A Paradox of Youth. Astrophysical Journal (Letters) 586, L127 (2003).

[6]   Reid, M. J., Brunnthaler, A.: Microarcsecond astrometry using the SKA. Astrophysical Journal 616, 872 (2004).

[7]   Genzel, R., Schoedel, R., Ott, T., Eckart, A., Alexander, T., Lacombe, F., Rouan, D.: Near-IR Flares from Accreting Gas Near the Last Stable Orbit Around the Supermassive Black Hole in the Galactic Centre. Nature 425, 934 (2003).

[8]   Gebhardt, K., Bender, R. et al.: A Relationship between Nuclear Black Hole Mass and Galaxy Velocity Dispersion. Astrophysical Journal (Letters) 539, L13 (2000).

Die Chemie des Gedächtnisses Wie das Gehirn mit alten Molekülen in die Zukunft schaut

Randolf Menzel

Lebewesen haben eine Geschichte, eine Vergangenheit, eine Gegenwart und eine Zukunft. In ihrer Zeitabhängigkeit und deren Nicht-Umkehrbarkeit unterscheiden sie sich fundamental von nicht belebten Systemen. Lebewesen sind mit einem Gedächtnis ausgestattet, mit dem sie die Gegenwart erzeugen und die Zukunft besser bewältigen. Gedächtnis bedeutet gespeicherte Information, und diese Information wird über die Zeit hin erhalten, angereichert und angepasst. Die Inhalte des Gedächtnisses sind Optionen für die Zukunft und stellen damit die Essenz der Gegenwart dar.

Lebewesen besitzen zwei Arten von Gedächtnis, das in der Evolution entstandene Gedächtnis der Spezies und das im Verlaufe des Lebens entstehende Gedächtnis des einzelnen Wesens, des Individuums. Diese beiden Gedächtnisse sind in einer Richtung immer verschränkt, vom Artgedächtnis zum Individualgedächtnis. Es ist ein grundlegender Befund der Biologie und ein zentrales Dogma der Evolutionstheorie, dass es keinen direkten Weg vom Individualgedächtnis zum Artgedächtnis gibt. Allerdings gibt es indirekte Bezüge insbesondere z. B. dann, wenn das Individualgedächtnis zwischen Generationen von Individuen tradiert wird und dieses soziale Gedächtnis damit als Selektionsfaktor für die biologische Evolution auftritt. Mit diesen spannenden Aspekten wollen wir uns hier zwar nicht weiter beschäftigen, sondern nach den mo-

lekularen und zellulären Mechanismen des Individualgedächtnisses fragen, da aber das molekulare Substrat des Spezies-Gedächtnisses, die DNA, so genau bekannt ist, stellt sich natürlich die Frage, wie diese beiden Gedächtnisarten auf der molekularen Ebene verschränkt sind.

Das Artgedächtnis ist in der Basensequenz der DNA verpackt, wobei nicht nur die strukturbildenden (zu Proteinen führenden) Informationsabschnitte, sondern auch die für die vielfältige Regelung und Steuerung der Proteinsynthese und der Verteilung der Proteine wichtigen Abschnitte Informationsspeicher darstellen. Dieses Einpacken von einer riesigen Informationsmenge in wenigen großen Molekülen hat den entscheidenden Vorteil, dass die Informationen extrem komprimiert und erst durch einen Auslesevorgang wieder aktiviert werden. Auf diese Weise kann die DNA im winzigen Kern als Information transportierendes Molekül zwischen den Generationen eingesetzt werden.

Als die Suche nach den molekularen Bausteinen des Individualgedächtnisses vor etwa 30 Jahren begann, nahm man sich die DNA als Vorbild und suchte nach ähnlichen Prinzipien der Informationsspeicherung. Das war ein Irrweg, wie sich bald herausstellte. Dennoch sind die genetischen und die erfahrungsabhängigen Informationsspeicher innig miteinander verwoben. Um das zu verstehen, müssen wir uns die Prinzipien des molekularen Speichers des

Prof. Dr. rer. nat. **Randolf Menzel**, geb. 1940 in Marienbad. Studium der Biologie in Frankfurt am Main und Tübingen; Promotion in Frankfurt, 1967; 1. Staatsprüfung für Lehramt an höheren Schulen (Biologie, Chemie, Pädagogik) 1968; Habilitation für das Fach Zoologie, TH Darmstadt, 1971. C2-Professur am Zoologischen Institut der TH Darmstadt, 1972; C4-Professur Freie Universität Berlin und Leiter des neu eingerichteten Instituts für Neurobiologie, 1976; Dekan des Fachbereichs Biologie der FU, 1978–1980. Auslandsaufenthalte: Department for Neurobiology, Australian National University Canberra (1972–1973); Lecturer an summer school in Woods Hole, USA, 1979–1987; Forschungsaufenthalte in Brasilien, USA, Australien, Israel (1984–1988).
Mitglied u. a. in Academia Europaea, Berlin-Brandenburgische Akademie der Wissenschaften, Deutsche Akademie der Naturforscher Leopoldina.
Zahlreiche Preise, u. a. Hörlein-Preis des VDBiol (1961), Jahrespreis Universität Frankfurt (1967), Leibniz-Preis (1991), Körber-Preis (2000).

Prof. Dr. Randolf Menzel
Freie Universität Berlin
Institut für Biologie – Neurobiologie
Königin-Luise-Straße 28/30
D-14195 Berlin

zurückgeführt werden können, das sich in seiner elementaren Form in der klassischen Konditionierung darstellt. Bestimmte Stimuli haben für Tiere angeborenermaßen eine Bedeutung, Futter ist für ein hungriges Tier belohnend, Erschrecken oder ein starker schmerzhafter Reiz wirkt bestrafend, Beobachten eines Ereignisses kann für ein neugieriges Tier belohnend sein, erfolgreich in ein Versteck oder die Behausung zurückzukehren ist ebenfalls belohnend.

Alle diese bedeutungsvollen Stimuli bewirken auch ein angeborenes Verhalten (Futteraufnahme, Schutzreaktionen, Aufmerksamkeit, Ruhe). Beim elementaren assoziativen Lernen werden nun Verknüpfungen (Assoziationen) hergestellt zwischen neutralen Stimuli (oder in dem betreffenden Kontext nicht bereits mit Bedeutung ausgestatteten Stimuli) und dem bedeutungsvollen Stimulus bzw. den von ihm verursachten Reaktionen. Die gelernte Information liegt in der neuen Bedeutung, die der zuvor neutrale Stimulus durch diese Assoziation gewinnt, und das Gedächtnis ist jener Vorgang im Gehirn, der diese neue Information über die Zeit erhält und für die besser angepasste Verhaltensweise in der Zukunft zur Verfügung stellt.

Individualgedächtnisses (ab jetzt als „Gedächtnis" bezeichnet) verstehen.

Gedächtnis entsteht durch Lernen, der bewerteten Erfahrung eines Tieres mit der Umwelt. Lernen tritt in vielfältigen Formen auf, als nicht assoziatives Lernen (Gewöhnung, Sensitivierung), als assoziatives Lernen (klassische und instrumentelle Konditionierung), als beobachtendes oder latentes Lernen, z. B. bei der Orientierung im Raum und beim Nachahmungslernen, als Lernen nach Einsicht oder als prägungsartiges Lernen in der frühen Entwicklung eines Tieres. Es ist allgemeine Überzeugung, dass alle diese verschiedenen Lernformen auf ein gemeinsames Grundschema

Die doppelt geregelten Moleküle

Die Bildung, Ausbreitung und Übertragung von Erregung in Nervenzellen ist innig mit den Stoffwechselwegen in diesen Zellen verbunden. Die Mediatoren in diesem Wechselspiel sind intrazelluläre sekundäre Botenstoffe, allen voran das Ca^{2+}-Ion, aber auch die cyclischen Nukleotide cAMP, cGMP, das Inositoltriphosphat (IP3) und eine ganze Reihe mehr. Für die synaptische Plastizität, die dem Lernen zugrunde liegt, ist die wichtigste Voraussetzung eine Verknüpfung von zwei verschiedenen Erregungsflüssen, dem, der dem neutralen, zu lernenden Stimulus zugeordnet ist, und dem des bewertenden Stimulus. Donald Hebb, ein kanadischer Psychologe, formulierte als Erster ein Prinzip, nach dem die zellulären Vorgänge in der Nervenzelle eine solche Verknüpfung zustande bringen können. In seinen Worten klingt das etwa so (Abb. 1): „Immer dann wenn die Zelle B aktiv ist, während auch die Zelle A aktiv ist, wird sich die synaptische Verbindung zwischen diesen Nervenzellen verstärken" [1]. Im Netzwerk der Neurone wird festgelegt, welche Erregungen die Zelle aktiv werden lassen, z. B. dann, wenn ein bewertender Stimulus über seine zugeordneten Neurone Zelle B aktiviert, und die Zelle A könnte

mit ihrer Erregung den zu lernenden Stimulus repräsentieren.

Wie könnte nun die Verknüpfung solcher konvergierenden Erregungswege zu einer assoziativen Verstärkung der synaptischen Übertragung führen? Das zugrunde liegende Prinzip ist das der doppelt geregelten Moleküle (Abb. 2). Zwei Beispiele sollen hier kurz dargestellt werden, die in der Geschichte der Entdeckung assoziativer Plastizität im Nervensystem eine besondere Rolle gespielt haben und deutlich werden lassen, dass sowohl die präsynaptische Seite wie die postsynaptische über geeignete molekulare Mechanismen verfügen.

Eric Kandel entdeckte in den mechanosensorischen Neuronen der Meeresschnecke Aplysia ein solches Molekül, als er danach suchte, welche Rezeptormoleküle,

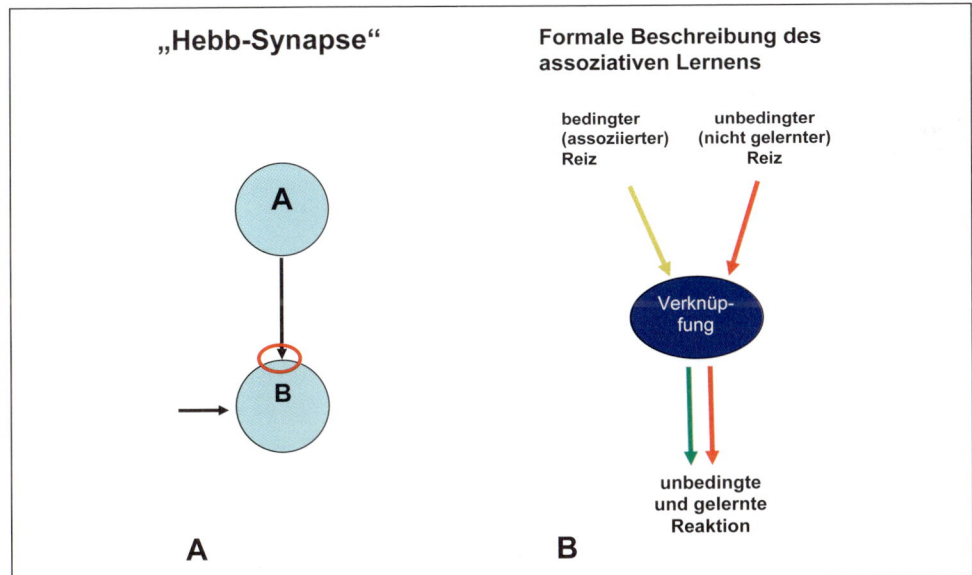

Abb. 1 A: Das Prinzip der „Hebb'schen Synapse". A und B stellen zwei synaptisch verschaltete Neurone dar. A aktiviert B. Das Hebb'sche Prinzip sagt aus, dass sich eine Synapse verstärkt, wenn die beiden Neurone gleichzeitig aktiv sind (siehe Text).
B: Die formale Beschreibung der assoziativen neuronalen Verknüpfung postuliert, dass zwei Erregungsströme, die des zu lernenden Reizes (bedingter, assoziierter Reiz) und des unbedingten (nicht gelernten) Reizes, konvergieren. Die Verknüpfung führt dann dazu, dass die ursprünglich nur auf den unbedingten Reiz auftretende Reaktion nun auch auf den bedingten Reiz auftritt.

Transmitter und sekundären Botenstoffe sowie die zugeordneten Proteinkinasen für die synaptische Plastizität in einem monosynaptischen Reflexbogen verantwortlich sind (Abb. 3; [2]). Er wählte dieses Versuchstier, weil die relativ wenigen Nervenzellen eines Ganglions (hier des Abdominalganglions mit ca. 2000 Neuronen) mit großen Zellkörpern ausgestattet sind, was die elektrophysiologische Analyse ganz wesentlich erleichtert. So konnten die wichtigsten Nervenverbindungen und synaptischen Schaltkreise mit intrazellulären Doppel- und Mehrfachableitungen aufgedeckt und die molekularen Mechanismen beschrieben werden. Es stellte sich heraus, dass das gesuchte doppelt geregelte Molekül eine Adenylatcyclase ist, die einmal über den primären Transmitter und ein G-Protein aktiviert wird und zum anderen über Ca/Calmodulin (Abb. 4).

Der G-Proteinweg stellt das molekulare Substrat des bedeutungsvollen Stimulus dar, bei Aplysia ein starkes Zwicken der Körperwand oder ein scharfer Wasserstrahl gegen die empfindlichen Kiemen. Dieser Reiz aktiviert über Mechanorezeptoren in der Haut ein modulatorisches Neuron, das seinen Transmitter Serotonin in das Netzwerk ausschüttet. Sehr viele Neurone verfügen über Serotoninrezeptoren, so auch die präsynaptischen Endigungen der mechano-sensorischen Neurone, die im monosynaptischen Reflexbogen auf Motoneurone projizieren, die wiederum für die Kontraktion der Kiemen zuständig sind. Die Serotoninrezeptoren sind an das G-Protein gekoppelt. Der Ca^{2+}-Anstieg und damit die Aktivierung des Ca/Calmodulin-Weges resultiert von der Erregungsbildung in dem mechano-sensorischen Neuron selbst, denn dieses verfügt wie alle Neurone über spannungsabhängige Ca-Kanäle. Immer wenn ein Hinweisreiz (z. B. ein schwacher mechanischer Reiz irgendwo auf der Körperoberfläche) das Neuron er-

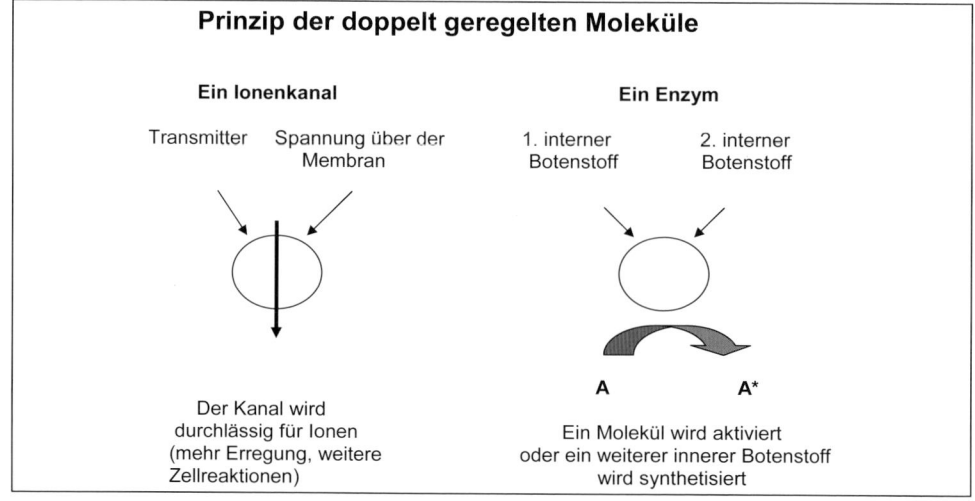

Abb. 2: Das Prinzip der doppelt geregelten Moleküle als molekulare Grundlage für assoziative Lernvorgänge, an zwei Beispielen dargestellt. Ein Ionenkanal (links) ist nur dann passierbar für Ionen, wenn er sowohl einen Transmitter bindet als auch einer weniger negativ polarisierten Membran ausgesetzt ist (NMDA-Rezeptor, siehe Abb. 3). Ein Enzym (rechts) stellt die molekulare Konvergenz von zwei Reaktionswegen dar, einem 1. und einem 2. internen Botenstoff. Nur wenn beide wirken, führt die Aktivierung des Enzyms zu weiteren Syntheseschritten oder zu einer verstärkten Synthese (Beispiel Adenylatcyclase, siehe Abb. 4).

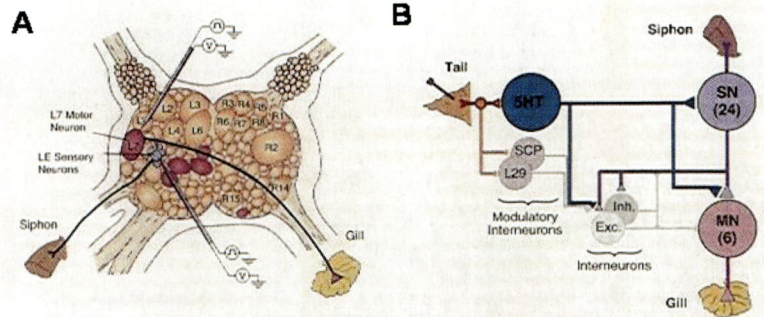

Abb. 3: Das Abdominalganglion von Aplysia und der neuronale Schaltkreis, der dem Lernen des Kiemen-rückzugreflexes zugrunde liegt. Ein schwacher mechanischer Reiz am Siphon stellt den konditionierten, zu lernenden Reiz dar. Ein starker Reiz am Schwanz aktiviert modulatorische Interneurone. Von diesen ist das mit 5-HT (Serotonin ausschüttendes Interneuron) besonders genau untersucht. Für die im Text erläuterte aktivitätsabhängige Neuromodulation ist die präsynaptische Endigung des 5HT-Neurons auf dem sensorischen Neuron (SN) bedeutsam (nach [2], verändert).

regt und zur Bildung von Aktionspotenzialen führt, erhöht sich der Ca^{2+}-Spiegel im mechano-sensorischen Neuron, auch in seiner präsynaptischen Endigung. Es treffen also zwei Erregungswege über ihre verschiedenen Mediatoren auf ein Molekül (hier die Adenylatcyclase), und dieses wird nun durch eine besonders starke Aktivierung auch besonders viel des sekundären Botenstoffes cAMP synthetisieren.

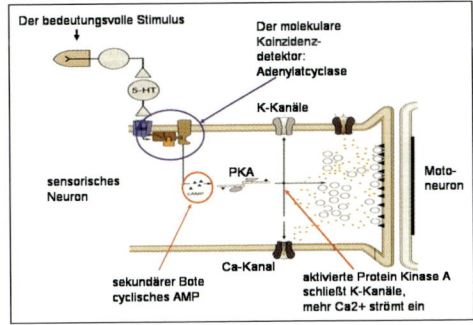

Abb. 4: Die molekularen Reaktionswege, die dem assoziativen Lernen der Kiemen-Rückziehreaktion von Aplysia zugrunde liegen (siehe Text). Abkürzungen: 5-HT: Serotonin, der Transmitter des fazilitatorischen Interneurons, das die Bewertung überträgt; cAMP: cyclisches Adenosinmonophosphat; PKA: Proteinkinase A (nach [2], verändert).

Die weiteren Wege zur assoziativen Verstärkung der Synapse zwischen mechano-sensorischem Neuron und Motoneuron gehen aus der Abb. 4 hervor. Dabei sind frühe und späte Reaktionswege zu beobachten. Die frühen führen zu einem durch die cAMP-abhängige Proteinkinase A (PKA) vermittelten Verschluss eines K-Kanals. Dies wiederum hat zur Folge, dass die einzelnen Aktionspotenziale der Sinneszelle etwas länger dauern, weil nach Abschalten des K-Kanals die Repolarisationsphase des Aktionspotenzials geringfügig länger dauert, daher mehr Ca^{2+} über die spannungsabhängigen Ca-Kanäle in die Zelle einströmt und als Folge davon mehr Transmitter ausgeschüttet wird. Die späten Reaktionswege führen über PKA-abhängige Transkriptionsfaktoren zu Genaktivierung, erst von Early Immediate Genes und später dann von Strukturgenen, was letztlich zur strukturellen Umbildung an den beteiligten Synapsen führt.

Damit ist nur ein kleiner Ausschnitt vieler ineinander verwobener molekularer Reaktionswege dargestellt. Weitere sekundäre Boten, Proteinkinasen und Kanäle sind an der synaptischen Plastizität beteiligt, und

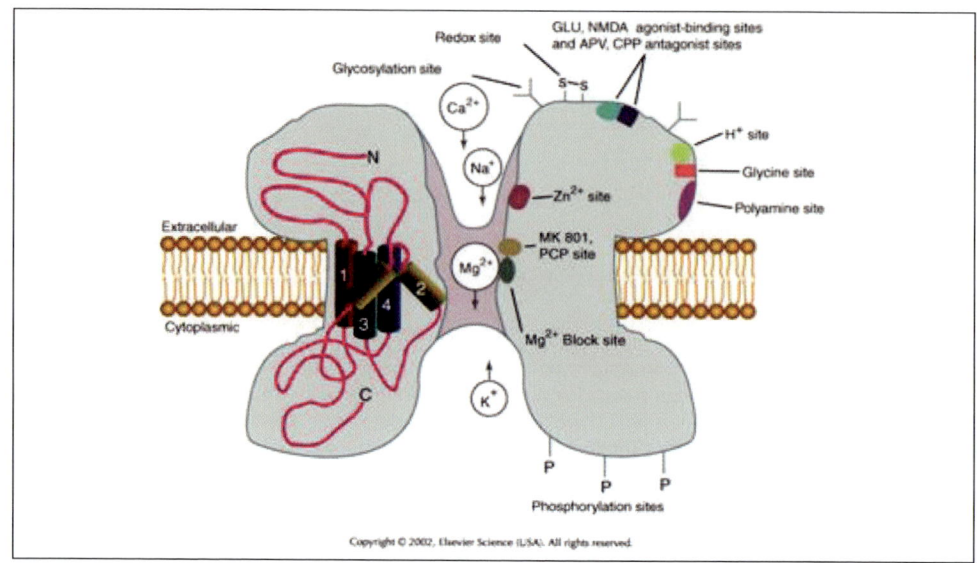

Abb. 5: Modell des Glutamat-Rezeptors vom Typ NMDA-Rezeptor (siehe Text). Unter Bedingungen des Ruhepotenzials ist der Kanal des Rezeptors durch Mg^{2+} verstopft, sodass auch bei Bindung von Glutamat kein Ionenstrom fließen kann. Wird die Membran depolarisiert, dann verschwindet der Block und Kationen können fließen. Der NMDA-Rezeptor stellt daher einen Koinzidenzdetektor für zwei Informationsströme dar, der zur Ausschüttung von Glutamat führt und das Neuron depolarisiert (aus [17], S. 243).

eine Fülle von weiteren Fragen, insbesondere hinsichtlich der Induktion der spezifischen Genaktivierung und der präzisen Zuordnung der Genprodukte zu den zu verstellenden Synapsen, wurden von der Kandel-Gruppe und denen seiner früheren Mitarbeiter aufgeklärt [2–4]. Da sich alle diese Vorgänge in der präsynaptischen Endigung der Synapse abspielen, wurden diese Mechanismen von Kandel „aktivitätsabhängige Neuromodulation" genannt.

Als Beispiel für einen postsynaptischen Mechanismus soll hier auf ein bestimmtes Rezeptormolekül im Wirbeltiergehirn hingewiesen werden, von dem man mit guten Gründen annimmt, dass es für viele lang anhaltende und assoziative synaptische Veränderungen, aber auch für erfahrungsabhängige neuronale Plastizität während der Entwicklung des Nervensystems zuständig ist. Im Wirbeltiergehirn ist der häufigste Erregung übertragende Transmitter Glutamat (Glu), und es ist daher nicht verwunderlich, dass es eine ganze Reihe von Glu-Rezeptoren gibt. Diese werden nach ihrem pharmakologischen Profil unterschieden. Der hier zu besprechende ist der NMDA-Typ eines Glu-Rezeptors. NMDA (N-Methyl-D-Aspartat) bindet an den Rezeptor als Agonist. Die doppelte Regelung dieses Kanals beruht darauf, dass die Bindung des Transmitters zwar den Kanal öffnet, da dieser aber bei dem Ruhepotenzial der Zelle durch Mg^{2+} blockiert ist (Abb. 5), fließen keine Ionen durch den Kanal. Ist aber das Neuron weniger negativ polarisiert als beim Ruhepotenzial, dann verschwindet der Mg^{2+}-Block und Ionen können in die Zelle einströmen. Diese Ionen sind Na^+ und Ca^{2+}.

Der Anstieg der Ca^{2+}-Konzentration entfaltet nun seine Wirkung als sekundärer

Bote und führt zu einer Fülle von Reaktionen, die letztlich die Verstärkung der synaptischen Übertragung bewirkt. Ein wichtiger Schritt im Verlaufe dieser Reaktionen ist die Bildung eines rückwärts auf die präsynaptische Seite wirkenden Transmitters. Dieser ist dafür verantwortlich, dass die plastischen Vorgänge an den beiden Seiten der Synapse koordiniert werden. Der NMDA-Rezeptor leitet also dann eine Kaskade von Reaktionen ein, die zur Verstärkung der synaptischen Übertragung führen, wenn auf ihn zwei Signalwege einwirken, jener, der zur präsynaptischen Ausschüttung von Glu führt, und jener, der das postsynaptische Neuron mit seinem NMDA-Rezeptor depolarisiert. Die Depolarisation des Neurons wird durch andere auf dieses Neuron konvergierende Neurone verursacht. Die beiden konvergierenden Signalwege stellen die CS- und US-Repräsentationen dar. Welche für den einen oder anderen Mechanismus zuständig ist, muss im Einzelfall geklärt werden und wird durch die molekularen Mechanismen nicht bestimmt.

Mit diesen Eigenschaften erfüllt der NMDA-Rezeptor in geradezu idealer Weise das Hebb'sche Prinzip der assoziativen Plastizität. Die Korrespondenz zwischen molekularen Eigenschaften und assoziativen Lernvorgängen geht aber noch weiter. Beim assoziativen Lernen ist von entscheidender Bedeutung, dass der zu lernende Stimulus CS dem bewertenden Stimulus US vorangeht. Nur dann wird die Bedeutung von US auf den CS übertragen. Es zeigte sich nun in vielfältigen Studien, dass die präzise zeitliche Abfolge von Depolarisation des Neurons und Eintreffen des Transmitters Glu dafür verantwortlich ist, ob die Synapse verstärkt oder geschwächt wird (Bienenstock-Cooper-Munro-Prinzip [5]). Diese als „spike timing selectivity of synaptic plasticity" bezeichneten Vorgänge erfassen Mechanismen, die für die Detektion und Umsetzung zeitlich genau aufeinander eingestellter Signalwege zuständig sind.

Es ist sehr attraktiv, solche Mechanismen auch für die Abfolge der Stimuli beim Lernen zu betrachten. Allerdings ist noch unklar, ob sie tatsächlich bei den assoziativen Lernvorgängen mitspielen, denn die zeitliche Aufeinanderfolge von CS (zuerst) und US (danach) ereignet sich beim Lernen im Sekundenbereich und nicht wie beim „spike timing" in dem von wenigen Millisekunden.

Das assoziative Modul

Beruht das durch Lernen erworbene Gedächtnis auch – wie das phylogenetische Gedächtnis – auf bestimmten Molekülen, die vergleichbar zur DNA den Gedächtnisinhalt im Molekül selbst speichern? Das wurde in der Tat eine Zeit lang vermutet, als man glaubte, durch Injektion von RNA oder Proteinen aus Neuronen von Tieren, die gelernt hatten, in das Gehirn von naiven Tieren Gedächtnisinhalte zu übertragen [6]. Dies erwies sich aber als unzutreffend. Alle bisher erwähnten Moleküle, die doppelt geregelten, die Ionenkanäle und Rezeptoren, die sekundären Botenstoffe, die Proteinkinasen und Transkriptionsfaktoren sind in keiner Weise spezifisch für die am Lernen und der Gedächtnisbildung beteiligten Neurone, ja die meisten von ihnen sind nicht einmal auf Neurone beschränkt. Diese Moleküle sind vielmehr Bestandteile der meisten Körperzellen. Weiterhin zeigt sich, dass viele Gene, die bei der assoziativen Plastizität der Synapsen aktiviert werden, im Verlaufe der ontogenetischen Entwicklung des Nervensystems eine wichtige Rolle spielen [7]. Die Speicherung der Gedächtnisinhalte muss also auf einem ganz anderen Prinzip beruhen.

Der kleinste neuronale Schaltkreis für eine assoziative Verknüpfung zwischen den Erregungswegen des CS und des US benötigt drei neuronale Elemente (Abb. 6). In diesem Modul konvergieren die Erregungswege für den zu lernenden Stimulus und den bedeutungsvollen Stimulus (entsprechend der Pavlov'schen Terminologie CS und US genannt) auf dem auslesenden Weg, der für die unbedingte (also vor dem Lernen bereits auf den US hin auftretende) wie auch für die bedingte (also nach dem Lernen auf den CS hin erfolgende) Reaktion zuständig ist (EF, der Effektor-Weg). Die Konvergenz von CS- und US-Weg kann bereits auf der präsynaptischen Seite des Effektorwegs erfolgen (Abb 6, rechts), wie wir das bei Aplysia kennen gelernt haben.

Auch bei einfachen assoziativen Lernvorgängen, wie etwa dem mechano-sensorischen Bestrafungslernen von Aplysia (s. o.), werden viele solcher Module zusammenwirken, aber es macht Sinn, erst einmal solche Module in Isolation zu betrachten.

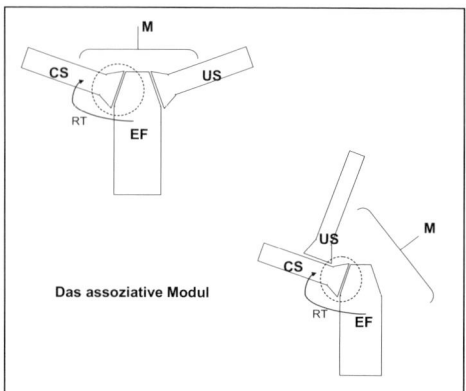

Das assoziative Modul

Abb. 6: Model des assoziativen Moduls. Links oben ist das Grundmodell angegeben, in dem eine Konvergenz der US- (bedeutungsvoller Stimulus) und CS- (neutraler, zu lernender Stimulus) -Wege auf dem auslesenden Weg konvergieren (EF: efferenter Weg). Die mit M bezeichnete Klammer symbolisiert den modulatorischen Eingang. RT: retrograder Transmitter.

Ein solches assoziatives Modul hat eine Reihe charakteristischer Eigenschaften. (1) Die molekulare Koinzidenzdetektion über die doppelt geregelten Moleküle sorgt dafür, dass sich nur bei bestimmten zeitlichen Abfolgen der Erregungsflüsse die synaptische Stärke der plastischen Synapse (mit einem gestrichelten Kreis in der Abb. 6 markiert) verstellt. (2) Die Koordinierung der zellulären Vorgänge zur Verstellung der synaptischen Stärke auf der präsynaptischen und postsynaptischen Seite erfolgt über retrograde Transmitter (RT, z. B. die gasförmigen Transmitter NO und CO, Peptide, Wachstumsfaktoren). Im Allgemeinen wird angenommen, dass diese Form der Koordination besonders dann eine Bedeutung hat, wenn die synaptische Übertragung langzeitig verstellt wird und dies zu strukturellen Veränderungen an den beteiligten Synapsen führt.

(3) Eine weitere Eigenschaft assoziativer Lernvorgänge drückt sich in der Tatsache aus, dass diese Module von modulatorischen Neuronen (M) versorgt werden. Lernen erfolgt nicht einfach automatisch, wenn die CS- und US-Wege in der richtigen zeitlichen Reihenfolge aktiv sind, sondern bedarf der Bereitschaft des Tieres zu lernen. Ein Belohnungslernen erfolgt nur dann, wenn die Tiere hungrig oder durstig sind, ein Bestrafungslernen nur dann, wenn die Tiere erschrecken.

Diese Bereitschaft übermitteln die modulatorischen Neurone, die ein eigenständiges Netzwerk darstellen und in denen sich die inneren Zustände des Tieres verquickt mit meist hormonell gesteuerten homeostatischen, tagesrhythmischen und saisonabhängigen Vorgängen im Gehirn und im ganzen Körper widerspiegeln. Die Modulation wird meist über präsynaptische Endigungen der modulatorischen Neurone vermittelt, die relativ diffus im neuronalen Netzwerk verteilt sind und keine präzise zugeordneten postsynaptischen Seiten ansteuern. Die US- und M-Elemente der assoziativen Module lassen sich meist nur schwer voneinander unterscheiden.

Der Gedächtnisspeicher, das assoziative Netzwerk

Auch das einzelne assoziative Modul ist noch kein Speicher der Gedächtnisinhalte. Vielmehr müssen viele Module zusammenwirken, um den Gedächtnisinhalt zu speichern. In der Informatik wurde das Konzept des assoziativen Netzwerks entwickelt, in dem Gedächtnisinhalte in einem Muster von veränderten synaptischen Übertragungen gespeichert werden [8, 9]. Physiologische assoziative Netzwerke bestehen aus vielen assoziativen Modulen. Abb. 7 (oben) gibt eine vereinfachte Darstellung der essenziellen Elemente dieser Module, wie wir sie oben kennen gelernt haben. Für diese gelten die dargestellten Zusammenhänge. Dort wo sich die Striche (Neurone) kreuzen, befindet sich eine plastische Synapse oder ein Satz sich gleichartig verhaltender plastischer Synapsen. Wird deren Übertragungsstärke verändert, dargestellt als schwarze runde Fläche an den Überkreuzungspunkten, dann stellt dies das kleinste Element der Gedächtnisspur dar, sozusagen ein Pixel im Bild eines Gedächtnisinhalts.

So neu ist diese Vorstellung nicht. Bereits im 17. Jahrhundert hatte René Descartes eine Idee der Gedächtnisspur im Gehirn entwickelt, die sich an den Lochmustern in den Farbstempeln orientierte, wie sie Tuchfärber verwendeten (Abb. 8). Dahinter verbirgt sich natürlich die Vorstellung der damaligen Zeit, dass die Nervenerregung ein superfluides Gas ist, das sich in den als Kanäle gedachten Nervenzellen ausbreitet und über solche Lochmuster verteilt wird. Aber

unabhängig von dieser irrigen Vorstellung hat das Bild seinen Wert auch für unsere heutige Denkweise, nur dass eben die Löcher plastische Synapsen in assoziativen Modulen darstellen.

Für theoretische assoziative Netzwerke gelten einige Regeln, die sie allein schon wegen dieser Eigenschaften für die Modellierung physiologischer assoziativer Netzwerke interessant machen. Wenn z. B. nur ein Teil des Erregungsmusters aktiviert wird, dann wird trotzdem mit großer Sicherheit der ursprüngliche Gedächtnisinhalt aufgerufen (Komplettierung); auch wenn ein etwas anderes Muster an Erregungsverteilung in das assoziative Netzwerk einläuft, wird trotzdem dasjenige

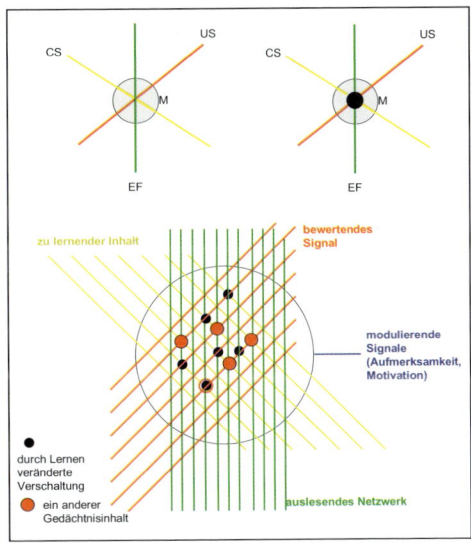

Abb. 7: Formales Modell des assoziativen Netzwerks als Gedächtnisspeicher. Oben ist das assoziative Modul, aus dem das Netzwerk besteht, angegeben (Bezeichnung wie in Abb. 6, siehe Text). Unten ist das aus vielen solchen Modulen bestehende Netzwerk wiedergegeben. Die schwarzen Kreise markieren die durch Lernen eines bestimmten Stimulus assoziativ veränderten Synapsen, die roten Kreise die für einen anderen Stimulus veränderten Synapsen. Man beachte die partielle Überlappung der jeweiligen Muster.

Muster aus den gespeicherten Inhalten aufgerufen, das ihm am nächsten kommt (Generalisierung). Wenn ein Teil des assoziativen Netzwerks nicht funktioniert, können dennoch die gespeicherten Inhalte mit recht großer Sicherheit ausgelesen werden (Robustheit). Komplettierung, Generalisierung und Robustheit sind allgemeine Eigenschaften von Lernsystemen der Tiere und des Menschen, und es ist deshalb nicht verwunderlich, dass man Korrespondenzen zwischen technischen und physiologischen assoziativen neuronalen Netzen vermutet. Auch die Tatsache, dass Gedächtnisinhalte sich im Gehirn nicht streng lokalisieren lassen (verteilte Gedächtnisinhalte), wird als Stütze für eine solche Korrespondenz gesehen.

Allerdings ist der Nachweis, dass in der Tat biologische neuronale Netze wie theoretische assoziative Netze arbeiten, noch nicht gelungen. In der Tat muss dieser Nachweis auch sehr schwer sein, denn man müsste viele Synapsen (nicht nur Neurone) beobachten, um festzustellen, dass sich ihre Übertragungsstärke infolge von Lernvorgängen ändert. Dies ist aus mehreren

Gründen sehr schwierig. Synapsen sind sehr klein und außerordentlich zahlreich. Es gibt zurzeit keine Methode, die es erlauben würde, ihre Übertragungsstärke direkt zu beobachten. Es ist weiterhin unklar, welche der vielen Synapsen eines Neurons an der lernbezogenen Plastizität beteiligt sind. Außerdem darf nicht vergessen werden, dass Lernen und Gedächtnisbildung Eigenschaften des ganzen, sich verhaltenden Tieres sind und nicht nur eines Teils des Nervensystems. Das bedeutet, dass man diese Beobachtungen an vielen ausgewählten Synapsen mit großer räumlicher und zeitlicher Auflösung dann durchführen müsste, wenn das Tier lernt, nicht etwa nur dann, wenn man in einem herausgeschnittenen Teil seines Gehirns eine auf die neuronale Aktivität bezogene Plastizität wie etwa die Langzeitpotenzierung oder die aktivitätsabhängige Neuromodulation beobachtet.

Unsere Unkenntnis über diese basalen Eigenschaften der Funktionsweise des Gehirns macht in besonderer Weise deutlich, wie notwendig es ist, Methoden in der Neurowissenschaft zu entwickeln, die es erlauben, die Funktionsweise von kleinen Netzwerken im Kontext der Funktionsweise des ganzen Gehirns während relevanter Leistungen zu studieren. An solchen Methoden wird intensiv gearbeitet. Zum Abschluss soll auf einige Ansätze hingewiesen werden.

Mit Mehrfach-Elektroden (Multielektroden) lassen sich die Aktionspotenziale von einigen Neuronen registrieren, während die Tiere (Mäuse, Ratten, Affen und in stärker eingeschränkter Weise Insekten) sich weitgehend normal verhalten. Besonders interessant in unserem Zusammenhang sind Registrierungen im Hippocampus von Ratten, während die Tiere eine kleine Arena explorieren, sowie die Modellierung der Eigenschaften dieser Neurone mithilfe eines neuronalen Netzwerk-Ansat-

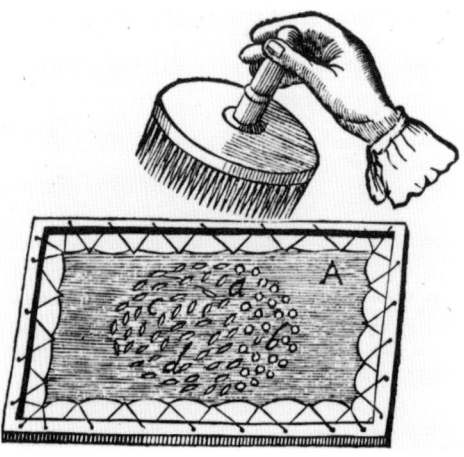

Abb. 8: Das von René Descartes verwendete Bild für einen Gedächtnisinhalt (nach [18], S. 72)

zes [10, 11]. Es lassen sich Vorstellungen darüber entwickeln, wie die im Hippocampus gefundenen Platz-Neurone (Place Cells) zu einem Netzwerk verbunden sind und die Wegintegration, die Ortsbestimmung und die Bewegung auf ein Ziel hin codieren könnten. Allerdings sind hier die Modelle und physiologischen Daten noch sehr weit voneinander entfernt, und eine kritische Prüfung der Modelle ist deshalb nicht möglich, weil die funktionellen und anatomischen Beziehungen der registrierten Neurone nicht bekannt sind. Für die hier diskutierte Fragestellung nach der Gedächtnisbildung ist zudem eine extrazelluläre Registrierung von Aktionspotenzialen zu weit von den Vorgängen an den Synapsen entfernt.

Problematisch sind die modellierenden Analysen des Hippocampus von Affen [12], mit denen versucht wird, die Eigenschaften von eher zufällig registrierten Neuronen im Sinne theoretischer neuronaler Netze zu interpretieren. Auch die Untersuchungen an Insekten mit Multielektroden sind hier nicht recht weiter gelangt, obwohl man wegen der geringeren Zahl der beteiligten Neurone und ihrer möglicherweise besseren Lokalisation hoffen könnte, physiologienahe Modelle zu entwickeln. Für die Unterscheidung von Düften bei Heuschrecken lassen sich z. B. Netzwerkmodelle entwickeln, die vor allem das dynamische Zusammenwirken von Ensembles von Neuronen durch zeitliche Koordination ihrer Aktionspotenziale als ein mögliches Arbeitsprinzip eines neuronalen Netzwerkes vermuten lassen [13], aber eine kritische Prüfung der Modelle ist auch hier nicht möglich, weil nicht bekannt ist, welche Beziehung die Neurone haben, die registriert werden.

Ein wenig näher kommen optisch abbildende Methoden dem Ziel, die räumlichen Beziehungen zwischen den registrierten Neuronen zu bestimmen. Hierzu eine abschließende Bemerkung.

Auf dem Weg zu einer experimentellen Analyse neuronaler assoziativer Netze während Lernvorgängen

Wir haben bei unseren Untersuchungen an Honigbienen einen Weg eingeschlagen, von dem wir uns erhoffen, einen Beitrag zu dieser Problematik zu leisten [14, 15]. Honigbienen lernen Düfte als Signale für Belohnung auch dann sehr schnell, wenn sie in einem Röhrchen eingespannt unter einem Mikroskop so angeordnet werden, dass man mit einem Objektiv auf die Oberfläche ihres Gehirns schauen kann (Abb. 9). Mit Fluoreszenzfarbstoffen, deren Fluoreszenz von der Ca^{2+}-Aktivität in den Neuronen abhängt, kann man die Erregungsstärke in ausgewählten Neuronen abbildend messen.

Abb. 9: Versuchssituation, in der Bienen auf einen Duft dressiert werden. Der Duft wird kurz vor der Belohnung mit Zuckerlösung über die Antennen geblasen. Das Tier lernt innerhalb von 2−3 Paarungen mit großer Sicherheit auf den Duft als Hinweissignal für Belohnung mit dem Ausstrecken des Rüssels zu reagieren. Dieser Lernvorgang erfolgt auch, wenn die Kopfkapsel geöffnet ist und das Gehirn für elektro- und optophysiologische Untersuchungen exponiert wird.

Abb. 10 zeigt eine Schemazeichnung einer Hälfte des symmetrisch aufgebauten Bienengehirns. Die grüne Struktur stellt den Pilzkörper dar, von dem wir wissen, dass er für die Speicherung von Duftgedächtnissen zuständig ist. Wenn man nun im oberen Bereich des Pilzkörpers, der Lippenregion (siehe kleines Quadrat), abbildende Ca^{2+}-Messungen während der Duftstimulation und dem Duftlernen durchführt, dann findet man, dass verschiedene Düfte unterschiedliche Muster von Erregungsverteilungen in den Dendriten der Neurone des Pilzkörpers auslösen

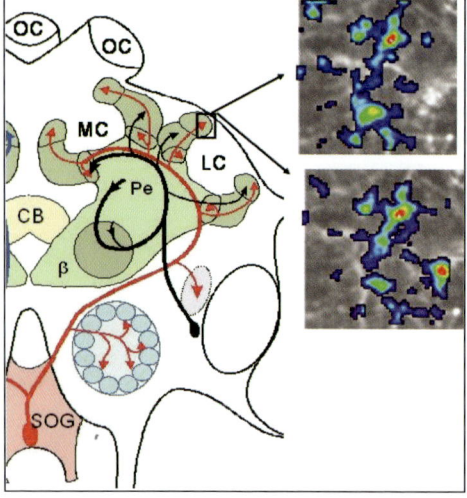

Abb. 10: Links: Darstellung einiger wichtiger Neuronen und Neuropilbereiche im Bienengehirn, die beim Duftlernen eine Rolle spielen. Abkürzungen: Pe: Pilzkörper (mit dem medianen und lateralen Calyx, MC, LC), SOG: Unterschlundganglion, von dem das in roter Farbe markierte Neuron ausgeht, das die belohnende Wirkung der Zuckerstimulation beim Duftlernen überträgt. Rechts: Zwei optophysiologische Registrierungen der Lippenregion des Pilzkörpers (schwarzer Kasten), wie sie mit abbildenden Methoden erhalten werden (oben: Stimulation mit Octanol, unten: Stimulation mit Orange). Neuronale Aktivität in den feinsten Verzweigungen der Neurone im Pilzkörper: rot starke Erregung, blau keine Erregung, gelb und grün dazwischen (nach [16]).

und dass sich die Erregungsstärken beim Duftlernen ändern [16].

Nun ist die Verschaltung der duftcodierenden Neurone in diesem Bereich recht gut bekannt, sodass man sich ein schematisches Bild von den möglichen Verschaltungen machen kann. Wie Abb. 11 zeigt, handelt es sich um ein neuronales Netz, in dem ein Duft in einer verteilten Weise unter Beteiligung von vielen Neuronen (hier sind nur wenige dargestellt) im Muster von synaptischen Übertragungen repräsentiert ist. Dieses Muster kommt dadurch zustande, dass (1) ein Duft in den Eingangsneuronen mit einem kombinatorischen Erregungsmuster codiert ist (siehe die Verteilung der Sterne bzw. Dreiecke als Symbol für die Erregung eines Neurons) und dass (2) die Eingangsneurone mit den Pilzkörperneuronen selektiv und ebenfalls kombinatorisch synaptisch verschaltet sind (schwarze Punkte an den Überkreuzungsstellen). Lernt ein Tier einen Duft, dann verändert sich die synaptische Übertragungsstärke zwischen den Eingangsneuronen und den Pilzkörperneuronen. Dies wirkt sich in der Erregungsstärke in den dendritischen Verzweigungen der Pilzkörperneurone, die wir über die Ca^{2+}-Aktivität abbildend messen können, aus. Wir können also auch (noch) nicht die einzelnen Synapsen direkt messen, da wir aber die sehr feinen dendritischen Verzweigungen der Pilzkörperneurone abbilden, die die postsynaptischen Elemente von Komplexen eng miteinander verquickter Synapsen darstellen, sind wir den Synapsen schon sehr nahe auf den Leib gerückt.

Abschließende Bemerkung

Individuelles Erfahrungsgedächtnis ist also nicht in bestimmten Molekülen gespeichert, sondern im Muster von synaptischen Stärken in einem Netzwerk von kommuni-

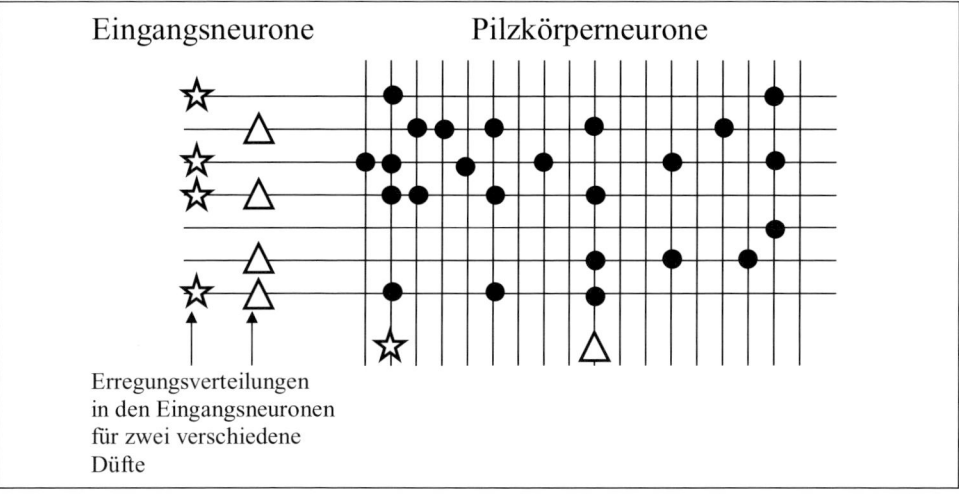

Eingangsneurone   Pilzkörperneurone

Erregungsverteilungen
in den Eingangsneuronen
für zwei verschiedene
Düfte

Abb. 11: Stark vereinfachtes Modell der Speicherung von Gedächtnisinhalten für Düfte in der Lippenregion des Pilzkörpers der Biene. Einige hundert Eingangsneurone erreichen den Pilzkörper von der ersten Verarbeitungsstation für Düfte im Bienengehirn, dem Antennallobus. In der Lippenregion sind sie mit einigen zehntausend Neuronen im Pilzkörper verschaltet, wobei ein kombinatorisches Muster von überlappenden Eingängen auf die Pilzkörperneurone entsteht (schwarze Kreise). Ein Duftstimulus führt zur Erregung einiger Eingangsneurone, unterschiedliche Düfte zu verschiedenen, aber partiell überlappenden Erregungen (Sterne und Dreiecke auf der linken Seite). So wird jeder Duft mit einem charakteristischen Erregungsmuster codiert. Die Pilzkörperneurone werden nur aktiviert (Stern und Dreieck), wenn mehrere Eingangsneurone (hier 4) gleichzeitig aktiviert sind. Beim Lernen eines Duftes verstärken sich die spezifischen Synapsen. Der Gedächtnisinhalt liegt in deren Muster. Dies lässt sich mit den in Abb. 10 gezeigten Messungen nachweisen (nach [16]).

zierenden Neuronen. Es sind keine besonderen Moleküle und Molekülreaktionen, die diese Verstellungen synaptischer Übertragungsstärken bewirken. Viele von ihnen werden in anderen Organen für zelluläre Reaktionen und Anpassungen ebenfalls eingesetzt, und die für das Gehirn spezifischen Moleküle spielen bei der ontogenetischen Ausbildung der Verschaltung im Gehirn ebenso eine wichtige Rolle. Natürlich kann man zum gegenwärtigen Zeitpunkt nicht ausschließen, dass es auch Moleküle und Reaktionswege geben mag, die nur bei der Gedächtnisbildung auftreten. Diese müssten aber noch gefunden werden. Sollte es sie geben, kann man jetzt schon ausschließen, dass sie Informationsspeicher so wie DNA und RNA sein könnten.

Die Aufgabe der Neurowissenschaft besteht also darin, die Gedächtnisinhalte in dem von „alten" Molekülen bewirkten Verstellungen von synaptischen Übertragungsstärken zu suchen. Dies ist eine riesige Aufgabe und es ist im Augenblick noch nicht abzusehen, wie dies gelingen kann. Vielleicht hilft auch hier eine Forschungsstrategie weiter, die sich in der Vergangenheit in der Neurowissenschaft als besonders erfolgreich herausgestellt hat. Nahezu alle grundlegenden Eigenschaften von Neuronen und neuronalen Verschaltungen wurden an Modellorganismen entdeckt, die einfacher gebaute Nervensysteme aufweisen und bessere experimentelle Zugänge mit den vorhandenen Methoden boten, so z. B. der Nachweis der Ionenflüsse bei der Erregungsbildung und -ausbreitung im Tintenfisch-Riesenaxon, die erregende und hemmende Wirkung von Transmittern im Froschherz und im Krebsganglion, das Prinzip der lateralen Inhibition im Auge von Limulus, die Mechanismen der erregungsabhängigen Neuromodulation in den Neuronen des Abdominalganglions von Aplysia und vieles mehr. Das Ziel wird sein, im Gehirn eines lernenden Tieres die Dynamik der synaptischen Erregungsstärken so zu messen, dass sich dessen Muster und seine Veränderung erfassen lassen.

Literatur

[1] Hebb, D.: The organization of behaviour. Wiley, New York, 1949.

[2] Kandel, E. R.: The molecular biology of memory storage: A dialogue between genes and synapses. Science 294, 1030–1038 (2001).

[3] Carew, T. J.: Molecular enhancement of memory formation. Neuron 16, 5–8 (1996).

[4] Byrne, J. H., Kandel, E. R.: Presynaptic facilitation revisited: state and time dependence. J Neurosci. 16, 425–435 (1996).

[5] Bienenstock, E. L., Cooper, L. N., Munro, P. W.: Theory for the development of neuron selectivity: orientation specificity and binocular interaction in visual cortex. J. Neurosci. 2, 32–48 (1982).

[6] Hyden, H., Lange, P. W.: Brain cell protein synthesis specifically related to learning. Proc. Natl. Acad. Sci. USA 65, 898–904 (1970).

[7] Carew, T. J., Menzel, R., Shatz, C. J.: Mechanistic relationship between development and learning. John Wiley & Sons Ltd., Chichester, 1998.

[8] Palm, G.: Associative networks and cell assemblies. In: Palm, G., Aertsen, A. (Hrsg.): Brain Theory. Springer-Verlag, Berlin Heidelberg, 1986, S. 211–228.

[9] Rolls, E. T.: Theoretical and neurophysiological analysis of the functions of the primate hippocampus in memory. Cold Spring Harbour Symposia on Quant. Biol. LV, 995–1006 (1990).

[10] O'Keefe, J., Nadel, J.: The hippocampus as a cognitive map. Oxford U. Press, New York, 1978.

[11] Samsonovich, A., McNaughton, B. L.: Path integration and cognitive mapping in a continuous attractor neural network model. J. Neurosci. 17, 5900–5920 (1997).

[12] Treves, A., Rolls, E. T.: Computational analysis of the role of the hippocampus in memory. Hippocampus 4, 374–391 (1994).

[13] Laurent, G. J., Stopfer, M., Friedrich, R. W., Rabinovich, M. I., Volkovskii, A., Abarbanel, H. D. I.: Odor encoding as an active, dynamical process: experiments, computation, and theory. Annu. Rev. Neurosi. 24, 263–297 (2001).

[14] Menzel, R.: Searching for the memory trace in a mini-brain, the honeybee. Learning & Memory 8, 53–62 (2001).

[15] Menzel, R., Giurfa, M.: Cognitive architecture of a mini-brain: the honeybee. Trends Cogn. Sci. 5, 62–71 (2001).

[16] Szyszka, P., Galkin, A., Galizia, C. G., Menzel, R.: Imaging Memory Formation in the Mushroom Body of the Insect Brain. Submitted.

[17] Squire, L. R., Bloom, F. E., McConnell, S. K., Roberts, J. L., Spitzer, N. C., Zigmond, M. J.: Fundamental Neuroscience. Academic Press, 2003.

[18] Blakemore, C.: Mechanics of the mind. Cambridge University Press, Cambridge, UK, 1977.

Organtransplantationen

Bruno Reichart

Der Status quo

Terminales Organversagen beschränkt die Lebensqualität auf wenige verbleibende Jahre oder Monate. Es führt unweigerlich zu schweren Komplikationen und schließlich zum vorzeitigen Tod – trotz weit fortgeschrittener und komplexer intensivmedizinischer Behandlungsmöglichkeiten, einschließlich künstlicher Niere und neuester Therapieschemata. Als Beispiel mögen Patienten mit Herzversagen dienen, die im Terminalstadium angekommen sind und, mit verschiedenen Komplikationen behaftet, eine durchschnittliche Überlebensdauer zwischen wenigen Tagen und einem Jahr aufweisen.

Für Patienten im Endstadium einer Organerkrankung – Niere, Leber, Pankreas, Darm, Herz oder Lunge – stellt eine Organtransplantation (auch in einer Kombination) die Therapie der Wahl dar. Dies unterstreichen 8-Jahres-Ergebnisse des Klinikums der LMU nach Nieren- bzw. Herztransplantationen, die eine Überlebensrate zwischen 70 und 80 Prozent aufzeigen (Abb. 1); ähnliche Zahlen sind nach Leberverpflanzungen zu erwarten, während die Resultate nach Lungenersatz noch darunter liegen.

Der Organmangel limitiert die verschiedenen Transplantationsdisziplinen. Einige Beispiele: So wurde laut Eurotransplant im Jahre 2003 nur etwa ein Drittel der Herzpatienten, die sich auf der Warteliste befanden, letztendlich transplantiert. Dabei betrug das Risiko, während der Wartezeit zu versterben, 19,2 Prozent – eine Zahl, die etwa doppelt so hoch ist wie die Einjahres-

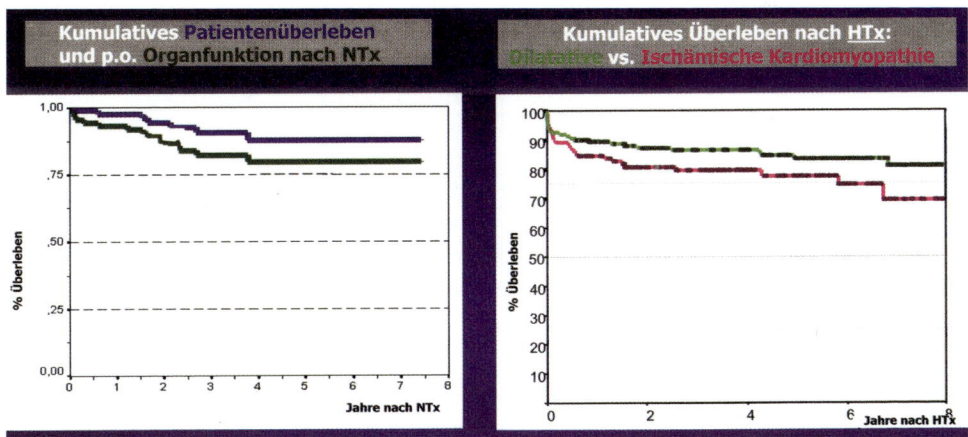

Abb. 1: Langzeitergebnisse nach Nieren- (links) bzw. Herztransplantation (rechts). Die Ergebnisse nach Nierentransplantation entstammen der chirurgischen Klinik, die der Herztransplantation der herzchirurgischen Klinik der LMU. Dilatative und ischämische Kardiomyopathie stellen die Hauptindikationen zur Herztransplantation dar.

Prof. Dr. **Bruno Reichart**, geb. 1943 in Wien. Studium der Medizin in Erlangen und München; 1968 Promotion. 1969–1970 Medizinalassistent an mehreren Krankenhäusern in München; Mitarbeit im Gesundheitsamt und Praxisvertretungen. 1971–1973 Wissenschaftlicher Assistent der Chirurgischen Universitätsklinik in München. 1973 Gastarzt in Memphis/Tennessee mit Schwerpunkt koronare Herzchirurgie sowie Lungen- und periphere Gefäßchirurgie. Ab 1974 an der Herzchirurgischen Klinik der Universität München, 1977 Oberarzt. 1978 Habilitation, 1979 Anerkennung als Chirurg für Thorax- und Cardiovascularchirurgie. 1983 Professor für Herzchirurgie in München; 1984–1990 Chef der Herz- und Thoraxchirurgischen Klinik der Universität Kapstadt; klinische Tätigkeit im Groote Schuur Hospital und im Kinderkrankenhaus. 1989–1990 Präsident der Internationalen Gesellschaft für Herztransplantation; seit 1990 Direktor der Herzchirurgischen Klinik am Klinikum Großhadern der Universität München. Gastprofessor in Boston (1978), Birmingham (1978), Milwaukee (1979), Paris (1980), Stanford/Kalifornien (1980, 1981 und 1982).

Prof. Dr. med. Bruno Reichart
Herzchirurgische Klinik und Poliklinik
Ludwig-Maximilians-Universität München
Klinikum Großhadern
Marchioninistr. 15
D-81377 München

letalität nach Herztransplantationen. Weniger als 15 Prozent erhielten im gleichen Zeitraum eine Niere; die Wartezeit darauf kann bis zu 9 Jahre betragen.

Was kann man ändern? Das seit 1999 bestehende deutsche Transplantationsgesetz sollte effektiver genutzt werden, vielleicht könnten einige Zusätze zur Verbesserung erwogen werden. Man könnte z. B. erwägen, im Rahmen des einzuführenden deutschen oder sogar europäischen Gesundheitschips die Frage nach einer Organspende – „ja", „nein" oder „ich weiß es nicht" – zu stellen.

Alternativen zur Transplantation – künstliche Organe

Als alternative Techniken zur Transplantation käme der Einsatz von künstlichen Organen wie Leber, Lungen, Bauchspeicheldrüsen und Herzpumpen in Betracht – analog zu der schon lange erfolgreich zur Verfügung stehenden Hämodialyse. Im Gegensatz zu dieser so genannten künstlichen Niere sind umfassende und vor allem langzeitige Erfahrungen mit diesen Techniken nur selten oder überhaupt nicht vorhanden. Ein weiteres Beispiel mag dies verdeutlichen: Das menschliche Herz besteht aus zwei Hälften, wovon die linke unseren Körper mit sauerstoffreichem Blut versorgt. Eine terminale Herzschwäche – bedingt durch einen oder mehrere Herzinfarkt(e), durch Stoffwechselveränderungen in den Herzmuskelzellen – kann mit einer elektrisch betriebenen, unter der Bauchmuskulatur voll implantierten Pumpe effektiv behoben werden (Abb. 2). Das Blut wird so aus dem linken Herz gesaugt und dann in die Hauptschlagader (Aorta ascendens) befördert. Zwei Klappen sorgen für die richtige Richtung des Blutstroms. Ein Schlauch, der durch die Haut führt, verbindet die pulsatile Kreislaufpumpe mit dem Steuergerät, den Batterien. Damit ist der Patient von einem Antriebsaggregat, das vom normalen 220-Volt-Strom gespeist wird, für ca. 4 Stunden unabhängig.

Mit dieser Art der Linksherzunterstützung gelang einer New Yorker Herzchirurgengruppe um Eric Rose [1], terminal Herzkranke erfolgreich für ein Jahr am Leben zu halten. Vor allem die bessere Lebensqualität gilt es anzumerken. Nach zwei postoperativen Jahren war jedoch kein Unterschied hinsichtlich des Überlebens festzustellen, verglich man jene Patientengruppe mit einer, die nur Medikamente erhalten hatte.

Unsere Herzchirurgengruppe in München hat seit Beginn der 90er-Jahre eigene Erfahrungen mit verschiedenen Linksherzunterstützungssystemen machen können. Sie wurden nach herzchirurgischen Eingriffen eingesetzt, nach Herzinfarkten mit schwerem Verlauf und vor allem zur Überbrückung bis zur Herztransplantation für Wochen, Monate und selbst Jahre; es handelte sich dabei um Patienten auf der Warteliste, die sich zuvor irreversibel verschlechtert hatten. Nicht wenige dieser Transplantationskandidaten konnten sich dann, rekompensiert und rehabilitiert, zu Hause bis zum Termin des Eingriffs aufhalten. 60–70 Prozent jener Schwerkranken konnten so ihr Ziel, die Herztransplantation, erreichen; danach gestaltete sich der postoperative Verlauf wie bei Patienten, die ein Linksherz-Assist-Device (Linksherzunterstützungssystem) nicht benötigen.

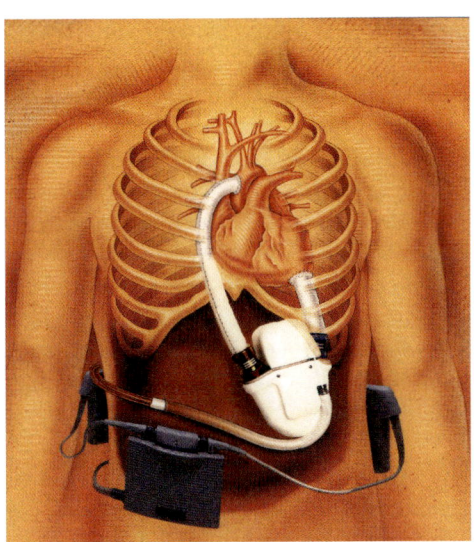

Abb. 2: Linksherzunterstützungssystem Novacor®. Das Blut wird vom linken Herzen in die Pumpe und von dort in die Hauptschlagader (Aorta ascendens) befördert. Zwei dem Pumpsystem nahe Klappen sorgen für die Richtung. Ein Kabel, das durch die Haut dringt, verbindet das Herzunterstützungssystem mit dem Steuergerät, das außerhalb des Körpers zu liegen kommt und zusammen mit den beiden Batterien an einem Gürtel getragen oder in einer Tasche umgehängt werden kann. Das Pumpensystem befindet sich hinter der Bauchmuskulatur, vor dem Peritoneum (= Bauchfell).

Eine weitere Alternative – die Xenotransplantation [2]

Eine weitere Alternative zur allogenen (also mit menschlichen Organen) Transplantation stellt die xenogene (also mit nichtmenschlichen Organen) Verpflanzung dar. Sie ist noch eine Methode der Zukunft. Aus logistischen und ethischen Erwägungen kommt dabei nur die diskordante Methode in Betracht: Diskordante Organe stammen von Spezies, die entwicklungsgeschichtlich vom Menschen weit – bis zu 90 Millionen Jahre – entfernt sind (im Gegensatz dazu: Konkordant würde nichtmenschliche Primaten bedeuten). Bislang wurden Hausschweine untersucht, die anatomisch und physiologisch dem Menschen ähnliche Organe haben; gedacht wurde zunächst an einfach strukturierte Systeme wie Inselzellen der Bauchspeicheldrüse, Nieren oder Herzen.

Würde man unbehandelte Schweineherzen z. B. in Primaten implantieren, käme es zu einer hyperakuten Abstoßung: Die Organe würden anschwellen, ihre Farbe sich ins Dunkelblaurote verändern, ihre Beweglichkeit, die Kontraktionen würden abnehmen und schließlich gänzlich versiegen (Abb. 3a). Diese eben beschriebene hyperakute Abstoßung geschieht innerhalb von Minuten. Untersucht man das Herzgewebe mit dem Mikroskop, erkennt man Blutbestandteile – verschiedene Arten von Blutkörperchen, aber auch Plasma – außerhalb der Gefäße, zwischen den Herzmuskelzellen, die damit in ihrer Funktion eingeschränkt werden – und eben letztendlich aufhören, sich zu bewegen (Abb. 3b).

Ursache für dieses Phänomen ist eine sekundenschnelle chemische Reaktion, die so genannte Komplementreaktion. Jede der Schweinezellen, auch diejenigen, die Blutgefäße auskleiden und somit abdichten, ist mit Antigenen besetzt, die wiederum mit

präformierten Antikörpern der IgM-Klasse des Menschen und der meisten anderen Primaten reagieren – der Start für die Kettenreaktion des klassischen und alternativen Weges, an dessen Ende MAC (Membrane Attack Complex) steht (Abb. 4). Er führt zur Durchlöcherung der Endothelzellen – Endothel ist die Gesamtheit der die Gefäße auskleidenden und abdichtenden Schicht. Eine generalisierte Gefäßleckage ist die Folge mit den schon beschriebenen Veränderungen (Abb. 3a und 3b).

Wie kann man das verhindern – bei eigenen Ergebnissen in bis zu 25 postoperativen Tagen? Neben einer genau bedachten, komplexen Immunsuppression bringt man menschliche Regulatorproteine – h-DAF (human Decay Accelerating Factor) – gentechnisch in befruchtete Eizellen ein. Ge-

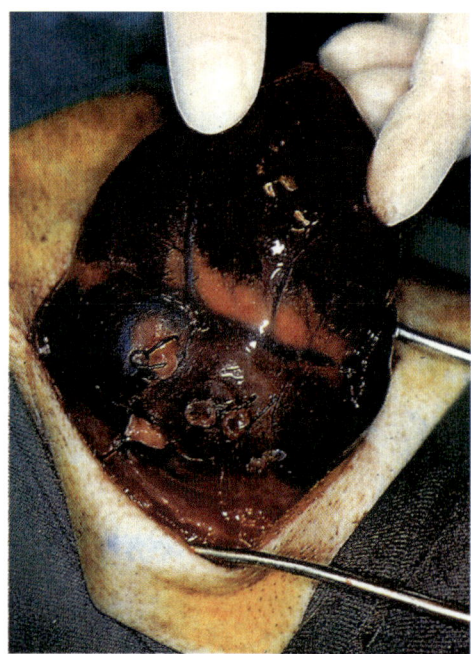

Abb. 3a: Hyperakute Abstoßungsreaktion nach xenogener Herztransplantation. Nach wenigen Minuten der Blutperfusion verfärbt sich das Herz dunkelblaurot und hört auf zu schlagen.

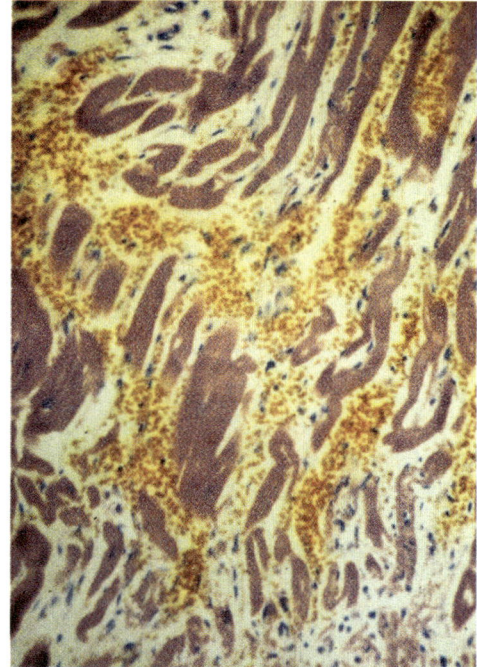

Abb. 3b: Histologisch (Hämatoxilin-Eosin-Färbung) erkennt man Blutextravasate zwischen den längsgeschnittenen Herzmuskelzellen.

lingt die Einlagerung in die Erbmasse des Schweins, wird h-DAF im Übermaß im Founder-Tier exprimiert, und zwar in jeder Zelle, so auch im Endothel; h-DAF blockiert die C3-Convertase (Abb. 4) und damit die klassische und alternative Komplementreaktion; es entsteht kein MAC. Zusätzlich verwendet unsere Gruppe einen „Zucker" – GAS-914 –, der Epitope aufweist, die dem Gal-α(l-3)-Gal ähnlich sind, und somit zirkulierende, präformierte Antikörper bindet.

Um diese Ergebnisse zu erzielen und letztendlich dem gesetzten Ziel, der Xenotransplantation im Menschen, näher zu kommen, benötigt man eine Forschergruppe, in der sich verschiedene Fachdisziplinen gleichberechtigt zusammenfinden: Gentechniker, Immunologen, Veterinärmediziner, aber auch Kliniker, Virologen und Bakteriologen. Bislang wurde das Projekt großzügig von der Bayerischen Forschungsstiftung unterstützt, mittlerweile von der Deutschen Forschungsgemeinschaft (DFG).

Limitierende Faktoren der Organtransplantation und wie man sie minimiert

Zurück zum Status quo der humanen (allogenen) Organtransplantationen. Wie am Anfang dargelegt, sind die Langzeitergebnisse eindrucksvoll: Organtransplantatio-

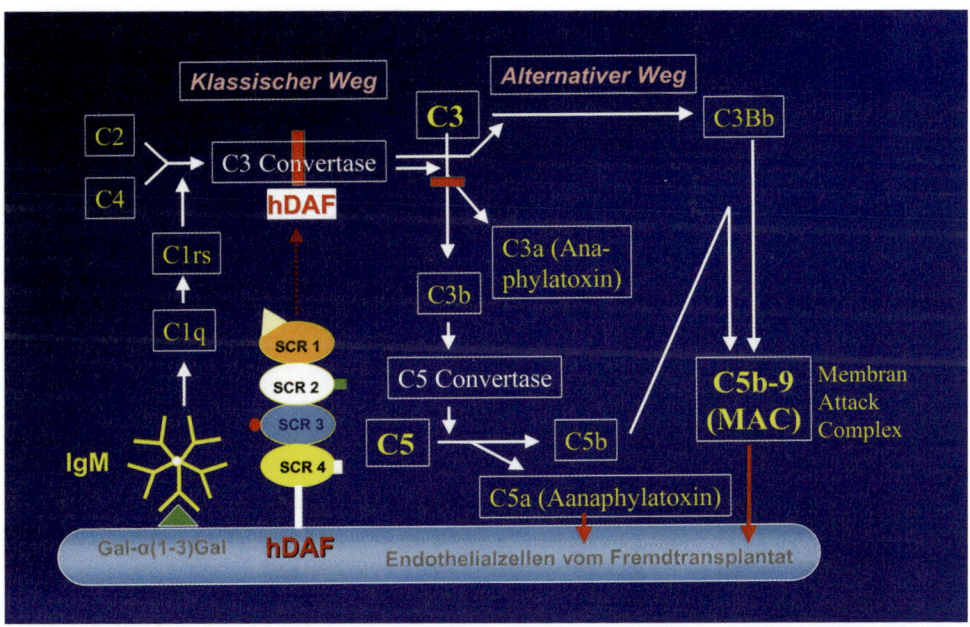

Abb. 4: Darstellung der Komplementkaskade. Sie wird über Gal-α(l-3)-Gal-Epitope, die sich z. B. auf allen Schweineendothelzellen befinden, iniziiert, auf die sich präformierte Antikörper vom IgM-Typ anlagern. Als Endprodukt resultiert MAC, der die Undichtigkeit des Endothel bedingt (siehe Abb. 3a und 3b). Gentechnisch kann auf alle Endothelzellen h-DAF (human Decay Accelerating Factor) aufgebracht werden, der in der Komplementkaskade die Ebene der C3-Convertase blockt. Alternativ (nicht dargestellt) kann man IgM mit GAS-914 blocken; GAS-914 besitzt ähnliche Epitope wie Gal-α(l-3)-Gal.

nen verlängern das Leben signifikant, schwere Komplikationen des terminalen Organversagens werden vermieden. Nach Transplantation ähnelt die Lebensqualität der von Gesunden. Organtransplantationen sind jedoch nicht perfekt – die Eingriffe an sich bewirken Komplikationen, die letztendlich den Erfolg schmälern, ja sogar limitieren.

Chronische Schäden sieht man in einer Häufigkeit von ungefähr 10 Prozent pro Jahr nach jeder Organtransplantation: Nierenarterienstenosen, verengte, kleine Luftwege (Lungentransplantation, obliterative Bronchiolitis), Vanishing Bile Disease (Lebertransplantation), akzelerierte Transplantatvaskulopathie (verengte, verstopfte Herzkranzgefäße). Vielfältige Ursachen kommen für letzteres Phänomen in Betracht (Abb. 5): Akute Abstoßungsreaktionen sind in der Frühphase am bedeu-

tendsten – arteriosklerotische Risikofaktoren wie erhöhtes LDL-Cholesterin in der Spätphase. Immer jedoch bedingen Gefäßverschlüsse irreversible Herzmuskelschäden, Herzinfarktresiduen also, die in der Regel aufgrund einer permanenten Denervierung zumindest schmerzfrei verlaufen.

Ein weiteres Hauptforschungsziel unserer Gruppe in München ist deshalb seit Beginn der 90er-Jahre eine Veränderung der immunsuppressiven Medikation, was von der klassischen Kombination Cyclosporin A und Azathioprin zu niedrig dosiertem Tacrolimus zusammen mit Rapamycin führte (Steroide werden nur für die ersten sechs Monate benötigt, dann in der Regel abgesetzt). Die Häufigkeit von akuten Abstoßungsreaktionen im ersten Jahr hat sich so auf unter 5 Prozent reduziert [3] (Abb. 6).

Cholesterinsenkende Medikamente, z. B. Simvastatin, erniedrigen über acht

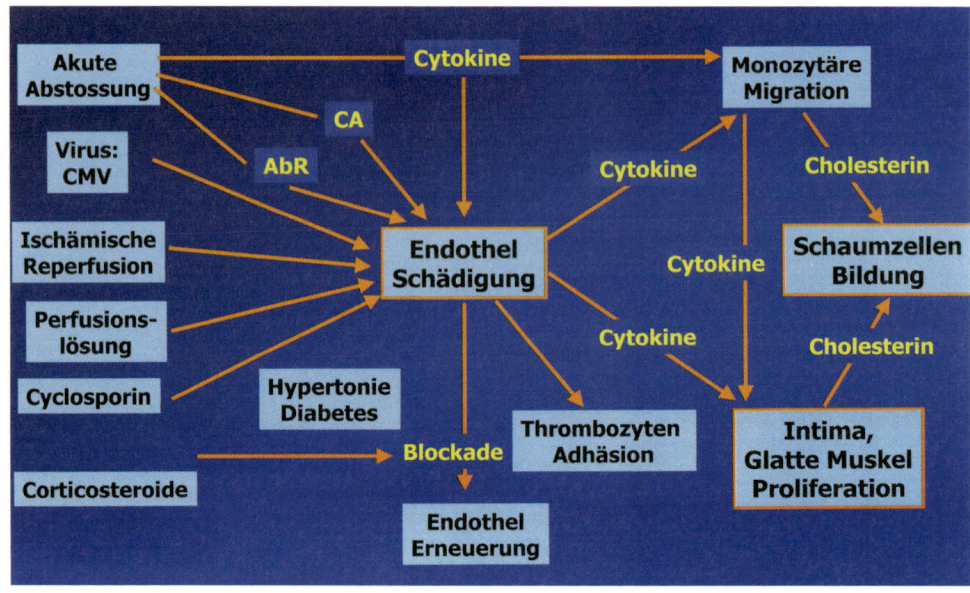

Abb. 5: Multifaktorielle Genese der Transplantatvaskulopathie. Auf der linken Seite sind die Schäden um die Transplantation aufgeführt, auf der rechten die später wirksamen; dabei handelt es sich um die üblichen arteriosklerotischen Risikofaktoren, wie Hypertension und Diabetes, Hypercholesterinämie. Hauptangriffspunkt der Schäden sind die Endothelzellen, aber auch die Gefäßwand selbst.

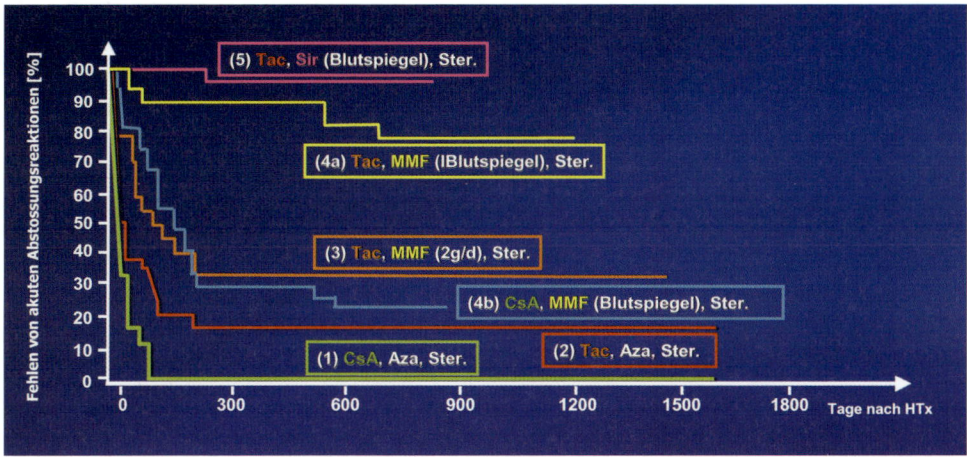

Abb. 6: Immunsuppressive Therapie und akute Abstoßungsreaktion nach Herztransplantation. Gezeigt wird der Einfluss immunsuppressiver „Cocktails" auf das Auftreten bzw. Verhindern akuter Abstoßungsreaktionen. Synopsis von verschiedenen Arbeiten, die an der LMU in etwa zehn Jahren erfolgten. Abkürzungen: CsA = Cyclosporin A; Aza = Azathioprin; Ster. = Steroide; Tac = Tacrolimus; MMF = Mycophenolatmofetil; Sir = Sirolimus, Rapamycin

postoperative Jahre hinweg das Risiko einer Transplantatvaskulopathie auf etwa die Hälfte, die Überlebenschancen erhöhen sich von etwa 60 auf 90 Prozent ([4], die Studie ist seit langem beendet, alle unsere Patienten bekommen Simvastatin).

Immunsuppressive Medikamente mit Calcineurininhibitoren (CNI), also Cyclosporin A und Tacrolimus, sind nephrotoxisch; in 10–25 Prozent der Fälle kommt es zur terminalen Niereninsuffizienz nach zehn postoperativen Jahren. Ein Umsetzen im Spätverlauf auf nicht nephrotoxische Medikamente, wie Rapamycin und Mycophenolatmofetil, wird deshalb vor Auftreten von irreversiblen Schäden empfohlen [5]; in einer Pilotstudie sammelt unsere Gruppe gerade erste Erfahrungen mit einer De-novo-Therapie, die komplett frei von Calcineurininhibitor ist.

Zusammenfassung und Ausblick

Organtransplantation ist zum Zeitpunkt die Methode der Wahl für Patienten im terminalen Krankheitszustand. Der Mangel an Organen ist der wichtigste limitierende Faktor. Diesen zu beheben – sei es mit einer Verbesserung der Gesetzgebung oder mit Fortschritten im postoperativen Verlauf – ist zwingend. Wichtig könnte es auch in Zukunft sein, alternative Techniken zu entwickeln, wobei man auf eine Rolle der xenogenen Transplantation hofft. Eine mögliche Hyporeaktivität oder gar Toleranz des Empfängers auf verpflanzte Organe spielt auch in diesem Zusammenhang eine Rolle.

Literatur

[1] Rose, E. A., Gelijns, A. C., Moskowitz, A. J., Heitjan, D. F., Stevenson, L. W., Dembitsky, W., Long, J. W., Ascheim, D. D., Tiemey, A. R., Levitan, R. G., Watson, J. T., Meier, P., Ronan, N. S., Shapiro, P. A., Lazar, R. M., Miller, L. W., Gupta, L., Frazier, O. H., Desvigne-Nickens, P., Oz, M. C., Poirier, V. L.: Randomized evaluation of mechanical assistance for the treatment of congestive heart failure (REMATCH) Study Group. Long-term mechanical left ventricular assistance for end-stage heart failure. N. Engl. J. Med. 345(20), 1435–1443 (2001).

[2] Schmoeckel, M., Cozzi, E., Dunning, J. J., Goddard, M., Pino-Chavez, G., Friend, P. J., Wallwork, J., White, D. J. G.: Transplanting organs from pigs transgenic for a single human complement regulatory protein. Graft 4, 66–67 (2001).

[3] Meiser, B., Reichart, B.: New Agents and new strategies in immunosuppression after heart transplantation. Current Opin. Organ Transplant 7, 226–232 (2002).

[4] Wenke, K., Meiser, B., Thiery, J., Nagel, D., von Scheidt, W., Krobot, K., Steinbeck, G., Seidel, D., Reichart, B.: Simvastatin initiated early after heart transplantation: 8-years prospective experience. Circulation 107, 93–97 (2003).

[5] Groetzner, J., Kaczmarek, I., Meiser, B., Müller, M., Daebritz, S., Reichart, B.: Sirolimus and mycophenolate mofetil as calcineurin inhibitor-free immunosuppression in a cardiac transplant patient with chronic renal failure. J. Heart Lung Transplant 23(6), 770–773 (2004).

Molekulare Maschinen Nano-Biotechnologie auf dem Weg zu Silizium-Kohlenstoff-Hybriden

Gregor Neuert und Hermann Eduard Gaub

Kohlenstoff, das für die Entwicklung des Lebens zentrale Element, ermöglicht durch seine spezielle Chemie die Vielfalt und dynamische Anpassung an Neues, seine Verbindungen sind die Basis des Lebens. Silizium, das Nachbarelement hingegen, ist das Synonym für technologischen Fortschritt, ein Symbol für Schnelligkeit, aber auch für Materialbeherrschung und für Miniaturisierung. Das Spannungsfeld, aber auch die Symbiose dieser beiden „Welten", sind die Triebfedern der Nano-Biotechnologie, einer sich sehr schnell entwickelnden neuen Forschungsrichtung. Die Biotechnologie, die es mit enormer Effizienz geschafft hat, die von Mutter Natur durch Jahrmillionen der Evolution optimierten molekularen Prozesse zu verstehen und nutzbar zu machen, trifft in einer rapide zunehmenden Anzahl von Berührungspunkten mit der aus der Siliziumtechnologie durch fortschreitende Miniaturisierung hervorgegangene Nanotechnologie zusammen. Beispielhaft soll diese Begegnung an den molekularen Maschinen, einem Schnittgebiet beider Felder, veranschaulicht werden (Abb. 1).

Nanomechanische Funktionseinheiten

Mit der Entwicklung der Silizium-Technologie wurde es möglich, nicht nur elektronische, sondern auch mechanische Systeme zu miniaturisieren; eine Grundvoraussetzung für die Implementierung einer breit angelegten Nanotechnologie, die neben Informationsaustausch auch Materialtransport einschließt. Nanoelektromechanische Funktionseinheiten (NEMS für *NanoElectroMechanical Systems*) in der Größenordnung von einigen hundert Nanometern (Nanometer = nm = 10^{-9} Meter) können heute mit Standardtechnologien hergestellt werden. Ein Beispiel für solch ein nano-elektromechanisches System stellt die Kombination eines mechanischen Resonators mit einem elektronischen Antrieb dar, wie sie in Abb. 2 zu sehen ist [1]. In diesem Modellmotor wird der mechanisch frei schwingende Klöppel durch hochfrequente elektrische Felder angetrieben, was mittlerweile selbst bei Raumtemperatur realisiert

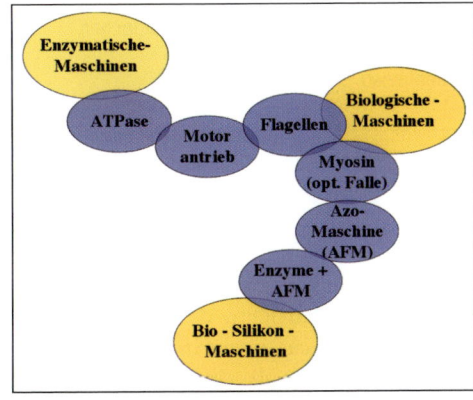

Abb. 1: Verschmelzung von biologischen molekularen Maschinen mit der Nanotechnologie

Prof. Dr. **Hermann Eduard Gaub**, geb. 1954 in Laupheim, Bayern, Studium der Physik in Ulm, Promotion an der TU in München 1984; Postdoc an der Stanford University, Chemistry Dept.; 1986 Akademischer Rat am Physik-Department der TU München; 1988–1992 Aufenthalte an University of California at Santa Barbara und Stanford University. C3-Professur für Physik an TU München (1992); seit 1995 C4-Professur an LMU München. Gründungsmitglied Center for Nanoscience CeNS der LMU München (seit 1999), Mitglied des Fachbereichsrats der Physik der LMU München (1999–2004), Prodekan der Fakultät für Physik (1999–2000), Stellvertretender Vorsitzender (1999–2000) und Vorsitzender (2000–2001) der Sektion Physik. Nationale und internationale Ehrungen; akademische Ehrenmitgliedschaften, u. a. Berlin-Brandenburgische Akademie der Wissenschaften (2001) und Deutsche Akademie der Naturforscher Leopoldina; Mitglied in den Editorial Boards einiger Zeitschriften und mehreren Expertengremien; Industrielle Affiliationen.

Prof. Dr. Hermann Eduard Gaub
Ludwig-Maximilians-Universität München
Lehrstuhl für Angewandte Physik
Amalienstr. 14
D-80799 München

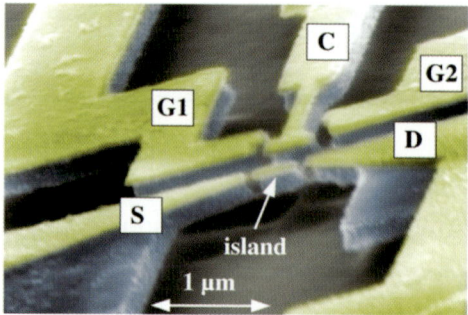

Abb. 2: Resonante nanoelektromechanische Maschine (NEMS) (Abb. J. Kotthaus)

Es lohnt sich also, sehr genau unter die Lupe zu nehmen, welche Konzepte Mutter Natur in ihrer Jahrmillionen währenden Evolution ausgewählt hat und wie sie in der Kohlenstoff-Welt umgesetzt wurden.

Ein weiterführendes Ziel könnte dann darin bestehen, die silikonbasierte Nanotechnologie mit den biologischen Maschinen auf molekularer Ebene zu verschmelzen, um gezielt von außen einzelne biologische Maschinen zu adressieren, zu manipulieren oder zu verbinden. Dieser Ansatz nutzt im idealen Fall die Halbleitertechnologie mit ihrem genauen und hochparallelen „Top down"-Ansatz und verbindet diesen mit der Selbstorganisation („Bottum up") der Natur, um hybride nanobiotechnologische Maschinen zu entwickeln.

werden kann. Obwohl diese in der Gruppe von Jörg Kotthaus an der LMU München entwickelte Struktur den kleinsten bisher bekannten Nanomotor darstellt, muss man sich vergegenwärtigen, dass er damit immer noch um ca. zwei Größenordnungen massiver ausfällt als typische biologische Maschinen, die zudem gleich noch Regulation und Steuerung mit eingebaut haben.

Molekulare Maschinen in der Biologie

Molekulare Maschinen nehmen in der belebten Welt eine ganz zentrale Rolle ein. Sie sind meist aus vielen funktionell gekoppelten Protein-Untereinheiten aufgebaut, oft auch mit integrierten Nukleinsäurestrukturen, und übernehmen solche wichtigen Funktionen wie Wandlung von Energie,

Übersetzung der genetischen Information in funktionelle Bausteine, Fortbewegung, Zellteilung, intrazellulären Transport und Muskelkontraktion, um nur einige wenige zu nennen.

Energieumwandlung wird z. B. durch die rotierende Fo, F1-ATPase (ATP-spaltendes Enzym mit den Einheiten Fo und F1) realisiert [2]. Ein anderes Beispiel einer rotierenden Maschine stellt der Flagellenmotor des Bakteriums dar [3].

Neben den rotierenden Maschinen sind auch lineare progressive Motoren in der Natur von entscheidender Bedeutung. Beispielsweise wird der Transport von Organellen (Abb. 3) mit linearem progressivem Motor, hier dem Myosin V, bewerkstelligt [4]. Auf diese Beispiele soll hier weiter eingegangen werden.

Möglich geworden ist dieser detaillierte Einblick in die Funktionsweise dieser molekularen Maschinen durch die Entwicklung äußerst empfindlicher Techniken wie der optischen Falle [5] oder des Kraftmikroskops [6], die es erlauben, mit einzelnen Molekülen zu experimentieren.

Gregor Neuert, geb. 1974 in Dillenburg, Hessen, Studium der Elektrotechnik und der Technischen Physik, Universität Ilmenau (1995–2001), Diplom Technische Physik, TU-Ilmenau; seit 2002 Promotion bei Prof. Gaub, LMU München. Aufenthalte an Montana State University und Pacific North West National Labs, Richland, Washington.

Gregor Neuert
Ludwig-Maximilians-Universität München
Lehrstuhl für Angewandte Physik
Amalienstr. 54
D-80799 München

F1-ATPase

ATP (Adenosintriphosphat), die zentrale und universelle chemische Energiewährung, muss jeder funktionellen Einheit in hinreichender Menge zur Verfügung stehen. Die ATP-Synthase, der hierfür zuständige Enzymkomplex, ist also eine der zentralen molekularen Maschinen, die schon in der Evolution an ganz vorderster Stelle gestanden haben muss. Umso mehr schockierte die Erkenntnis, die sich in den letzten zehn Jahren, hauptsächlich aufgrund der bahnbrechenden Experimente in den Gruppen von Wolfgang Junge und Kinosita, durchgesetzt hat: Die Synthase besteht aus einer rotierenden molekularen Maschi-

ne, die zyklisch ADP (Adenosindiphosphat) und Pi (ionischen Phosphor) aufnimmt, um im nächsten Segment ein fertiges ATP wieder auszuspucken [2, 7, 8]. Über eine Art Kardanwelle ist diese Maschine an eine Turbine angeflanscht, die ihrerseits vom Protonengradienten über der

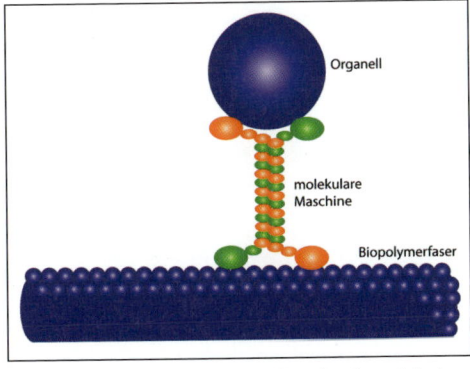

Abb. 3: Transport von Organellen durch molekulare Maschinen entlang von Biopolymerfasern

Membran angetrieben wird (Abb. 4). Die vergleichsweise einfache chemische Reaktion wird also durch einen mechanisch gekoppelten Maschinenkomplex bewerkstelligt, der durch eine molekulare Turbine angetrieben wird.

Im Detail weiß man heute, dass die Fo, F1-ATPase sich in drei Untereinheiten aufteilt. Der erste Teil ist die F1-Maschine, die sich außerhalb der Membran befindet und ATP aus ADP und Pi synthetisiert. Der zweite Teil ist die Fo-Maschine, die in der Membran verankert ist und durch einen Protonengradienten über der Membran in Rotation versetzt wird. Der dritte Teil der Fo, F1-ATPase ist der Stator, der beide Maschinen mechanisch miteinander verbindet [9].

Da es sich hier um eine rotierende Maschine handelt, also ein zyklischer Prozess zugrunde liegt, ist die Vermutung zulässig, dass diese in zwei Richtungen betrieben werden kann. In der einen Richtung wird durch einen Protonengradienten über der Membran von innen nach außen die Fo-Maschine zum Rotieren angetrieben. Ist ein Überschuss von ADP und Pi vorhanden, so binden beide Moleküle an eine Untereinheit der F1-Maschine, und unter Ausnutzung eines Protonengradienten über der

Membran kommt es zur Rotation der Fo-Einheit der Maschine. Da hierbei ATP synthetisiert wird, spricht man von der ATP-Synthase [2, 7].

Genauso kann die Maschine auch in die andere Richtung rotieren. Dazu wird in der Umgebung der F1-Einheit ein Überschuss von ATP benötigt. Das ATP bindet an eine der Untereinheiten und durch Hydrolyse wird ATP zu ADP und Pi abgebaut. Die rotierende Fo-Maschine pumpt nun Protonen in die entgegengesetzte Richtung [2, 8].

Mithilfe von Einzelmolekülexperimenten lässt sich zeigen, dass bei einem ATP-Überschuss die F1-Maschine in 120°-Schritten rotiert und dass für jeden Schritt ein ATP-Molekül hydrolisiert wird [7]. Aus den gemessenen Drehmomenten kann man eine bemerkenswerte Effizienz von fast 100 Prozent für diese Maschine ableiten. Auch die Größe der gesamten ATP-Produktion eines Organismus lässt die Bedeutung dieser molekularen Maschine noch einmal klarer werden: Wird die tägliche Energieaufnahme des Menschen mit etwa 3000 Kilokalorien angesetzt und nehmen wir an, dass 70 Prozent davon als ATP am schließlichen Endverbraucher ankommen, dann können bei der pro ATP-Synthese benötigten Energie von 20 $k_B T$ ca. 10^{28} ATP-Moleküle gebildet werden, die ca. 100 Kilogramm wiegen! Angesichts der nur wenige Nanometer großen Maschinen eine sehr bemerkenswerte Leistung, die allerdings auch zeigt, wie vielfach und damit auch wie wichtig dieser Prozess ist.

Solche Maschinen beflügeln natürlich die Phantasien, diese Funktionseinheiten in eine künstliche Umgebung einzubauen. Erste Versuche wurden beispielsweise mit einer isolierten F1-ATPase durchgeführt. Dazu wurde diese auf einem SiO_2/Ni-Substrat immobilisiert und so modifiziert, dass ein molekularer Draht mit der F1-ATPase verbunden ist. Wird durch Zugabe von

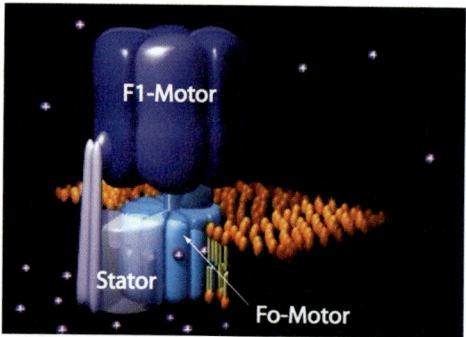

Abb. 4: Aufbau und Funktion der Fo, F1-ATPase, bestehend aus Fo-Maschine, F1-Maschine und Stator (Abb. W. Junge)

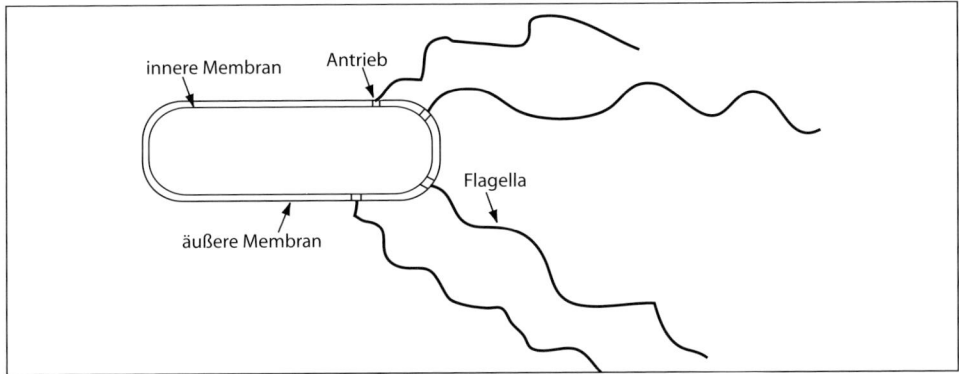

Abb. 5: Schematische Darstellung eines Bakterium mit Flagella

ATP Energie gewonnen, führt dies zu einer rotierenden Bewegung der F1-ATPase und damit zur Rotation des molekularen Drahts [10]. Dies ist eines der möglichen Beispiele, wie eine biologische molekulare Maschine in eine artifizielle Umgebung eingebettet werden kann, um dort Arbeit zu verrichten.

Flagellen

Ein weiteres Beispiel für eine rotierende Maschine stellt der Antrieb des Flagellums dar (Abb. 5) [3]. Flagellen sind lange, dünne, helikale Filamente, die über eine Maschine mit dem Bakterium verknüpft sind. Das Charakteristische an ihnen ist, dass sie um ein Vielfaches länger sind als das Bakterium selbst und weit in das externe Medium hineinragen.

Ähnlich wie bei der ATPase lässt sich der Flagellenantrieb in drei Untereinheiten aufteilen (Abb. 6). Der erste Teil ist eine rotierende Maschine, die sich in der Zellwand befindet und in beide Richtungen rotieren kann. Der zweite Teil ist eine flexible Verbindung zwischen der Maschine und dem Filament. Der dritte Teil ist das helikale lange Filament, das als Propeller dient. Das Drehmoment des Flagellums, das diese

Maschine erzeugt, wird zwischen dem Stator, der fest mit der Zellwand verbunden ist, und dem Rotor am Flagellenfilament aufgebaut. Dabei wird die Maschine durch einen Protonengradienten vom Zelläußeren ins Zellinnere angetrieben.

Der Vergleich zwischen der ATPase und dem Flagellum zeigt eine stark angestiegene Komplexität im Aufbau des Flagellums. Diese Komplexität kann nur durch Selbstorganisation bewerkstelligt werden. Dazu werden durch den Kanal im Inneren des Flagellums nacheinander die einzelnen Bausteine (Proteine) geschickt, die sich dann am Ende in der entsprechenden Art und Weise miteinander verknüpfen. Diese hochkomplexen Flagellen sind in der Lage, Bakterien mit bis zu 35 Mikrometern/Sekunde anzutreiben.

Langfristig ist man an einem umfassenden Verständnis des Flagellenantriebs interessiert. Es stellt sich ferner die Frage, ob es möglich wäre, diesen Antrieb zu isolieren und in eine artifizielle Umgebung einzubauen, um dann Hybridsysteme anzutreiben. Darüber hinaus gewinnt auch die Vorstellung, einzelne Antriebskomponenten zu isolieren und diese gezielt zu manipulieren oder mit anderen nicht biologischen Komponenten zu verbinden, sehr an Faszination.

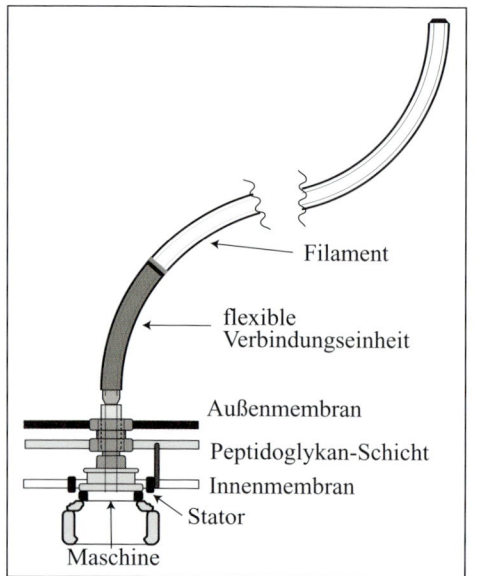

Abb. 6: Detaillierter Aufbau des Antriebs des Flagellums, bestehend aus Maschine, Stator und flexible Verbindungseinheit

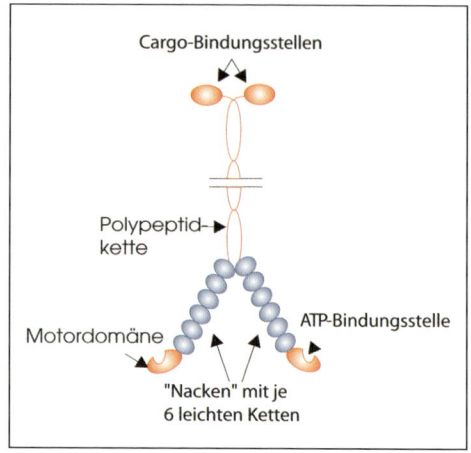

Abb. 7: Molekulare Maschine Myosin V mit Cargo-Bindungsstelle, Polypeptidkette, Motordomäne und ATP-Bindungseinheit (Abb. M. Rief)

Myosin V

Neben den rotierenden Maschinen gibt es in der Natur auch eine große Zahl verschiedener linearer Motoren. Deren Bewegung vollzieht sich unidirektional und meist prozessiv entlang von Proteinpolymeren wie Aktinfilamenten oder Mikrotubuli (Abb. 3) [4, 11].

Myosin V, das hier eingehender diskutiert werden soll, ist ein Proteinkomplex, der zum einen eine globuläre Cargo-Bindungsstelle besitzt (Abb. 7), an der z. B. Vesikel oder Makromoleküle angebunden werden können, und zum anderen über globuläre Motordomänen verfügt, die für das Fortbewegen verantwortlich sind. Beide Einheiten, die Lastenbindungsstelle und die Motordomäne, sind über eine strukturierte Polypeptidkette verbunden. Unter Hydrolyse von ATP bewegt sich Myosin V prozessiv entlang von Aktinfilamenten.

Das große Interessante an solchen linearen molekularen Motoren liegt zum einen darin begründet, dass auf deren Fehlfunktionen eine Reihe ernsthafter Krankheiten zurückgeführt werden konnte. Viel interessanter ist aber im Rahmen der hier diskutierten Hybridstrukturen die Möglichkeit, solche Motoren zum gerichteten Transport artifizieller Strukturen nutzen zu können. Eine mögliche Anwendung wurde jüngst demonstriert, indem einzelne molekulare Maschinen auf einer strukturierten Oberfläche immobilisiert wurden. Diese Motoren konnten unter ATP-Verbrauch einzelne Mikrotubuli durch einen vorstrukturierten Parcours transportieren und so verschiedene Lasten befördern, die an den Mikrotubuli befestigt waren [12].

Es wurde dargelegt, dass biologische molekulare Maschinen chemisch angetrieben werden. ATP und Protonengradienten stellen dabei die wichtigsten Energiequellen dar. Ein Vergleich zwischen den biologischen molekularen Maschinen und den artifiziellen nanoelektromechanischen Maschinen zeigt, dass die Art des Antriebs der biologischen molekularen Maschinen vergleichsweise langsam ist, da alle Prozesse diffusiv gebremst werden. Der große Vorteil biologischer Maschinen ist aber ihre bemerkenswerte Eigenschaft, sich selber zu organisieren und funktionierende Systeme aufzubauen.

Demgegenüber steht der große Vorteil der Siliziumtechnologie, eine parallele designgerichtete Technologie zu sein, die zudem schnell arbeitet. Eine Kombination beider Technologien wäre also hochgradig komplementär! Leider leiden die meisten halbleitenden Materialien unter den sehr korrosiven Bedingungen in einer Zelle, was die Verschmelzung erschwert. Jedoch: Lösungsstrategien mit intelligenter Oberflächenchemie sind in der Entwicklung. Außerdem muss in der Siliziumtechnologie immer noch der „Top-down"-Ansatz beschritten werden, der aber in seiner Größe beschränkt ist. Auch hier können aber moderne Raster-Sonden-Techniken bereits die Brücke schließen.

Nanotechnologische Einzelmolekül-Werkzeuge

Möglich geworden sind diese detaillierten Einblicke in die Funktionsweisen molekularer Maschinen erst in den letzten Jahren durch die Entwicklung neuer, extrem empfindlicher Einzelmolekül-Techniken. Da die Entwicklung dieser Techniken direkt mit der Entwicklung künftiger Hybridsysteme einhergeht, soll hier näher auf die wichtigsten eingegangen werden.

Optische Falle

Bei einer optischen Falle handelt es sich um ein optisches Gradientenfeld, typischerweise realisiert durch einen stark fokussierten Laserstrahl. Auf Teilchen mit hohem relativem Brechungsindex wirkt eine Kraft zu hohen Feldstärken hin, die bei geeigneter Wahl der Feldgeometrie benutzt werden kann, um diese Teilchen zu manipulieren (Abb. 8a). Typischerweise können

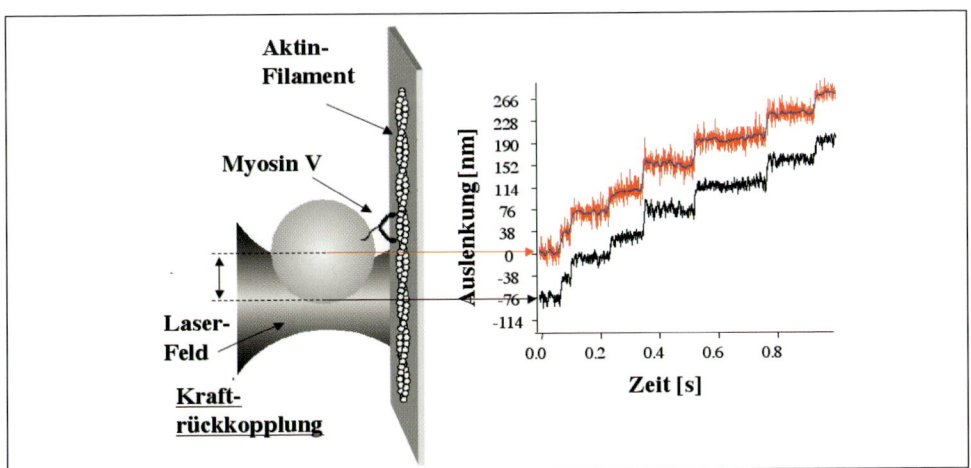

Abb. 8: Links: Aufbau einer optischen Falle aus Laserstrahl mit eingefangener Kugel und positionierbarer geregelter Unterlage. Myosin V ist an die Kugel angebunden und bewegt sich entlang eines Aktinfilaments. Rechts: Auslenkung der Kugel durch die Bewegung der Myosin-V-Maschine (Abb. M. Rief)

optische Fallen Kräfte zwischen 0,1 und 100 pN (Piconewton) ausüben und mit einer lateralen Genauigkeit im Nanometerbereich messen [5].

Wird eine molekulare Maschine wie Myosin V an ein Latexkügelchen gebunden und dieses in Kontakt mit einem Aktinfilament gebracht, so fängt Myosin V an, sich entlang der Aktinfilamente unter Verbrauch von ATP zu bewegen. Diese Bewegung führt dazu, dass die Kugel aus dem Laserstrahl herausgezogen wird. Damit die Kraft nicht zu groß wird, regelt man die Probe nach, d. h. die Unterlage, auf der die Aktinfilamente liegen, wird so bewegt, dass die Kraft wieder sinkt. Diese laterale Ver-

änderung, aufgetragen über die Zeit, resultiert in einer stufenförmigen Abhängigkeit (Abb. 8b). Die resultierenden Stufen repräsentieren das Bewegungsverhalten des Myosin V entlang der Aktinfilamente. Ebenso ist es möglich, die Länge und Zeit pro Schritt zu messen, um so Informationen über die Lauflänge und Geschwindigkeit der Maschine zu gewinnen [4, 11].

Kraftmikroskop

In den 80er-Jahren gelang es erstmals, einzelne Atome in einer Oberfläche mithilfe eines Rasterkraftmikroskops abzubilden

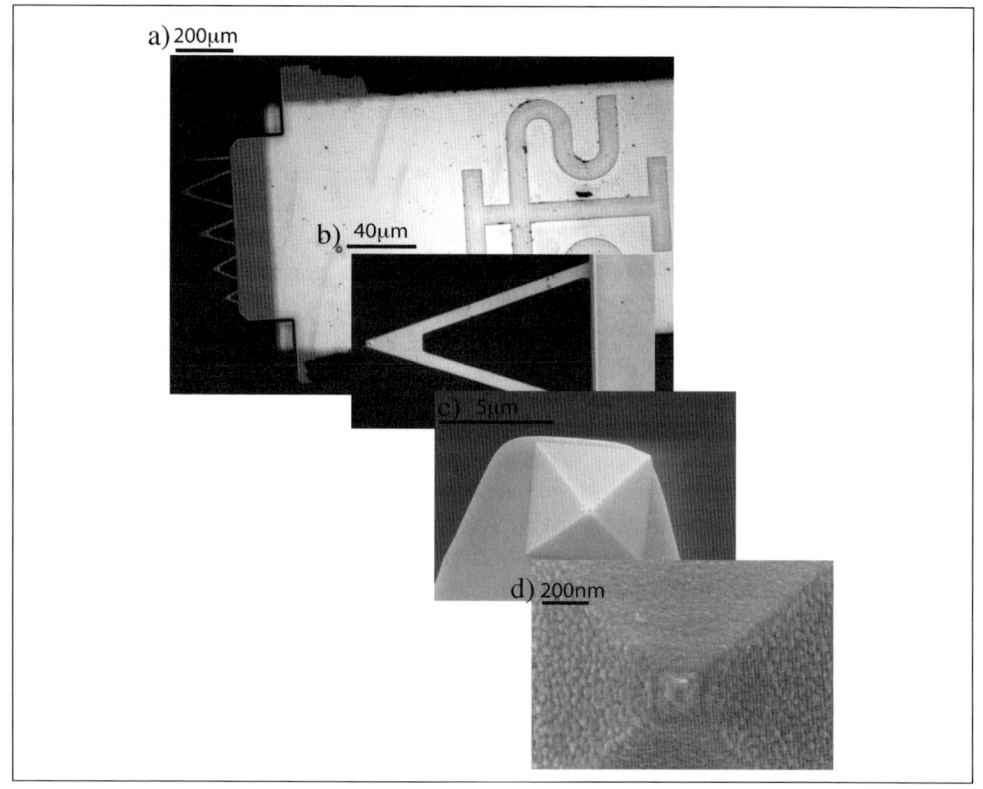

Abb. 9: Siliziumnitrid-Spitze für das Kraftmikroskop. a): Siliziumnitrid-Chip mit Cantilevern unterschiedlicher Länge (links); b): einzelner Cantilever mit kleiner pyramidenförmiger Spitze (Länge ca. 200 μm); c): pyramidenförmige Spitze (Durchmesser ca. 5 μm); d): Vergrößerung der pyramidenförmigen Spitze

[6]. Dieses Mikroskop benutzt eine atomar scharfe Spitze am Ende einer extrem weichen Blattfeder (Cantilever, Abb. 9), um mit Piezostellgliedern die Oberfläche abzutasten (AFM für Atomic Force Microscope) [13]. Mit einer Laseroptik wird die Auslenkung der Feder und aus dieser die Kraft bestimmt, die zwischen Spitze und Probe wirkt. Bei den besten heutigen Instrumenten ist die Positionierung bis auf Bruchteile von Atomdurchmessern genau möglich und die Kraftmessung ist nur durch thermisches Rauschen limitiert (Abb. 10).

Dieses Instrument eignet sich also auch ganz hervorragend dazu, gezielt und kontrolliert Kräfte auszuüben. Es hat sich deshalb als Basisinstrument für die molekulare Manipulation etabliert; die Einzelmolekül-Kraftspektroskopie hat sich daraus entwickelt. Bei geeigneter Modifikation der Spitze lassen sich mit solchen Instrumenten z. B. Kräfte zwischen einzelnen Molekülen bestimmen [16–21]. Zu diesem Zweck bindet man die zu untersuchenden Moleküle, die zum einen auf ihrer Unterlage kovalent verankert sind, chemisch an die Spitze der AFM-Feder [16, 22–25].

In Abb. 11 ist solch ein Experiment schematisch dargestellt. Hier wurde eine bestimmte Art von Rezeptormolekülen an der Spitze des AFMs gekoppelt. Diese Spitze wurde dann der Oberfläche angenähert, auf der Ligandmoleküle mit langen polymeren Ankern gebunden sind. Die laterale Dichte dieser Liganden wurde dabei so gering gewählt, dass die Wahrscheinlichkeit, dass sich gleichzeitig mehrere Rezeptor-Ligand-Paare finden, sehr klein ist. Beim Zurückziehen der Spitze wird, falls ein molekularer Komplex gebildet wurde, zuerst der polymere Anker gedehnt, bis schließlich die Kraft im Rezeptor-Ligand-Komplex die Bindungskraft übersteigt und der Komplex zerfällt. Aus solchen Kraft-Dehn-Kurven können jetzt zum einen intramolekulare Prozesse, wie etwa die Entfaltung von Proteinen [19, 20] oder auch das Aufspalten von DNA-Doppelsträngen [18, 25], herausgelesen und quantifiziert werden. Interessanterweise zeigt sich bei der Analyse einer großen Zahl verschiedener biologischer Systeme, dass mit den jeweils charakteristischen Kräften auch eine Längenskala verknüpft ist, auf der diese Prozesse ablaufen. So braucht es zum Ent-

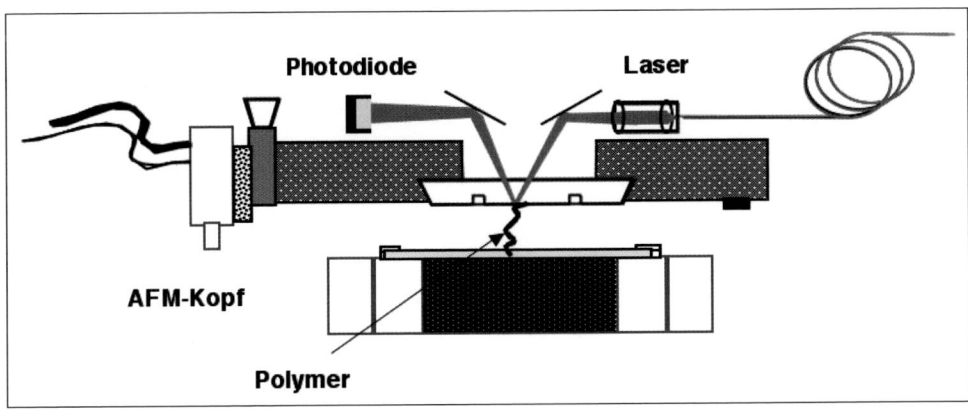

Abb. 10: Typischer Aufbau eines Kraftspektrometers. Der Laserstrahl wird über eine Optik auf den Cantilever fokussiert, von dort reflektiert und mit einer Segment-Photodiode detektiert. Als Unterlage wird in der Regel ein Glasobjektträger verwendet, der mit einem Piezostellglied auf und ab bewegt wird.

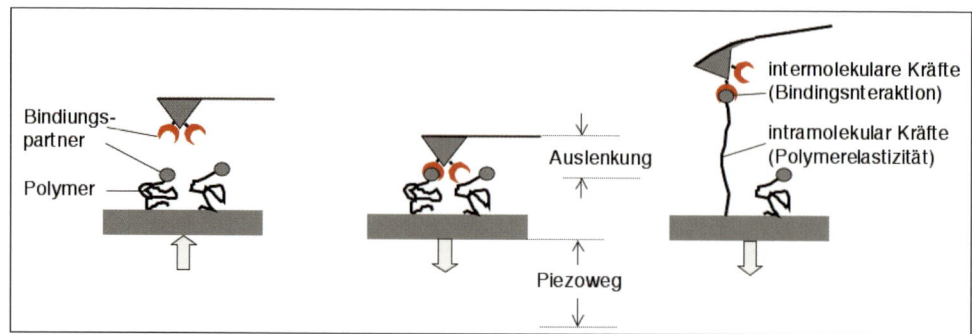

Abb. 11: Prinzipieller Ablauf eines Kraftspektroskopie-Experiments. Die zu untersuchenden Kräfte unterteilt man in intramolekulare und intermolekulare Kräfte. Die intramolekularen Kräfte lassen Rückschlüsse auf die Polymerelastizität zu; die intermolekularen Kräfte sind z. B. Kräfte, die aufgewendet werden, um die Bindung des Rezeptor-und-Ligand-Komplexes zu öffnen. An der Spitze ist der Rezeptor angebunden und an der Unterlage ein Polymer mit dem Liganden. Links: Das Substrat mit dem Liganden wird an die Spitze mit dem Rezeptor angenähert. Mitte: Wechselwirkungen zwischen Rezeptor und Ligand finden statt. Rechts: entfernt man das Substrat von der Spitze, wird das Polymer gestreckt und die Bindung zwischen Rezeptor und Ligand belastet.

knäueln eines Polymers Kräfte von wenigen Piconewton, und diese Knäuel haben typische Dimensionen von zig Nanometern. Das Entfalten von Proteinen hingegen verlangt Kräfte von einigen zig Piconewton bei charakteristischen Dimensionen von wenigen Nanometern. Allen Prozessen ist gemein, dass sie auf der rechten Seite der „grünen Grenze" geschehen, die durch die thermische Energieskala 4 Piconewton · Nanometer bei Raumtemperatur definiert ist (Abb. 12) [14]. Alle Prozesse verlaufen offensichtlich nahe dem thermischen Gleichgewicht!

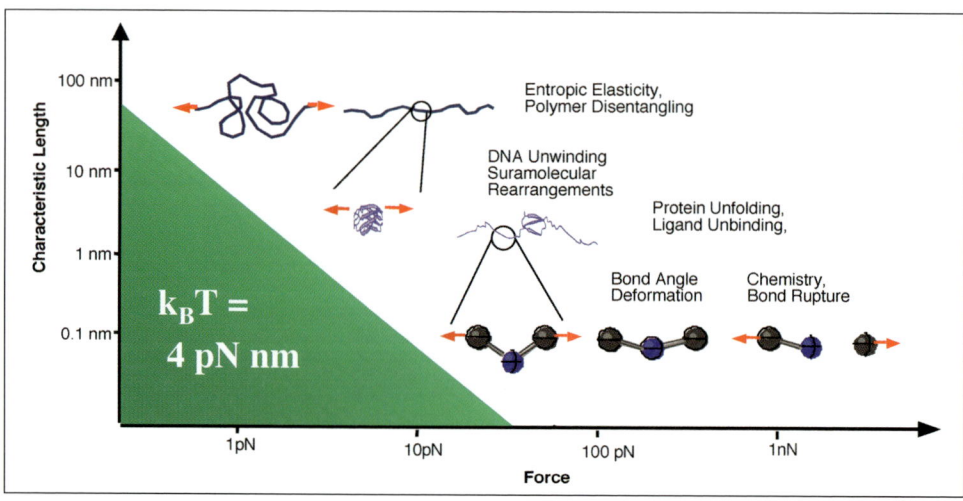

Abb. 12: Übersicht über die zu untersuchenden Längen und Kraftbereiche oberhalb der thermischen Energiegrenze von $k_BT = 4$ pN nm

Carbon meets Silicon!

Licht-getriebene
Einzelmolekülmaschine

Ein Beispiel einer solchen Kombination aus siliziumbasierten Nanostrukturen und kohlenstoffbasierten Funktionselementen ist in Abb. 13 gegeben. Hier wurde ein photoaktives Polymer kovalent zwischen einem Piezostellglied und einem AFM-Cantilever eingespannt. Das Polymer ist aus Azobenzol-Einheiten aufgebaut, die optisch durch Einstrahlen von Licht bestimmter Wellenlänge zwischen zwei stabilen Zuständen hin und her geschaltet werden können. Da sich beide Zustände durch die Längen der Monomereinheiten unterscheiden, kann das Polymer auf diese Weise verkürzt bzw. wieder verlängert werden.

Das Polymer biegt durch seine Kontraktion den Cantilever, leistet also mechanische Arbeit. Mit dieser experimentellen Geometrie kann man also prinzipiell die direkte optomechanische Energie-Konversion an einem einzelnen Molekül untersuchen und technologisch nutzbar machen [22, 23].

In Abb. 14a ist schematisch dargestellt, wie ein optisch getriebener Einzelmolekülmotor funktionieren kann. Im Gedankenexperiment belasten wir das Polymer mit einer leeren Waagschale (Position (I)). Ein Gewicht, das wir auflegen, dehnt das Polymer gegen seine Entropieelastizität und wir erreichen Position (II). Jetzt wird das Polymer optisch um den Betrag δl (Poly trans – Poly cis) kontrahiert, das Gewicht wird angehoben, die mechanische Arbeit F1 x δl wird dabei verrichtet (Position (III)). Das Gewicht wird von der Waagschale genommen, und das Polymer wird durch Belichten wieder in den expandierten Zustand

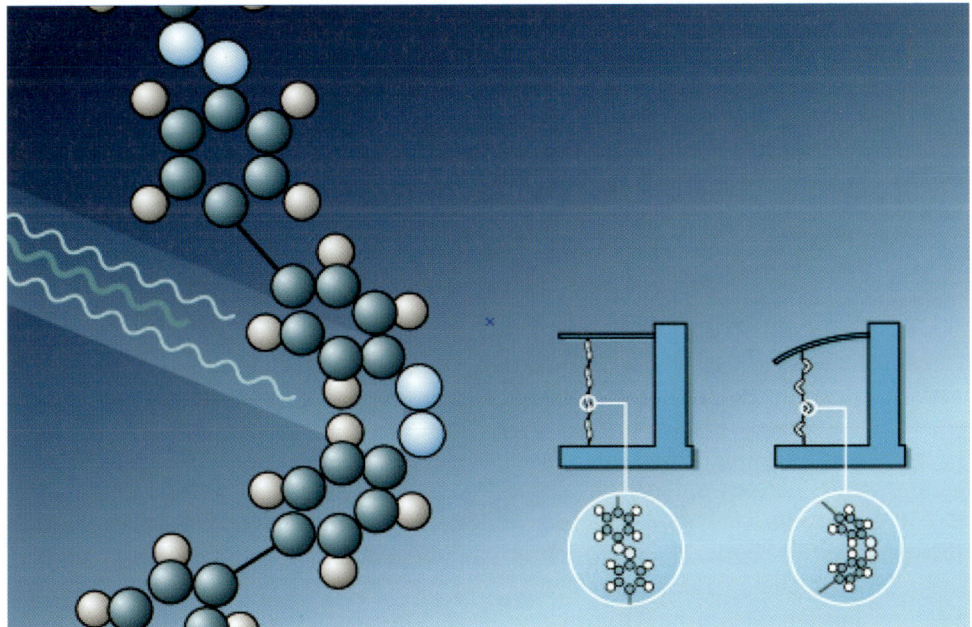

Abb. 13: Prinzipieller Aufbau einer künstlichen Einzelmolekülmaschine, durch Licht angetrieben

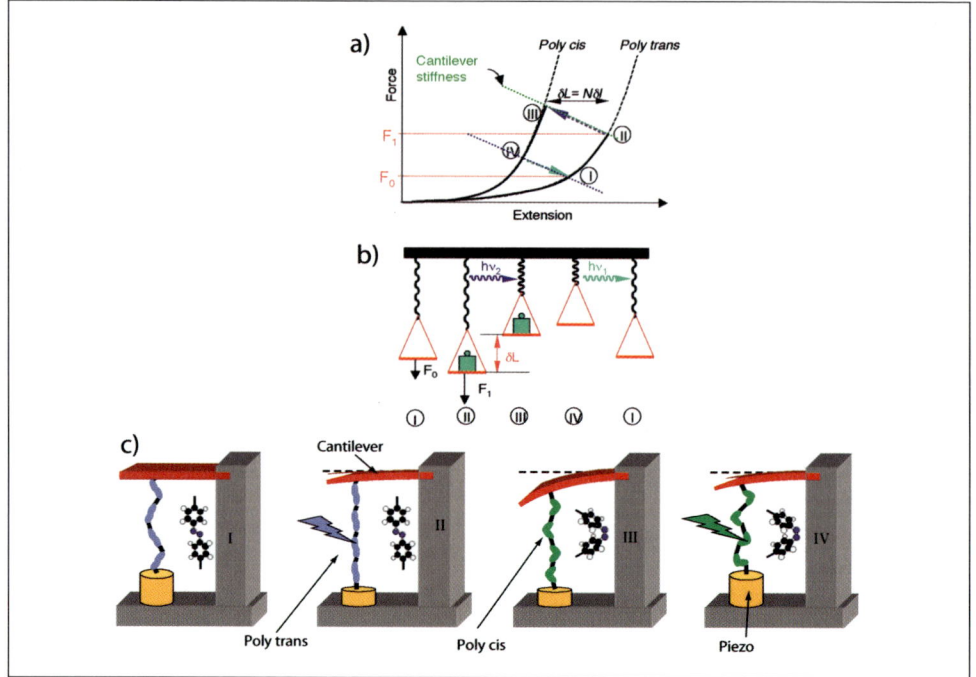

Abb. 14: Experimentelle Realisierung der Einzelmolekülmaschine. a): Arbeitszyklus einer optisch angetriebenen Einzelmolekülmaschine in einem Kraft-Abstands-Diagramm; b): Illustration des Arbeitszyklus einer solchen Maschine. Die unterschiedlichen Federn stellen das Polymer im trans- und cis-Zustand dar. Das Gewicht beschreibt das Strecken des Polymers; c): Experimenteller Ablauf einer Einzelmolekülmaschine in einem Kraftspektroskopie-Experiment

zurückversetzt. Insgesamt ist also ein kompletter Zyklus durchlaufen worden, in dem optische Energie in mechanische Arbeit umgesetzt wurde.

Mit dem oben beschriebenen experimentellen Schema wurde das Gedankenexperiment realisiert. Wie in Abb. 14b dargestellt, wurde dabei das System Polymer/Cantilever durch das Piezostellglied in einem Kreisprozess getrieben, der hier in der Kraft-Dehnungs-Ebene dargestellt wurde, dem eindimensionalen Analogon der sonst üblichen Druck-Volumen-Darstellungen bei makroskopischen Wärmekraftmaschinen. Faszinierenderweise folgt der optisch betriebene Motor einem Otto-Zyklus mit dem kleinen, aber energiefressenden Unterschied, dass statt des Öffnens des Auslassventils hier das Polymer optisch wieder in den Ursprungszustand versetzt werden muss (Abb. 14a).

Insgesamt lassen sich die Ergebnisse dieser ersten Studie, an der optomechanische Konversion mit einzelnen Molekülen demonstriert wurde, so zusammenfassen, dass prinzipiell die Stellkräfte solcher Polymere, die bis zu mehreren hundert Piconewton betragen können, durchaus geeignet sind, um optisch geschaltete nanomechanische Funktionseinheiten auch technisch zu realisieren. Allerdings sind die Wirkungsgrade der Kreisprozesse von bisher noch weniger als 1 Prozent sehr verbesserungswürdig.

Strukturieren auf der Nanometerskala: die molekulare Werkzeugmaschine

Wie einführend beschrieben, wird das Kraftmikroskop vorwiegend zum Abbilden, optional aber auch zum Manipulieren und Strukturieren von Oberflächen benutzt. Von besonderem Vorteil ist dabei die extrem gute Positionspräzision der Spitze von Bruchteilen von Atomdurchmessern. Es ist durchaus nahe liegend, darüber zu phantasieren, ob es denn nicht möglich sein sollte, die Spitze durch ein intelligenteres Werkzeug zu ersetzen.

Mutter Natur hat solche Werkzeuge: Enzyme und Kinasen regeln durch gezielten Ab- und Aufbau die Entstehung lebender Systeme. Enzyme sind in der Lage, ihre Zielsubstanzen mit extremer Präzision an einer genau vorbestimmten Stelle umzubauen, sie also auf molekularer Ebene zu bearbeiten. Solch ein Enzym an der Spitze der AFM-Nadel wäre die ultimative Miniaturisierung der maschinellen Bearbeitung, die molekulare Werkzeugmaschine.

Auf dem Weg dorthin sind noch viele Stolpersteine auszuräumen, aber einige Schlüsselexperimente wurden schon realisiert, die die prinzipielle Machbarkeit dieses Konzepts demonstriert haben. Eines davon ist in Abb. 15 skizziert. Hier wurde eine künstliche Membrandoppelschicht aus einem synthetischen Lipid auf einer Glimmeroberfläche mithilfe der Langmuir-Blodget-Technik übertragen und mit dem AFM abgebildet [13]. Die dunklen Flächen in der Membran sind Defekte, die bewusst als Angriffsstellen für eine Phospholipase eingebaut wurden. Phospholipasen sind Enzyme, die durch enzymatischen Abbau der Lipide biologische Membranen zerstören können, etwa als Bestandteil des Gifts der Klapperschlange. Eine derartige Lipase wurde der Modellmembran zugege-

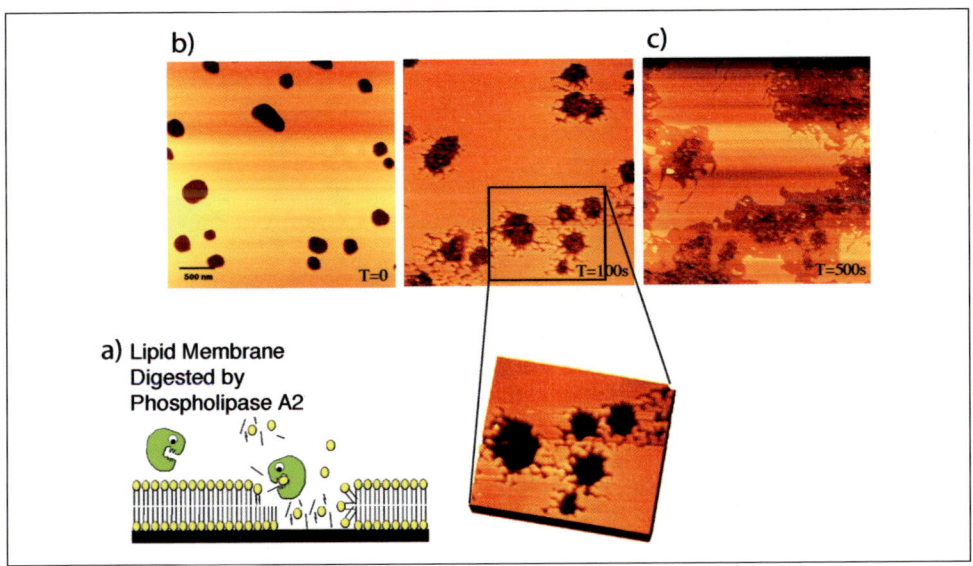

Abb. 15: Phospholipase A2 (PLA2) bei der Arbeit. a): Die Phospholipase greift zuerst defekte Stellen in der Membran an; b, c): rasterkraftmikroskopische Aufnahmen einer Lipid-Membran in Gegenwart von PLA2 bei verschiedenen Zeiten

ben mit dem Ergebnis, dass ausgehend von den Defekten die Membran zerfressen und aufgelöst wurde. Die Detailaufnahme zeigt sehr schön die dünnen Kanäle, durch die sich einzelne Lipasemoleküle bereits gefressen haben.

Eine mögliche Realisierung der molekularen Werkzeugmaschine wäre also eine positionskontrollierte Lipase, z. B. gekoppelt an die AFM-Spitze [26]. Dieses Konzept wurde in ersten Modellexperimenten, wie sie in Abb. 16 gezeigt sind, bereits verwirklicht. Es zeigte sich zur großen Genugtuung, dass auf diese Weise die Aktivität der Phospholipase räumlich kontrolliert werden kann und dass in der Tat nanoskalige Strukturen in Lipidmembranen erzeugt werden können. Allerdings ergaben diese Messungen auch, dass die Kopplung zwischen Enzym und Siliziumspitze der neuralgische Punkt für Funktion, aber auch für technologische Praktikabilität ist und dass hier noch enormer Forschungsbedarf herrscht. Interessanterweise zeigt sich hier wieder, dass genau diese Grenze zwischen Silizium- und Kohlenstoffwelt wieder von größter Wichtigkeit ist und dass deren Beherrschung noch einiger Anstrengung bedarf.

Danksagung

Diese Arbeit beinhaltet eine Fülle von Darstellungen anderer Autoren, die dankenswerterweise durch anregende Diskussionen zum Entstehen dieses Manuskripts beigetragen haben.

Literatur

[1] Erbe, A., Weiss, C., Zwerger, W., Blick, R. H.: Nanomechanical resonator shuttling single electrons at radio frequencies. Phys. Rev. Lett. 87, 096106 (2001).

[2] Junge, W.: ATP synthase and other motor proteins. Proc. Natl. Adad. Sci. USA 96, 4735–4737 (1999).

[3] Berg, H. C.: Motile Behavior of Bacteria. Physics Today 24 (2000).

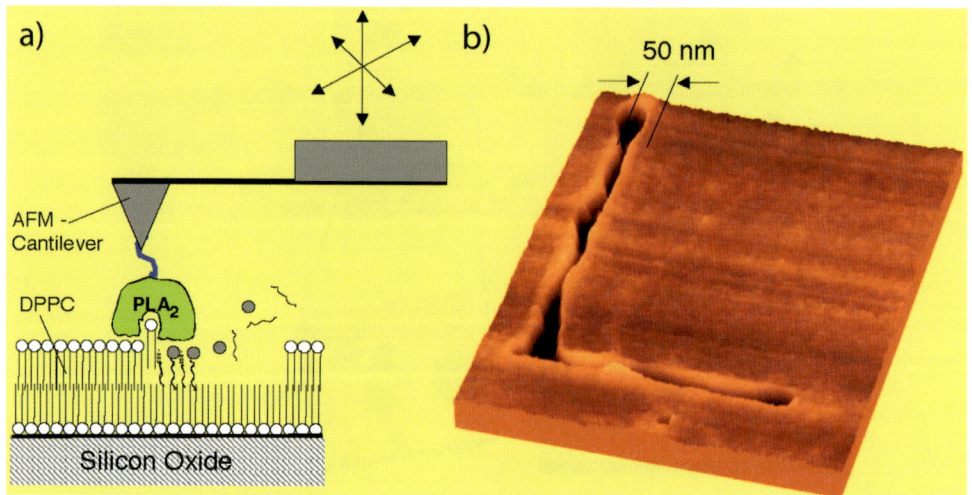

Abb. 16: Nanostrukturierung einer Lipid-Membran mit Phospholipase, die an einem Cantilever angebunden ist. a): Cantilever mit Polymer (blau) und Phospholipase (grün) wird über eine DPPC-Membran bewegt; b): Ergebnis einer Nanostrukturierung mit der Phospholipase am Cantilever

[4] Mehta, A. D., Rock, R. S., Rief, M., Spudich, J. A., Mooseker, M. S., Cheney, R. E.: Myosin-V is a processive actin-based motor. Nature 400, 590–593 (1999).

[5] Ashkin, A., Schütze, K., Dziedzic, J. M., Euteneuer, U., Schliwa, M.: Force generation of organelle transport measured *in vivo* by an infrared laser trap. Nature 348, 346–348 (1990).

[6] Binnig, G., Quate, C. F., Gerber, C.: Atomic force microscope. Phys. Rev. Lett. 56, 930 (1986).

[7] Noji, H., Yasuda, R., Yoshida, M., Kinosita, K.: Direct observation of the rotation of F-1-ATPase. Nature 386, 299–302 (1997).

[8] Itoh, H., Takahashi, A., Adachi, K., Noji, H., Yasuda, R., Yoshida, M., Kinosita, K.: Mechanically driven ATP synthesis by F-1-ATPase. Nature 427, 465–468 (2004).

[9] Yoshida, M., Muneyuki, E., Hisabori, T.: ATP synthase – A marvellous rotary engine of the cell. Nature Reviews Molecular Cell Biology 2, 669–677 (2001).

[10] Dogterom, M., Maggs, A. C., Leibler, S.: Diffusion and formation of microtubule asters: physical processes versus biochemical regulation. Proc. Natl. Acad. Sci. USA 92, 6683–6688 (1995).

[11] Mehta, A. D., Rief, M., Spudich, J. A., Smith, D. A., Simmons, R. A.: Single-molecule biomechanics with optical methods. Science 283, 1689–1695 (1999).

[12] Hess, H., Bachand, G. D., Vogel, V.: Powering nanodevices with biomolecular motors. Chemistry 10, 2110–2116 (2004).

[13] Grandbois, M., Clausen-Schaumann, H., Gaub, H.: Atomic force microscope imaging of phospholipid bilayer degradation by phospholipase A2. Biophys. J. 74, 2398–2404, (1998).

[14] Clausen-Schaumann, H., Seitz, M., Krautbauer, R., Gaub, H.: Force spectroscopy with single bio-molecules. Curr. Op. Chem. Biol. 4, 524–530 (2000).

[15] Hugel, T., Seitz, M.: The Study of Molecular Interactions by AFM Force Spectroscopy. Macromol. Rapid Commun. 22, 989–1016 (2001).

[16] Hugel, T., Grosholz, M., Clausen-Schaumann, H., Pfau, A., Gaub, H., Seitz, M.: Elasticity of single polyelectrolyte chains and their desorption from solid supports studied by AFM based single molecule force spectroscopy. Macromolecules 34, 1039–1047 (2001).

[17] Oesterhelt, F., Oesterhelt, D., Pfeiffer, M., Engel, A., Gaub, H. E., Muller, D. J.: Unfolding pathways of individual bacteriorhodopsins. Science 288, 143–146 (2000).

[18] Rief, M., Clausen-Schaumann, H., Gaub, H. E.: Sequence dependent mechanics of single DNA-molecules. Nat. Struct. Biol. 6, 346–349 (1999).

[19] Rief, M., Fernandez, J. M., Gaub, H. E.: Elastically Coupled Two-Level-Systems as a Model for Biopolymer Extensibility. Phys. Rev. Lett. 81, 4764–4767 (1998).

[20] Rief, M., Gautel, M., Oesterhelt, F., Fernandez, J. M., Gaub, H. E.: Reversible unfolding of individual titin Ig-domains by AFM. Science 276, 1109–1112 (1997).

[21] Rief, M., Oesterhelt, F., Heymann, B., Gaub, H. E.: Single molecule force spectroscopy on polysaccharides by AFM. Science 275, 1295–1298 (1997).

[22] Holland, N. B., Hugel, T., Neuert, G., Cattani-Scholz, A., Renner, C., Oesterhelt, D., Moroder, L., Seitz, M., Gaub, H. E.: Single Molecule Force Spectroscopy of Azobenzene Polymers: Switching Elasticity of Single Photochromic Macromolecules. Macromolecules 36, 2015 (2003).

[23] Hugel, T., Holland, N. B., Cattani, A., Moroder, L., Seitz, M., Gaub, H. E.: Single-Molecule Optomechanical Cycle. Science 296, 1103 (2002).

[24] Grandbois, M., Beyer, M., Rief, M., Clausen-Schaumann, H., Gaub, H. E.: How Strong is a Covalent Bond? Science 283, 1727–1730 (1999).

[25] Clausen-Schaumann, H., Rief, M., Tolksdorf, C., Gaub, H. E.: Mechanical stability of single DNA molecules. Biophys. J. 78, 1997–2007 (2000).

[26] Clausen-Schaumann, H., Grandbois, M., Gaub, H. E.: Enzyme-assisted nanoscale lithography in lipid membranes. Advanced Materials 10, 949 (1998).

Einführung in die Sitzung am Dienstagnachmittag

Konrad Sandhoff

Die Entwicklung des Lebens und die Ausprägung der vielfältigen Lebensformen bieten den Lebenswissenschaftlern ein faszinierendes Forschungsfeld. Auch wenn die Entstehung des Lebens weit im Dunkeln liegt und uns noch rätselhaft erscheint, so sind doch die Struktur- und Funktionsanalysen der molekularen und zellulären Bausteine des Lebens weit fortgeschritten.

Lebende Zellen synthetisieren unter schonenden Bedingungen einfache und komplexe Moleküle von enormer Vielfalt. Hierfür nutzen sie informationstragende Makromoleküle – Proteine und Ribonukleinsäuren – als Katalysatoren und Steuerungselemente. Diese Kunst der weichen Synthesen muss der Chemiker erst noch lernen. Die Natur ist ein unerreichter Lehrmeister für den synthetischen Chemiker.

Die Chemie hat sich seit der Harnstoffsynthese von Wöhler 1828 bemüht, Naturstoffe auf anderen Wegen zu synthetisieren, zumeist eben nicht in wässrigen Systemen, wie es die lebende Zelle macht, sondern in organischen Lösungsmitteln mit eigens von Chemikern entwickelten Werkzeugen.

Hierbei kommt der fachgerechten und gezielten Synthese von Substanzen mit chiralen, also asymmetrischen Zentren, eine besondere Bedeutung zu. So gelang es, Totalsynthesen für komplexe Naturstoffe und ihre Analoga zu entwickeln, die bei der Darstellung von Medikamenten wie Steroidhemmern, Kontrazeptiva und Antibiotika eingesetzt werden.

Wir haben heute das Vergnügen, einen wahren Meister der Naturstoffsynthese zu hören, der uns die neuesten Entwicklungen vorstellen wird, die zunehmend auch Konzepte der lebenden Natur zur Wirkstoffsynthese nutzen. Alois Fürstner spricht über die Entwicklung chemischer Syntheseverfahren zur Gewinnung von kleinen Molekülen, die wir in der lebenden Natur finden und die u. a. als Medikamente, Hormone und Antibiotika zum Einsatz kommen.

Er hat bahnbrechende Arbeiten auf dem Gebiet der metallorganischen Chemie, der Naturstoffsynthese und Katalyse veröffentlicht. Hervorzuheben ist die Etablierung eines neuen Syntheseprinzips, der Nutzung von Olefinmetathese-Katalysatoren zur Darstellung von Naturstoffen mit großen Ringen. Diese hat er z. B. für eine elegante Synthese des antitumoriell wirkenden Alkaloids Roseophilin genutzt.

Nach diesem Vortrag wenden wir uns der Untersuchung eines ganzen Systems zu. Auf unserem Planeten gibt es eine ungeheure Diversität an verschiedenen Lebensformen, die bis heute nur zum Teil erfasst ist. So kennen wir nur einen Bruchteil der existierenden Bakterien, Archäen, Viren, Pilze, Spinnen und Pflanzen.

Ganze Ökosysteme wurden erst in den letzten Jahren entdeckt, z. B. in der Tiefsee an den heißen Quellen der schwarzen Raucher. Aber auch auf der Erdoberfläche gibt es immer noch viel Neues zu entdecken.

Wilfried Morawetz führt uns in die Baumkronen tropischer und heimischer Wälder. Unter dem Titel „Baumkronenökologie – Forschung auf höchster Ebene" stellt er uns eine Analyse von Wechselwir-

Prof. Dr. rer. nat. **Konrad Sandhoff**, geb. 1939. 1958–1964 Studium der Chemie an der LMU in München; 1965 Promotion; 1972 Habilitation für Biochemie, LMU München. 1965–1979 Neurochemische Abteilung am Max-Planck-Institut für Psychiatrie, München; 1972–1974 Johns Hopkins University, Baltimore; 1976 Weizmann Institut, Rehovot. Seit 1979 Professor für Biochemie, Universität Bonn. 1992–1994 Dekan, 1994–1996 Prodekan der Math. Nat. Fakultät der Universität Bonn. 1992–2000 Fachgutachter für Biochemie bei der DFG.
Mitgliedschaften in mehreren Akademien, Gesellschaften und Organisationen, u. a. GDCh, Deutsche Akademie der Naturforscher Leopoldina und GDNÄ, hier seit 1999 im Vorstandsrat, seit 2003 im Vorstand. Zahlreiche internationale Preise und Auszeichnungen.
Forschungsgebiete: Komplexe Glykosphingolipide zellulärer Membranen: Stoffwechsel, Zellbiologie, Enzymologie an Phasengrenzflächen, Sphingolipidaktivatorproteine, Molekulare Analyse von Erbkrankheiten, Wasserpermeabilitätsbarriere der Haut. Über 390 Veröffentlichungen.

Prof. Dr. Konrad Sandhoff
Kekulé-Institut für Organische Chemie und Biochemie
Rheinische Friedrich-Wilhelms Universität Bonn
Gerhard-Domagk-Str. 1
D-53121 Bonn

kungen und gegenseitigen Abhängigkeiten in komplexen ökologischen Systemen vor. Dank neuer Technologien ist es möglich, den Aufbau der komplexen ökologischen Systeme in den Baumkronen zu erkennen und die Wechselwirkungen zwischen den einzelnen Lebensformen langsam zu verstehen.

Zellen sind die kleinsten Bausteine des Lebens. Als Einzeller machen sie heute noch den weit überwiegenden Teil der lebenden Masse auf unserem Planeten aus. Ihr Überleben als Einzeller und als Bausteine der Vielzeller ist an eine streng regulierte, genau definierte Homeostase ihrer Stoffwechselwege geknüpft. Biosynthese und Abbau der einzelnen Bausteine werden genau aufeinander abgestimmt und dürfen nicht aus dem Gleichgewicht geraten. Eine Störung der Homeostase kann schnell zum Zelluntergang führen. Das gilt vor allem für die korrekte Bildung von Proteinen, den wichtigsten Werkzeugen der lebenden Zelle.

Diese Kettenmoleküle müssen nicht nur eine genetisch festgelegte Abfolge von Aminosäuren enthalten, sondern auch die richtige Faltung ihres Molekülfadens im Raum erreichen. Nur korrekt gefaltete Kettenmoleküle können ihre biologische Funktion als Enzyme oder Rezeptoren ausüben, fehlgefaltete verklumpen, behindern die lebenswichtige Zellfunktion und leiten den Zelluntergang ein. Die Vermeidung von fehlgefalteten Proteinaggregaten ist vor allem für langlebige Zellen von Vielzellern lebensnotwendig, hier vor allem für die Nervenzellen von Tier und Mensch. Proteinaggregate lösen daher insbesondere neurodegenerative Erkrankungen aus.

Neurodegenerative Erkrankungen bedrohen vor allem älter werdende Menschen. Die Ursachen sind vielfältig: Stoffwechselstörungen, Ablagerungen unverdaulicher Lipide, Proteine und anderer molekularer Bausteine führen zum vorzeitigen Untergang von Nervenzellen und schließlich zur Demenz. Im Mittelpunkt des Interesses stehen zurzeit Erkrankungen, bei denen fehlgefaltete Proteine die Neurodegeneration auslösen, wie bei der weit verbreiteten Alzheimer'schen Krankheit.

Konzeptionell besonders interessant sind die Prionenerkrankungen, die bei Mensch und Tier auftreten. Nach der Prionenhypothese von Stanley Prusiner kann das Prionprotein, das wir alle als normales Eiweiß in uns tragen, in eine pathogene und infektiöse Proteinkonformation umgelagert werden. Diese infektiösen Prionkonformationen können Krankheiten wie BSE beim Rind, die Creutzfeldt-Jakob-Krankheit beim Menschen und die Traberkrankheit beim Schaf auslösen. Nach dieser immer noch kontrovers diskutierten und molekular noch wenig verstandenen Hypothese ist das infektiöse Agens also kein klassisches Pathogen wie ein Bakterium oder ein Virus, sondern ein nukleinsäurefreies Protein.

Hans A. Kretzschmar prüft diese Hypothese im molekularen Detail. Er analysiert die zellulären Konsequenzen einzelner Mutationen im Priongen und sucht nach den unbekannten Mechanismen, die die molekulare und zelluläre Pathogenese auslösen. Er erklärt uns, wie neurodegenerative Erkrankungen durch fehlgefaltete Proteine, die infektiösen Prione, ausgelöst und weitergegeben werden sollen.

Die Bedeutung der Naturstoffsynthese: L'art pour l'art oder Front der Forschung?

Alois Fürstner

Als Chemiker mit Freude an Details, an den Strukturen, Reaktivitäten und Funktionen organischer und metallorganischer Verbindungen, fällt es mir schwer, die Bedeutung der Totalsynthese als wissenschaftliche Disziplin in wenigen Worten darzustellen. Wäre es mein primäres Interesse, die großen Zusammenhänge erkennen, vorhersehen und deuten zu wollen, so wäre ich Philosoph, Prophet oder wenigstens Essayist geworden. Ich bin keines von den dreien und will es auch nicht werden, weil es gefährlich ist, als Schuster seinen Leisten zu verlassen – denken Sie nur an das Beispiel des Geheimrats Goethe, der seine Farbenlehre selbst für sein bedeutsamstes Werk hielt.

Der andere Grund, weshalb es mir schwer fällt, das gestellte Thema zu behandeln, ist formaler Natur. Die Chemie hat, ähnlich wie die Mathematik, ihre eigene Sprache und Symbolik entwickelt, die sich dem Nicht-Fachmann schwer erschließt. Chemie ist aber nur in dieser Sprache zu vermitteln, und jeder Übersetzungsversuch verfälscht das Bild. Leider kann ich nicht davon ausgehen, dass jeder Leser dieser chemischen Zeichensprache mächtig ist – im Gegenteil: Für einige mag sogar das Statement gelten:

„Nein. Ich würde niemandem in der Welt trauen, der diese chemische Formel kennt" [1].

Daher werde ich im Anschluss manches in Bilder übersetzen müssen, obwohl dies eigentlich unstatthaft ist; völlig ohne chemische Formeln kann es trotzdem nicht abgehen.

Wir leben unzweifelhaft in einer „chemischen" Welt, und dennoch ist die Chemie für die „Erklärung" dieser Welt nur am Rande zuständig. Für Weltbilder zeichnen die Physik und neuerdings auch die Biologie verantwortlich. Große und zentrale Herausforderungen, die als solche auch einer breiten Öffentlichkeit bewusst sind, wie etwa das „Human Genome Project" der Biologen oder die „Vereinigung von Quantenphysik und Relativitätstheorie" scheint es in der Chemie nicht zu geben. Die Kultur der Chemie ist reduktionistisch – wir kommen gegen Ende auf diesen Aspekt noch einmal zurück, mit der Frage, ob dies so bleiben wird. Dabei hat die Chemie allen anderen Disziplinen etwas Entscheidendes voraus – sie ist als einzige der Naturwissenschaften „schöpferisch": Der Chemiker kann Materie mit neuen und bislang unbekannten Eigenschaften kreieren. Physiker können über Moleküle sprechen, deren Eigenschaften messen und diese nutzen, wir Chemiker aber können sie erzeugen. Chemie ist damit „the enabling science" (hat es aber oft versäumt, diese Botschaft in aller Deutlichkeit zu vermitteln).

Chemie zu betreiben ist offenkundig ein „schöpferischer" Akt, und Synthese damit der charakteristischste Teil der chemischen Wissenschaften. Dabei waren wir Chemiker außerordentlich erfolgreich: etwa 20

Prof. Dr. **Alois Fürstner**, geb. 1962 in Bruck/ Mur, Österreich. Studium der Chemie an der TU Graz, Promotion 1987 (Prof. Weidmann), 1990–1991 Postdoc an der Universität Genf (Prof. Oppolzer), 1993 Habilitation für Organische Chemie an der TU Graz. 1993–1998 Arbeitsgruppenleiter am MPI für Kohlenforschung, Mülheim/Ruhr; seit 1998 Direktor an diesem Institut und außerplanmäßiger Prof. an der Universität Dortmund. Inhaber mehrerer Auszeichnungen, darunter der Leibniz-Preis der DFG (1999), der Thieme-IUPAC-Preis (2000), und der Cope Scholar Award der ACS (2002). Mitglied der Leopoldina, der Nordrhein-Westfälischen Akademie sowie korrespondierendes Mitglied der Österreichischen Akademie der Wissenschaften. Forschungsschwerpunkte: Metallorganische Chemie und Katalyse, Naturstoffsynthese.

Prof. Dr. A. Fürstner
Max-Planck-Institut für Kohlenforschung
Kaiser-Wilhelm-Platz 1
D-45470 Mülheim/Ruhr

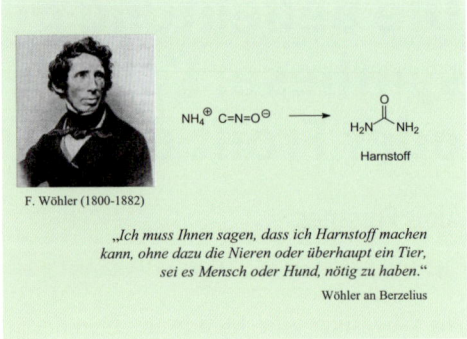

Abb. 1: Friedrich Wöhlers Harnstoffsynthese aus dem Jahr 1828 markiert den Beginn der Totalsynthese als wissenschaftliche Disziplin.

also freiwillig auf jenen ureigenst „schöpferischen" Aspekt und glauben dennoch, dass der Nachbau von Verbindungen aus der Natur zum Besten gehört, was die Chemie zu leisten imstande ist. Worin mag der Sinn dieser Übung liegen? Ist es Kunst um der Kunst willen, ein molekulares Glasperlenspiel, ein eitler Versuch, die Natur zu übertreffen, indem man sie imitiert?

Rückschau

Der Beginn der Naturstoffsynthese als wissenschaftliche Disziplin reicht zurück ins Jahr 1828, als es Friedrich Wöhler gelang, Harnstoff aus dem als anorganische Verbindung geltenden Salz Ammoniumcyanat herzustellen (Abb. 1; [2]). Diese für uns heute bescheidene Umwandlung hatte eine eminente wissenschaftstheoretische Erkenntnis zur Folge. Mit ihr fiel der Mythos, dass die Darstellung organischer Verbindungen die alleinige Domäne der Natur sei. Noch allgemeiner formuliert: Wöhlers Harnstoffsynthese bewies eindeutig, dass es keine „vis vitalis" – also keine „biologischen Kräfte" gibt, sondern dass sich auch die belebte Natur ausschließlich physikalischer

Millionen gut charakterisierte neue Substanzen wurden im Verlauf des letzten Jahrhunderts synthetisiert, die meisten davon organische – also Kohlenstoff-basierte – Verbindungen.

Womit wir bei einem ersten Paradoxon wären: Obwohl Chemiker die einzigartige Fähigkeit besitzen, völlig neuartige Substanzen mit neuen Eigenschaften zu kreieren, denken wir organische Chemiker beim Stichwort „Synthese" zumeist an die „Totalsynthese von Naturstoffen", also den detailgetreuen Nachbau dessen, was die Natur uns vorgemacht hat. Wir verzichten

Kräfte und chemischer Transformationen bedient.

Ein anderes klassisches Beispiel, das an dieser Stelle nicht unerwähnt bleiben darf, ist die Synthese von (+)-Glucose – also Traubenzucker – durch Emil Fischer [3], den manche – und hierzu zähle ich mich selbst – für den größten aller Organischen Chemiker halten. Mithilfe einfachster physikalischer Messmethoden – im Wesentlichen der Bestimmung von Schmelzpunkten und optischer Drehung – und der systematischen Anwendung einfacher chemischer Transformationen gelang ihm nicht nur die erste asymmetrische Synthese eines optisch aktiven Naturstoffs mit immerhin 4 chiralen Zentren, sondern zugleich auch die Festlegung der absoluten Stereochemie aller damals bekannten Kohlenhydrate und die Vorhersage aller möglichen Isomere. Dieser „Stammbaum" der Zucker ist bis heute unverändert gültig (Abb. 2).

Noch wichtiger aber ist, dass Emil Fischers Leistung einen unverrückbaren Beweis für die Richtigkeit der Theorie vom tetraedrisch koordinierten Kohlenstoff-Atom darstellt. Diese Theorie war 1874 unabhängig voneinander von Le Bel und von van't Hoff aufgestellt worden und lange Zeit heftiger Kritik und Polemik ausgesetzt gewesen. Sie erklärt, warum organische Verbindungen gleicher Zusammensetzung sich wie Bild und Spiegelbild verhalten können. Dieses Phänomen, die so genannte „Chiralität", ist eines der hervorstechendsten Merkmale der organischen Materie. Das Triumvirat Le Bel, van't Hoff und Emil Fischer hat eine solide Grundlage für das Verständnis dieses elementaren Phänomens auf molekularer Ebene gelegt (Abb. 3).

Ein epochales Beispiel der Naturstoffsynthese aus dem vergangenen Jahrhundert möchte ich noch ergänzen, bevor wir den Blick nach vorne richten wollen. Es handelt sich um Vitamin B_{12}, das 1973 von den Ar-

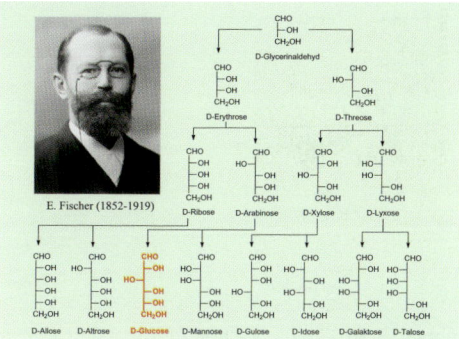

Abb. 2: Emil Fischers Arbeiten zur Struktur der Glucose und dem „Stammbaum" der Kohlenhydrate sind nicht nur das erste Beispiel der asymmetrischen Synthese eines optisch aktiven Naturstoffs, sondern lieferten zugleich einen unverrückbaren Beweis für die Richtigkeit der Theorie vom tetraedrisch koordinierten Kohlenstoffatom.

beitsgruppen von R. B. Woodward in Harvard und A. Eschenmoser an der ETH Zürich bezwungen worden ist [4, 5]. Seine Struktur zählt zweifellos zu den molekularen „Achttausendern". Dies ist aber nicht der Grund, weshalb ich es hier anführe –

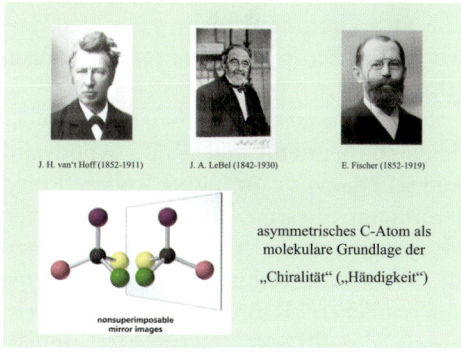

Abb. 3: Die unabhängig voneinander von Le Bel und van't Hoff aufgestellte Theorie vom tetraedrisch koordinierten Kohlenstoffatom wurde durch Emil Fischers Beiträge zur Kohlenhydratchemie bewiesen. Sie erklärt das Phänomen der optischen Aktivität, wonach sich organische Verbindungen mit gleicher Konstitution wie Bild und Spiegelbild verhalten können.

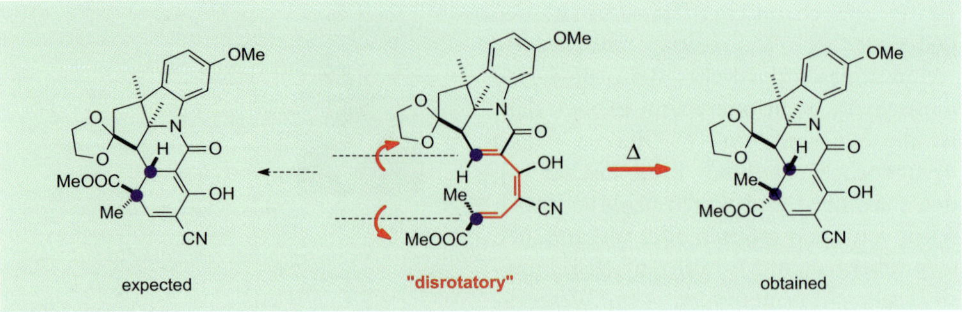

Abb. 4: Beispiel einer Cyclisierungsreaktion im Zug der Synthese von Vitamin B_{12}, deren unerwarteter Ausgang zur Aufstellung der „Woodward-Hoffmann-Regeln" führte [6]

auch andere sehr komplexe, ja sogar noch komplexere Strukturen wurden erfolgreich eingenommen.

Im Verlauf dieses herkulanäischen Unterfangens wurde beobachtet, dass einige Reaktionen einen völlig unerwarteten stereochemischen Verlauf nahmen [6]. Ein heute klassisches Beispiel zeigt Abb. 4. Wichtig dabei ist die Orientierung der Methylgruppe relativ zum Wasserstoff am benachbarten Kohlenstoffatom, die „trans" erwartet, aber „cis" erhalten wurde. Dies mag als lästiges Detail erscheinen. Auch kommt es bestimmt nicht selten vor, dass wir Chemiker mit unseren Erwartungen falsch liegen.

Da sich die falschen Vorhersagen aber bedenklich häuften, sind R. B. Woodward und sein damals ganz junger Kollege Roald Hoffmann diesem Phänomen auf den Grund gegangen. In der Folge erkannten sie, wie Molekülorbitale – also jene wenig anschaulichen „Raumteiler" der Quantenphysik, die die Aufenthaltswahrscheinlichkeit von Elektronen um die Atomkerne beschreiben – sich bei der Bildung neuer Bindungen aufeinander zu bewegen müssen. Orbitale folgen dabei einer genauen molekularen Orchestrierung, die strengen Symmetriebedingungen Genüge tut (Abb. 5; [7]). Diese Einsicht hat nicht nur

direkt nach Stockholm geführt, sondern eine konsistente Erklärung für die große Klasse perizyklischer Reaktionen sowie aller Cycloadditionen geführt, unabhängig davon, ob diese thermisch oder photochemisch induziert werden.

Verallgemeinern wir an dieser Stelle, so ist festzuhalten, dass im Verlauf der Synthese eines komplexen Naturstoffs ein

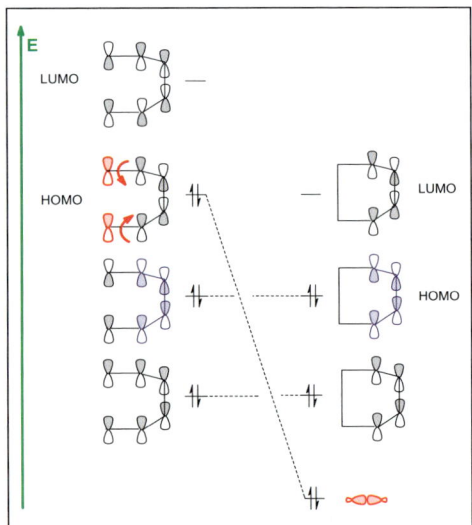

Abb. 5: Vereinfachtes Orbitalschema für die Elektrocyclisierung eines Triens, das die Woodward-Hoffmann-Regeln von der Erhaltung der Orbitalsymmetrie illustriert

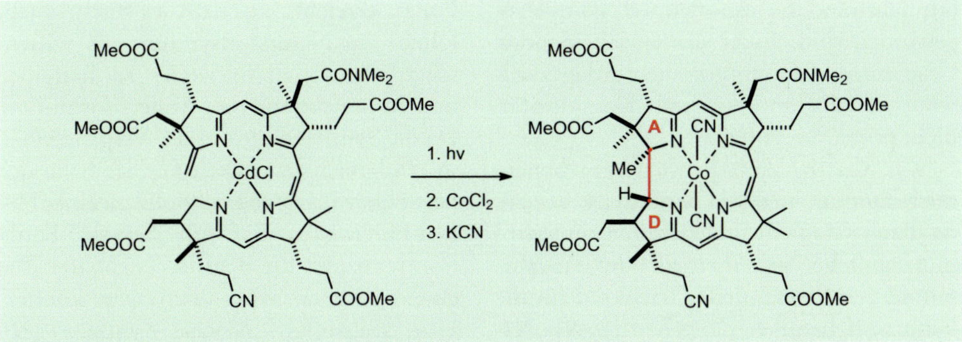

Abb. 6: Photochemische A-D-Cyclisierung unter Bildung des macrocyclischen Corrin-Gerüstes der Corbyr-säure als Test für die Gültigkeit der Woodward-Hoffmann-Regeln [5]

scheinbar marginales Detail den Weg zu einer fundamentalen Theorie der Reaktivität gewiesen hat. Wir sehen an diesem Beispiel auch, dass die Wirklichkeit immer „konkret" ist und dass der Zufall den entscheidenden Anstoß zu ihrer Entschlüsselung geben kann. Die vielleicht größte Frucht der Synthese von Vitamin B_{12} besteht somit aus einer Dividende, die am Beginn dieses monumentalen Unterfangens wohl keiner der Beteiligten erwartet, geschweige denn gesucht hatte.

Damit wäre diese Geschichte zu Ende erzählt, gäbe es nicht noch einen krönenden Abschluss. Nach Formulierung der Regeln von der Erhaltung der Orbitalsymmetrie hat A. Eschenmoser diese neu gewonnene Einsicht auf zweifellos geniale Weise zum Aufbau der wohl schwierigsten Bindung im eigentlichen Zielmolekül genutzt [5]. Sein nunmehr vorhersagbarer photochemischer A-D-Ringschluss ist nur auf der Basis der „Woodward-Hoffmann-Regeln" [7] zu deuten und stellt den bis dato wohl stringentesten Beweis für deren Richtigkeit dar (Abb. 6). Somit hat ein ursprünglich unerwartetes, ja sogar unerwünschtes Ergebnis nicht nur enorme theoretische Konsequenzen gezeigt, sondern wurde zu guter Letzt auch noch zum Eckstein einer der wohl ein-

drücklichsten Totalsynthesen des letzten Jahrhunderts.

Zwischenbilanz

Nach diesem kurzen Rückblick ist es Zeit für eine erste Zwischenbilanz. Die drei besprochenen Totalsynthesen haben, bei aller Unterschiedlichkeit, mehrere Dinge gemeinsam (Abb. 7). Zunächst, und das möchte ich besonders betonen, ist keine dieser Synthesen von irgendeinem praktischen Nutzen. Harnstoff, Traubenzucker und Vitamin B_{12} sind aus natürlichen Quellen in ausreichenden Mengen verfügbar, man muss sie also keinesfalls synthetisieren, um ihrer habhaft zu werden.

Der eigentliche Zweck der Synthese kann damit nicht in der erzeugten Substanz selbst begründet liegen, sondern besteht aus „sekundären" Werten: dem ultimativen Strukturbeweis, dem Verständnis chemischer Reaktivität, der Entwicklung neuer Strategien, der rigorosen Evaluierung bereits bekannter Methoden sowie dem wohl bestmöglichen intellektuellen und praktischen Training der Mitarbeiter. Überdies demonstrieren die drei genannten Beispiele, wie die Zielmoleküle im Verlauf des letzten Jahrhunderts exponentiell komplexer geworden sind. Einer der entscheidenden Gradienten der Synthesechemie lag zweifellos in der molekularen Komplexität, nicht primär im Nutzen.

Wie die in Abb. 8 wiedergegebenen, noch monumentaleren Strukturen zeigen, ist dieser Gradient ungebrochen und wird mit ziemlicher Sicherheit auch im 21. Jahrhundert eine wesentliche Triebkraft für die Naturstoffchemiker darstellen [8, 9]. Naturstoffe dieser Größe und Komplexität bilden die Grenze des heute Machbaren. Allerdings mussten selbst die ausgewiesensten Kollegen zum Teil ganze Armeen an Mitarbeitern viele Jahre lang aufbieten, um diese Ziele zu erreichen.

Womit wir bei einem weiteren Paradoxon wären: Gerade weil heute – *im Prinzip* – jedes noch so komplexe Molekül auf synthetischem Weg zugänglich ist, scheint der Punkt erreicht, an dem es nicht mehr lohnt, die Naturstoffsynthese als wissenschaftliche Disziplin weiter zu betreiben und zu perfektionieren. Anders formuliert: Da die Synthesekunst in der Vergangenheit so erfolgreich war, scheint es, sie habe sich selbst überflüssig gemacht und zu einer bloßen Hilfswissenschaft mit „Service"-Funktion reduziert, die man in absehbarer Zeit einem Roboter wird übertragen können. Eine vielstufige „Macho"-Synthese [10] halten manche eher für die Befriedigung des wissenschaftlichen Egos des Forschungsleiters als für einen echten Beitrag zur Weiterentwicklung der chemischen Wissenschaften. Noch anders ausgedrückt: Heute wäre es vermutlich sehr schwer, die DFG zu überzeugen, etliche Millionen Euro lockerzumachen, um einige wenige Milligramm Vitamin B_{12} synthetisch darzustellen.

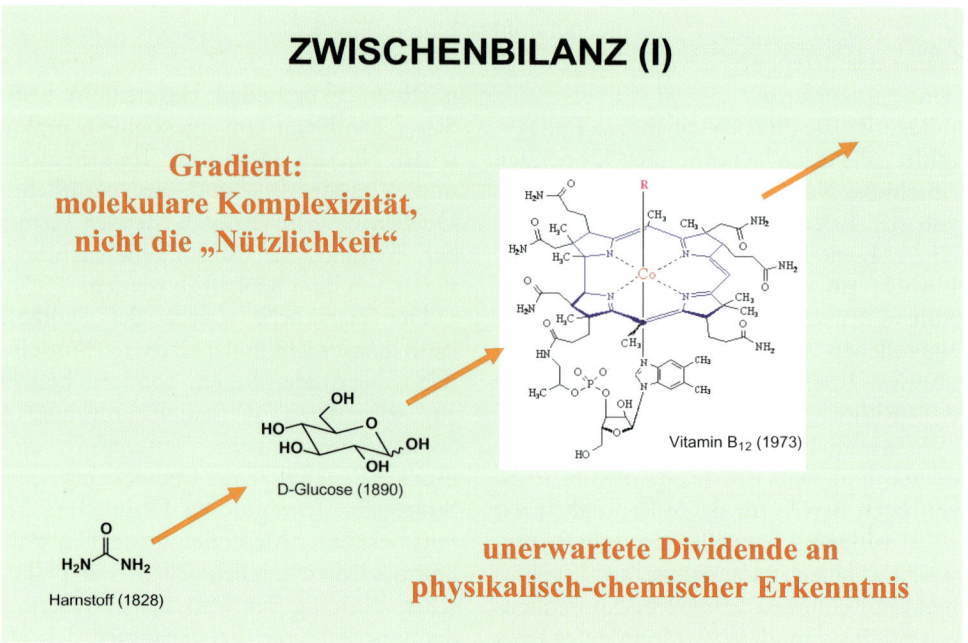

ZWISCHENBILANZ (I)

Gradient: molekulare Komplexizität, nicht die „Nützlichkeit"

D-Glucose (1890)

Harnstoff (1828)

Vitamin B_{12} (1973)

unerwartete Dividende an physikalisch-chemischer Erkenntnis

Abb. 7: Profil der folgenreichsten Totalsynthesen des 19. und 20. Jahrhunderts

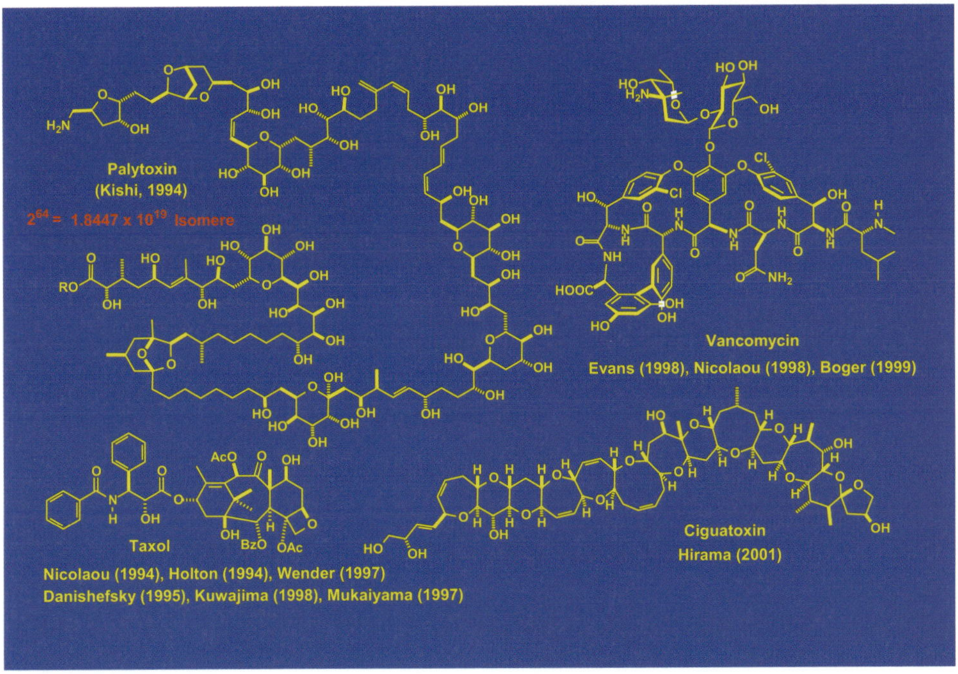

Abb. 8: Einige der komplexesten totalsynthetisch erzeugten Naturstoffe. Man beachte, dass es die astronomische Anzahl von $2^{64} \approx 1{,}8447 \times 10^{19}$ Stereoisomeren mit gleicher Konstitution wie Palytoxin gibt.

Aufwand und Nutzen

Wir Synthesechemiker müssen also heute und in Zukunft unser Tun anders rechtfertigen, als dies in der Vergangenheit nötig war. Einige Argumente für unsere Daseinsberechtigung möchte ich Ihnen im Folgenden am Beispiel des Halichondrin B erläutern, eines außerordentlich komplexen marinen Naturstoffs (Abb. 9; [11]). Halichondrin B zählt zu den besonders viel versprechenden Substanzen, die vom US-amerikanischen National Cancer Institute (NCI) auf Aktivität gegen menschliche Krebszell-Linien getestet worden sind. Leider ist diese Verbindung aus ihrer natürlichen Quelle, dem in großen Meerestiefen vor der Küste Japans lebenden Meeresschwamm *Halichondria okadai* und verwandten Spezies, nicht in ausreichenden Mengen verfügbar. Selbst um die Menge zu gewinnen, die man für die üblichen klinischen Tests benötigt, müsste man bereits das ganze Meer leer fischen [12]. Alle Versuche, den produzierenden Organismus in Aquakulturen zu züchten, schlugen weitgehend fehl.

Bleibt die Synthese als „ultima ratio". Tatsächlich ist Halichondrin B vor einigen Jahren von Y. Kishi an der Harvard Universität totalsynthetisch hergestellt worden [13]. Eine wohl unbestrittene Berechtigung für Totalsynthese liegt also immer dann vor, wenn sie Verbindungen liefert, die aus natürlichen Quellen nicht in ausreichenden Mengen zu isolieren sind, um deren biologische oder medizinische Eigenschaften im Detail zu studieren.

Doch das eigentliche Problem ist dadurch noch keinesfalls gelöst. Sollte Hali-

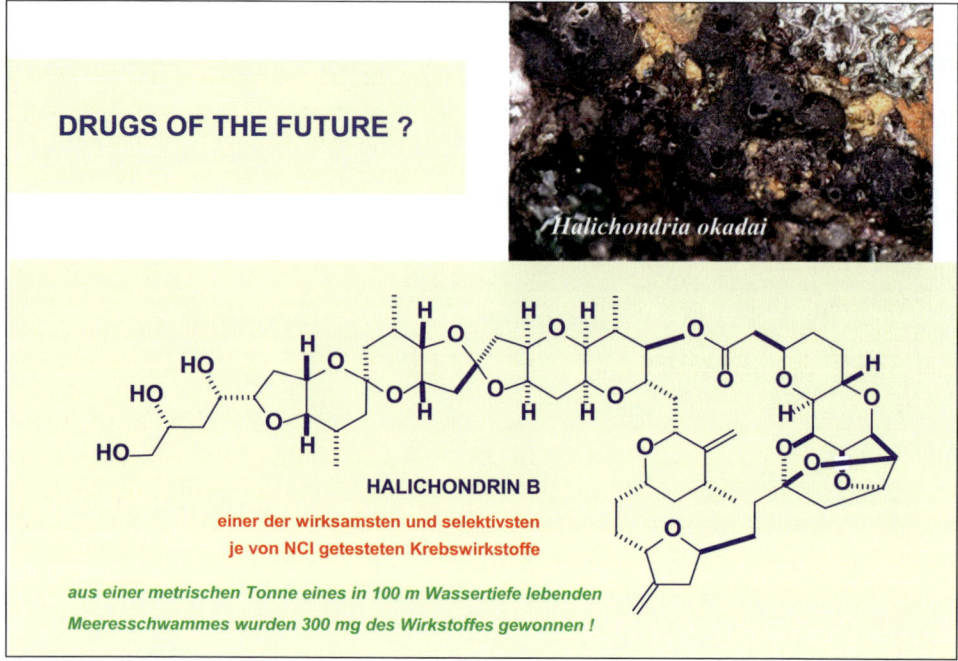

DRUGS OF THE FUTURE ?

Halichondria okadai

HALICHONDRIN B

einer der wirksamsten und selektivsten
je von NCI getesteten Krebswirkstoffe

aus einer metrischen Tonne eines in 100 m Wassertiefe lebenden
Meeresschwammes wurden 300 mg des Wirkstoffes gewonnen !

Abb. 9: Struktur des aus dem Meeresschwamm *Halichondria okadai* isolierten Cytostatikums Halichondrin B

chondrin (oder eines seiner Derivate) alle klinischen Hürden nehmen und als Medikament zugelassen werden, dann wird der Substanzbedarf exponentiell ansteigen [12]. Kishis erste Synthese von Halichondrin weist annähernd 100 Stufen auf und hat nach jahrelangen Mühen wenige Milligramm des Produkts geliefert. Die schiere Länge der eingeschlagenen Route macht es unmöglich, den für etwaige klinische Anwendungen benötigten Nachschub auf diesem Weg auch nur annähernd zu gewährleisten. Dafür ist ein simpler „arithmetischer Dämon" verantwortlich (Abb. 10):

Die Gesamtausbeute einer Synthese ergibt sich multiplikativ aus den Ausbeuten der Einzelstufen. Selbst wenn die Ausbeute jeder Stufe im Durchschnitt 90 Prozent betrüge, erhält man nach 50 linearen Stufen eine Gesamtausbeute von bescheidenen

~ 0,5 Prozent; liegt die mittlere Ausbeute aber nur bei weit realistischeren 70 Prozent, so bleibt am Ende praktisch nichts mehr übrig. Jeder Naturstoffchemiker kennt dieses logistische Problem. Dies mag verdeutlichen, warum eine Synthese von mehr als 25–30 Stufen heute immer noch als unpraktikabel und wirtschaftlich unrentabel einzustufen ist, selbst wenn sie ein lebensrettendes Medikament liefert [14].

Man erkennt: Ein Produkt totalsynthetisch herzustellen, ist eine Sache, es in sinnvollen oder gar ausreichenden Mengen zu erzeugen, eine gänzlich andere. Die Zubereitung von Filet Stroganoff für 1000 Gäste ist eben nicht das Gleiche, wie wenn man zu Hause für vier Familienmitglieder kocht. Totalsynthese heute, so „effektiv" im Erreichen ihrer Ziele sie auch sein mag, steht der praktischen Lösung oft hilflos „ineffizient" gegenüber. Als Aufgabe für die

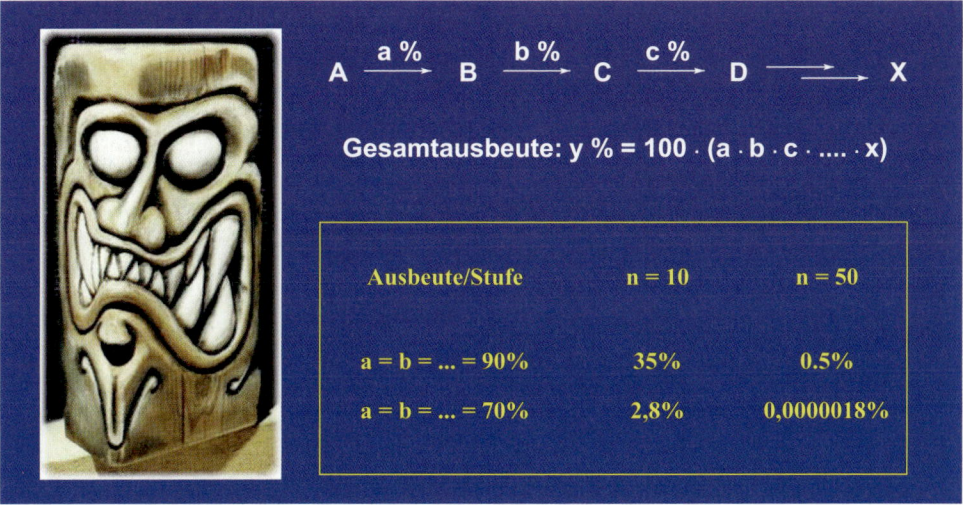

$$A \xrightarrow{a\%} B \xrightarrow{b\%} C \xrightarrow{c\%} D \longrightarrow X$$

Gesamtausbeute: y % = 100 · (a · b · c · .... · x)

Ausbeute/Stufe	n = 10	n = 50
a = b = ... = 90%	35%	0.5%
a = b = ... = 70%	2,8%	0,0000018%

Abb. 10: Der „arithmetische" Dämon: Die Gesamtausbeute einer linearen Synthesesequenz ergibt sich multiplikativ aus den Ausbeuten der einzelnen Stufen.

präparative Chemie im 21. Jahrhundert lässt sich daher formulieren, dass wir die Fähigkeit erringen müssen, immer größere Probleme mit immer einfacheren und effizienteren Mitteln zu lösen. Ein vorrangiges Ziel muss es sein, jede noch so komplexe Substanz in relevanten Mengen in maximal 25 Stufen darstellen zu können [15].

Um diese Herausforderung zu meistern, werden wir präparative Chemiker ein ganzes Arsenal neuer Reaktionen und völlig neuartiger Strategien erfinden müssen, welche die Grenzen der etablierten chemischen Logik überschreiten [16]; wir werden auch die Katalyse viel stärker zur Synthese komplexer Zielstrukturen heranziehen müssen als bisher. Daher ist die chemische Grundlagenforschung in ihrer ganzen Breite gefordert. Totalsynthese war, ist und wird es vermutlich auch im 21. Jahrhundert bleiben, eine der stärksten Triebkräfte für die methodische Erneuerung und Verbreiterung der Chemie (Abb. 11).

Ebenso richtig aber ist das umgekehrte Argument, nämlich dass jede neu entdeckte

Reaktion die Grenzen des Machbaren verschiebt. Wo stünden wir heute ohne die großen neuen Werkzeuge der präparativen Chemie, die in den letzten Jahrzehnten das Arsenal maßgeblich erweitert haben, wie etwa die Sharpless Epoxidation, die asymmetrische Hydrierung, die auxiliargestützte Aldolchemie, die metall-katalysierten Kreuzkupplungen oder die Olefinmetathese [17]?

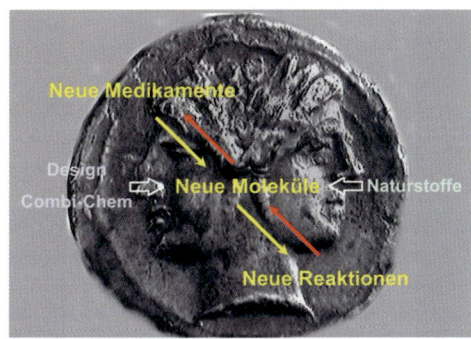

Abb. 11: Das Spannungsfeld der modernen präparativen Chemie

Erlauben Sie an dieser Stelle auch eine Anmerkung dazu, welche Bedeutung Naturstoffe als „Leitstrukturen" bei der Suche nach neuen Wirkstoffen und Medikamenten überhaupt spielen. Etwa Mitte der 80er-Jahre schien in der Industrie vielfach die Ansicht Oberhand zu gewinnen, dass Naturstoffchemie zu teuer, zu langsam, zu personalintensiv und patentrechtlich zu problematisch sei, als dass sie die nötige Zahl neuer innovativer Medikamente liefern könne, die notwendig sind, um die hohen Investitionen zu rechtfertigen und Märkte und Aktionäre zu befriedigen. Die kombinatorische Chemie, also die Massenproduktion synthetischer Verbindungen im Verein mit Hochdurchsatz-Screening-Techniken zum Auffinden der „leads", versprach in all diesen Dingen Abhilfe.

Heute, etwa 20 Jahre später, ist von dieser Euphorie wenig übrig geblieben. Ein kürzlich erschienener Übersichtsartikel kommt zum Schluss, dass im Zeitraum von 1981–2002 keine einzige durch eine kombinatorische Kampagne neu *entdeckte* Verbindung als Medikament zugelassen worden ist. Meines Wissens befindet sich auch nur eine einzige solche Verbindung in dritter klinischer Phase der Erprobung – übrigens eine Verbindung von Bayer (BAY 43–9006; [18, 19]). Zweifellos sind viele Wirkstoffe durch kombinatorische Chemie *optimiert* worden, aber bezüglich der Entdeckung hat diese Technik bisher auf breiter Front versagt [20].

Die Bilanz für die Naturstoffe sieht erheblich günstiger aus: Von den im gleichen Zeitraum insgesamt 877 neu zugelassenen Wirkstoffen können immerhin 61 Prozent auf Naturstoffe zurückgeführt werden [18, 19]. Es wird schwerlich überraschen, dass die größten Erfolge im Bereich der Anti-Infektiva sowie der Krebsmedikamente erzielt wurden, da viele Sekundärmetaboliten von den sie produzierenden Organismen als chemische Kampfstoffe gegen Fraßfeinde oder Nahrungskonkurrenten entwickelt worden sind. Naturstoffe unterscheiden sich von „randomisiert" erzeugten Substanzen häufig darin, dass sie a priori jene Eigenschaften mitbringen, die für den Pharmabereich essenziell sind; so wurden sie im Zug der Evolution z. B. dafür validiert, an Proteine zu binden und/oder biologische Barrieren wie Zellmembranen zu überwinden.

Dies heißt natürlich nicht, dass jeder Naturstoff unmittelbar als Kandidat für einen Wirkstoff taugt. Denn selbstverständlich hat die pazifische Eibe *Taxus brevifolia* im Lauf der Evolution ihren Sekundärmetaboliten „Taxol" nicht daraufhin optimiert, mit seiner Hilfe Eierstockkrebs beim Menschen bekämpfen zu können [22]. Aber sie hat ihn auf Cytotoxizität sowie auf Bindung an Tubulin getrimmt und den medizinischen Chemikern somit einen Startvorteil gegeben, den zu nutzen sich gelohnt hat.

Im Übrigen ist jeder, der an der Bedeutung der Naturstoffchemie für die medizinische Chemie zweifelt, zu folgendem Gedankenexperiment eingeladen: Stellen Sie sich vor, wie die Welt aussähe, wenn es keine Naturstoff-basierten oder Naturstoff-inspirierten Pharmaka gäbe. Chemotherapie ohne die Vinca-Alkaloide oder Taxol, die Behandlung von Infektionskrankheiten ohne Penicillin, Erythromycin oder Vancomycin, Organtransplantationen ohne Cyclosporin oder FK-506, die Behandlung von Herzinsuffizienz ohne Digitoxin wären undenkbar. Naturstoffe waren jedoch nicht nur im Bereich der Antibiotika und Krebsmedikamente erfolgreich. Sogar viele der bekannten „lifestyle"-Drogen wie die Kontrazeptiva (Steroide), die modernen Cholesterinsenker (Statine), Blutdrucksenker (Carbalkoxyproline wie z. B. Captopril®), ja selbst die Mittel gegen Fettleibigkeit (be-

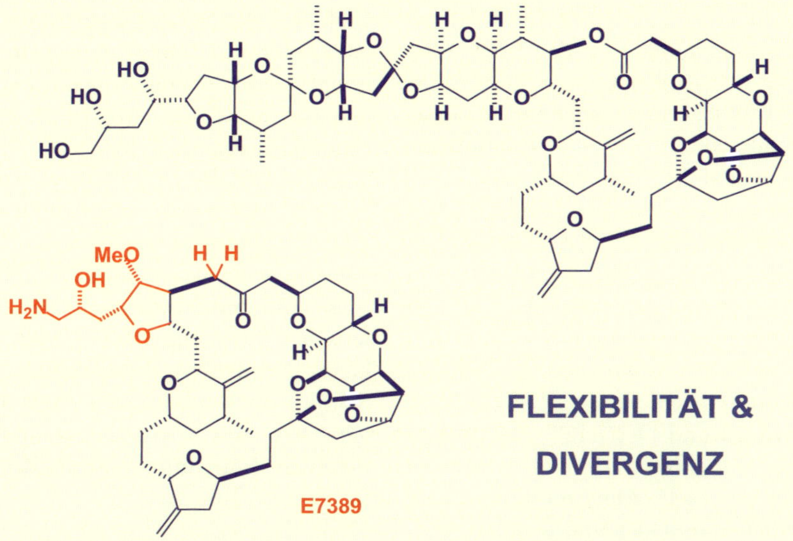

Abb. 12: Halichondrin B und ein synthetisches Analogon von vergleichbarer biologischer Potenz

ta-Lactone, Xenical®) stammen unmittelbar oder mittelbar von Verbindungen aus dem Naturstoff-Pool ab.

Da bislang erst etwa 10 Prozent aller Blütenpflanzen, weniger als 5 Prozent aller Bodenbakterien und lediglich ein Bruchteil aller Meereslebewesen chemisch untersucht sind, braucht uns um den Nachschub an neuen Strukturen mit biologischer Aktivität aus natürlichen Quellen nicht bange zu sein, sofern wir nicht nachlassen, danach zu suchen [22]. Übrigens fällt schon heute auf, dass viele der interessantesten neuen Verbindungen aus dem Meer stammen.

Damit aber zurück zum eigentlichen Thema „Totalsynthese". Synthese hat eine weitere Facette, die wir bislang nicht angesprochen haben: Sie kann ihr Ziel bewusst verfehlen. Braucht es wirklich das ganze Skelett des Halichondrins, um die ge-

wünschten pharmazeutischen Wirkungen zu erzielen? Um diese Frage zu beantworten, muss man Moleküle testen, die dem Naturstoff ähneln, aber nicht gleichen. Da Synthese prinzipiell an jeder Stelle vom „rechten Weg" abweichen kann, ist sie die Methode der Wahl zur Beantwortung solcher Fragen. So konnte für Halichondrin gezeigt werden, dass im Wesentlichen die rechte Domäne die gewünschten cancerostatischen Eigenschaften bedingt [23].

Die in Abb. 12 gezeigte Verbindung E7389 ist zwar immer noch einschüchternd komplex, aber schon erheblich freundlicher als der eigentliche Naturstoff. Totalsynthetisch erzeugtes E7389 befindet sich zur Zeit in der zweiten klinischen Phase. Flexibilität der Syntheseplanung ist damit heute ein prioritäres Ziel, weil dadurch Analoga zugänglich werden, um essenzielle biologische und medizinische Fragen zu beantworten. Wir kommen also an den Punkt zurück, bei dem „Synthese" im Sinn von „Nachbau" mit „Synthese" als Kreation von Neuem verheiratet werden kann. Hier finden wir Chemiker ein reiches Betätigungsfeld, wo es vermutlich noch einige Zeit dauern wird, bis ernst zu nehmende Konkurrenz auf den Plan treten mag.

Womit sich ein fast Zen-buddhistisches Paradoxon formulieren lässt, das die Stellung und Bedeutung der Totalsynthese zu Beginn des neuen Jahrtausends sinnfällig beschreibt: „Das (biologisch relevante) Ziel ist das Ziel"; ebenso gilt: „Das (eigentliche) Ziel(molekül) ist nicht das Ziel (sondern seine Analoga und Derivate)"; ebenso gilt: „Der Weg (der es uns in sinnvollen Mengen liefert) ist das Ziel". Alle drei Thesen sind gleichermaßen und gleichzeitig gültig.

Etwas wissenschaftlicher ausgedrückt: Es gibt heute immer noch gute Gründe, Totalsynthese zu betreiben (Abb. 13). Wo seinerzeit die bloße Existenz eines interessanten Targets genügte, um es synthetisch anzupacken, wo das Versprechen neuer Einsichten oder einer besonders eleganten Lösung ausreichte, um das nötige Geld zu lukrieren, treten heute zunehmend „härtere" Kriterien in den Vordergrund. Erkenntnisgewinn reicht als Begründung zumeist nicht mehr

aus, die Geldgeber fordern unmittelbareren „Nutzen". Damit rücken biologisch relevante, besser noch: medizinisch essenzielle Ziele ins Visier der Naturstoffchemiker, verbunden mit dem Versprechen, sie überhaupt, gegebenenfalls sogar in sinnvollen Mengen sowie in möglichst vielen Varianten zugänglich zu machen.

Bevor wir die Frage stellen, was in Zukunft kommen mag, erlauben Sie mir noch einen Kommentar zum Thema „Eleganz". Alle, die wir auf dem Gebiet der Totalsynthese tätig sind, beanspruchen etwas Künstlerisches für unser Tun. Jeder von uns kennt Synthesen, deren atemberaubende Schönheit wir bewundern. Auch wenn Eleganz stets von Vorteil ist, sollten wir uns dennoch davor hüten, sie als Begründung für unser Tun zu sehr zu strapazieren. Denn die elegante Lösung einer irrelevanten Fragestellung zählt am Ende wenig. Wo ein wirklich zentrales, ja essenzielles Problem auftaucht, ist Eleganz ein nachrangiger Wert.

Ausblick

Zwar mag sich der Fokus verschoben haben, die Relevanz der Naturstoffsynthese aber ist ungebrochen. Dennoch empfinde ich die in Abb. 13 skizzierte Lage als solche wenig befriedigend. Wenn wir Synthesechemiker diese Situation auf Dauer akzeptieren, akzeptieren wir zugleich, dass uns die Biologie und der medizinische Fortschritt vor sich hertreiben. Wir ordnen uns willfährig deren Zielen unter. Überdies bedeutet der „Nutzen" als Beweggrund eher einen Rückschritt in ein vor-kopernikanisches, anthropozentrisches Weltbild, bei dem der Mensch im Zentrum steht und die Zweckbestimmung allen Handelns bildet. Dies soll keinesfalls als Fundamentalkritik missverstanden werden, ich erkenne die Bedeutung dieser For-

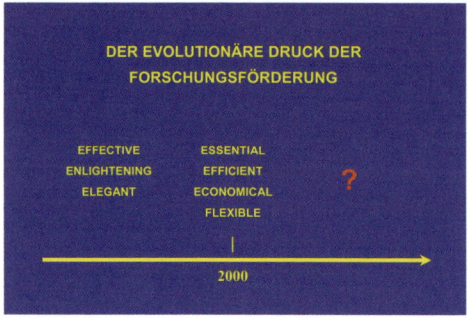

Abb. 13: „Triebkräfte" der modernen Naturstoff-Synthese

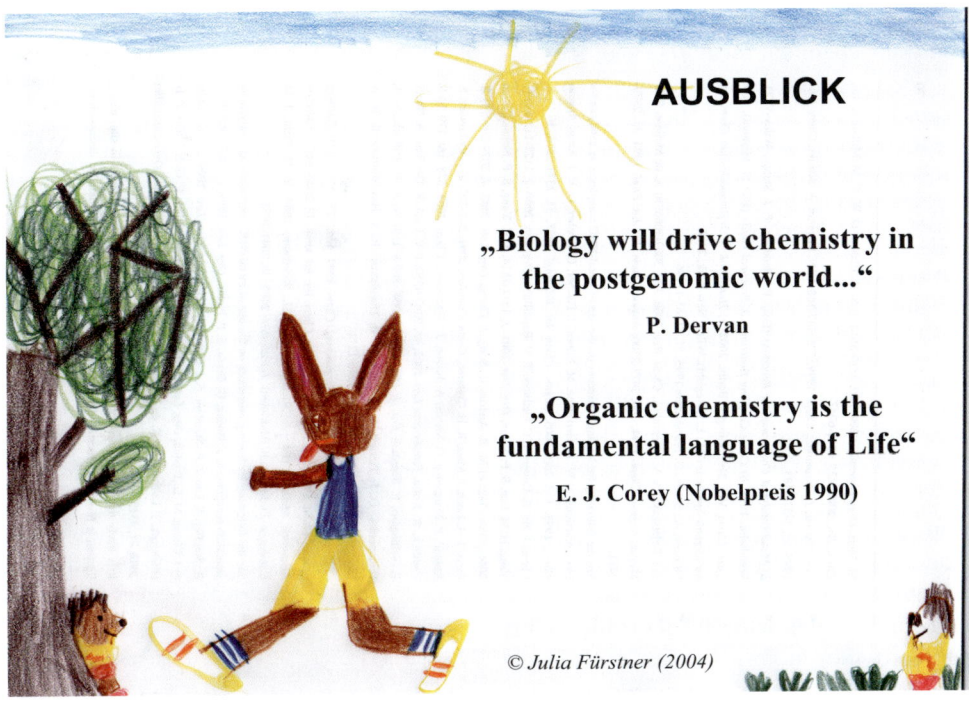

AUSBLICK

„Biology will drive chemistry in the postgenomic world..."

P. Dervan

„Organic chemistry is the fundamental language of Life"

E. J. Corey (Nobelpreis 1990)

© *Julia Fürstner (2004)*

Abb. 14: Der Hase und der Igel, oder: Wer jagt wen in den Naturwissenschaften?

schungsrichtung – den Wunsch nach neuen Medikamenten, zu deren Entwicklung und Verbesserung es chemischer Hilfestellungen bedarf – durchaus als legitimes Ziel an. Zugleich aber ist es an uns Chemikern, den Blick nach vorne zu richten, über das Tagesgeschäft hinauszublicken und unsere ureigenen Ziele zu formulieren.

Vielleicht müssen wir dafür einen Teil unserer reduktionistischen Tradition ablegen. Wir waren und sind extrem erfolgreich im Verfolgen gut definierter Ziele, wie jeder einzelne „kleine" Naturstoff eines bildet. Was aber bedeuten sie im Zusammenspiel? Können wir Synthese nicht auch dazu benutzen, die Funktion von Kollektiven verstehen zu lernen? Wir sind heute durchaus in der Lage, individuelle Kohlenhydratdomänen von Zelloberflächen zu synthetisieren, aber können wir auch eine ganze, intakte und funktionsfähige Zell-

membran herstellen? Auch sie ist ein „Naturstoff", obschon keine Reinsubstanz. Wir können Chlorophyll synthetisieren, aber wie steht es um das Photosystem II? Lässt sich die präparative Chemie benutzen, um Fragen der Zellbiologie zu klären oder die Funktionsweise des Immunsystems zu verstehen [24]? Kann nicht auch Synthese als ein Mittel unter vielen ihren originären Beitrag leisten?

Einer der Pioniere dieses Forschungsfeldes ist wiederum A. Eschenmoser, der uns gelehrt hat, wie sich etwa (nur) mit Mitteln der Synthese Fragen der prä-biotischen Chemie – also der Chemie, die sich vor ca. 3 Milliarden Jahren auf der Erde abgespielt haben könnte – klären lassen [25].

Verallgemeinern wir an dieser Stelle, so könnte man salopp behaupten, dass die Naturstoffchemie hervorragend positioniert ist, was das „Stoffliche" betrifft, nicht aber in Bezug auf das „Funktionale". Wir müssen wahrscheinlich sogar zugeben, dass wir in der Vergangenheit in keinem anderen Bereich so sehr versagt haben. Nehmen Sie als Beispiel nur die allseits bekannte Funktion der DNA: Basenpaarung als molekulare Grundlage der Genetik ist zuvörderst ein chemisches Phänomen, das aber andere für uns entziffert haben. Vielleicht müssen wir aus diesem Versäumnis lernen und Synthese vermehrt als Hilfsmittel benutzen, um die Funktion von Biomolekülen und deren Ensembles zu verstehen. Phänomene wie Selbst-Replikation oder Reparaturmechanismen von Teilchenkollektiven sind heute nur im Ansatz verstanden. Hierin finden die Naturstoffchemiker ein „weites Land" vor, zu dessen Kartographierung sie wesentliche Beiträge liefern können.

Heute, an der Schwelle des dritten Jahrtausends, mögen Vorgaben aus der Biologie und Medizin die Naturstoffsynthese bestimmen. Erlauben Sie mir trotzdem zum Abschluss etwas Pathos, das ich mit einem Schuss an Provokation würzen will: Sobald die Medizin eine „echte" Wissenschaft sein wird, indem sie den Wechsel von der Empirie zum Verständnis, von der „Nach-Sicht" zur „Voraus-Sicht", von der „Reaktion" zur „Antizipation" auf breiter Front vollzieht, wird sie eine „Molekulare Medizin" sein und sich somit unweigerlich in Gesellschaft von (organischen) Chemikern wiederfinden, die auf molekularer Ebene über den entscheidenden Code verfügen. Mögen wir Synthesechemiker heute als der „Hase" gelten, der um sein Leben rennt; am Ende werden wir mit einiger Sicherheit als „Igel" schon auf die Biologen und Mediziner warten, sobald diese „molekular" werden (Abb. 14). Chemie, molekulare Biologie und Medizin sind am Ende die gleiche Wissenschaft [26]. Oder, um E. J. Corey, den Doyen unter den präparativen Chemikern, zu zitieren:

„Organic Chemistry is the fundamental language of Life." [27]

Diesem Verdikt habe ich nichts hinzuzufügen.

Anmerkungen

[1] Sayers, D. L.: Der Mann, der wusste, wie. In: Hottinger, M. (Hrsg.): Morde. Kriminalgeschichten aus England und Amerika. Diogenes, Zürich, 1961.

[2] Wöhler, F.: Ueber künstliche Bildung des Harnstoffs. Ann. Phys. Chem. 12, 253–256 (1828).

[3] Eine Zusammenfassung der Beiträge Emil Fischers zur Kohlenhydratchemie bietet: Kunz, H.: Emil Fischer: unerreichter Klassiker, Meister der organisch-chemischen Forschung und genialer Wegbereiter der biologischen Chemie. Angew. Chem. 114, 4619–4632 (2002).

[4] Woodward, R. B.: The total synthesis of vitamin B_{12}. Pure Appl. Chem. 33, 145 (1973).

[5] Eschenmoser, A., Wintner, C. E.: Natural product synthesis and vitamin B_{12}. Science 196, 1410–1420 (1977).

[6] Woodward, R. B.: The conservation of orbital symmetry. In: Aromaticity. Chem. Soc. (London), Spec. Publ. 21, 217–249 (1967).

[7] Woodward, R. B., Hoffmann, R.: Die Erhaltung der Orbitalsymmetrie. Angew. Chem. 81, 797–869 (1969).

[8] Nicolaou, K. C., Sorensen, E. J.: Classics in total synthesis. VCH, Weinheim, 1996.

[9] Nicolaou, K. C., Snyder, S. A.: Classics in total synthesis II. Wiley-VCH, Weinheim, 2003.

[10] Djerassi, C.: Macho total synthesis. Science 285, 835 (1999).

[11] Hart, J. B., Lill, R. E:, Hickford, S. J. H., Blunt, J. W., Munro, M. H. G.: The halichondrins: chemistry, biology, supply and delivery. In: Fusetani, N. (Hrsg.): Drugs from the sea. Karger, Basel, 2000, S. 134–153.

[12] Wegen der extremen Potenz von Halichondrin wurde geschätzt, dass lediglich 10 Gramm der Verbindung ausreichen würden, um alle klinischen Studien damit zu bestreiten. Als nötige Menge nach Zulassung als

Medikament wurde ein Jahresbedarf von 1–5 Kilogramm abgeschätzt, vergleiche [11].

[13] Aicher, T. D., Buszek, K. R., Fang, F. G., Forsyth, C. J., Jung, S. H., Kishi, Y., Matelich, M. C., Scola, P. M., Spero, D. M., Yoon, S. K.: Total synthesis of halichondrin B and norhalichondrin B. J. Am. Chem. Soc. 114, 3162–3164 (1992).

[14] Dass das Ziel, komplexe Strukturen in ausreichenden Mengen totalsynthetisch zu liefern, erreichbar ist, haben unlängst Chemiker bei Novartis bewiesen. In weniger als 20 Monaten gelang ihnen die Synthese von immerhin 60 g von Discodermolide [Mickel, S. J. et al.: Large-Scale Synthesis of the Anti-Cancer Marine Natural Product (+)-Discodermolide. Part 1: Synthetic Strategy and Preparation of a Common Precursor. Org. Proc. Res. Develop. 8, 92–100 (2004) und folgende Arbeiten]. Wie Halichondrin ist dieser ebenfalls marine Naturstoff ein viel versprechendes Krebsmittel in klinischer Erprobung; auch in diesem Fall ist er aber aus seiner natürlichen Quelle, dem karibischen Meeresschwamm *Discodermia dissoluta*, nicht in ausreichenden Mengen zu extrahieren. Wegen seiner extremen Potenz, deren Wirkmechanismus dem des bereits approbierten Krebs-Medikaments Taxol[®] ähnlich ist, reicht die Menge von lediglich 60 Gramm, um alle noch anstehenden klinischen Phasen der Erprobung zu bestreiten. Somit ist dies ein Beispiel für Totalsynthese an der Schwelle zur praktischen Relevanz.

[15] Für eine Diskussion dieses Aspektes siehe: Heathcock, C. H.: Nature knows best: an amazing reaction cascade is uncovered by design and discovery. Proc. Natl. Acad. Sci. USA 93, 14323–14327 (1996).

[16] Corey, E. J., Chen, X.-M.: The logic of chemical synthesis. Wiley, New York, 1989.

[17] Beispiele dafür, wie sich diese Methode auf die Logik der Syntheseplanung auswirkt, finden sich in: Fürstner, A.: Venturing into cata-lysis based natural product synthesis. Synlett 1523–1533 (1999).

[18] Für einen aktuellen Artikel zu diesem kontroversen Thema siehe: Rouhi, A. M.: Rediscovering natural products. Chem. Eng. News 81, 77–91 (2003).

[19] Newman, D. J., Cragg, G. M., Snader, K. M.: Natural products as sources of new drugs over the period 1981–2002. J. Nat. Prod. 66, 1022–1037 (2003).

[20] Ein Teil des Problems besteht darin, dass sich die Verbindungen innerhalb vieler kombinatorisch erzeugten „Substanz-Bibliotheken" untereinander zu sehr ähneln. Abhilfe verspricht die „Diversitäts-orientierte Synthese", die größere Bereiche des chemischen Strukturraums abzudecken versucht, vgl.: Schreiber, S. L.: Target-oriented and diversity-oriented organic synthesis in drug discovery. Science 287, 1964–1969 (2000).

[21] Nicolaou, K. C., Dai, W.-M., Guy, R. K.: Chemie und Biologie von Taxol. Angew. Chem. 106, 38–69 (1994).

[22] Meinwald, J., Eisner, T.: Natural products chemistry: new opportunities, uncertain future. Helv. Chim. Acta 86, 3633–3637 (2003).

[23] Choi, H.-W., Demeke, D., Kang, F.-A., Kishi, Y., Nakajima, K., Nowak, P., Wan, Z.-K., Xie, C.: Synthetic studies on the marine natural product halichondrin. Pure Appl. Chem. 75, 1–17 (2003).

[24] Schreiber, S. L.: The small-molecule approach to biology. Chem. Eng. News 81 (9), 51–61 (2003).

[25] Eschenmoser, A.: Chemical etiology of nucleic acid structure. Science 284, 2118–2124 (1999).

[26] Whitesides, G. M.: Chemie: auf zu neuen Zielen – Gedanken zur Zukunft der Chemie. Angew. Chem. 116, 3716–3727 (2004).

[27] Corey, E. J.: Retrosynthetic thinking – essentials and examples. Chem. Soc. Rev. 17, 111–133 (1988).

Baumkronenökologie, Forschung auf höchster Ebene

Wilfried Morawetz

Wälder gehören zu den komplexesten, wichtigsten und am weitesten verbreiteten Vegetationstypen unserer Biosphäre. Sie sind wesentliche Rohstofflieferanten, regeln Wasserkreisläufe und Klima und bewahren den Boden vor Erosion. Als Sauerstofflieferanten und Schadstofffilter erfüllen sie entscheidende ökologische Funktionen für die Menschheit. Neben dem Wurzelbereich zählt die Kronenregion zu dem entscheidenden und zentralen Bereich eines Waldes.

Hier spielen sich die meisten ökologischen und biotischen Wechselwirkungen zwischen Tieren und Pflanzen und den Pflanzen untereinander ab, hier sind die meisten terrestrischen Arten zu Hause, hier ist das eigentliche Leben des Waldes zentriert. Hier ist auch die wichtigste Kontaktstelle zwischen Atmosphäre und Biosphäre.

Bis vor kurzem war es allerdings ausgesprochen schwierig, den Kronenbereich im Detail zu erforschen: Satelliten- und

Abb. 1: Das berühmte Bild von Humboldt und Bonpland zeigt als Besonderheit eine Bromelie, die offenbar aus dem Kronenbereich stammt. Aus ihren Schriften und Aufsammlungen geht immer wieder deutlich hervor, dass sie bereits um die Besonderheit der Baumkronen wussten.

Prof. Dr. **Wilfried Morawetz**, geb. 1951 in Le-
oben/Österreich. Studium der Botanik, Zoologie,
Paläontologie und Philosophie an der Universität Wien. Dissertation an der Univ. Wien und
UNESP/São Paulo, Brasilien, Promotion 1980
zum Dr. phil. in Wien. Assistent am Institut für
Botanik/Univ. Wien, 1986 Habilitation an der
Univ. Wien, Leiter der Arbeitsgruppe ‚Pflanzen-
systematik der Neotropen‘, 1989 Assistenzpro-
fessor, 1993 Leiter der Forschungsstelle für ‚Bio-
systematik und Ökologie‘ der Österreichischen
Akademie der Wissenschaften, 1994 Berufung
als Ordinarius für Spezielle Botanik und Direktor
des Botanischen Gartens und des Herbariums
an die Univ. Leipzig, o. Mitglied der Sächsischen
Akademie der Wissenschaften.
Forschungsschwerpunkte: Evolution und Ökologie tropischer Regenwälder, Systematik tropischer Holzpflanzen, Baumkronenforschung.

Prof. Dr. Wilfried Morawetz
Spezielle Botanik und Botanischer Garten
Johannisallee 21–23
D-04103 Leipzig

Luftbilder waren zu ungenau und lediglich
Momentaufnahmen, mit dem Fernglas
vom Boden aus ist kaum etwas zu sehen,
insbesondere bleibt dem Beobachter die
äußere Kronenschicht verborgen. Und
einzelne Klettertouren in die Kronenregion
ließen zwar einige Zufallsbefunde und
Sammeltätigkeit zu, waren jedoch für ökologische Untersuchungen, insbesondere
reproduzierbare Langzeituntersuchungen,
ungeeignet.

Dass es mit den Kronen etwas Besonderes auf sich hat, hat man bereits im
19. Jahrhundert geahnt. Fast alle Tropenforscher schwärmten vom reichen Leben in
den Baumkronen und bedauerten gleichzeitig, dass dieser Bereich so schwer zu erreichen sei, und mussten mit gefällten Bäumen, heruntergefallenen Ästen oder einem
Blick durchs Fernrohr vorlieb nehmen.
Humboldt und Bonpland haben auf ihrem
berühmten Doppelporträt eine aus den
Kronen heruntergefallene Bromelie auf
dem Tisch liegen (Abb. 1), der Leipziger
Tropenforscher Eduard Friedrich Poeppig
(1798–1868) nimmt sich die Unzugäng-
lichkeit des Kronenbereichs noch stärker zu
Herzen:

„… ebenso gewahrt der Wanderer in den Urwäl-
dern hoch über sich in den Lüften einen neuen
Garten, eine Flur herrlicher Blüten da, wo wir
eben nur die letzten dünnen Verzweigungen unserer einfachen Bäume erblicken. Größer ohne Vergleich ist die Zahl der Pflanzen, die hoch oben angesiedelt auf den breiten Ästen ein Vaterland
gefunden, was ihnen allein zusagt – größer als derjenigen, die sich mit dem Boden begnügen, und
anspruchslos in dem Halbdunkel ihre unansehnli-
chen Blüten entwickeln. Aber oft erzeugt dieser
Anblick auch die Gefühle unbefriedigter Sehnsucht, wenn er diese weiten Beete der Luft mit
glanzvollen Blüten beladen gewahrt, aber auf der
unerreichbaren Höhe eines Riesenstammes, welcher der Art nur spotten würde.“

Während für die Ureinwohner der Regenwälder die Kronenregion schon immer zugänglich war, da man dort jagen und
Früchte sammeln konnte, sollte es bis in
die zweite Hälfte des 20. Jahrhunderts dauern, bis die Wissenschaft nach und nach
den oberen Waldbereich erschloss. Zuerst
waren es Kletterer, die sich mit alpinem
Gerät im Wald verseilten, dann wurden
Türme in den Wald gestellt, die wenigstens
lokale Beobachtungen erlaubten, und nach
einiger Zeit entstanden dann die berühmten Luftschiffe und Kronenflöße von
Francis Hallé, die einen zeitweiligen Zugang zu den oberen Schichten erlaubten.
Zwar waren alle diese Methoden für kleine-

re, zeitlich und räumlich begrenzte Untersuchungen geeignet, wirklich langfristige und interdisziplinäre Forschung war jedoch nur selten möglich.

Der entscheidende Durchbruch gelang Alan Smith (1988), der in einem Wäldchen nahe bei Panama-Stadt einen simplen Baukran mit Beobachtungsgondel aufstellte [1] und damit erstmalig langfristige und schadensfreie ökologische Arbeiten im Kronenbereich ermöglichte. In der Folge wurde die Idee von W. Morawetz aufgegriffen, der den ersten Beobachtungskran im Amazonastiefland (1995) aufstellte und diesen, um mehr Beobachtungsfläche zu haben, auf über 100 Meter langen Schienen rollen ließ [7]. Obwohl die Logistik des Aufstellens und Erhaltens des Beobachtungskrans anfänglich kompliziert und teuer war, bewährte sich das System und wurde in der Folge an weiteren Standorten, u. a. in Panama, den USA, Nordost-Australien, Japan, Malaysia, der Schweiz und schließlich in Leipzig in ähnlicher Weise aufgestellt [1, 6]. Trotz der scheinbar hohen Anfangskosten zeigte sich, dass die Investition und der Betrieb nicht teurer sind als ein anderes Großforschungsgerät, jedoch ein gänzlich neues Spektrum an wissenschaftlichen Möglichkeiten bietet. Mittlerweile wurde noch ein weiteres System von G. Gottsberger geschaffen (COPAS), das im Modulsystem seilbahnähnliche Strukturen in den Wald stellt und vor allem für gebirgige Zonen geeignet ist. Die Methode ist derzeit in Französisch-Guayana in Erprobung.

Die so genannte „Baumkronen-" oder Canopy-Forschung war geboren und hat sich zu einem der wichtigsten Forschungsbereiche der Waldökologie entwickelt [1, 6]. Das Entscheidende an der neuen Methode ist, dass man nunmehr sehr exakt

Abb. 2: In der Beobachtungsgondel des Leipziger Auwaldkrans ist man meist zu zweit unterwegs. Eine Funkfernsteuerung ermöglicht dem Gondelpiloten, das Beobachtungsgerät zentimeterweise zu den interessanten Kronenstrukturen hinzufahren.

und weitgehend schadensfrei an jeden Punkt der Baumkrone heranfahren kann, um Untersuchungen durchführen zu können (Abb. 2). Von direkten Beobachtungen und Fotografien bis hin zu dem Einsatz von High-Tech-Methoden ist alles möglich und erlaubt und hilft dadurch, erst jetzt wesentliche Bereiche des Waldes wirklich zu verstehen. Die Methode ist vergleichbar mit dem Einsatz eines Raster-Elektronenmikroskops in der Morphologie, wo plötzlich ungeahnte Welten erschlossen werden konnten und der Auflösungsgrad um ein Vielfaches stieg. Kurz: Die Arbeit mit einer Beobachtungsgondel im Kronenbereich ist wie Erforschung eines neuen Planeten, eines neuen Kontinents und wird nicht umsonst in England als das Überschreiten der „letzten Grenze" charakterisiert.

Anfänglich konzentrierte man sich hauptsächlich auf die höchst artenreichen Tropenwälder, die seit je als Hexenküche der Evolution das Interesse von Evolutions-biologen, Ökologen und Systematikern fanden. Nach der Aufstellung eines Beobachtungskrans in einem artenreichen Leipziger Auwald wurde es jedoch sehr bald klar, dass auch die temperaten Laubwälder höchst unvollständig bekannt sind und besonders in der Kronenregion viele Überraschungen erwartet werden können [3].

Die hier dargestellten Ergebnisse beruhen im Wesentlichen auf zwei Kronenprojekten. Das eine wurde in Südvenezuela, am oberen Orinoco nahe der Siedlung „La Esmeralda" am Surumoni-Flüsschen durchgeführt [7] und betraf den amazonischen Tieflandregenwald (Surumoni-Projekt, Abb. 3). Dort hatte schon Humboldt Station gemacht und einige Tage Notizen verfasst und Forschungen betrieben. Das andere Projekt bezieht sich auf einen artenreichen Auwald in der Nähe von Leipzig (LAK = Leipziger Auwaldkranprojekt, Abb. 4), einem der schönsten und naturnahsten Auwälder Mitteleuropas [3].

Abb. 3: Der Surumoni-Kran wurde in einem gemeinsamen Projekt der Österreichischen Akademie der Wissenschaften und der Universität Leipzig am oberen Orinoco im Süden Venezuelas aufgestellt. Der weitgehend unberührte Wald gehört zu den nordöstlichsten Ausläufern des Amazonaswaldes und liegt am Fuß des Tafelberges Cerro Duida. Der Kran wurde mittels Hubschrauber montiert.

Die anfängliche Verwirrung

Betritt man ein topographisch neues Forschungsgebiet, so muss man damit rechnen, dass auch inhaltlich neue Fragen auftauchen. Es muss einem also von vornherein klar sein, dass die neue räumliche Situation auch neue Erkenntnismöglichkeiten bringt, vielleicht sogar fordert. Das bringt es mit sich, dass allgemein anerkannten Arbeitshypothesen zu misstrauen ist, neue jedoch noch nicht formuliert werden können; das Gleiche gilt für die Methodik. Man wird daher versuchen, in einer Mischung aus Bestandsaufnahme und Re-Evaluierung von Hypothesen und Fragestellungen sich an das neue Terrain heranzutasten und ihm dadurch wissenschaftlich gerecht zu werden.

Abb. 4: Der Leipziger Auwaldkran steht in einem artenreichen Laubwald, der etwa 16 verschiedene Baumarten aufweist. Der Kran entspricht im Wesentlichen dem aus dem Surumoni-Projekt. Damit ist die Vergleichbarkeit eines tropischen mit einem temperaten Wald gegeben.

Die ersten Kronenfahrten sind erstaunlich wie auch deprimierend zugleich. Einerseits sieht man plötzlich gänzlich neue Muster von Kronenstrukturen, Blattmosaiken, Blüten, Lianen und Epiphyten wie auch Parasiten aus nächster Nähe und kommt aus dem ungläubigen Staunen nicht heraus, andererseits fehlt die viel beschworene Vielfalt der Insekten, Spinnen, Vögel und Kriechtiere gänzlich. Kein einziges Tier weit und breit, die postulierte und durch Benebelungsversuche bewiesene hunderttausendfache Artenzahl ist einfach nicht da, zumindest nicht zu sehen. Erst nach und nach löst sich der Widerspruch in Teilen auf: Zu gewissen Tageszeiten beginnt es hie und da zu krabbeln, Blühereignisse locken Heerscharen von Käfern an, zahlreiche Jagdspinnen lauern zwischen duftenden Blüten und in der Dämmerung tauchen aus dem Hintergrund Schwärme von Nachtschmetterlingen auf, die vorbeiziehen zu einer entfernten Futterquelle. Am Boden hingegen merkt man gar nichts von der Reise- und Krabbeltätigkeit

in den Kronen, und wahrscheinlich haben die meisten Organismen die tieferen Waldschichten nie erlebt. Jedoch genau genommen wissen wir gar nicht, was wirklich vor sich geht, warum welches Insekt wo ist, woher es kommt, wohin es geht, warum ein Baum zu einer gewissen Zeit blüht, wie er bestäubt wird, wann er dann fruchtet, wie die Samen ausgebreitet werden, wie sich Bäume, Lianen und Epiphyten den begrenzten Raum untereinander aufteilen, wie das alles funktioniert und was das System am Laufen hält.

Mikrobielle, physiologische und allelopathische Phänomene sind noch nicht einmal ansatzweise angerührt und Ch. Körner hat an seinem Kran in Basel beeindruckend nachgewiesen, dass etwa die CO_2-Produktion und -Verteilung im Wald in natura gänzlich anders aussieht, als Glashausexperimente das bisher vermuten ließen [1]. Gleiches gilt für die Mikro- und Makroklimatologie, die inklusive dem Wasserhaushalt stets neue Überraschungen bringt. All dies trägt nicht nur zum Verständnis des untersuchten Waldstückchens bei, sondern hat wesentliche Konsequenzen zum Verständnis des weltweiten Klimas, der ökologischen Funktion von Wäldern für die Reinhaltung der Luft, als Pufferfaktor in dicht besiedelten Gebieten.

Fragestellungen

Erschwerend zum Erkenntnisgewinn kommt in einem solch komplexen System, wie es der Kronenbereich darstellt, hinzu, dass wir vor dem Ergebnis einer Millionen Jahre langen Evolutionsgeschichte stehen und lediglich eine Momentaufnahme machen. Manche der uns augenfälligen Mechanismen sind bereits ausgereift und stehen am Ende einer langen Koevolutionsreihe, andere sind vielleicht noch sehr jung, zufällig entstanden, oder wir meinen Zusammenhänge zu sehen, die es so nicht gibt.

Das alles macht die Sache nicht einfacher. Jedoch lässt sich aus all den bekannten Ergebnissen und neuen Eindrücken, ephemeren Beobachtungen und schnell gefassten Vermutungen eine Reihe von Fragestellungen ableiten, die alle in einer Frage münden: Wie funktioniert ein solch komplexes System, was hält es am Laufen und wie konnte es entstehen?

Im Einzelnen aufgeschlüsselt, sollen vorerst ein paar zentrale Fragen gestellt werden, die vor allem dem Bereich der organismischen Biologie entstammen, d. h. sich mehr mit ganzen Organismen, deren Strukturen und Verhalten beschäftigen.

Die Basisfrage, die überraschenderweise noch immer nicht gelöst ist, scheint einfach: Wie viele Organismen gibt es in der Kronenregion, welche sind spezifisch für dieses Biotop und welche ausschließlich dort vorhanden? Dies lässt sich im Bereich der höheren Pflanzen und einzelner Tiergruppen, wie etwa den Säugetieren, Vögeln und Fledermäusen relativ leicht lösen, da wir die meisten Arten bereits kennen und auch Wege haben, sie zu orten und zu beobachten. Kommen wir jedoch zu den Einzellern, niederen Pflanzen, niederen Tieren, Insekten, Spinnen und Pilzen, stehen wir bereits vor beinahe unlösbaren Problemen.

Meist müssen wir, damit wir wenigstens Artenzahlen schätzen können, auf eine exakte Bestimmung verzichten und uns mit so genannten „Morphospecies" behelfen, d. h. unbenannte Einheiten, die wir als artspezifisch vermuten. Bei Käfern etwa ist man in vielen Fällen bereits sehr froh, wenn man die Familie bestimmen kann, ganz selten gelingt es zur Gattung vorzudringen, und Artbestimmungen sind in vielen Gruppen die Ausnahme. Die Situation ist im heimischen Bereich etwas besser, aber auch nicht wirklich gelöst. Zusammenfassend kann bemerkt werden, dass für eine gedeihliche ökologische Arbeit häufig die notwendige systematisch taxonomische Basis noch fehlt – man kann nur schwer etwas über Zusammenhänge aussagen, wenn man die Einzelfaktoren noch nicht kennt.

Dann kommen natürlich die Standortbedingungen mit ins Spiel, die natürlich mit dem Gesamtökosystem (z. B. Regenwald versus temperater Auwald) in Zusammenhang stehen, dann aber besonders im Feinbereich interessant werden. Nunmehr ist es möglich, mit der Beobachtungsgondel jede Stelle des Waldes zu erreichen und alle abiotischen Faktoren in höchster Auflösung zu vermessen. Winzige Klimamessgeräte ermöglichen eine Feinanalyse des Kronenbiotops und können die speziellen Bedingungen in Astgabeln, Baumhöhlen, Bromelientrichtern, Epiphytennestern oder in allen anderen Regionen einer Baumkrone feststellen. Die Daten werden regelmäßig ausgelesen und dann entsprechend verarbeitet und münden in vergleichbaren Kurven und Diagrammen, die ein dreidimensionales Muster der kleinklimatischen Verhältnisse aufzeigen, in das dann biologische Fakten wie z. B. Blühfolgen, Flechtendichten, Insektenaufkommen oder Pflanzenfraß eingefügt werden können. Insofern haben die abiotischen Daten eine starke Bedeutung bei der Erklärung der vertikalen und horizontalen Gliederung, der Ausbildung räumlicher und kleinklimatischer Nischen und bei der Funktion und dem Auftreten von Ereignissen und Arten. Man kann diesen Forschungszweig subsumieren mit der Frage: Welchen Einfluss haben abiotische Faktoren wie Wind, Niederschläge, Temperatur, Boden und Strahlungsbilanz, kurzum die gesamte nicht biologische Umwelt auf die biologischen Abläufe im Kronenbereich?

Jedoch nicht nur abiotische Faktoren, sondern die Organismen selbst regeln in irgendeiner Weise Raum und Zeit untereinander. Kronen und Lianen treten in Konkurrenz, Phytophagen fressen Teile der Pflanzen oder Hemiparasiten besiedeln weite Teile des Kronendachs. Im Allgemeinen gibt es Abwehrmechanismen gegen Fraß- und Raumschädlinge, die jedoch selten vollständig greifen. Insbesondere sehr gut gerüstete Organismen haben besonders hoch spezialisierte Schädlinge, die meist auch auf ihre Wirte angewiesen sind. Damit die große Menge an Organismen sich nicht in die Quere kommt, damit sie ihren Räubern oder Schädlingen ausweichen können, sind Tag und Nacht in unterschiedliche Perioden geteilt, die von den Lebewesen unterschiedlich genützt werden.

So z. B. blüht *Caryocar glabrum*, ein großer Baum der Kronenschicht mit auffallenden roten Pinselblüten, am Surumoni erst nach dem Dunkelwerden auf, blüht etwa 3–4 Stunden und verblüht dann sofort wieder. Große Nachtschwärmer (Sphingiden) kommen während der kurzen Blüte gezielt zu dieser Art, um Nektar zu sam-

meln und die Bestäubung durchzuführen. Später sind sie dann nicht mehr zu orten. Ähnlich verhalten sich die meisten anderen Bäume und Lebewesen in den Kronen, wobei natürlich eine Anzahl Generalisten dabei ist, die zu fast jeder Zeit und an fast jedem Ort angetroffen werden können. So ergeben sich Kompartimente, Lücken, Schichtungen oder Zeitabschnitte, die erkannt werden müssen und dann in den Fragen münden: Ist das Biotop Kronenschicht in vertikale oder horizontale Abteilungen gegliedert, die sich durch unterschiedlichen Organismenbesatz, unterschiedliche biologische Aktivitäten unterscheiden? Sind diese Nischen fixiert oder ändern sie sich permanent, um sich den notwendigen Gegebenheiten anzupassen? Was für eine Rolle spielt der tägliche und jahreszeitliche Zeitablauf im ökologischen Geschehen?

Jetzt gilt es noch festzustellen, ob denn die Kronenschicht wirklich die große ökologische Bedeutung hat, die wir ihr zumessen. Denkbar wäre doch, dass die vielen Kronenorganismen lediglich auf Sommerfrische oben weilen, vielleicht auch fressen oder sich vergnügen, dann aber zum Ernst des Lebens wieder nach unten gehen und lediglich dort ihre wahre Bedeutung finden. Zwar ist diese These nach bisherigen Erkenntnissen unwahrscheinlich und alle bisherigen Ergebnisse deuten auf eine hohe Kronenraumspezifität fast aller dort vorkommenden Organismen, dies muss jedoch in den meisten Fällen noch überprüft werden. Daher stellt sich die Frage: Welche ökologischen Aktionen und Interaktionen sind ausschließlich auf die Kronen beschränkt und wie wichtig sind sie für das gesamte Ökosystem?

Kaum hat man das Inventar der Kronenorganismen, weiß um ihre Nischen und ihre ökologische Bedeutung, stellt sich bereits die nächste Frage, auf die man notgedrungen bei allen Kronenfahrten mit oder ohne Forschung trifft, die sozusagen systemimmanent ist. Inwieweit und durch welche Faktoren sind die Organismen untereinander vernetzt, voneinander abhängig oder stehen in irgendeiner Beziehung zueinander? Diese Frage ist nunmehr bereits recht übergeordnet und so schnell nicht zu beantworten, da bei Untersuchungen immer nur Teilbereiche erschlossen werden können – die Anzahl der vorhandenen Faktoren ist einfach zu groß, die möglichen Einflüsse zu vielfältig. Alle Abhängigkeiten untereinander aufzuschlüsseln wird daher auch in Zukunft nicht möglich sein, jedoch vielleicht lassen sich die Verhältnisse in mathematischen Modellen darstellen. Insbesondere die Abhängigkeiten und die Beziehungen von ganzen Gruppen zueinander, von Gruppen zu Einzelorganismen werfen bestechende evolutionäre Fragen auf, die wohl noch jenseits unseres derzeitigen Wissens stehen.

Diese nunmehr stufenweise aufgebauten Betrachtungen von einfachen Abhängigkeiten zu komplexen Systemen führen zu der allgemein anerkannten Königsfrage, die auch viel mit unserem eigenen Leben zu tun hat, mit der Organisation von Städten und Staaten, von Meeren und Böden, kurzum sich gar nicht auf das Kronensystem beschränkt, dort aber in wunderbarer Weise, weil eben deutlich vom tieferen Bereich abgegrenzt, untersucht werden kann: Können wir bei der Betrachtung der Funktion wie auch der Evolution des Gesamtsystems eher einem zufallsbedingten (stochastischen, chaotischen) Modell folgen oder sind eher vorhersehbare, genau vorbestimmte Abläufe zu erwarten, die ein deterministisches Modell als wahrscheinlich erscheinen lassen?

Wer die Kronenökologie ein wenig kennt, der wird bald bemerken, dass die Fragestellung an sich schon ein wenig zu simpel ist, vielleicht gerade einsichtig genug, um ein Ende des Wollknäuels zu ergreifen, das es dann aufzurollen gilt. Das einfache Schlüssel-Schloss-Prinzip ist uns geläufig und bequem, ebenso der pure Zufall. Beides ist vorhanden und auch leicht zu belegen. Auf welcher Baumart ein Frosch in den Baumkronen zu finden ist, ist nun wirklich ein reiner Zufall, der Frosch folgt Strukturen und nicht bestimmten Arten. Dadurch kann man ihn zwar räumlich einigermaßen lokalisieren, aber kaum einen Zusammenhang zwischen Froschart und Baumart finden. Ebenso kann man sich sicher sein, dass in reifen Blüten bestimmter Annona-Arten oder in den Blütenständen von Philodendren Käferarten der Gattung *Cyclocephala* auftauchen. Dies ist so sicher wie der Fahrplan der Bahn und lässt sich leicht voraussagen.

Dann gibt es aber Fälle, die uns aufhorchen lassen und nicht mehr einem einfachen Schema folgen. Dazu gehört etwa die Tatsache, dass es im Wald stets genug reife Früchte zur Ernährung der frugivoren Vogelpopulationen geben dürfte, da die entsprechenden Vögel das ganze Jahr über vorhanden sind und offenbar überleben. Ein Problem für die Vögel könnte sein, dass die einzelnen Fruchtbäume jedoch nie zur gleichen Zeit im Jahresverlauf blühen und fruchten, eine regelmäßige Versorgung durch eine Baumart nur selten gegeben ist. Vielfach vertrocknet oder verkommt die Fruchternte auch durch widrige Umstände. Fruchtet jedoch eine Art, eine Population, ein Individuum nicht, so ist jedoch stets Ersatz durch eine andere Art, einen anderen Baum vorhanden. In Summe sind die Vögel stets mit Nahrung versorgt, jedoch durch ein stets wechselndes Feld von Anbietern, die lediglich eines gemeinsam haben: Zu keiner Zeit gibt es einen kompletten Nahrungsausfall. Die Steuerung solcher Verhältnisse ist nur schwer nachzuvollziehen, es fällt schwer, ein kausales

Prinzip zu erschließen, und manche sprechen bereits von einem „gelenkten Zufall", was die Sachlage ein wenig besser fasst, jedoch nicht erklärt. Mag sein, dass es zwischen dem einen und anderen Extrem noch weitere Dimensionen gibt, die das Leben in den Kronen regeln und die uns vielleicht dort offenbar werden, weil eben alles ringsherum so neu ist und daher auch neue Hypothesen nicht so sehr stören wie in alteingesessenen Forschungsgebieten.

Es ist von vornherein klar, dass nach etwa 20 Jahren Canopy-Forschung diese Fragenkomplexe nur unvollständig und ansatzweise gelöst werden können. Deswegen sollen nun zu einzelnen Fragestellungen Ergebnisse vorgestellt werden, die zum Teil aus eigenen Studien in Venezuela und dem Leipziger Auwald stammen.

Artenvielfalt – ein reines Chaos?

Wir müssen davon ausgehen, dass etwa die Hälfte aller Arten der höheren Pflanzen holzig sind und als Bäume die tropischen Regenwälder besiedeln. Von den wenigsten weiß man etwas über ihre Blütenökologie oder Fruchtausbreitung, von vielen hat man noch keine Blüten oder Früchte gesehen oder kennt sie lediglich aus dem Herbarium. In unserer Untersuchungsfläche am oberen Orinoco (Surumoni-Plot) haben wir auf etwa 1,4 Hektar mehr als 1000 Baumindividuen gezählt und bisher etwa 142 Baumarten bestimmen können, die von 51 Lianenarten, 53 Epiphytenarten und 8 Hemiparasiten besiedelt waren [7, 9]. Viele davon haben wir noch nicht bestimmen können, kleinere Bäume und

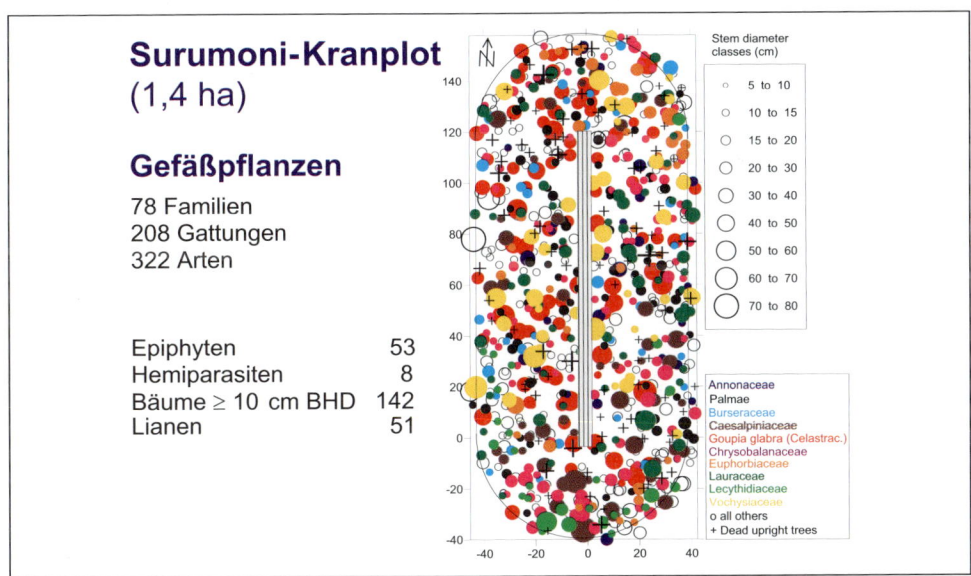

Abb. 5: Das Diagramm zeigt den Grundriss der Untersuchungsfläche, die am Surumoni mit dem Kran erreicht werden konnte. Die in der Mitte liegende Schienentrasse ist etwa 120 m lang und der Ausleger des Krans hat eine Reichweite von etwa 40 m. Die unterschiedlichen Familien belegen deutlich die hohe Diversität des Waldstücks, wobei auch der hohe Anteil von *Goupia glabra* (Celastraceae) deutlich wird. Dies ist ungewöhnlich und lässt möglicherweise auf eine Nutzung des Waldstücks vor 50–100 Jahren schließen.

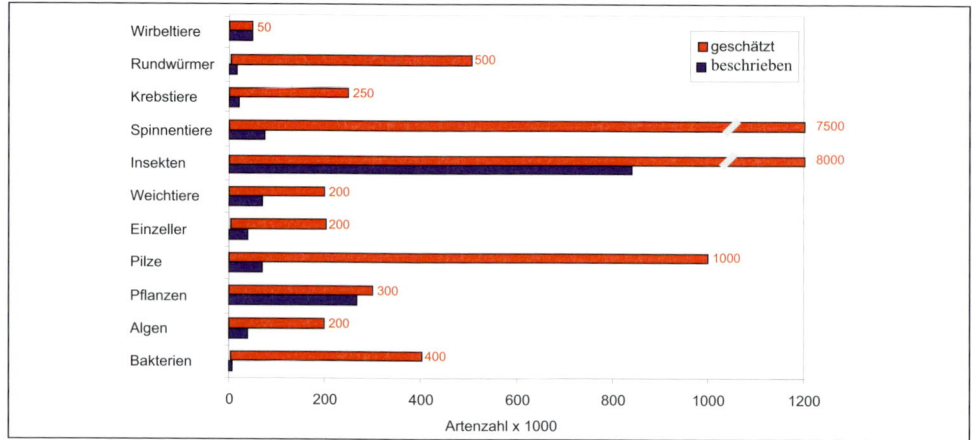

Abb. 6: Globale Biodiversität. Auf dem Diagramm wird deutlich, dass wir nur ganz wenige Bereiche unserer Biosphäre wirklich kennen. Lediglich die für uns auffälligen höheren Pflanzen und Tiere sind einigermaßen bekannt. Jedoch schon bei den Pilzen, Insekten, Einzellern, Spinnen und Krebstieren wird es kritisch. In vielen Gruppen kann man davon ausgehen, dass wir maximal 10 % der Artendiversität erfasst haben. Nach [10]

Sträucher und viele Kräuter wurden nicht in die Liste mit aufgenommen (Abb. 5). Dabei ist davon auszugehen, dass ein benachbarter Hektar wieder gänzlich andere Arten enthält, so dass auf wenigen Quadratkilometern Hunderte, wenn nicht Tausende Arten von höheren Pflanzen zu erwarten sind. Dies entspricht den Angaben, die wir von anderen Stellen des Amazonastieflandes kennen, die zum Teil niedriger als auch bis zum Dreifachen höher sein können.

Die Kronen werden von entsprechend vielen Insekten und anderen Kleintieren besiedelt. Da jede Pflanzenart spezifische Gallenarten, Fraßschädlinge, Blütenbestäuber, Fruchtfresser und Tarnarten (Arten, die mit ihrer Tarnung das Muster einer bestimmten Pflanze kopieren) erwarten lässt, ist bei einer geschätzten Menge von etwa 250 000 Angiospermen, die meisten davon in den Tropen, eine extrem hohe Zahl von Insekten und anderen Tieren zu erwarten (Abb. 6). Erste Sammlungen durch die Benebelung der Kronen mittels

Insektiziden [2] hat zu Hochrechnungen geführt, die etwa 30 Millionen Insektenarten weltweit vermuten ließen, die meisten davon im Kronenbereich. Mittlerweile ist man durch Nachuntersuchungen etwas vorsichtiger geworden, liegt aber noch immer im 8-Millionen-Bereich zuzüglich etwa 7 Millionen Spinnentieren [10]. All diese Zahlen sind jedoch immer noch reine Spekulation – wir kennen die Kronen einfach zu wenig. Die meisten der gefangenen Arten sind jedoch unbekannt, man weiß kaum etwas über ihre Ökologie oder Biologie. Interessant ist immerhin, dass mehr als die Hälfte stets solitär auftreten, also während der Fangperioden lediglich einmal in die Falle gegangen sind. Sie werden in Ermangelung anderer Interpretationsmöglichkeiten als „Touristen" bezeichnet, die eben zufällig und ohne erkennbaren Grund in die Gegend der Falle gekommen sind. Ihre Bedeutung erscheint nicht unwichtig, bedarf aber noch einer Erklärung [4].

Unsere Untersuchungen in Südvenezuela [4] haben während der Blühperiode

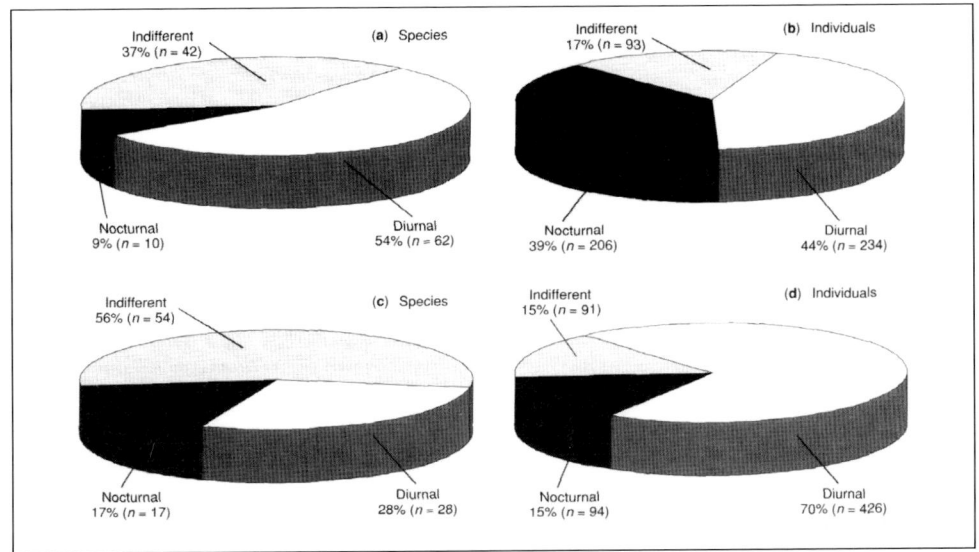

Abb. 7: Die Aktivitätsmuster von tag- und nachtaktiven Käfern sind in den Tortendiagrammen in Bezug auf Arten und Individuen dargestellt. Erstaunlicherweise sind bei *Matayba guianensis* (a, b) zwischen den Art- und Individuenprozenten starke Unterschiede zu sehen. Ebenfalls unterschiedlich, jedoch in keiner Weise vergleichbar, verhält sich *Tachigalia guianensis* (c, d).

zweier Baumarten (*Matayba guianensis* und *Tachigalia guianensis*) gezeigt, dass je Art bei jeweils ca. 600 gefangenen Individuen etwa 100 Käferarten pro Baum zugegen waren, was aber noch lange nicht das zu erwartende Artenmaximum darstellt. Zuzüglich weiterer Sammlungsdaten ergaben sich für die beiden Bäume insgesamt 249 Käferarten, von denen lediglich 30 Arten auf beiden Baumarten gemeinsam vorkamen (zum Vergleich: In der gesamten Leipziger Au kommen lediglich ca. 200 xylobionte Käfer vor). Dies erschien erstaunlich, da beide Bäume weiße, sehr ähnliche und ähnlich duftende Blüten aufwiesen, die normalerweise auch ähnliche Käfer anlocken. Das Ergebnis ließ auf den ersten Blick auf eine hohe Spezifität der Käfergilden in Bezug auf ihre besuchten Bäume schließen. Nach Berücksichtigung der wenig aussagekräftigen Singletons („Touristen") und nachfolgenden Wiederbesiedelungsuntersuchun-

gen lässt sich jedoch lediglich der Schluss ziehen, dass das Auftreten der Insekten weitgehend durch den Zufall geprägt war, was auch vielen anderen Forschungsergebnissen entspricht: Käfer- und Insektengilden treten im Regenwald weitgehend zufällig auf, und nur Einzelarten sind bestimmten Wirts- und Gastbäumen spezifisch zuzuordnen. Ökologisch interessant hingegen ist, dass man die Käferfauna in Tagaktive und Nachtaktive unterscheiden kann, wobei die Tagaktiven gemeinsam mit den indifferenten Arten bei unseren Untersuchungen überwiegen (Abb. 7).

In einer weiteren Untersuchung von T. Linderhaus [5] wurde jedoch die Untersuchungsmethodik wesentlich verfeinert. Im Gegensatz zur vorherigen Untersuchung wurden keine Fallen in den Kronen aufgehängt, sondern die Aufsammlungen ausschließlich per Hand durchgeführt und jede gefangene Art beobachtet und auch wiedererkannt, getestet und während ihres Lebenszyklus verfolgt. Dabei kam man zu gänzlich gegensätzlichen Schlussfolgerungen: Kennt man die Biologie einer gemeinsam auftretenden Artengruppe (Artengilde) gut genug, so kann man durchaus sehr detaillierte und vorhersagbare Aussagen über deren Auftreten machen. D. h. das Gespenst des reinen Zufalls ist zumindest in Teilen durch bessere Beobachtungen und detaillierte ökologische Analysen zu bannen. Daraus ergibt sich auch der wesentliche Schluss, dass lediglich die genaue Kenntnis der Einzelarten Aussagen zu der Ökologie des Gesamtsystems ermöglicht.

Linderhaus arbeitete im gleichen Kronenabschnitt wie dem der vorigen Studie und untersuchte im Surumoni-Plot die Pflanzenfresser und Besucher an fünf Lianenarten, insgesamt 23 Individuen. Durch die exakte Manövrierfähigkeit der Beobachtungsgondel konnten die Lianen im Kronenbereich aus allernächster Nähe untersucht und monatelang dieselben Triebe in Augenschein genommen werden. Die sensiblen Teile der Neuaustriebe, Blütenknospen und reifen Blüten waren dabei von besonderem Interesse, ebenso die jungen Früchte. Insgesamt wurden etwa 100 000 Individuen gefangen, beobachtet bzw. bestimmt, sodass einen gute Datengrundlage für die Interpretation vorhanden war.

Wäre man den generellen Interpretations- und Analysemethoden gefolgt, wie sie auch in der anderen Studie angewandt worden sind, so hätte sich auch das Bild einer vollkommen beliebigen Besucherstruktur ergeben – alles Chaos – alles nicht zu verstehen. So aber wurden alle 621 auf den Lianen aufgefundenen Tierarten nicht nur mit der Hand aufgesammelt und ihr Verhalten beschrieben, sondern es wurden auch Fraß-Tests durchgeführt. Durch solche und andere eingehenden Beobachtungen wurde festgestellt, welche der Insekten-

arten trophisch an die Lianen gebunden waren, d. h. durch Fraß von ihnen gelebt haben. Dabei zeigte sich, dass lediglich 20 Prozent der Arten ursächlich mit den Lianen verbunden und die restlichen 80 Prozent eben durch Zufall oder aus anderen Gründen auf den Lianen gelandet waren. Die verbliebenen 20 Prozent Arten, die eine enge und nachgewiesene Bindung mit den Lianen aufwiesen, ließen sich noch hoch spezifisch den einzelnen Lianenarten zuordnen, was doch einigermaßen unerwartet war.

Schließlich entsprach das Ähnlichkeitsspektrum der Pflanzenfressergilden unter sich auch noch dem der Lianenarten untereinander. D. h. die Artengruppen auf den beiden Lianenarten aus der Familie der Bignoniaceae waren deutlich voneinander getrennt, untereinander aber doch ähnlicher als mit den Gilden auf den Arten aus den anderen Familien. Dies deutet auf ein hoch spezifisches gemeinsam entstandenes Lianen-Pflanzenfressersystem hin. Was aber die restlichen 80 Prozent der nicht berücksichtigten Tiere bewogen hat, auf die Lianen zu fliegen oder zu krabbeln, wissen wir nicht, der Zufall wird wohl auch eine gewisse Rolle bei der Systemerhaltung spielen oder man müsste auch ihre Biologie besser kennen.

Die Schlussfolgerungen aus diesen Studien sind insofern bedeutend, als deutlich gezeigt wurde, dass sowohl die Methode der Kranbeobachtung und der Handaufsammlung als auch die der intensiven ökologischen Analyse das bisher favorisierte Modell des allgemeinen Chaos in den Kronen kaum aufrechterhält. Im Gegenteil: Die Regenwaldkronen haben offensichtlich eine ganze Reihe subtil geregelter, immer wiederkehrender kleiner Ökosysteme, die durchaus vorhersagbar sein können. Diese entscheidenden Ergebnisse lassen bisherige Studien in einem neuen Licht erscheinen.

Die Kronenstruktur

Ganz entscheidend für das Verständnis und die Ökologie des Kronenraumes ist dessen dreidimensionale Struktur. In Abb. 8 werden die groben räumlichen Nischen und Schichtungen eines Leipziger Auwaldes halbschematisch dargestellt, was im Wesentlichen auch den tropischen Wäldern entspricht, wo allerdings noch Übersteher einzufügen sind, das sind Einzelbäume, die weit über das Kronendach hinausragen und meist die sind, die als „Urwaldriesen" bezeichnet werden.

Die dreidimensionale Oberflächenstruktur (Abb. 9) lässt sich händisch durch Lot-Messungen vom Kran aus bestimmen, aber auch durch ein spezielles Laser-Messgerät darstellen, das pro Sekunde viele hundert Messungen durchführt und langsam durch oder über den Kronenraum bewegt wird. Die Methoden sind in ihrer Genauigkeit durchaus vergleichbar. Die Oberflächenstruktur bzw. strukturelle vertikale und horizontale Gliederung ist insofern von Bedeutung, als sie zwar regelmäßig wechselt und sich auch sehr abrupt verändern kann, aber die lokale ökologische Situation stark bestimmt und dadurch auch die Wechselwirkung zwischen Pflanzen und Tieren beeinflusst. Alte, umstürzende Bäume verursachen große Umbruchslücken, der nachwachsende Jungwuchs bildet flache uhrglasförmige Senken im Kronendach, es bleiben an manchen Stellen vertikale Tunnel übrig, die bis zum Boden reichen, und manchmal ist die Kronenstruktur durch artspezifische Kronenstrukturen bestimmt, man denke an die unterschiedlichen Kronenformen bei Linde, Eiche oder Ahorn. Dadurch ergibt sich eine sehr dynamische und stetigen Änderungen unterworfene Kronenstruktur, der sich auch die Tierwelt anpasst, was z. B. bei den Jagdaktivitäten

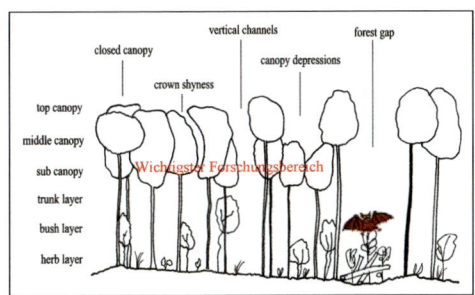

Abb. 8: Die hier halbschematisch dargestellte Vertikalstruktur des Leipziger Auwaldgebietes, in dem die Kronenuntersuchungen stattfinden, entspricht im Wesentlichen auch dem eines tropischen Regenwaldes. Zu beachten ist, dass die Kronenstruktur sehr unregelmäßig ausgebildet ist und zahlreiche Durchlässe zum Boden aufweist. Die englischen Bezeichnungen haben sich inzwischen als internationale Fachwörter eingebürgert.

der Fledermäuse und damit indirekt beim Insektenaufkommen gezeigt werden konnte. Damit wird es klar, dass ein statisch kausales Bild der Kronenökologie von vornherein auszuschließen ist und man sich auf die Analyse von dynamisch wechselnden Szenarien wird einstellen müssen, die aber entweder in ähnlicher Weise sich wieder-

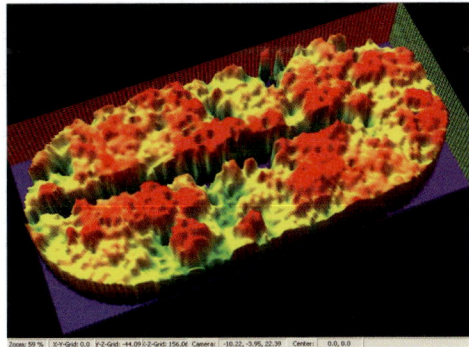

Abb. 9: Darstellung der oberen Baumkronentopographie im Untersuchungsgebiet des Leipziger Auwaldkrans. Die Untersuchung wurde mittels eines Laser-Messgerätes durchgeführt, das vom Ausleger des Kranes aus bedient wurde. Parallel dazu erfolgt eine Kontrolle durch Handmessung.

holen oder zumindest gleichen Grundregeln gehorchen.

Ein noch nicht näher analysiertes Phänomen sind die unterschiedlichen Kronenstrukturen, die zumeist artspezifisch auftreten. Sowohl die Anordnung der Äste als auch die Stellung der Blätter folgen leicht erkennbaren und sehr einprägsamen Mustern, die aus der Vogelperspektive oft geometrisch wirkende Aspekte zeigen. Manche dieser Muster sind für ganze Familien typisch, wie etwa bei den Muskatnussgewächsen, andere treten tatsächlich nur bei einzelnen Arten auf. In jedem Fall scheint die optimale Ausnützung der photosynthetisch aktiven Strahlung von Bedeutung zu sein, bisweilen dürfte auch die Ausnützung der Niederschläge eine gewisse Rolle spielen. Auch der Konkurrenzaspekt gegenüber Lianen, Jungbäumen und benachbarten Individuen kann nicht vernachlässigt werden.

Neben den diversen Erhebungen, Tunnels, Nischen und größeren Öffnungen haben die meisten Bäume jedoch zwischen ihren Kronen eine schmale ast- und blattfreie Zone, die sowohl bei tropischen als auch bei temperaten Wäldern gut zu erkennen ist (Abb. 10). Diese 20–30 (–50) cm breite Zone ist sozusagen Niemandsland, in das weder der eine noch der andere Baum hineinwächst, wo auch Lianen in der Regel nicht vorkommen. Man bezeichnet dieses Phänomen als „Crown Shyness", ohne seine Entstehung und Aufgabe bisher deuten zu können. Klar ist, dass hier die Konkurrenz der Bäume untereinander abgesteckt wird. Das geschieht vermutlich einerseits durch mechanischen Abrieb bei stärkerem Wind und andererseits wahrscheinlich durch Ausgasung von chemischen Wachstumsinhibitoren: Zweige, die in die offene Zone hineinwachsen, sterben relativ bald ab und treiben auch keine Blätter aus. Erste Untersuchungen von Ausgasungen solcher Bäume haben diesen Eindruck bestätigt.

Insgesamt ergibt jedoch ein solches Lücken- und Kanalsystem im sonst sehr dichten Kronenraum für fliegende Kleintiere die Möglichkeit sich weiterzubewegen, zu jagen oder spezielle Nischen zu finden.

Warum die Bäume zu blühen anfangen

Eines der auffallendsten Phänomene des tropischen Regenwaldes ist das permanente Auftreten von Blüten während des ganzen Jahres und gleichzeitig die Unvorhersehbarkeit der Blühereignisse. Dabei sind Blüten des Regenwaldes häufig klein, unscheinbar und unauffällig gefärbt und daher nur schwer zu lokalisieren. Daher hat es sich sofort angeboten, das Studium der Blütenpräsenz und das zeitliche Auftreten (Blühphänologie im Gegensatz zur Blatt- oder Fruchtphänologie) im Kronenbereich zu untersuchen, wo nicht nur exakt festgestellt werden konnte, ob nun ein Baum blüht oder nicht, sondern auch die Menge

Abb. 10: Zwischen den Kronen unterschiedlicher Baumarten ist sehr deutlich ein Korridor ausgebildet, der unter dem Fachbegriff „Crown Shyness" zusammengefasst wird. Auffällig ist, dass einzelne Zweige versucht haben, in diesen Korridor hineinzuwachsen, jedoch offensichtlich abgestorben sind.

der Blüten und deren Fruchtansatz quantifiziert werden konnten.

Betrachtet man die einzelnen Arten, so konnten vier unterschiedliche Typen unterschieden werden: Solche, die jährlich blühen, solche, die pro Jahr mehrmals blühen, solche, die kontinuierlich blühen und solche, die unregelmäßig alle paar Jahre in Blüte kommen (Abb. 11). Diese grobe und durchaus schon bekannte Einteilung in Blühtypen konnte jedoch durch die Kronenbeobachtungen von J. Wesenberg [9] noch weiter verfeinert werden. So gibt es zu jedem der vier Typen noch sehr spezifisch ausgerichtete Untertypen, die offenbar artspezifisch sind und lediglich durch langfristige Populationsuntersuchungen zu Tage treten. Dies ergibt auf den ersten Blick ein verwirrendes Muster, das nur in Einzelfällen zu deuten ist. So können z. B. manche kontinuierlich blühende Bäume Vögeln

während des ganzen Jahres Futter liefern, oder die Windausbreitung von Samen ist bisweilen mit der eher trockenen Periode gekoppelt. Schlüssig bewiesen sind viele dieser Vermutungen jedoch noch nicht.

Vergleicht man hingegen die Globalstrahlung des Himmels mit den Blühereignissen in der gesamten Gemeinschaft, so zeigen sich deutliche Parallelitäten, wie die Studien von J. Wesenberg zeigen [9]. Die meisten Arten blühen dann, wenn auch die Strahlung am stärksten ist, und die wenigsten, wenn die Strahlung nachlässt. Dies ist in Abb. 12 deutlich zu sehen, wobei im Diagramm noch zwischen Stark- und Schwachblühereignissen unterschieden wird. Dies ist vor allem für die Einzelart von Bedeutung. Jeder Baum baut zuerst eine Schwachblühphase mit relativ wenigen reifen Blüten auf, die dann in eine Starkblühphase mit sehr vielen reifen Blü-

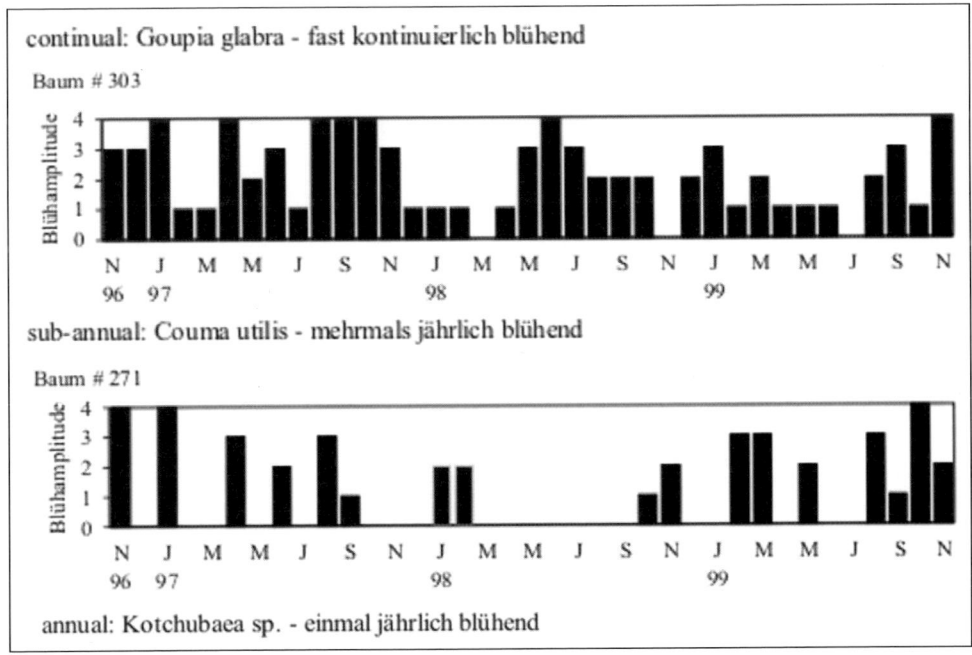

Abb. 11: Beispiele von vier Arten aus dem Surumoni-Plot zeigen, wie unterschiedlich das Blühverhalten von tropischen Bäumen ausgebildet sein kann.

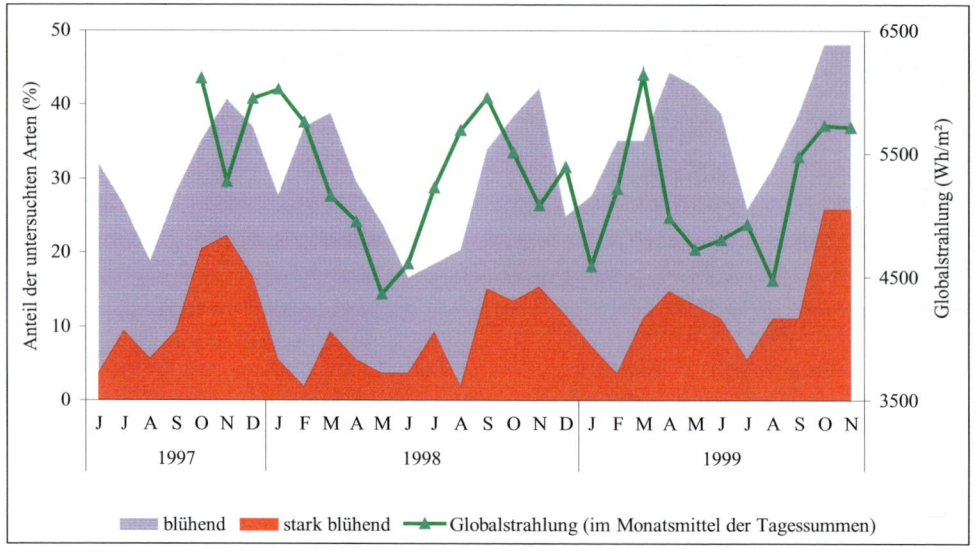

Abb. 12: Dieses Diagramm ist das Kernstück einer mehrjährigen Untersuchung aus dem Kronenraum des Surumoni-Plots und zeigt eindeutig, wie die Globalstrahlung mit den Blühereignissen der Pflanzengemeinschaft korreliert. Auffällig sind auch die Unterschiede zwischen Stark- und Schwachblüte.

ten übergeht und danach wieder nachlässt. Der entscheidende Fruchtansatz, der für die Vermehrung der Bäume von Bedeutung ist, findet jedoch ausschließlich in der Starkblühphase statt, was einen erheblichen Interpretationsspielraum für die Schwachblühphasen bedeutet. Möglicherweise wird hier eine Bestäuberpopulation aufgebaut, die dann zur Starkblühphase zur Verfügung steht. Es ist auch durchaus möglich, dass zur Überlebenssicherung der notwendigen Insektenpopulationen seitens der Bäume eine längere Alimentierungsphase zur Verfügung steht.

Bei einzelnen Arten können ihre Blühphasen vermutlich auch durch andere Faktoren beeinflusst werden. So blühen z. B. die vier in der Fläche vorkommenden Baumarten der Gattung *Xylopia* (Annonaceae) streng voneinander getrennt (Abb. 13), wodurch eine Hybridisierung vermieden wird. Da deren Bestäubung durch ein sehr spezialisiertes gemeinsames

Käfer-Bestäubungssyndrom erfolgt und möglicherweise zum Teil die gleichen Käfer die Bestäubung durchführen, ist eine lang angepasste gemeinsame Koevolution zwischen den Pflanzen- und Tierarten zu vermuten. Wiederum dient die getrennte Blütezeit der Bäume nicht nur deren Arterhaltung, sondern auch der langfristigen Erhaltung der Käferpopulationen.

Insgesamt ist es wahrscheinlich, dass abiotische Faktoren wie etwa die Globalstrahlung die großen Blühereignisse steuern und zahlreiche andere, mehr lokale oder biotische oder evolutionäre Faktoren dann für die Feinsteuerung auf Arten- oder Individualebene verantwortlich sind.

Interessant ist in diesem Zusammenhang, dass die Baumblüten-Phänologie bei unseren heimischen Bäumen nicht weniger komplex ist (Abb. 14). Lediglich die Tatsache, dass klimabedingt eine kurze Frühjahrsblüte notwendig ist, schiebt die unterschiedlichen Blühstrategien auf sehr kurze

Abb. 13: Im Kronenbereich des Surumoni-Plots kommen einige relativ großblütige Baumarten vor, die für diesen Waldtypus charakteristisch sind. Sowohl *Qualea* als auch *Xylopia* und *Gustavia* sind in jeweils mehreren Arten vertreten, die jedoch blütenökologisch deutlich getrennt sind.

Zeiträume zusammen. Jedoch wird es bei genauerer Beobachtung im Kronenraum sehr deutlich, dass Faktoren wie Position innerhalb der Krone, Exposition zur Sonne, Stellung des Individuums usw. die Blühereignisse im Detail steuern. Dies und die unterschiedliche Geschlechterverteilung, Samenreife, Fertilität und Bestäubungsmodalitäten machen den Kronenraum der temperaten Wälder zu einem nicht minder komplexen und noch wenig verstandenen Ökosystem.

Fledermäuse in den Kronen

Ursprünglich hatte man im Bereich des Leipziger Auwaldkrans etwa vier Fledermausarten vermutet. Erst der Einsatz von speziellen akustischen Analysegeräten, die die für das menschliche Gehör nicht wahrnehmbaren Rufe in Diagramme umwandeln konnten, brachte die erstaunlichen Ergebnisse: Von 19 in Sachsen vorkommenden Fledermausarten konnten allein auf den 1,4 Hektar Waldfläche 15

Arten nachgewiesen werden, die während der Sommermonate regelmäßig zum Jagen gekommen waren – das sind mehr als 75 Prozent! Neben der reinen Artenerfassung konnten auch Präferenzen der Flugaktivitäten aufgezeigt werden. Dazu war es allerdings notwendig, einen ganzen Sommer lang Nacht für Nacht mit der Gondel durch den unbeleuchteten Auwald zu schweben und an zahlreichen vorherbestimmten Untersuchungsorten die Messungen durchzuführen.

Es zeigte sich, dass hauptsächlich der Kronenraum und der subcanopy genutzt wurden, was wahrscheinlich mit der höheren Insektendichte korreliert und auch den Ergebnissen der Pflanzen fressenden Insekten entspricht, die in diesen Schichten besonders häufig vorkommen. Jedoch sind auch die einzelnen Arten auf gewisse räumliche Nischen spezialisiert und kommen hauptsächlich dort vor. So fliegt die Zwergfledermaus *(Pipistrellus pipistrellus)* hauptsächlich im unteren Kronenbereich, während *P. pygmaeus* zumeist oben anzutreffen war. Natürlich gibt es auch Allrounder, die keinem Ort zugeordnet werden können. Unterschiedliche Rufmuster und Balzlaute ließen auch vermuten, dass Wohnhöhlen oder Wochenstuben der Fledermäuse in nächster Nähe gelegen waren. Die hohe Anzahl der „neu" entdeckten Fledermausarten im Kronenraum lässt einerseits den Schluss auf ein weitgehend intaktes Waldökosystem zu, andererseits ist zu vermuten, dass in anderen Tiergruppen wie z. B. Käfern, Schmetterlingen, Wanzen oder Spinnen eine ähnlich hohe Zahl an unerwarteten Organismen auftaucht. Möglicherweise können Kronen in Zukunft als Indikatorökosysteme für den Waldzustand dienen, zumindest was die Biodiversität betrifft. Fledermäuse scheinen dabei sehr gut geeignete Bioindikatoren zu sein.

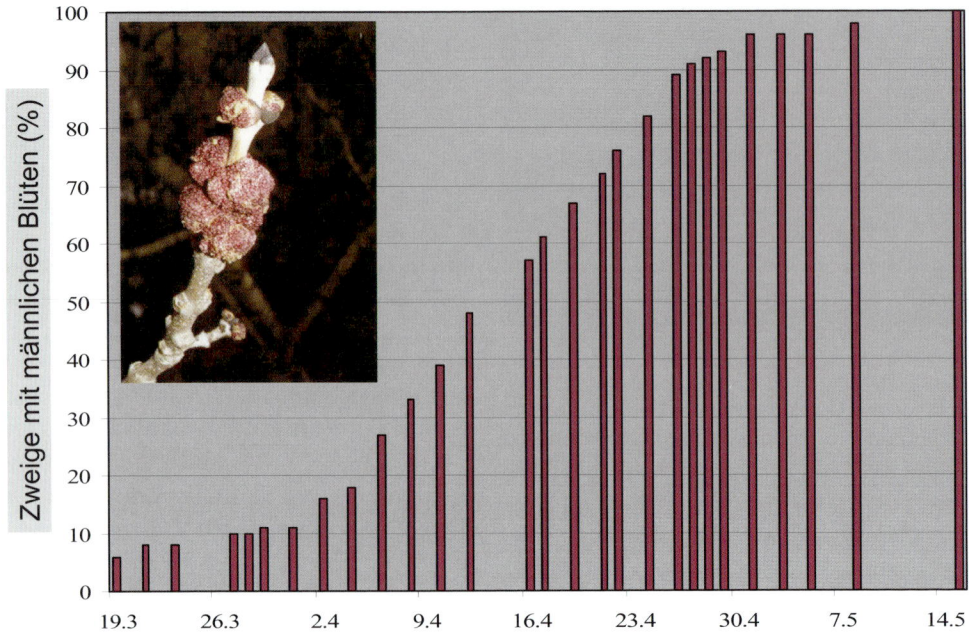

Abb. 14: Die Phänologie der Esche *(Fraxinus excelsior)* ist hier im Hinblick auf die zeitliche Aufblühfolge von männlichen Blüten (links oben) dargestellt. Tatsächlich ist jedoch die Blühfolge in Bezug auf die Position innerhalb der Krone und im Bestand wesentlich komplexer.

Vertikale Gliederung und „Inseln" in der Kronenlandschaft

Wie bereits oben angedeutet, wird immer wieder vermutet und wurde in Einzelfällen bereits nachgewiesen, dass der Kronenraum räumlich und ökologisch gegliedert ist und auch die Zeitfenster unterschiedlich genutzt werden. Vertikal nennt man die Gliederung eine Stratifizierung, eine Schichtung, die in Abb. 8 ausgewiesen ist.

Horizontal ist man vor allem der Ansicht, dass einzelne Baumarten zum Teil nur ganz spezifische Organismen beherbergen und dadurch ökologisch krass von der Umgebung abstechen. Man spricht davon, dass einzelne Baumarten, die von artglei-

chen Individuen isoliert sind, wie Inseln in der Kronenlandschaft stehen und damit in gewisser Weise auch vom Rest der Population getrennt sind.

Dieses Inselphänomen hat beachtliche Auswirkungen auf die genetische und reproduktive Struktur von dort ansässigen Tierpopulationen, die nur schwer wandern können und oft über viele Generationen „ihren" Baum besiedeln. Es ist sogar denkbar, dass durch solche Verinselungs-Phänomene Artbildung stattfindet. Insbesondere im tropischen Regenwald, wo die Individuendichte pro Baumart sehr gering sein kann (oft weniger als ein Individuum pro Hektar), können solche Isolationsprozesse für sich rasch entwickelnde Insektenpopulationen von Bedeutung sein. Dies bedeutet, dass insbesondere die nur in den Kronen lebenden Insekten durch die hohe

Artenzahl der Bäume und den damit über längere Zeit verbundenen Isolationseffekt sich zu eigenen, neuen Arten entwickeln können: die Kronenlandschaft als Artbildungsmotor für Insekten.

Zur vertikalen Gliederung wurden sowohl am Rio Surumoni als auch im Leipziger Auwald Lichtmessungen durchgeführt, die gleichermaßen belegten, dass der Wald in drei vertikale Lichtzonen gegliedert ist, es gibt einen basalen lichtschwachen Dämmerungsbereich, einen mittleren lichtschwachen Bereich und einen obersten, schon in der Kronenschicht angesiedelten hellen Bereich (Abb. 15). Diese Erkenntnis wurde bereits früher gewonnen, wurde aber hier mit vielen Beispielen belegt, die zeigen, dass zahlreiche Organismen darauf reagieren.

In Venezuela konnte etwa gezeigt werden, dass die Epiphyten sehr deutlich höhengeschichtet sind, wie die Arbeitsgruppe Barthlott aus Bonn zeigen konnte: *Philodendron* (Araceae) kommt im untersten schattigen Bereich vor, etwa um 5 Meter Höhe, *Codonanthe* (Gesneriaceae) ist mit einer Art auf 10 Metern, mit einer anderen auf etwa 20 Metern Höhe vertreten, wo sie gemeinsam mit der Orchidee *Cattleya* vorkommt. Im Mittelfeld findet sich das Aronstabgewächs *Anthurium*, wogegen die sonnenbeschienenen obersten Regionen, wo es

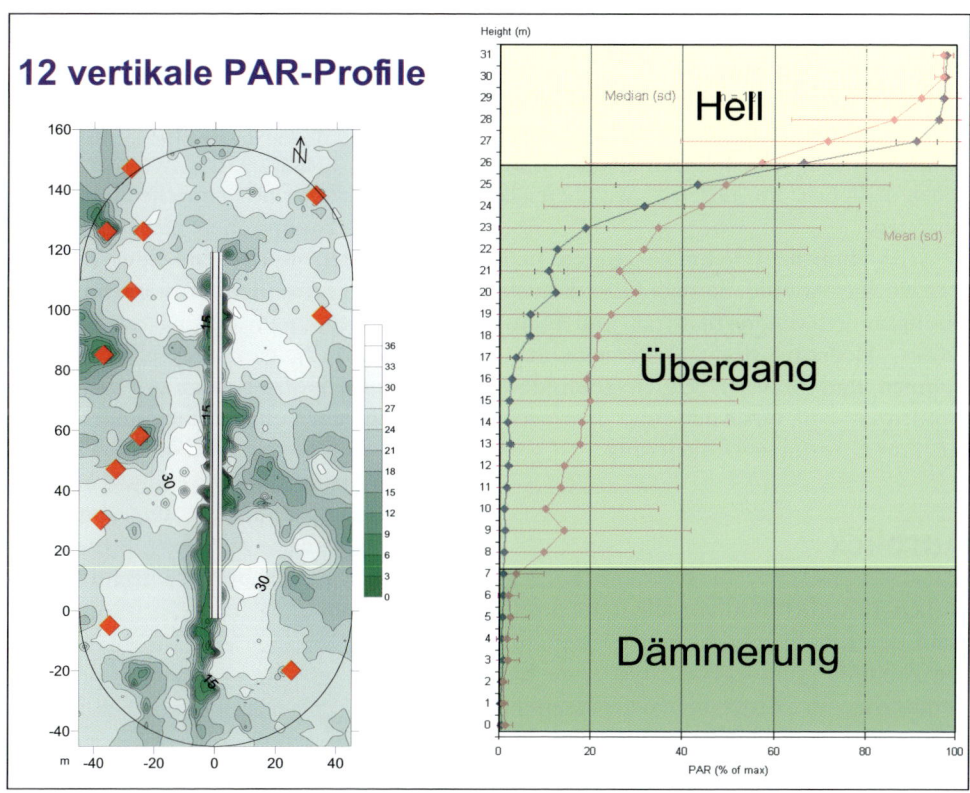

Abb. 15: Die Messung von unterschiedlichen PAR-Profilen teilt den Wald in drei unterschiedlich helle Zonen ein. Die PAR-Strahlung (Photosynthetic Active Radiation) ist die für die Pflanzen verwertbare Sonneneinstrahlung und deswegen für die ökologische Beurteilung des Waldes von besonderer Bedeutung.

Abb. 16: Laubfrösche gehören zu den am wenigsten erwarteten Funden in 25 m Höhe, sind dort jedoch regelmäßig anzutreffen.

Abb. 17: *Potosia aeruginosa*, der Große Goldkäfer, ist eine der Arten, die auf der Roten Liste stehen, als fast verschollen galten und erst im Leipziger Kronenraum in größerer Menge gefangen werden konnten.

zur Mittagszeit wüstenartig trocken werden kann, lediglich die kleine Bromelie *Tillandsia* aushält. Ähnlich lassen sich Pilze in die Höhengliederung einfügen, die beiden Familien Graphidiaceae und Trypetheliaceae sind mit zahlreichen Vertretern im oberen Kronenbereich, die Telotremataceae hingegen lediglich im unteren Waldbereich vertreten.

Ganz ähnliche Ergebnisse zeigten sich im Leipziger Auwald. Sowohl Pilze als auch Nachtschmetterlinge, Blattfraß und Blattgröße, Fledermausflug, Käferverteilung, Spinnen und Wanzen zeigten zumindest Tendenzen zur vertikalen und bisweilen auch zur horizontalen Gliederung.

Ausblick

Bisherige Studien und vor allem die große Zahl der Einzelbeobachtungen lassen für die Zukunft grundlegende und neue Erkenntnisse im Kronenbereich erwarten. Wenn man im Frühjahr im Leipziger Auwald die Blaumeisen von Blüte zu Blüte fliegen sieht, um dort Nahrhaftes herauszupicken, kann man Vogelbestäubung in unseren Breiten nicht mehr ausschließen.

Ebenso nehmen Eichhörnchen gerne Ahornblüten als Nahrung zu sich, schlecken wohl auch nur am Nektar und sind auch als fakultative Bestäuber denkbar – Phänomene, die wir sonst nur aus den Tropen kennen. Was der Laubfrosch in 25 Metern Höhe macht, wissen wir noch nicht (Abb. 16), auch sind Schnecken und Ameisen in den Baumkronen nicht selten und ihr Verhalten weitgehend ungeklärt. So gibt es eine ganze Reihe von unentdeckten Phänomenen in unserer nächsten Umgebung (Abb. 17), ganz abgesehen von den Tropen und Subtropen, wo sich die Vielfalt der Organismen und Erscheinungen in den Baumkronen potenziert. Noch fehlen aber an vielen Stellen die notwendigen Kronenbeobachtungsgeräte, um uns dort hinzubringen, was uns in Metern gemessen so nah ist, uns jedoch bis vor kurzem verborgen geblieben ist.

Literatur

[1] Basset, Y., Horlyck, V., Wright, S. J.: Studying Forest canopies from above: The International canopy network. Smithsonian Tropical Research Institute and UNEP, 2003.

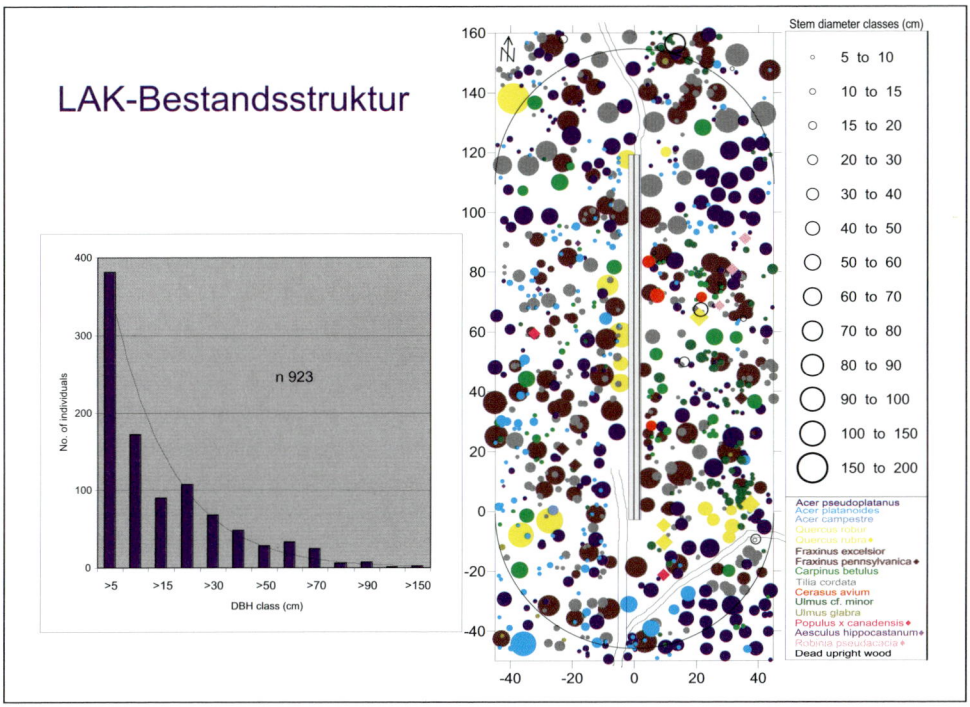

Abb. 18: Die Bestandsstruktur des untersuchten Leipziger Auwaldes zeigt eine gleichmäßige Abfolge von Stammdicken (Diagramm links), was auf eine natürliche und naturnahe Entwicklung schließen lässt. Im Grundriss rechts ist die Verteilung der unterschiedlichen Baumarten zu sehen, wobei deutlich wird, dass die Esche und der Ahorn an vielen Stellen dominieren.

[2] Erwin, T. L.: Tropical forests: their richness in Coleoptera and other arthropod species. The Coleopterists Bulletin 36, 74–75 (1982).

[3] Horchler, P., Morawetz W. (Hrsg.): Projekt Leipziger Auwaldkran. Workshop Abstracts I & II. Universität Leipzig, 2002, 2004.

[4] Kirmse, S., Adis, J., Morawetz, W.: Flowering events and beetle diversity in Venezuela. In: Basset, Y. et. al (Hrsg.): Arthropods of tropical forests. Spatio temporal Dynamics and Resource use in the Canopy. Cambridge University Press, 2003.

[5] Linderhaus, T.: Die Arthropodenfaunen von Lianen des Kronendaches eines neotropischen Tieflandregenwaldes. Diss. Univ. Leipzig, Fak. f. Biowiss., Pharmaz. u. Psychol., 2005.

[6] Lowman, M. D., Rinker, H. B.: Forest canopies. Elsevier Academic Press, [2]2004.

[7] Morawetz, W.: The Surumoni Project: The botanical approach towards gaining an interdisciplinary understanding of the functions of the rain forest canopy. In: Barthlott, W., Winiger, M. N.: Biodiversity: A challenge for Development research and Policy. Springer-Verlag, 1998.

[8] Unterseher, M., Otto, P., Morawetz, W.: Studien zur Diversität lignicoler Pilze im Kronenraum eines Leipziger Auwaldes (Sachsen). Boletus 26, 117–126 (2003).

[9] Wesenberg, J.: Blühphänologie im Kronenraum eines tropischen Tieflandregenwaldes am Oberen Orinoko, Amazonas, Venezuela. Diss. Univ. Leipzig, Fak. f. Biowiss., Pharmaz. u. Psychol, 2004.

[10] Wilson, E. O., Perlman, D. L.: Conserving Earth's Biodiversity. Interactive CD-ROM on conservation biology and biodiversity. Island Press, Washington, D. C., 2000.

Prionforschung

Hans A. Kretzschmar

Die Nachricht vom Auftreten der BSE (Bovine Spongiforme Enzephalopathie) in der deutschen Rinderpopulation im Herbst 2000 war ein Schlüsselereignis, das große Aufmerksamkeit hervorrief und hohen Entscheidungsdruck auf Politik und Wirtschaft verursachte. Nachdem die epidemiologischen und experimentellen Hinweise in höchstem Maße dafür sprachen, dass der Erreger der BSE auf den Menschen übertragen worden war und mit der vCJD („variant Creutzfeldt-Jakob Disease") beim Menschen eine letale Krankheit auslöst, war die Besorgnis in der Bevölkerung und das Informationsbedürfnis über die Art der Erkrankung und deren Folgen auf die menschliche Gesundheit groß.

Die Prionkrankheiten, zu denen BSE und CJD zählen, aufgrund ihres histopathologischen Bildes (Abb. 1) auch als spongiforme Enzephalopathien bezeichnet, sind übertragbare, letale Erkrankungen des zentralen Nervensystems, die durch Prionen verursacht werden. Entsprechend der Prionhypothese bestehen Prionen (Proteinaceous Infectious Particles; [1]) aus einem fehlgefalteten körpereigenen Protein, dem zellulären Prionprotein (PrP^C). Zwei Modelle wurden für diesen Vorgang vorgeschlagen (Abb. 2). Im so genannten Umfaltungsmodell (Refolding Model) wird eine Interaktion zwischen einem infektiösen Scrapie-Prionprotein (PrP^{Sc}) und einem PrP^C-Molekül postuliert, bei der PrP^C dergestalt verändert wird, dass es die Konformation von PrP^{Sc} annimmt. Im „Nukleationsmodell" vermehren sich aus PrP^{Sc} bestehende Amyloidketten in zwei Schritten. Die Aggregate binden als „Nuclei" zunächst an ihren Enden PrP^C-Moleküle, welche dabei in PrP^{Sc}-Moleküle umgewandelt werden, ähnlich einer Polymerisation. Im zweiten Schritt zerfallen die Amyloidketten in kleinere Untereinheiten, wodurch es zu einer exponentiellen Vermehrung von PrP^{Sc} kommt.

Prionkrankheiten bei Mensch und Tier

Die transmissiblen spongiformen Enzephalopathien (TSE) kommen sowohl im Tierreich als auch beim Menschen vor. Die bekanntesten Prionerkrankungen im Tierreich (Tab. 1) sind die Traberkrankheit der Schafe (englisch Scrapie), die schon vor über 200 Jahren beschrieben wurde, und die Bovine Spongiforme Enzephalopathie (BSE), eine Erkrankung der Rinder, die 1985 im Vereinigten Königreich zum ersten Mal beobachtet wurde [2]. Das Auftreten der BSE nahm in Großbritannien in den folgenden Jahren mit ca. 180 000 gesi-

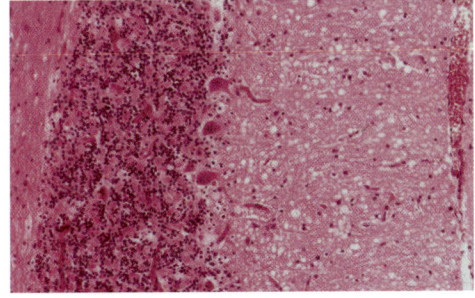

Abb. 1: Spongiforme Veränderungen im Gehirn eines verstorbenen CJD-Patienten

Prof. Dr. **Hans A. Kretzschmar**, geboren 1953 in München. Studium der Humanmedizin LMU München (1973–1980). 1980–1982 Assistenzarzt in der Pathologie, Neurochirurgie und Neuropathologie in München und Freiburg i. Br., Postdoc in Molekularbiologie an den Universitäten San Francisco und Zürich. Lehrstuhl für Neuropathologie an der Universität Göttingen (1992–2000), seit 2000 Lehrstuhl für Neuropathologie an der LMU München. Seit 1993 Leiter des Referenzzentrums für Prionkrankheiten der Deutschen Gesellschaft für Neuropathologie und Neuroanatomie und Leiter der *CJD Surveillance* in Deutschland; seit 1999 Leiter des Referenzzentrums für Neurodegenerative Krankheiten der Deutschen Gesellschaft für Neuropathologie und Neuroanatomie sowie Koordinator der Deutschen Hirnbank (Referenzzentrum für Erkrankungen des ZNS); seit 2001 Koordinator der Europäischen Hirnbank (*Brain-Net Europe*).
Jung-Preis für Medizin (1999); Fellow of the Royal College of Pathologists (2004). Mitglied in den Editorial Boards von Acta Neuropathologica, Neurogenetics, Brain Pathology.

Prof. Dr. Hans A. Kretzschmar, FRCPath
Zentrum für Neuropathologie
und Prionforschung
Ludwig-Maximilians-Universität München
Feodor-Lynen-Straße 23
D-81377 München

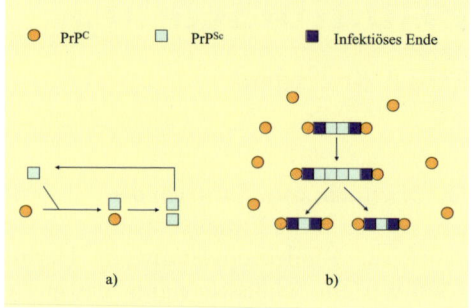

Abb. 2: Modelle der Prionreplikation. a) Das autokatalytische Umfaltungsmodell, b) das Nukleationsmodell

Menschen in Großbritannien 1995, ca. zehn bis zwölf Jahre nach dem ersten Auftreten der BSE, ließ den Verdacht eines ursächlichen Zusammenhangs zwischen vCJD und BSE aufkommen [3]. Dieser Verdacht wurde durch eine Reihe von Tierexperimenten erhärtet, die zeigten, dass sich die Erreger von BSE und vCJD nicht unterscheiden lassen [4]. Bei der Übertragung der BSE vom Rind auf den Menschen geht man von einem oralen Infektionsweg aus, kontaminierte Nahrungsmittel gelten als wahrscheinlichster Risikofaktor [5, 6], wenngleich andere Übertragungswege nicht wirklich ausgeschlossen sind.

Spongiforme Enzephalopathien des Menschen (Tab. 2) wurden in den frühen 20er-Jahren des 20. Jahrhunderts als seltene neurodegenerative Krankheiten von Hans Gerhard Creutzfeldt und Alfons Jakob zum ersten Mal beschrieben. Bei einer der ersten Beschreibungen der Creutzfeldt-Jakob-Krankheit (CJD) handelte es sich um einen familiären Fall, bei dem später eine Mutation des Prionproteingens nachgewiesen werden konnte. Die spongiformen Enzephalopathien des Menschen galten von Anfang an und für eine lange Zeit als rein neurodegenerative erbliche Leiden. Erst in den 60er-Jahren, nachdem William Hadlow Ähnlichkeiten zwischen Scrapie

cherten BSE-Fällen epidemische Ausmaße an, epidemiologische Modelle ergeben Schätzungen mit einer Million oder zwei Millionen infizierter Rinder. Man geht davon aus, dass der BSE-Erreger über die Verfütterung von Tiermehl verbreitet wurde. Die Frage, ob die BSE eine Erkrankung sui generis ist oder ob sie von scrapie-infizierten Schafen auf das Rind übertragen wurde, ist bis jetzt nicht schlüssig beantwortet. In den letzten Jahren hat sich gezeigt, dass die BSE ein nicht auf Europa beschränktes, sondern globales Problem ist.

Das Auftreten einer neuen Variante der Creutzfeldt-Jakob-Krankheit (vCJD) beim

Tab. 1: Prionkrankheiten im Tierreich

Scrapie (dt. „Traberkrankheit")	Schaf, Ziege
Transmissible Mink Encephalopathy (TME)	Mink (nordamerikanischer Nerz)
Chronic Wasting Disease (CWD)	Hirsche in den Rocky Mountains: Mule Deer (Langohrhirsch) und Elk (Wapiti)
Bovine spongiforme Enzephalopathie (BSE)	Rind
Feline spongiforme Enzephalopathie (FSE)	Hauskatze (auch einzelne Fälle bei Puma und Gepard)
Exotic Ungulate Encephalopathy	Kudu, Nyala (aufgetreten in britischen Zoos)

bei Schafen und Kuru, eine durch Kannibalismus übertragene Krankheit bei einem Stamm in Neuguinea, diskutiert hatte und nachdem Kuru experimentell auf Primaten übertragen worden war, gelang es zu zeigen, dass auch die CJD, die in wesentlichen pathologischen Charakteristika der Kuru-Krankheit ähnelt, eine experimentell übertragbare Krankheit ist.

Die Prionkrankheiten des Menschen kommen als **hereditäre (familiäre) Krankheiten**, als **sporadische (vermutlich spontan entstandene) Erkrankungen** und als **übertragene Erkrankungen** vor. Zu den sehr seltenen vererbten Prionerkrankungen zählen die familiäre Form der Creutzfeldt-Jakob-Krankheit (fCJK oder englisch fCJD, Creutzfeldt-Jakob Disease), das Gerstmann-Sträußler-Scheinker-Syndrom (GSS) und die tödliche familiäre Insomnie

(FFI). Als Ursache für die hereditären Prionerkrankungen sind über 25 verschiedene Punkt- und Insertionsmutationen des Prionproteingens beschrieben, die mit einer hohen Penetranz zu familiären Prionkrankheiten führen.

Als vermutlich spontan entstandene Erkrankung findet man die sporadische CJD (sCJD) bei Menschen in höherem Lebensalter (> 60 Jahre) mit einer Häufigkeit von 1,0–1,5/1 Million Einwohner. Eine spontane Umfaltung des Prionproteins oder eine somatische Mutation im PrP-Gen (*PRNP*) werden dafür als mögliche Ursachen angenommen. Unter den Fällen der sporadischen CJD sind methioninhomozygote Individuen (M/M) am Codon 129 des Prionproteingens im Vergleich zur Normalbevölkerung überrepräsentiert, wogegen heterozygote (M/V) unterrepräsentiert

Tab. 2: Prionkrankheiten des Menschen

Idiopathisch	Sporadische Creutzfeldt-Jakob-Krankheit (sCJD)
	Sporadic Fatal Insomnia (SFI; „sporadische tödliche Insomnie")
Erworben	Iatrogene CJD (iCJD)
	(Neue) Variante der CJD (vCJD)
	Kuru
Hereditär	Familiäre CJD (fCJD)
	Gerstmann-Sträußler-Scheinker-Syndrom (GSS)
	Fatal Familial Insomnia (FFI; „tödliche familiäre Insomnie")

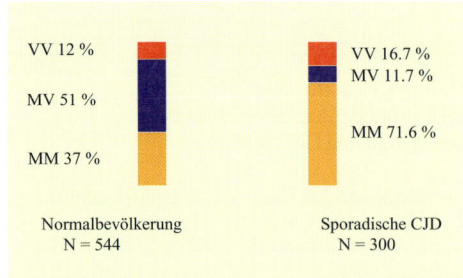

Abb. 3: Verteilung des Methioinin/Valin(M/V)-Polymorphismus am Codon 129 des Prionproteingens (PRNP) bei sCJD und in der Normalbevölkerung

klinische und pathologische Subtypen klassifizieren, die durch den Methionin-Valin-Polymorphismus am Codon 129 des Prionproteingens und zwei unterschiedliche Formen von PrP^{Sc} determiniert werden. Die CJD führt nach kurzem klinischem Verlauf, häufig nach weniger als sechs Monaten, sehr selten länger als zwei Jahren, unaufhaltsam zum Tode.

Als erworbene (übertragene) Prionerkrankungen kennen wir Kuru, die iatrogene, durch ärztliche Eingriffe (wie Hornhauttransplantation, Duraimplantation und Therapie mit Wachstumshormon, das aus Leichenhypophysen gewonnen wurde) übertragene iCJD und die neue Variante der CJD (new variant CJD oder vCJD). Bei iatrogen übertragenen CJD-Fällen hatten am Codon 129 für Methionin Homozygote eine kürzere Inkubationszeit als Heterozygote [8].

sind (Abb. 3; [7]). Die sporadische CJD geht mit einer großen Zahl unterschiedlicher neurologischer Zeichen und Symptome einher, häufig steht eine rasch progrediente Demenz im Vordergrund (Tab. 3: Diagnostische Kriterien der sCJD). Bei detaillierter Betrachtung lassen sich mehrere

Tab. 3: Diagnostische Kriterien der sporadischen CJD

1. Die definitive Diagnose „CJD" kann derzeit nur durch Untersuchung des Hirngewebes erfolgen, und zwar
   (i) durch eine neuropathologische Untersuchung einschließlich des Nachweises von PrP^{Sc} durch immunhistochemische Darstellung mit spezifischen Antikörpern oder
   (ii) durch Nachweis des PrP^{Sc} im Western-Blot.

2. Die Diagnose „wahrscheinliche CJD" wird gestellt, wenn folgende Kriterien erfüllt sind:
   Progressive Demenz und

   mindestens zwei der folgenden vier Veränderungen:
   1. Myoklonien
   2. visuelle oder cerebelläre Veränderungen
   3. pyramidale oder extrapyramidale Dysfunktion
   4. akinetischer Mutismus und

   typische EEG-Veränderungen (periodische scharfe Wellen) unabhängig von der Dauer der klinischen Erkrankung und/oder
   Protein-14-3-3-Nachweis im Liquor bei einer klinischen Krankheitsdauer bis zum Tode von unter 2 Jahren.

3. Die Diagnose „mögliche CJD" wird gestellt, wenn die folgenden Kriterien erfüllt sind:
   Progressive Demenz und atypisches oder nicht vorhandenes EEG, Verlauf unter 2 Jahren und mindestens zwei der folgenden vier klinischen Charakteristika: Myoklonie, visuelle oder cerebelläre Störung, pyramidale/extrapyramidale Dysfunktion, akinetischer Mutismus

Tab. 4: Diagnostische Kriterien für die Variante der CJD (vCJD)

I	A.	Progressive neuropsychiatrische Störung
	B.	Krankheitsdauer > 6 Monate
	C.	Routineuntersuchungen legen keine alternative Diagnose nahe
	D.	Kein Hinweis auf potenzielle iatrogene Exposition
II.	A.	Frühe psychiatrische Symptome
	B.	Persistierende sensorische Symptome
	C.	Ataxie
	D.	Myoklonie, Chorea oder Dystonie
	E.	Demenz
III.	A.	Das EEG zeigt nicht die für die sporadische CJD typischen Veränderungen (oder ein EEG wurde nicht durchgeführt)
	B.	Das MRI zeigt bilateral hohe Signale im Pulvinar

Definitiv:	IA (progressive neuropsychiatrische Störung) *und* neuropathologische Bestätigung einer vCJD
Wahrscheinlich:	I *und* D/E von II *und* IIIA *und* IIIB
Möglich:	I *und* D/E von II *und* IIIA

Seit 1996 steht die vCJD, die mit hoher Wahrscheinlichkeit durch Nahrungsmittel vom Rind auf den Menschen übertragen wurde, im Brennpunkt des Interesses für die öffentliche Gesundheit. Diese Krankheit unterscheidet sich in der klinischen Symptomatik und auch in der Neuropathologie von der sporadischen CJD und wird vorwiegend bei jungen Leuten beobachtet. Das Durchschnittsalter zu Beginn der Erkrankung ist um die 30, die jüngste Patientin war 14, der älteste Patient war allerdings 74. Die Betroffenen sind anfangs depressiv und ziehen sich zurück, sie haben häufig Dysästhesien oder Parästhesien (Tab. 4). CJD-typische Symptome wie Myoklonien und Demenz treten erst später auf, CJD-typische EEG-Veränderungen werden nicht beobachtet, das MRI zeigt spezifische Veränderungen im Pulvinar [9]. An der vCJD sind bislang 158 Patienten verstorben. Die Zahlen für die einzelnen Jahre zeigen folgenden Verlauf: 1995: 3, 1996: 10, 1997: 10, 1998: 18, 1999: 15, 2000: 28, 2001: 20, 2002: 17, 2003: 18, 2004: 8 vCJD-Fälle im Vereinigten Königreich (Stand Dezember 2004), sieben Fälle wurden in Frankreich beobachtet, je ein Fall in Irland, Italien, USA, Kanada. Eine Studie in Großbritannien, in der retrospektiv rund 12 000 lymphatische Gewebeproben auf PrP^{Sc} untersucht wurden, ergab in drei Fällen einen immunhistochemisch PrP^{Sc}-positiven Befund, was einer Prävalenz von 237/1 Million Einwohner entspricht [10].

Alle bislang untersuchten Erkrankungsfälle der vCJD waren methioninhomozygot (MM) an der Aminosäureposition 129 des *PRNP*. Es liegt die Vermutung nahe, dass Methionin/Valin-heterozygote Individuen eine längere Inkubationszeit und eventuell eine reduzierte Suszeptibilität gegenüber dem Erreger haben. Man nimmt an, dass die bis jetzt in Großbritannien Erkrankten sich durch den Verzehr von erregerhaltigem Gehirn und Rückenmark infiziert haben. Andere Übertragungswege sind nicht wirklich ausgeschlossen.

Bei der sCJD lässt sich PrP^{Sc}, der entscheidende Bestandteil des infektiösen Agens, des Prions, mit bisherigen Untersuchungsmethoden nur im Gehirn, im Rückenmark und im Auge nachweisen, bei sehr langem Krankheitsverlauf mitunter auch in der Muskulatur. Ganz anders bei der vCJD: Hier finden sich PrP^{Sc}-Ablagerungen in den Tonsillen, in der Appendix und in anderen lymphoretikulären Organen [11]. Tierexperimentelle Befunde [12] deuten darauf hin, dass der Erreger der vCJD sehr wohl auch im Blut vorhanden sein kann. Ende 2003 wurde ein Fall von vCJD 6,5 Jahre nach einer Bluttransfusion beschrieben, deren Spender drei Jahre nach der Spende an vCJD erkrankt war [13]. Im zweiten Fall wurde PrP^{Sc} in lymphatischen Geweben eines an einem Aortenaneurysma verstorbenen Patienten nachgewiesen, der fünf Jahre zuvor Erythrozyten von einem später an vCJD Erkrankten (18 Monate nach der Spende) erhalten hatte [14]. Dieser Patient war M/V-heterozygot am Codon 129 des Prionproteingens und hatte keine CJD-typischen Krankheitssymptome gezeigt.

PrP^C und PrP^{Sc}

Das humane PrP^C ist ein Glykoprotein von 253 Aminosäuren Länge vor der zellulären Prozessierung [15]. Das humane Prionproteingen (*PRNP*) ist auf dem kurzen Arm des Chromosoms 20 lokalisiert. Es hat eine relativ einfache genomische Struktur und besteht aus zwei Exons mit einem Intron von 13 000 Basenpaaren Länge. Der gesamte proteinkodierende Teil des Gens („open reading frame") ist auf dem Exon 2 lokalisiert. Alle bislang bei Säugetieren untersuchten PrP-Gene haben eine ähnliche genomische Struktur mit nur zwei oder drei Exons, wobei der proteinkodierende

Teil nie durch ein Intron unterbrochen wird [16]. Auf Aminosäurenebene findet sich eine ausgeprägte Homologie der Prionproteinsequenzen des Menschen und anderer Säugetierspezies (Primaten: 93–99 Prozent; Nagetiere: 91–92 Prozent; Wiederkäuer: 92–93 Prozent). PrP^C ist ein Membranprotein, das vorwiegend auf der Oberfläche von Neuronen, aber auch von Astrozyten und einer Vielzahl anderer Zellen exprimiert wird [17, 18]. NMR-strukturelle Untersuchungen haben gezeigt, dass die C-terminale Hälfte rekombinant hergestellter Prionproteine drei α-Helices (H1, H2, H3) und zwei sehr kurze β-Faltblattabschnitte (S1 und S2) besitzt [19].

Der N-terminale Anteil mit den Aminosäureresten 23–120 ist in wässriger Lösung ein flexibles „random-coil"-ähnliches Polypeptid ohne fest definierbare dreidimensionale Struktur [20], er enthält ein Oktarepeat [(PHGGGWGQ) x 4], das in vitro und in vivo Cu-Ionen bindende Eigenschaften hat [21, 22] und vermutlich im synaptischen Spalt seine Funktion ausübt. Die Bindung von Kupferionen an den Octarepeat-Abschnitt des Prionproteins könnte dem N-terminalen Anteil eine definierte Struktur aufzwingen.

PrP^{Sc} hat dieselbe Primärstruktur wie PrP^C, die Unterschiede liegen in der räumlichen Struktur und in den physikalisch-chemischen Eigenschaften. PrP^{Sc} ist nicht löslich, es bildet Aggregate und erlangt damit im Gegensatz zu PrP^C eine Resistenz gegen Abbau durch Proteinasen und Hitzedenaturierung. Die tertiäre Struktur des PrP^{Sc} ist bisher noch spekulativ, Modelle nach den bisher gültigen Untersuchungen zeigen einen deutlich höheren Anteil an β-Faltblattstrukturen.

Durch enzymatische Verdauung mit der Proteinase K (PK) wird PrP^C vollständig abgebaut. Enzymatischer PK-Verdau spaltet am N-terminalen Ende des humanen

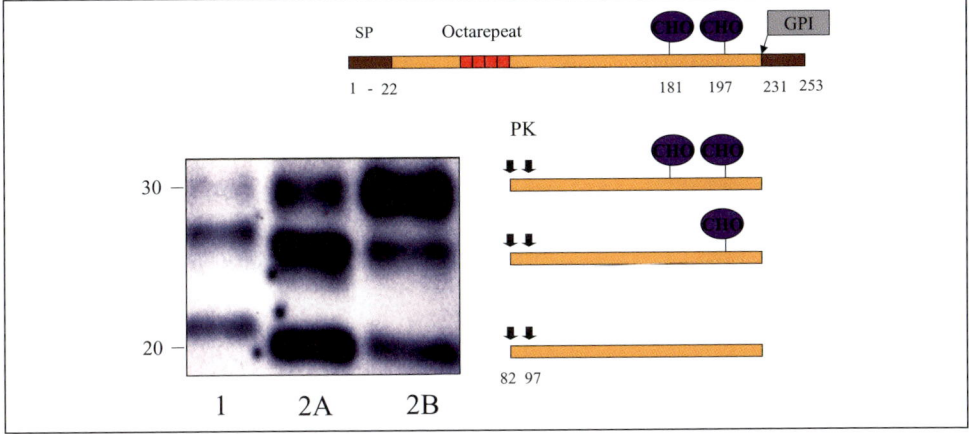

Abb. 4: Prionproteintypen im Western-Blot

PrP^{Sc} ein Segment von 60–75 Aminosäuren ab, das verbleibende proteaseresistente PrP zeigt bei Untersuchung in der Gelelektrophorese ein typisches Wanderungsmuster mit drei Banden, die schnell wandernde Bande der unglykolisierten Form, die mittlere mit einer Glykosylgruppe und die am langsamsten wandernde Form mit zwei Glykosylgruppen (Abb. 4). Dieses Bandenmuster wird zusammen mit dem histopathologischen Läsionsprofil zur Diagnostik und Charakterisierung der verschiedenen Prionstämme genutzt.

Therapie der Prionkrankheiten?

Therapeutische Strategien können an verschiedenen Punkten der PrP^{Sc}-Entstehung angreifen. Denkbar ist

a) die Verfügbarkeit von PrP^{C} als Substrat für die Konversionsreaktion zu vermindern,

b) die Anlagerung und Bindung von PrP^{Sc} an PrP^{C} zu verhindern,

c) in die Umfaltungsreaktion von PrP^{C} zu PrP^{Sc} blockierend einzugreifen oder

d) den Abbau von PrP^{Sc}-Aggregaten zu steigern und die Neurotoxizität von PrP^{Sc} zu vermindern.

In einem von uns durchgeführten Projekt zur Entwicklung therapeutischer Substanzen wurde eine chemische Bibliothek mit 10 000 Substanzen in vitro auf ihre Fähigkeit, die Bindung von PrP^{C} an PrP^{Sc} zu stören, getestet. Dabei wurde ein Assay-System zur Hochdurchsatzsichtung verwendet, in dem mit Zweifarben-Fluoreszenzkorrelations-Spektroskopie die Interaktion fluoreszierender PrP^{Sc}-Aggregate mit PrP^{C}-Molekülen beschrieben werden kann [23]. Von 250 im ersten Screening gefundenen Substanzen wurden Dosis-Wirkungskurven ermittelt, so bei 80 die hemmende Wirkung auf die PrP^{C}–PrP^{Sc}-Interaktion bestätigt und diese weiter in einem Zellkultur-Assay untersucht. In der Zellkultur zeigten acht dieser Substanzen einen inhibitorischen Effekt auf die PrP^{Sc}-Bildung. Als Leitstruktur dieser Substanzen wurde N'-Benzyliden-Benzohydrazid identifiziert. Nächster Schritt ist die Testung im Tierversuch. Der bisherige Erfolg dieses Forschungsansatzes liegt nicht nur in den Fortschritten in der Entwicklung einer medikamentösen Therapie der Prionkrankheiten, es wurde mit der Entwicklung eines Screening-Assays auf der Basis der Fluoreszenzkorrelations-Spektroskopie in Kombination mit dem Zellkultur-Assay ein Testverfahren entwickelt, das auch für die Entwicklung von Therapeutika anderer Krankheiten, die mit Proteinaggregation einhergehen, geeignet ist.

Ausblick

Prionen sind neuartige Erreger, da sie nicht wie die konventionellen Erreger eine eigene DNA besitzen. Die Prionforschung hat in der Folge von BSE das Interesse vieler Forschergruppen auf sich gezogen. So konnten in den letzten zehn Jahren viele Fragen zu Prionkrankheiten beantwortet werden, viele weitere Probleme wie z. B. das Problem der Speziesbarriere, die Frage der verschiedenen Prionstämme, die Ausbreitung der Prionen von der Peripherie in das Zentralnervensystem, die Frage der Neurotoxizität sind nach wie vor ungelöst und machen weitere Forschung auf diesem Gebiet notwendig. Der Erkenntnisgewinn aus dieser Forschung treibt nicht nur das Wissen auf dem Gebiet der Prionkrankheiten voran, sondern auch die Erforschung anderer Erkrankungen, die mit der Aggregation und Ablagerung von pathologischen Proteinen einhergehen, wie z. B. Morbus Alzheimer und Morbus Parkinson.

Literatur

[1]   Prusiner, S. B.: Novel proteinaceous infectious particles cause scrapie. Science 216, 136–144 (1982).

[2]   Wells, G. A. H., Scott, A. C., Johnson, C. T., Gunning, R. F., Hancock, R. D., Jeffrey, M.,

Dawson, M., Bradley, R.: A novel progressive spongiform encephalopathy. Vet. Rec. 121, 419–420 (1987).

[3]   Will, R. G., Ironside, J. W., Zeidler, M., Cousens, S. N., Estibeiro, K., Alperovitch, A., Poser, S., Pocchiari, M., Hofman, A., Smith, P. G.: A new variant of Creutzfeldt-Jakob disease in the UK. Lancet 347, 921–925 (1996).

[4]   Bruce, M. E., Will, R. G., Ironside, J. W., McConnell, I., Drummond, D., Suttie, A., McCardie, L., Chree, A., Hope, J., Birkett, C., Cousens, S., Fraser, H., Bostock, C. J.: Transmissions to mice indicate that 'new variant' CJD is caused by the BSE agent. Nature 389, 489–501 (1997).

[5]   National Creutzfeldt-Jakob Disease Surveillance Unit. Tenth Annual Report, 2001. 2001.

[6]   Cousens, S., Smith, P. G., Ward, H., Everington, D., Knight, R. S., Zeidler, M., Stewart, G., Smith-Bathgate, E. A., Macleod, M. A., Mackenzie, J., Will, R. G.: Geographical distribution of variant Creutzfeldt-Jakob disease in Great Britain, 1994–2000. Lancet 357, 1002–1007 (2001).

[7]   Windl, O., Dempster, M., Estibeiro, J. P., Lathe, R., De Silva, R., Esmonde, T., Will, R., Springbett, A., Campbell, T. A., Sidle, K. C. L., Palmer, M. S., Collinge, J.: Genetic basis of Creutzfeldt-Jakob disease in the United Kingdom: a systematic analysis of predisposing mutations and allelic variations in the PRNP gene. Hum. Genetics 98, 259–264 (1996).

[8]   Deslys, J.-P., Jaegly, A., d'Aignaux, J. H., Mouthon, F., De Villemeur, T. B., Dormont, D.: Genotype at codon 129 and susceptibility to Creutzfeldt-Jakob disease. Lancet 351, 1251 (1998).

[9]   Will, R. G., Zeidler, M., Stewart, G. E., Macleod, M. A., Ironside, J. W., Cousens, S. N., Mackenzie, J., Estibeiro, K., Green, A. J., Knight, R. S.: Diagnosis of new variant Creutzfeldt-Jakob disease. Ann. Neurol. 47, 575–582 (2000).

[10] Hilton, D. A., Ghani, A. C., Conyers, L., Edwards, P., McCardle, L., Ritchie, D., Penney, M., Hegazy, D., Ironside, J. W.: Prevalence of lymphoreticular prion protein accumulation in UK tissue samples. J. Pathol. 203, 733–739 (2004).

[11] Hill, A. F., Zeidler, M., Ironside, J., Collinge, J.: Diagnosis of new variant Creutzfeldt-

Jakob disease by tonsil biopsy. Lancet 349, 99–100 (1997).

[12] Houston, F., Foster, J. D., Chong, A., Hunter, N., Bostock, C. J.: Transmission of BSE by blood transfusion in sheep. Lancet 356, 999–1000 (2000).

[13] Llewelyn, C. A., Hewitt, P. E., Knight, R. S., Amar, K., Cousens, S., Mackenzie, J., Will, R. G.: Possible transmission of variant Creutzfeldt-Jakob disease by blood transfusion. Lancet 363, 417–421 (2004).

[14] Peden, A. H., Head, M. W., Ritchie, D. L., Bell, J. E., Ironside, J. W.: Preclinical vCJD after blood transfusion in a PRNP codon 129 heterozygous patient. Lancet 364, 527–529 (2004).

[15] Kretzschmar, H. A., Stowring, L. E., Westaway, D., Stubblebine, W. H., Prusiner, S. B., DeArmond, S. J.: Molecular cloning of a human prion protein cDNA. DNA 5, 315–324 (1986).

[16] Schätzl, H. M., Da Costa, M., Taylor, L., Cohen, F. E., Prusiner, S. B.: Prion protein gene variation among primates. J. Mol. Biol. 245, 362–374 (1995).

[17] Kretzschmar, H. A., Prusiner, S. B., Stowring, L. E., DeArmond, S. J.: Scrapie prion proteins are synthesized in neurons. Am. J. Pathol. 122, 1–5 (1986).

[18] Moser, M., Colello, R. J., Pott, U., Oesch, B.: Developmental expression of the prion protein gene in glial cells. Neuron 14, 509–517 (1995).

[19] Riek, R., Hornemann, S., Wider, G., Billeter, M., Glockshuber, R., Wüthrich, K.: NMR structure of the mouse prion protein domain PrP (121–231). Nature 382, 180–182 (1996).

[20] Hornemann, S., Korth, C., Oesch, B., Riek, R., Wider, G., Wüthrich, K., Glockshuber, R.: Recombinant full-length murine prion protein, mPrP (23–231): purification and spectroscopic characterization. FEBS Lett. 413, 277–281 (1997).

[21] Hornshaw, M. P., McDermott, J. R., Candy, J. M.: Copper binding to the N-terminal tandem repeat regions of mammalian and avian prion protein. Biochem. Biophys. Res. Commun. 207, 621–629 (1995).

[22] Herms, J., Tings, T., Gall, S., Madlung, A., Giese, A., Siebert, H., Schurmann, P., Windl, O., Brose, N., Kretzschmar, H.: Evidence of presynaptic location and function of the prion protein. J. Neurosci. 19, 8866–8875 (1999).

[23] Bertsch, U., Winklhofer, K. F., Hirschberger, Th., Bieschke, J., Weber, P., Hartl, F. U., Tavan, P., Tatzelt, J., Kretzschmar, H. A., Giese, A.: Systematic identification of anti-prion drugs by high-throughput screening based on scanning for intensely fluorescent targets (SIFT). J. Virol. (im Druck).

Bildungsstandards statt Fachwissen?

Mittagssymposium

Bildungsstandards, Kompetenzen und fachübergreifender Fachunterricht

Gunnar Berg

Einer langen Tradition entsprechend ist es auch ein Anliegen der GDNÄ, sich um die naturwissenschaftliche Bildung im und durch den Schulunterricht zu kümmern. Selbstverständlich bedarf es hierzu Verbündeter. Deswegen hat sich die Bildungskommission der GDNÄ, die vor mehreren Jahren von Gerhard Schaefer angeregt wurde, auch immer um die Mitarbeit entsprechend interessierter Verbände bemüht. So gehören heute dazu die Deutsche Physikalische Gesellschaft (DPG), die Gesellschaft Deutscher Chemiker (GDCh), der Verband der Biologen (vdbiol), das Alfred-Wegener-Institut als die Dachorganisation der geowissenschaftlichen Fachverbände, die Deutsche Mathematiker Vereinigung (DMV), der Förderverein für den mathematischen und naturwissenschaftlichen Unterricht (MNU), der Mathematisch-Naturwissenschaftliche Fakultätentag (MNFT), aber auch das Institut für Pädagogik der Naturwissenschaften Kiel (IPN).

Für die Kommission ist der grundlegende Ansatz, die Naturwissenschaften als Bestandteil unserer Kultur, als eine der wesentlichen Grundlagen unseres Weltbildes und in diesem Sinn als Beitrag zur Allgemeinbildung zu verstehen. Damit müssen sie auch selbstverständlicher Bestandteil des (allgemeinbildenden!) Schulunterrichts sein. Ein Ergebnis der Arbeit der Kommis-

sion ist die Konzipierung fachübergreifenden Fachunterrichts. Vermittlung der Fachspezifika, der speziellen Denkweise und Untersuchungsmethodik im Fachunterricht und darauf aufbauend fachübergreifender Unterricht, bei dem die Lehrenden der einzelnen Fächer miteinander kooperieren. In der Denkschrift *Allgemeinbildung durch Naturwissenschaften* (Hrsg. Gerhard Schaefer. Aulis-Verlag Deubner 2002) sind Vorschläge für die Fächer Physik, Chemie, Biologie sowie für geowissenschaftliche Inhalte vorgestellt.

Bisher konzentrierte sich die Arbeit auf die Inhalte des Unterrichts. Das Konzept des fachübergreifenden Fachunterrichts wird in einer „Rosette" symbolisiert (Abb. 1): Die innere Zone 1 umfasst relativ allgemeine wissenschaftliche Inhalte, die in jedem Unterrichtsfach bedeutsam sind

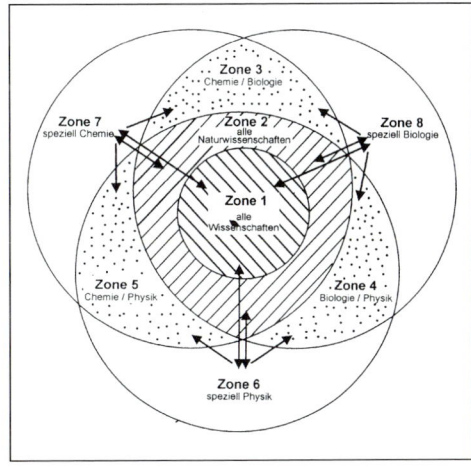

Abb. 1: Rosettenschema der Inhaltsbereiche von Biologie, Chemie und Physik mit Hervorhebung der Überlappungsfelder

Prof. Dr. rer. nat. Dr. Ing. **Gunnar Berg**, geb. 1940. Physikstudium Universität Halle, 1963–1970 Institut für Bergbausicherheit Leipzig; Promotion in Physik 1971 (Halle); Promotion in Ingenieurwissenschaften 1975 (Bergakademie Freiberg); Habilitation in Physik 1983 (Halle). 1990–1992 Direktor der Sektion Physik, Universität Halle-Wittenberg; 1991–1992 Dekan der Mathematisch-Naturwissenschaftlichen Fakultät; 1992–1996 Rektor der Universität; 1990–1998 Mitglied im Vorstand der Deutschen Physikalischen Gesellschaft; 1996–1998 und 2000–2002 Vorsitzender des Mathematisch-Naturwissenschaftlichen Fakultätentages (MNFT); Vorsitzender der Universitätsstiftung Leucorea in Wittenberg. Mitglied im Präsidium des Deutschen Hochschulverbandes, Mitglied der Deutschen Akademie der Naturforscher Leopoldina; Mitglied der GDNÄ und (seit 2003) Bildungsbeauftragter der GDNÄ.
Forschungsschwerpunkte: Festkörperphysik, Glasphysik, Festkörperreaktionen.

Prof. Dr. Dr. Gunnar Berg
Fachbereich Physik
Martin-Luther-Universität
Friedemann-Bach-Platz 6
D-06108 Halle/S.

(z. B. Leben, Notwendigkeit/Zufall, Wahrheit), in der Zone 2 sind die Inhalte angesiedelt, die spezifisch naturwissenschaftlicher Art sind (z. B. Energie, Schwingung, Temperatur), die Zonen 3 bis 5 enthalten Inhalte, die für jeweils zwei der naturwissenschaftlichen Fächer eine Rolle spielen (z. B. Biosynthese, Enzym für die Zone Biologie/Chemie), und in den Zonen 6 bis 8 sind die speziellen fachlichen Inhalte eingetragen,

solche, die damit auch in besonderer Weise die Spezifik des Faches zum Ausdruck bringen, die, nebenbei bemerkt, in der Regel auch nur der jeweils entsprechend ausgebildete Fachlehrer vermitteln kann.

Selbstverständlich sieht die Kommission es als sinnvoll und notwendig an, ihre bisherigen Überlegungen in die Diskussion um die Bildungsstandards einzubringen. Um die Begrifflichkeit festzulegen, schließt sie sich der Definition der Kultusministerkonferenz (KMK) in ihrem Beschluss vom 4.12.2003 über die Erarbeitung von Bildungsstandards an: Bildungsstandards greifen allgemeine Bildungsziele auf und benennen Kompetenzen. Sie formulieren fachliche und fachübergreifende Basisqualifikationen (Basisfähigkeiten).

Damit ist die Verbindung zu dem Kompetenzmodell hergestellt, das die Kommission bereits bei ihren früheren Überlegungen als Grundlage benutzt hat (Abb. 2). Selbstverständlich kann nicht jeder über jede Kompetenz im gleichen Maß verfügen. Gerade die Spezialisierung und das heißt auch die Ausbildung jeweils bestimmter Kompetenzen hat zur heutigen Entwicklung der Menschheit, die durch Arbeitsteilung gekennzeichnet ist, geführt. Wenn also nicht jeder jede Kompetenz beherrschen muss, so sollten er oder sie doch einmal die Möglichkeit haben, alle Kompetenzen auszuprobieren, um sich zu testen und seine Anlagen – und natürlich auch Schwächen – zu erkennen. Dafür ist die Schule der geeignete Ort, vorausgesetzt, dass die verschiedenen Fächer auch angeboten werden. Denn es ist beileibe nicht so, dass jedes Fach geeignet ist, jede beliebige Kompetenz besonders zu fordern und bei gehöriger Übung auch auszubilden. Die Schüler werden dann erkennen, dass sie in einem bestimmten Fach oder einer bestimmten Fächergruppe nur werden Erfolg haben können, wenn sie über die jeweils

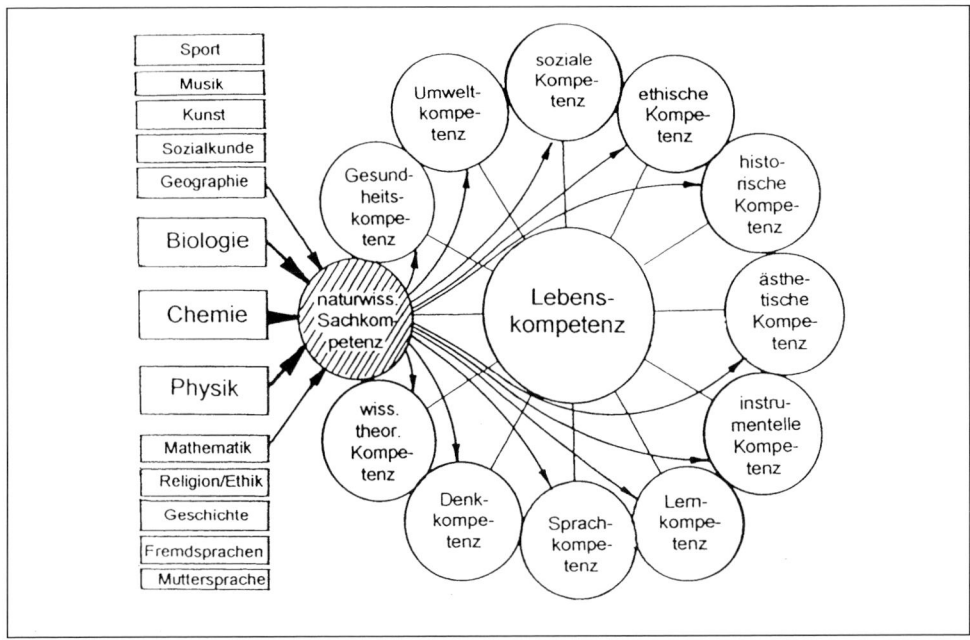

Abb 2: Umsetzung naturwissenschaftlicher Fachinhalte in Allgemeinbildung (12-Kompetenzen-Ansatz; aus Schaefer 1998, 1999)

charakteristischen Kompetenzen und Fähigkeiten verfügen, was sicher nicht zuletzt auch hinsichtlich ihrer Berufswahl bedeutungsvoll ist.

Hier interessieren die drei naturwissenschaftlichen Fächer Physik, Chemie und Biologie, deren jeweiliger Schwerpunkt bei verschiedenen Kompetenzen der Abbildung 2 liegt, weshalb es auch sinnvoll ist, dass jedes dieser Fächer als Schulfach unterrichtet und nicht durch ein einziges Fach als Summe ersetzt wird. Um das zu demonstrieren, wird wieder auf die Zonen der Abbildung 1 zurückgegriffen. Alle Naturwissenschaften (Zone 2) sind selbstverständlich geeignet, instrumentelle Kompetenz und hier besonders Beobachten und Experimentieren auszubilden, daneben ist die ästhetische Kompetenz (Schönheit der Natur und der Naturphänomene) zu betonen. Das Fach Physik (Zone 6) bildet als

instrumentelle Kompetenz besonders Messen aus, selbstverständlich im Zusammenhang mit dem allen Naturwissenschaften zugeordneten Beobachten, besonders aber Experimentieren. Außerdem ist in diesem Fach besonders die wissenschaftstheoretische Kompetenz gefordert. Im Fach Chemie (Zone 7) sind es Umwelt- und Gesundheitskompetenz, in dieser Reihenfolge, die im Vordergrund stehen, in Biologie (Zone 8) ist es neben der umgekehrten Folge Gesundheits- und Umweltkompetenz in besonderem Maß die ethische Kompetenz.

Das lässt sich weiter differenzieren, bei der instrumentellen Kompetenz wurde das bereits angedeutet. Als Beispiel diene die Denkkompetenz, die selbstverständlich für alle wissenschaftlichen Schulfächer ausschlaggebend ist. Aber auch hier fordern die verschiedenen Fächer die Ausbildung verschiedener Fähigkeiten heraus. So ist für alle Wissenschaften (Zone 1) das Verallgemeinern und das Abstrahieren kennzeichnend. Die Naturwissenschaften (Zone 2) fördern besonders das Kausalitätsdenken. Im Fach Physik (Zone 6) stehen analytisch-mathematisches Denken, Idealisieren und Modellbilden im Vordergrund, im Fach Chemie (Zone 7) werden das Denken in stofflichen Kategorien sowie bilanzierendes Denken geübt, während im Fach Biologie (Zone 8) das Denken in Systemen, aber auch das bereits für Physik charakteristische Modellbilden eine hervorstechende Rolle spielen.

Fasst man dieses alles in ein Schema zusammen, so ergeben sich nicht nur bezüglich der Inhalte, nach denen üblicherweise unterschieden wird, sondern auch bezüglich der dominierenden Kompetenzen und Fähigkeiten deutliche Unterschiede zwischen den Schulfächern (siehe Tab. 1).

Die bereits hier deutlich erkennbare Differenzierung der drei naturwissenschaftlichen Fächer wird im anschließenden Beitrag von Gerhard Schaefer aus verschiedenen Blickwinkeln beleuchtet und damit die Notwendigkeit und Sinnhaftigkeit der drei Schulfächer begründet. Selbstverständlich ist das nicht von den Inhalten zu trennen, und so problematisieren die beiden darauf folgenden Beiträge die Entwicklungen von Bildungsstandards: Arnold a Campo aus Sicht des Deutschen Vereins zur Förderung des mathematischen und naturwissenschaftlichen Unterrichts (MNU), Jörg Gauger aus Sicht der Konrad-Adenauer-Stiftung, dabei Natur- und Geisteswissenschaften im Blick behaltend.

Naturgemäß kann dieses Symposium nur Anregungen liefern und Anstöße dafür geben, sich weiterhin mit den Bildungsstandards und allen daraus folgenden Implikationen zu befassen. Die Bildungs-

Tab. 1

spezielle Fähigkeiten infolge der DENKKOMPETENZ	charakteristische Kompetenzen der Fächer
alle Wissenschaften (Zone 1) Verallgemeinern Abstrahieren	
alle Naturwissenschaften (Zone 2) Kausalitätsdenken	Instrumentelle Kompetenz: Beobachten, Experimentieren ästhetische Kompetenz
Physik (Zone 6) analyt.-math. Denken Idealisieren Modellbilden	Instrumentelle Kompetenz: Messen Wissenschaftstheoret. Kompetenz
Chemie (Zone 7) Denken in stoffl. Kategorien bilanzierendes Denken	Umweltkompetenz Gesundheitskompetenz
Biologie (Zone 8) Denken in Systemen Modellbilden	Gesundheitskompetenz Umweltkompetenz ethische Kompetenz

kommission der GDNÄ wird es dabei nutzen, dass in ihr sowohl die Vielfalt der Fächer als auch die maßgebenden Fachverbände vertreten sind. Das garantiert sowohl eine breite Basis als auch ausgewogene Lösungsvorschläge, insbesondere aber die Beachtung der Prinzipien des fachübergreifenden Fachunterrichts, der seit Jahren von der Bildungskommission propagiert wird.

Naturwissenschaftliche Fächer oder ein Fach „Naturwissenschaft"?

Die Rolle von Fachkompetenz für die Entwicklung allgemeiner Kompetenzen

Gerhard Schaefer

Das von der Bildungskommission der GDNÄ in ihrer Denkschrift zur *Allgemeinbildung durch Naturwissenschaften* (Schaefer 2002) dargestellte Rosetten-Schema legt einen besonderen pädagogischen Schwerpunkt auf die *fachübergreifenden* Inhalte des naturwissenschaftlichen Unterrichts (Zonen 1 bis 5) und sieht nur in den drei Randzonen 6 bis 8 fachspezifische Themen vor, die von keinem anderen naturwissenschaftlichen Fach sinnvoll und kompetent vermittelt werden können.

In dieser Schwerpunktsetzung, die der heute allgemein vertretenen Forderung nach „vernetztem Denken" entspricht, könnten sich Erziehungswissenschaftler und Bildungspolitiker in der Tat bestätigt fühlen, den naturwissenschaftlichen Unterricht insgesamt nur in eine Hand zu geben und als Sammelfach „Naturwissenschaft" in der Schule zu etablieren, wie dies ja bereits in ei-

Prof. Dr. **Gerhard Schaefer**, geb. 1928. Studium der Biologie, Physik und Mathematik, Promotion in Zellphysiologie 1954 (Marburg), Habilitation in Didaktik der Biologie 1974 (Kiel); 1969–1981 Abteilungsleiter für Biologie am IPN Kiel; ab 1981 Universität Hamburg, FB Erziehungswissenschaft. 1972–1980 Vizepräsident für Schulbiologie im Verband Deutscher Biologen (VDBiol), 1979 Präsident der Gesellschaft für Ökologie, 1984–1992 Chairman der Commission for Biological Education (CBE) in der International Union of Biological Sciences (IUBS), 1993–1996 Präsident des VDBiol; 1997–2002 Bildungsbeauftragter der GDNÄ (bis 2003) und Leiter der GDNÄ-Rahmenplan-Kommission.
Forschungsschwerpunkte: Naturwissenschaftliche Grundbildung, Gesundheitserziehung, Genese und Wirksamkeit naturwissenschaftlicher Begriffe im Alltag, neuere Lernmethoden auf der Basis der Selbstorganisation des Gedächtnisses (Zickzack-Lernen), Denkpolaritäten im internationalen Vergleich.

Prof. Dr. Gerhard Schaefer
Fachbereich Erziehungswissenschaft
Universität Hamburg
Eulenweg 7
D-21271 Asendorf

nigen Bundesländern geschehen oder für die Zukunft geplant ist.

Diesem Trend soll mit den folgenden Ausführungen entschieden begegnet werden, da die Bildungskommission der GDNÄ mit ihrem Konzept des „fachübergreifenden *Fach*unterrichts" dezidiert das Ziel verfolgt, die naturwissenschaftlichen Einzelfächer zu *erhalten*, jedoch innerlich in Richtung fachübergreifender Bezüge zu *reformieren*.

In der Tat gibt es heute bei dem immensen Fortschritt und der Differenziertheit naturwissenschaftlicher Forschung kaum noch eine Lehrkraft in den Schulen, die alle acht Zonen des Rosetten-Schemas beherrscht und seriös unterrichten könnte. Das wird sich auch in Zukunft – trotz bester Bemühungen in Lehreraus- und -fortbildung – nicht ändern, da eben die Fächer zu weit spezialisiert sind und als solche den Schülern auch vorgestellt werden müssen. Lehrerinnen und Lehrer der Naturwissenschaften verfügen naturgemäß immer nur über einen Teil des gesamten Fachwissens, heute aber leider auch noch wenig über Kenntnisse aus den zentralen Zonen 1 und 2 sowie aus den überlappenden Bereichen zu den Nachbardisziplinen. Und was das Schlimmste ist: Die – an sich schon spärliche – Lehrerfortbildung konzentriert sich immer noch zu stark auf die weitere *Ausdehnung* des speziellen Fachwissens, statt eine mutige Beschränkung auf das Wesentliche zugunsten der zentralen Bereiche naturwissenschaftlicher Bildung zu betreiben. „Fortbildung" heißt heute immer noch zu sehr Spezialisierung im Fach.

Das GDNÄ-Konzept des „fachübergreifenden Fachunterrichts" sieht dagegen – ganz im Geiste Lorenz Okens, des Gründers dieser Gesellschaft, der den intensiven Kontakt der Fächer untereinander, den Austausch mit der Öffentlichkeit und eine philosophisch-geisteswissenschaftliche Grundlegung der Naturwissenschaften forderte – die Einbindung eines auf das Wesentliche beschränkten Fachwissens (Zonen 6/Physik, 7/Chemie und 8/Biologie des Rosetten-Schemas) in die fachübergreifenden Bereiche 1 bis 5 des Schemas. Die so entstehenden drei Kreise stellen einen „fachübergreifenden Physikunterricht" (im Schema unten), einen „fachübergreifenden

Chemieunterricht" (oben links) und einen fachübergreifenden Biologieunterricht (oben rechts) dar. In allen drei Kreisen spielen aber auch die *fachspezifischen* Zonen 6, 7 und 8 eine entscheidende Rolle und sind für naturwissenschaftliche Bildung unverzichtbar. Das soll im Folgenden gezeigt werden.

Inner-naturwissenschaftliche Argumente für die Erhaltung der Fächer

Grundbegriffe der Naturwissenschaften, die die Nachbarfächer überfordern

Ein kurzer Blick auf die von der GDNÄ-Kommission ermittelten 470 naturwissenschaftlichen Grundbegriffe und -fertigkeiten genügt schon, um zu zeigen, dass Biologielehrer/innen, die nicht auch Physik als Fach studiert haben, sich schwer tun werden, spezifische Grundbegriffe der Physik wie Impuls, Kapazität oder Urknall kompetent zu unterrichten, so wie auch Chemie- oder Physiklehrer/innen, die nicht auch Biologie als Fach beherrschen, kaum in der Lage sein werden, spezifische Grundbegriffe der Biologie wie Art, Evolution, Leben/Tod, Reaktionsnorm oder Zweckmäßigkeit wissenschaftlich korrekt *und* pädagogisch geschickt zu unterrichten (s. fachspezifische Grundbegriffe in Tab. 1). Es braucht also nach wie vor die Einzelfächer, um den Anspruch an Allgemeinbildung, der in dem Rosetten-Schema steckt, zu erfüllen.

Tab. 1: Auswahl spezifischer Grundbegriffe der Zonen 6 bis 8, die von den Nachbarfächern nicht hinreichend exakt unterrichtet werden können (s. Begriffslisten der Denkschrift)

Zone 6: Physik	Zone 7: Chemie	Zone 8: Biologie
Bremsweg, elektromagnetisches Spektrum, Elementarladung, Energie-Masse-Äquivalenz, Gammastrahlen, Impuls, Kapazität, Kepler'sche Gesetze, Kernkraft, Laser, Urknall, Wechselstrom, Zeitdilatation	Aldehyd, Alkalimetall, Amin, chemische Bindung, chemisches Gleichgewicht, Chromatographie, Edelgas, Erz, Ether, Halogen, Katalysator, Korrosion, Lösung, Metall, Neutralisation, Phenol, Titer	Art, Assimilation, Biosphäre, Destruent, Bioenergie, Enzym, Evolution, Gen, ökol. Gleichgewicht, Hormon, Immunreaktion, Leben, Mutation, Ökosystem, Photosynthese, Reaktionsnorm, Zelle, Zweckmäßigkeit

Grundbegriffe der Physik und ihre biologische Variante

Das wird auch noch einmal deutlich, wenn wir die heute vielfach gebräuchlichen „Bio-Begriffe" den naturwissenschaftlichen Elementarbegriffen gegenüberstellen, die von der Physik eingeführt und in den hier angemessenen vereinfachten Systemen sinnvoll angewendet werden können (Tab. 2).

Es zeigt sich eine *Komplementarität der beiden Sprachebenen*, die dadurch zu einem in sich kohärenten und für Schüler verständlichen Begriffssystem geführt werden können, dass Physik und Chemie die Elementarbegriffe erarbeiten, während Biologie ihre Abwandlung zu „Bio-Begriffen" durch Berücksichtigung der höheren biologischen Komplexität vornimmt.

Objektbereiche der vier für die Schule relevanten Naturwissenschaften

Schließlich hat die Bildungskommission der GDNÄ schon in ihrer Denkschrift (s. o.) auf die unterschiedlichen *Gegenstandsbereiche* hingewiesen, die den naturwissenschaftlichen Fächern zufallen und die kein anderes Fach jeweils übernehmen kann. Die dort präsentierte Tabelle soll hier noch einmal in Erinnerung gerufen werden

(Tab. 3). Sie demonstriert für den Kenner der Naturwissenschaften die Unmöglichkeit, dass eine Lehrkraft alle hier aufgeführten Bereiche, die ja zu einem vollen Weltverständnis zusammengehören, befriedigend unterrichten kann.

Außer-naturwissenschaftliche Argumente für die Erhaltung der Fächer

„Bildung" im Alltag: Die 100 Wörter des Jahrhunderts

Um die Jahrhundertwende veröffentlichte der Deutschland-Funk Berlin eine Recherche, die unter führenden Publizisten über die 100 meistgenannten und beliebtesten Wörter des gerade verstrichenen Jahrhunderts (1900–2000) durchgeführt wurde.

Beim Überfliegen dieser Wörter fällt zunächst auf, was alles in diesem Jahrhundert geschehen war, in dem zwei Weltkriege und ein stürmischer Fortschritt von Wissenschaften und Technik unser Leben erschütterten und prägten. Die rasante Entwicklung findet ihren deutlichen Niederschlag in den Modewörtern, die plötzlich auftauchten und – von den Menschen häufig nicht einmal verstanden – einfach im tägli-

Tab. 2: Beispiele für die Komplementarität der Sprachebenen von Physik und Biologie

Elementarbegriffe der Physik		Komplexbegriffe der Biologie
Masse = schwere Masse $m = G/g$; Quotient aus Gewichtskraft G und Schwerebeschleunigung g, unabhängig von Strukturierung und Energiegehalt der Masse. Gemessen in g oder kg	$\rightarrow$	**Biomasse** = biologisch strukturierte Masse Gleiche physikalische Massenberechnung und in gleichen Maßeinheiten angegeben, aber mit biologischem Ursprung und daher oft noch mit *Gewebestrukturen* durchsetzt und mit *hohem Energiegehalt*
Energie = Äquivalent von Arbeit Z. B. potenzielle Energie $E_{pot} = G \cdot h$; Produkt von Gewichtskraft G und Hubhöhe h. Verschiedene Energieformen, alle gemessen in Nm = J (Joule) = Ws (Wattsekunde) oder kJ oder kWh	$\rightarrow$	**Bioenergie** = an Biomoleküle gebundene Energie Gleiche physikalische Energieberechnung und in gleichen Maßeinheiten Nm, J, kJ, Ws oder kWh angegeben, aber mit biologischem Ursprung und durch Bindung an strukturierte Biomoleküle selbst *strukturiert*
System = Gedankenkonstrukt eines realen oder gedachten Objektes Auflösung des Objektes in Teile (Elemente) und ihre Beziehungen (Struktur) sowie eine klare Grenzziehung Objekt/ Umwelt. Binäre Unterscheidung „offenes/geschlossenes S."	$\rightarrow$	**Biosystem** = Gedankenkonstrukt eines biologischen Objektes oder einer Objektgruppe mit semipermeablen (halb-offenen) Grenzen Gleiche Auflösung in Elemente und ihre Beziehungen wie beim physikalischen System, aber Grenzen niemals offen oder geschlossen, weil das Objekt dann „stirbt"
Viskosität = „Zähigkeit" von Flüssigkeiten und Gasen bei Bewegung Mechanischer Widerstand aufgrund innerer Reibung zwischen den Molekülen. Gemessen in Poise (dynamische Viskosität) oder Stokes (kinematische Viskosität)	$\rightarrow$	**Bioviskosität** = Zähigkeit biologischer Flüssigkeiten (Protoplasma, Zellsaft, Blut usw.) Gleiche Berechnungsart und gleiche Maßeinheiten wie bei der physikalischen Viskosität, aber Überlagerung der Viskosität reiner Flüssigkeiten durch die Festigkeit biologischer Strukturen (Zellwände, Organellen, endoplasmatisches Retikulum usw.)

chen Leben gebraucht und inzwischen zum Allgemeingut unserer Sprache wurden. Ob sie *heute* wirklich verstanden werden (z. B. „Gen", „Urknall"), bleibt allerdings fraglich, und wir sollten uns einmal ernsthaft fragen, wie es um die Wörter bestellt ist, die zur Sprache der Naturwissenschaften und daher in den Verantwortungsbereich unserer Schulfächer gehören.

In Tab. 4 sind die 100 Wörter wiedergegeben und gleichzeitig diejenigen hervorgehoben, die zum Minimalkanon naturwissenschaftlicher Bildung zählen. Es stellt sich zunächst heraus, dass neben Wörtern wie Camping, Demoskopie, Emanzipation, Holocaust, Jeans, Pop, Kalter Krieg, Währungsreform, Wende usw., die ein-

deutig in den politischen, wirtschaftlichen oder sozial-kulturellen Bereich gehören, von den 100 von *Nicht*-Naturwissenschaftlern (!) gesammelten und für wichtig erachteten Wörtern immerhin 46, also fast die Hälfte, dem naturwissenschaftlichen Bereich zuzurechnen sind. Sollen diese Wörter nicht nur *Wörter*, also leere Worthülsen, bleiben, sondern zu wohl verstandenen *Begriffen* werden, mit denen der Staatsbürger im privaten und politischen Leben etwas anfangen kann, dann braucht es eben die naturwissenschaftlichen Fächer in der Schule. Fernsehen, Zeitung und Gespräche mit Familie oder Freunden reichen nach allen bisherigen Untersuchungen dazu nicht aus.

Tab. 3: Objektbereiche für naturwissenschaftliche Bildung und ihre Zuordnung zu Fächern

Wahrnehmungs-ebenen, bezogen auf den Menschen als Referenzpunkt	Wissenschaften unbelebter Systeme („physical sciences")			Wissenschaften belebter Systeme („life sciences")
	Physik	**Chemie**	**Geo-Wissen-schaften**	**Biologie**
Mikrokosmos (Systeme unterhalb des unmittelbar sinnlichen Wahr-nehmungsbereichs)	Atome, Elementar-teilchen, Quanten usw.	Atome, Moleküle, Elektronen, Ionen, chemische Bin-dung, Valenzen, Summenformel, Strukturformel Kristallgitter usw.		Mikroskop. und submikroskop. Welt: Zelle, Gewebe, Organell, Makromolekül, Molekül, Gen, Mutation, Mikro-organismus usw.
Mesokosmos (Systeme im un-mittelbar sinnlichen Wahrnehmungs-bereich)	mechanische, thermische, opti-sche, akustische, elektrische, magnetische usw. Eigenschaften der sichtbaren Welt	Stoffe des täg-lichen Lebens: Nährstoffe, Arz-neimittel, Brenn-stoffe, Baustoffe, Werkstoffe (z. B. Kunststoffe) usw.	Gestein, Mineral, Rohstoff, Boden-schicht, Vulkan, Meteorit, Härte, Spaltbarkeit, Ver-witterung usw.	Organ, Organismus, Mensch, Tier, Pflan-ze, Pilz, Population, Biozönose, Verhal-ten, morpholog. Verwandtschaft, Ernährung, Fortpfl. usw.
Makrokosmos (Systeme als Gan-zes oberhalb des unmittelbar sinn-lichen Wahrneh-mungsbereichs; nur Teile direkt wahrnehmbar)	Universum, Kosmos, Galaxien, Supernova, Urknall, Evolution des Universums usw.	Stoffkreisläufe in der Biosphäre, Ozon-Schutzschild, CO_2-Treibhaus-Effekt, chemische Prozesse im Uni-versum	Atmosphäre, Erdkern, Erd-mantel, Geo-Ökosystem, Klima-system, Orogenese, Ozonschicht, Plattentektonik, Seismik, Treibhauseffekt usw.	Ökosystem, Biosphäre, Stoff-kreislauf, Energie-fluss in Öko-systemen, biolog. Evolution, Gendrift, Isolation, biolo-gische Rhythmen usw.

Notwendigkeit der Einzelfächer für die Entwicklung allgemeiner Kompetenzen

Was verstehen wir unter Kompetenz? In dem vorausgehenden Vortrag wurde von G. Berg bereits das „Kompetenzenrad" der GDNÄ-Kommission vorgestellt und der notwendige Beitrag der Fächer zur instru-mentellen, wissenschaftstheoretischen (phi-losophischen) und zur Denkkompetenz aufgezeigt.

Es sei an dieser Stelle aus pädagogischer Sicht noch einmal darauf hingewiesen, dass der heute in Inflation geratene Begriff „Kompetenz" vielfach nur verkürzt wahr-genommen und sehr unterschiedlich inter-pretiert wird. Die Kommission hat sich darauf verständigt, dass zur „Kompetenz"

Tab. 4: Die „100 Wörter des Jahrhunderts". Recherche des Deutschland-Radios Berlin

Wort d. Jahrh.	Ph	Ch	Bio	Ge	Wort d. Jahrh.	Ph	Ch	Bio	Ge
Aids			X		Luftkrieg				
Antibiotikum		X	X		Mafia				
Apartheid			X		**Manipulation**			X	
Atombombe	X	X	X	X	**Massenmedien**	X			
Autobahn					**Molotow-Cocktail**		X		
Automatisierung	X		X		**Mondlandung**	X			X
Beat					Oktoberrevolution				
Beton	X	X		X	Panzer		X		
Bikini					Perestroika				
Blockwart					**Pille**		X	X	
Bolschewismus					**Planwirtschaft**				X
Camping					Pop				
Comics					Psychoanalyse				
Computer	X		X		**Radar**	X			
Demokratisierung					**Radio**	X		X	
Demonstration					Reißverschluss				
Demoskopie					**Relativitätstheorie**	X			
Deportation					Rock 'n' Roll				
Design					**Satellit**	X			
Doping		X	X		**Säuberung**			X	
Dritte Welt					Schauprozess				
Drogen		X	X		Schreibtischtäter				
Eiserner Vorhang			X		Schwarzarbeit				
Emanzipation					Schwarzer Freitag				
Energiekrise	X	X	X	X	**schwul**			X	
Flugzeug	X		X		**Sputnik**	X			X
Freizeit					Star				
Führer			X		Stau				
Friedensbewegung					**Sterbehilfe**			X	
Fundamentalismus					**Stress**			X	
Gen		X	X		Terrorismus				
Globalisierung					**U-Boot**	X	X		
Holocaust					**Umweltschutz**	X	X	X	X
Image					**Urknall**	X			X
Inflation					Verdrängung				
Information	X		X		**Vitamin**		X	X	
Jeans					Völkerbund				
Jugendstil					**Völkermord**			X	
Kalter Krieg					Volkswagen				
Kaugummi		X	X		Währungsreform				
Klimakatastrophe	X		X	X	Weltkrieg				
Kommunikation	X		X		Wende				
Konzentrationslager					Werbung			X	
Kreditkarte			X		Wiedervereinigung				
Kugelschreiber			X		Wolkenkratzer				X

(= Zuständigkeit für einen bestimmten Problembereich – ein Begriff aus der Juristensprache des 18. Jahrhunderts) nicht nur Wissen/Verständnis und Fertigkeiten/Praktiken gehören, sondern entsprechend der Curriculum-Diskussion der 70er-Jahre die alte Trias „Wissen/Verständnis", „Fertigkeiten/Praktiken" *und* „Haltungen/Einstellungen" (knowledge, skills and attitudes). Um Missverständnisse über den Kompetenzbegriff in diesem Beitrag zu vermeiden, wird das dreiteilige Konzept noch einmal graphisch dargestellt (siehe Abb. 1).

Die GDNÄ-Bildungskommission hält es für dringend, bei dem heutigen allgemeinen Kompetenzen-Wirrwarr auf diese Dreiteiligkeit zu verweisen und die immer wieder unterschätzte Bedeutung von Grundhaltungen und Einstellungen zu einem Problembereich, in unserem Falle zu den Naturwissenschaften, herauszustellen. Ohne eine positive Grundhaltung zu diesen Wissenschaften – und zu Wissenschaft überhaupt – ist alles Lernen von Fakten und Fertigkeiten vergebliche Liebesmüh'. Die „naturwissenschaftliche Sachkompetenz" (im Kompetenzenrad links) kann nur auf einer entsprechend positiven *affektiven* Grundlage beruhen. Entsprechend müssen

auch bei allen anderen Kompetenzen des Rades die zugrunde liegenden Einstellungen stets mitbedacht und methodisch verbessert werden.

Das ist bei Gesundheitskompetenz, Umweltkompetenz, der ethischen und der instrumentellen Kompetenz unmittelbar einsichtig, wenn wir an die üblichen Postulate der „Gesundheitsmentalität", des „Umweltbewusstseins", der „Rechtschaffenheit" und der „Freude am Experimentieren" denken, die ja immer wieder als Grundhaltungen im naturwissenschaftlichen Unterricht gefordert werden.

Das soll an zwei weiteren – für Naturwissenschaftler vielleicht ungewohnten – Beispielen noch einmal verdeutlicht und dabei die besondere Rolle von Fachkompetenz für die Entwicklung und Pflege der allgemeinen, fachübergreifenden Kompetenzen aufgezeigt werden.

Sprachkompetenz. Die besondere Rolle der naturwissenschaftlichen Sachkompetenz bei der Entwicklung einer *allgemeinen Sprachkompetenz* kann man täglich beobachten, wenn man in den Medien wahrnimmt, wie die Fachsprachen der Naturwissenschaften einen wachsenden Anteil an den Umgangssprachen der Länder und vor allem an der englischen Weltsprache ein-

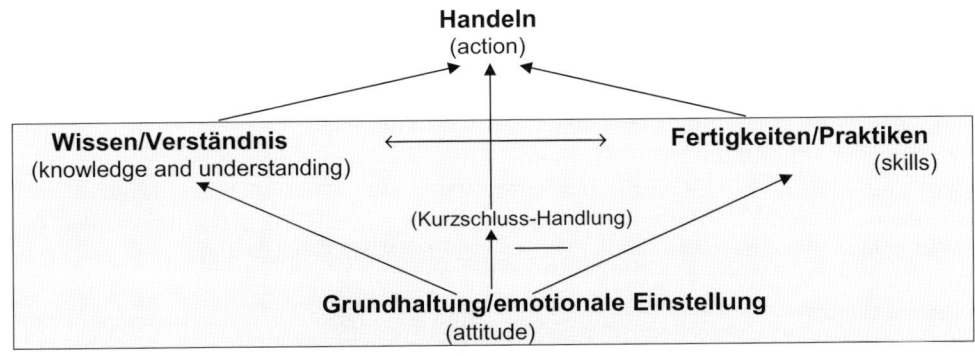

Abb. 1: Dreiteiliger Kompetenzbegriff unter Einbeziehung von Haltungen/Einstellungen

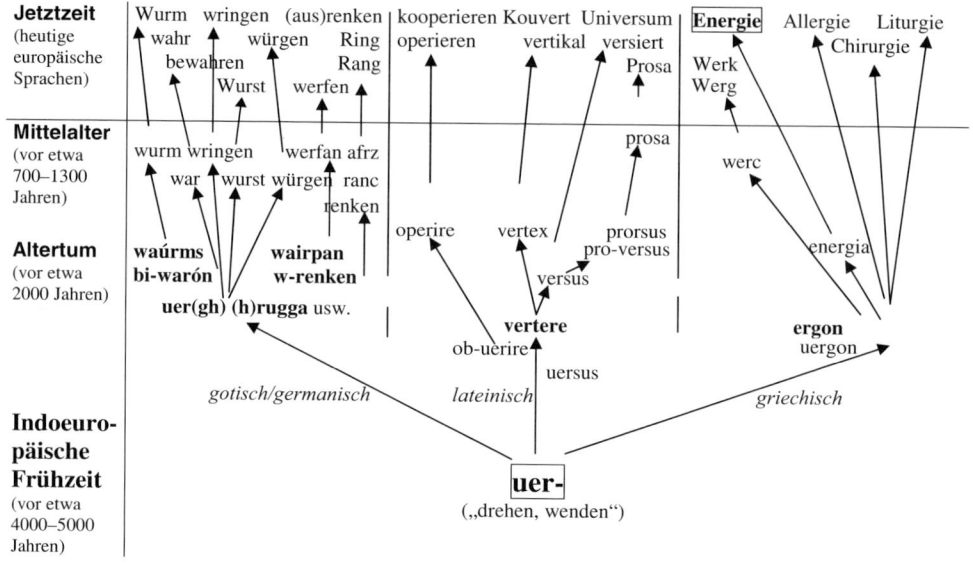

Abb. 2: Vereinfachter etymologischer Stammbaum des Wortes Energie (ursprüngliche Bedeutung: „das innen drin Drehende, Wendende") für den Physik-Unterricht

nehmen. Das wurde schon am Beispiel „100 Wörter des Jahrhunderts" (Tab. 4) deutlich, fällt aber auch immer wieder ins Auge, wenn man sich die heutige Computersprache und die Debatten um Gentechnik, Stammzellforschung, neue Medikamente und „schwarze Löcher im Weltall" anschaut.

Über diesen unmittelbaren Beitrag der Wissenschaftssprachen zur Allgemeinbildung hinaus, den jeder täglich wahrnehmen kann, ist es aber auch im Fachunterricht möglich und außerordentlich sinnvoll, durch einige etymologische Betrachtungen, z. B. in Physik über „Energie" (Abb. 2), Chemie über „Phosphor" (Abb. 3), Biologie über „Gen" (Abb. 4), Geowissenschaften über „Tektonik", Mathematik über „Vektor" usw., Zusammenhänge der *Fachsprachen untereinander*, zwischen der jeweiligen *Fachsprache und der Umgangssprache*, aber auch – und das wäre ein wichtiger Beitrag zur internationalen Völkerverständigung – zwischen den *verschiedenen Umgangssprachen der indoeuropäischen Sprachfamilie* aufzudecken.

Das soll an drei Beispielen für die naturwissenschaftlichen Fächer gerafft dargestellt werden (Abb. 2, 3, 4). Sie sind nach DUDEN, *Herkunftswörterbuch, Etymologie der deutschen Sprache*, und aus früheren Publikationen des Verfassers [1] zusammengestellt.

Es ist lohnend, Schülern die Bedeutung des etwa 5000 Jahre alten Wortstammes „uer- = drehen, wenden" über die lateinischen, germanischen und griechischen Entwicklungspfade hinweg nachzuzeichnen und dann am Ende in der Jetztzeit beim Worte „Energie" zu landen, das so viel wie „das, was innen drin dreht und wendet" bedeutet. Von hier aus dann waagerecht zu der heutigen Sprachsippe um Energie herum weitergehen heißt: „operieren", „Universum", „Wurm", „wringen", „Allergie", „Chirurgie" und selbst „Wahrheit" mit ganz neuen Augen zu sehen. Es ist eine abenteuerliche Reise in die Vergangenheit, die die Schüler schon deshalb fasziniert, weil sie so etwas im *Physik*unterricht überhaupt nicht erwartet hätten.

Natürlich könnte man einwenden, dies wäre in der Schule eigentlich eine Aufgabe der *sprachlichen* Fächer und nicht des naturwissenschaftlichen Unterrichts, der ohnedies durch ständig neue Erkenntnisse überlastet ist. Aber: Die sprachlichen Fächer tun es nun einmal nicht, weil sie für den Inhalt naturwissenschaftlicher Worte nicht kompetent und für entsprechende Fragen der Schüler nicht hinreichend gewappnet sind. Daher bleibt es Aufgabe der naturwissenschaftlichen Fächer, die ja seit langem an „evolutionäre Denkfiguren" gewöhnt sind, ihre eigenen Fachsprachen historisch zu durchleuchten und etymologisch zu erklären. Ihre Fachkompetenz ist geeignet und auch *nötig*, um eine allgemeine Sprachkompetenz bei unseren Mitbürgern zu entwickeln und zu vervollständigen.

Nach bisherigen Erfahrungen an Schule und Hochschule entsteht bei solchen fachübergreifenden etymologischen Betrachtungen in den jungen Menschen ein Gefühl der „Verwandtschaft": zum einen zwischen den *Wissenschaften* auf der terminologischen Ebene (über die zumeist allein beachtete Verwandtschaft der Arbeitsmethoden hinaus); zum andern zwischen den *Völkern*. Dieses Verwandtschaftserlebnis des „Erkennens" (vgl. auch englisch kinship, Abb. 4) der Schüler trägt deutlich zu einer Verbesserung ihrer Grundhaltung zu den Naturwissenschaften bei und macht für sie diese Wissenschaften „persönlicher", „menschlicher".

Wer Bedenken hegt, dass dies ja doch von dem eigentlichen Auftrag der Schule, Schülern die *Wissenschaften*, ihre Methode und ihre Ergebnisse nahe zu bringen, zu weit weg führe, möge sich bewusst machen, dass diese sich ja nicht nur in der objektiven Beschreibung und Erklärung von Sachver-

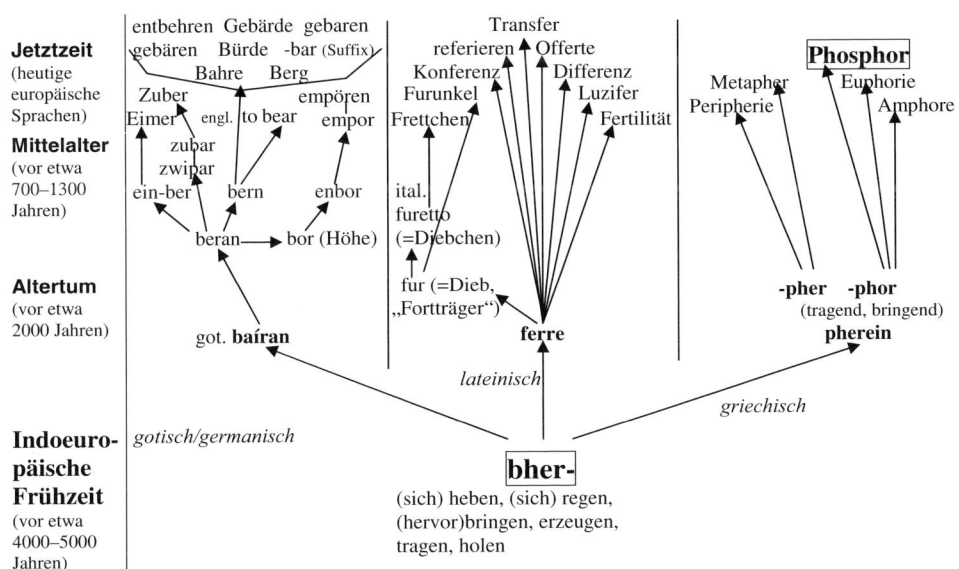

Abb. 3: Vereinfachter etymologischer Stammbaum des Wortes Phosphor (ursprüngliche Bedeutung: „Licht-Träger") für den Chemie-Unterricht

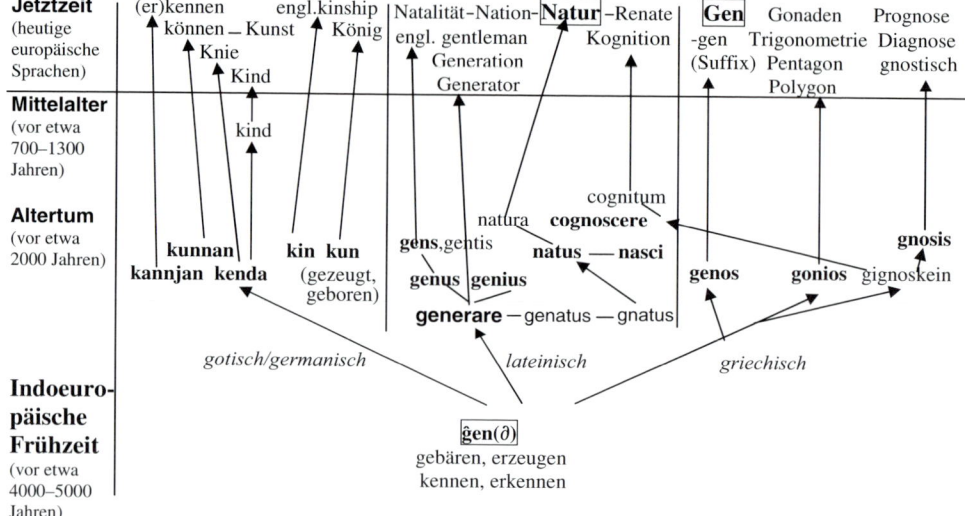

| **Jetztzeit**
(heutige
europäische
Sprachen) | (er)kennen
können — Kunst
Knie
Kind | engl.kinship
König | Natalität–Nation–**Natur**–Renate
engl. gentleman
Generation
Generator | Kognition | **Gen** Gonaden
-gen Trigonometrie
(Suffix) Pentagon
Polygon | Prognose
Diagnose
gnostisch |

Mittelalter
(vor etwa
700–1300
Jahren)
kind

Altertum
(vor etwa
2000 Jahren)

natura **cognoscere** cognitum

kunnan   **kin kun**
kannjan kenda   (gezeugt,
geboren)

gens,gentis   **natus — nasci**
genus genius

generare — genatus — gnatus

genos   **gonios** gignoskein   **gnosis**
gignoskein

gotisch/germanisch   *lateinisch*   *griechisch*

**Indoeuro-
päische
Frühzeit**
(vor etwa
4000–5000
Jahren)

$\widehat{g}en(\partial)$
gebären, erzeugen
kennen, erkennen

Abb. 4: Vereinfachter etymologischer Stammbaum der Wörter Gen und Natur (ursprüngliche Bedeutung: „das Erzeugende, Gebärende") für den Biologie-Unterricht

halten manifestieren, sondern auch in der Terminologie, d. h. in der *Benennung* der Sachverhalte, und damit in Sprache.

Ästhetische Kompetenz. Zum Schluss sei ein kurzer Hinweis auf die Bedeutung naturwissenschaftlicher Fächer auch für die Entwicklung und Pflege der ästhetischen Kompetenz erlaubt. Bei Betrachtung von elektrischen oder magnetischen Feldern im Physikunterricht, von Kristall- oder Molekülstrukturen im Chemieunterricht oder von Blüten, Tieren, Landschaften im Biologieunterricht sollte sich der Lehrer/die Lehrerin ruhig einmal die Zeit nehmen, über die wissenschaftliche Beschreibung und Erklärung der Objekte hinaus auch einmal den ästhetischen Aspekt aufleuchten zu lassen.

Dabei können Kriterien wie

- „leicht gestörtes Regelmaß" (Unregelmäßigkeiten im sonst regelmäßigen Aufbau des Objektes) oder

- „Abwandlung eines Grundprinzips" („Thema mit Variationen", z. B. Metamorphose von Organen) oder

- „Polarität" (Gegensätzlichkeit in der Einheit) oder

- „Selbstähnlichkeit" (Fraktale, Goldener Schnitt usw.) oder

- „Kontrastbildung, Spannung"(horizontal/vertikal, singulär/iterativ, rechts/links, oben/unten) oder schließlich auch, vor allem im Bereich des Lebendigen,

- „Hintergründigkeit" (Symbolik, Geheimnis hinter den Dingen)

eine Rolle spielen und dabei den Schülern die Augen öffnen für interessante Beziehungen zwischen Form und Inhalt, zwischen Schönheit und Gesetzlichkeit, die dahinter steht und die natürlich wieder ein genuin naturwissenschaftliches Interesse anspricht.

Durch Anwendung naturwissenschaftlicher Kompetenz auf die Entwicklung der ästhetischen Kompetenz wird so eine Brücke geschlagen zwischen Wissenschaft und Kunst – ein Anliegen, das auch Lorenz Oken bei der Herausgabe seiner Zeitschrift *Isis* vertrat und das auf der Überzeugung gründete, dass zwischen Ästhetik und Erkenntnis tief liegende Verwandtschaften bestehen, die niemand besser aufzudecken imstande ist als die Naturwissenschaften. Sie sind es ja, die die Gesetze der Natur, die im Ästhetischen *sinnlich* erlebt werden, *geistig-rational* erfassen, intersubjektiv beschreiben und somit allen Menschen, unabhängig von ihrer persönlichen Vorgeschichte, zugänglich machen.

Literatur

[1] Schaefer, G.: Biologie und Sprache – Etymologische Betrachtungen im neuen Oberstufenunterricht. In: Kirsch, W. (Hrsg.): Materialien Biologie für die Sekundarstufe II. Stark Verlag, Freising, Teil 1 1996, 1–16; Teil 2 1997, S. 17–33.

Bildungsstandards statt Fachwissen? Zehn ketzerische Bemerkungen

Jörg-Dieter Gauger

Ich bin ja in Ihrem Kreise eine rara avis, kein Naturwissenschaftler oder Mediziner, sondern Geisteswissenschaftler, Altphilologe und Historiker, insofern mag mein Beitrag für den immer wieder so gerne geforderten Dialog zwischen Geistes- und Naturwissenschaften stehen, und ich danke Herrn Kollegen Berg ebenso für die Einladung wie ich meinem Vorredner für die hergestellten Beziehungen zwischen Naturphänomenen, Sprache und Ästhetik danke.

1. Bemerkung

Ich bin kein Biologe, aber das weiß sogar ich: Ein Schwein wird dadurch, dass man es wiegt, nicht fett. Wenn ich magere Kost gebe – Input –, kommt kein guter Ertrag – Output – heraus. Wenn examinierten Jungbankern einer großen deutschen Bank in einem eigenen Kurs beigebracht werden muss, dass Mozart, Haydn und Beethoven zur Wiener (deutschen) Klassik zählen und Letzterer neun Symphonien, aber nur eine Oper geschrieben habe, dann stimmt etwas beim „Input" unseres Musikunterrichts nicht. Der Output ist entsprechend.

Auch bei der Bildung können sich Leistungsüberprüfungen und -vergleiche, nationale wie internationale – neudeutsch „Evaluation" –, nur an konkreten, eben messbaren Inhalten, an Wissen und Können, orientieren. Bildung ohne Inhalte ist leer. Für umfassende pädagogische Machbarkeitsformeln wie Handlungskompetenz, Lebenskompetenz, Sozialkompetenz dürfte dies außerordentlich schwer werden, weil sie nicht konkret bestimmbar, neudeutsch „operationalisierbar" sind. Lesekompetenz, Schreibkompetenz, Kommunikationskompetenz setzen Inhalte voraus, und es macht schon einen Unterschied, ob ich ein Goethe-Gedicht oder einen „Bild"-Zeitungs-Kommentar verstehend lesen, inhaltlich beschreiben und kommunizieren soll. Daher ist unter dem Aspekt von Leistung und Qualität die Frage, was an Inhalten an unseren Schulen vermittelt und gelehrt wird, die zentrale bildungspolitische Frage. Allerdings zeigen jetzt wieder die vielen politischen Reaktionen auf die missglückte OECD-Studie vom September 2004, dass wir immer noch viel lieber über Strukturen (Ganztagsschulen!), Finanzen, Quantitäten reden oder über das „Wie", also über Methoden, statt über das „Was". Oder es wer-

Professor Dr. phil. **Jörg-Dieter Gauger,** geb. 1947. 1967–1972 Studium der Klassischen Philologie, Geschichte, Politischen Wissenschaft in Bonn (Lehramt), Promotion 1975, Wiss. Ass. 1975–1982 in Bonn und München (Geschichte), 1996 Privatdozent, 2002 apl. Professor Univ. Bonn. Seit 1982 in verschiedenen Funktionen Wissenschaftlicher Mitarbeiter der Konrad-Adenauer-Stiftung, derzeit Stellvertretender Hauptabteilungsleiter Wissenschaftliche Dienste (St. Augustin) und Koordinator „Bildung und Kulturpolitik" in der Hauptabteilung „Politik und Beratung" (Berlin). Ca. 100 Beiträge, Aufsätze, Rezensionen und Herausgeberschaften zur Bildungspolitik, Politischen Bildung, Zeitgeschichte.

Prof. Dr. Jörg-Dieter Gauger
Am Paulusacker 3
D-53117 Bonn

den – wie ebenfalls jüngst wieder von der OECD durchgespielt – die Schuldigen dingfest gemacht, das sind üblicherweise unsere Lehrer, überaltert, unflexibel, demotiviert.

2. Bemerkung

Seitdem der Konsens über die Bildungsinhalte (ich erinnere an den Tutzinger Maturitätskatalog von 1959), das trifft gleichermaßen die geisteswissenschaftlichen wie die Math/Nat-Fächer (ich kürze der Einfachheit halber so ab), Ende der 60er-Jahre zerbrochen ist und durch die „Furie

des Verschwindens" (Hegel) ersetzt wurde (trefflich: K. Adam „Das Ganze war das Unwahre", Die Welt vom 18. September 2004), hat es eine ernsthafte Inhaltsdiskussion in Deutschland nicht mehr gegeben, zumal in den 70er-Jahren „Bildung" statt auf Geist, Kultur und Begabung auf Macht (sprich Emanzipation), Karriere („begaben"), Quantitäten ausgerichtet wurde. Die z. B. jüngst wieder (OECD) geforderte Steigerung der Studentenzahlen ist ja nicht per se positiv, wenn dahinter kein entsprechendes Leistungsvermögen steht (s. Jürgen Kaube „Unvernunft der Liste", *FAZ* vom 16. September 2004), einmal ganz abgesehen von den Arbeitsplätzen (**jeden Tag brechen bis zu 1000 „normale" und sozialpflichtige weg**) und von völlig unterschiedlichen Bildungssystemen, die wie Äpfel mit Birnen gleichgestellt werden. In der Zeitschrift *Psychologie heute* (August 2004) wurde ein englisches Experiment vorgestellt, das in Deutschland jetzt ebenfalls durchgeführt wurde (leider liegen hier noch keine Ergebnisse vor): 30 Schüler reisen in den Schulunterricht 50 Jahre zurück. Fazit eines Schülers zu den Anforderungen: „Heute gehöre ich der Spitze an, vor 50 Jahren wäre ich Bodensatz gewesen." Das hierzulande übliche Denken in Quantitäten setzt angesichts der statistischen Verteilung von Begabungen (Gauß lässt grüßen) notwendig Niveausenkung voraus.

3. Bemerkung

Die so beliebte Reduktion der Bildungsziele auf Formales – „Schlüsselqualifikationen" überfachlicher Art – oder übergreifende Fragestellungen – so genannte „Schlüsselprobleme" – führt nicht weiter. Die TIMSS (1997) hält ganz deutlich fest: „Wir wissen, dass Schlüsselqualifikationen nicht direkt erwerbbar oder gar vermittelbar sind, sondern der Weg zu ihnen über den mühsamen Aufbau einer breiten und gut vernetzten Wissensbasis in spezifischen Fächern führt und den Ausgangspunkt für die Übertragung erworbenen Wissens in andere Anwendungsgebiete darstellen." Man wüsste nicht, wie Handlungskompetenz, Problemlösekompetenz, Lernenlernen oder Kreativität ohne fachliche Folie gedeihen können und wie Wissensmanagement ohne Wissen funktioniert. Daher ist auch die Frage, ob didaktische Konzepte wie Fächerverbünde, Lernbereiche, Lerndimensionen, Lernfelder, Kernprobleme, Kernthemen, und anderes mehr erfolgreicher sind als der uns allen noch geläufige herkömmliche, systematische Unterricht. Auch „Schlüsselprobleme" (Wolfgang Klafki, s. *Bildungsdenkschrift Nordrhein-Westfalen* 1996), also das Zuschneiden der Inhalte auf globale Fragestellungen wie Krieg und Frieden, Umwelt, soziale Ungleichheit und anderes mehr schafft letztlich nur die Illusion, man könne solche Probleme im Schulunterricht wirklich sinnvoll behandeln. Da schlägt allzu leicht die Stunde der Ideologen.

4. Bemerkung

Als Argument für die notwendige Reduktion konkreter Wissensvermittlung wird immer wieder ins Spiel gebracht, dass das verfügbare Wissen Jahr für Jahr explodiert und an jedem Arbeitstag international etwa 20 000 wissenschaftliche Aufsätze veröffentlicht werden. Es reiche daher doch aus, das Lernen des Lernens exemplarisch zu lernen, zumal das Internet die entsprechenden Wissensbestände bei Bedarf leicht zur Verfügung stelle. Aber was veraltet denn an einem Englischgrundwortschatz, an Lateinvokabeln, an Geschichtszahlen oder am Kategorischen Imperativ Kants? Neues kann man nur bewerten, wenn man

das Vorhandene kennt. Hans Magnus Enzensberger hat das im *Spiegel* 38/2004 auf die schöne Formel gebracht: „Die Leute beschäftigen sich überfliegerhaft mit modischen Naturwissenschaftsthemen. Aber man muss dich erst einmal das ABC lehren, bevor man über Superstrings redet."

5. Bemerkung

Vor diesem Hintergrund ist es sicher ein Fortschritt, man mag es sogar einen „Paradigmenwechsel" nennen, dass sich die KMK nach PISA auf gemeinsame „Bildungsstandards" verständigt hat, obwohl der Begriff unglücklich ist – kann man Bildung standardisieren? Dafür gibt es im Wesentlichen vier Gründe: Es gab schon vor PISA entsprechende Studien („Schulleistungsvergleiche zwischen Bundesländern", Karlheinz Ingenkamp 1992; „Lesefähigkeiten und Lesegewohnheiten von Schülerinnen und Schülern", Fachbereich Erziehungswissenschaften der Universität Hamburg 1992 im OECD-Rahmen, Markus, TIMSS 1997 usw.): Die Akzeptanz von und das Bewusstsein für die Bedeutung empirischer Unterrichtsforschung beginnt sich in den 90er-Jahren, wenn auch langsam, durchzusetzen. Hinzu kamen das schlechte Abschneiden bei PISA (2000), das sogleich wieder um den „Standort Deutschland" fürchten ließ, die Diskussion um Dietrich Schwanitz' Bildungs-Anweisung für „Small-Talker" und Vernissage-Besucher, die auch entsprechende Reaktionen bei Naturwissenschaftlern auslöste (Ernst Peter Fischer, *Die andere Bildung*, ⁹2002), oder Marcel Reich-Ranickis *Bildungskanon* und schließlich die föderale Struktur des Bildungswesens, nachdem Bundesbildungsministerin Edelgard Bulmahn die Inhaltsdebatte als Chance begriff, eine Bundeskompetenz im Schulwesen einzuführen (vgl. Juniorprofessur). Was liegt konkret vor? Bildungsstandards für Deutsch, Mathematik und Fremdsprachen für die Sekundarstufe I Klasse 10, seit Ende August 2004 Entwürfe für die *Fächer* Biologie, Chemie, Physik, alle bislang noch nicht schulformbezogen wie angekündigt. Hier wird man daher insbesondere für die Hauptschule weiter abwarten müssen. Daneben verfassen die Länder ihre eigenen „Bildungsstandards" (Baden-Württemberg oder Hessen), das macht die Lage höchst vielfältig und unübersichtlich.

6. Bemerkung

Unter dem Begriff „Bildungsstandards" verstehen nicht alle dasselbe, als Beispiel diene Hessen 2002 Realschule Biologie (realschule.bildung.hessen.de), das schlicht Inhaltskataloge mit diesem Begriff versieht: „2.1 Die Vielfalt der Lebewesen und ihre Ordnung: Blütenpflanzen, den gemeinsamen Grundbauplan der Blütenpflanzen ableiten, den Zusammenhang zwischen Struktur und Funktion eines Pflanzenorgans erläutern, Wasseraufnahme, Transport und Abgabe mithilfe einfacher Experimente verdeutlichen, das Prinzip der vegetativen Vermehrung aufzeigen, einfache Untersuchungen zu Keimungs- und Wachstumsbedingungen durchführen und beschreiben, Blütenpflanzen nach Merkmalen ordnen, Wirbeltiere und exemplarische Vertreter der Wirbellosen" usw. Man wüsste nicht so recht, worin eigentlich der Fortschritt gegenüber herkömmlichen Lehrplänen liegt, wenn man auf diese Weise umetikettiert.

Die KMK-Bildungsstandards („Basisqualifikationen" nach PISA) sind hingegen weithin inhaltsleer (ausdrücklich wurde eine Lektüreliste für Deutsch abgelehnt!), sonst wäre wohl auch die notwendige Einheit zwischen den Ländern nicht herzustellen gewesen, wobei sich die damit verbundene „Persönlichkeitsentwicklung" und „Weltorientierung" durch „Begegnung mit zentralen Gegenständen" unserer Kultur ergeben sollen (die Konkretion erfolgt hier durch Beispielaufgaben), und überlassen die inhaltliche Konkretion („das Fachwissen") den Lehrplänen der Länder. Bildungsstandards beschreiben verbindliche fachbezogene Fähigkeiten (Kompetenzen), legen jedoch keine Inhalte und Curricula fest: Es liegt daher bei den Ländern, die Standards auszufüllen (Goethe oder Bildzeitung). Ihrer Funktion nach setzen Bildungsstandards am Output an, für den sie Vorgaben spezifizieren durch die Stufung von Kompetenzanforderungen. Zur Erläuterung: Für das Fach Mathematik umfasst die *erste* Kompetenzstufe das Reproduzieren. Die Schüler sollen dabei gelernte und geübte Verfahren in einem abgegrenzten Gebiet wiedergeben und verwenden. Die *zweite* Kompetenzstufe meint das selbstständige Bearbeiten bekannter Sachverhalte, indem Kenntnisse, Fähigkeiten und Fertigkeiten verknüpft werden, die im Mathematikunterricht auf verschiedenen Gebieten erworben wurden. Wer Kompetenzstufe *drei* erreichen will, muss verallgemeinern und reflektieren können, also selbstständig Probleme formulieren und zu Folgerungen und Wertungen gelangen. Curricula hingegen setzen am Input an, d. h. an der Auswahl der Inhalte und Themen (so ganz klar ist mir der Unterschied zwischen früheren Lernzielen [Der Schüler soll...] und heutigen Standards bis heute nicht, auch Konrad Adam hat ihn nicht so recht begriffen). Ich kann daher in den Lehrplänen den klassischen Unterricht (s. KAS *Kerncurriculum Mathematische und naturwissenschaftliche Grundbildung*, Dezember 2003: http://www.kas.de/publikationen/2003/3568_dokument.html) ebenso festschreiben wie alle möglichen anderen didaktischen Formen. Curricula müssen daher mehr umfassen als Bildungsstandards im Sinne individualbezogener Kompetenzmodelle. Daher sind nicht so sehr die recht allgemein gehaltenen und teilweise banalen Bildungsstandards zu diskutieren, sondern jene Inhalte, die jeweils die Länder auf diese Bildungsstandards beziehen, wobei derzeit die Kombination mit Aufgabenpools und zentralen Prüfungen noch nicht so recht deutlich ist. Das Ganze wird in ausgewählten Fachbereichen und Jahrgangsstufen landesweit und bundesweit verglichen. Die Länder werden zudem weiterhin an internationalen Untersuchungen teilnehmen.

7. Bemerkung

Hervorzuheben ist, dass es sich in allen Fällen um fächerbezogene Standards handelt; die Existenz unterschiedlicher Fächer, die unterschiedlichen Zugängen an die natürliche Welt Rechnung trägt, wird beibehalten. Es war in den 80er-Jahren (Hessen, Schleswig-Holstein) die Tendenz, die drei naturwissenschaftlichen Fächer zu integrieren; heute zeichnet sich zumindest für die Klassen 5–7, ggf. 7–8, nach dem Vorbild etwa Finnlands („Lifescience" mit Biologie/Chemie), ebenfalls wieder die Tendenz ab, in Baden-Württemberg „Naturphänomene", in Bayern „Natur und Technik", in NRW „Naturwissenschaften" ab 2006, was allerdings wiederum entsprechende Schulbücher und entsprechende Lehrerfortbildung verlangt. Diese Tendenz hat verschiedene Gründe: Das hohe Interesse in Klasse 4 Grundschule an naturwissenschaftlichen Fragen (so IGLU), das fortgeschrieben werden soll, aber auch so profane wie Fachlehrermangel. Immerhin fallen in Nordrhein-Westfalen 22 % des Biologieunterrichts, 31 % des Physikunterrichts, 33,2 % des Chemieunterrichts aus. Ich würde aber in jedem Falle dafür plädieren, schon ab Klasse 7, spätestens ab Klasse 8 zu differenzieren: Disziplinen können nur in systematisch aufbauenden Fächern gelernt werden. Wenn man schon von „Wissenschaftspropädeutik" spricht, müssen sich die Systematik der Fächer und ihre Grundlagen in didaktisch reduzierter Form auch im Unterricht spiegeln, nicht jeweils häppchenbezogen auf Projekte, sondern aufeinander aufbauend und aufeinander bezogen (s. auch: *Kerncurriculum Mathematische und naturwissenschaftliche Grundbildung*, KAS Dezember 2003). Das schließt fächerübergreifende Fragestellungen ebenso wenig aus (Projekte) wie auch eine fächerübergreifende Verbindung zu den geisteswissenschaftlichen Disziplinen, um so die Vernetzung zwischen beiden Wissenschaftsbereichen zu verdeutlichen: „Die fächerübergreifende Herangehensweise kann aber nur dann erfolgreich sein, wenn die grundlegenden Erkenntnisse und naturwissenschaftlichen Arbeitstechniken fachspezifisch erarbeitet wurden und gefestigt sind." (Kerncurriculum KAS). Hier sehe ich die zentrale Aufgabe der Abnehmer, in die Inhaltsdebatte einzugreifen, der Hochschulen (Studierfähigkeit!, Selbstauswahl?) und der Wirtschaft, die klar definieren müssen, was sie eigentlich erwarten; Didaktiker neigen zum Segmentieren ihres spezifischen Bereichs.

8. Bemerkung

Wir haben uns an unseren Schulen (und das schreibt sich an den Hochschulen fort) eine Lernkultur angewöhnt, die so tut, als brauche man Bildung sozusagen nur zu konsumieren, der Schüler oder Student als „Kunde", der bedient werden will. Schule muss „Spaß machen", so jüngst wieder Frau Bulmahn zur Einführung der Ganztagsschule. Aber nur Erfolg macht „Spaß", Lernen ist üblicherweise Anstrengung, vor allem dann, wenn man die Schüler weiterhin darin bestärkt, relevant sei nur, was sie für sich, für ihre „Eigenwelt", als relevant empfinden. Und dann empfindet eben nur die Hälfte unserer 15-Jährigen „Mathematik (als) für sich persönlich wichtig". Die Math/Nat-Fächer haben da ein Imageproblem: auch wenn die Jugend keineswegs technikfeindlich ist (s. 14. Shell-Jugendstudie 2002). Aber Medienbilder lassen sich leicht mit eher negativen Erscheinungen verbinden: Embryonen, Chemieabfälle, Atombombe usf. Sie gelten als schwer, und in einer Wohlstandsgesellschaft ist das, was als schwer gilt, nur schwer vermittelbar, zumal die Frustrationsschwelle und das Durchhaltevermögen immer geringer zu werden scheinen: Und in einer Erbengesellschaft wird man auch mit dem Bruttoinlandsprodukt keine Werbung betreiben können. In Hessen z. B. belegen nur 9 % aller Schüler einen Leistungskurs in Physik oder Chemie. Hierzulande herrscht immer noch die Neigung, ein Studium als Form einer „Selbstverwirklichung" zu verstehen, die sich „Bildungserlebnisse" eher von den Geistes- und Kulturwissenschaften erwartet; darin spiegelt sich ein offenbar noch verankertes traditionelles Bildungsverständnis. Nicht sehr förderlich sind zudem die Abhängigkeit der mit diesen Fächern anzustrebenden Berufspraxis und späterer Beschäftigungsmöglichkeiten von nicht vorhersehbaren konjunkturellen Entwicklungen und der mit diesen Disziplinen immer noch stark verbundene Ruf, eher „männlich" zu sein. All dem soll Vorschulerziehung, mehr Lebensweltlichkeit, Praxisbezug und Anschaulichkeit in den Inhalten abhelfen, daran sind auch die Beispielaufgaben orientiert, die im Anschluss an das PISA-Konzept in den KMK-Bildungsstandards formuliert werden. All

das, verbunden mit vielfältigen außerschulischen Initiativen (mit deren Ausrüstung die Schulen freilich nicht entfernt konkurrieren können), schlägt wiederum eine Brücke zu dem, was man sich ebenfalls davon verspricht, nämlich zur Hebung des „Standorts Deutschland" und einer damit verbundenen höheren Berufsorientierung junger Menschen zugunsten dieser Fächer. Nur sollte man sich dabei nicht in die Tasche lügen: Ob deswegen mehr junge Menschen diese Fächer studieren, zumal wir mit der Zahl von 1/3 unserer Studenten so schlecht nicht liegen (das bestätigt sogar die OECD), wage ich zu bezweifeln, zumal solche Fächer, wenn man sie ernsthaft betreibt, hohe mathematische Fähigkeiten und hohes Abstraktionsvermögen voraussetzen und Chemie mehr ist als wenn es stinkt und knallt. Das merken die Studienanfänger dann spätestens in der ersten Stunde im Hörsaal.

9. Bemerkung

Unterstrichen sei die Bedeutung des Lehrers. Es wird immer wieder vom „selbst" gesprochen: Selbstorganisation, Selbstlernen usf. Mit Franz Weinert, vormals Unterrichtsforscher am Max-Planck-Institut in Berlin, ist immer wieder darauf hinzuweisen, dass für den Erwerb von Wissen und Können immer noch der lehrergeleitete Unterricht die entscheidende Rolle spielt und dass damit in der Lehrerausbildung der fachliche Aspekt nicht zu kurz kommen darf. „Bologna" zwingt uns eigentlich zu nichts, nicht zur Aufgabe unserer bewährten Diplome und schon gar nicht zur Aufgabe der zweiphasigen Lehrerausbildung, obwohl eine ganze Phalanx von Politikern, Hochschulpräsidenten und Bertelsmann (CHE) uns das permanent einzureden versucht.

10. Bemerkung

Alle Reformen werden nicht viel nutzen, wenn es nicht wieder gelingt, den Eigenwert von Bildung zu verdeutlichen und ihren gesellschaftlichen Stellenwert zu erhöhen. „Bildung ist *Kultur* nach der subjektiven Seite ihrer Aneignung" (Theodor W. Adorno; s. oben KMK). Das bedeutet, dass die Frage der Anwendbarkeit/des Nutzens eine sekundäre ist: Ich kann weder Karl den Großen „anwenden" noch Mozart, noch Goethes Faust. Und das gilt gleichermaßen auch für einen Großteil der naturwissenschaftlichen Bildung. Wenn daher Dietrich Schwanitz suggeriert: „Die naturwissenschaftlichen Kenntnisse (tragen) wenig zum Verständnis der Kultur bei... (Und) so bedauerlich es manchem erscheinen mag: Naturwissenschaftliche Kenntnisse müssen zwar nicht versteckt werden, aber zur Bildung gehören sie nicht", oder Werner Fuldt in seinem Buch *Die Bildungslüge* (2004) den Rat gibt, Mathematik und Physik an den Schulen generell abzuschaffen, weil Erstere etwas für Spezialbegabungen sei und die Zweite mit ihren Theorien nur die Köpfe verwirre, dann wird ein ganz wesentlicher Bereich unserer Kultur (s. noch einmal o. KMK) abgetrennt. Die großen Wertfragen der Gegenwart entscheiden sich weniger in den Geschichts- und Literaturwissenschaften, sie entscheiden sich in den Naturwissenschaften und in den Techniken. Damit plädiere ich auch hier für einen Bildungsbegriff, der beides als Synthese zusammendenkt und nicht trennt, wie dies Ernst Peter Fischer mit seiner Replik auf Schwanitz durch seinen Buchtitel *Die andere Bildung* doch noch suggeriert. Und dieser Bildungsbegriff muss sich auch im Dialog der Fächer, zwischen Natur- und Geisteswissenschaften niederschlagen, ohne den jeweiligen Eigenwert und die Eigenleistung der Wissensbereiche aufzugeben oder zu verwischen. Wir brauchen heute beide, Geisteswissenschaften und Naturwissenschaften, um uns in dieser immer komplexeren Welt überhaupt verstehen und orientieren zu können. Die großen Fragen der Zeit sind nur aus der Universalität des Wissens zu beantworten Hier kommt der allgemeinbildenden und kulturellen Aufgabe der Schule eine große Bedeutung zu, ihr entkommt keiner, daher ist sie die Institution, die unsere Kultur weitertragen muss. Selbst wenn am Ende das bleibt, was Georg Christoph Lichtenberg einmal gesagt hat: „Ich vergesse das meiste, was ich gelesen habe, so wie ich das vergesse, was ich gegessen habe, ich weiß aber so viel: beides trägt nichtsdestoweniger zur Haltung meines Geistes und meines Leibes bei."

Die Diskussion um Bildungsstandards aus Sicht des Fördervereins MNU

Arnold a Campo

Der Deutsche Verein zur Förderung des mathematischen und naturwissenschaftlichen Unterrichts hat zurzeit Hochsaison. Seit der Gründung des Verbandes 1891 in Braunschweig ist das originäre Anliegen der Unterricht an allen Schulen in den von uns vertretenen Fächern.

Wen wundert's also, dass in Zeiten von TIMSS und PISA und der sich anschließenden sinnvollen Bewältigung der aufgezeigten Probleme und offenbaren Defizite MNU gefragt ist mitzuwirken und zu helfen. Da wir als Verband den Ländern eine bundesweite und parteipolitisch neutrale Plattform bieten, wird in Zeiten der grundlegenden Veränderungen gerne von

OStD **Arnold a Campo**, geb. 1944. Studium der Mathematik und Physik für Höheres Lehramt, Universität Frankfurt/M.; 1. Staatsexamen Bonn 1969, 2. Staatsexamen Hagen 1970. 1973–1990 Fachleiter Mathematik im Studienseminar Hagen; seit 1990 Leiter des Gymnasiums Hohenlimburg. 1979 Gründungsmitglied des „Vereins zur Förderung des schulischen Statistikunterrichts" und Geschäftsführer; 1980 Leiter der Fachleitertagung Mathematik des Deutschen Vereins zur Förderung des Mathematischen und Naturwissenschaftlichen Unterrichts (MNU); 1983–1992 Vorsitzender des MNU-Landesverbandes Westfalen; 1992–2001 stellvertretender Bundesvorsitz, seit 2001 Bundesvorsitzender. Vertreter von MNU in der GDNÄ-Bildungskommission.

OStD Arnold a Campo
Kammannstr. 13
D-58097 Hagen

Fachunterricht ein. Liefern nun die Bildungsstandards [6] die Basis für einen solchen guten Unterricht oder bleibt eventuell das Fachwissen in nicht zu vertretendem Umfang auf der Strecke? Diese Befürchtung drückt der Titel der Veranstaltung aus.

Lassen Sie es mich vorwegnehmen: Der MNU begrüßt grundsätzlich die Entwicklung von Bildungsstandards, verbunden mit der Ausrichtung auf zu vermittelnde und zu erwerbende Kompetenzen. Wir begrüßen die Hinwendung zur Ergebnisorientierung. Der Förderverein MNU weist aber nachdrücklich darauf hin, dass bei der Umsetzung der Bildungsstandards – aus verschiedenen Gründen besser Leistungsstandards genannt – noch bedeutsame Fragen nicht beantwortet sind, z. B.:

1) die umfangreichere Konkretisierung der Standards durch Beispiele
2) die Ordnung der Kompetenzen nach Niveaustufen
3) die Entwicklung passender Lernmittel
4) die Umorientierung der Lehrerausbildung
5) die Unterstützung durch Lehrerfortbildung.

Ich sehe meine Aufgabe heute darin, im Folgenden am Beispiel der Mathematik auf zentrale Fragen der Standards einzugehen. Als 2002 die Kultusministerkonferenz (KMK) die Beschlüsse zur Standardorientierung des mittleren Schulabschlusses (Klasse 10) und der Klasse 4 fasste, war keineswegs klar, was unter Standards überhaupt zu verstehen ist. Diskutieren n Personen über Standards, gibt es mindestens n verschiedene Vorstellungen vom Inhalt des Begriffs. So widmete sich die erste Tagung des Fördervereins MNU im Januar 2003 in Mathematik über weite Teile den Fragen von Varianten und Funktion von Standards. Ergebnis war:

den Kultusbehörden unser Angebot angenommen. Bei sonst nur einer Tagung zu Empfehlungen oder Lehrplänen für den Unterricht pro Jahr haben wir von Januar 2003 bis März 2004 fünf solcher Tagungen organisiert und die Ergebnisse schriftlich vorgelegt [1–5]. Alle Veröffentlichungen finden sie zum Download auf der Homepage von MNU unter www.mnu.de. Meine heutigen Ausführungen orientieren sich wesentlich an diesen Veröffentlichungen.

Gemeinsam mit den großen Fachverbänden erheben wir stets die Stimme für einen „guten" Unterricht. Mit der GDNÄ zusammen treten wir für den fachübergreifenden

1) Es gibt drei unterschiedliche Ausprägungen von Standards:
   a) Inhaltsbezogene Standards beziehen sich auf Inhalte und zugeordnete Ziele. Diese Rolle erfüllen überwiegend die Lehrpläne.
   b) Leistungsstandards beschreiben wesentliche Kompetenzen, über die die Schüler zu einem bestimmten Zeitpunkt verfügen sollen.
   c) Standards für den Unterrichtsprozess sind Vorgaben für Maßnahmen zur Erreichung der geforderten Schülerkompetenz.
2) Standards lassen sich ferner danach unterscheiden, ob sie sich auf eine Idealvorstellung des erwarteten Wissens und Könnens ausrichten, ob sie sich auf einen als Regel erwarteten Durchschnitt beziehen oder ob sie einen Minimalanspruch formulieren.
3) Standards lassen sich außerdem hinsichtlich ihres zeitlichen Horizontes unterscheiden: sollen die angestrebten Ziele im Rahmen eines Schuljahres erreicht werden oder denkt man an eine längerfristige Verfügbarkeit z. B. nach zwei oder mehr Jahren?

Somit erweist sich der Standardbegriff mindestens zweidimensional: inhalts-, leistungs- und prozessbezogen einerseits und zeitbezogen bzw. niveaubezogen andererseits. Sie merken: Standards sind keine Industrienormen, nach denen Output definiert werden kann, obwohl das sicherlich das Einfachste wäre.

Ob man mit der Einführung von Bildungsstandards „als Maßstab, an dem die tatsächlichen bei Schülern vorhandenen Kompetenzen zu messen sind" (KMK) von einem Paradigmenwechsel sprechen kann, will ich hier nicht weiter erörtern. *Standards stellen eine Erwartung an Leistung dar* und dienen der Schul- und Unter-

richtsentwicklung mit einer neuen, in den vergangenen Jahrzehnten so nicht praktizierten Sicht von Unterricht und seinem Ergebnis.

Die von der KMK vorgelegten Bildungsstandards greifen allgemeine Bildungsziele auf und legen fest, welche Kompetenzen die Schüler an zentralen Inhalten erworben haben sollen. *Sie konzentrieren sich auf Kernbereiche eines Faches und beschreiben erwartete Lernergebnisse.* Die Konzentration auf Lernergebnisse: „Was *können* Schülerinnen und Schüler" ermöglicht das Zulassen individueller Lernwege, die Analyse des jeweils erreichten Lernstands und die individuelle Planung des weiteren Lernens. Bildungsstandards formulieren fachliche und fachübergreifende Basisqualifikationen, die für die schulische und berufliche Ausbildung wichtig sind und anschlussfähiges Lernen ermöglichen. „Die funktionale Aufgabe der Bildungsstandards und die Ziele einer zeitgemäßen Allgemeinbildung stehen nicht im Widerspruch zueinander. Sie ergänzen sich vielmehr. Bildungsstandards standardisieren nicht den Prozess der Bildung, das heißt das Lehren und Lernen. Sie definieren vielmehr eine nominative Erwartung, auf die hin Schule erziehen und bilden soll." [7]

Standards konkretisieren die allgemeinen Bildungsziele eines Faches in *Leitideen* oder *Basiskonzepten* und *Kompetenzen*. Leitideen in der Mathematik sind: Zahl, Messen, Raum und Form, funktionaler Zusammenhang, Daten und Zufall. In der Physik sind es: Materie, Wechselwirkung, Systeme, Energie. Kompetenzen in der Mathematik sind: argumentieren, Probleme lösen, modellieren, Darstellungen verwenden, mit symbolischen, formalen und technischen Elementen der Mathematik umgehen, kommunizieren. In der Physik sind es die Bereiche Fachwissen, Erkenntnisgewinnung, Kommunikation und Bewertung.

Während in der Mathematik die Orientierung an Leitideen schon eine längere Tradition hat, ist der Kompetenzbegriff in der Deutlichkeit erst durch PISA in den Vordergrund getreten. PISA: „Mathematische Kompetenz besteht nicht nur aus der Kenntnis mathematischer Sätze und Regeln und der Beherrschung mathematischer Verfahren. Mathematische Kompetenz zeigt sich vielmehr im verständigen Umgehen mit Mathematik und der Fähigkeit, mathematische Begriffe als Werkzeug in einer Vielfalt von Kontexten einzusetzen."

Was ist der unverzichtbare Bildungswert der Mathematik? Der Mathematikdidaktiker Heinrich Winter, Aachen, beschreibt das 1996 so: „Ein allgemeinbildender Mathematikunterricht sollte erlebbar machen, wie mathematische Bildung geschieht, was sie kennzeichnet und wie sie in unserer Welt Verwendung findet." Drei Bereiche ermöglichen den Schülern Grunderfahrungen. Sie erleben dadurch

- Mathematik als anwendbare Wissenschaft
  Erscheinungen aus der Natur, Gesellschaft und Kultur mithilfe der Mathematik und ihrer Anwendungsbereiche in einer speziellen Art wahrzunehmen und zu verstehen
- Mathematik als formale Wissenschaft
  Mathematische Gegenstände und Sachverhalte, repräsentiert in Sprache, Symbolen und Bildern, als geistige Schöpfung einer deduktiven Welt eigener Art zu verstehen und weiter zu entwickeln
- Mathematik als heuristisches Betätigungsfeld
  In der Auseinandersetzung mit Aufgaben Problemlösefähigkeiten zu erwerben, die auch über die Mathematik hinausgehen.

Jede Konzeption von Standards sollte diesem Anspruch gerecht werden. Standards, die diesen Anspruch einfordern, können sich nicht auf detaillierte Inhaltskataloge beschränken. Neben der inhaltlichen Dimension muss auch die prozessbezogene Dimension des Lehrens und Lernens betrachtet werden.

Bei der Aneignung neuer Inhalte ergibt sich das Problem des Verhältnisses zwischen den Einzelteilen und dem Sinnganzen. Einerseits können inhaltliche Details leichter erschlossen werden, wenn erkenntnisleitende Ideen zur Orientierung bereitstehen, andererseits aber muss das Verständnis vom Sinnzusammenhang in Detailkenntnissen verankert sein. Deshalb ist es notwendig, Inhaltsbereiche durch Leitideen bzw. Basiskonzepte zu strukturieren und umgekehrt solche Leitideen des Faches an konkreten Inhalten zu entfalten.

Betrachtet man die mathematischen Themenbereiche der einzelnen Jahrgangsstufen als horizontale Struktur, liefern die Leitideen die Möglichkeit der vertikalen Vernetzung der Inhalte. Sie ziehen sich als „rote Fäden" durch die verschiedenen Jahrgangsstufen und Themenbereiche und helfen im individuellen Lernprozess, Neues mit Bekanntem zu verbinden, die gelernten Inhalte zu reflektieren und neu zu strukturieren. Um notwendige Veränderungen des Mathematikunterrichts in Gang zu setzen, muss Folgendes ineinander greifen:

1) die Betonung und Entwicklung von prozessbezogenen Kompetenzen,
2) die an Leitideen orientierte Auswahl der Inhalte und inhaltsbezogenen Kompetenzen,
3) die Wahl der Unterrichtsform.

Der Zusammenhang der Bereiche muss konkret an Beispielen aufgezeigt werden

4) als Zuordnung eines jeweiligen Inhalts zu verschiedenen Leitideen,

5) als Zuordnung der jeweiligen Inhalte zu verschiedenen Kompetenzen,
6) als Verbindung zwischen Kompetenzen und Leitideen.

Diese allgemeinen Betrachtungen müssen eine konkrete länderspezifische Umsetzung erfahren. Die Übernahme der KMK-Standards in die Länder ist vertraglich geregelt. Die Schulen sind aufgefordert, schuleigene Lehrpläne zu entwickeln auf der Basis landesweiter, schulformspezifischer Lehrpläne, die sich auf das Wesentliche konzentrieren und den Schulen Gestaltungsräume lassen. Ein auf der MNU-Tagung geprägter Begriff ist: *standardorientierte Lehrpläne*.

Lassen Sie mich zusammenfassen: MNU begrüßt *grundsätzlich* die Entwicklung von Bildungsstandards, die Ausrichtung auf Kompetenzen und Ergebnisorientierung. Es sind bei der Umsetzung noch viele Fragen unbeantwortet. Die grundlegende Änderung von Unterricht erfordert Zeit und Geld und ist nicht mit der Formulierung eines Erlasses erledigt. Die Veränderung von Unterricht schon in der Planung unter der Frage: Was soll der Schüler, die Schülerin hinterher *können*? und nicht mehr: Was soll er/sie *wissen*? muss in die Köpfe aller an der Ausbildung Beteiligten, von der Hochschule über die Seminare und zentral natürlich in der Schule. Zur Ergebnisorientierung gehört, dass die Lernergebnisse gemessen und evaluiert werden.

Die KMK-Standards lassen viel Freiraum bei der Umsetzung. Das bietet Chancen und Gefahren für den Einzelnen wie auch für die Gesamtheit. Nicht nur die Lehrerinnen und Lehrer, Schülerinnen und Schüler müssen sich auf viel Neues einlassen, nein, auch die Gesellschaft insgesamt muss sich darauf einlassen, dass anders gelernt werden soll, als es die Eltern getan oder auch nicht erfolgreich getan haben. Diese neue Spannung kann dazu beitragen,

neugierig zu werden und Schule und Lernen sowie Erfolg wieder zum wichtigen Bestandteil des Lebens zu machen. Auf den Titel des Symposiums „Bildungsstandards statt Fachwissen" bezogen möchte ich sagen, dass sich beide nicht ausschließen, sondern sich ergänzen, und dass sich die Lernenden sehr wohl eine Allgemeinbildung aneignen können.

Zum Schluss zeige ich Ihnen eine Mathematikaufgabe aus der Klasse 7, die zwei Wochen nach dem Unterrichtsbeginn zum Beginn des Schuljahrs gestellt wurde und die demonstrieren kann, was man an einzelnen Aufgaben vom im Vortrag Gesagten umsetzen kann. Die Aufgabenstellung ist offen, d. h. die Schülerinnen und Schüler müssen die Arbeitsrichtung selbst finden, benennen und lösen. Das Mathematische wird abstrahiert, die Erfassungsmöglichkeit wie auch die Vergleichsmöglichkeit werden diskutiert, ein möglicher Ereigniszusammenhang wird durch die Angabe eines Kontextes in Form einer Geschichte konstruiert, Tabelle und/oder Graph zum schnellen Vergleich werden erfasst. Die Doppelstunde Mathematik in dieser Klasse war einfach nur schön. Der Lehrer hatte (fast) nichts zu tun, die Schülerinnen und Schüler gestalteten den Unterricht selbstständig und freuten sich über ihre Ergebnisse.

Anmerkungen

[1] Empfehlungen zum Umgang mit Bildungsstandards im Fach Mathematik, MNU 4/2003.
[2] Lernen und Können im naturwissenschaftlichen Unterricht, Denkanstöße und Empfehlungen zur Entwicklung von Bildungsstandards in den naturwissenschaftlichen Fächern Biologie, Chemie und Physik (Sekundarbereich I), MNU 5/2003.
[3] Naturwissenschaften besser verstehen, Lernhindernisse vermeiden, Anregungen zum ge-

Sonderangebot von Rost
und Beule:

Für einen Leihwagen
nur 500.- Thaler am
Tag. Es entstehen
keine weiteren
Kosten, egal wie
viel man fährt!
Gilt für das Modell
Frosch.

Sonderangebot, nur bei Autoverleih Klapper:

Für einen Leihwagen vom Typ Frosch nur 200.-
Thaler am Tag und für jeden Kilometer ist nur
ein Thaler zu zahlen! Weitere Kosten entstehen
nicht!!

**Sonderangebot, bei
Autoverleih Pech
und Panne:**

*Für einen Leihwagen sind nur 2.- Thaler
für jeden Kilometer zu zahlen. Es
entstehen keine weiteren Kosten, eine
Grundgebühr gibt es nicht! So günstig
kann man den Wagen vom Typ Frosch
nirgendwo leihen!!*

meinsamen Nutzen von Begriffen und Sprechweisen in Biologie, Chemie und Physik (Sekundarbereich I), MNU 5/2004.

[4] Empfehlungen zur Ausbildung von Chemielehrern in CHEMIEDIDAKTIK an Hochschule und Seminar – Ausbildungsstandards und Projektideen –, Ergebnisse der gemeinsamen Tagung von MNU, FGCU, GDCh im Physikzentrum Bad Honnef, MNU 7/2004.

[5] Empfehlungen zur Umsetzung von Bildungsstandards der KMK im Fach Mathematik, MNU 8/2004.

[6] Bildungsstandards im Fach Mathematik (Deutsch, 1. Fremdsprache) für den Mittleren Schulabschluss, KMK, 2003.

[7] Aus einer Rede der Vorsitzenden der KMK, Frau Staatsministerin Ahnen, beim Kongress des VDI in Berlin am 17.9.2004.

Kunst und Wissenschaft: Parallelen, Gegensätze, Möglichkeiten einer Symbiose?

Mittagssymposium

Einführung

Klaus Rehfeld

Die Beziehungen zwischen Kunst und Naturwissenschaft sind vielfältig. Es gibt Versuche einer enthusiastischen Durchdringung beider Schaffensbereiche (Ernst Haeckel), einer mit großem Ernst betriebenen Annäherung seitens der Dichter (Johann Wolfgang von Goethe), eines stillen, wenig bekannten Miteinanders künstlerischer und wissenschaftlicher Arbeit (Adalbert von Chamisso, Georg Büchner), einer regen Anteilnahme aus distanzierter Position (Thomas Mann). Es gibt Ärzte und Wissenschaftler unter den Künstlern, wie auch Wissenschaftler, die sich ambitioniert als Künstler versuchten und sahen. Andere achteten auf Distanz: Die beiden Welten seien grundverschieden und mögen getrennt bleiben. Das Eingeständnis eines Charles Darwin, dass er es sich in einem neuen Leben zur Regel machen würde, sich regelmäßig mit Poesie und Musik zu beschäftigen, gibt allerdings zu denken, ebenso die Äußerung Peter Handkes, er wünschte sich ein handfestes naturwissenschaftliches Studium.

So verschieden die Karrieren von Wissenschaftlern und Künstlern auch waren und sind – eine Begegnung beider ist unausweichlich. Ein gewisses Ungleichgewicht scheint aber vorhanden: Es gibt wohl keinen Wissenschaftler, der nicht von irgendeiner Form der Kunstausführung emotional berührt würde, während viele Künstler (wie andere Zeitgenossen) den Wissenschaften gegenüber gleichgültig (geworden?) sind. Überspitzt: „Der Naturwissenschaftler versteht nichts von Kunst und bedauert das; der Künstler versteht nichts von Naturwissenschaft und ist stolz darauf."

Diese Entwicklung ist nicht nur bedauerlich, sondern auch fatal, weil damit eine Quelle der Erkenntnis, der Lebensgestaltung und – durchaus auch – der Freude für viele Mitmenschen zu versiegen droht. Das Thema „Kunst" hat Relevanz auch für unsere von technischer Machbarkeit geprägte Welt – nicht etwa allein, weil sie einen Gegenpol im Emotionalen bietet, sondern weil sie Wege zu einem *tieferen Verständnis* bietet.

Mit diesem Mittagssymposium greifen wir ein uraltes Anliegen der GDNÄ auf. Kein anderer als ihr Gründungsvater, Lorenz Oken, schrieb 1817 im programmatischen Vorwort seiner Zeitschrift *Isis*, die denselben Idealen wie die Gesellschaft verpflichtet war:

„Die Kunst und ihre Gehilfen, die Mythologie und Archäologie stehen bei uns in geziemender Verehrung. Jeder Gebildete ist ihr hold. Sie erfreut das Leben, erhebt das Gemüth, löst die geheimsten Räthsel der Philosophie auf sinnliche, fast greifbare Weise, und ist ein heiliges Mittelglied zwischen Leben und Wissen, zwischen Genießen und Glauben, zwischen Welt und Gott. ... Ohne Kunstgegenstände ist das Herz erstorben. Bilder-

Dr. **Klaus Rehfeld**, geb. 1955 in Greifswald, Studium der Biologie in Marburg, Freiburg und Berlin. Von 1983–1988 wissenschaftlicher Mitarbeiter in der AG Evolutionsbiologie (Prof. W. Sudhaus) der Freien Universität Berlin. 1990–1991 Volontär im Franckh-Kosmos Verlag (Stuttgart), danach Redakteur der Zeitschrift Kosmos. Von 1994–1998 als freier Redakteur und Lektor tätig. Seit 1998 Redakteur, seit 2002 Herausgeber der Naturwissenschaftlichen Rundschau.

Dr. Klaus Rehfeld
Naturwissenschaftliche Rundschau
Birkenwaldstr. 44
D-70191 Stuttgart

stürmer erschlagen die Menschheit. Wir werden das Bild der Idee in Schutz nehmen. Es ist jedem begreiflich, auch dem, der im Schweiß seines Angesichts die Mutter Erde eröffnet. Die Ideen gehören dem müssigen Stand, der ohne Bild begreift."

In der heutigen Zeit, in der „Wissen" zunehmend visuell vermittelt wird, brauchen wir keine Bilderstürmer zu fürchten. Im Gegenteil: Viele Wissenschaftler bedienen sich des eindrucksvollen Bildes: Kunst hilft, Brücken zum Publikum zu bauen. Es ist kein Zufall, wenn auch auf dem Ausstellungsplakat zu dieser Jahresversammlung ein bekanntes Kunstwerk prangt.

Eher ist schon die Frage zu stellen, ob nicht zu viele Bilder eine Gefahr darstellen: Allzu leicht verleitet der Wunsch nach Bildhaftigkeit dazu, Grenzen zu überschreiten, indem einem staunenden Publikum foto-

realistische Welten vorgegaukelt werden. Solche raffinierten Bilder werden bereitwillig für „wahr" gehalten, während andererseits echte Naturdokumente im Überfluss der Bilder nicht mehr als solche gewürdigt werden. Dies betrifft allerdings eher die „Gebrauchsgrafik" – nicht das, was wir mit echtem Künstlertum verbinden. Zwischen diesem und dem Streben der Naturwissenschaftler gibt es nämlich eine Reihe von Parallelen (Tab. 1).

Das Streben nach Wahrheit und Wahrhaftigkeit dürfen wir als ein mit unterschiedlichen Mitteln verfolgtes „Projekt" ansehen, das den ganzen Menschen fordert. Künstler und Naturwissenschaftler fragen letztlich nach der Wahrheit, was unausweichlich zur Frage führt: Was können wir erkennen? Für wie wahr dürfen wir unsere Sinne halten? Und schließlich: Wie können wir unsere Erkenntnisse und Empfindungen adäquat wiedergeben und darüber Mitteilung machen? Damit ist auf ein weiteres gemeinsames Element verwiesen, die soziale Dimension.

Das Mittagssymposium nähert sich dem Thema einmal aus Sicht eines Biologen, der auf dem Gebiet der Wahrnehmungspsychologie arbeitet und der das Glück hat, in Symbiose mit einer Künstlerin die Entwicklung eines Œvres zu begleiten, zu beeinflussen und von diesem Inspirationen zu empfangen. Die andere Sicht ist die eines Physikers und Biophysikers, der als Wissenschaftshistoriker einen Blick für den Zeitgeist hat, in dem sich jede musische und geistige Leistung entfaltet, und als Publizist genug „frei schaffender Künstler" ist, um das Getriebe der Naturwissenschaften aus distanzierter Sicht – also als Zuschauer – zu sehen.

Der Biologe Rainer Wolf beleuchtete in seinem Vortrag „Bildende Kunst – die Welt gespiegelt und auf den Kopf gestellt" das Wechselspiel zwischen Malerei und Sinnes-

Tab. 1: Gemeinsamkeiten und Unterschiede zwischen Kunst und (Natur-)Wissenschaften. Die Tabelle kann und will keinen Anspruch auf Vollständigkeit erheben!

GEMEINSAMKEITEN

Neugier
Innere Anteilnahme   Phantasie
Kreativität   Spielerischer Ernst   Experimentierlust   Zweckfreiheit
Intuition   Imagination   Sinn für Ästhetik   Anspruch auf Wahrhaftigkeit
Abhängigkeit vom Zeitgeist   Abhängigkeit von Interessen

UNTERSCHIEDE	KUNST	WISSENSCHAFTEN
Ausdruck	subjektiv	objektiv
	emotional	nüchtern
	„in der Schwebe"	„explizit"
Haltung	einfühlend	distanziert
Eingang	Sinne, Gefühle	Vernunft
öffentliche Wahrnehmung	leicht (?)	schwer
Wertschätzung	oft aus historischer Distanz	meist rasch erfolgend
Art der Prüfung	subjektive Kriterien	objektive Kriterien
	diskursabhängig	für Experimente
Gültigkeit	„ewig" (immer wieder neu	auf Abruf, modifizierbar,
	zu entdecken)	und oft in modifizierter Form
		„weiterlebend"

wahrnehmung anhand kunstgeschichtlicher Beispiele und führte eine Reihe optischer Experimente vor, die uns im wahrsten Sinne vor Augen führen, wie aktiv unser Gehirn an der Bildauswertung beteiligt ist. Grundlegend ist die Erkenntnis und das Eingeständnis: Maler sind Meister der *Illusion*, denn wir können unmöglich ein zweidimensionales Abbild einer dreidimensionalen Welt machen. Aber wie konnten Künstler zu einer solchen Meisterschaft gelangen? Welche natürlichen Gegebenheiten unseres Weltbildapparates nutzen sie aus? Welche Entdeckungen über unser Sehvermögen und unsere kognitiven Leistungen verdanken wir den Künstlern? Und umgekehrt: Welche naturwissenschaftlichen Erkenntnisse machten und machen sich

Künstler in ihrem Werk zunutze? Der rote Faden ist die Frage nach der Wahrheit der Darstellung und nach unserem Erkenntnisvermögen. In logischer Konsequenz stehen daher zwei Fragen am Ende: Was können wir wissen? Und: Was ist Kunst?

Der Biophysiker Ernst Peter Fischer plädiert in seinem Beitrag dafür, Naturwissenschaften und Kunst als *komplementäre Aktivitäten* des menschlichen Geistes wahrzunehmen. Beide sind Teil der menschlichen Kultur und brauchen einander. Den Begriff „Komplementarität" hatte der Atomphysiker Niels Bohr eingeführt, um darauf aufmerksam zu machen, dass es für jede Beschreibung der Welt eine andere gibt, die ihr widerspricht und sie dennoch ergänzt. Ja, es scheint sogar so zu sein, dass für viele Gegebenheiten eine solche komplementäre Ergänzung notwendig ist. Angewendet auf die Wahrnehmung der Naturwissenschaften heißt dies: Es gilt, auch die „andere Seite" der Ratio zu erkennen und zu würdigen, indem man ihr zum Ausdruck verhilft – sei es in Wort, Bild oder Musik. Diese Forderung ist nach Fischer umso berechtigter, als genuine Leistung ähnliche Wege geht: Intuition, Kreativität, Imagination kennzeichnen die größten Wissenschaftler wie Künstler. Anders als in der Öffentlichkeit wahrgenommen, sind auch Wissenschaftler *Schöpfer ihrer Welt* – die Doppelhelix beispielsweise war nicht nur Entdeckung, sondern zugleich auch Erfindung. Und anders als oftmals geglaubt, spielt auch in den Naturwissenschaften die Subjektivität eine zentrale Rolle, ja sie ist in der modernen Physik auf Umwegen wieder zurückgekehrt. Für ein tieferes Verständnis von Wissenschaften (was mehr bedeutet als ein Verständnis für deren Belange) ist es nach Fischer nötig, neue Wege der Darstellung und Selbstdarstellung zu suchen. Nur so könne das von vielen Zeitgenossen schmerzlich empfundene Dilemma, die Wissenschaften nicht mehr als Sinn gebende Einheit wahrnehmen zu können, überwunden werden.

Die beiden Vorträge, die in diesem Band in anderer Reihenfolge als auf dem Symposium präsentiert werden, sind nach Ansicht der drei Beteiligten ein Versuch, die Möglichkeiten einer solchen komplementären Darstellung zu erproben. Das Fragezeichen ist bewusst stehen gelassen worden, um auf die Gefahr einer leichtfertigen Verquickung beider Kulturen hinzuweisen, die keiner Seite gut tun würde. Anregungen und Kritik – auch im Nachhinein – sind willkommen.

Bildende Kunst – Wirklichkeiten gespiegelt und auf den Kopf gestellt

Rainer Wolf

Künstler sind in der Regel keine Naturwissenschaftler. Dennoch haben sie mit ihrer Kreativität und ihrer Freude am Experimentieren intuitiv Zusammenhänge zwischen ihrer Kunst und der menschlichen Wahrnehmung entdeckt, die Wissenschaftler manchmal erst später verstehen und erklären konnten. Besonders interessant wird es für Naturwissenschaftler – speziell Hirnforscher – gerade dann, wenn es dabei zu *Selbsttäuschungen* kommt, denn Sinnestäuschungen lassen auf gewisse *Grundprinzipien der Wahrnehmung* schließen, auch wenn man die Vorgänge im Detail noch nicht kennt. Um ein Kunstwerk zu verstehen, muss man natürlich nicht die Gesetzmäßigkeiten kennen, die ihm zugrunde liegen, aber eine rationale Analyse erschließt *zusätzliche* Wege des Verstehens. Sie bedeutet keine Entzauberung von Natur und Kunst, sondern macht unser Erleben nur vielschichtiger und reicher.

Sehen: ein aktiver Prozess der Konstruktion

Im Mittelpunkt meines Beitrags steht die Frage: Wie sehen wir die Welt?, speziell: Was sehen wir, wenn wir ein Gemälde betrachten? Naive Menschen meinen, dass man zum Sehen nur die Augen öffnen muss. Die Leichtigkeit, mit der wir die Sehwelt wahrnehmen, täuscht darüber hinweg, dass Sehen zu den kompliziertesten Leistungen unseres Gehirns gehört.

Abb. 5: Die Macht des Vordergrunds: Napoleons Versteck

Dass wir nur punktuell scharf sehen, war wohl manchen Künstlern bewusst. M. C. Escher hat diesen „Lupeneffekt" in seiner Lithographie *Balcony* visualisiert, indem er eine Häuserfassade in der Bildmitte dreimal größer abbildete als am Bildrand und dadurch verzerrte. Abb. 6 zeigt eine Transformation mit einem Fisheye-Objektiv, bei der die Bildmitte 16-fach vergrößert ist. Bei vielen Menschen ist der „Kortexvergrößerungsfaktor" sogar noch höher. Hier wird klar, wie krumm eine *gerade Linie* in der primären Sehrinde repräsentiert wird, und *wie unterschiedlich sie gebogen ist*, je nachdem, wo wir gerade hinschauen. Da erscheint es fast als Wunder, dass wir sie stets als Gerade wahrnehmen.

kennen. Maler kneifen deshalb beim Malen oft die Augen zu, sodass sie nicht mehr zwischen Figur und Hintergrund unterscheiden können. Damit wird der Hintergrund als *Form* sichtbar, und die lässt sich leicht auf die Leinwand übertragen.

Schärfe-Spot und individuelle Kortexvergrößerung

Wirklich *scharf* sehen wir nur einen winzig kleinen Bereich des Sehfeldes, etwa von der Größe des Daumennagels, wenn wir den Arm weit ausstrecken! Dass das gesamte Umfeld nicht scharf ist, merken wir nicht, denn zusammen mit den Augen bewegt sich unser „Schärfe-Spot" ständig hin und her, und unser Gehirn setzt das anvisierte Objekt aus vielen kleinen, scharfen Augenblicks-Bildern zusammen. Das Netzhautbild ist am Rand aber gar nicht so unscharf! Es erscheint nur so, weil die Sehinformation, die von dem „Schärfe-Spot" in der Bildmitte kommt, in der primären Sehrinde *riesig groß* („elektrisch") *abgebildet* wird und die des Umfeldes klein.

Abb. 6: Schärfe-Spot, umgezeichnet nach einer Lithographie von M. C. Escher

Farbensehen in farbenblinden Teilen des Sehfeldes

Beim Farbensehen ist das Gehirn unerwartet kreativ. Füllt z. B. eine Wiese unser ganzes Sehfeld aus, so sehen wir sie überall grün, obwohl die Farbe Grün nur im mittleren Sechstel des Sehfeldes wahrgenommen wird und der ganze Randbereich farbenblind ist! Unser Sehsystem extrapoliert also die Farben bis zum Rand, auch wenn das Auge dort nur Grau meldet. Wir nehmen sogar Flächen als farbig wahr, die vollständig im farbenblinden Bereich liegen, sofern wir wissen, welche Farbe diese Fläche hat!

Wir sehen nur, was sich im Netzhautbild bewegt

Obwohl wir nicht einmal das Bild wahrnehmen, das auf der Netzhaut entsteht, können wir quasi in unser Auge blicken und die eigene Netzhaut betrachten. Hierzu steche man in ein Stückchen dunkle Pappe ein feines Loch von knapp 1 Millimeter Durchmesser. Blickt man durch dieses Pinhole auf eine homogene weiße Fläche und bewegt es dabei ganz dicht vor einem Auge per Hand vier- bis fünfmal pro Sekunde kreisförmig mit einem Bahndurchmesser von 2–3 Millimeter, so sieht man die Schatten von Strukturen, die dicht über der lichtempfindlichen Schicht liegen: zarte, bäumchenförmig verzweigte Netzhautkapillaren, die die Sehgrube aussparen. Dazwischen erkennt man ein feines Muster aus winzigen Pünktchen. Es sind die „Schatten" der Sehzellkerne, die wegen ihres höheren Brechungsindex wie Kugellinsen wirken und das Licht bündeln [1]. Sehen können wir dies aber nur, solange das Pinhole kreist, sodass die Schatten sich relativ zu den Sehzellen verschieben. Wir blicken also ständig durch das Netzwerk der eigenen Blutkapillaren, und dennoch ist das Bild, das wir sehen, nicht zerstückelt – die fehlenden Bereiche werden im Gehirn durch Interpolation ergänzt.

Blind, ohne es zu merken

Wie kreativ unser Sehsystem ist, zeigt sich besonders bei Störungen. Leidet die primäre Sehrinde im Hinterkopf durch Kontraktionen der Blutkapillaren zeitweise unter Sauerstoffmangel, fallen Teile des Sehfeldes minutenlang aus. Dort sieht man dann mit beiden Augen nichts. Dieses „Nichts" ist aber nicht schwarz, denn das Gehirn füllt die Lücke sofort mit Informationen aus dem sehtüchtigen Umfeld aus – so vollkommen, dass man ein solches „Flimmerskotom" meist gar nicht bemerkt. Im Bereich der blinden Fläche, besonders an ihrem äußeren Rand, sieht man flimmernde Zickzack-Streifen. Jasper Johns nutzt sie in seinem Bild *Zwischen Uhr und Bett* als ästhetische Urformen. Die Erscheinung ist typisch für Migräne und ähnelt verblüffend den Zeichnungen, die religiöse Mystiker von ihren „himmlischen Visionen" gemacht haben [2].

Maler: Künstler der Wahrnehmungstäuschung

Dreidimensionale Objekte in einem zweidimensionalen Gemälde abzubilden, ist eigentlich unmöglich. Dennoch können Maler den Eindruck von Räumlichkeit erzeugen. Um ihre *künstlerische Vision* zu verwirklichen, verfolgen sie nämlich die biologisch bewährte Strategie von Versuch und Irrtum. Um die gewünschte Wirkung zu erzielen, beobachten Maler ständig ihre eigenen Reaktionen, während das Bild unter ihrer Hand entsteht, und diese Rückkoppelung erlaubt es ihnen, sich dem gewünschten Effekt anzunähern [3].

In der darstellenden Kunst geht es letztlich immer auch um **Wahrnehmungstäuschungen.** Dass wir Gemälde als Surrogate von ganz anderen Wirklichkeiten verstehen, dass wir sie nicht als das wahrnehmen, was sie wirklich sind, nämlich ein paar Farbkleckse auf einem flachen Malgrund, das ist der Schlüssel, um Bilder zu verstehen. Malkunst ist eben *mehr* als nur Farbe, die auf eine Leinwand aufgetragen ist – sie ist ein Spiegel des menschlichen Geistes und damit des Gehirns.

Lange Zeit sahen wohl die meisten Maler Mitteleuropas ihre Aufgabe darin, möglichst „naturgetreue", also illusionistische Darstellungen zu erzeugen. Im 19. Jahrhundert machte ihnen die Fotografie ihr angestammtes Aufgabenfeld streitig. So sahen sie sich nach neuen Arbeitsweisen um, bei denen die Technik nicht mithalten konnte. Der Begriff „Experiment" wurde damals zu einem Modewort, und Maler gebrauchten es für jede Art der Abweichung von der Tradition. Dabei ging es sowohl darum, vom Prestige gewisser Modewissenschaften zu profitieren, als auch darum, sich von ihnen inspirieren zu lassen. Wassily Kandinsky etwa brachte seine abstrakte Malerei in Zusammenhang mit der Spaltung des Atomkerns, der Kubismus wurde oft mit Einsteins Relativitätstheorie in Verbindung gebracht, und der Surrealismus berief sich auf Freuds Lehre vom Unbewussten [3]. Beim spielerischen Erkunden der Möglichkeiten visueller Darstellung stießen Maler aber auch auf faszinierende neue Einsichten.

Kunst als Experimentierfeld

Parallele Bildverarbeitung – eine Entdeckung der Impressionisten?

Georges Seurat störte es, dass reine Farben, wenn er sie mischte, auf der Leinwand trübe erschienen, und so entwickelte er den *Pointillismus:* Er setzte Tupfen aus fast reinen Farben wie Mosaiksteinchen nebeneinander und überließ es dem Auge, diese Farben zu Mischfarben zu verschmelzen. Hierdurch haben pointillistische Bilder ihren besonderen Reiz, denn der Seheindruck ändert sich mit dem Abstand, aus dem wir sie betrachten. Das sagt uns etwas über Eigenschaften der Sehmodule im Gehirn, die das Bild auswerten [4, 5]: Aus einem bestimmten Abstand werden nämlich die farbigen Mosaikflächen vom Formensehen noch als einzelne Tupfen erkannt, während sie bei der „unscharfen" Verarbeitung im Farb-Modul additiv zu Mischfarben verschmelzen. Leider ist nicht in jedem Museum für genügenden Betrachtungsabstand gesorgt, um dies sehen zu können.

Selbst in den natürlichsten „*Trompe-l'œil*"-Bildern ist der Pinselstrich sichtbar oder die Struktur des Malgrundes. Damit kann sich ein Gemälde dramatisch ändern, wenn wir es aus verschiedenen Abständen betrachten. Aus der Nähe sehen wir deutlich, dass die Leinwand flach ist und dass darauf das abstrakte Muster des Pinselstrichs dominiert. So entsteht eine Dualität in der Wahrnehmung – abstrakt *versus* gegenständlich. Das macht die Faszination vieler Gemälde aus, nicht nur derer von Seurat oder van Gogh.

Ohne es zu wissen, nutzten die Impressionisten also die Tatsache, dass unser Sehsystem die Sinnesdaten parallel in mehreren „*Auswertkanälen*" verarbeitet, die jeweils nur eine ganz bestimmte Information extrahieren: Raumtiefe und Bewegung, die genaue Form der Objekte, die wir gerade fixieren, sowie Farben und Flächen gleicher Helligkeit [4].

Veranschaulichen kann man die Arbeitsweise der verschiedenen Seh-Kanäle nur sehr unzureichend, denn wer kann sich z. B. Bewegung vorstellen *ohne* ein Ding, das sich bewegt? Und doch gibt der Kanal, der für Bewegung zuständig ist, keine Information über das bewegte Objekt! Umgekehrt: Fällt das „Bewegungs-Modul" infolge einer Hirnschädigung aus, können die Betroffenen alle ruhenden Objekte sehen, nicht aber Dinge, die sich bewegen – ein Hinweis darauf, in welch hohem Maß die Wahrnehmung, ja unser ganzes Selbst von der Funktion unseres Gehirns abhängt [6].

Der Reiz der Abstraktion: Kubismus und Surrealismus

So wie Wissenschaftler neue Erkenntnisse oft spielerisch entdeckten – nämlich durch Zufall *(serendipity)* –, haben auch Künstler Farben und Formen spielerisch ganz verschieden angeordnet und damit die Eigenschaften des Sehsystems erforscht. Paul Cézanne, einer der Väter der klassischen Moderne, schrieb dem jungen Picasso, er solle die Natur als ein Arrangement von Urformen ansehen, von Kegeln, Zylindern und Kugeln. In der Tat scheint das Gehirn bei der Bildanalyse nach ihnen zu suchen, und zwar erst in einer groben Übersicht und dann im Detail [7].

Piet Mondrian und Wassily Kandinsky versuchten, mit ihren abstrakten Bildern die ästhetisch positiven „Urformen" herauszufinden – Surrealisten sprachen von „Biomorphen" – und so eine abstrakte Formsprache zu entwickeln. Sie vereinfachten die natürlichen Formen und zerlegten

sie in ihre Grundkomponenten – erfolgreich, denn unser Sehsystem geht ähnlich vor. Kandinsky, Matisse und die *Fauves* wollten mit ihrem abstrakten geometrischen Stil *„reine Gemälde"* aus Primärfarben herstellen, eine Art *„visuelle Musik"*, um die psychologischen Effekte der reinen Farben einzufangen. Mondrian suchte nach den fundamentalen Sehelementen, die er als die Grundkomponenten der Malkunst ansah, und formulierte mit seinen typischen Block-Kompositionen, welche die *Grundstruktur* des Gegenstandes darstellen sollten, eine Art *„visuelle Grammatik"* als den eigentlichen Inhalt seiner abstrakten Gemälde [7].

Ein Reiz abstrakter Bilder scheint darin zu liegen, dass sie das Ergebnis der *frühen* Stufen der Bildverarbeitung simulieren, aber den höheren Stufen keine Daten liefern, die Analyse wie gewohnt weiterzuführen. Nichtgegenständliche Werke enthalten oft *isolierte ästhetische Urformen* ohne die gewohnten semantischen oder emotionalen Botschaften. Sie rühren uns an, nicht weil sie Eigenschaften der Außenwelt darstellen, sondern weil sie die Vorgehensweise unseres Sehsystems widerspiegeln, das ja darauf aus ist, Information über die Welt zu erlangen.

Demnach sprechen ästhetische Urformen unsere Emotionen deshalb an, weil sie unser Sehsystem besonders stark erregen. Seurats wunderbare Kanten, Mondrians senkrechte und waagerechte Linien, Cézannes, Picassos und Braques Zylinder, Kugeln und Kegel, Giacomettis Strichfiguren und Arps *Biomorphe* wirken, indem sie ganz bestimmte Prozesse unserer Bildverarbeitung isolieren und oft überstark anregen: Prozesse, die alle sehenden Wesen – unabhängig von der Kunst – entwickelt haben, um die Welt, in der sie leben, mit Auge und Gehirn zu analysieren und zu überleben [2]. Es gibt also erstaunliche Parallelen zwischen der Physiologie des Sehsystems und dem, was Künstler in ihren Werken entwickelt haben. Moderne Kunst scheint geradezu darauf zugeschnitten zu sein, spezielle Neuronengruppen zu erregen, die normalerweise auf ganz bestimmte Eigenschaften der Sehwelt reagieren. Dass diese Korrelationen *ursächliche Zusammenhänge* anzeigen, kann man mit Recht vermuten, es ist plausibel – muss aber nicht unbedingt zutreffen.

Mondrian begründete seine „Quadratkompositionen" rational: Diese Linien seien deshalb so bedeutsam, weil Jesus am Kreuz starb, das aus waagerechten und senkrechten Balken bestand. Überzeugender ist die biologische Erklärung: Horizontale und Vertikale sind *Urkonzepte*, mit denen das Gehirn die Orientierung von Linien vergleicht [2], und die sprechen uns auch in Werbegrafiken an (Abb. 7).

Abb. 7: Werbegrafik im Stil von Mondrian

Wie kommt Bewegung ins Bild? Kubismus bis Op-Art

Platon betrachtete es als Mangel der Malkunst, dass sie nur bewegungslose Momentaufnahmen zeigt. Schopenhauer forderte, die Malerei solle nicht ein bestimmtes Objekt abbilden, sondern dessen *Idee* vermitteln: seine essenzielle Gestalt, die Gesamtheit aller „Momentaufnahmen" sowie der Assoziationen, die das Gehirn von dem Objekt gespeichert hat. Objekte so darstellen, wie sie *sind,* das wollen auch die Kubisten. Hierzu eliminieren sie alle zufälligen Begleitumstände, die nicht wesentlich zum Objekt gehören: Momentane Beleuchtung und Perspektive, die eingefrorenen Bewegungen sollen „transzendiert" werden [3] – nach Ernst Gombrich ein unnötiger Ansatz, denn unser Gehirn extrahiert sich aus die konstanten Parameter und tut das hoch effizient.

Am Ursprung des Kubismus steht die Mehrdeutigkeit der Orientierung eines Gesichts, wie sie Picasso oft dargestellt hat. Hierin steckt aber auch eine *zeitliche Folge* – eine Kombination verschiedener Augenblicke, so als würde man am Objekt vorbeilaufen [7, 8]. Zugegeben: Man muss solche Bilder *sehen lernen*, und nicht jeder war mit Picassos Abstraktion einverstanden. Es geht die Legende, ein Auftraggeber habe sich einmal über ein „unnatürliches" Porträt beklagt. Das Foto der Person, das er zum Vergleich vorwies, sei doch viel lebensechter. Picasso habe dazu trocken bemerkt: „Ist es nicht ein bisschen klein – und flach?"

Echte Bewegungen täuschen die Moiré-Muster der „kinetischen Tiefenbilder" vor. Sie entstehen durch die Überlagerung von regelmäßigen Gitterstrukturen, die ein Stück voneinander entfernt sind. Läuft man an ihnen vorbei, kommt es zu ästhetisch reizvollen Bewegungstäuschungen.

Ludwig Wilding erzeugte damit neben der Bewegung auch eindrucksvolle Tiefenwirkungen. Was er als „vorläufig unerklärte Erscheinung" bezeichnete, sind aber nichts als solche Moiré-Muster, die sich mit der Betrachtungsrichtung verändern, sodass die beiden Augen Bildunterschiede melden, die unser Sehsystem wie gewohnt als räumliche Tiefe deutet.

Victor Vasarely täuscht Bewegung vor, indem er farbige Flächen, die aneinander grenzen, *gleich hell* malte. Da unser Bewegungssehen in Schwarzweiß arbeitet, sind die Konturen von farbigen Flächen, die genau gleich hell sind, für das Bewegungsmodul unsichtbar, und es meldet „Bewegungszustand unbekannt". Infolgedessen scheinen sich die farbigen Flächen, die das Form-Modul erkennt, vor unseren Augen wabernd hin und her zu bewegen [4].

Bewegung kann auch durch Zweideutigkeit vorgetäuscht werden. In vielen seiner Bilder gestaltete Vasarely Quader, die von einem Augenblick zum anderen tiefenverkehrt werden, gerade so wie der zentralperspektivisch gezeichnete *Necker-Würfel*, der in einen Pyramidenstumpf umschlägt (Abb. 8). Dieser Wechsel kommt daher, dass unser Gehirn perspektivisch ambivalente, flache Bilder fälschlicherweise räumlich interpretiert. Was wir sehen, ist die momentane Deutung, für die es sich – ohne unser Wissen – im Moment „entschieden" hat. An dieser Wahrnehmungshypothese unseres Gehirns können wir aber nicht willentlich festhalten. Nach einigen Sekunden erblicken wir im selben Bild plötzlich die alternative räumliche Gestalt. Die scheinbare Bewegung – das Umklappen – geschieht natürlich weder auf dem Bild noch auf der Netzhaut, sondern einzig und allein im Gehirn.

Marcel Duchamp und Vasarely gingen noch weiter. Sie schufen Figuren, die ihre Räumlichkeit erst dann gewinnen, wenn man sie um ihren Mittelpunkt dreht. Es ist kaum möglich, in diesen *Roto-Reliefs* das zu sehen, was sie wirklich sind: flache, sich drehende Scheiben (Abb. 9).

Der Maler Patrick Hughes erzeugt einen dramatischen Eindruck von Bewegung, während man an seinen Gemälden vorbeigeht. Sein Trick ist *tiefenverkehrte Bewegungsparallaxe.* Hierzu verwendet er Motive mit prägnanter Zentralperspektive und mit Fluchtpunkten – aber nicht auf einer flachen Leinwand. Vielmehr malt er die Szene *tiefenverkehrt* auf eine *räumliche* Unterlage, die so geformt ist, dass die Fluchtpunkte *vorne* liegen. Infolge der verkehrten Perspektive dreht sich die gemalte Szene intensiv, sobald man sich als Betrachter seitwärts bewegt! Nach eigener Aussage will Hughes damit den Standpunkt anderer Zuschauer mit darstellen: Zuschauer, die das Objekt von verschiedenen Richtungen aus betrachten. Geht man auf seine Gemälde zu, so kollidiert die 3-D-Information zunehmend mit den Daten der Zentralperspektive, aber erst dicht davor setzt sie sich durch, und man erkennt die wahren Verhältnisse: Die Tiefe schlägt plötzlich um, und dabei kann einem fast schwindelig werden.

Einen ähnlichen Effekt erlebt man bei einer hohlen Maske. Wenn man vor ihr den Kopf hin und her schaukelt, scheint sich das Gesicht lebhaft hin und her zu drehen [9, 10]. Ich wundere mich, dass noch kein Bildhauer ernsthaft auf die Idee kam, seine Figuren mit Hohlgesichtern zu versehen, sodass sie sich zu bewegen scheinen, wenn man an ihnen vorbeiläuft. Formte man die Augen natürlich, das heißt konvex, so würden sie sich *nicht* mitdrehen. Der Effekt: Die Figur drehte ihren Kopf und rollte dabei mit den Augen …

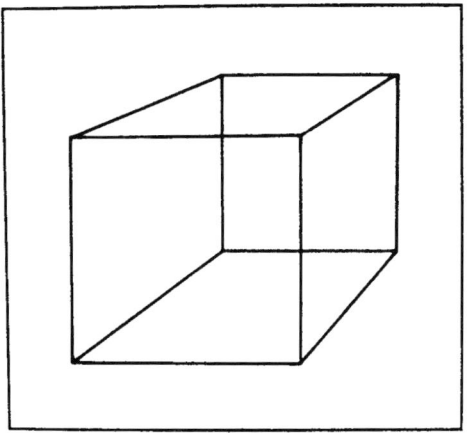

Abb. 8: Würfel oder Pyramidenstumpf? Beim unwillkürlichen Hin- und Herspringen zwischen diesen Wahrnehmungshypothesen entsteht die Illusion von Bewegung.

Abb. 9: Roto-Relief: Schon das ruhende Bild erscheint räumlich. Rotiert man es um den Mittelpunkt, kann man der Illusion kaum noch entkommen.

Experimente mit Schärfe-Spot und 3-D-Effekten

Das Prinzip unserer Sehweise mit „Schärfe-Spot" (s. o.) hat Anders Zorn 1889 in seiner Radierung *Rosita Mauri* naturgetreu wiedergegeben. Nur den Bereich um den Fixierpunkt – das Gesicht in der Bildmitte – ist scharf dargestellt, die Randbereiche aber sind verwaschen. Lawrence Gowing, der sich leidenschaftlich für Paul Cézannes Mal-Experimente interessierte, malte ein Stillleben so, wie es erscheint, wenn man darüber hinweg in die Ferne starrt: Man sieht dann die nahen Konturen doppelt, weil die beiden Augen den Vordergrund aus unterschiedlicher Perspektive abbilden. Meist merken wir das nicht, weil das Gehirn Doppelkonturen automatisch in einen *Tiefeneindruck* umsetzt. Aber wie sollen wir dieses Bild ansehen? Wenn wir das Seherlebnis des Künstlers wiederholen und in die Ferne starren, sehen wir die doppelten Konturen nochmals doppelt, also vierfach [3]!

Wir sehen daraus, dass wir den Eigenschaften unseres Sehsystems „ausgeliefert" sind. Besonderheiten wie die gekrümmten Linien in der Kortexprojektion (Abb. 6) werden automatisch als Fehler erkannt und korrigiert. Es ist daher ein Trugschluss einiger Kunsthistoriker, El Greco habe seine Figuren deshalb so ätherisch-schlank gemalt, weil er sie wegen seiner astigmatischen Augenlinsen so sah. Falsch – denn er hätte dann auch seine Bilder in gleicher Weise verzerrt wahrgenommen und sie so gemalt, dass sie *für uns normal* ausgesehen hätten. El Greco hat also die Verzerrung bewusst eingesetzt, um die Ausdruckskraft der Figuren zu erhöhen.

Der englische Maler John Jupe hat die Ideen von Zorn und Gowing aufgegriffen und eine ganz neue Möglichkeit erfunden, auf flachem Malgrund quasi-räumliche Bilder zu schaffen: Außerhalb des „Schärfe-Spots" in der Bildmitte, auf den er das Auge des Betrachters lenkt, versieht er die abgebildeten Gegenstände mit verwischten

Doppelkonturen. Dank der hohen Kortex-vergrößerung und der damit verbundenen Unschärfe im peripheren Sehfeld nimmt man diese Konturen nicht als doppelt wahr. Ich vermute, dass die *Simulation von 3-D-Verhältnissen* – Doppelbilder mit Disparitäten, die aber keine echten stereoskopischen Daten enthalten – die sonst unvermeidliche 3-D-Information *„flaches Bild"* unterdrückt. So können sich dann *monokulare* Indikatoren durchsetzen wie Überschneidungen, Schattenwurf, Perspektive und die Größe bekannter Objekte und einen verstärkten Tiefeneindruck bewirken.

Jupe entdeckte auch, dass wir mit einem einzigen Auge in den Bereichen außerhalb des „Schärfe-Spots" ein *Doppelbild* sehen. Demnach wird unser Netzhautbild nicht *einfach* in die Sehrinde projiziert, sondern es scheint, leicht versetzt, eine *zweite Projektion* zu geben, und zwar dorthin, wo diejenige Projektion eintrifft, die jeweils vom anderen Auge her *käme*. Dank dieser Doppelprojektion würden die Verzerrungen, die in den kortikalen Bildprojektionen beider Augen unterschiedlich sind, die Bildfusion nicht stören, sodass selbst minimale Unterschiede zwischen den beiden Netzhautbildern zur binokularen Tiefenwahrnehmung beitragen können [11].

Echte 3-D-Information enthält auch das linke Halbbild, das Dorle Wolf [12] in einem künstlich verzerrten Koordinatensystem *punktsymmetrisch* gestaltet hat. Das zweite Halbbild entsteht, wenn man das Bild mit dem zweiten Auge um 180° verdreht betrachtet – durch ein Pechan-Prisma, das man aus geradachsigen Taschenferngläsern als komplette Einheit ausbauen kann. Bei dem Stereo-Bildpaar (Abb. 10) lassen sich die beiden Halbbilder wie bei den bekannten Magic-Eye-Autostereogrammen durch Zusammenstarren zum Raumbild fusionieren. Inmitten der *Kaleidosphäre* sieht man dann eine kleine, gemusterte Kugel,

die in einer großen, halben Hohlkugel schwebt. Zwei (im Original drehbare) Türme ragen schräg nach vorne, die beiden von einem Kreis umschlossenen Dreiecke *glänzen*, weil hier eine helle und eine dunkle Fläche aufeinander treffen, und die doppelte Signatur schwebt vorne im Raum. Fusioniert man das Bildpaar mit der „Schieltechnik", also mit überkreuztem Blick, so wird die räumliche Gestalt *tiefenverkehrt:* Man erkennt nun eine große, konvexe Schüssel mit einem zentralen Loch, in dem – weit hinten – eine kleine *Hohlkugel* schwebt. Die beiden „Antennen", die eigentlich von den sphärischen Oberflächen verdeckt sein müssten, ragen nun schräg nach hinten.

Dorle Wolf nutzt auch die Natur der Farbe selbst und lässt Farbflächen sich vom Malgrund abheben, sodass sie scheinbar in der Luft schweben [12, 13]. Schon durch den natürlichen chromatischen Fehler unserer Augenlinse und den Stiles-Crawford-Effekt [15] werden rote und blaue Flächen, die gleich weit von uns entfernt sind, auf der Netzhaut etwas gegeneinander versetzt abgebildet. Da unser Sehsystem aus den Bildunterschieden zwischen rechtem und linkem Auge Raumtiefe ermittelt, erscheint den meisten Menschen Rot etwas näher als Blau. Durch eine farblose „Chroma-Depth"-3-D-Brille [14] wird dieser „Farb-Stereoeffekt" verstärkt. Ihre Gläser bestehen aus zwei farblosen „Blaze"-Beugungsgittern, die alles Licht in das erste seitliche Beugungsmaximum lenken und dabei, ähnlich wie ein Prisma, in seine Regenbogenfarben zerlegen – für beide Augen gegensinnig. Setzt man die Brille auf, so springen die Bilder, die unsere beiden Augen sehen, ein wenig aufeinander zu – *rote* Bildteile mehr, *blaue* weniger. Und so sehen wir verschiedenfarbige Flächen, die seitlich aneinander grenzen, tiefengestaffelt. In der Reihenfolge von nah nach fern folgen aufeinander die

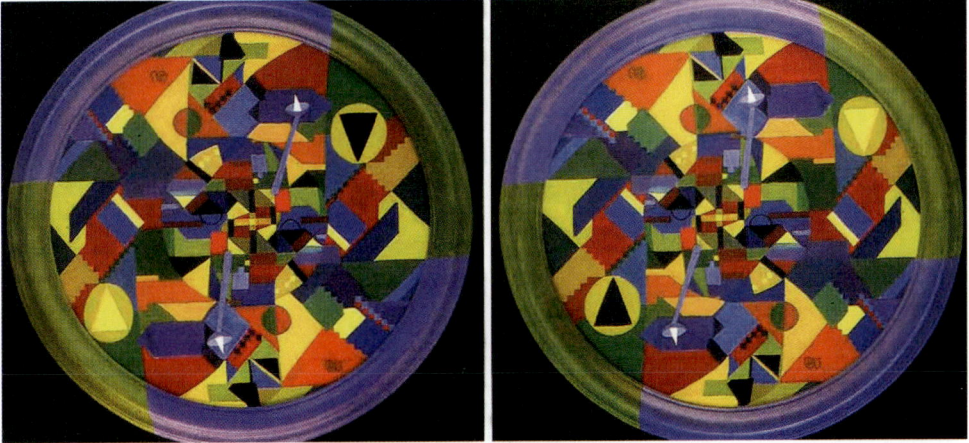

Abb. 10: Stereo-Bildpaar eines 3-D-Gemäldes von Dorle Wolf. Durch Zusammenstarren kann man die beiden Halbbilder zum Raumbild fusionieren. Hilfreich ist hier eine normale Lesebrille mit einer Brechkraft von etwa 3 Dioptrien. Man blickt entspannt in die Ferne und hält das Bildpaar dicht vor die Augen, sodass es ganz unscharf erscheint. Wenn man es nun langsam von den Augen wegbewegt, wird es bei ca. 30 cm Entfernung scharf. Inmitten der *Kaleidosphäre* erkennt man dann eine kleine, bunt gemusterte Kugel, die in einer großen halben Hohlkugel schwebt (www.dorle-wolf.de).

Farben Rot, Orange, Gelb, Gelbgrün, Grün, Blaugrün, Blau, Dunkelblau und Schwarz. *Flache* Bilder werden so zu lebendigen „Farb-Räumen": nicht zu starren Strukturen, die wie gemeißelt vor uns stehen, sondern zu Objekten, die sich vor unseren Augen zu verändern scheinen, denn erst nach längerer Zeit erschließt sich der ganze Umfang ihrer Raumtiefe (Abb. 11).

Unser 3-D-Sehsystem ist daran gewöhnt, dass die Bildunterschiede zwischen beiden Augen mit zunehmendem Betrachtungsabstand kleiner werden, obwohl die räumliche Gestalt des Objekts gleich bleibt. Der chromatische Ablenkungswinkel der 3-D-Brille ist aber konstant. So werden die Bilder umso plastischer, je weiter man sich von ihnen entfernt, und wenn man daran vorbeiläuft, scheinen sich die Strukturen – stärker noch als bei einer 3-D-Projektion – mitzudrehen.

Einsichten der Op-Art: Das ruhende Auge ist blind

Wie erwähnt, können wir eigentlich nur Dinge sehen, die sich *bewegen*. Eine stille Landschaft können wir nur wahrnehmen, weil unser Auge für Bewegung sorgt, indem es ständig hin und her zittert [15]. Dabei verschiebt sich die Netzhaut unter dem ruhenden Bild um mehr als 20 Mikrometer. Setzte man eine Kamera in dieser Weise ein, so lieferte sie ein verwackeltes, unscharfes Bild. Nicht so bei unserem Auge: Raffinierte Interpolationen verschaffen ihm eine Sehschärfe, die besser ist, als man vom Abstand der Sehzellen her erwartet.

Dass man ruhende Objekte nicht wahrnimmt, zeigt der „*Troxler-Effekt*". Otto Piene hat ihn in seinem Bild *Schwarze Sonne* eingesetzt. Wenn man unbewegt neben oder auf die verwaschen gemalte, schwarze Sonnenscheibe starrt (statt dieser

Abb. 11: Ausschnitt von *Sommer an den Altwassern des Mains* aus Dorle Wolfs Serie *Farben der Zeit*. Das Stereo-Bildpaar wird wie bei Abb. 10 durch Zusammenstarren zum Raumbild.

kann man auch einen kleinen schwarzen Papierschnipsel anfeuchten und sich seitlich vorne auf die Nase kleben, sodass er nur unscharf zu erkennen ist) und den Kopf ganz ruhig auf die Hände aufstützt, sieht man, dass der Fleck nach wenigen Sekunden völlig verschwindet: Die feinen Augenbewegungen reichen nicht mehr aus, um den Sehzellen die nötigen Helligkeitsunterschiede zu liefern, die für eine permanente Wahrnehmung nötig sind.

Angeregt durch die Arbeit *Spacial* des Malers Julian Stanczaks hat Shimojo [16] ein Bild gestaltet, bei dem unser Sehsystem auf ähnliche Weise Farben extrapoliert. Starrt man aus der Nähe auf den kleinen weißen Fleck in Abb. 12, so scheint sich das gesamte Umfeld nach wenigen Sekunden einheitlich rötlich oder aber grünlich zu färben. Warum manche Menschen bei

ein und demselben Bild ein „*Filling-out*" erleben (das Umfeld wird mit der Farbe des zentralen Feldes ausgefüllt, also rot) und andere ein „*Filling-in*" (das zentrale Feld wird mit der Farbe des Umfeldes ausgefüllt, also grün), ist noch völlig unverstanden.

Ein anderer Fall, bei dem wir etwas nicht sehen, weil das Signal relativ zur Netzhaut *ruht*, sind „Nachbilder". Starrt man einige Sekunden lang auf eine sehr helle, scharf begrenzte Fläche, so wird deren Bild in die Netzhaut quasi „eingebrannt": Man sieht diese Fläche dann auch bei völliger Dunkelheit, aber nach wenigen Sekunden verschwindet sie. Schaut man danach auf eine mäßig hell beleuchtete weiße Wand, erscheint wieder das Nachbild der Fläche, aber nun als *Negativ*, also mit umgekehrten Helligkeitswerten, und wiederum nur für kurze Zeit. Es ist damit aber noch keineswegs gelöscht: Schaltet man das Licht aus, sieht man wieder das *positive* Nachbild der Fläche. Dieses Spiel kann man minutenlang wiederholen – so lange, bis der Sehpurpur der Netzhaut in der anfangs „eingebrannten" Bildfläche wieder regeneriert ist. Gleicht man die Beleuchtung der weißen Wand so ab, dass im Augenblick weder ein positives noch ein negatives Nachbild zu sehen ist, dann zeigt die Helligkeit dieser Beleuchtung an, wie viel Sehpurpur momentan regeneriert ist.

Die Op-Art nutzt mit „kinetischer Kunst" die Wirkung von drei Eigenschaften unseres Sehsystems: Das Augenzittern, die gegenseitige Hemmung benachbarter, miteinander verschalteter Nervenzellen und die digitale Codierung der Farbinformation. Oft zeigen Op-Art-Bilder kontrastreiche Gitterstrukturen. In Bridget Rileys *Strom* erzeugen die feinen Linien lebhafte Bewegungen und ein irritierendes Flimmern, obwohl alles im Bild ruht (Abb. 13). Hauptursache dafür sind die intensiven Nachbilder, die von den hellen Streifen auf der hin und her zitternden Netzhaut „eingebrannt" werden. Sie überlagern sich ständig mit dem Bild, das neu einläuft. Dabei entstehen auch Bereiche, die grau aussehen, und es kommt zu einem irritierenden Eindruck, der oft mit Schwindelgefühl einhergeht. Erzeugt wird diese Wahrnehmung durch Aktivität in dem Gehirnmodul, das normalerweise nur bei echten Bewegungen aktiv ist. Manchmal sieht man auch Farben, und bei längerem Anblick können bizarre Halluzinationen ausgelöst werden. Um nicht selbst darunter zu leiden, musste Riley die Bildteile, an denen sie gerade nicht malte, verdecken.

Auch optische Täuschungen setzten Op-Art-Künstler ein, wie z. B. die *Küchenkachel-Illusion* (Abb. 14), bei der die waagerechten Fugen scheinbar schräg verlaufen, weil hier die Richtungsdetektoren

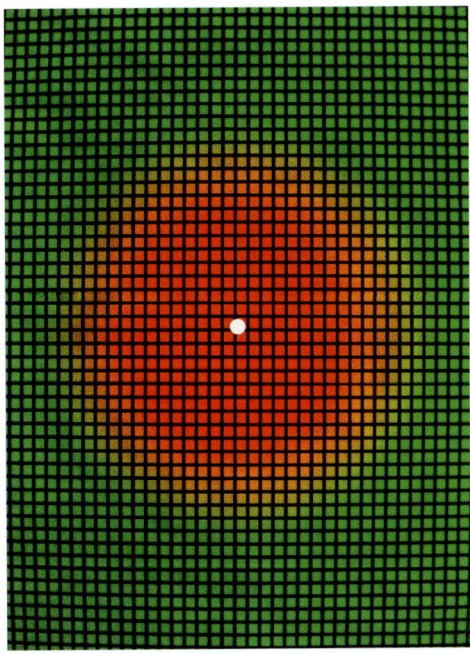

Abb. 12: Von der Macht der Sinnesverarbeitung: Starrt man auf den weißen Fleck, so scheint nach einigen Sekunden das gesamte Umfeld einheitlich gefärbt zu sein.

unseres Sehsystems von den versetzten Kacheln irritiert werden.

Mach'sche Streifen und den Effekt des *Simultankontrasts* haben Seurat und Signac verwendet, aber auch Vasarely, Riley und andere. „Ausstrahlung" nannten sie die optischen Effekte, die dabei entstehen. Sie lassen Kanten und Flecken sichtbar werden, die im Bild gar nicht vorhanden sind. Kasimir Malewitsch bringt in seiner Arbeit *Weiß auf Weiß*, einer „suprematistischen Komposition", unser Sehsystem dazu, ein weißes Quadrat auf einem ebenso weißen Hintergrund *dunkler* zu sehen, was es gar nicht ist – lange bevor Craik und Cornsweet das Phänomen wissenschaftlich beschrieben und erklärten. Die Mechanismen, die solchen Täuschungen zugrunde liegen, lassen uns im normalen Leben er-

Abb. 14: Küchenkachel-Illusion: Horizontale Linien erscheinen gekrümmt.

Abb. 13: Kinetische Kunst: In dem Rundbild (nach Riley's *Strom*) erzeugen die feinen Linien ein irritierendes Flimmern.

kennen, wie stark ein Objekt Licht reflektiert, auch wenn es ungleichmäßig beleuchtet ist [15]. Dadurch erscheint ein schwarzer Körper auch dann schwarz, wenn er so hell beleuchtet wird, dass er mehr Licht abgibt als ein weißes, schwach beleuchtetes Objekt. Diese Helligkeits-Konstanzleistung hat zur Folge, dass man sich manchmal über die wahren Helligkeiten täuscht.

Kognitive Dissonanz als Stilmittel

Surrealisten erzeugen beim Betrachter gern *„kognitive Dissonanzen"*, indem sie den Augen *„ikonoklastische"* Objekte vorsetzen: Dinge, die mit unserer Erfahrung radikal kollidieren. Solche Informationen werden – wenn irgend möglich – entweder *ignoriert* oder aber *uminterpretiert*, sodass sie in das gewohnte Weltbild der eigenen Erfahrung passen. Wenn wir ein wohl bekanntes „kanonisches" Objekt wie z. B. einen Kopf von hinten sehen, schließen wir, dass vorne ein *Gesicht* ist, auch wenn wir es im Moment

nicht sehen. Wir sind unserer Sache ganz sicher – bis uns René Magritte mit seiner Arbeit *Vervielfältigung verboten* schockiert: Ein Bild, in dem die Rückansicht des Kopfes dessen Vorderansicht, die man im Spiegel sieht, gleicht. Magritte hält uns hier, auch im übertragenen Sinn, einen Spiegel vor und fordert uns auf, nichts unhinterfragt zu akzeptieren.

Wahrnehmungs-„Zensur" und ihre Überwindung

Manchmal können wir dem Gehirn bei seiner Arbeit quasi „über die Schulter schauen": wenn beispielsweise die Sinnesdaten einander widersprechen oder wenn die Wahrnehmungshypothese zu Widersprüchen mit unserer Erfahrung führt – was surrealistische Maler gründlich ausnutzten. Besonders interessant ist es, wenn man den einzelnen Modulen der Bildverarbeitung widersprüchliche Information zuführt. Ein Beispiel: Mit unseren Augen betrachten wir die Sehwelt aus etwas unterschiedlichen Richtungen. Wenn man nun durch Spiegel die Ansicht von *rechts* in das *linke* Auge leitet und die von *links* in das *rechte*, dann melden die Augen eine *tiefenverkehrte Welt:* Fernes als nah und Nahes als fern. Betrachtet man ein menschliches Gesicht *tiefenverkehrt*, dann müsste man es eigentlich *hohl* sehen. Aber so sehr man sich müht – es bleibt konvex!

Das 3-D-Bildpaar in Abb. 15 zeigt ein Gesicht konkav bzw. konvex, je nachdem, ob man es durch Starren oder Schielen zum Raumbild fusioniert. Die Hohlform erkennt man aber nur in der einen Gesichtshälfte, die durch die Punktierung verfremdet ist. Das ungewohnte Erlebnis, auch die unpunktiert-naturalistische Hälfte hohl zu sehen, hat man erst dann, wenn man das Bildpaar *auf den Kopf stellt.* Auch hierdurch

wird es nämlich *verfremdet*, sodass es nicht mehr dem gewohnten Schema „Gesicht" entspricht. Mit gelindem Schrecken erkennt man – oft erst nach einiger Zeit – die gespenstisch-fremde Landschaft: die Hohlnase, die tief nach innen führt, und die Augen, die grotesk auf zwei Höckern liegen!

Wenn man einen Teil des Gesichts hohl sieht und dann die Blickrichtung wechselt, erscheint es augenblicklich wieder konvex, um dann nach einigen Sekunden wieder in die hohle Form umzuspringen. Dabei ist dieses Bild *nicht mehrdeutig* – die Augen melden ständig ein Hohlgesicht! Was wir hier erleben, ist phänomenologisch eine *„Wahrnehmungszensur"*: Das Gehirn erlaubt uns nicht, das Gesicht hohl zu sehen – nach Christian Morgensterns *Palmström-Prinzip* „weil nicht sein kann, was nicht sein darf". Denn ein Hohlgesicht wider-

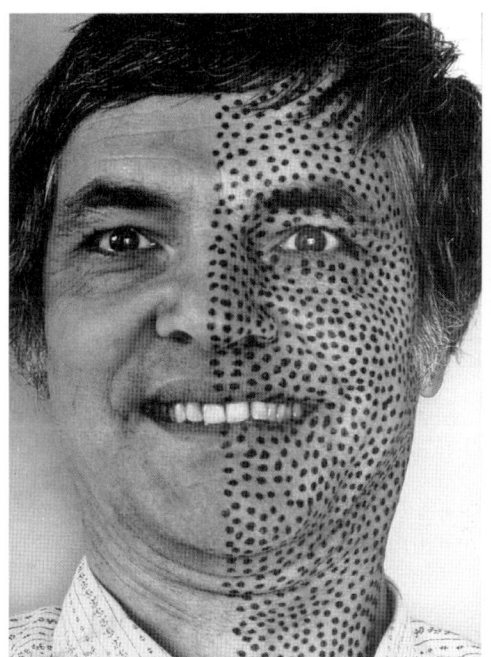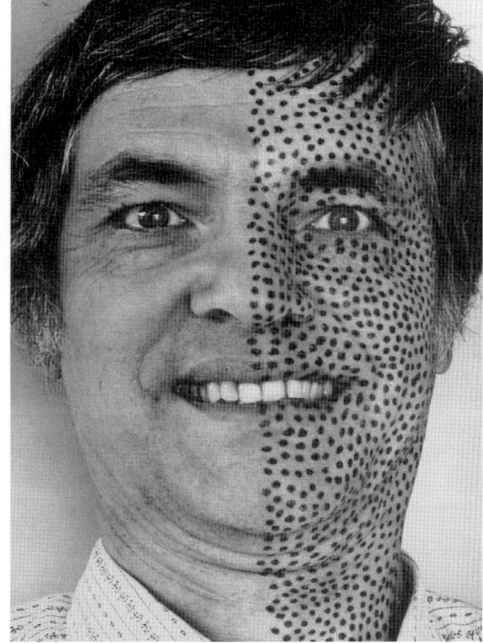

Abb. 15: Fusioniert man mit der Starr-Technik das Bildpaar zum *tiefenverkehrten* 3-D-Porträt des Autors, melden die Augen eine Hohlform. In der unpunktierten Gesichtshälfte nimmt man den Hohlkopf aber erst dann wahr, wenn man das Bild auf den Kopf stellt und damit verfremdet (vgl. Abb. 16).

spricht radikal unserer Erfahrung. Wir sehen also mit unseren Augen nur das, was unser Gehirn uns zu sehen „erlaubt", besser: was es zu konstruieren vermag. Und das steht nicht unter unserer intellektuellen Kontrolle [9, 10, 17]. Wohl aber können wir *lernen,* ungewohnte Dinge zu sehen. Es ist eine Art von „visueller Gymnastik", bekannte Objekte zu betrachten (zunächst am besten nur einäugig) und sie sich *tiefenverkehrt* vorzustellen – so lange, bis es nach etwas Übung gelingt, sie plötzlich auch tiefenverkehrt wahrzunehmen.

Zwei Gruppen von Menschen gibt es, die Hohlgesichter problemlos hohl sehen können: *Schizophrene* in ihren „produktiven Phasen" und Menschen, die unter Drogen stehen wie LSD oder Haschisch. Bei ihnen scheint die „Zensurfunktion" zu versagen [18]. Nicht umsonst haben viele Maler versucht, ihren Erlebnishorizont durch Drogen zu erweitern, wie van Gogh, Modigliani, Munch, viele Surrealisten, Op- und Pop-Art-Künstler [19].

Gesichter, die auf dem Kopf stehen, sind für unser Gehirn fremde „Landschaften". So können wir mangels Gewohnheit auch den Ausdruck in solchen Gesichtern nicht deuten. Am Porträt in Abb. 16, das der Fotograf Thomas Geiger „thatcherized" hat [4, 7, 10], kann man das leicht nachvollziehen. Baselitz machte diese Eigenschaft des Sehsystems zu seinem Programm: Indem er seine Arbeiten auf den Kopf stellt, führt er Gestalten vor, die wir zwar erkennen, deren Einzelheiten wir aber nur schwer deuten können.

Die Malerei der Synästhetiker

Haben Maler, die die Welt verschieden malten, sie wirklich so verschieden gesehen – vielleicht in ganz anderen Farben? In der Tat gab und gibt es viele Menschen, z. B. Kandinsky, die ganz anders wahrgenommen haben als die meisten anderen: die *Synästhetiker.* Synästhesie heißt *Zusammenempfindung,* aber nicht ein poetisches „Zugleichempfinden" in einer Art von Assoziation, sondern eine unfreiwillige Sinneserfahrung: Ein Synästhetiker hört beispielsweise einen Ton und empfindet dabei zwanghaft eine ganz bestimmte Farbe oder eine bestimmte Form. Kandinskys Farben- und Formenlehre basiert wesentlich auf seiner Synästhesie und ist daher nicht allgemein gültig – jeder Synästhetiker erlebt seine eigenen, individuellen Korrelationen, es gibt keine Gesetzmäßigkeiten, die für alle gelten. Denn die Ursache sind ungewöhnliche („falsche") Verbindungen zwischen den Sinnesorganen und den auswertenden Gehirn-Modulen. Synästhetiker sind „kognitive Fossilien", deren Gehirn zwischen den Sinnesmodi Sehen, Hören, Fühlen, Schmecken und Riechen nicht strikt unterscheidet. Sie verfügen damit über die archaische Fähigkeit, die Welt *multisensorisch* auszuwerten.

Aber auch normale Menschen verwenden *synästhetische Metaphern,* um wichtige Botschaften psychologisch zu verankern. So gibt man in Klimakarten kalte Regionen blau und warme rot gefärbt wieder, denn Rot und Gelb empfinden wir als *warme Farben,* Blau und Grün dagegen als *kalte.* Die Physik lehrt das Gegenteil: Lichtquellen, die viel Blau abstrahlen, sind mehrere Tausend Grad heiß. Mit solch hohen Temperaturen haben wir aber keine praktische Erfahrung, und so gehen sie nicht in unsere intuitive Wertung ein. Der rote Schein des wärmenden Feuers aber ist uns ebenso vertraut wie die Kühle von blaugrünem Wasser.

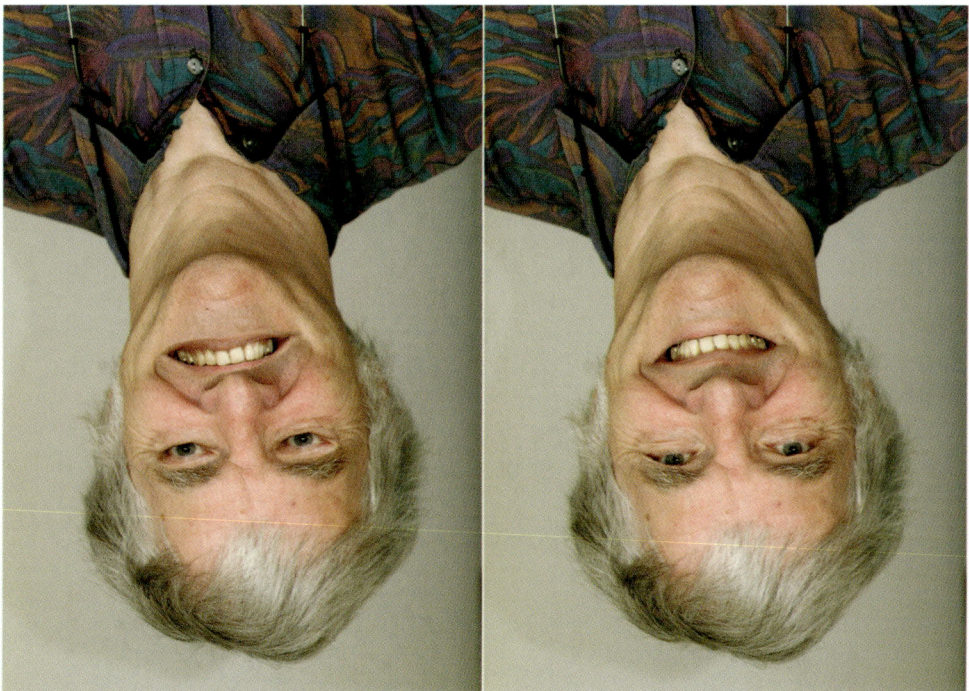

Abb. 16: Steht ein Porträt auf dem Kopf, sind wir für den Gesichtsausdruck blind.

Erkenntnistheoretische und ästhetische Aspekte

Der Neurobiologe Zeki sieht Kunst und Wissenschaft eng miteinander verbunden, die bildende Kunst als eine *Ausweitung der Funktion unseres Sehsystems* [8]. Sowohl das Gehirn als auch die Kunst seien auf der Suche nach *Wissen über die Welt*. Daher folge die Malkunst den Gesetzen des Gehirns. Dieser Zusammenhang könne die Grundlage liefern für eine *neurobiologische Theorie der Ästhetik*. Was als ästhetisch empfunden wird, hängt wesentlich vom Aufbau unseres Gehirns ab.

Gemeinsam ist Kunst und Wissenschaft auch das *Wechselspiel von Symmetrie und Symmetriebruch:* Künstler wie Wissenschaftler werden inspiriert – einerseits von Regelmäßigkeiten, auf die sie stoßen, andererseits von überraschenden Ausnahmen. Manches erweist sich als unerwartet anders, und das erzeugt kognitive Spannung. Künstler erfinden ihre Kunstwerke ganz ähnlich, wie Physiker die Physik schöpferisch erfinden und dann im Experiment auf ihre Richtigkeit hin prüfen. Gültige Entdeckungen auf dem Gebiet der Kunst zeichnen sich dadurch aus, dass sie das Gehirn auf eine Weise stimulieren, die angepasst ist an die kognitive Architektur, die es im Lauf der Evolution erworben hat. Hierzu ein besonders eingängiges Beispiel:

Warum wir Strichzeichnungen „lesen" können

Strichzeichnungen sehen anders aus als naturalistische Bilder, und doch verstehen wir sie. David Marr erkannte, dass die abstrahierenden Linien der Künstler mit den Bildauszügen übereinstimmen, die das Gehirn als Erstes herstellt, um das Netzhautbild zu deuten: eine Art *Strichzeichnung* von dem, was die Augen melden. Strichzeichnungen ähneln also den Beschreibungen der Umwelt, die unser Sehsystem ständig erzeugt [3]. Und weil eine Strichzeichnung von einer Strichzeichnung wieder eine Strichzeichnung ist, können wir sie von Natur aus leicht verstehen. Um ihre Konturen zu deuten, brauchen wir keine Konventionen, und so werden sie auch von Tieren richtig interpretiert [20].

Den Ausdruck in *Gesichtern* zu deuten, ist für das soziale Zusammenleben essenziell, und unser Gehirn hat sich mit speziellen Verrechnungs-Modulen darauf spezialisiert. Die vereinfachende Schematisierung der Gesichtszüge, wie sie afrikanische Künstler realisierten, aber auch Picasso,

Abb. 17: Kinder malen die Welt so, wie sie „ist". Ihre Objekt-zentrierten Bilder sind in manchem realistischer als die „richtigen" Bilder von Erwachsenen.

Jawlensky und andere, entstand wohl nicht zufällig. Sie beeindruckt uns, weil sie die Art und Weise widerspiegelt, mit der das Gehirn die Gesichtsgestalt transformiert und vereinfacht.

Wenn man religiöse Bilder betrachtet, fällt auf, dass die Augen der Personen oft viel zu hoch liegen. Die flache Stirn erscheint (wie in Kindermalereien) so, als enthielte der Kopf kaum ein Gehirn. Dabei liegen die Augen doch fast in mittlerer Höhe im Gesicht! Die Verschiebung der Augen – in denen man gern das wahrnehmende Ich lokalisiert – deutet hier vielleicht das Streben nach oben an, hin zum ersehnten himmlischen Jenseits.

Immanente Widersprüche in naturalistischen Bildern

Obwohl die wirkliche Welt nicht wie ein flaches Bild aussieht, kann man ein flaches Bild so gestalten, dass es fast wie die wirkliche Welt erscheint. Es entsteht eine gewisse innere Widerspruchsfreiheit, die „Rationalisierung des Raumes", die Magritte z. B. in seiner paradoxen Arbeit *La condition humaine* karikiert. Aber kann man Widersprüche im Vergleich mit der Wirklichkeit wirklich ausmerzen, indem man die Perspektive einhält und auf Verdeckungen achtet?

Hier sind *Kinderzeichnungen* aufschlussreich, denn Kinder erschaffen kein Abbild dessen, was auf der Netzhaut abgebildet ist, was also ihre Augen „sehen". Sie malen nicht die beobachterzentrierte reale Szene, sondern „objektzentriert". Das Kind weiß, dass alle Menschen etwa gleich groß sind und malt sie auch so, egal, ob sie weiter weg sind oder nicht (Abb. 17). Und es weiß auch, dass der Bach, der als schmales, dunkles Band – von rechts oben beginnend – unter der Straße verläuft und *hinter* dem

Haus vorbeifließt, in Wirklichkeit durchgeht. Dass er nicht in seiner ganzen Länge sichtbar ist, wird „übersehen", und so fließt er munter über das Dach hinweg. Das Kind zeichnet, was es *weiß,* und in mancher Hinsicht ist so ein Bild *richtiger* als eine perspektivische Darstellung.

Um perspektivische Darstellungen zu meistern, mussten die Maler erst lernen, das *wegzulassen,* was ihr Gehirn ohne ihr Wissen den einlaufenden Sehdaten hinzufügt. Dabei müsste man ja nur das Bild *abmalen,* das auf der Netzhaut erscheint! Aber das kann man nicht. Dass auf der Netzhaut die Flächen der beiden Shepard-Tische (Abb. 18) identisch sind, erkennt niemand. Maler lernen das Problem der Größenkonstanz, die im erwachsenen Gehirn quasi „fest verdrahtet" ist, zu überwinden, indem sie die scheinbare Größe eines Objekts mit ihrem Pinsel messen, den sie mit ausgestrecktem Arm halten, und auf ihr Bild übertragen.

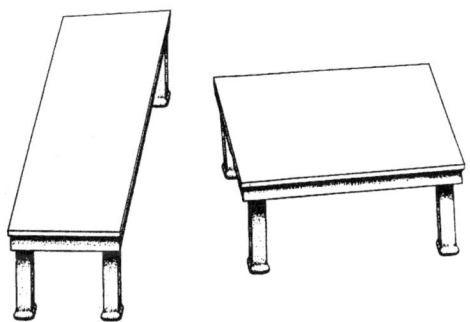

Abb. 18: Einladung an Shepards Tische: An welchem Tisch kann man sich mit seinem Gegenüber besser unterhalten?

Unsere „Erwachsenen-Sicht" ist in hohem Maß erlernt

Eingeborene, die noch keine Seh-Erfahrung mit Fotos irgendwelcher Art hatten, erkennen anfangs nicht, was abgebildet ist.

Sie deuten es als das, was es wirklich ist: ein Stück Papier mit ein paar Flecken darauf. Und sie kritisieren, dass ein Porträt, im Profil aufgenommen, unvollständig ist, denn ihm fehlen ja ein Ohr und ein Auge. Tatsächlich haben afrikanische Künstler (ähnlich wie viel später Picasso!) Menschen so gemalt, wie ihr „inneres Auge" sie sah, indem sie mehrere Blickrichtungen in einem Bild vereinten.

„Gestaltungsdruck" als Quelle esoterischer Irrwege

Das Formanalyse-Modul in unserem Gehirn schafft bewundernswerte Leistungen. Aber auch wenn wir nichtgegenständliche Gemälde anschauen, bleibt dieses System aktiv. Und so ist es ein reizvoller Aspekt der „informellen Malerei", zu erleben, wie unser Sehsystem Bilder deutet, in denen gar keine Form konzipiert ist, wie etwa in den Arbeiten von Schultze oder Wols.

Der „Gestaltungsdruck" führt dazu, dass sich in den Punktmustern von Abb. 19 kleine Gruppen wie von selbst zu Kreisen zusammenschließen, immer neue, größere Strukturen scheinen sich zu organisieren – man spürt förmlich, wie unser Sehsystem das Muster immer wieder neu zu deuten versucht. Nicht selten aber führt uns der Gestaltungsdruck in die Irre: Er lässt uns nämlich auch in Zufallsmustern Regelmäßigkeiten erkennen. So haben wir bei Ereignissen, die zufällig aufeinander folgen, fast zwanghaft den Eindruck von Kausalität *(post hoc ergo propter hoc).* Diese Selbsttäuschung ist Quelle für esoterische Theorien jeglicher Art, für populäre Überzeugungen, die unbeirrbar geglaubt werden, von der Astrologie bis zum Wünschelrutengehen [21]. Keine von ihnen konnte bisher belegt werden – sonst wäre wohl schon längst der Preis von einer Million Dollar ausgezahlt,

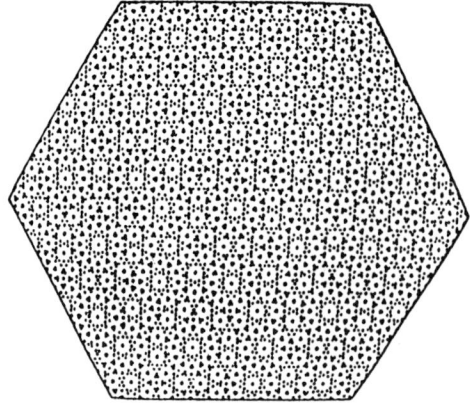

Abb. 19: Unser zwanghafter Ordnungstrieb regt uns unwillkürlich an, Muster zu „strukturieren".

Abb. 20: Als Wesen, die durch die Evolution kognitiv dem *Mesokosmos* angepasst sind, erscheinen uns Mikro- und Makrokosmos gleichermaßen unanschaulich und abstrakt.

den die James Randi Educational Foundation (www.Randi.org) seit vielen Jahren dafür ausgesetzt hat [22, 23].

Während *Künstler* oft mit Illusionen arbeiten und sie gezielt einsetzen, betrachtet sie der *Wissenschaftler* in der Regel als Feind. Wir müssen uns klar machen, dass Wahrnehmungstäuschungen psychische Phänomene sind und nicht Phänomene der realen Außenwelt, denn sie weichen – als fehlerhafte Konstrukte – von den physikalischen Fakten auf systematische Weise ab. Anschaulichkeit jedenfalls liefert keine Evidenz für Richtigkeit. Die abstrakte Struktur der Wirklichkeit, in der wir leben, können wir uns nicht anschaulich vorstellen (Abb. 20). Daher kommen uns die Eigenschaften des Makrokosmos wie des Mikrokosmos fälschlicherweise widersprüchlich vor: die Grenzenlosigkeit eines endlich großen Weltalls ebenso wie die quantenphysikalische Doppelnatur von Teilchen und Welle. Wir können sie nicht *be-greifen*, sie sind für uns nicht (an)fassbar.

Wir können sehr wohl Antinomien wahrnehmen – Dinge, die einander *logisch*

widersprechen –, obwohl die Welt, in der wir leben, nach heutigem Wissen in sich widerspruchsfrei ist. Das ist eine der wunderbarsten und tiefsten Erkenntnisse der Wissenschaft. Immer dann, wenn eine wissenschaftliche Hypothese innere Widersprüche enthält, geht man mit Recht davon aus, dass sie die Wirklichkeit nicht richtig beschreibt und dass man sie revidieren muss. Dass unser Gehirn nach widerspruchsfreien Gesetzen arbeitet, schließt leider nicht aus, dass es beim Nachdenken Fehler machen kann [22, 23].

Was ist Kunst?

Unser Gedächtnis enthält unzählige *Schemata* von Dingen und von Relationen zwischen ihnen. Es sind „kanonische Repräsentationen", Prototypen, die man in gewisser Hinsicht mit den platonischen Ideen der Dinge vergleichen kann. Wer sich mit Kunst beschäftigt hat, besitzt Schemata für Stilrichtungen: für Barock, für Impressionismus, für Pop-Art. Mithilfe dieser Schemata kann man Bilder richtig einordnen, selbst wenn man sie nie zuvor gesehen hat. Diese Leistung ist keine Kunst. Sie folgt aus der Art, wie unser Gedächtnis funktioniert, und auch Tauben sind dazu fähig. Watanabe hat sie dressiert, zwischen impressionistischen Bildern von Monet und kubistischen Bildern von Picasso zu unterscheiden, und sie konnten das dann auch bei Bildern, die für sie neu waren – eine echte Generalisierungsleistung. Auf Monet dressierte Tiere sprachen auch auf Cézanne und Renoir an, Picasso-Tauben auch auf Braque und Matisse [24].

Wohin führt die zeitgenössische Kunst? Gombrich schrieb dazu: „… diese Ideologie des unaufhörlichen Fortschritts ist verantwortlich für die Idee der Avantgarde, jener Stoßtrupps, die das Banner des neuen Zeitalters auf jenem Gelände aufpflanzen, das von der nächsten Künstlergeneration besiedelt werden wird … danach gibt es nicht gute Kunst oder schlechte Kunst, sondern nur veraltete oder fortschrittliche" [3].

Das unbenannte Werk von Peter Scheubel (Abb. 21), das offensichtlich der „Concept Art" zugehört und vielleicht in Anlehnung an Christo entstanden ist, könnte den einprägsamen Titel haben: *Rührt euch, ihr Zuckersäcke!* Ist es Kunst? Heute wagt oft weder das Publikum noch der Kunstkritiker zu kritisieren, und so erinnert manches Kunstprodukt fatal an die Situation in Andersens Parabel von des Kaisers neuen Kleidern. Wie war das doch in dem Märchen? Durchtriebene Händler behaupteten frech, der neue Kleiderstoff sei nur für die *Fähigen* sichtbar, die sich für ihr Amt eignen. Die Haltung des unschuldigen Kindes („aber er hat doch gar nichts an!") hilft uns nicht weiter, denn wer kann wissen, wie die *Kunst der Zukunft* aussieht? Scheubels Foto jedenfalls, das künstlerisch ansprechend ist, aber lediglich die Zuckerrüben-Ernte bei Würzburg dokumentiert, gibt hierauf auch keine Antwort.

Abb. 21: *Rührt euch, ihr Zuckersäcke* – eine Arbeit der Concept Art?

Gibt es Wege zu verlässlicher Erkenntnis?

Woher kommen wir, was sind wir, und wohin gehen wir? So lautet der Titel eines der großen Spätwerke von Paul Gauguin. Denken wir an die Selbsttäuschungen, denen wir ständig ausgesetzt sind, so müssen wir uns fragen, ob wir überhaupt die Chance haben, *verlässliche Erkenntnis* zu gewinnen, um diese Fragen befriedigend beantworten zu können (Abb. 22). Ich meine, dass wir die Chance haben. Obwohl Wissenschaftler ihrer Sache nie absolut sicher sein können, machen sie doch *Voraussagen*, die man *prüfen* kann. Der hohe Grad, in dem sie sich erfüllen, ist ein gutes Maß dafür, bis zu welchem Grad wir über *verlässliche Erkenntnis* verfügen. Nach diesem objektiven Maß hat sich wissenschaftliches Wissen als das sicherste Wissen erwiesen, das wir kennen.

Platon zeigte in seinem bekannten Höhlen-Gleichnis eine tiefe Einsicht in das, was wir Wahrnehmung nennen: Jeder von uns sitzt gefangen in einer Höhle, und was wir sehen, sind nur die *Schatten,* die die wirklichen Dinge, die sich hinter uns bewegen, an die Wand werfen. Die phänomenale Welt, das was wir erleben, ist also eine Art *virtuelle Realität.* Der große Reichtum an Details lässt uns diese Simulation auf sehr direkte und *erlebnismäßig unhintergehbare Weise* als die Welt wahrnehmen, in der wir leben. Alles, was wir wahrnehmen, ist also lediglich dieses vom Gehirn konstruierte Modell, nicht die Wirklichkeit. Wir können durch die Nerven nicht nach außen dringen, um in die *wahre Wirklichkeit* zu gelangen, zum Kant'schen „Ding an sich". Alles, was von draußen in unser Bewusstsein kommt, wird durch die Verrechnungsstellen unserer Sinnesorgane vermittelt. Farben, Geräusche, Düfte, aber auch scheinbar absolute Entitäten wie Materie,

Raum und Zeit, so wie wir sie aus dem Alltag kennen, ja sogar das von uns erlebte Ich sind etwas Künstliches, Selbstgemachtes, von unserem Gehirn Konstruiertes. *Und dieses Konstrukt nehmen wir wahr* [25]. Die Sprache drückt das zutreffend aus: Wir nehmen an, dass es wahr ist.

All dies müssen wir natürlich nicht wissen, um Gauguins Meisterwerk in uns aufzunehmen. Wenn wir aber – über das gefühlsmäßige, intuitive Erfassen hinaus – *verstehen* wollen, *warum* ein Gemälde so auf uns wirkt, wie es wirkt, dann wird es wichtig, *Zusammenhänge* zu erkennen. Sie steigern unser Erleben *und* unsere Bewunderung für Künstler, die manche dieser Zusammenhänge intuitiv erkannt und kreativ genutzt haben. Und wenn wir die Funktion unseres Gehirns und damit unser Selbst besser kennen lernen, werden wir auch eine Antwort finden auf die universellen Fragen, die Gauguin zu seinem großen Bild anreg-

Abb. 22: *Wer bin ich?*

ten – sechs Jahre vor seinem Tod: *Woher kommen wir, was sind wir, und wohin gehen wir?*

Literatur

[1] Wolf, R., Schuchardt, M., Rosenzweig, R.: Looking at one's own cone cells: Entoptic structures visualized through a moving pinhole. Perception Suppl. 31, 165 (2002).

[2] Latto, R.: The brain of the beholder. In: Gregory R., Harris, J., Heard, P., Rose, D. (Hrsg.): The artful eye. Oxford University Press, Oxford, 1995.

[3] Gombrich, E.: Bild und Auge. Klett-Cotta, Stuttgart, 1984.

[4] Wolf, R., Wolf, D.: Vom Sehen zum Wahrnehmen. In: Maelicke, A.: Vom Reiz der Sinne. Begleitbuch zur ZDF-Fernsehreihe. VCH, Weinheim, 1990.

[5] Zeki, S.: Inner Vision. An Exploration of Art and the Brain. Oxford University Press, Oxford, 1999.

[6] Singer, W.: Neurobiologische Anmerkungen zum Wesen und zur Notwendigkeit von Kunst. In: Singer, W.: Der Beobachter im Gehirn. Suhrkamp, Frankfurt, 2002.

[7] Solso, R.: Cognition and the Visual Arts. London, 1994.

[8] Zeki, S.: Behind Appearance: An Explanation of Art, Vision and the Brain. 5th Betty & David Koetser Memorial Lecture. Zürich, Videofilm, 1997.

[9] Wolf, R.: Binokulares Sehen, Raumverrechnung und Raumwahrnehmung. Videofilm, BiuZ 15, 161–178 (1985).

[10] Wolf, R.: Der biologische Sinn der Sinnestäuschung. Videofilm, BiuZ 17, 33–49 (1987).

[11] Wolf, R.: 3-D paintings on a flat canvas: Novel techniques developed by the painters John Jupe and Dorle Wolf, and their significance for human stereopsis. ECVP Paris. Perception Suppl. 32, 155 (2003).

[12] Wolf, D.: *der farbe leben*. Benedict Press, Münsterschwarzach, 1999.

[13] Wolf, D.: *farb-räume (colour to the third)*. Benedict Press, Münsterschwarzach, 2005.

[14] Wolf, R., Ucke, Ch.: Die „ChromaDepth" 3D-Brille: Experimente mit farbcodiertem Tiefensehen. BiuZ 29, 200–207 (1999).

[15] Campenhausen v., Ch.: Die Sinne des Menschen. Thieme, Stuttgart, 1993.

[16] Shimojo, S., Wu, D. A., Kanai, R.: Coexistence of colour filling-in and filling-out in segregated surfaces. Perception Suppl. 32, 155 (2003).

[17] Wolf, R., Wolf, D.: Hohlköpfe. Verblüffende Einsichten in unsere Wahrnehmung. In: Keil, M., Kremer, B. P. (Hrsg.): Wenn Monster munter werden. Wiley-VCH, Weinheim, 2004.

[18] Emrich, H. M.: Systems theory of psychosis: „filtering", comparison, error correction, and its defects. In: Emrich, H. M., Wiegand M. (Hrsg.): Integrative Biological Psychiatry. Springer, Berlin, 1992.

[19] Kulikowski, J., Murray, I.: Chemical dreams. In: Gregory R., Harris, J., Heard, P., Rose, D. (Hrsg.): The artful eye. Oxford University Press, Oxford, 1995.

[20] Hayes, A., Ross, J.: Lines of sight. In: Gregory R., Harris, J., Heard, P., Rose, D. (Hrsg.): The artful eye, Oxford University Press, Oxford, 1995.

[21] Wolf, R.: Sinnestäuschung und „New-Age"-Esoterik. In: Oepen, I., Sarma, A. (Hrsg.): Parawissenschaften unter der Lupe. LIT, Münster, 1995.

[22] Wolf, R.: „Erkenne dich selbst!" Von Wonnen und Wehen der Wahrnehmungstäuschung. In: Kern, G., Traynor, L. (Hrsg.): Die esoterische Verführung. IBDK, Aschaffenburg, 1995.

[23] Wolf, R.: Das 11. Gebot: Du sollst dich nicht täuschen. Skeptiker 12, 140–149 (1999).

[24] Rehfeld, K.: Gestaltwahrnehmung bei Tauben. Naturw. Rdsch. 49, 365–366 (1996).

[25] Hoffman, D.: Visuelle Intelligenz. Wie die Welt im Kopf entsteht. Klett-Cotta, Stuttgart, 2000.

Kunst und Wissenschaft – Gemeinsamkeiten ihrer Geschichte und Möglichkeiten des Verstehens

Ernst Peter Fischer

In diesem Beitrag wird die Ansicht vertreten, dass die beiden Kulturen der *künstlerischen Intelligenz* und des *wissenschaftlichen Erkenntnisstrebens* in einem Verhältnis zueinander stehen, das man mit dem Ausdruck Komplementarität belegen kann. Mit der Idee der Komplementarität wird die Tatsache anerkannt, dass keine einzelne Beschreibung der Welt ausreicht, um sie zu erfassen. Zu jeder Beschreibung der Natur (bzw. des Wirklichen) gibt es eine andere, die der ersten zwar widerspricht, die aber mit ihr gleichberechtigt ist. Komplementäre Beschreibungen sind richtig, ohne die vollständige Wahrheit zu enthalten. Das bekannteste Beispiel liefert die anschauliche Darstellung der atomaren Eigenschaften durch das duale Begriffspaar Welle und Teilchen. Elektronen können sich sowohl als Wellen als auch als Partikel verhalten, und ihnen kommen diese zugleich widersprüchlichen und zusammengehörenden Eigenschaften in Experimenten zu, die sich gegenseitig ausschließen.

Die Idee der Komplementarität

Die Idee der Komplementarität lässt sich auch auf die gesamte Natur anwenden, die wir als die Mutter ansehen können, die uns hervorgebracht hat, die wir aber auch als Rohstofflieferant nutzen können [1, 2]. Und wer sich wundert, wieso es keine ein-

heitliche Farbenlehre gibt, sondern immer noch über die Frage gestritten wird, wer das Wesen der Farben besser erfasst, der analysierende Physiker Newton oder der schauende Dichter Goethe, kann die Lösung ebenfalls in der Idee der Komplementarität finden. Was Goethe denkt, ist komplementär zu dem, was Newton meint, wie sich etwa zeigen lässt, wenn man fragt, was in der jeweiligen Theorie als „einfach" angesehen wird. Für den Physiker ist rotes Licht „einfach", weil es sich durch eine Wellenlänge charakterisieren lässt. Für den Dichter ist das Sonnenlicht „einfach", weil es ohne Hilfsmittel und ohne Zerlegung dem Auge gegeben ist.

Komplementarität scheint eine umfassende Wirklichkeit des Lebens zu sein, denn wir alle unterscheiden tagtäglich z. B. zwischen Dingen, über die man sich einigen kann, und Dingen, die uns etwas bedeuten. Auch gibt es Fragen, die sich quantitativ beantworten lassen – „Wie viele Wörter enthält dieser Text?" –, und Fragen, bei denen dies nicht der Fall ist – „Wie gut ist dieser Text?" –, und die also etwas anderes brauchen. Für unsere Zwecke ist es sinnvoll, das *Verhältnis von Kunst und Wissenschaft* mit dem Begriff der *Komplementarität* zu bezeichnen. Der amerikanische Schriftsteller Raymond Chandler hat wohl am besten ausgedrückt, wie dies im Detail verstanden werden kann. In einem Tagebucheintrag aus dem Jahre 1938 notiert Chandler in einem *Notebook* unter der Überschrift „Großer Gedanke" folgende Sätze:

„Es gibt zwei Arten von Wahrheit: Die Wahrheit, die den Weg weist, und die Wahrheit, die das Herz wärmt. Die erste Wahrheit ist die Wissenschaft, und die zweite ist die Kunst. Keine ist unabhängig von der anderen oder wichtiger als die andere. Ohne Kunst wäre die Wissenschaft so nutzlos wie eine feine Pinzette in der Hand eines Klempners. Ohne Wissenschaft wäre die Kunst ein wüstes Durcheinander aus Folklore und emotionaler Scharlatanerie. Die Wahrheit der Kunst verhindert, dass die Wissenschaft unmenschlich wird, und die Wahrheit der Wissenschaft verhindert, dass die Kunst sich lächerlich macht."

Gemeinsamkeiten von Kunst und Wissenschaft

Das Verhältnis von Kunst und Wissenschaft ist natürlich keineswegs umfassend beschrieben, wenn man es unter dem Aspekt der Komplementarität sieht. Darüber hinaus lassen sich historisch viele Gemeinsamkeiten im Gang der beiden Abenteuer des menschlichen Geistes nachweisen. Die wohl nachhaltigste hat sich am Beginn des 20. Jahrhunderts gezeigt, als sowohl den Wissenschaftlern als auch den Künstlern der Gegenstand abhanden gekommen ist, den sie erfassen wollten. In der Physik wandelte sich das Bild des Atoms von einem Planetensystem *en miniature* mit kleinen Kügelchen (Elektronen), die um klobigere Kugeln kreisen (Atomkern), zu einem durch Symmetrie erfassbaren Formengebilde. Und in der Malerei wechselten die Bilder etwa von Wassily Kandinsky von Motiven, auf denen noch Gegenstände erkennbar sind – Telegrafenmasten, Eisenbahnzüge, Wolken –, über Darstellungen, die mehr freie Farben als erkennbare Formen (etwa eines Rückens oder eines Klaviers) zeigen, hin zu den völlig abstrakten Gemälden seiner Kompositionen. Die alte Frage, warum die modernen Maler abstrakt malen, kann im Anschluss an diese Parallelität vermutlich einfach beantwortet werden: Bilder sind abstrakt, weil die Welt so ist. Denn wenn etwa eine Pflanze eigentlich aus Atomen besteht, dann besteht sie in der uns zugänglichen Tiefe der Wirklichkeit aus den Formen, mit denen die Physiker die Atome erfassen können.

Prof. Dr. rer. nat. **Ernst Peter Fischer**, geb. 1947 in Wuppertal. Studium der Mathematik und Physik in Köln; 1972 Diplom; anschließend Studium am California Institute of Technology in Pasadena (USA); Promotion 1977, danach wissenschaftlicher Mitarbeiter an den Universitäten Freiburg und Konstanz (Biochemie, Biophysik). 1987 Habilitation in Wissenschaftsgeschichte; apl. Professor für Wissenschaftsgeschichte an der Universität Konstanz; mehrfach Gastprofessor an der Universität Basel. Freie Tätigkeit als Wissenschaftspublizist. Allgemeinverständliche Sachbücher u. a.: *Das Atom der Biologen. Max Delbrück und der Ursprung der Molekulargenetik* (1988), *Aristoteles, Einstein & Co.* (2000), *Die andere Bildung* (2001). Auszeichnungen u. a. Lorenz-Oken-Medaille der GDNÄ (2002), Kulturpreis der Eduard-Rhein-Stiftung (2003) und Medaille für Naturwissenschaftliche Publizistik der Deutschen Physikalischen Gesellschaft (2004).

Prof. Dr. Ernst Peter Fischer
Universität Konstanz
Postfach 65
D-78457 Konstanz

Übrigens hat der Wandel der Physik hin zum dinglosen Verständnis von Atomen begonnen, nachdem sie – unter Anleitung von Einstein – gelernt hatten, die Objekte ihrer Begierde zu *zählen*. Da die Gegenwart vor allem mit dem Zählen der Gene in Genomen beschäftigt ist, darf man den Verdacht und auch die Hoffnung äußern, dass im Falle eines Erfolges etwas Vergleichbares geschieht, dass dann nämlich auch die Gene aufhören, Dinge zu sein. Wer die ganze Palette der Phänomene anschaut, die

Genforscher durch ihre Lieblingsobjekte erklären wollen, wird damit ohnehin rechnen. Denn die Gene sind längst so gespalten wie das komplementäre Atom, das Welle und Teilchen zugleich ist. Gene sind stabil (im Organismus) und instabil (in der Evolution) zugleich, sie sind sowohl Molekül als auch Informationsträger, sie kommen uns als flexibles Material und als planendes Steuerzentrum entgegen. Sie geben einem Individuum seine Wirklichkeit und liefern der Evolution ihre Möglichkeiten.

Der große Physiker Niels Bohr hat in seinen erkenntnistheoretischen Schriften den Hinweis gegeben, dass die Atomphysik (Quantenmechanik) ein Beispiel dafür liefert, dass man einen Sachverhalt klar verstanden haben kann und doch weiß, dass sich nur in Bildern und Gleichnissen darüber reden lässt. In diesem Sinne ruft die oben beschriebene Situation der Genetik nach einer literarischen Festlegung des Gens. Einen ersten Versuch hat der Berliner Wissenschaftshistoriker Hans-Jörg Rheinberger vorgenommen, als er den berühmten Satz von Gertrude Stein, „Eine Rose ist eine Rose ist eine Rose", weiterführte und formulierte: „Ein Gen ist ein Gen ist ein Gen" [3]. Vielleicht kann man dieser Festlegung zwei Varianten an die Seite stellen, die den dynamischen Charakter der Gene besser erfassen, also z. B.: „Ein Gen ist ein Gen wird ein Gen" oder „Ein Gen ist ein Gen macht ein Gen". Auf dieses Thema kommen wir ganz zuletzt noch einmal zurück.

Heisenberg auf Helgoland

Wenn es um das Verhältnis von Kunst und Wissenschaft geht, taucht früher oder später die Frage nach der *Kreativität* auf. Wer sich ihrer annimmt, wird bald bemerken, dass da sehr einseitig geurteilt wird. Nur Künstler scheinen kreativ zu sein und schöpferische Momente zu erfahren, während die Forscher bestenfalls systematisch vorgehen und Glücksmomente kennen. Diese Einseitigkeit hat aber vor allem damit zu tun, dass sich weder modische Kreativitätsforscher noch ernsthafte Geisteswissenschaftler ausreichend mit den Hervorbringungen der Naturforscher befasst haben. Natürlich sind Physiker kreativ. Das eindrucksvollste Beispiel liefert Werner Heisenberg, der in seiner Autobiographie *Der Teil und das Ganze* (1969) den Mut dargestellt hat, den es braucht, auf dem unbekannten Weg zu bleiben, der zu neuen Erkenntnissen führt, und er stellt sein Erleben im entscheidenden Moment dar:

> „Ich hatte das Gefühl, durch die Oberfläche der atomaren Erscheinungen hindurch auf einen tief darunter liegenden Grund von merkwürdiger innerer Schönheit zu schauen, und es wurde mir fast schwindlig bei dem Gedanken, daß ich nun dieser Fülle von mathematischen Strukturen nachgehen sollte, die die Natur dort unten vor mir ausgebreitet hatte."

Was Heisenberg in seinen Erinnerungen beschreibt, kann als mystisches Einheitserlebnis verstanden werden, das durch mathematische Symbole vermittelt wird. Wir lesen von der unmittelbaren Erfahrung einer anderen Wirklichkeit, die allerdings nicht – als etwas Göttliches – höher, sondern – als etwas Ästhetisches – tiefer liegt und somit der humanen Sphäre verhaftet bleibt. Das visionäre Erleben lässt Heisenberg erglühen und erzeugt in ihm eine Hochstimmung, die ihn sein Leben riskieren lässt, wie seine Autobiographie nicht explizit ausdrückt, aber implizit erkennen lässt. Es ist unbegreiflich und für die Zunft beschämend, dass diese Passagen aus Heisenbergs Werk bislang nicht das geringste Interesse auf Seiten der Geisteswissenschaftler gefunden haben. Dabei schildert Heisenberg die Entdeckung einer völlig neuen Welt – man könnte es sein inneres Amerika nennen, weil er sich wie Kolumbus fühlt, der weiß, dass von einem gewissen Punkt eine Rückkehr ausgeschlossen ist –, deren wesentliche Dimension den merkwürdig schönen Namen „imaginär" führt. Heisenbergs Weg führt zu der Einsicht, dass die Realität nicht durch Funktionen mit der gleichen Qualität erfasst werden kann. Die neue Physik zeigt, dass imaginäre – imaginative? – Dimensionen nötig sind, um die wirkliche Welt daraus ableiten zu können, und jede Determiniertheit geht bei dem Versuch verloren, in die Wirklichkeit zu gelangen.

Am Ausgangspunkt von Heisenbergs Aufbruch in das neue Land der Physik stand ein Satz, der deutlicher als viele andere ausdrückt, welche Form der Physik mit ihm und seiner Zeit zu Ende gegangen ist. Heisenberg gelingt die zutreffende Beschreibung des atomaren Verhaltens von dem Augenblick an, in dem er sich zu der Sicht entscheidet, die in seinen Worten so lautet: „Die Bahn des Elektrons entsteht erst dadurch, dass wir sie beobachten."

Es ist klar, dass mit dem Erfolg dieses Ansatzes die Rückkehr des Subjekts in die unbarmherzig objektive Welt der Physik unvermeidlich wird, was Einstein so ausgedrückt hat: „Physikalische Theorien sind freie Erfindungen des menschlichen Geistes." Wenn man will, kann man der modernen Physik hier einen alten Kulturbegriff unterschieben, und zwar den der Romantik. Ihre Vertreter verstehen die Natur bekanntlich „im Modell der Kunst", wie es der Ideenhistoriker Isaiah Berlin einmal ausgedrückt hat [4]. Romantiker finden die Natur nicht, sie erfinden sie; sie entdecken nichts, sie erschaffen und entwerfen statt dessen die Dinge, die sie begreifen. In der Romantik ist die Natur nicht mehr nur „Mutter Natur" (natura naturans), sondern „etwas, dem ich meinen Willen aufzwinge,

eine Sache, der ich Form gebe" (natura naturata), und es braucht nicht betont zu werden, dass die Grundhaltung der Komplementarität mit nichts anderem gerechnet hat.

Diese Denkform hat auch der Literaturwissenschaftler Peter von Matt in seiner Abschiedsvorlesung erkannt, die in dem Band Öffentliche Verehrung für Luftgeister (2003) enthalten ist und „Hoffmanns Nacht und Newtons Licht" nebeneinander stellt. Newtons Entdeckungen zeigen eine geordnete Welt, in der alles am Himmel und auf Erden nach festen Regeln zugeht. Für von Matt stellen nun E. T. A. Hoffmanns phantastische Helden die Kinder des Gegenlichts dar. Seine Figuren gehören zur „schwarzen Sonne der Nacht", wie es Novalis einmal ausgedrückt hat. Hoffmanns Geschichten setzen Newton voraus, der die Welt als geschlossenes Ganzes ohne Schwelle zu einem Geisterreich zeigt. Und auf diesen Totalitätsanspruch möchte die Poesie, möchten Hoffmann und andere Autoren antworten. Sie entwerfen – wenn man so will – einen Gegenhimmel der Literatur. Dieser muss in der anderen Richtung gesucht werden, in der Newton fündig wurde, als er die universalen Gesetze des Kosmos fand. Die „schwarze Sonne der Nacht" schwebt im Inneren der Menschen. Novalis spricht von einem „inneren Universum", Jean Paul nennt das Reich des Unbewussten „dieses wahre innere Afrika" (1823), und es ist ein Physiker, nämlich Werner Heisenberg, der 100 Jahre später in diese Richtung aufbricht und sein schon erwähntes „inneres Amerika" findet, als er zu verstehen versucht, was die Welt im Innersten zusammenhält. Heisenberg entdeckt dabei die imaginäre Beschreibung der Realität und im Atom vor allem sich selbst, nämlich seine eigene Beschreibung. Die Übereinstimmung mit dem, was Heinrich von Ofterdingen in dem gleichnamigen

Roman von Novalis beim Besuch eines Bergwerks im Inneren der Erde findet, ist dabei nicht zu übersehen.

Literatur und Quantentheorie

Das Wechselspiel aus Literatur und Quantentheorie ist sehr lohnend, wie Elisabeth Emter 1995 in einem Buch mit diesem Titel überzeugend und materialreich darstellt. Es geht der Autorin um die Rezeption der modernen Physik in Schriften zur Literatur und Philosophie deutschsprachiger Autoren zwischen 1925 und 1970, und sie findet wunderbare Quellen dazu – z. B. ein Interview mit dem Romancier Wolfgang Koeppen, in dem er 1974 geäußert hat:

„Sie fragten nach literarischen Vorbildern und Einflüssen auf mich – jetzt möchte ich Ihnen sagen, daß die neuen Erkenntnisse der Physik, besonders der modernen Physik, einen Einfluß auf meine Entwicklung gehabt haben. … Ich empfange da ganz deutlich ein Weltbild, das meinen Ahnungen entspricht in vielem", um fortzufahren, die Physik *„ist die bedeutendste geistige Erscheinung unserer Tage".*

Bis heute tauchen z. B. literarische Verweise auf die Welle-Teilchen-Dualität der atomaren Wirklichkeit auf. So etwa in den *Fluchtstücken* von Anne Michaels:

„Ich erinnere mich daran, wie jemand auf einer unserer Partys über die Dualität von Partikeln und Wellen sprach. Nach einer Weile sagte Jakob: ‚Vielleicht ist es einfach so, daß das Licht, wenn es vor einer Wand steht, gezwungen ist, sich zu entscheiden.' Alle lachten, hörten nur den Laien, der über Physik redete! Aber ich wußte, was Jakob meinte. Das Partikel ist der säkulare Mensch; die Welle der Gläubige. Und ob man mit der Lüge lebt oder mit der Wahrheit, ist gleichgültig, solange man nur die Wand überwindet.
Und während manche durch die Liebe angetrieben werden (diejenigen, die sich entscheiden), treibt die meisten die Furcht (die, die sich entscheiden, indem sie sich nicht entscheiden). Dann sagte Jakob: ‚Vielleicht ist ein Elektron weder ein Partikel noch eine Welle, sondern etwas ganz anderes, etwas Komplizierteres – eine Dissonanz –, wie der Kummer, dessen Schmerz die Liebe ist.' "

Ein literarisch lohnendes und wissenschaftlich spannendes Thema der Quantentheorie steckt in der Frage, wie das Beobachtete vom Beobachter abhängt. Dazu finden sich z. B. Passagen bei Bertolt Brecht in *Der Messingkauf.* Hier heißt es:

„Die Physiker sagen uns, daß ihnen bei der Untersuchung der kleinsten Stoffteilchen plötzlich ein Verdacht gekommen sei, das Untersuchte sei durch die Untersuchung verändert worden. Zu den Bewegungen, welche sie unter dem Mikroskop beobachten, kommen Bewegungen, welche durch die Mikroskope verursacht werden. Andererseits werden auch die Instrumente, wahrscheinlich durch die Objekte, die auf sie eingestellt werden, verändert. Das geschieht, wenn Instrumente beobachten, was geschieht erst, wenn Menschen beobachten?"

Dieser Frage geht der britische Dramatiker Michael Frayn in seinem Theaterstück *Kopenhagen* nach, das deshalb nach der dänischen Hauptstadt benannt ist, weil sich hier im Herbst 1941 die beiden bereits genannten Bohr und Heisenberg getroffen haben, um … ja, was wollten die beiden damals im Zweiten Weltkrieg besprechen, nachdem die Physiker erkannt hatten, dass sich Atombomben bauen lassen? Was wollte Heisenberg in Kopenhagen, das von deutschen Truppen besetzt war? Warum ist er zu seinem Lehrer Bohr gefahren, der ihn doch jetzt als Feind betrachten musste?

Die Wissenschaftshistoriker können keine Auskunft geben, weil die Quellen fehlen, und nach Jahrzehnten der Spekulation und Gerüchte hat sich ein Dichter die Freiheit genommen, die Frage nach der historischen Wahrheit auf der Bühne zu klären. Das Stück gewinnt seine Qualität dadurch, dass der gut informierte und physikalisch versierte Autor Heisenberg und Bohr aus dem Jenseits operieren lässt und ihnen die Aufgabe gibt, selbst herauszufinden, was sie damals gesagt haben. Mehrere Versionen werden durchprobiert, und es braucht nicht betont zu werden, dass auf diese wunderbare Weise das Beobachterproblem der Quantenphysik vorgeführt werden kann. Am Ende bleibt auch unter den Menschen die Unbestimmtheit bzw. Unsicherheit, die zu den großen Entdeckungen Heisenbergs für den Bereich der Atome gehört und der zufolge Atome gar keinen bestimmten Zustand einnehmen, wenn es niemanden gibt, der ihn bestimmt (beobachtet) hat.

Verstehen oder Verständnis?

Kopenhagen bringt Physik und die Verantwortung der Physiker auf die Bühne, und es ist nicht allzu sehr übertrieben, wenn man behauptet, dass auf diese Weise mehr Verständnis für die Wissenschaft erreicht wird als mit allen möglichen anderen Erklärungsversuchen etwa im Tagesjournalismus. Der Verdacht kann geäußert werden, dass die Kunst im Allgemeinen und die Literatur im Besonderen besser geeignet sind, ein „Public Understanding of Science" zu erreichen als die bisher eingesetzten Verfahren [5]. Mit dem englischen Ausdruck „Public Understanding of Science" wird auch in Deutschland das Bemühen beschrieben, die Wissenschaft der Öffentlichkeit näher zu bringen, und der Grund, warum diese vier Worte nicht übersetzt werden, liegt sicher nicht nur darin, dass „Denglisch" die neue Sprache der Moderne geworden ist, sondern auch darin, dass man sich vor einem Bekenntnis drückt. Bedeutet „Understanding" Verstehen oder Verständnis? Verständnis für Wissenschaft hat man, wenn man der Forschung mehr Geld gibt. Von Verstehen ist dann aber noch lange keine Rede.

Dass es am Verstehen (und dann auch am Verständnis) mangelt, beweist die Existenz einer offiziellen Kampagne, die von den Forschungsinstitutionen ausgegangen ist, vom Bundesministerium übernommen worden ist und jetzt irgendwelchen Agenturen mit ihren Hochglanzfolien überlassen wird. Denn wenn es eine Kampagne namens „Public Understanding of Science" (PUS) gibt, heißt das ja, dass die Sache selbst – das Verstehen – fehlt. Nun bemüht man sich um ein „Public Understanding of Science" seit mehreren Jahrzehnten, aber niemand ist auf die Idee gekommen, dass daraus unbedingt der Schluss zu ziehen ist, dass mit den alten Methoden der Vermittlung aufgehört werden muss. Leider bemühen sich heute offiziell immer noch dieselben Leute um ein „Public Understanding of Science", die bislang ohne Erfolg geblieben sind. Mit anderen Worten: Sie werden den Karren erneut in den Dreck fahren, diesmal aber mit mehr Schwung und besser organisiert.

Die Frage, was zu einem Verstehen von Wissenschaft fehlt, hat der französische Historiker Jacques Barzun bereits 1961 beantwortet. In dem Vorwort zu dem Buch *Voraussicht und Verstehen* von Stephen Toulmin ist zu lesen:

„Man kann sagen, dass die westliche Gesellschaft gegenwärtig die Wissenschaft beherbergt wie einen fremden Gott. Unser Leben wird von seinen Werken verändert, aber die Bevölkerung des Westens ist von einem Verständnis dieser seltsamen Macht wohl ebenso weit entfernt wie ein Bauer in einem abgelegenen mittelalterlichen Dorf es von einem Verständnis der Theologie des Thomas von Aquin gewesen ist. Und was schlimmer ist: Die Lücke ist heute sichtlich größer, als sie vor hundert Jahren war.

Die Schwierigkeit besteht darin, dass die Wissenschaft – selbst für die Wissenschaftler – aufgehört hat, eine prinzipielle Einheit und ein Gegenstand der Kontemplation zu sein."

„Public Understanding of Science"

Darum geht es also – Wissenschaft als prinzipielle Einheit darzustellen und zu einem Gegenstand der Kontemplation zu machen, und diese Aufgabe lässt sich z. B. mithilfe der Kunst lösen. Nachzulesen ist dieser Gedanke natürlich schon bei Johann Wolfgang von Goethe, der in seiner Farbenlehre feststellt: „Wenn wir von ihr eine Art von Ganzheit erwarten, müssen wir die Wissenschaft notwendig als Kunst denken."

Konkret besteht die Aufgabe darin, die Wissenschaft zu gestalten, ihr eine Form zu geben, die sie für Menschen wahrnehmbar und erlebbar macht, wie es etwa in dem erwähnten Theaterstück geschehen ist. Die Wissenschaft braucht eine ästhetische Komponente, wie sie unter anderem in einigen Romanen von Thomas Mann zu finden ist, der sein literarisches Schaffen einmal als „Abschreiben auf höherer Ebene" bezeichnet hat. Auf diese höhere Ebene kommt es an, und sie zu erreichen benötigt einen ähnlich schwierigen Akt, wie es das wissenschaftliche Arbeiten selbst ist.

Was Not tut für ein „Public Understanding of Science", lässt sich so formulieren: Es gilt, wissenschaftliche Erkenntnisse so darzustellen, dass ihr Zusammenhang (Kontext) mit dem Lebensganzen erkennbar und der humane Bezug ersichtlich wird, an dem Menschen vor allem interessiert sind [6]. Gelungen ist dies schon in Theaterstücken, wobei es neben Michael Frayns *Kopenhagen* noch Carl Djerassis *Unbefleckt* und das wunderbare Drama *Sauerstoff* gibt, das Djerassi zusammen mit Roald Hoffman geschrieben hat, der Nobelpreisträger für Chemie ist.

Eine wichtige Unterscheidung

Da es in diesem Beitrag um die Verbindung zwischen Wissenschaft und Kunst geht, muss ein Thema angesprochen werden, mit dem eine Menge Missverständnisse verbunden sind. Es fällt immer wieder auf, dass die handelnden Individuen etwa in der Literatur präsenter sind als in der Wissenschaft. Kunst kennt Klassiker, Wissenschaft nicht. Der Grund dafür ist einfach anzugeben. Denn um Goethe zu verstehen, muss man Goethes Texte lesen. Aber um Newton zu verstehen, muss man ein Lehrbuch der Physik lesen. Was Newton gefunden hat, geht in den Korpus der Wissenschaft ein und taucht in didaktisch geeigneter Darstellung im Lehrbuch auf.

So zutreffend dies ist, der Schluss, der daraus gezogen wird, ist falsch. Er lautet nämlich etwa so: Wenn Goethe nicht gelebt hätte, gäbe es seine Gedichte und Dramen nicht. Aber wenn Newton nicht gelebt hätte, gäbe es sein Gravitationsgesetz trotzdem, das hätte dann eben jemand anders gefunden.

Was dabei nicht nur falsch, sondern unsinnig ist, zeigt sich, wenn man zwischen *Werk* und *Inhalt* unterscheidet: Was wir von einem Dichter kennen, ist das Werk – bei Goethe etwa den *Götz von Berlichingen*. Was wir von einem Forscher kennen, ist der Inhalt seiner Einsicht – bei Newton etwa „Kraft gleich Masse mal Beschleunigung". Werk und Inhalt kann man noch weniger vergleichen als Hosen und Hunde, und so darf auch behauptet werden, dass die Meinung, ein Forscherwerk habe kaum etwas mit der Einzigartigkeit des Forschenden zu tun, Unsinn ist. Dies kann am Beispiel der berühmtesten Struktur demonstriert werden, die das 20. Jahrhundert hervorgebracht hat. Gemeint ist die Doppelhelix, bei der wir fragen können, ob sie eine Entdeckung oder eine Erfindung ist. Natürlich werden die meisten rasch mit „Entdeckung" antworten, aber nur, um in Verlegenheit zu kommen, wenn sie sagen sollen, wo die Doppelhelix denn vorher gesteckt hat, als sie noch nicht gefunden war.

Wer über diesen Sachverhalt nachdenkt, wird zu der Einsicht kommen, dass die Doppelhelix sowohl Schöpfung als auch Entdeckung ist. Der Bereich ihres Daseins ist nicht allein die Natur, sondern auch die Gedankenwelt und Literatur der Naturwissenschaft. Der Unterschied zwischen Entdeckung und Schöpfung hat in der Naturwissenschaft wenig philosophische und erst recht keine praktische Bedeutung. Naturwissenschaftler und Dichter repräsentieren die gleiche Höhe der Kultur – alles andere zu behaupten, wäre falsche Bescheidenheit.

Literatur

[1] Fischer, E. P., Herzka, H. S., Reich, R. H. (Hrsg.): Widersprüchliche Wirklichkeit. Piper-Verlag, München, 1992.

[2] Fischer, E. P.: NR-Stichwort Komplementarität. Naturw. Rdsch. 56, 633 (2003).

[3] Rheinberger, H.-J.: persönl. Mitteilung.

[4] Berlin, I.: Wirklichkeitssinn. Ideengeschichtliche Untersuchungen, darin: Die Revolution der Romantik. Berlin Verlag, Berlin, 1999.

[5] Fischer, E. P.: Verständnis für Wissenschaft durch Gestaltung von Wissenschaft – Entwurf für ein Grundsatzpapier zur Verbesserung des „Publish Understanding of Science" in Deutschland. Nova Acta Leopoldina NF Bd. 87, Nr. 325, 197–205 (2003).

[6] Fischer, E. P.: Wovon man nicht reden kann, davon muß man erzählen. In: Elsner, N., Frick, W.: „Scientica poetica". Literatur und Naturwissenschaft. Wallstein-Verlag, Göttingen, 2004.

Wissenschaftstheorie und Wissenschaftsgeschichte als Mittel für verständliche Wissenschaft

Mittagssymposium

Einführung

Matthias Wille

Es ist zweifelsohne eines der Hauptanliegen der Versammlungen der GDNÄ, Wissenschaft verständlich zu machen, fachwissenschaftliche Ergebnisse dem Nicht-Fachwissenschaftler näher zu bringen und schließlich auch den Dialog zwischen Wissenschaft und Öffentlichkeit offen und unvoreingenommen zu fördern. Ganz im Geiste Lorenz Okens befördert die GDNÄ das Gespräch und den Erfahrungsaustausch zwischen möglichst vielen Gruppen von Vertretern einzelner Wissenschaften, zu denen Philosophen stets willkommen waren. Bereits zum zweiten Mal gestalten nun Philosophen ein Mittagssymposium, um aus der Sicht der Wissenschaftstheorie ergänzende Bemerkungen einzubringen [1]. Dabei war und ist es uns ein Ziel, die Relevanz und Aktualität der wissenschaftstheoretischen Tätigkeit an ausgewählten Problemen zu diskutieren. Die uns am Herzen liegende Förderung von Problemverständnissen erlaubt hoffentlich verbesserte Einsichten in die betroffenen Wissenschaften selbst. In diesem Sinne können wissenschaftshistorische und philosophische Überlegungen ihren Beitrag leisten, um Wissenschaft verständlicher zu machen. Während wissenschaftsgeschichtliche Betrachtungen einen besseren Einblick in

die Problemgenese und Wirkungsgeschichte einzelner wissenschaftlicher Fragen und Ergebnisse erlauben, gestattet uns die Wissenschaftstheorie einen geltungstheoretischen Blick auf die Methoden und Ansprüche der Wissenschaften selbst.

Wissenschaften werden von Menschen gemacht und besitzen somit auch wie jeder Einzelne von uns eine eigene Biographie. Und wie man eine Person besser verstehen kann, wenn man mit ihrer Biographie vertraut ist, so versteht man auch eine Wissenschaft in ihrem je aktuellen Bestand besser, wenn man weiß, *warum* sich diese Wissenschaft zu dem entwickelt hat, was man als Interessierter, Student oder auch als gestandener Wissenschaftler von ihr kennt oder an ihr neu entdeckt. Dieses „Warum" muss sich nicht immer rational rekonstruieren lassen. Aber auch dort, wo wir einfach nur Zufälligkeiten auszeichnen, gewinnen wir bessere Einsichten in die Wissenschaften selbst. Der Aufbau und die Entwicklung einer jeden Wissenschaft folgt zwar der regulativen Idee, dass *jeder* biographische Aspekt gut begründet und den Wissenschaftskriterien entsprechend motiviert werden kann, aber diese Deutung nehmen wir in aller Regel erst nachträglich vor — wohl wissend, dass wir idealisieren werden und idealisieren müssen. Die „Idee von Wissenschaft" liefert uns den Orientierungsmaßstab und schließlich auch die Gelingenskriterien für gute Wissenschaft. Es ist eben aber auch diese Idee, die uns stets

Matthias Wille, geboren 1976, Studium der Philosophie, Mathematik und Geschichte der Medizin an der Universität Marburg. 2003 bis 2004 wiss. Mitarbeiter im Fach Philosophie der Universität Duisburg-Essen (Campus Essen). Seit 2004 wiss. Assistent am Lehrstuhl für Philosophie (mit Schwerpunkt Theoretische Philosophie) von Prof. Dr. Dirk Hartmann ebendort. 2003–2004 Lehrbeauftragter für Logik am Institut für Philosophie der Universität Marburg. Seit 1996 Mitglied und seit 1999 Vertrauensdozent der GDNÄ.
Forschungsschwerpunkte: Philosophie und Geschichte der Mathematik, Philosophie der Beweistheorie, Logik und Geometriebegründung.

Matthias Wille
Universität Duisburg-Essen (Campus Essen)
Fachbereich Geisteswissenschaften;
Philosophie
Universitätsstraße 12
R12 V04 D95
D-45117 Essen

vergegenwärtigt, dass die Wissenschaften nicht sakrosankt gegenüber Kritik sind und sein dürfen. Wer dies mit Bezug auf die geltungstheoretischen, moralischen und anwendungsrelevanten Fragestellungen anerkennt, der gesteht Wissenschaftsgeschichte und Wissenschaftstheorie jene Rolle zu, die uns hier am Herzen liegt: als Mittel für verständliche Wissenschaft.

Thorsten Galert setzt sich mit definitions- und wissenschaftstheoretischen Problemen auseinander, die sich nicht nur vor der Einführung eines wissenschaftlich normierten Schmerzbegriffs, sondern auch im Umgang damit ergeben. Gerade Termini, die bereits in der Alltagssprache ihre Bedeutung vermeintlich „unmittelbar" andemonstrieren, laufen innerhalb der Wissenschaften Gefahr, in ihrer Verwendung durch nicht normierte (implizit konnotierte) Bedeutungsbestandteile überlagert zu werden. Der Ausdruck „Schmerz" gehört zweifelsohne zu dieser Gruppe von Termini. Thorsten Galert setzt daher bei der Frage an, weshalb im Rahmen der wissenschaftlichen Praxen eine explizite und adäquate Definition des Schmerzbegriffs sinnvoll und zweckmäßig ist. Ausgehend von der etablierten Schmerzdefinition der *International Association for the Study of Pain* (IASP) diskutiert er Vor- wie auch Nachteile dieser Definition, um schließlich darauf hinzuarbeiten, dass eine Definition nur so aussagekräftig und damit gut sein kann, wie es die Klarheit der in sie eingehenden Begriffe erlaubt. In diesem Verständnis widmet sich Thorsten Galert im dritten Teil seines Beitrags einer Rekonstruktion der IASP-Definition, um exemplarisch anzuzeigen, dass die bedeutungskonstitutiven Ausdrücke zur Einführung des Schmerzbegriffs einer terminologisch nachvollziehbaren und den Wissenschaftskriterien genügenden semantischen Bestimmung fähig sind.

Mathias Gutmann widmet sich in seinem Beitrag der Bedeutung eines Ausdrucks, dessen Verwendungshäufigkeit in den Medien alle Rekorde zu brechen scheint. Obgleich „das Gen" inzwischen fast zu einem Modegegenstand geworden ist, besinnt sich Mathias Gutmann auf ein grundlegendes Klärungsanliegen, denn was bedeutet es eigentlich, wenn wir Genen Eigenschaften zusprechen oder zum Ausdruck bringen, dass „ein bestimmtes Gen irgendetwas Bestimmtes ‚tut'" – gleich so als ob es ein Handlungsakteur wäre? Mit einer Abkehr von wissenschaftstheoretisch problematischen Verständnissen analysiert Mathias Gutmann normativ die methodisch grundlegenden Bedeutungsbestandteile des Ausdrucks „Gen". Ausgehend von einer wissenschaftshistorisch aufschlussreichen und systematisch ausgerichteten Analyse der Mendel'schen Versuche und der sich daran anschließenden Missverständnisse wendet er seine Aufmerksamkeit der häufig vernachlässigten Laborpraxis zu, deren Berücksichtigung eine Rede nahe legt, die Gene nicht mehr als „natürliche Gegenstände" auffasst, sondern als Redensart versteht, deren Referent spezifisch wissenschaftliche Handlungen an Lebewesen sind. Damit übt er nicht nur eine Kritik an weithin bekannten und missverständlichen Metaphern wie „Gen x enthält die Information I für y" oder „Lebewesen sind Fabriken", sondern er rekonstruiert, was diese Metaphern auf der operationalen Grundlage der relevanten wissenschaftlichen Praxen sinnvoll bedeuten. Diese anti-realistische und handlungstheoretisch ausgerichtete Perspektive erlaubt eine leistungsstarke und wissenschaftstheoretisch adäquate Rekonstruktion des Genbegriffs.

Im Anschluss an das Generalthema der 123. Versammlung wendet sich Matthias Wille am Beispiel Hermann Weyls der Frage zu, was heutzutage noch sinnvoll unter „Aufklärung in den Wissenschaften" verstanden werden kann. Es wird erörtert, dass die Rede vom „aufgeklärt sein" nicht bedeutungsgleich ist mit der hinreichenden Beherrschung fachwissenschaftlicher Kompetenzen. „Aufgeklärte Wissenschaft" ist vielmehr ein mehrdimensionales Gebilde, in das die *fach*wissenschaftliche Kompetenz ebenso Eingang findet wie die kritische Reflexion auf die eigenen wissenschaftlichen Praxen und der damit verbundenen Rechtfertigungspflicht gegenüber der Gesellschaft. In Anbindung an die Ziele der Versammlungen der GDNÄ wird mit Bezug

auf ausgewählte Aspekte der wissenschaftlichen Biographie Hermann Weyls skizziert, dass sein Selbstverständnis als Wissenschaftler einem dezidierten Aufklärungsanliegen in den Wissenschaften und für die Öffentlichkeit verpflichtet war.

[1] Die Beiträge des ersten Symposiums „Fachwissenschaft und Wissenschaftstheorie" (122. Versammlung der GDNÄ im September 2002 in Halle/Saale) sind erschienen in: Rolf Emmermann et al. (Hrsg.): An den Fronten der Forschung. Kosmos – Erde – Leben (Verhandlungen der Gesellschaft Deutscher Naturforscher und Ärzte; 122. Versammlung: 21.–24.9.2002 Halle/Saale), S. Hirzel Verlag, Stuttgart/Leipzig 2003, S. 275–295.

Hermann Weyl – ein Aufklärer im 20. Jahrhundert

Matthias Wille

Als Hermann Weyl (1885–1955) im Sommersemester 1917 an der ETH Zürich Vorlesungen über die Allgemeine Relativitätstheorie hielt, konnte wohl niemand erahnen, dass diese Vorlesungsreihe unter dem Titel *Raum – Zeit – Materie* inzwischen acht Auflagen erlebt hat, in mehrere Sprachen übersetzt wurde und unter den Fachgelehrten wie Interessierten gleichermaßen ein weithin hohes Ansehen genießt. Nun ist diese Monographie hier mehr der Anlass, über Hermann Weyl zu sprechen und weniger der Gegenstand der nachfolgenden Überlegungen. Vielmehr soll skizziert werden, was wir heutzutage noch unter „Aufklärung in den Wissenschaften" verstehen können und inwiefern sich dieses Verständnis an Weyls Biographie belegen lässt.

Die Rede von „Aufklärung in den Wissenschaften"

Es mag fast befremdlich wirken, dass mit Bezug auf die Wissenschaften im 20. Jahrhundert von „Aufklärung" gesprochen wird. Um terminologisch ein wenig das Ansinnen der Redeweise befördern zu können, erinnern wir uns der wohl prominentesten Charakterisierung von Immanuel Kant, wie wir sie in *Beantwortung der Frage: was ist Aufklärung?* (Akad.-Ausg. VIII, S. 35) wiederfinden:

„Aufklärung ist der Ausgang des Menschen aus seiner selbst verschuldeten Unmündigkeit. Unmündigkeit ist das Unvermögen, sich seines Verstandes ohne Leitung eines anderen zu bedienen. Selbstverschuldet ist diese Unmündigkeit, wenn die Ursache derselben nicht am Mangel des Verstandes, sondern der Entschließung und des Mutes liegt, sich seiner ohne Leitung eines anderen zu bedienen."

Es stellt sich freilich die Frage, wie wir in der heutigen Zeit noch sinnvoll von „Unmündigkeit" und einer „selbstverschuldeten", zudem in den modernen Wissenschaften, sprechen können. Immerhin verwenden wir im Alltag wie auch in den Wissenschaften gleichermaßen den Ausdruck „aufgeklärt" als ein Prädikat für ein reflektiertes, selbstkritisches, den aktuellen Wissenschaftsstandards entsprechendes und einer dogmatischen Haltung strikt abgewandtes Vorgehen. Im idealtypischen Verständnis der Wissenschaften würden wir es gleichsam als eine *Contradictio in adjecto* betrachten, wenn wir von einem „nicht aufgeklärten Wissenschaftler" sprechen würden, insofern nur derjenige überhaupt Wissenschaftler sein kann, der aufgeklärt ist. Ein unreflektiertes, keiner Kritik zugängliches Vorgehen würden wir zu Recht als unwissenschaftlich bezeichnen.

Doch die Rede vom „aufgeklärten Wissenschaftler" ist ambig, denn diese Rede lässt noch offen, auf welchen Aspekt des Wissenschaftlers sich das Prädikat „aufgeklärt" bezieht oder beziehen soll. Der Wissenschaftler besitzt als Person eine fachwissenschaftliche Kompetenz. Er ist zudem aber auch moralisches Subjekt, ein Individuum mit Biographie und nicht zuletzt Teilnehmer am gemeinschaftlichen Leben. Als Wissenschaftler aufgeklärt zu sein, ist nicht bedeutungsgleich mit der Rede „als Wissenschaftler den etablierten und akzeptierten wissenschaftlichen Standards zu genügen". Neben der Person, die Wissenschaft betreibt, mag es auch die Person geben, die weiß, dass man nicht sinnvoll alles mit der *Ratio* des Wissenschaftlers erklären und beschreiben können muss.

„Aufgeklärt zu sein" bedeutet demnach auch, die Grenzen der wissenschaftlichen Erklärungskraft zu kennen oder das Vorhandensein solcher zumindest zu akzeptieren und zu respektieren. In diesem Verständnis ist ein aufgeklärter Wissenschaftler also nicht wissenschaftsgläubig – er ist kein Szientist. Doch selbst diese zweite Verwendungsweise erschöpft damit noch keineswegs die Rede von einem „aufgeklärten Wissenschaftler". „Aufgeklärt" bedeutet zudem, dass wir uns unserer Sorgfaltspflicht gegenüber der Öffentlichkeit stets bewusst sind und dieser nachzukommen haben. Das hierfür erforderliche Abstreifen der unhinterfragten Wissenschaftsgläubigkeit im Sinne einer Abkehr vom Szientismus führt als Wissenschaftskritik zu einer verantwortungsvollen Informations- und Rechtfertigungspflicht gegenüber der Gesellschaft. Wer als Wissenschaftler dieser gerecht zu werden versucht, versteht Wissenschaft nicht als ein autonomes Gebilde, sondern als ein von moralischen Subjekten entworfenes und von diesen getragenes Werk der humanen Welt. Und nur derjenige kann sich selbst als aufgeklärt bezeichnen, der auch weiterhin bereit ist, sich fortführend noch weiter aufklären zu lassen – auch wenn dies zur Folge hat, dass lieb gewonnene Überzeugungen revidiert werden müssen. „Aufgeklärt zu sein" ist mithin kein Zustand, hinter den man – einmal erreicht – nicht mehr zurückfallen könnte, sondern dessen Aufrechterhaltung nur durch das kritische Hinterfragen und stete Selbstvergewissern sichergestellt werden kann. Kants Wahlspruch der Aufklärung

„Habe Muth dich deines eigenen Verstandes zu bedienen!"

ist somit eine Aufforderung, der man nicht genau einmal nachzukommen hat, sondern der ein aufgeklärter Geist stets entsprechen muss.

Dies gilt vor allem und im Besonderen für die Wissenschaft. Kriterien für Wissenschaftlichkeit sind nicht unantastbar, sondern als Resultate einer wissenschaftlichen Entwicklung stets Gegenstand eines Strebens nach Verbesserung. So bleibt es nicht aus, dass zeitweise konkurrierende Wissenschaftsverständnisse um die Gunst der Mehrheitsmeinung werben. Doch Mehrheit alleine sichert nicht die überlegene Qualität eines Wissenschaftsverständnisses gegenüber dem nicht mehrheitsfähigen. In diesem Sinne folgt Wissenschaftlichkeit nicht einfach nur der Idee einer demokratischen Gemeinschaft, sondern einem Vernunftprinzip: *Überwinde deine Subjektivität zum Ziele nachvollziehbaren Argumentierens und zur Herstellung eines auf rationalen Gründen basierenden transsubjektiven Konsenses!* Was bedeutet dies nun aber mit Bezug auf eine Wissenschaftlerbiographie?

Für den Einzelnen besagt dies erst einmal, dass jeder für sich selbst zu prüfen hat, weshalb er oder sie den etablierten Standards zu entsprechen hat. Betont wird damit, dass jeder Einzelne – und zwar unabhängig von einem Bezug zu den Üblichkei-

ten – das je eigene Tun rechtfertigen kann. Ein weiterführendes, ebenfalls über die fachinternen Fragen hinausreichendes Aufklärungsanliegen besteht in der Reflexion über das Selbstverständnis der eigenen Wissenschaft.

Hermann Weyl als Aufklärer

In einem mit *Erkenntnis und Besinnung* betitelten Rückblick hielt Weyl kurz vor seinem Tod fest ([3], 631):

„Stand auch die mathematische Forschung, mit gelegentlichen Ausschweifungen in die theoretische Physik, im Zentrum, so hat es mich doch immer zugleich gedrängt, reflektierend mir über Sinn und Ziel dieser Forschung Rechenschaft zu geben."

Dieser Rechenschaftspflicht versuchte er über einen Zeitraum von mehr als 40 Jahren nachzukommen. Weyl begann seine Äußerungen zu den Grundlagen der Mathematik spätestens mit seinem Habilitationsvortrag *Über die Definitionen der mathematischen Grundbegriffe* im Jahre 1910. In eben diesem Vortrag bezeichnete er die Mathematik als die Wissenschaft vom „epsilon" ([3], 304) – die Wissenschaft, die sich mit der Elementrelation auseinander setzt. Damit hatte er eine klare Stellungnahme für die damals gerade einmal formal-axiomatisierte Mengentheorie als Fundamentaldisziplin ausgesprochen. So sehr auch diese Äußerung dem damals aufkommenden und schließlich mehrheitsfähigen Verständnis unter den Mathematikern entsprach, so sehr sollte sich Weyl von dieser Auffassung in den folgenden Jahren abwenden, um seine je neu gewonnenen Einsichten sogleich wieder kritisch zu durchleuchten. Wie radikal sich seine Auffassung – als Phänomen seines Aufklärungsanliegens – in den folgenden Jahren änderte, zeigt sich unter anderem in seinen Briefwechseln mit dem Phänomenologen Edmund Husserl und dem Mathematiker und Philosophen Oskar Becker. In diese Phase seiner zum Teil der Phänomenologie auffällig nahe stehenden Position fiel die wohl bekannteste Stellungnahme Weyls über das Selbstverständnis von Mathematik ([3], 89):

„Will man zum Schluß ein kurzes Schlagwort, welches den lebendigen Mittelpunkt der Mathematik trifft, so darf man wohl sagen: sie ist die *Wissenschaft vom Unendlichen*.“

Doch bereits mit der Monographie *Das Kontinuum* von 1918 vollzog sich in Weyls Grundauffassung von Mathematik eine philosophisch reflektierte Wendung, deren Aufgeklärtheit ein Resultat hervorbrachte, das vor allem ab der zweiten Hälfte des 20. Jahrhunderts an Aktualität gewonnen hat. Lieferte der Inhalt dieser Schrift bereits im Rahmen der klassischen Grundlagendiskussion einen der besten und philosophisch leistungsstärksten Grundlegungsvorschläge im Sinne einer prädikativen Begründung der Mathematik, so gewann er vornehmlich ab den 1960er-Jahren eine große Bedeutsamkeit für die hoch erfolgreichen beweistheoretischen Programme der reduktiven Beweistheorie Georg Kreisels und Solomon Fefermans sowie der Reverse Mathematics Harvey Friedmans und Stephen Simspons.

Nicht zuletzt und öffentlich wirksam zeigt sich Weyls stetige Prüfung an seinem provokanten Aufsatz *Über die neue Grundlagenkrise der Mathematik* aus dem Jahr 1921. So ist es dieser Aufsatz, mit dem Weyl öffentlich zum Intuitionismus des holländischen Topologen und Philosophen Luitzen Egbertus Jan Brouwer konvertiert und damit einen Bruch mit seinem Lehrer David Hilbert provozierte: Zwei der größten Mathematiker des 20. Jahrhunderts kämpften an derselben Front, aber auf unterschiedlichen Seiten. Bereits zu Beginn die-

ser Schrift mahnt Weyl unmissverständlich die Fachgelehrten, die Probleme in der Grundlagenforschung – namentlich das Auftreten logisch-mengentheoretischer Antinomien – nicht als belanglose und somit tolerierbare Randerscheinungen einer prosperierenden mathematischen Forschung zu betrachten. Vielmehr handelt es sich hierbei um klare Indizien, die die Wissenschaftlichkeit der mathematischen Praxis infrage stellen ([3], 143):

„[…] jede ernste und ehrliche Besinnung muß zu der Einsicht führen, dass jene Unzuträglichkeiten in den Grenzbezirken der Mathematik als Symptome gewertet werden müssen; in ihnen kommt an den Tag, was der äusserlich glänzende und reibungslose Betrieb im Zentrum verbirgt: die innere Haltlosigkeit der Grundlagen, auf denen der Aufbau des Reiches ruht.“

Weyl, der zum Zeitpunkt des Abfassens dieser Zeilen ordentlicher Professor an der ETH Zürich war und bereits zu den renommiertesten Mathematikern seiner Zeit zählte, nutzte das Gewicht seines Wortes, um die seit ca. 20 Jahren aufkommende Grundlagendebatte offen auszusprechen und ihre Dringlichkeit anzumahnen. Der Aufsatz ist dabei als Bruch mit der Tradition Aufklärung und Provokation zugleich. Der Terminus „Grundlagenkrise“ ist angestammtermaßen Bestandteil des Vokabulars der Mathematikhistoriker und als solcher ebenso nachträglich zu verwenden wie der Name „Französische Revolution“ nicht bereits 1789 Verwendung fand. Indem Weyl den Ausdruck „Grundlagenkrise“ situativ benutzt und zum Bestimmungsmerkmal der Zeit erhebt, greift er der Entwicklung vor und lässt den Kommentatoren keine andere Möglichkeit als eben die von ihm intendierte: die Situation als turbulent, unsicher und höchst kontrovers zu beschreiben ([2], 910):

„Eine Wissenschaft gerät in eine *Grundlagenkrise*, wenn gewisse über Einfluß auf die Wissenschaftsorganisation verfügende Gruppen […] auf den Wissenschaftsbetrieb des betreffenden Bereiches reflektieren, an der Gültigkeit gewisser dort erarbeiteter Ergebnisse […] oder der zu ihrer Gewinnung angewandten Verfahren begründete Zweifel anmelden und Änderungen im Wissenschaftsbetrieb dieses Bereiches verlangen."

Freilich wurden von anderer Seite aus Gegendarstellungen vorgenommen, welche die Situation entschärfen sollten, aber im Rückblick lässt sich sicher feststellen, dass diese (dritte) Grundlagenkrise der Mathematik an Dramatik kaum zu überbieten war. In den Jahren nach 1921 moderierte Weyl seine emphatische Verteidigung der intuitionistischen Mathematik als die einzig richtige Weise, Mathematik zu betreiben. Dies begann damit, dass er Brouwers philosophische Begründung nicht mehr teilte und als Grundlage des Intuitionismus Husserls Phänomenologie stark macht. Damit schlug er eine Richtung ein, die später erfolgreich von Oskar Beckers Werk *Mathematische Existenz* (1927) beschritten wurde. Doch auch die phänomenologische Begründung befriedigte ihn nicht lange.

Nach Jahren der Kontroverse und stets bedacht auf die Reichhaltigkeit der Mathematik, verwarf Weyl die intuitionistische Mathematik und schloss sich dem Hilbertprogramm an. Es war das Ziel der von Hilbert begründeten Metamathematik, die mathematischen Theorien selbst unangetastet zu lassen und alle offenen Grundlagenfragen einer neuen Disziplin zu überantworten: der Beweistheorie. Diese Koalition zwischen Weyl und Hilbert manifestierte sich schließlich in der Berufung Weyls 1930 nach Göttingen, wo er die Lehrstuhlnachfolge von Hilbert antrat und damit institutionell im Mittelpunkt der mathematischen Welt stand.

Nach dem Machtwechsel 1933 siedelte Weyl tief enttäuscht umgehend in die Vereinigten Staaten über, um als eines der ersten ständigen Mitglieder das von Oswald Veblen gerade neu gegründete *Institute for Advanced Study* in Princeton mit aufzubauen. Zusammen mit dem ebenfalls emigrierten Albert Einstein und dem neu berufenen John von Neumann demonstrierte Weyls Schaffen in dieser Wissenschaftlerschmiede ein weiteres essenzielles Aufklärungsanliegen: Wissenschaft ist unabhängig von politischen Systemen und muss dies im Interesse der Idee von Wissenschaft auch bleiben!

Erst in späteren Jahren korrigierte Weyl seine philosophische Auffassung von Mathematik nochmals, indem er sich nun für Paul Lorenzens konstruktive Mathematik auf einer operativen Basis aussprach. Im Rückblick auf seine kontroversen Aufsätze aus den frühen 20er-Jahren hielt er ein halbes Jahr vor seinem Tod fest ([3], 179):

„Nur mit einigem Zögern bekenne ich mich zu diesen Vorträgen, deren stellenweise recht bombastischer Stil die Stimmung einer aufgeregten Zeit widerspiegelt […]."

Schluss

Obgleich diese stichpunktartigen Auszüge aus einer großen Wissenschaftlerbiographie nur andeuten und weniger ausführen, was Anliegen dieses Beitrags ist, möchte ich mich mit meinem Schlusswort dem Berkeleyer Philosophen und Mathematikhistoriker Paolo Mancosu anschließen, dessen Fazit über Weyls stete Selbstkritik kaum besser getroffen werden kann ([1], 146):

„This respect for the achievements of science went hand in hand with a deep desire for a philosophical understanding of the sciences themselves. Weyl's thought offers us an exemplary paradigm of the never ending dialectic between philosophy and science."

So scheint denn auch für uns das Ideal der Aufklärung in den Wissenschaften gerade in der Koalition zwischen Wissenschaftstheorie und Fachwissenschaft zu bestehen.

Literatur

[1] Mancosu, P.: Phenomenology and Mathematics: Weyl at a crossroads. In: Mittelstraß, J., Gethmann-Siefert, A. (Hrsg.): Die Philosophie und die Wissenschaften. Zum Werk Oskar Beckers. Fink-Verlag, München, 2002, S. 129–148.

[2] Thiel, Ch.: Grundlagenstreit. In: Ritter, J. (Hrsg.): Historisches Wörterbuch der Philosophie. Band 3 (G–H). Wissenschaftliche Buchgesellschaft, Darmstadt, 1974, Sp. 910 bis 918.

[3] Weyl, H.: Gesammelte Abhandlungen. Band I–IV. Springer-Verlag, Berlin, Heidelberg, New York, 1968.

Das Gen: Grundbaustein des Lebens oder lieb gewordenes Missverständnis?

Mathias Gutmann

Gene scheinen die wesentlichen Bestandteile der belebten Natur zu sein. Sie sind regelrechte Atome des Lebendigen. Das Wort „Gen" wird im Zusammenhang mit einem Metaphernfeld verwendet, das auf den Aufbau – von Lebewesen nämlich – zielt. Gene „codieren" bestimmte Informationen, sie „enthalten" oder „tragen" sie. Das Buch der Natur scheint danach mit gerade vier Buchstaben (und entsprechenden Analoga) auszukommen; Gene sind in diesem Verständnis informationelle Einheiten. Nun zeigt aber schon ein Blick auf die Verwendung des Ausdruckes „Information", dass mit der Redeweise, das „Gen x enthalte die Information für y" eine doppelte Metapher ausgesprochen ist. Denn Information ist selber ein mehrdeutiger Begriff. Er kann zum einen ein Maß für die binäre Organisation ei-

nes Datensatzes bezeichnen, zum anderen die Strukturierung oder Gliederung von Rede oder Text. Grundlegend scheint ferner im lebensweltlichen Kontext der Übergang zum Verb „informieren". Mit dem Ausdruck „Gen für y" ist danach nämlich gerade nicht die Aussage gemeint, dass der Aufwand der binären Organisation der Zeile „ATCG" 2 Bit beträgt. Vielmehr soll die Metapher des „Aufbaus" mit der Metapher des „In-eine-Form-Bringens-von-Etwas" verknüpft werden. Diese doppelte Metaphorik kann auch als Metaphernbruch bestimmt werden, dann nämlich, wenn der Übergang von „Information für y" zu „Bauplan von y" gemacht wird [1–3]. Die Schwierigkeiten bei der Definition dessen, was denn der Gegenstand sei, der „in der Natur" oder „am Lebewesen" als Gen bezeichnet wird, vergrößern sich noch, bedenkt man die zahlreichen Verwendungen innerhalb der Biowissenschaften. Es finden sich hier züchtungs-, populations-, evolutions- und entwicklungsgenetische Verwendungen, wobei wir offen lassen können, worin sich die jeweiligen Begriffe im Einzelnen unterscheiden. Hinzu kommen eher anwendungsorientierte Verwendungen wie etwa in der Medizin. Die Reihe der Hypothesen, die sich schlagwortartig als „ein Gen – ein Enzym", „– ein Protein", „– ein Polypeptid", „– ein Cistron", „– ein Building Block" angeben lassen, bestimmen das Wort Gen hinsichtlich einer *Funktion*, die zumindest in der Produktion eines Stoffes besteht (zu weiteren Problemen der genetischen Semantik s. [4]).

Folgen wir einem Vorschlag Janich und Weingartens [5], so lässt sich grob zwischen produktions-, entwicklungs- und transformationsgenetischen Genbegriffen unterscheiden. Gen*technik* wäre dann eine Bezeichnung für die Mittel, die bei der Manipulation von Lebewesen verwendet werden (etwa die labortechnische Zurüstung, die spezifischen Formen der Vektoren und die damit verbundenen manipulativen Praxen etc.). Gegenstand der *Herstellung* wären jeweils Zustände, Vorgänge oder Leistungen von bzw. an Lebewesen. Diese können wir in zwei Grundformen differenzieren, nämlich „produktions-" und „reproduktionsbiologische". Diese beiden Formen der Herstellung können ihrerseits unter produktions- und transformations*genetischem* Gesichtspunkt betrachtet werden. *Transformation* bezeichnet dann die *Veränderung* der jeweiligen Forschungs- oder Manipulationsgegenstände. Der Vorteil dieser nachgelagerten Unterscheidung besteht einfach darin, dass nun Wissen, das aus zunächst rein produktionsgenetischen Zusammenhängen stammt, für die Beschreibung ökologischer, entwicklungs- und evolutionsbiologischer Transformation genutzt werden kann. Mit Blick auf die Verwendungsweisen in unterschiedlichen theoretischen Kontexten liegt es nahe, bei dem Ausdruck „Gen" an ein Homonym zu denken. Diese Vermutung erhält eine gewisse Bestätigung durch Johannsen, der den Ausdruck „Gen" wesentlich geprägt hat:

„The gene is nothing but a very applicable little word, easily combined with others and hence it may be useful as an expression for the ‚unitfactors', ‚elements' or ‚allelomorphs' in the gametes, demonstrated by modern Mendelian researchers." ([6], 132)

Wenn der Ausdruck Gen nur ein Wort ist, dann ergibt sich die mögliche Bedeutung desselben durch den jeweiligen theoretischen und labortechnischen Kontext, in dem das Wort begrifflich auftritt.

HD Dr. Dr. **Mathias Gutmann**, geboren 1966, Studium der Philosophie, Geschichte, Zoologie, Biophysik und Botanik an den Universitäten Frankfurt und Marburg. Promotion 1995 in Philosophie sowie 1998 in Biologie. Habilitation 2004 in Philosophie. Wiss. Mitarbeiter der Arbeitsgruppe Kritische Evolutionstheorie seit 1987, der Arbeitsgruppe Methodischer Kulturalismus in Marburg seit 1993, der Senckenbergischen Naturforschenden Gesellschaft seit 1996, der Europäischen Akademie Bad Neuenahr 1996–1999. Hochschulassistent am Institut für Philosophie der Universität Marburg 1999–2002. Seit 2002 Juniorprofessur für Anthropologie zwischen Biowissenschaften und Kulturforschung.
Hauptarbeitsgebiete: Wissenschaftstheorie der Biologie, Genetik und Evolutionstheorie, Kulturphilosophie, Anthropologie.

HD Dr. Dr. Mathias Gutmann
Institut für Philosophie
Philipps-Universität Marburg
Wilhelm-Röpke-Straße 6 B
D-35032 Marburg

Zum methodologischen Status des Genbegriffs

Deuten wir die Johannsen'sche Bemerkung konstruktivistisch aus, dann können wir feststellen, dass der Ausdruck „x ist Gen für y" mit mindestens zwei Beschreibungssprachen arbeitet. Dies lässt sich exemplarisch schon an Mendels Arbeiten zeigen. Hier werden nämlich zunächst Pflanzenzüchtungsgruppen bezüglich ausgesuchter Eigenschaften vereinheitlicht. In die resultierende Beschreibung dieser Gruppen geht konstitutiv die Rede vom Merkmal oder der Eigenschaft ein. Es handelt sich dabei noch nicht notwendig um eine *biologische* Beschreibung, eine Tatsache, die sich an Mendels eigenem, sehr wohl gärtnerischem, aber eben nicht schon biologischem Vorgehen erläutern lässt. Die zweite Beschreibung – hier durch die Rede von den Faktoren angedeutet, für die eben noch keine *materialen* Entsprechungen gefunden werden müssen und die dennoch den Übergang zum Kalkül ermöglichen [7] – erlaubt schließlich die Einführung von Regeln des Vererbungsgeschehens.

Doch auch die weiteren Entwicklungsschritte der Genetik hin zu einer molekularchemischen und -biologischen Disziplin zeigen uns immer wieder den notwendigen Bezug der Rede vom „Gen" auf den jeweiligen labortechnischen Herstellungs- und Manipulationszusammenhang an. So besteht für Crick der erste Schritt in der Bestimmung der Funktion von Genen in der Beschreibung von Lebewesen (hier sind es Zellen) als Produktionseinheiten ([8], 34). Systematisch ist für uns von Bedeutung, dass – entgegen Cricks eigener Wortwahl – Lebewesen eben keine Fabriken *sind;* sie werden von uns *als* Produktionseinrichtungen beschrieben. Die Auflösung der Metapher, ihre Verschärfung zum Modell geschieht über die Angabe der *Produktionsform.* Diese Form der Metapher (die wir als eigentliche Metapher bezeichnen können) stellt also im Gegensatz zur Identitätsbehauptung eine „Als-ob-Relation" zu den Lebewesen her. Der Vorteil dieser Beziehung besteht in einer methodologisch relevanten Asymmetrie, die uns hier die Kritik der bloßen Metapher bei gleichzeitiger *konstruktiver* Nutzung zur Modellierung erlaubt (zum Verfahren s. [9]).

Die Verschärfung zum Modell geschieht in zwei Schritten. Zunächst ist rein formal der Produktionsvorgang zu strukturieren. Dies geschieht noch ohne Bezug auf die konkrete materiale Gestalt der Produktion. Wir können nämlich nun zwischen Edukten, Mitteln (resp. Werkzeugen) und Produkten unterscheiden. Im Fall der Fabrik-Metapher tritt das Lebewesen selber nicht noch einmal auf, das heißt seine Funktion erschöpft sich in der Durchführung der Produktion (qua Modell). Im zweiten Schritt ist eine bestimmte Form der Produktion zu beschreiben, die es erlaubt, material eine besondere Relation zweier Edukt-Klassen einzuholen. Die Abbildung der Menge von Nukleotiden (und Analoga) auf die Menge der Aminosäuren (mit Ausnahmen und Analoga) ist eine der *Restriktionen* des Modells. Die weitere Strukturierung der Produktion mag dann unter Nutzung physiologischer, biochemischer und schließlich chemischer Beschreibung gelingen. Der Ausdruck „x ist Gen für y" ist folglich eine abkürzende Redeweise für die Modellierung der Produktion von y unter Wirkung physiologischer, biochemischer und chemischer Faktoren. *Information* bedeutet entsprechend nicht mehr als die Beschreibung bestimmter Faktoren der Produktion unter Berücksichtigung der formalen Restriktion.

Aufbau und Information bei der Reproduktion von Lebewesen

Erst jetzt kommen wir zur oben angegebenen Metapher, nämlich zur Rede vom Aufbau. „Information" verstanden als Anweisungen zum Aufbau von etwas ist – wenn nicht mehr – in jedem Fall in einem Bauplan enthalten. Wir können diese Rede wieder modelltheoretisch aufnehmen, indem wir den Übergang von der Produktion von Stoffen zur Produktion von Stoffen machen, die für die (identische) Reproduktion der Produktionseinrichtung selber dienen ([8], 9). In der Metapher werden wir die irreflexive Form (etwas produziert etwas anderes) zu einer reflexiven verändern, denn nun produziert etwas *sich* selber bei Produktion jener Stoffe, die dafür benötigt werden. Beim Übergang zum Modell wird nun aber die ursprüngliche Fabrik nicht mehr ausreichen. Wir werden also die Semantik der reinen Stoffproduktion mit weiteren Beschreibungen anreichern, etwa indem wir nicht nur von chemischen Stoffen (Polypeptiden, Enzymen, Fetten etc.) sprechen, sondern eben auch von Zellen; diese können ihrerseits wieder als „factories" beschrieben werden, wobei dann aber weitere Strukturen (etwa Ribosomen, ER, Golgi-Apparat, Membranen) in unsere Modellierung aufgenommen werden. Wir können diese Erweiterung in zwei Hinsichten vornehmen, nämlich physiologisch und entwicklungsbiologisch.

Für beide Fälle aber ist methodologisch ein Sprachebenenwechsel kennzeichnend, der – wenn er nicht beachtet wird – genau zu jener eigentümlichen doppelten Metaphorik führt, die wir für „Aufbau" und „Information" angezeigt hatten. Denn die Aussage „x ist aus Stoffen der Qualitäten y aufgebaut" kann auf zwei Weisen verstanden werden. Zum einen kann damit gemeint sein, dass wir in der Lage sind, im Vollzug chemischer Stoffanalysen gegebene Einheiten (z. B. Zellen, Gewebe, Organe etc.) auf bestimmte organische Grundstoffe zurückzuführen. In dieser analytischen Hinsicht ist es sicher korrekt, von den *Elementen* der genannten Einheiten zu reden. Zum zweiten aber können wir unter der Aussage „x ist aus Stoffen der Qualität y aufgebaut" auch verstehen, dass die identische Reproduktion von x aus y stattfindet. In diesem Fall bezeichnen die vorhergehenden Produkte (etwa der genetischen Produktion), die sich als Elemente der che-

mischen Analyse erweisen, zumindest einige der *Komponenten* des Aufbaus. Nur wenn wir ohne diese sprachliche Vorkehrung (also den Übergang vom Element zur Komponente) die Produkte der Analyse zu den Edukten der Synthese machen, erhalten „die Gene" ihre Funktion als die den Aufbau regelnden Agentien. Sie werden zu jenen die Informationen für diesen Vorgang „enthaltenden" Einheiten, als die wir sie in der Regel vorgeführt bekommen.

Zum Verhältnis von Komponenten und Elementen

Die Rekonstruktion der Verwendung des Wortes „Gen" hat zumindest deutlich gemacht, dass der Referent nicht vorfindliche Naturgegenstände, sondern menschliche Tätigkeiten und deren Resultate sind. Doch wollen wir das Rekonstruktionsergebnis methodisch noch weitergehend nutzen. Es zeigte sich nämlich, dass die Erläuterung des Ausdrucks „Gen" vom jeweiligen theoretischen Kontext abhing. Denn etwas – z. B. ein bestimmter DNA-Abschnitt – fungiert in einem bestimmten Milieu *als* Regulator oder *als* Strukturgen. Mit dieser funktionellen Beschreibung ist rein semantisch ein Unterschied zweier Sprachebenen vollzogen. Unstrittig wird eine biochemische Untersuchung der Erbsubstanz in eine Beschreibung einmünden, die uns eine aus den vier Buchstaben gebildete Abfolge als Abkürzung entsprechender Substanzen mit entsprechenden – chemischen – Eigenschaften angibt. Die Beschreibung aber der *Beziehungen* dieser chemischen Substanz zu anderen chemischen Substanzen, z. B. Transkriptaseenzymen, ist in einer besonderen Hinsicht nicht chemischer Natur. Dies drückt sich in der Metaphorik des Übertragungsvorganges aus, der als Ablesung oder Übersetzung beschrieben wird. Dieser Vorgang *ist* eben keine Übersetzung (dies ist zunächst menschliches Handeln und wird im Erfolg auch „wie menschliches Handeln" beurteilt), sondern wir werden ihn *als* eine solche beschreiben. Diese zweite Beschreibungsebene ist eine „funktionale", die sich auf Sprachelemente der ersten, z. B. chemischen bezieht. Es dürfte genau jener Bezug der chemischen Beschreibung auf biologische (also nicht-chemische) Aspekte von Lebewesen sein, die Williams und Wilson zu einer bemerkenswerten Rückbeziehung der chemischen auf die funktionellen Beschreibungen zum Ausdruck bringen ([10], 3). Wir können graphisch das methodische Verhältnis der beiden Beschreibungen wie folgt skizzieren:

Be1	$\Rightarrow$	Gegenstände1	$\Leftrightarrow$	Komponenten1		
				$\Uparrow$		
Ae1	$\Rightarrow$	Elemente1		R!	$\Leftrightarrow$	Kohärenz 1. Ordnung
Be2	$\Rightarrow$	Gegenstände2	$\Leftrightarrow$	Komponenten2		
				$\Uparrow$		
Ae2	$\Rightarrow$	Elemente2		R!	$\Leftrightarrow$	Kohärenz 2. Ordnung

Mit Be = Beschreibungsebene, Ae = Analyseebene, R = Rekonstruktion (unter Nutzung von Anweisungen!)

Wir bezeichnen also den oben angezeigten Wechsel der Rede „x ist (in der Analyse) aus y aufgebaut" und der Rede „x ist (in der Synthese) aus y aufgebaut" durch den Wechsel vom Element zur Komponente. Bei der Komponente haben wir es mit einem Teil eines Lebewesens zu tun, der von uns funktionell beschrieben und in (funktionelle) Beziehungen zu anderen Komponenten (funktionelle Strukturierung von Teilen) gesetzt wird. Die Zusammenfügung der Komponenten zum Organismus oder zum System geschieht unter Investition von Kohärenzgesichtspunkten. Unter Kohärenz soll hier „Zusammenhang" der Teile verstanden werden, der sich etwa als Kraft-, Material- oder Formschluss aus der Modellierung über technische Anwendungen im Maschinenbau gewinnen lässt [9]. Der Ausdruck „Gen" wäre als *funktionaler* auch bei Nutzung ansonsten ausschließlich chemischer Beschreibung zu verstehen. Es handelte sich um eine façon de parler in genau dem Sinne, dass wir dabei einen bestimmten Beschreibungskontext von Lebewesen anzeigen, wobei der Referent des Ausdrucks unsere manipulativen Laborpraxen (im weitesten Sinne) wären. Der Ausdruck „Gen" erhielte also seinen methodologischen Status nicht als Naturgegenstand, sondern als Anzeige bestimmter Praxen der Hervorbringung oder Veränderung von Lebewesen unter Nutzung der kontextspezifischen Mittel.

In methodologischer Hinsicht gleicht „das Gen" dem Ausdruck Atom. Denn auch hier haben wir es mit einer zusammenfassenden Beschreibung von Eigenschaften zu tun, die in der substanzialisierenden Redeweise als „das Atom" fungiert [11]. Verstehen wir unter dem Ausdruck Atom nicht die Bezeichnung kleinster Elementareinheiten, aus denen alle weiteren materiellen Dinge aufgebaut sind, sondern ein „theoretisches Konstrukt", das uns die zusammenfassende Rede über bestimmte

Eigenschaften reiner Stoffe erlaubt, so wird das „Atom" zum „generischen" Begriff, eine Reihenform, die methodisch empirisch bestimmte Eigenschaften zu einem einheitlichen Phänomen zusammenführt:

„Würde man lediglich die einzelnen Forscher befragen, die an ihr (an der Entwicklung des Atombegriffs, MG) mitwirken, so scheint sie freilich für sie alle zunächst nur einen, völlig eindeutigen und klar bestimmten, Sinn zu besitzen. Die objektive Existenz der verschiedenen Arten von Atomen wird vorausgesetzt; nur ihre Eigenschaften gilt es noch zu ermitteln und quantitativ schärfer zu umgrenzen. Je weiter wir fortschreiten und um so mehr verschiedene Gruppen von Phänomenen wir in den Kreis unserer Betrachtungen ziehen, um so deutlicher tritt der Reichtum und die Bestimmtheit dieser Eigenschaften heraus. Das substantielle ‚Innere' der Atome enthüllt sich und gewinnt für uns feste und greifbare Gestalt. Wir verfolgen, insbesondere in der entwickelten chemischen Konstitutionsformel, wie die Atome sich nebeneinander lagern und sich wechselseitig zu einem einheitlichen Aufbau des Moleküls verknüpfen; wir sehen, wie sie in ihrem Zusammentreten durch ihre Zahl und ihre relative Lage einen bestimmten Grundriß der Gestaltung erzeugen, der sich z. B. in der Krystallform ausprägt. Geht man indessen der näheren empirischen Begründung all dieser Aussagen nach, so verschiebt sich alsbald die allgemeine Bild. Das Atom ist, wie jetzt sogleich deutlich wird, niemals der gegebene Ausgangspunkt, sondern immer nur der Endpunkt unserer wissenschaftlichen Aussagen. Der inhaltliche Reichtum, den es im Fortgang der wissenschaftlichen Forschung gewinnt, geht daher im Grunde niemals es selbst an, sondern bezieht sich auf ein andersartiges empirisches ‚Subjekt'." ([12], 275 f.)

Im Falle des Gens liegt, so die Deutung unserer Überlegungen, ein ganz ähnlicher Fall vor. Beginnen wir mit der zusammenfassenden Beschreibung des Vererbungsgeschehens, dann können wir im nächsten Schritt den Übergang zu „dem" Gen machen, das uns nun (mit Bezug auf die jeweiligen manipulativen Praxen) als „Träger" bestimmter Eigenschaften erscheint. In dieser Form als „theoretisches Konstrukt" oder als generischer Begriff wird es – je nach Praxistyp – durchaus unterschiedliche Eigenschaften aufweisen. Methodologisch entscheidend ist nun, dass wir im formalen Kalkül (dessen handlungstheoretische Anfänge sich mit Mendel gewinnen lassen) Prognosen über das Verhalten der Gene unter bestimmten (reproduktiven oder transformatorischen) Bedingungen machen können, die sich dann ihrerseits empirisch zu bewähren hätten. Wir können die Struktur der hier vorgenommenen Rekonstruktion durch eine Abfolge von Beschreibungsschritten angeben:

Züchtungs- und Hälterungspraxis, Agri- und Hortikultur
$\Downarrow$
Metapher der Herstellung
$\Downarrow$
Explikation der Metapher durch Bezug auf Form der Herstellung (chemische Fabrik)
$\Downarrow$
Modellierung der Produktion unter chemischer Beschreibung der Edukte, Produkte, Katalysatoren etc.
$\Downarrow$
Rückbezug der modellierten Produktion auf funktionelle Beschreibung organismischer Leistungen

Vom letzten Schritt ausgehend können dann weitere Modellierungen vorgenommen werden, sodass der Anfang recht schnell verlassen, die laborgestützte Beschreibung also hinsichtlich ihrer Geltungskriterien immer „abstrakter" wird.

Literatur

[1] Küppers, B.-O.: Leben = Physik + Chemie? Piper, München, 1987.
[2] Küppers, B.-O.: Materie, Information und der Ursprung des Lebens. In: Fischer, E. P., Mainzer, K. (Hrsg.): Die Frage nach dem Leben. Piper, München, 1990, S. 93–124.

[3] Jacob, F.: Die Logik des Lebendigen. Fischer, Frankfurt, 2002.

[4] Fogle, T.: The Dissolution of Protein Coding Genes in Molecular Biology. In: Beurton, P. et. al. (Hrsg.): The Concept of the Gene in Development and Evolution. Cambridge University Press, Cambridge, 2000, S. 3–25.

[5] Janich, P., Weingarten, M.: J. for Gen. Phil. Of Science 33, 85–120 (2002).

[6] Johannsen, W.: The Genotype Conception of Heredity. Amer. Natur., XLV, 129–159 (1911).

[7] Gutmann, M., Hanekamp, G.: Abstraktion und Ideation – Zur Semantik chemischer und biologischer Grundbegriffe. Zeitschrift für allgemeine Wissenschaftstheorie 27(1), 29–53 (1996).

[8] Crick, F.: Of molecules and men. University of Washington Press, Washington, 1966.

[9] Gutmann, M.: Aspects of Crustacean Evolution. The Relevance of Morphology for Evolutionary Reconstruction. In: Gudo, M., Gutmann, M., Scholz, J. (Hrsg.): Concepts of Functional, Engineering and Constructional Morphology: Biomechanical Approaches on Fossil and Recent Organisms. Senckenbergiana letheia, 82 (1), 237–266 (2002).

[10] Williams, B. L., Wilson, K.: Methoden der Biochemie. Thieme, Stuttgart, 1984.

[11] Hanekamp, G.: Protochemie. Königshausen und Neumann, Würzburg, 1997.

[12] Cassirer, E.: Substanzbegriff und Funktionsbegriff. Wissenschaftliche Buchgesellschaft, Darmstadt, 1980.

Eine wahrnehmungstheoretische Schmerzdefinition

Thorsten Galert

Ziel dieses Beitrags ist es, die Kunst des Definierens als ein Mittel für verständliche Wissenschaft darzustellen. Da die Kultivierung dieser Kunst zu den Aufgaben der Wissenschaftstheorie gehört, ist damit unmittelbar dem Zweck dieses Mittagssymposiums gedient. Diese Kunst soll hier exemplarisch an einem Begriff erläutert werden, dessen Bedeutung jedermann in gewisser Weise seit frühester Kindheit auf das unangenehmste vertraut ist: Es geht um den Begriff ‚Schmerz‘. Anhand dieses Beispiels wird zunächst dargestellt werden, warum man überhaupt definiert und was eine gute Definition ausmacht. Anschließend soll die weltweit anerkannteste Schmerzdefinition der *International Association for the Study of Pain* (IASP) vorgestellt und kritisiert werden. Am Ende werde ich kurz auf die Definition eingehen, die ich im Rahmen meiner Dissertation [1] im Rahmen einer Wahrnehmungstheorie des Schmerzes entwickelt habe. Sie lässt sich als eine methodisch rekonstruierte Version der IASP-Definition verstehen, auch wenn sich dies in der hier gebotenen Kürze nur ansatzweise darstellen lassen wird.

Der Sinn des Definierens

Der allgemeine Sinn einer Definition ist selbstverständlich, die Bedeutung eines sprachlichen Ausdrucks zu bestimmen. Nun mag man im speziellen Fall des Wortes ‚Schmerz‘ durchaus hinterfragen, ob wir einer Definition überhaupt bedürfen. Einleitend wurde hier ja behauptet, dass uns die Bedeutung dieses Wortes in einem bestimmten Sinn allzu bekannt ist. Die dahinter stehende Überlegung ist, dass man weiß, was Schmerz ist, wenn man ihn schon mal gehabt hat. Es mag Zeitgenossen geben, die ziemlich ungeduldig reagieren würden, wenn ihnen jemand, der ansonsten keine größeren Probleme mit der deutschen Sprache zu haben scheint, mit der Frage entgegenträte „Was ist denn die Bedeutung des Wortes ‚Schmerz‘?“ Diese Zeitgenossen würden womöglich die Ärmel hochkrempeln und dabei ankündigen „Ich zeig dir gleich, was das Wort ‚Schmerz‘ bedeutet!“

Dr. **Thorsten Galert**, geboren 1970, Studium der Philosophie und Chemie an den Universitäten Marburg und Wien. 1997 Magister und 2004 Promotion in Philosophie. Seit 2004 wissenschaftlicher Mitarbeiter und Koordinator des Projekts „Intervening in the Psyche. Novel Possibilities as Social Challenges" für die Europäische Akademie zur Erforschung von Folgen wissenschaftlich-technischer Entwicklungen Bad Neuenahr-Ahrweiler GmbH.
Forschungsschwerpunkte: Wissenschaftstheorie der Psychologie, Medizin und Biowissenschaften; Philosophie des Geistes; Medizin- und Tierethik.

Dr. Thorsten Galert
Europäische Akademie zur Erforschung von Folgen wissenschaftlich-technischer Entwicklungen Bad Neuenahr-Ahrweiler GmbH
Wilhelmstr. 56
D-53474 Bad Neuenahr-Ahrweiler

Gegen die hier angedeutete Weise, die Bedeutung des Wortes Schmerz zu vermitteln, lässt sich geltend machen, dass seine Bedeutung zu kennen jedenfalls *nicht darin aufgeht* zu wissen, was es heißt, Schmerzen zu haben. In der Medizin ist seit langem bekannt, dass nicht *allen* Menschen die Bedeutung des Begriffes ‚Schmerz' in der angesprochenen Weise vertraut ist. In seltenen Fällen leiden Menschen an angeborener Schmerzunempfindlichkeit. Dabei mag es zunächst unpassend scheinen, hier von einem „Leiden" zu sprechen, da diesen Menschen doch Leid in der speziellen Form des Schmerzes erspart bleibt. Vergegenwärtigt man sich jedoch, dass Personen mit angeborener Schmerzunempfindlichkeit meist kein langes Leben haben, da sie sich allerlei Verletzungen zuziehen, ohne dies zu bemerken, scheint der Begriff durchaus recht am Platz.

Entscheidend ist, dass auch Menschen, die Schmerzen nie am eigenen Leib erfahren haben, die Bedeutung des sprachlichen Ausdrucks ‚Schmerz' durchaus in dem Sinn kennen können, dass sie diesen richtig zu verwenden vermögen. Nichts hindert sie etwa daran zu lernen, was ihren Mitmenschen typischerweise Schmerz verursacht und wie sie auf diesen reagieren. Da die Rede über die Bestimmung der Bedeutung offenbar zu Missverständnissen einlädt, ist es womöglich sinnvoller, die Aufgabe einer Definition so anzusprechen, dass sie *die richtige Verwendungsweise eines sprachlichen Ausdrucks bestimmen soll.*

Aber auch diese Erläuterung wird Zweifel daran, ob wir eine Schmerzdefinition eigentlich brauchen, vielleicht nicht ausräumen. Schließlich kommen wir mit diesem Wort meistens ganz gut zurecht, auch ohne über eine solche Definition zu verfügen. Das heißt, wir sind uns *in den meisten Situationen* ohne weiteres einig, ob es in ihnen angemessen ist, das Wort ‚Schmerz' zu verwenden.

Allerdings gibt es durchaus auch Fälle, angesichts derer alles andere als klar ist, ob etwa vom Auftreten von Schmerz gesprochen werden kann oder nicht. Mein eigenes Interesse am Thema rührt beispielsweise von der Frage her, ob Tiere Schmerzen haben und – wenn ja, welche. Am Rande sei bemerkt, dass dies durchaus keine Frage von rein theoretischem Interesse ist, denn schließlich verstößt man in Deutschland gegen eine Rechtsnorm, die seit 2002 Verfassungsrang genießt, wenn man einem Tier *ohne vernünftigen Grund*, wie es so schön heißt, Schmerzen zufügt. Für die Durchsetzung des Tierschutzes als Staatsziel ist es zwingend erforderlich, sich darüber zu verständigen, unter welchen Umständen bei Tieren welcher Arten Schmerzen auftreten.

Wer sich durch diesen Hinweis auf die Frage nach dem Schmerz der Tiere nicht hinreichend motiviert sieht, dem weiteren Gedankengang zu folgen, der stelle sich stattdessen die Frage, ab welchem Zeitpunkt nach der Befruchtung der Eizelle in der Entwicklung eines Menschen von diesem behauptet werden kann, dass er Schmerzen haben könne. In der Schmerzforschung gibt es bislang keine allgemein anerkannte Antwort auf diese Frage. Selbst bezüglich Neugeborener, denen die meisten Laien ohne jedes Zögern Schmerzerleben zuschreiben, sind die Experten sich nicht einig. So war es bis vor 20 Jahren absolut üblich, kleinere chirurgische Eingriffe wie z. B. Beschneidungen an Neugeborenen ohne anästhetische Behandlung durchzuführen. Ein Umdenken ergab sich in dieser Frage erst, nachdem in klinischen Studien festgestellt worden war, dass bei Babys, an denen bestimmte Maßnahmen unter Betäubung vorgenommen werden, anschließend weniger Komplikationen auftreten als bei Babys, denen eine Anästhesie vorenthalten wird. [2] Wohlgemerkt, auch heute erklären nicht alle Experten diesen experimentellen Befund damit, dass die betreffenden Eingriffe den Neugeborenen Schmerz verursachen! Einige gehen vielmehr davon aus, dass der Sinn der anästhetischen Behandlung bei Neugeborenen *nicht* in der Schmerzunterdrückung liegt, sondern in der Suppression bestimmter physiologischer Reaktionen, die zu Komplikationen führen, ohne dass sie von Schmerz begleitet würden. [3]

Was kann man nun angesichts solcher Zweifelsfälle bei der Zuschreibung von Schmerz von einer angemessenen Schmerzdefinition erwarten? Sicherlich nicht, dass sich alle Schwierigkeiten bei der Beantwortung der Frage nach dem Schmerzerleben von Tieren, Embryonen, Föten oder Neugeborenen in Luft auflösen. Beispielsweise ist es eine Sache, jemandem – eventuell durch Angabe einer Definition – zu vermitteln, worum es sich bei der Fälschung eines Gemäldes handelt. Eine ganz andere Sache ist es jedoch, im Einzelfall zu entscheiden, ob ein bestimmtes Gemälde eine Fälschung *ist*. Für das eine muss man einfach nur ein kompetenter Sprecher sein, für das andere benötigt man erheblichen künstlerischen Sachverstand. Ganz entsprechend kann einem eine Schmerzdefinition die richtige Verwendungsweise dieses Wortes nicht in dem Sinn vermitteln, dass man in jeder Situation weiß, ob man durch seinen Gebrauch eine wahre Aussage treffen kann. Sie sollte einen jedoch allgemein darüber belehren, worauf man bei der Formulierung einer wahren Schmerzzuschreibung sein Augenmerk zu richten hat.

Genau an der Kenntnis dessen, was eigentlich relevant ist, mangelt es uns bei der Entscheidung der genannten Zweifelsfälle. Unklar ist, auf welcher Beschreibungsebene die Indizien bei der Zuschreibung von Schmerzen überhaupt zu suchen und wie sie gegeneinander zu gewichten sind. Was ist entscheidend? Ein bestimmter Organisations- und Entwicklungsgrad des peripheren oder des zentralen Nervensystems? Bestimmte physiologische Reaktionen? Ein bestimmtes Ausdrucksverhalten oder bestimmte komplexe Verhaltensreaktionen? Beim gesunden Erwachsenen mögen in einzelnen Situationen all diese Indizien für Schmerzerleben zusammenkommen, begleitet von noch einem weiteren, das wiederum von einigen Autoren für einzig ausschlaggebend gehalten wird: Es handelt sich dabei um die explizite Bekundung des Erlebens von Schmerz, am schlichtesten mit den Worten: „Ich habe Schmerzen."

Wir wüssten gerne, welche dieser ganz verschiedenartigen Merkmale eher zufällig mit dem Auftreten von Schmerz korreliert sind, welche dagegen als notwendige Bedingungen für sein Auftreten gelten können. Außerdem wüssten wir gerne, das Zusammenkommen welcher dieser notwendigen Bedingungen gemeinsam hinreichend für Schmerzzuschreibungen ist. Mit anderen Worten: Um die Einschlägigkeit und die relative Relevanz der genannten Indizien für das Auftreten von Schmerz beurteilen zu können, benötigen wir gerade eine Schmerzdefinition.

Die Schmerzdefinition der IASP

Mit der Aufgabe, eine solche Definition zu formulieren, wurde in den 70er-Jahren von der *International Association for the Study of Pain* eigens eine Arbeitsgruppe betraut. Die in ihr versammelten namhaften Wissenschaftler sollten außerdem Ordnung in die uneinheitlich verwendete Terminologie der klinischen Schmerzforschung bringen. Nach langen Beratungen wurde 1979 in der Zeitschrift *Pain* (6: 249–252) eine erste Liste mit Definitionen für Termini wie *Allodynie*, *Hyperalgesie* oder *Neuropathie*, aber eben auch für den Schmerzbegriff selbst veröffentlicht. Seitdem wurde diese Liste mehrfach überarbeitet, neu veröffentlicht und in verschiedene Sprachen übersetzt [4]. Ganz ohne Zweifel ist die Schmerzdefinition der IASP die weltweit am meisten zitierte. Im englischen Original lautet sie folgendermaßen:

„Pain: An unpleasant sensory and emotional experience associated with actual or potential tissue damage, or described in terms of such damage."

Hierfür hat sich folgende Übersetzung ins Deutsche durchgesetzt:

„Schmerz ist ein unangenehmes Sinnes- und Gefühlserlebnis, das mit aktueller oder potenzieller Gewebsschädigung verknüpft ist oder mit Begriffen einer solchen Schädigung beschrieben wird."

Es sollen nun zunächst einige der Meriten dieser Definition hervorgehoben werden. Ihr entscheidender Vorzug liegt meines Erachtens darin, dass sie Schmerz recht unmissverständlich als *psychischen* Zustand charakterisiert. Die Autoren dieser Definition widerstehen damit den reduktionistischen Tendenzen, die damals wie heute in der naturwissenschaftlich orientierten Medizin vorzufinden sind. Mit Reduktionismus ist hier das Bestreben gemeint, psychische Zustände als verkappte physische Zustände zu entlarven und so letztlich die Psychologie auf die Physiologie und diese womöglich auf Physik und Chemie zurückzuführen. Die IASP dagegen bestimmt Schmerz nicht etwa als einen spezifischen Erregungszustand des Nervensystems, sondern vielmehr als unangenehmes Sinnes- und Gefühlserlebnis.

Selbstverständlich gehört es zu den Eigenheiten des psychischen Zustands Schmerz, dass sein Auftreten in engem Zusammenhang mit bestimmten körperlichen Zuständen und Vorgängen steht. Nur weil dem so ist, ist die Medizin ja so erfolgreich darin, durch Interventionen auf der somatischen Ebene sein Auftreten zu vermeiden bzw. ihn zu lindern oder zu beseitigen. Die körperlichen Zustände, zu denen Schmerz ins Verhältnis gesetzt werden will, fasst die IASP in ihrer Definition als Gewebeschädigungen zusammen. Trotz des konzedierten engen Zusammenhangs sind auch dem Laien eine Fülle von Beispielen für das Auseinanderklaffen zwischen dem Auftreten von Schmerzen und dem von Gewebeschädigungen bekannt. Zum einen ist das Vorliegen einer Gewebeschädigung *keine hinreichende* Bedingung für das Auftreten von Schmerz. Der Sinn einer Anästhesie ist ja gerade, dafür zu sorgen, dass keine Schmerzen auftreten, obwohl eine Gewebeschädigung vorliegt bzw. herbeigeführt wird. Auch ohne anästhetische Behandlung kann es beispielsweise in extremen Stresssituationen dazu kommen, dass eine Verletzung nicht als schmerzhaft erlebt oder sogar gar nicht erst bemerkt wird. Und die meisten Schädigungen von Lungen- oder Lebergewebe verursachen überhaupt keinen Schmerz. Zum anderen ist das Vorliegen einer Gewebeschädigung aber auch *keine notwendige* Bedingung für das Auftreten von Schmerz. Jedenfalls sind Ärzte trotz aller zur Verfügung stehenden diagnostischen Mittel häufig nicht in der Lage, somatische Ursachen für die Schmerzen ihrer Patienten auszumachen.

Ein wichtiger Vorzug der IASP-Definition liegt gerade darin, dass die Möglichkeit des Auftretens von Schmerz *ohne* erkennbare Gewebeschädigung ernst genommen wird. Demgegenüber ist es in der Geschichte der Medizin nicht selten dazu gekommen, dass reduktionistisch gesinnte Ärzte die Schmerzbekundungen ihrer Patienten nach dem Motto zurückgewiesen haben „Es kann nicht sein, was nicht sein darf". Gut dokumentiert ist diese Einstellung für die Frühphase der destruktiven Neurochirurgie als Schmerztherapie. Man nahm damals an, dass „Schmerzreize" ausschließlich über den *Tractus spinothalamicus* zum Gehirn gelangen. Als *ultima ratio* für die Behandlung von Schmerzen, die mit anderen Maßnahmen nicht in den Griff zu bekommen waren, führte man folglich die Durchtrennung dieser Nervenbahn durch (*Chordotomie*). Wenn die Patienten anschließend immer noch über Schmerzen klagten, soll es vorgekommen sein, dass sie von den Chirurgen als Simulanten oder schlicht als Fälle für die Psychiatrie diffamiert wurden [5]. Dabei irrten hier schlicht die Mediziner, die von vereinfachten neuro-

physiologischen Modellen der Schmerzverarbeitung ausgingen. Heute weiß man, dass eine ganze Reihe von Nervenbahnen für die Übertragung von so genanntem „nozizeptivem Input" vom Rückenmark zum Gehirn zur Verfügung steht [6].

Betrachten wir nach dieser medizinhistorischen Randbemerkung etwas genauer, auf welche Weise die Arbeitsgruppe der IASP der Möglichkeit des Auftretens von Schmerz *ohne* Gewebeschädigung in der Formulierung ihrer Definition Rechnung trägt. Es heißt dort, dass Schmerzen entweder mit Gewebeschädigung verknüpft auftreten *oder* so *beschrieben* werden, als läge ihnen eine Gewebeschädigung zugrunde. Nun ist zwar richtig, dass auch Personen, die Schmerzen in einer Körperregion haben, die keinen ersichtlichen Schaden aufweist, diese so beschreiben, als sei an der schmerzenden Stelle irgendetwas nicht in Ordnung. Indem jedoch die Möglichkeit des Auftretens von Schmerz ohne Gewebeschädigung mit dem sprachlichen Akt des Beschreibens verknüpft wird, wird sie nur für solche Lebewesen eingeräumt, die zur sprachlichen Bekundung ihrer Schmerzen befähigt sind. Ein Nachteil der IASP-Definition liegt daher darin, dass wir nach ihrer Maßgabe etwa bei einem Neugeborenen nie Grund zu der Annahme haben können, dass dieser Schmerzen hat, wenn an ihm keine Gewebeschädigung zu erkennen ist [7].

Man mag diesen Kritikpunkt für eher nebensächlich erachten. Die grundsätzliche Schwierigkeit, an der die Schmerzdefinition der IASP krankt, liegt darin, dass die in sie investierten Ausdrücke an keiner Stelle weiter erläutert werden. Selbstverständlich kann eine Definition immer nur in dem Maße Klarheit schaffen, in dem die Verwendungsbedingungen der im definierenden Ausdruck (*Definiens*) auftauchenden sprachlichen Mittel klarer sind als die des Ausdrucks, der definiert werden soll (*Defi-*

niendum). Wie erwähnt stellt die IASP-Definition zwar klar, dass es sich beim Schmerz um ein psychisches Phänomen handelt, die Begriffe, mit denen er als solches anerkannt wird („*sensory and emotional experience*"), sind jedoch ihrerseits hochgradig erläuterungsbedürftig. Bei der Beantwortung von anwendungsbezogenen Fragen – wie etwa nach dem Schmerz von Neugeborenen – hilft uns die Definition der IASP daher kaum weiter. Schließlich ist es durchaus nicht einfacher, darüber zu befinden, ob ein Säugling gerade ein „unangenehmes Sinnes- und Gefühlserlebnis" hat, als zu entscheiden, ob er Schmerzen hat.

Mein Fazit zu der IASP-Definition des Schmerzbegriffs lautet daher, dass sie trotz aller nachvollziehbarer Überlegungen, die ganz offensichtlich in sie eingegangen sind, *keine* überzeugende Alternative zu einem reduktionistischen Schmerzverständnis bietet. Die Begriffe, die in dieser Definition verwendet werden, sind genauso wenig unmittelbar verständlich wie der Schmerzbegriff selbst. Indem die Autoren der IASP Schmerz als ein psychisches Phänomen anerkennen, glauben sie sich auf ein subjektivistisches Schmerzverständnis festlegen zu müssen. (Der erste Satz in den Anmerkungen zur Definition lautet: „*Pain is always subjective.*") In letzter Konsequenz wird damit unklar, in welchem genauen Verhältnis Schmerz zu den sichtbaren Zeichen seiner Äußerung steht und wie seine wissenschaftliche Erforschung überhaupt möglich sein soll.

Eine wahrnehmungstheoretische Schmerzdefinition

Die hier angestellten Überlegungen sollten verdeutlicht haben, dass eine Definition nur so gut ist wie der theoretische Zusammenhang, in dem die Ausdrücke ihren Sinn gewinnen, die in sie eingehen. Daraus ergibt sich leider auch, dass ich im Rahmen dieses Beitrags den Nachweis der Adäquatheit meiner eigenen Schmerzdefinition weitgehend schuldig bleiben muss, denn den theoretischen Kontext, in den sie eingebettet ist, kann ich an dieser Stelle allenfalls andeuten. Trotz dieses Vorbehaltes möchte ich nun den nackten Wortlaut der Begriffsbestimmung präsentieren, die ich in der oben erwähnten Promotionsschrift im Rahmen einer Wahrnehmungstheorie des Schmerzes [8] vorgenommen habe:

Schmerzen sind die unangenehmen Leibempfindungen, die mit nozizeptiven Wahrnehmungen oder nozizeptiven Wahrnehmungstäuschungen einhergehen.

Besonders erläuterungsbedürftig an dieser Definition ist sicher der Begriff der nozizeptiven Wahrnehmung. Ähnlich wie der gängigere Begriff Propriozeption soll der Begriff Nozizeption für eine eigenständige Sinnesmodalität stehen. So wie der olfaktorische Sinn Geruchswahrnehmungen vermitteln *kann* (hier ist eine gewisse Vorsicht in der Formulierung vonnöten, weil nicht jede „Aktivität" einer Sinnesmodalität gleich eine Wahrnehmung ist), kann der nozizeptive Sinn nozizeptive Wahrnehmungen vermitteln. Die Gegenstände dieser Wahrnehmungen sind bestimmte Zustände des Körpers des Lebewesens, das die Wahrnehmungen macht. Diese Zustände kann man im Einklang mit der IASP als Gewebeschädigungen bezeichnen. Damit wird deutlich, dass auch in der hier verfochtenen Definition Schmerzen über ihr Verhältnis zu den sie typischerweise verursachenden Körperzuständen bestimmt werden.

Damit stellt sich die Frage, wie sich die oben erwähnten Situationen, in denen Schmerzen und Gewebeschädigungen nicht korreliert auftreten, im Rahmen einer Wahrnehmungstheorie erklären lassen. Es wäre nicht plausibel zu behaupten, dass

Schmerzen *nur* auftreten, wenn nozizeptive Wahrnehmungen gemacht werden, denn wie erwähnt treten Schmerzen in vielen Fällen ohne jede erkennbare Gewebeschädigung auf. Da man jedoch nichts wahrnehmen kann, was nicht da ist, können in diesen Fällen auch keine nozizeptiven Wahrnehmungen gemacht werden, die mit Schmerzen einhergingen. Dieses Problem müsste eine Wahrnehmungstheorie dann *ad absurdum* führen, wenn in ihrem Rahmen Schmerzen mit nozizeptiven Wahrnehmungen *identifiziert* würden. In meiner Konzeption werden Schmerzen jedoch vielmehr als die *Empfindungen* betrachtet, die mit nozizeptiven Wahrnehmungen einhergehen. Nun hängt also alles von der Einführung des Empfindungsbegriffs ab, die ich im Wesentlichen von Dirk Hartmann [9] übernehme und hier nur kurz erläutern kann:

Die Rede über Empfindungen gewinnt ihren Sinn im Hinblick auf das gelegentliche Auseinanderklaffen zwischen subjektiver und intersubjektiv konstruierter Unterscheidungswirklichkeit. Wenn jemand etwas wahrzunehmen scheint, was nach allgemeiner Übereinkunft nicht vorhanden ist, sprechen wir davon, er unterliege einer *Wahrnehmungstäuschung.* Empfindungen sollen nun dasjenige sein, was *gleich ist* an einer Wahrnehmungstäuschung, in der man einen Zustand oder ein Geschehnis wahrzunehmen glaubt, und einer tatsächlichen Wahrnehmung dieses Zustandes oder Geschehnisses. Über eine Person, die einer Wahrnehmungstäuschung unterliegt, können wir demnach zwar nicht sagen, sie mache eine Wahrnehmung; wir können jedoch *per definitionem* behaupten, dass sie dieselben Empfindungen hat, die sie auch haben würde, wenn das, was sie wahrzunehmen meint, faktisch vorhanden wäre.

Damit lassen sich Situationen, in denen Personen Schmerzen haben, obgleich an ihnen keine Gewebeschädigungen festzustellen sind, nun so beschreiben, dass diese Personen nozizeptiven Wahrnehmungstäuschungen unterliegen. Beispielsweise würde es sich diesem Ansatz zufolge beim Phantomschmerz, also dem infolge einer Amputation an der Stelle eines entfernten Körperteils auftretenden Schmerzes, um eine nozizeptive Wahrnehmungstäuschung, genauer um eine nozizeptive Halluzination handeln. Wen seine Sinne in dieser Weise täuschen, dem *erscheint* es nur so, als sei etwas nicht in Ordnung in der Region, in der er Schmerzen hat. Dies heißt wohlgemerkt *nicht,* dass seine Schmerzen nur eingebildet wären. Mit nozizeptiven Täuschungen einhergehende Schmerzen sind ebenso real wie etwa die Empfindungen, die man hat, wenn man einer optischen Täuschung unterliegt. Vor allem aber sind sie ebenso unangenehm wie die Schmerzen, die man bei der veridischen Wahrnehmung einer körperlichen Störung hat – und sie benötigen und verdienen ebenso sehr Behandlung!

Wie sind nun andererseits im Rahmen dieses Ansatzes die Fälle zu verstehen, in denen Personen eine offenkundige Gewebeschädigung aufweisen, *ohne* Schmerzen zu haben? Wenn sie in solchen Situationen nozizeptive Wahrnehmungen machen würden, dann müssten sie meiner Begriffsbestimmung zufolge auch Schmerzen haben. Tatsächlich nehmen sie ihre Gewebeschädigung jedoch nicht in dem relevanten Sinn wahr, weil sie in den betreffenden Situationen eine *sensorische Beeinträchtigung* des nozizeptiven Sinns aufweisen. Das Vorliegen einer Gewebeschädigung führt ebenso wenig zwangsläufig zu einer nozizeptiven Wahrnehmung wie das Vorhandensein von etwas Sichtbarem zu einer visuellen Wahrnehmung. Während einer Anästhesie sind wir gewissermaßen auf dem Auge blind, mit dem wir die Prozeduren wahrnehmen könnten, die unsere körperliche Integrität verletzen. Indem sie *endogene* schmerzhemmende Mechanismen charakterisiert, bietet die Physiologie auch Erklärungen für die oben erwähnten Fälle, in denen Schmerzunempfindlichkeit ohne Anästhesie auftritt.

Bezüglich derartiger Bemühungen zur Erklärung des Schmerzes von Seiten der Physiologie muss hervorgehoben werden, dass sie nur auf der Grundlage eines geklärten Vorverständnisses des Untersuchungsgegenstandes angestellt werden können. Bevor die Physiologie mit ihren Methoden die Bedingungen näher untersuchen kann, die für das Auftreten und vor allem auch für die Unterdrückung von Schmerz maßgeblich sind, muss in vielen Fällen bereits Einigkeit darüber bestehen, ob Schmerz überhaupt auftritt. Im täglichen Leben sind es selbstredend nicht physiologische, sondern vielmehr Verhaltenskriterien (Ausdrucksverhalten, Schonhaltungen etc.), anhand derer wir das Auftreten von Schmerz feststellen. Diese Kriterien sind von konstitutiver Bedeutung für den Schmerzbegriff, sie verleihen ihm seine Bedeutung. Dieser Tatsache Rechnung tragend, werden alle in der hier vorgestellten Definition verwendeten Begriffe im Rahmen des verhaltenswissenschaftlichen Paradigmas eingeführt. Insofern die Beschreibung und theoriegestützte Erklärung menschlichen Verhaltens Aufgaben der Psychologie sind, handelt es sich bei der wahrnehmungstheoretischen um eine *psychologische* Schmerzdefinition. Maßgeblich dafür, ob ein Säugling oder Tier nozizeptive Wahrnehmungen macht oder unangenehme Leibempfindungen hat, ist also zunächst dessen Verhalten. Erst nachdem durch Verhaltensbeobachtungen und -experimente begründet wurde, dass bestimmte Lebewesen Schmerzen haben, kann mit den Methoden der Physiologie untersucht werden, welche Strukturen und Mechanismen des Nervensystems dabei eine Rolle spielen.

Diese wenigen Erläuterungen zu meiner wahrnehmungstheoretischen Schmerzdefinition müssen an dieser Stelle genügen. Vermutlich werden sie nicht hinreichen, um meine eingangs formulierte These nachvollziehbar zu machen, wonach es sich bei meiner Definition des Schmerzbegriffs um eine methodisch rekonstruierte Version der IASP-Definition handelt. Es sollte jedoch deutlich geworden sein, dass bei ihrer Formulierung ganz ähnliche Überlegungen leitend waren: Beiden Definitionen ist die anti-reduktionistische Stoßrichtung gemein, in beiden wird anerkannt, dass expliziten Schmerzbekundungen kaum widersprochen werden kann, und beiden liegt eine ähnliche Vorstellung vom Verhältnis zwischen Gewebeschädigungen und Schmerzen zugrunde. Anders als die Arbeitsgruppe der IASP – und anders als in diesem Beitrag – habe ich in meiner Doktorarbeit jedoch jeden der im Definiens auftauchenden Begriffe explizit eingeführt und ihr Verhältnis zueinander im Rahmen einer Wahrnehmungstheorie des Schmerzes systematisch dargestellt.

Anmerkungen

[1] Vom Schmerz der Tiere. Grundlagenprobleme der Erforschung tierischen Bewußtseins, Paderborn, Mentis, 2005.

[2] Anand, K. J. S., Hickey, P. R.: Pain and its effects in the human neonate and fetus. The New England Journal of Medicine 317/21, 1321–1329 (1987).

[3] Siehe z. B. Derbyshire, W. G.: Fetal „pain" – A look at the evidence. APS Bulletin 13/4 (2003).

[4] Die aktuelle Version findet sich unter dem Titel „IASP pain terminology" in: Merskey, H., Bogduk, N. (Hrsg.): Classification of Chronic Pain. Seattle, IASP Press, ²1994, S. 209–214.

[5] Siehe z. B. Wall, P. D.: Defining „pain in animals" [S. 72]. In: Short, C. E., van Poznak, A. (Hrsg.): Pain in Animals. New York, Livingstone, 1991, S. 63–79.

[6] Siehe z. B. Besson, J. M.: The neurobiology of pain. Lancet 353, 1610–1615 (1999).

[7] Dies merkt auch P. D. Wall kritisch an (a. a. O.: S. 64).

[8] Die Idee, Schmerzen auf die eine oder andere Art als Wahrnehmungsphänomene zu charakterisieren, ist nicht neu. Neben anderen haben in der Philosophie G. Pitcher (Pain perception. Philosophical Review 79, 368–393, 1970) und R. J. Hall (Are pains necessarily unpleasant? Philosophy and Phenomenological Research 49, 643–659, 1989) entsprechende Ansätze entwickelt. Die Unterschiede zwischen diesen Konzeptionen und der hier vorgestellten habe ich ausführlich in meiner Dissertation (Gliederungspunkt 3.3) diskutiert.

[9] Philosophische Grundlagen der Psychologie. Darmstadt, Wissenschaftliche Buchgesellschaft, 1998, S. 117 ff.

Energieversorgung – ist Wasserstoff die Zukunft? Wie realistisch ist die Perspektive?

Mittagssymposium

Warum Beschäftigung mit Wasserstoff?

Gerd Eisenbeiß

Betrachten wir zunächst den uns allen bekannten elektrischen Strom: Strom ist unendlich sauber, denn er „verbrennt" am Anwendungsort zu reiner Wärme. Er ist so reichlich vorhanden wie es Elektronen und elektromagnetische Felder gibt – also unendlich. Er ist aus praktisch jeder Primärenergie herstellbar, was ein hohes Maß an Versorgungssicherheit und Lieferanten-Unabhängigkeit bietet. Er ist äußerst sparsam in der Anwendung, weil er in Raum und Zeit ganz gezielt konzentriert werden kann. Er ist sogar für dezentrale Kleinanwendungen relativ anwendungsfreundlich in Batterien und Akkumulatoren speicherbar; für größere Speicheraufgaben sind es die Primärenergien von Kohle bis Biomasse, die die Speicher darstellen – ergänzt um Speicherkraftwerke verschiedener Art (insbesondere Pumpspeicher, Compressed-Air-Speicher). Auch Transportaufgaben kann man mit Strom lösen: natürlich bei den Bahnen und mit gewissen Einschränkungen bei O-Bussen und Elektro-Pkws. Elektro-Fahrzeuge bieten eben wegen der begrenzten Speicherbarkeit bzw. des Speichergewichtes keine befriedigende Lösung, sie sind einem mit Kohlenwasserstoffen betriebenen Fahrzeug deutlich unterlegen. Und fliegen kann man erst recht nicht mit elektrischem Strom. Deshalb suchen wir nach einem neuen Kraftstoff für die Zeit nach den natürlichen Kohlenwasserstoffen, möglichst auf der Basis CO_2-freier Erzeugung.

Sie haben natürlich bemerkt, dass ich eine Menge positiver Eigenschaften des

Tab. 1: Sekundärenergien elektrischer Strom und Wasserstoff im Vergleich

Die Vorteile des elektrischen Stroms	Eigenschaften des Wasserstoffs

■ Sauber: keine Anwendungsrückstände
■ Kein Rohstoffengpass:
  nur Elektronen und Felder
■ Aus allen Primärenergien herstellbar
■ Sparsam in der Anwendung
 	
Allerdings:
 	
■ Speicherbarkeit unbefriedigend
■ Begrenzungen bei Elektro-Fahrzeugen
■ Keine Lösung für Flugzeuge
	■ Sauber: wenig Anwendungsrückstände
	■ Kein Rohstoffengpass: Wasser ist genug da
	■ Aus allen Primärenergien herstellbar
	■ Eignung als Kraftstoff für den Verkehr
	
	Allerdings:
	
	■ Kaum direkte Anwendungen
	■ Akzeptanz unsicher
	■ Speicherbarkeit unbefriedigend, aber besser
	  als Strom

Dr. **Gerd Eisenbeiß** studierte Physik und wurde als Ingenieur promoviert. 1973 Referent für Forschung und Technologie im Bundeskanzleramt; 1975 Referent für Grundsatzfragen der Energieforschung im Bundesforschungsministerium, später Referent eines Staatssekretärs und Leiter „Kabinett- und Parlamentsangelegenheiten". Ab 1979 förderte er Informationstechnik, rationelle Energienutzung und erneuerbare Energien. 1989/90 war er zuständig für die EU-Forschungspolitik, danach Programmdirektor für Energie und Verkehr im Deutschen Zentrum für Luft- und Raumfahrt. Seit 2001 Mitglied des Vorstands des Forschungszentrums Jülich, zuständig für Energie und Materialforschung, Koordinator der Energieforschung in der HGF sowie stellv. Vorsitzender des Energieforschungsbeirats der EU (AGE). 2004 ist Herr Eisenbeiß zum fünften Mal Sprecher des Forschungsverbunds Sonnenenergie (FVS).

Dr. Ing. Gerd Eisenbeiß
Vorstand Energie und Materialforschung
Forschungszentrum Jülich
D-52425 Jülich

das CO_2 der Welt als praktisch unbegrenzte Quelle von Kohle bezeichnen.

Wo also kann sich Wasserstoff als dem Strom überlegen erweisen? Natürlich nur dort, wo er für chemische Prozesse als Hydriermittel gebraucht wird. Das ist Stand der Technik und widerspiegelt sich in der Tatsache, dass heute bereits große Mengen Wasserstoff aus Kohlenwasserstoffen hergestellt werden – weltweit mehr als 150 Mio. Tonnen Erdöläquivalent [1]! Wo Stromanwendung möglich ist, kann Wasserstoff nur gewinnen, wenn er wirtschaftlich günstiger eingesetzt werden kann. Dann ist aber wohl logisch, dass er für solche Anwendungen nicht aus Strom hergestellt werden darf. Wasserstoff aus Elektrolyse kann sich nur lohnen, wenn der Strompreis vom Preis der Kohlenwasserstoffe entkoppelt ist und damit unter dem Gaspreis liegt. Solange wir aber aus Gas via Verbrennung und Turbinen, vielleicht auch demnächst durch Brennstoffzellen Strom produzieren, verbietet sich der Umkehrprozess in energiewirtschaftlichem Maßstab. Sinnvolle Nischen kann es immer geben, z. B. wenn hochreiner Wasserstoff in der Mikroelektronikfertigung benötigt wird.

Damit konzentriert sich ein vernünftiges Interesse am Wasserstoff auf die Frage, ob Wasserstoff besser speicherbar ist als Strom, insbesondere als Kraftstoff für den Verkehr. Ein reiner Speichervergleich reicht allerdings nicht aus, wenn er die Systemkosten außer Acht lässt. Und hier besteht in der Tat eine Chance, weshalb die Wasserstoff-Frage ernst genommen werden muss, obwohl sie keine Revolution und keine Welterlösung von Versorgungs- und Umweltproblemen darstellt, wie dies die Präsidenten Bush und Prodi glauben, verführt von einem gewissen Herrn Rifkin [2], einem rheto-

Stroms genannt habe, die üblicherweise zu Beginn eines Wasserstoff-Vortrags dem Wasserstoff als Besonderheit zugeschrieben werden. Dabei entspricht das dümmliche Argument der unbeschränkten Verfügbarkeit von Elektronen und Feldern exakt dem Wasserstoff-üblichen Hinweis auf die Weltmeere als vermeintlich unbegrenzte Wasserstoff-Quelle. Dümmlich auch deshalb, weil Wasser ja nichts anderes ist als die „Asche" der Wasserstoffverbrennung; mit gleicher Berechtigung könnte man ja auch

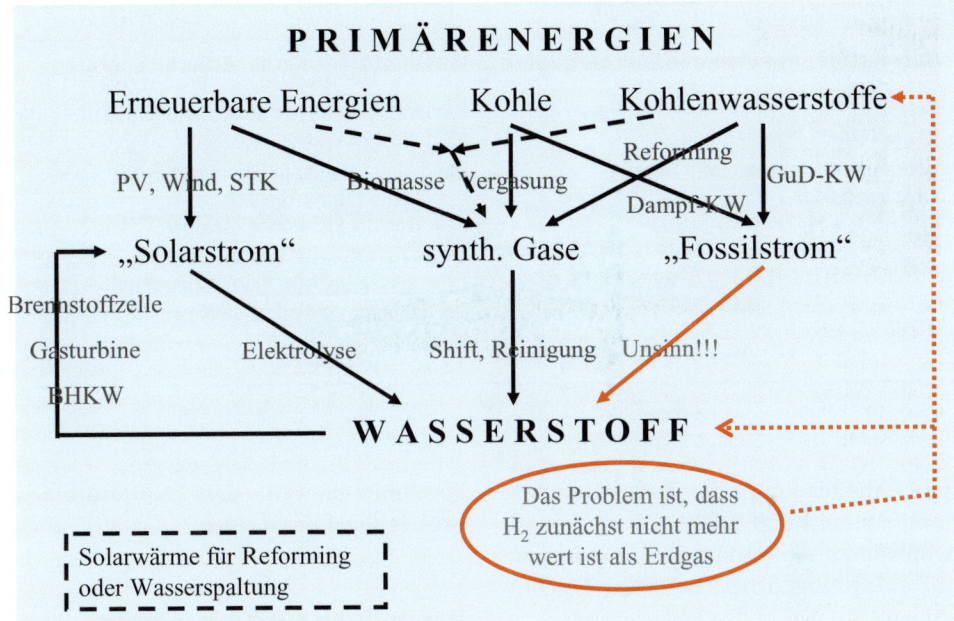

Abb. 1: Erzeugung von Wasserstoff aus Primärenergie

risch begnadeten Verkünder einer rosigen Wasserstoff-Zukunft.

Wasserstoff-Erzeugung

Wasserstoff muss wie elektrischer Strom erzeugt werden, weil er auf der Erde nur in chemischen Verbindungen vorkommt, vor allem in Wasser und Kohlenwasserstoffen und Biomasse. Er ist daher ein sekundärer Energieträger. Aus grundsätzlichen physikalischen Gründen muss mehr Energie aufgewandt werden, als der produzierte Wasserstoff selbst beinhaltet. Das ist eine zwingende Folge des 1. und 2. Hauptsatzes der Thermodynamik. Für die Wasserstoff-Produktion stehen verschiedene Quellen und Verfahren bereit; teilweise sind auch noch erhebliche Verbesserungen durch intensive Forschung zu erarbeiten. [3]

Herstellung aus Kohlenwasserstoffen

Dieser Pfad ist wie bereits erwähnt Stand der Technik und wird vor allem in Raffinerien großtechnisch angewandt. Eine künftige Energiewirtschaft kann sicher darauf nicht begründet werden: sie wäre ja keineswegs nachhaltig, sondern immer noch abhängig von den schwindenden Reserven an Öl und Erdgas und nicht CO_2-frei!

Herstellung aus Kohle

Auch durch Kohlevergasung kann Wasserstoff hergestellt werden. Zwar ist hier die Ressourcenverfügbarkeit besser als bei den Kohlenwasserstoffen, Klimaschutz wäre aber nur gegeben, wenn es gelänge, das CO_2 aus dem Vergasungsprozess abzutrennen und sicher irgendwo endzulagern

Tab. 2: Mögliche Quellen für Wasserstoff

Wasserstoff aus nuklearen Energieträgern	**Wasserstoff aus erneuerbaren Energien**
Wasserstoff aus thermochemischer Wasserspaltung bei hohen Temperaturen	Niedertemperaturwärme aus Solar- und Erdwärme führt nicht zu Wasserstoff
Favorisierter Hochtemperatur-Reaktor mit Schwefel-Jod-Zyklus: 1) $I_2 + SO_2 + H_2O = 2HI + H_2SO_4$ (bei 120 °C exotherm) 2) $H_2SO_4 = SO_2 + H_2O + 1/2\ O_2$ (bei etwa 850 °C endotherm) 3) $2HI = I_2 + H_2$ (bei etwa 350 °C endotherm)	Wind- und Solarstrom (Photovoltaik oder solarthermische Kraftwerke) können Wasserstoff auf dem Weg der Elektrolyse erzeugen Solare Hochtemperaturwärme könnte via thermochemische Kreisläufe zu Wasserstoff führen (vgl. Hochtemperatur-Reaktor, aber geringe Anlagenauslastung!)

(CO_2-Abscheidung oder *carbon sequestration*). An solchen Verfahren wird mit zunehmendem Aufwand weltweit geforscht; mit einem abgesichert positiven Ergebnis können wir aber in den nächsten 20 Jahren nicht rechnen.

Sollte diese *carbon sequestration* gelingen, wäre dies zugleich ein Durchbruch für einen nachhaltigen Kohleeinsatz zur Stromerzeugung, denn das CO_2-freie Synthesegas aus H_2, CO und N_2 könnte auch einem kombinierten Gas- und Dampfturbinenprozess zugeführt werden.

Herstellung aus Kernenergie

In Deutschland mag es frivol klingen, in anderen Ländern wie USA, Frankreich, China und Japan wird es allerdings ernsthaft diskutiert, Reaktoren für die Wasserstoff-Erzeugung zu bauen. Dabei denkt man an

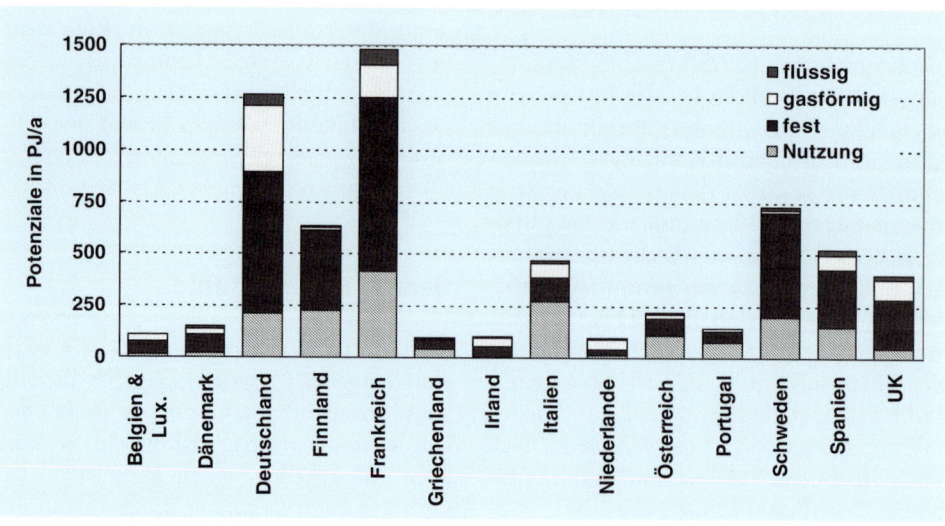

Abb. 2: Verfügbarkeit von Abfall-Biomasse

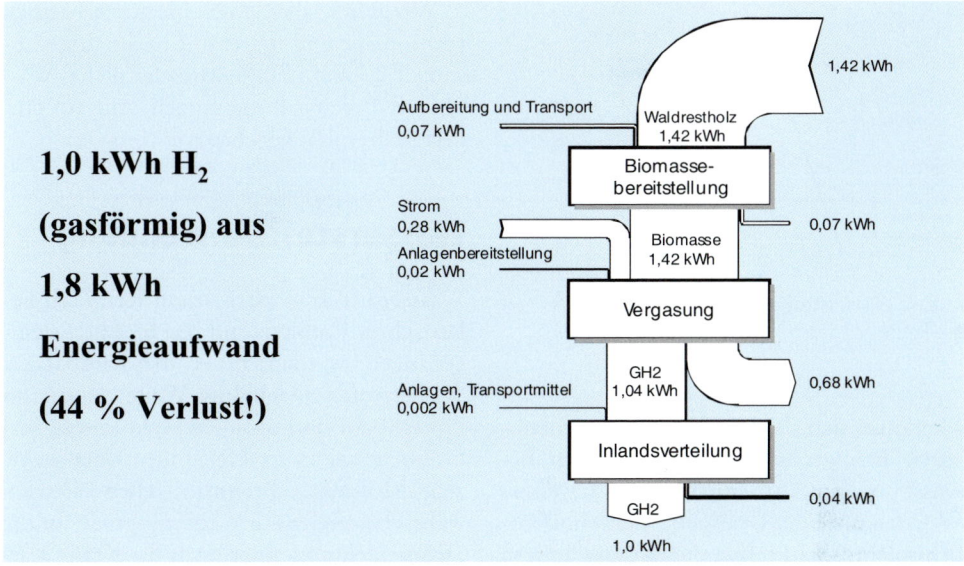

1,0 kWh H$_2$

(gasförmig) aus

1,8 kWh

Energieaufwand

(44 % Verlust!)

Abb. 3: Wasserstoff aus Waldrestholz. Quelle: Prof. U. Wagner, TU München

Hochtemperatur-Reaktoren, weil man an eine katalytisch unterstützte, thermische Wasserspaltung durch thermochemische Prozesse denkt, etwa den Schwefel-Jod-Zyklus, für den Prozesstemperaturen von mindestens 900 Grad Celsius erforderlich sind. Da solche Prozesse langsam und daher kapitalintensiv sind, ist zurzeit nicht klar, ob so erzeugter Wasserstoff günstiger käme als Elektrolyse-Wasserstoff aus stromerzeugenden Hochtemperatur-Reaktoren. Die USA wollen in Idaho eine Milliarde Dollar für ein Großexperiment ausgeben, die Franzosen beginnen entsprechende Studien.

Herstellung aus Biomasse

Biomasse (Abfälle, Erntereste oder gar gezielt angebaute Energiepflanzen) können auf verschiedenen Wegen zur Wasserstoff-Erzeugung dienen, z. B. durch Vergasung wie bei der Kohle. Teilweise wird an sehr langen Prozessketten gearbeitet, z. B. an

Wasserstoff aus Alkoholen, die natürlich auch zunächst aus Biomasse gewonnen werden müssen. Das Problem ist auch die beschränkte Verfügbarkeit von kostengünstiger Biomasse sowie die Konkurrenz alternativer Verwertungspfade, nämlich der Verbrennung zur Strom- und Wärmeerzeugung.

Herstellung aus anderen erneuerbaren Energien

Von den Nutzungsformen erneuerbarer Energiequellen sind es vor allem die stromerzeugenden Technologien durch Wind- und Photovoltaikanlagen, die als Basis nachhaltiger Wasserstoff-Erzeugung genannt werden. Solare oder geothermische Niedertemperaturwärme kann dafür nicht genutzt werden. Interessant sind die solarthermischen Kraftwerke, weil sie Solarstrom deutlich kostengünstiger als die Photovoltaik bereitzustellen in der Lage sind.

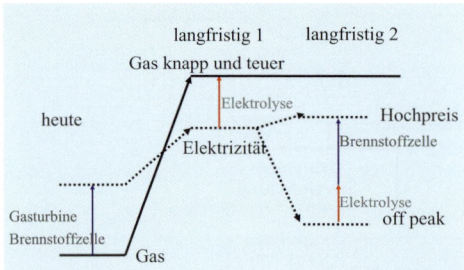

Abb. 4: Wasserstoff und die Entwicklung der Energie-Preise

Man muss sich aber die Abfolge eines denkbaren Erfolges solcher Technologien bewusst machen, um nicht in eine weitere Wasserstoff-Falle zu tappen: Wenn hoffentlich solche Solarkraftwerke in den Ländern des Sonnengürtels errichtet werden, werden sie vernünftigerweise zunächst fossile Kraftwerke verdrängen müssen, bevor in vielleicht 30–50 Jahren Kapazitäten für die Wasserstoff-Produktion zur Verfügung stehen können.

Herstellung aus Strom (Elektrolyse)

Es ist nun schon mehrfach erwähnt worden, dass Wasserstoff auch aus Strom gewonnen werden kann. Dies geschieht auf elektrochemischem Wege in Elektrolyseuren, wo Wasser in Wasserstoff und Sauerstoff gespalten wird. Naturgemäß läuft dieser Prozess unter energetischen Verlusten in Form von Wärmefreisetzung während der Elektrolyse ab, sodass der Wirkungsgrad in technischen Anwendungen bei etwa 75 Prozent liegt. Grundsätzlich ist es abwegig, solar oder nuklear erzeugten Strom zur Wasserstoff-Erzeugung einzusetzen, solange dieser CO_2-freie Strom in der Stromversorgung durch fossile Kraftwerke nachgeliefert werden muss.

Wir sehen also, dass eine wirtschaftlich vernünftige und insgesamt nachhaltige Lösung für eine energiewirtschaftliche Wasserstoff-Bereitstellung zurzeit und auf längere Sicht nicht gegeben ist.

Wasserstoff-Anwendung

Wasserstoff-Transport ist ein technisch beherrschtes Problem, auf das hier nicht eingegangen werden muss. Anwendbar ist Wasserstoff auf vielfältige Weise. Man kann ihn schlicht und übrigens recht sauber verbrennen, sei es in Heizungen oder Fahrzeug-Motoren; Brennstoffzellen werden wahrscheinlich gute Wirkungsgrade für die Stromerzeugung oder auch für Kraft-Wärme-Kopplung bieten. Aber keine dieser Anwendungen darf man betrachten, ohne an die Verfahren, Energieverluste und Kosten der Wasserstoff-Bereitstellung zu denken.

Dezentrale Kraft-Wärme-Kopplung

Wie kritisch manche Vision aussieht, wenn man nicht punktuell, sondern systemisch denkt, soll am Beispiel der dezentralen Kraft-Wärme-Kopplung geschildert werden. Zunächst zum Adjektiv „dezentral", das häufig so ideologisch überfrachtet daherkommt, als sei es von sich aus ein Qualitätsmerkmal. Was ist an einem Block-Heizkraftwerk (BHKW) – motorisch oder Brennstoffzelle – dezentral, wenn es an einem höchst zentralisierten Gas- oder Wasserstoff-Netz hängt? Warum ist es „gut", wenn es sich um ein Wasserstoff-Netz handelt, aber vermeintlich schlecht, wenn man vom Stromnetz versorgt wird?

Dann „Kraft-Wärme-Kopplung": Das ist ohne Zweifel ein wichtiges Verfahren, Kohlenwasserstoffe bei Wärmeversor-

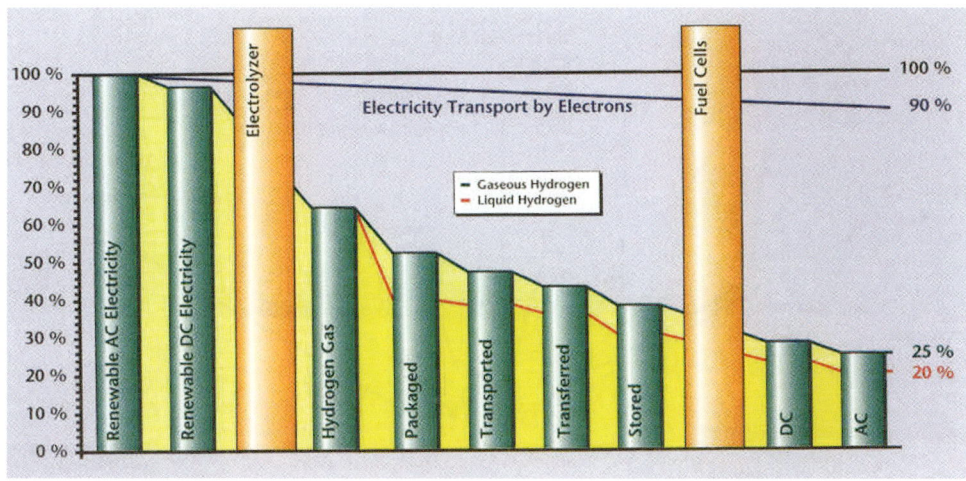

Abb. 5: Bietet Wasserstoff Vorteile beim Energietransport (z. B. bei Off-shore-Windparks)?
Quelle: Dr. U. Bossel, EFCF (CH)

gungsaufgaben effizienter zu nutzen. Aber was ist positiv, wenn Wasserstoff aus Elektrolyse zur Kraft-Wärme-Kopplung herangezogen wird? Da würde man ja auf indirektem Wege mit Strom heizen – und das besonders verlustreich! Und warum ist Kraft-Wärme-Kopplung gut, wenn man die Wärme unter hohen Kosten verteilen muss, aber schlecht, wenn sie im Kraftwerk selbst zum Betrieb einer Dampfturbine eingesetzt wird und den Kraftwerkswirkungsgrad spürbar verbessert? Auf Erdgas basierende Gas- und Dampfkraftwerke, elektrische Wärmepumpen und Brennwertheizgeräte sind eine scharfe Konkurrenz – es sei denn, man gewinnt den Wasserstoff direkt, d. h. ohne Elektrolyse aus Kohle- oder Kernenergie.

Elektrolyseure im Netzmanagement

Es gibt dann auch die Idee, bei zunehmendem Anteil erneuerbarer und dezentraler Stromquellen die Netzfrequenz bzw. den er-

forderlichen Lastausgleich zwischen Erzeugung und Nachfrage durch Elektrolyseure sicherzustellen, die während ungenutzter Stromspitzen oder in Nachfragetälern Wasserstoff erzeugen. Ob sich dies rentiert, hängt von konkurrierenden Strategien ab, z. B. einem stärkeren „Demand-Side-Management", also der Beeinflussung des Verbrauchs, der Regelung in den thermischen Kraftwerken oder mittels Gasdruck-, Pump- oder Dampfspeichern. Weltweit sind einige große Forschungsprojekte im Gange, um diese Fragen zu untersuchen und optimale Strategien zu entwerfen. Klar ist allerdings bereits aufgrund einer einfachen Mengenbetrachtung, dass solcher dem Regelungsbedarf entstammender Wasserstoff nicht im Entferntesten für eine Wasserstoff-Verkehrsinfrastruktur ausreicht. Wollte man den heutigen Kraftstoffverbrauch Europas durch Elektrolyse-Wasserstoff ersetzen, müsste man die Stromerzeugungskapazität verdoppeln!

Insbesondere wird eine Idee verwandter Art in Zusammenhang mit der Planung großer Windparks im Off-Shore-Bereich

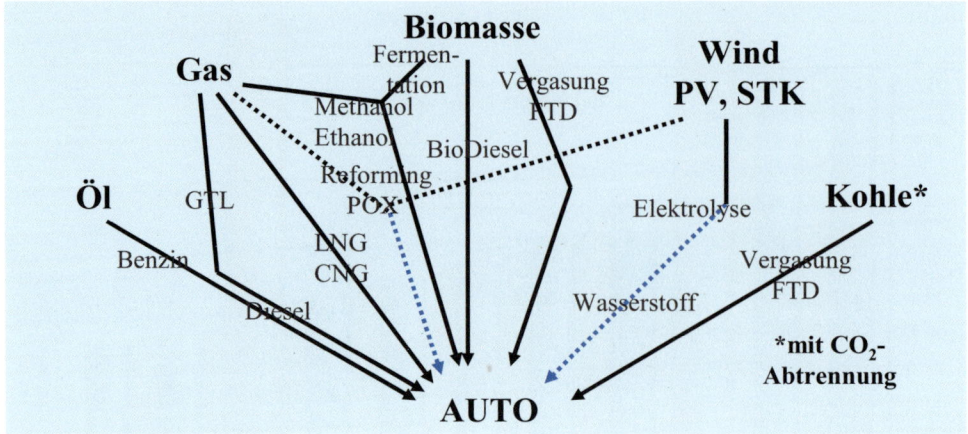

Abb. 6: Kraftstoffe der Zukunft

diskutiert, um die Probleme des Stromtransports an die Küste und in die Verbrauchszentren zu lösen. Diese Probleme sind in der Tat wegen der Kosten groß und wegen der notwendigen Kabel bzw. Stromtrassen praktisch ungelöst. Vielleicht sind Off-Shore-Wasserstofferzeuger und Pipelines tatsächlich günstiger als Stromkabel, insbesondere wenn viele Gigawatt nicht nur nach Hamburg, sondern auch nach Frankfurt und München transportiert werden müssen. Das Ergebnis eines solchen Vergleichs dürfte offen sein. Klar ist aber, dass der so in Frankfurt verbrauchte Strom

noch einmal wesentlich teurer sein wird als der Windstrom aus dem Taunus oder Solarstrom aus der marokkanischen Sahara.

Wasserstoff im Verkehr

Nach so vielen Einschränkungen und „Visionsfallen" der Wasserstoff-Diskussion sei nun der harte Kern des Problems diskutiert: die Speicherfrage. Physikalisch sieht dabei der Wasserstoff ganz gut aus: 1 Kilogramm Wasserstoff enthält die 2,5fache Energie-

Tab. 3: Wasserstoff als Kraftstoff im Verkehr

Wasserstoff als Kraftstoff im Verkehr
Es ist billiger, mit erneuerbaren Energien, Kohle oder Kernenergie Kohlenwasserstoffe aus Heizungen und Kraftwerken zu verdrängen, als Wasserstoff bereitzustellen.
Mit den substituierten Kohlenwasserstoffen können wir noch längere Zeit Auto fahren – sogar ohne schlechtes Gewissen, wenn die Fahrzeuge sauber und sparsam sind.
Aber was tun, wenn es kein Benzin oder Diesel mehr gibt?

Tab. 4: Wasserstoff-Speicherung (physikalische Eigenschaften ohne Speicherstruktur!)

Energiedichte pro Kilogramm	
Wasserstoff	33 kWh/kg
Benzin	12 kWh/kg
Pb-Batterie	0,03–0,15 kWh/kg
Energiedichte pro 100 l	
Wasserstoff 1 bar	3 kWh/m³
200 bar	600 kWh/m³
flüssig, −253 °C	2300 kWh/m³
in Metall	3300 kWh/m³
Benzin	10 000 kWh/m³

menge von 1 Kilogramm Benzin. Allerdings gilt dies nicht für die Kompaktheit: Hier liegt selbst höchst komprimierter Wasserstoff bei 700–800 bar um einen Faktor 4 unter Benzin. Bei solchen Drücken macht die Tankstruktur bereits ein Drittel des Tankvolumens und 95–97 Prozent (!) des Tankgewichtes aus; das Nutzgewicht beträgt also nur 3–5 Prozent. Zu berücksichtigen sind ferner der Energieaufwand für die Kompression, der etwa 10 Prozent des Energie-Inhalts ausmacht, sowie H_2-Verluste während längerem Stillstand. Das sieht zumindest auf den ersten Blick nicht nach einer eleganten Speicherlösung aus. Die oft genannten Metallhydrid-Speicher erreichen sogar nur 1,8 Prozent Nutzgewicht an Wasserstoff.

Von der Speicherdichte her sieht Flüssig-Wasserstoff (LH$_2$) – bei minus 253 Grad Celsius kalt zu halten – besser aus: Man erreicht etwa 10 Prozent Nutzgewicht. Die aufwändigere Tankstruktur nimmt allerdings wegen der extremen Isolation gegen eindringende Wärme fast ein Drittel des Tankvolumens ein. Zudem frisst auch die Verflüssigung des zunächst gasförmig erzeugten Wasserstoffs etwa ein Drittel des ursprünglichen Energieinhalts. Und Verdunstungsverluste von etwa 1 Prozent pro Tag auch während des Fahrzeug-Stillstandes sind ebenfalls zu berücksichtigen.

Trotzdem lebt die Wasserstoff-Hoffnung zu Recht von der Überzeugung, dass Stromspeicher nach Energiegewicht und -volumen noch ungünstiger sind und wohl auch bleiben werden. Auch Fahrzeug-Batterien haben übrigens Stillstandsverluste, erst recht, wenn man an Hochtemperatur-Batterien mit besseren Energiedichten denkt.

Abschließend zu Wasserstoff und Verkehr noch ein paar einfache Fragen, die Befürworter eines schnellen, teuren Aufbruchs in den Wasserstoff beantworten sollten:

- Wird ein mit Elektrolysewasserstoff betriebenes Fahrzeug markt-attraktiver sein als ein Fahrzeug mit Batterie, wenn

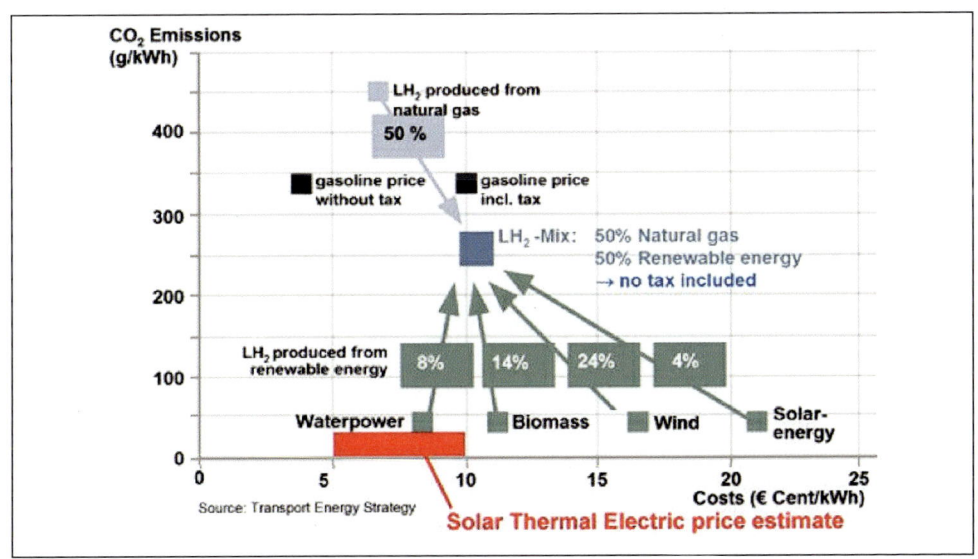

Abb. 7: Flüssigwasserstoff aus Energiemix (Quelle: Transport Energy Strategy 2001)

Tab. 5: Und wie tankt und speichert man Wasserstoff im Fahrzeug?

Alternative 1:	Alternative 2:
Druck-Wasserstoff bis zu 800 bar	(Kryo-)Flüssig-Wasserstoff bei 253 °C
Technisch möglich	Technisch möglich
Etwa 10 % Energieverlust durch Kompression	Etwa 65 % Energieverlust durch Verflüssigung
Aufwändige Tankstruktur, die das Tankvolumen um 50 % und das Gewicht um das 20- bis 30fache erhöht	Aufwändige Tankstruktur, die das Tankvolumen um 200 % und das Gewicht um das 10fache erhöht

Anschaffungs- und Betriebskosten mit Fahrkomfort (insbesondere Reichweite) bilanziert werden?

■ Wird es attraktiver sein, Wasserstoff aus Biomasse zu tanken als Biomassederivate dem heutigen Kraftstoff beizumischen, wenn für Wasserstoff neue Versorgungsinfrastrukturen errichtet und bezahlt werden müssen?

■ Wer wird die lange Lern- und Einführungsphase einer Wasserstoffversorgungsinfrastruktur bezahlen?

Zusammenfassung und politische Wertung

Das begonnene Jahrhundert wird keine Wasserstoff-Gesellschaft und keine Wasserstoff-Wirtschaft erleben. Wenn es denn überhaupt sinnvoll wäre, eine Gesellschaft oder eine Art des Wirtschaftens nach einem Sekundärenergieträger zu benennen, so wäre Elektrizität der Namensgeber, denn Strom ist ein idealer Sekundärenergieträger für fast alles außer für den Verkehr in der Fläche und in der Luft. Allerdings hat das Stromsystem eine Speicherlücke. Hier rückt Wasserstoff vernünftigerweise ins Blickfeld, um zu prüfen, zu forschen und gegebenenfalls zur richtigen Zeit auch in ein Kraftstoffsystem zu investieren, das

nicht mehr auf Kohlenwasserstoffen, sondern auf CO_2-freien Energiequellen beruht, möglichst auf erneuerbaren Energien.

Auf absehbare Zeit müssen allerdings alle CO_2-freien Energiequellen dazu eingesetzt werden, Kohle und Kohlenwasserstoffe aus dem Wärme- und Strommarkt zu verdrängen, soweit dies wirtschaftlich tragbar ist. Für Wasserstoff-Erzeugung stehen so bald keine Kapazitäten zur Verfügung. Wenn wir Öl und Gas erfolgreich z. B. aus unseren Heizungen verbannen – insbesondere durch bessere Wärmedämmung – dürfen wir noch lange unsere hoffentlich sauberen und sparsamen Autos mit Benzin und Diesel betanken.

Warum gibt es aber dann die Wasserstoff-Euphorie bei den eingangs schon genannten Präsidenten? Vergleicht man die Wasserstoff-Strategien der USA, Japans

Tab. 6: Wasserstoff-Kosten an der Tankstelle (Quelle: Linde 2002)

Reforming-Wasserstoff		
Wasserstoff	Flüssigtransport	2,30 €/kg
	zentrales Reforming	2,60 €/kg
	dezentrales Reforming	2,76 €/kg
	dezentrale Elektrolyse (1 €/kg$_{H_2}$= 27c/l$_{Benzin}$	5,73 €/kg
Benzin	ohne Steuern	0,27 €/kg

und der EU-Staaten, so sind wichtige Unterschiede festzustellen.

In Japan ist das totale Fehlen eigener fossiler Energierohstoffe schon seit langem prägend, in den USA wird die Importabhängigkeit bei Kohlenwasserstoffen stärker als strategischer Nachteil betont als in Europa, wo man mehr auf die gegenseitige Abhängigkeit der durch Handel verbundenen Staaten setzt. Beim Wasserstoff-Thema ist aber unübersehbar, dass die Einstellung zur Kernenergie eine ganz wesentliche Rolle spielt: Die USA und Japan gehen offensichtlich davon aus, dass Hochtemperaturreaktoren der nächsten Generation so billige Primärenergie liefern können, dass Wasserstoff zu marktfähigen Kosten vorstellbar wird. In Europa wird nur in Frankreich so gedacht. Gleichzeitig investieren die USA große Summen Geldes in die CO_2-Abscheidung, um langfristig auch ihre billige Kohle einsetzen zu können. Zwar werden die USA das Kioto-Protokoll nicht unterschreiben, aber sie marschieren konsequent in Richtung auf marktfähige Klimaschutztechnologien. Europa glaubt sich im Wettrennen mit den USA, gesteht

sich aber nicht ein, dass die in seinen Ländern betonten erneuerbaren Energien keine zeitlich absehbare Chance auf erschwinglichen Wasserstoff in energiewirtschaftlichem Ausmaß eröffnen. Gleichwohl sind auch in der europäischen Öffentlichkeit Erwartungen entstanden, die zurzeit in einer Delphi-Studie mit über 600 Befragten erfasst werden (Tab. 9).

Man erwartet Wasserstoff als „wesentlichen Energieträger" im Zeitraum 2023–2038. Für Wasserstoff, der nur aus erneuerbaren Energien produziert wird, wird ein wesentlicher Beitrag bereits zwei Jahre später erwartet, wobei allerdings 19 Prozent der „Experten" meinen, dass werde niemals der Fall sein.

Die 2003 verkündeten US-Ziele verknüpfen die Entwicklung neuer Reaktoren und hoch effizienter Vergasungskraftwerke auf Kohlebasis intelligent mit Wasserstoff tankenden Elektrofahrzeugen. Deshalb ist es auch für die Europäer wichtig, Fahrzeuge in Richtung elektrischen Antriebs weiterzuentwickeln und dabei Brennstoffzellen und Batterien als Stromquellen vorzusehen. Es ist wahrscheinlich, dass sich Brennstoff-

Tab. 7: Wasserstoff und Politik

Die H_2-Konkurrenz der Präsidenten	Einige Wasserstoffziele der USA 2003		Die H_2-Konkurrenz der Präsidenten
Prodi oder Bush: Wer wird der H_2-Papst?	▪ Brennstoffflexibles IGCC-Kraftwerk		Prodi oder Bush: Wer wird der H_2-Papst?
USA, Japan, EU: unterschiedliche Bedingungen!	▪ mit 52 % Wirkungsgrad	2008	Prodi kann nicht gewinnen, denn die Europäische Union
USA: billige Kohle, akzeptierte Kernenergie, kaum Klimaschutz	▪ H_2-Kosten 1,50 $/ gallon (equ.) [40c/$l_{gas}$]	2010	wählt den teuersten Energiepfad in die Zukunft, weil es den Klimaschutz ernst nimmt.
Japan: keine heimischen Energiequellen, Kernenergie akzeptiert	▪ Freedom CAR: Meilensteine erreicht	2010	Damit dürfte Wasserstoff in Europa eher später kommen als
EU: kaum Kohle, Spaltung über Kernenergie, Priorität Klimaschutz und erneuerbare Energien.	▪ Brennstoffzellen und H_2-Infrastruktur marktreif	2015	anderswo, weil er auf den wirtschaftlichen Durchbruch der erneuerbaren Energien warten muss.

Tab. 8: Vorläufige Ergebnisse einer Delphi-Studie (EurEnDel-Projekt, Juli 2004)

		Mittelwert 2. Runde	Spanne „+/–" (Jahre)	„Nie"-Antworten (nur Experten)
	erneuerbare Energien:			
1	25 % erneuerbare Energie	2028	6	9 %
2	5 % PV-Elektrizität	2033		16 %
3	30 % dezentrale Stromerzeugung	2021	6	2%
4	Heizen mit Biomasse – weiterhin genutzt	2017	3	7%
5	25 % Bio-Kraftstoffe	2026	6	26 %
	Wasserstoff und Brennstoffzellen			
6	20 % BZ-Fahrzeuge	2027	4	2 %
7	H2 wesentlicher Energieträger	2032	8	5 %
8	„Erneuerbarer" H_2 wes. Energieträger	2034	8	19 %
9	Bio-Wasserstoff praktisch genutzt	2029	9	3 %
	„Konkurrenten"			
10	CO_2-Abtrennung genutzt	2022	6	7 %
11	Inhärent sichere Reaktoren genutzt	2025	5	5 %
12	Fusion genutzt	2038	5	5 %

zellen gegenüber Batterien als überlegen erweisen werden. Das wird die Fahrzeugindustrie und ihre Zulieferer strukturell revolutionieren. Brennstoffzellen-Fahrzeuge werden in Europa voraussichtlich Wasserstoff tanken, der in der langen Markteintrittsphase im Wesentlichen aus Reforming-Anlagen, also aus Kohlenwasserstoffen erzeugt wird. Wenn die Klimaschutzpolitik die Kosten für die CO_2-Freisetzung hochtreibt, werden sogar diese Wege allerdings schwieriger. Erst langfristig – sicher nicht vor 2030 – können erneuerbare Energien oder Kernenergie (wenn und wo akzeptiert) CO_2-freien Wasserstoff in spürbaren Mengen bereitstellen; auch Kohlevergasung mit CO_2-Abtrennung dürfte kaum vor 2030 technisch-wirtschaftlich reif sein, um als Wasserstoff-Quelle infrage zu kommen. Zwischenzeitlich dürfte Brennstoffzellen der Markteintritt über kleinere Anwendungen gelingen, insbesondere als Batterieersatz in tragbaren Geräten oder APU [4] in Fahrzeugen.

Dezentrale Brennstoffzellen-Einheiten zur Bereitstellung von Strom und Wärme sollten trotz der noch bestehenden technischen und Kostenprobleme ihre Marktchance schon früher erhalten, soweit sie Erdgas im Wesentlichen intern reformieren (MCFC und SOFC [5]). Ob auch Niedertemperatur-Brennstoffzellen mit externer Versorgung mit Reforming-Wasserstoff Chancen gegenüber insbesondere Brennwert-Geräten (Wirkungsgrad um 100 Prozent) und gasgefeuerten Kombi-Kraftwerken mit über 60 Prozent Wirkungsgrad erreichen können, ist höchst unsicher. Schwer vorstellbar ist auch langfristig, dass dezentrale Brennstoffzellen mit Elektrolyse-Wasserstoff versorgt werden. Denn diese Anwendung ist sicher einer direkten Stromversorgung samt Stromheizung unterlegen. Vor übertriebenen Dezentralisierungsideologien und weit greifenden Biomassestrategien muss gewarnt werden.

Anmerkungen

[1] Eine Tonne Erdöläquivalent ist die Energie, die der einer Tonne Öl entspricht.

[2] Jeremy Rifkin hat Bücher zu verschiedenen Themen veröffentlicht und hält rhetorisch glänzende Vorträge, in den letzten Jahren insbesondere über Wasserstoff. Seine Aussagen scheinen dem Autor mitunter eher journalistisch schick als sachlich richtig. – Informationen zu seiner Person: The National Center for Public Policy Research, Washington, D.C. – http://www.nationalcenter.org

[3] Die Abb. 1 lässt der Übersichtlichkeit wegen die Kernenergie als Strom- oder Energiequelle weg. In Deutschland ist dies der aktuellen Gesetzeslage wegen korrekt, aber auch in Europa und anderen Regionen der Welt dürfte Kernenergie keine größere Rolle außerhalb der Stromerzeugung erhalten (vgl. auch Kapitel „Herstellung aus Kernenergie“).

[4] Auxiliary Power Unit; d. h. Stromerzeugung für den Bordstromverbrauch in Fahrzeugen, Flugzeugen oder Schiffen. APU-Brennstoffzellen dienen also nicht dem Antrieb, sondern ersetzen oder entlasten z. B. die Lichtmaschine.

[5] MCFC und SOFC sind Hochtemperatur-Brennstoffzellen (*fuel cell*), die als Elektrolyten geschmolzene Karbonate (*molten carbonate*) bzw. Keramik (*solid oxide*) verwenden.

Bildgebende Diagnostik

Mittagssymposium

Bildgebende Diagnostik für die Medizin – Perspektiven und Trends

Arnulf Oppelt

In den ersten Tagen des Jahres 1896 ging die Nachricht von der Entdeckung einer neuen Art von Strahlung durch Wilhelm Conrad Röntgen um die Welt. Erstmalig konnte man in den Menschen hineinschauen, ohne ihn aufzuschneiden. 1901 erhielt Wilhelm Conrad Röntgen als Erster den Nobelpreis für Physik. Neben dem klassischen Röntgen stehen heute der modernen Diagnostik weitere leistungsfähige bildgebende Verfahren zur Verfügung: Computertomographie (CT), Ultraschall (US), Magnetresonanztomographie (MRT oder MR) und in der Nuklearmedizin (NM) Single-Photonen-Emissions-Computertomographie (SPECT) und Positronen-Emissionstomographie (PET).

Bildgebung in der Medizintechnik ist nicht nur eine unverzichtbare Voraussetzung für eine genaue Diagnose, sondern auch ein bedeutender wirtschaftlicher Faktor. 2003 wurden weltweit 12,7 Milliarden Euro für die Neubeschaffung entsprechender Geräte ausgegeben, 4,1 Milliarden Euro für Röntgen, 2,3 Milliarden Euro für CT, 2,8 Milliarden Euro für US, 2,5 Milliarden Euro für MRT und 1 Milliarde Euro für NM. Keines dieser Verfahren für sich alleine ist ausreichend, um alle diagnostischen Anforderungen zu erfüllen. Die Abbildung wird durch unterschiedliche Felder vermittelt wie höchstfrequente elektromagnetische Strahlung, Ultraschallwellen oder magnetische Gleichfelder. Verletzungen und Krankheiten stellen sich unterschiedlich dar, und je nach Krankheitsverdacht gelangt zunächst das Verfahren zur Anwendung, das die Läsion am deutlichsten darzustellen vermag.

Durch Einsatz neuester Technologien auf dem Gebiet der Materialien, der Elektronik und der Information und Kommunikation hat sich die medizinische Bildgebung rasant weiterentwickelt. Dieser Beitrag soll einen Überblick der Grundprinzipien bringen und die technischen Fortschritte aufzeigen. Medizinische Anwendungen und Indikationen sind nicht der Inhalt. Auch lässt der Umfang des Gebietes hier keine erschöpfende Darstellung zu, am Ende des Beitrags sind deshalb beispielhaft einige Bücher genannt. Vielmehr soll das Verständnis geweckt werden, wie das Zusammenspiel moderner Wissenschaft und Technik verschiedenster Gebiete es möglich macht, immer bessere Einblicke in Morphologie und Funktion des Menschen zu gewinnen.

Klassisches Röntgen

Der technische Fortschritt in der medizinischen Bildgebung wird besonders beim klassischen Röntgen deutlich. Zwar sah ein Röntgenbild vor 100 Jahren nicht viel anders aus als heute, technologisch liegen zwischen den Geräten jedoch Welten. Schon kurz nach den ersten praktischen Anwendungen der Röntgenstrahlen erkannte man aufgrund von nicht heilen wollenden Ver-

Dr. **Arnulf Oppelt**, geboren 1941 in Darmstadt. Physikstudium an der Technischen Hochschule Darmstadt, Promotion mit einer Arbeit über Kernresonanzuntersuchungen an ferromagnetischen Metallpulvern. Anschließend wissenschaftlicher Mitarbeiter an der TH, 1978 Wechsel zu Siemens in Erlangen, Bereich Medizinische Technik. Entwicklung der ersten Kernspintomographen mit einem kleinen Team. Für diese Arbeiten wurde ihm 1986 der Deutschen Röntgenpreis verliehen. Weitere Stationen seines Berufslebens: zweijähriger USA-Aufenthalt zur Entwicklung eines Kernresonanzspektrometers zur Untersuchung von Blutproben und die Leitung des Erlanger Grundlagenlabors, wo er sich unter anderem mit der magnetischen Ortung von bioelektrischen Quellen und der Mammographie mit Licht befasste. Zuletzt war er im Geschäftsgebiet MR für interventionelle und intraoperative Anwendungen der Magnetresonanztomographie zuständig. Seit Mitte 2004 im Ruhestand, Arbeit an der Neuauflage des Buches „Imaging Systems for Medical Diagnostics".

Dr. Arnulf Oppelt
Schwedenstr. 25
D-91080 Spardorf

mechanismus und das Risiko bei hohen und mittleren Dosen gut Bescheid. Nicht eindeutig ist die Meinung bei kleinen und kleinsten Dosen. Deren Auswirkung ist nur durch Untersuchung einer sehr großen Population feststellbar. Am aussagekräftigsten sind die medizinischen Daten der Überlebenden der Atombombenabwürfe von Hiroshima und Nagasaki. Bei Dosen unter 0,1 Sv lässt sich aus dem verfügbaren Datenmaterial keine Erhöhung des Auftretens von Krebs oder Leukämie mehr belegen. Sievers (Sv) ist die Einheit der Äquivalentdosis, Gray ist die Einheit der Energiedosis (1 Gy = 1 Joule/Kilogramm). Die Äquivalentdosis ist die Energiedosis, bewertet mit einem Faktor, der die biologische Wirksamkeit der ionisierenden Strahlung berücksichtigt. Deshalb muss man für Aussagen über die Wirkung geringerer Dosen aus Schäden schließen, die bei höherer Dosis aufgetreten sind. Allerdings hängt das Ergebnis dann noch von der statistischen Auswertemethode und den dabei gemachten Annahmen ab.

Abb. 1 zeigt das rechnerische Strahlenrisiko für Krebs und Leukämie bei kleinen Dosiswerten, wie es sich durch lineare Interpolation ergibt – messen lässt es sich nicht. Selbst bei medizinischer Bildgebung mit relativ hoher Dosis (z. B. Arteriographie oder CT) ist das Risiko im Vergleich zum Rauchen sehr klein (0,11 Prozent). Der Nutzen einer medizinischen Röntgenaufnahme hingegen ist unbestritten.

In Abb. 2 ist aufgetragen, wie die erforderliche Dosis für Röntgenaufnahmen im Laufe der Zeit abgenommen hat. Ursprünglich wurde der Film oder der Fluoreszenzschirm direkt als Röntgendetektor verwendet. Weil aber diese Detektoren relativ dünn sind, geht ein Großteil – mehr als 90 Prozent – der nachzuweisenden Röntgenstrahlung hindurch, ohne in Wechselwirkung mit der Materie zu treten, wird

brennungen, von unverhofft auftretendem Haarausfall und offensichtlich strahleninduziertem Krebs, dass mit der übermäßigen Anwendung auch Gefahren verbunden sind.

Aus umfangreichen wissenschaftlichen Untersuchungen haben sich stetig verschärfende Strahlenschutzmaßnahmen ergeben. Man weiß heute über den Schädigungs-

also nicht nachgewiesen. Deshalb muss für die Röntgenaufnahme eine höhere Dosis appliziert werden. Gelingt es, alle auf den Detektor treffenden Quanten nachzuweisen, kann die Patientendosis ohne Einbuße an Bildqualität reduziert werden.

Bei Filmaufnahmen, der Radiographie, legt man deshalb vor und hinter den Film eine Verstärkerfolie, die einen Großteil – etwa 30 Prozent – der auftreffenden Röntgenstrahlung absorbiert. Dabei entsteht Fluoreszenzlicht im Sichtbaren, pro absorbiertes Röntgenquant etwa 1000 Lichtquanten, welche nunmehr den Film belichten. Durch Einsatz immer stärker absorbierender Leuchtstoffe auf Basis der Seltenen Erden konnte die Lichtausbeute immer weiter gesteigert und die Strahlendosis reduziert werden.

Die den Körper des Patienten durchdringende Röntgenstrahlung wird nicht nur absorbiert, sondern auch in alle Richtungen gestreut. Trifft Streustrahlung auf den Bildempfänger, vermindert sie den Bildkontrast, d. h. die für die Diagnose nutzbaren Schwärzungsunterschiede auf dem Röntgenfilm. Streustrahlenraster lassen nur das Röntgenlicht passieren, das aus Richtung der Röntgenröhre kommt, bei dicken Patienten kann das eine Kontraststeigerung um mehr als 100 Prozent bedeuten.

Bei der klassischen Röntgenaufnahme erfüllt der Film drei Aufgaben gleichzeitig: Er ist Bilddetektor, nach Entwicklung Bilddisplay und Archivierungsmedium. Diese drei Anforderungen können nicht zugleich optimal erfüllt werden. Wegen des Durchhangs der Filmkennlinie bei kleinen Lichtmengen und der Sättigung bei großen gelingt die richtige Belichtung trotz aufwändiger Belichtungsautomatik nicht immer, Röntgenfilmaufnahmen werden zu hell (Überbelichtung) oder zu dunkel (Unterbelichtung) (Abb. 3). Sie müssen dann wiederholt werden, wodurch der Patient

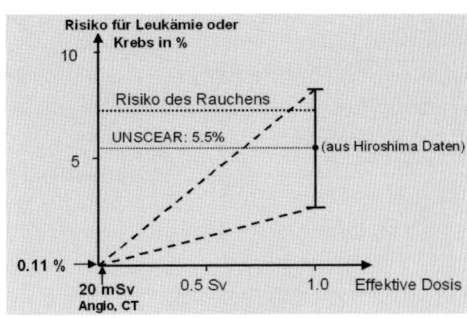

Abb. 1: Risiko-Abschätzung für niedrige Strahlendosis. Der Faktor 5,5 % pro Sievers wurde vom United Nations Scientific Commitee on the Effects of Atomic Radiation (UNSCEAR) festgestellt. Selbst bei Untersuchungen mit relativ hoher Dosis ist das Risiko im Vergleich zum Rauchen gering. Die natürliche Strahlenexposition in Deutschland beträgt 2,4 Millisievers pro Jahr.

unnötiger Strahlung ausgesetzt wird und die Kosten erhöht werden.

Ein großflächiger Röntgendetektor mit linearer Kennlinie und großer Dynamik gelangt in der digitalen Lumineszenzradiographie zur Anwendung. Beim Belichten der Lumineszenzfolie werden ähnlich einer Verstärkerfolie Elektronen angeregt. Nur ein Teil fällt jedoch unter Abgabe von Fluoreszenzlicht wieder in den Grundzustand zurück, der andere Teil verweilt in metastabilen Zuständen oder Traps. Tastet man die Folie nach erfolgter Röntgenaufnahme mit einem Laser ab, werden die gefangenen Elektronen zurück ins Leitungsband beför-

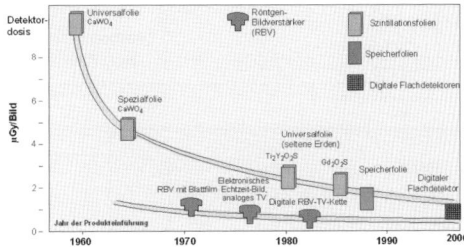

Abb. 2: Reduktion der Energiedosis bei Röntgenaufnahmen durch technischen Fortschritt

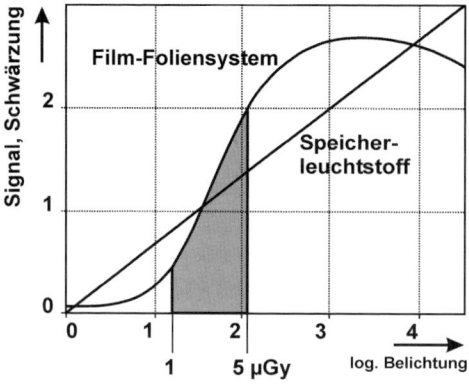

Abb. 3: Kennlinie des Film-Folien-Systems im Vergleich zu einem Speicherleuchtstoff-Detektor

dert, von wo sie unter erneuter Aussendung von Fluoreszenzstrahlung mit dem Valenzband rekombinieren. Dieses Fluoreszenzlicht – kurzwelliger als das stimulierende Laserlicht – wird mit einem Lichtdetektor aufgefangen. Die analogen Signale des Photodetektors werden digitalisiert, d. h. in binäre Zahlen verwandelt, die von einem Bildrechner weiterverarbeitet werden. Dieser ordnet die Intensität dem jeweiligen Abtastpunkt zu und stellt das Bild auf einem Monitor dar (Abb. 4). So erhält man über weite Dosisbereiche Aufnahmen mit identischem Kontrast.

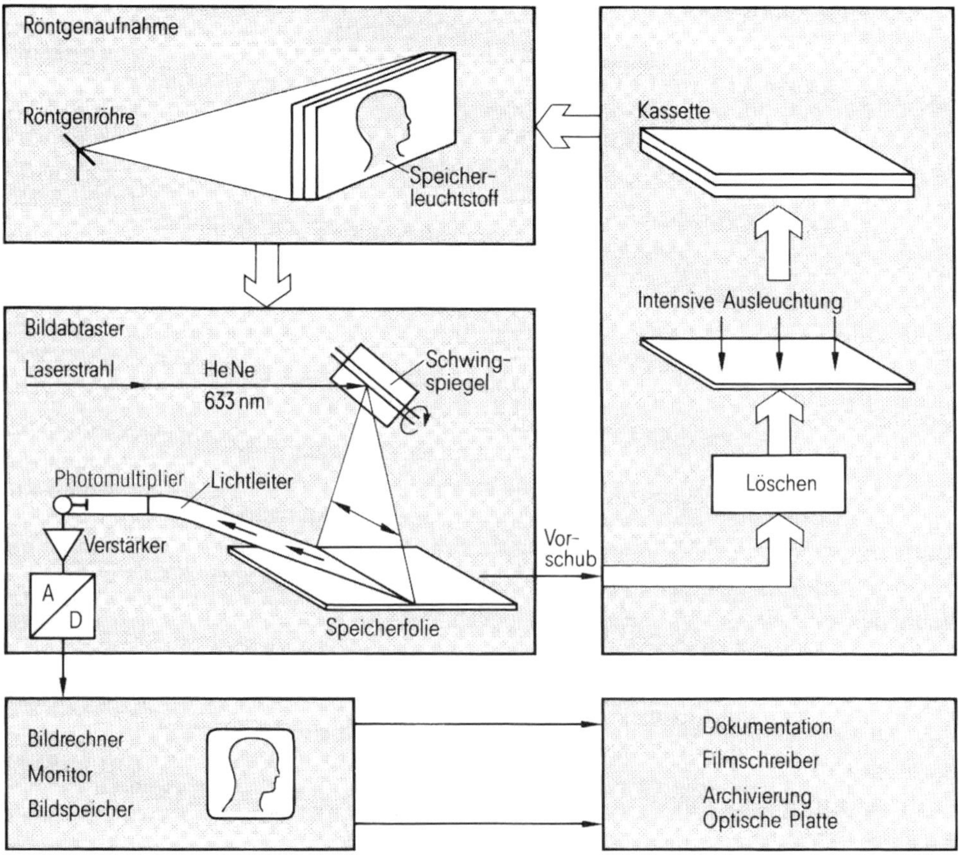

Abb. 4: Röntgenaufnahmetechnik mit Speicherfolie

Bei der Röntgen-Direktbeobachtung oder Fluoroskopie wurde der Fluoreszenzschirm durch den Bildverstärker abgelöst. Auch hier wird das Röntgenlicht im Eingangsschirm zunächst in sichtbares Licht umgesetzt. Dieses löst dann aus einer Photokathode Elektronen aus, welche in einem elektrischen Feld beschleunigt werden und bei Auftreffen auf dem Ausgangsschirm ein verkleinertes Abbild des Strahlenreliefs am Eingangsschirm erzeugen (Abb. 5). Dieses Bild wird mit einer Fernsehkamera aufgenommen und dann auf einem Monitor betrachtet. Digitalisiert man das Fernsehbild und legt die Daten in einem Speicher ab, kann man den Patienten kontinuierlich auf dem Monitor beobachten, auch wenn er nur intermittierend beleuchtet wird. So ergibt sich eine zusätzliche Dosisreduktion.

Dosiseinsparungen sind nicht beliebig möglich. Der Strom der Röntgenquanten selbst schwankt statistisch, weshalb das Signal-zu-Rausch-Verhältnis proportional zur Wurzel aus der Dosis ist. Auf Aufnahmen mit zu niedriger Dosis kann man dann keine Details mehr erkennen.

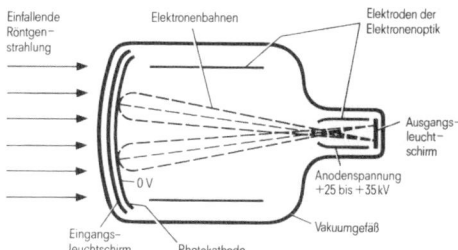

Abb. 5: a) Prinzip des Röntgenbildverstärkers (RBV); b) moderner RBV mit 40 cm Eingangsfelddurchmesser; c) RBV-Ausgang mit CCD-(Charge Coupled Device) Bildsensor

Digitale Bildsysteme

Digitale Signale sind nur durch „Ein"- oder „Aus"-Zustände beschrieben und werden als Impulsfolgen auf einer oder mehreren Leitungen transportiert. Im Vergleich zu analogen Signalen, die kontinuierlich ihren Wert verändern, haben sie viele praktisch-technische Vorteile. Sie lassen sich eindeutig reproduzieren und Funktionen wie Abtasten, Speichern, Filtern usw. lassen sich leichter digital realisieren als anlog, ohne dass Genauigkeits-, Rausch-, Linearitäts- und Reproduzierbarkeitsprobleme auftreten.

Ein digitales Bild ist dadurch gekennzeichnet, dass die Bildgrauwerte nicht kontinuierlich über der Bildfläche variieren, sondern in einzelne Stufen aufgeteilt und auf feste Positionen beschränkt sind (Abb. 6). Dabei sollte die Diskretisierung von Ort und Grauwert so fein sein, dass das Objekt entsprechend den vorkommenden Details möglichst originalgetreu abgebildet werden kann – andernfalls hat man Information verschenkt. Die Bildmatrix, die Anzahl der Bildelemente oder Pixel, muss sich nach der intrinsischen Ortsauflösung der

Komponenten des Bildsystems richten und die Grauwertauflösung nach dem Signal-zu-Rausch-Verhältnis des Systems. Ein Aufnahmesystem, welches von vornherein nur unscharfe Bilder liefert, kommt also mit einer kleineren Bildmatrix aus; ebenso kann man bei verrauschten Bildern mit weniger Graustufen arbeiten.

Matrixgröße und Grauwertauflösung müssen aber auch der menschlichen Sehphysiologie angepasst sein. Treppenstufen auf dem Fernsehmonitor infolge einer zu groben Bilddarstellungsmatrix und Höhenlinienkonturen infolge von zu wenigen Graustufen wirken irritierend, obwohl das originäre, analoge Bild vom informationstheoretischen Gesichtspunkt her richtig digitalisiert wurde. Um dies zu vermeiden, wird oft nachträglich eine kleine Bildmatrix wieder in eine größere interpoliert. Hierdurch entsteht jedoch kein Informationsgewinn.

Digitale Bilder lassen sich sicher archivieren, in Computerdatenbanken verwalten, über Datennetze verschicken und sind so jederzeit am Arbeitsplatz des Arztes verfügbar. Eine immer größere Bedeutung erlangt die digitale Bildverarbeitung, mit der Bildinformation so aufbereitet wird, dass dem Diagnostiker die Bildanalyse leichter

fällt. Erwähnt sei z. B. die perspektivische Darstellung dreidimensionaler Bildinhalte oder die Fusion von Bildern von verschiedenen Geräten.

Die Digitalisierung des Bildverstärkerfernsehens hat bei der Gefäßdiagnostik, der so genannten Angiographie, breiten Eingang in die klinische Praxis gefunden. Hier wird Kontrastmittel in das Gefäßsystem injiziert und die Ausbreitung in Echtzeit verfolgt. Bei der digitalen Subtraktionsangiographie (DSA) wird vor Kontrastmittelgabe erst ein Leerbild angefertigt und im digitalen Speicher abgelegt; diese Maske wird dann kontinuierlich von den Füllungsbildern abgezogen. Somit werden Knochen und Weichteile aus den Bildern entfernt und nur das sich mit Kontrastmittel füllende Gefäß dargestellt, man kommt mit sehr viel weniger Kontrastmittel aus als ohne Subtraktion, der Patient wird geschont (Abb. 7).

Seit kurzem befindet sich eine neue Detektortechnologie in der Einführung, die sowohl für statische als auch dynamische Röntgenaufnahmen eingesetzt werden kann und somit langfristig Film-Folien-Kombinationen, Speicherleuchtstoff und Bildverstärker-Fernsehkamera ablösen kann. Diese Technologie beruht auf amorphem Silizium (a-Si), bei dem keine gleichmäßige Kristallgitterstruktur mehr vorliegt. a-Si kann auf große Flächen aus der

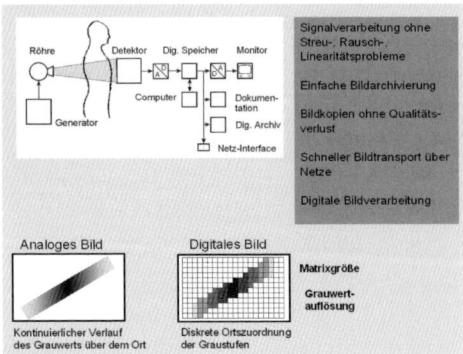

Abb. 6: Aufbau eines digitalen Bildsystems, Kennzeichen und Vorteile

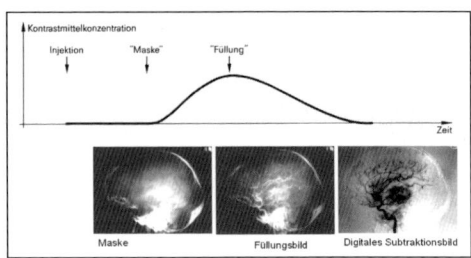

Abb. 7: Prinzip der digitalen Subtraktionsangiographie (DSA)

Gasphase (Chemical Vapor Deposition, CVD) abgeschieden werden. Zwar ist die elektronische Bandstruktur nicht so ausgeprägt wie bei kristallinem Silizium, doch lassen sich durchaus Schalttransistoren und Photodioden daraus herstellen. Bei den immer gebräuchlicheren Computer-Flachbildmonitoren wird eine solche Technologie verwendet: Der Flüssigkristallbildschirm ist mit Thin Film Transistors (TFTs) hinterlegt, die aus photolithografisch strukturiertem a-Si bestehen. Damit kann jeder Bildpunkt schnell angesteuert werden und die elektrische Kapazität der Zuleitung stört nicht.

Für Radiographie und Fluoroskopie kommen jetzt kompakte Detektoren auf Basis amorphen Siliziums zum Einsatz, die aus einer Matrix lichtempfindlicher Photodioden im Abstand von 140–200 Mikrometern bestehen und über Schalttransistoren einzeln ausgelesen werden. Auf dieser Matrix ist ein Szintillator aufgebracht, der die auffallende Röntgenstrahlung in sichtbares Licht verwandelt, welches von der Photodiodenmatrix dann nachgewiesen wird (Abb. 8). In der Mammographie, wo es auf höchste Ortsauflösung ankommt, verwendet man statt des Szintillators eine Schicht aus amorphem Selen. Absorbierte Röntgenquanten erzeugen Ladungsträger, die durch eine Vorspannung getrennt und durch eine Matrix aus TFTs ausgelesen wird. Diese kann, da die Photodioden entfallen, feiner sein, der Abstand der Ausleseelektroden beträgt nur 70 Mikrometer.

Computer-Tomographie

Bei dem klassischen Röntgenbild handelt es sich um einen Schattenwurf, übereinander liegende Organe werden in eine Ebene projiziert und überlagern sich. Um festzustellen, was oben und unten ist, muss der

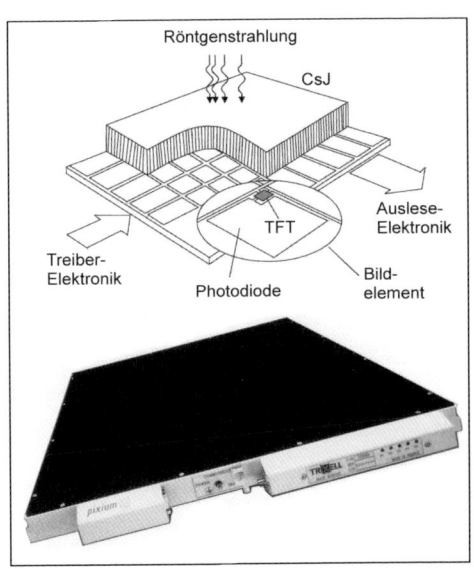

Abb. 8: oben: Prinzip eines Röntgenflachbilddetektors mit Auslesematrix aus amorphem Silizium (a-Si); unten: technische Ausführung (Trixel Pixium 4600)

Arzt unter Umständen die Aufnahme aus einer anderen Richtung wiederholen. Schon sehr frühzeitig hat man versucht, mit der so genannten Verwischungstomographie Abhilfe zu schaffen. Röntgenröhre und Detektor werden während der Aufnahme so gegeneinander bewegt, dass nur eine Schicht (in der Höhe des Drehpunktes) im Untersuchungsobjekt immer auf dieselbe Stelle des Detektors projiziert, also scharf dargestellt wird (Abb. 9).

Eine Weiterentwicklung dieser Methode ist die Tomosynthese. Dabei werden die Projektionsbilder aus den verschiedenen Richtungen gespeichert und nachträglich überlagert. So kann der Arzt jede Schicht im Untersuchungsobjekt darstellen. Digitale Bildverarbeitung erlaubt den Schärfeeindruck weiter zu erhöhen (Abb. 10).

Die Bildqualität eines Röntgenbildes ist jedoch nicht allein durch die Schärfe, sondern auch durch die Sichtbarkeit kleinster

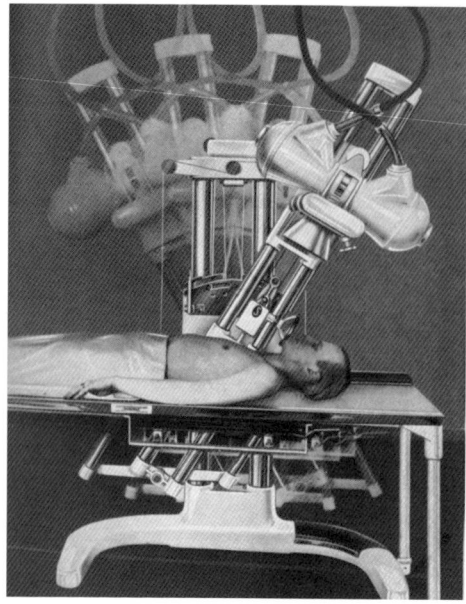

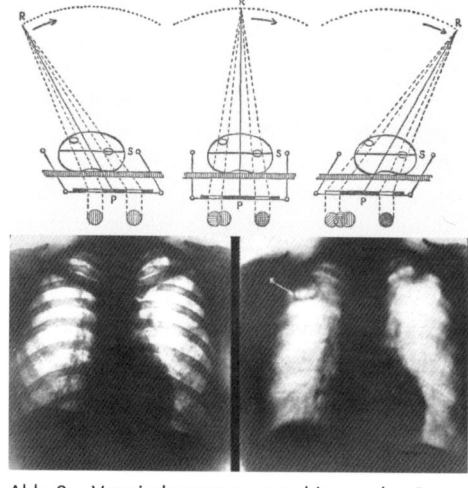

Abb. 9: Verwischungstomographie nach Grossmann: Gerät, Abbildungsgeometrie, Darstellung eines Rundherdes in der Lunge ohne (links) und mit Verwischungstomographie (um 1935)

Kontrastunterschiede bestimmt. Gewebeveränderungen äußern sich in Unterschieden des Röntgenschwächungskoeffizienten. Diese können allerdings sehr gering sein und im Promille-Bereich liegen. Solch kleine Unterschiede sind im Röntgenbild und auch bei der Tomosynthese nicht sichtbar, es kommt die Computer-Tomographie zum Einsatz.

Die Methode wurde Anfang der 70er-Jahre des letzten Jahrhunderts von dem Elektronikkonzern EMI mit ungeheurem

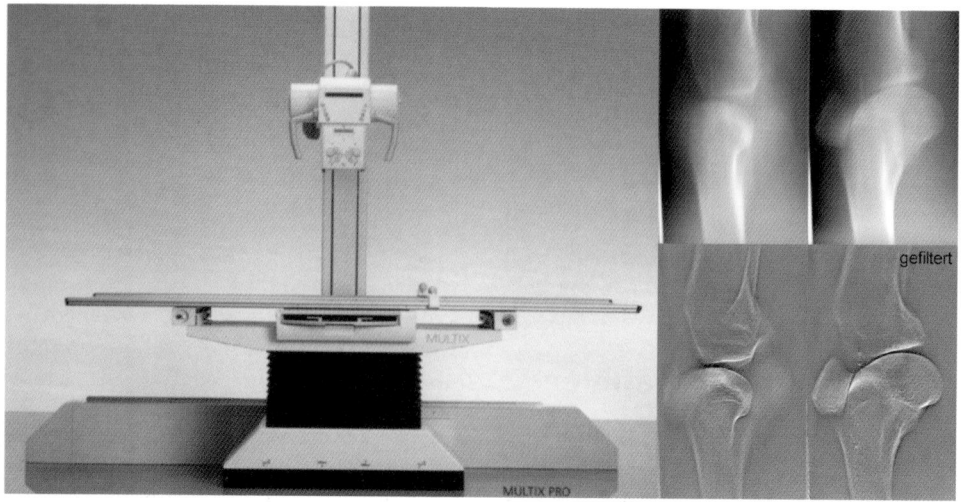

Abb. 10: Modernes Röntgengerät, geeignet für Tomographie. Der künftige Einsatz digitaler Röntgendetektoren ermöglicht auch die Tomosynthese, die gleichzeitige Erfassung aller Schichten mit einem Röhren-Detektor-Schwenk. Hier erfolgte die Kniedarstellung vermittels digitaler Tomosynthese noch im Labor.

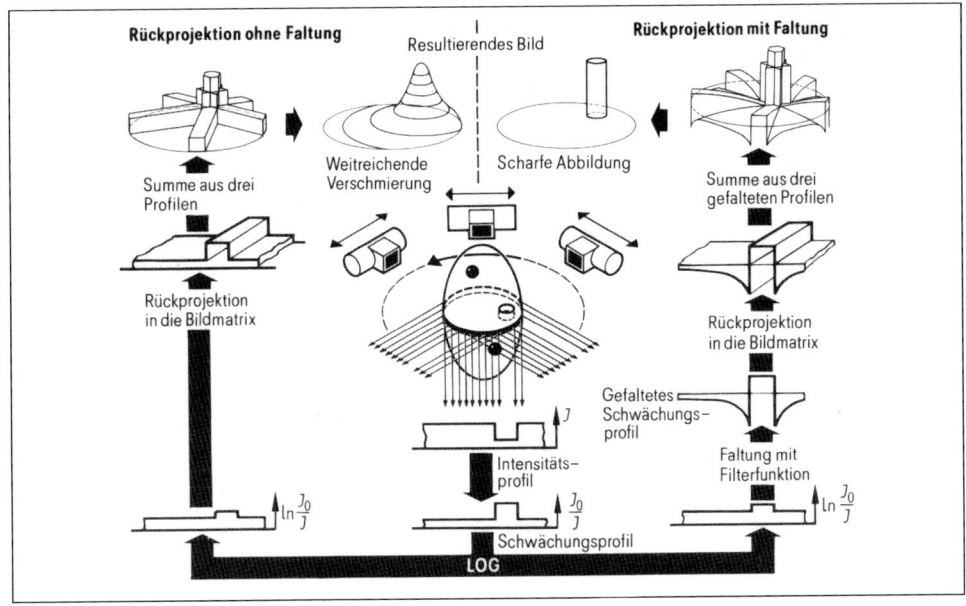

Abb. 11: Bildrekonstruktion bei der Röntgen-CT

Erfolg auf den Markt gebracht. Der kürzlich verstorbene Ingenieur Sir Geoffrey Hounsfield erhielt zusammen mit Alan Cormack hierfür 1979 den Nobelpreis für Medizin.

Eine millimeterstarke Körperschicht wird mit einem fächerförmigen Röntgenstrahl beleuchtet, die hindurchtretende Strahlung mit einer Detektorzeile aufgenommen und digitalisiert. Im Bildrechner wird das erhaltene Intensitätsprofil logarithmiert, man erhält das Profil der Schwächung. Viele solcher Profile werden nun aus sehr vielen Projektionsrichtungen über 360 Grad gewonnen, indem man die Röntgenröhre mitsamt der Detektorzeile um das Messobjekt rotiert. Der Bildrechner projiziert die erhaltenen Schwächungsprofile in die Bildebene. Aus der Überlagerung der Projektionen aus verschiedenen Richtungen ergibt sich die Verteilung der lokalen Röntgenschwächungskoeffizienten. Allerdings wäre das so erhaltene Bild sehr

unscharf, weshalb die Signale vor der Rückprojektion noch mit einer Filterfunktion gefaltet werden (Abb. 11).

Zunächst dauerte die Aufnahme und Rekonstruktion einer Schicht noch viele Minuten, und die Bildmatrizen waren noch recht grob. Das Verfahren war auf den Schädel beschränkt. Doch konnte man erstmals graues und weißes Gehirngewebe unterscheiden und Tumore lokalisieren (Abb. 12). Heutzutage rotiert die Röntgenröhre permanent um den Patienten, der mit der Patientenliege kontinuierlich weitergeschoben und auf diese Weise spiralförmig abgetastet wird. So entstehen Volumenaufnahmen des Körperstamms in weniger als einer Minute (Abb. 13).

Mit ausgeklügelter Bildverarbeitung kann man sich mit Kontrastmittel gefüllte Hohlorgane von innen her anschauen und wie mit einem Flugzeug hindurchfliegen. Polypen im Darm oder Verkalkungen in Gefäßen werden so sofort sichtbar und aufwändige invasive Prozeduren mit Endoskopen oder Kathetern können entfallen.

Bei einem modernen CT-Gerät rotieren Röntgenröhre und Detektor mit bis zu 150 Umdrehungen/Minute. Die Stromzuführung für die Röntgenröhre erfolgt über Schleifringe, die Signalabführung optisch. Die rotierende Masse beträgt etwa 1 Tonne, die mehr als dem 20fachen der Erdbeschleunigung ausgesetzt ist. Die Genauigkeit der Auswuchtung liegt im Promille-Bereich.

CT-Detektoren bestehen jetzt aus mehreren Zeilen, sodass während einer Umdrehung mehrere nebeneinander liegende Schichten aufgenommen werden können – bis zu 64 Schichten. Die Datenerfassung geschieht mit einer Genauigkeit besser als $1:10^6$ (20 bit). An das Datenerfassungssystem werden außerordentliche Anforderungen bezüglich der Datenrate gestellt, bis zu 200 Megabyte/Sekunde können anfallen.

Eine wesentliche Voraussetzung für die moderne Volumen-CT ist eine leistungsfähige Röntgenröhre. Die Strahlung entsteht beim Auftreffen schneller Elektronen auf eine Anode. Aber nur weniger als 1 Prozent der kinetischen Energie der Elektronen wird in Röntgenstrahlung verwandelt, der Rest in Wärme (mehr als 50 Kilowatt elektrische Leistung). Damit die Anode nicht am Ort des Auftreffens des Elektronenstrahls aufschmilzt, rotiert sie kontinuierlich. Da über das Lager kaum Wärme

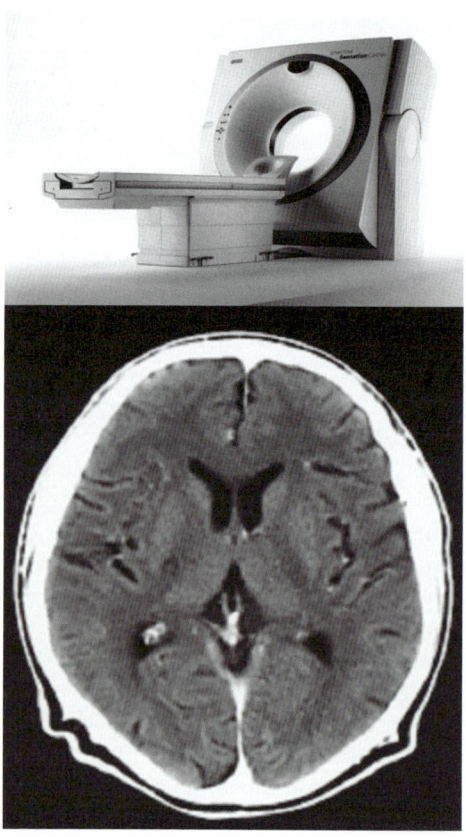

Abb. 12: CT-Schnittbild des menschlichen Hirns (Aufnahmezeit 750 ms) mit aktueller CT-Anlage

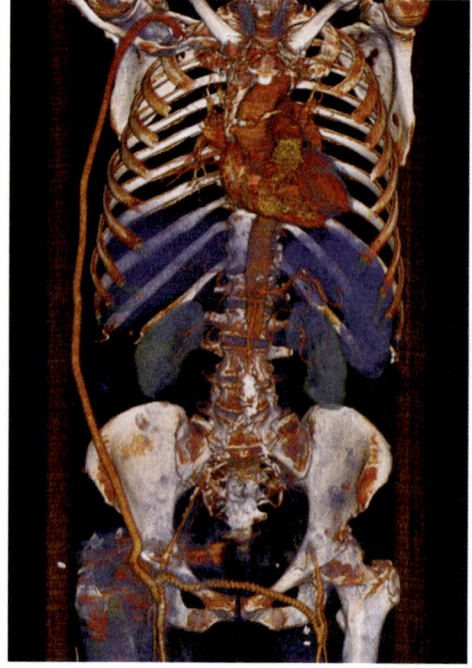

Abb. 13: 3D-CT-Aufnahme eines Bypass der Arm- zur Beckenarterie, Aufnahmezeit 17 s (Hutchinson Hospital, Kanada)

abgeführt werden kann, wird die anfallende Wärme zunächst im Anodenteller gespeichert, der sich stark aufheizt. Schließlich wird sie durch Strahlung an die umgebende Kühlflüssigkeit abgegeben.

Nach einer gewissen Strahlzeit benötigt die konventionelle Röntgenröhre eine Abkühlpause. Die Untersuchung muss unterbrochen werden. Ein neuartiges Röhrenkonzept vermeidet diese Einschränkung: Die Anode ist fest mit dem Gehäuse verbunden, das seinerseits in kühlendem Öl rotiert. So wird die in der Anode entstehende Wärme effektiv abgeführt und es bestehen kaum noch Einschränkungen bei der Strahlzeit. Damit der Röntgenfokus trotz der Drehung des Röhrengehäuses fest im Raum steht, wird der die Röntgenstrahlen auslösende Elektronenstrahl durch Ablenkspulen fixiert.

Um den Patienten rotierende Röhren-Detektor-Systeme gelangen aber nicht nur bei der CT zum Einsatz, sondern auch bei der Angiographie. Die Motivation ist hier zunächst nicht die Erzeugung von Schnittbildern, sondern die Möglichkeit, Gefäßbäume aus unterschiedlichen Richtungen zu projizieren, um die Lage und das Ausmaß einer Läsion zu erkennen. Dafür sind Röhre und Detektor an großen C-Bögen befestigt, die frei um den Patienten geschwenkt werden können (Abb. 15a).

Rotiert man solche C-Bögen um 180 Grad, kann man auch aus den aufgenommenen Projektionsbildern drei-dimensionale (3D) Volumenbilder rekonstruieren. Gegenwärtig ist dies allerdings noch keine Alternative zur CT: Der C-Bogen rotiert wesentlich langsamer und die Dynamik des Detektors ist sehr viel geringer. Es können deshalb (im Moment) nur grobe Kontraste dargestellt werden, wie z. B. ein mit Kontrastmittel gefüllter Gefäßbaum (Abb. 15b).

Ultraschall

Medizinische Bildgebung mit Ultraschallwellen beruht auf dem technischen Fortschritt, der im Zweiten Weltkrieg bei der Ortung von Flugzeugen mit Radar und von U-Booten mit Sonar gemacht wurde. Ein in den Patienten geschickter Schallimpuls wird von den Organgrenzen reflektiert; die Laufzeit des Impulses ist ein Maß für den Abstand vom Sender. Durch Verschieben oder Schwenken des Schallstrahls wird das Organ in seiner Gesamtheit abgetastet und als Schnittbild dargestellt, wobei der Grauwert der Intensität des Echos entspricht. Die Eindringtiefe des Schallimpulses ist wegen der Absorption im Gewebe begrenzt, sie beträgt bei einer Frequenz von

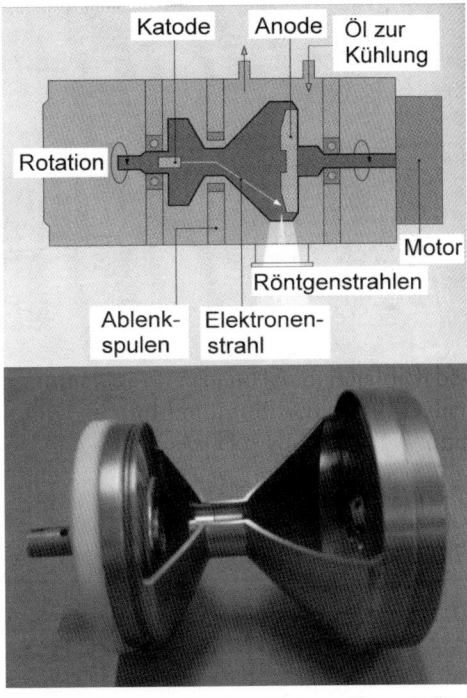

Abb. 14: oben: Prinzip einer Röntgenröhre mit flüssigkeitsgekühlter Drehanode; unten: technische Ausführung (Straton, Siemens Medical Solutions)

3 Megahertz etwa 15 Zentimeter, bei 10 Megahertz nur noch 7 Zentimeter. Andererseits ist die Ortsauflösung proportional zur Wellenlänge des Schallimpulses, bei 3 Megahertz ungefähr 0,5 Millimeter, bei 10 Megahertz 0,15 Millimeter. Je nachdem, ob man nun oberflächliche Organe untersuchen will oder tief liegende, greift man zu unterschiedlichen Schallköpfen.

Als Sende- und Empfangsantenne wird eine piezo-elektrische Keramik verwendet. Ursprünglich wurde der Schallstrahl manuell geschwenkt, wodurch sich das Bild nur langsam aufbaute. Ein im Brennpunkt eines wassergefüllten Hohlspiegels rotierender Schallkopf ermöglichte erstmalig die Erzeugung von US-Bildern in Echtzeit (Siemens Vidoson). Heute gelangen Schallköpfe zum Einsatz, die aus vielen piezo-elektrischen Elementen bestehen, neuerdings auch in mehreren Zeilen übereinander angeordnet, die alle einzeln angesteuert werden. So kann der Schallstrahl elektronisch im Patienten verschoben und geschwenkt und beim Empfang auf die jeweilige Position des Schallreflexes fokussiert werden.

Im Gegensatz zu den anderen bildgebenden Verfahren sind Ultraschallgeräte mobil, sie werden zum Patienten gefahren, der Arzt setzt den Schallkopf in der Nähe des zu untersuchenden Organs auf die Haut des Patienten. Damit der Schall ohne Reflexion in das Gewebe eindringt, wird zuvor ein Gel auf die Körperoberfläche aufgebracht. Auf dem Monitor erscheinen sich kontinuierlich erneuernde US-Bilder, der Arzt bewegt den Schallkopf über den Körper, bis er das zu untersuchende Organ vollständig in allen Ebenen und aus allen Richtungen besichtigt hat (Abb. 16). Beim Siescape®-Verfahren werden durch geschickte Bildverarbeitung die Einzelbilder automatisch zu einem Panorama-Bild (bei Längsbewegung des Schallkopfes) oder zu einem Volumenbild (bei Querbewegung des Schallkopfes) zusammengesetzt (Abb. 17).

Ultraschallbilder stellen sich dem Laien immer als kontrastarm und verrauscht dar. Grund hierfür ist die Interferenz der von unzähligen Zentren im Gewebe rückgestreuten Schallwellen, die sich manchmal auslöschen, manchmal verstärken. Dieses stochastisch schwankende Speckle-Muster ist jedoch typisch für das jeweilige Organ und kann dem erfahrenen Diagnostiker wertvolle Hinweise liefern.

Wegen des Doppler-Effekts kann man aus den vom strömenden Blut reflektierten

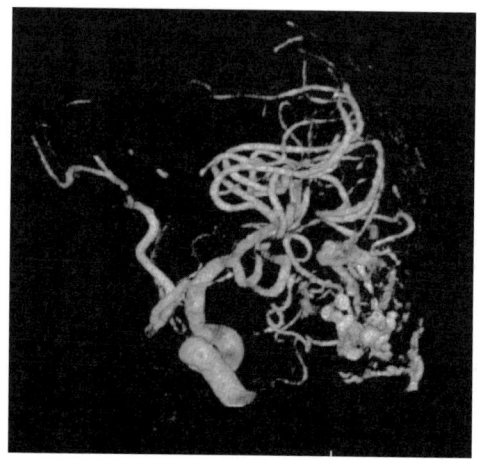

Abb. 15: links: Moderne Röntgen-Angiographie-Anlage mit Flachbilddetektor; rechts: 3D-Volumenaufnahme einer arteriovenösen Fistel im Schädel (Methodist Hospital, Houston)

Schallsignalen auf die Flussgeschwindigkeit schließen. Diese wird dann farbkodiert dem normalen US-Bild überlagert (Color Doppler). Auch die Zahl aller sich bewegenden Streuer (unabhängig von der Geschwindigkeit) kann erfasst werden (Power Doppler), mit diesem Verfahren lässt sich gut die Durchblutung von Gewebe untersuchen.

Da die von Blut zurückgestreuten Signale nur sehr schwach sind, wurden US-Kontrastmittel entwickelt: luftgefüllte Mikropartikel (Durchmesser ca. 3 Mikrometer) auf Galaktosebasis. Hierdurch kann das Dopplersignal bis zum Zehnfachen verstärkt werden und auch sehr kleine Gefäße werden sichtbar. Die „Microbubbles" verhalten sich ausgesprochen nichtlinear, d. h. sie schwingen nicht nur mit der Frequenz des erregenden Schallimpulses, sondern strahlen auch Oberwellen zurück. Weist man die zweite Harmonische nach, empfängt man dann nur Signale des Kontrastmittels, die wegen der höheren Frequenz eine bessere Ortsauflösung haben.

Große Bedeutung hat die Untersuchung des Herzens mit US erlangt. Die Beschallung erfolgt in Form eines sektorförmigen Schallfelds zwischen den Rippen hindurch. Um dichter an das Herz heranzukommen und höhere Schallfrequenzen zur Verbesserung der Ortsauflösung benutzen zu können, wird auch von der Speiseröhre her (TransEsophageal Echocardiogram, TEE) mithilfe eines Endoskops untersucht. Durch Drehen des Schallkopfes um die Achse des Endoskops kann ein Großteil des Herzens erfasst und die Funktion der Herzkammern und der Klappen untersucht werden. Indem man die einzelnen Schichtbilder über das EKG zeitlich korrekt zusammensetzt, lässt sich das Herz sogar dreidimensional in seiner Bewegung als Funktion der Zeit darstellen (Abb. 18).

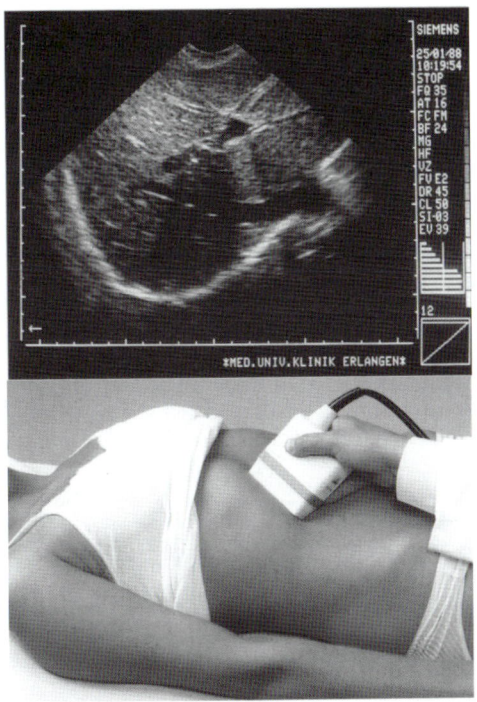

Abb. 16: Ultraschalluntersuchung der Leber: oben: Pfortvene; unten: Schallkopf

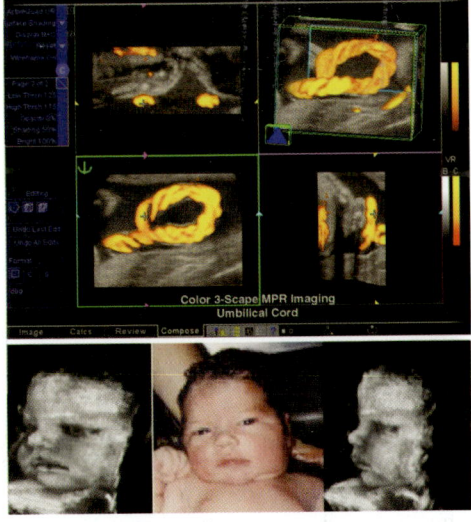

Abb. 17: 3D Bildgebung mit Ultraschall: Darstellung der Nabelschnur; Vergleich des Neugeborenen mit der 3D-US-Darstellung des Fötus

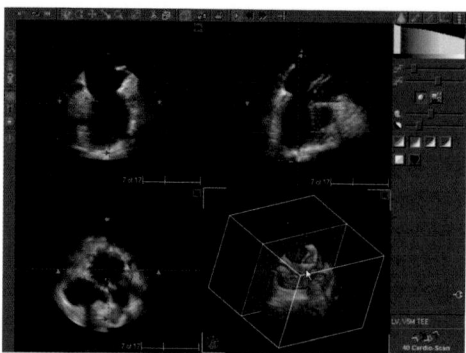

Abb. 18: Momentanbild aus einer zeitlichen 3D-US-Untersuchung des menschlichen Herzens. Verschiedene Schnittbilder können interaktiv selektiert werden.

In diagnostischer Intensität ist Ultraschall harmlos. Größere Schallleistungen werden z. B. zur Erwärmung von Gewebe therapeutisch genutzt. Stoßwellen dienen der Zerstörung von Nierensteinen und mit hochintensivem fokussiertem Ultraschall (HIFU) können Gewebewucherungen thermisch zerstört werden.

Magnetresonanztomographie

Die Magnetresonanztomographie (MRT) erfasst die Magnetisierung von Atomkernen, hauptsächlich die der Wasserstoffkerne. Da sich im Gewebe sehr viel Wasser befindet, eignet sie sich vorzüglich zur Differenzierung von Weichteilgewebe.

Die Erscheinung der Kernresonanz wurde 1946 fast gleichzeitig von Bloch, Hansen und Packard in Kalifornien und von Purcell, Torrey und Pound in Massachusetts nachgewiesen; 1952 wurde ihnen hierfür der Nobelpreis verliehen. Die Kernresonanz ist heute eine Standarduntersuchungsmethode in Physik, Chemie und Biologie. Atomkerne mit einem Spin richten sich in einem äußeren Magnetfeld aus. Mit einem Hochfrequenzimpuls lässt sich diese Ausrichtung stören, die Kerne kehren unter Abstrahlung einer charakteristischen Frequenz in den Gleichgewichtszustand zurück. Dabei induzieren sie in der um die Probe gewickelten Spule eine Wechselspannung. Die Kernresonanzfrequenz ist proportional zur magnetischen Feldstärke und typisch für das Element, dem der Atomkern angehört (bei Protonen 42,56 Megahertz in einem Magnetfeld von 1 Tesla). Die Zeit T1, die vergeht, bis das Gleichgewicht wieder eingestellt ist, heißt Längs-Relaxationszeit, sie hängt sehr von der Umgebung ab, in der sich die Atomkerne befinden. Die präzedierende Komponente der Kernmagnetisierung zerfällt jedoch meist rascher, hierfür ist die Wechselwirkung der Spins untereinander verantwortlich. Die entsprechende Abklingzeit heißt T2, Quer-Relaxationszeit. Die Kernrelaxationszeiten der Wassermoleküle in biologischem Gewebe können sich um mehr als den Faktor 10 unterscheiden, das ist der Grund für die großen Bildkontraste in der Magnetresonanztomographie.

Man misst die präzedierende kernmagnetische Quermagnetisierung in einem magnetischen Feldgradienten, die Präzessionsfrequenz nimmt entlang der Gradientenrichtung zu. Das Signal als Funktion der Präzessionsfrequenz stellt die Projektion der Kernmagnetisierung auf die Richtung des magnetischen Feldgradienten dar. 1973 machte der Chemiker Paul Lauterbur den Vorschlag, ähnlich wie in der Röntgen-Computertomographie aus einer Vielzahl solcher Projektionen auf unterschiedliche Gradientenrichtungen ein Bild der Kernmagnetisierung zu rekonstruieren. Er erhielt 2003 zusammen mit Sir Peter Mansfield den Nobelpreis für Medizin für diese Erfindung.

Der Vorschlag wurde von vielen Wissenschaftlern und der Industrie rasch aufgegriffen und weiterentwickelt. Die MRT hat in den letzten 15 Jahren einen ungeahnten Siegeszug durch die Krankenhäuser und großen radiologischen Praxen angetreten – mehr als 20 000 Anlagen sind mittlerweile weltweit installiert. Routinemäßig werden supraleitende Magnete mit Feldern von 1,5 Tesla eingesetzt, typischerweise wird eine Homogenität von 50 ppm (parts per million) über ein kugelförmiges Volumen von 50 Zentimetern Durchmesser erreicht. Die mit flüssigem Helium gekühlten Spulen befinden sich zur thermischen Isolation in einem Vakuumbehälter. Das abdampfende Helium wird durch Kältemaschinen rückverflüssigt, sodass bei modernen Anlagen kein Nachfüllen mehr erforderlich ist (Abb. 19). Die MRT ist die erste große industrielle Anwendung der Supraleitung.

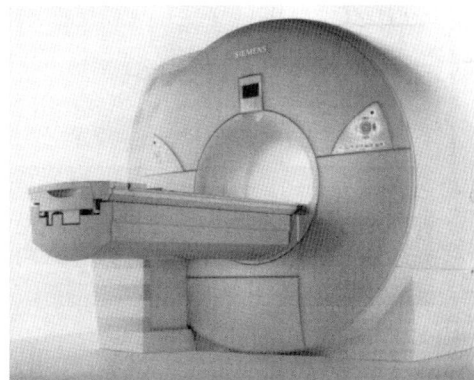

Abb. 19: Supraleitender 1,5-Tesla-Magnet für die MRT

Die Ortsauflösung in der MRT ist durch die Stärke des angewendeten magnetischen Feldgradienten bedingt. Begrenzt wird die Bildqualität aber letzten Endes durch Rauschen. Die thermische Bewegung der Elektronen in der Signalnachweisspule und die Brown'sche Molekularbewegung der Ladungsträger im menschlichen Körper erzeugen eine Rauschspannung, die in Konkurrenz zur Signalspannung steht, die von den präzedierenden Kernen erzeugt wird. Es zeigt sich, dass das Signal-zu-Rausch-Verhältnis etwa linear mit der Resonanzfrequenz ansteigt und bei Vergrößerung des Untersuchungsvolumens abnimmt. In der Forschung gelangen deshalb schon Ganzkörpermagnete bis zu 7 Tesla zur Anwendung. Bei so hohen Feldern treten physikalische und physiologische Probleme auf: Das zur Anregung der Kernresonanz erforderliche Hochfrequenzfeld durchdringt den menschlichen Körper nicht mehr gleichmäßig, und die Probanden verspüren bei Bewegung des Kopfes deutliche Übelkeit, wohl wegen der induzierten Spannung.

Zur Verbesserung der Ortsauflösung, Verkürzung der Messzeit und Anwendung komplizierter Pulssequenzen wurde die Stärke der magnetischen Feldgradienten immer weiter gesteigert (Abb. 20). Die Ortauflösung wurde unter 1 Millimeter gedrückt, es sind Bildaufnahmezeiten unter 100 Millisekunden möglich, die eine Momentaufnahme des schlagenden Herzens ermöglichen. Es gelangen jetzt Gradientenfelder mit mehr als 40 Millitesla/Meter zum Einsatz, die durch große wassergekühlte Spulen erzeugt werden. Dabei werden Leistungen von einem Megawatt innerhalb weniger als 200 Mikrosekunden geschaltet.

Da sich die Gradientenspulen im Magnetfeld befinden, wirken während des Umschaltens der Ströme starke Kraftstöße auf die Spulen. Die dabei angeregten akustischen Schwingungen sind der Grund für die starke Geräuschbelästigung bei einer MRT-Untersuchung, die deshalb das Tragen eines Gehörschutzes verlangt. Ein weiterer physiologischer Effekt ist, dass bei sehr schnell geschalteten magnetischen Feldgradienten die peripheren Nerven

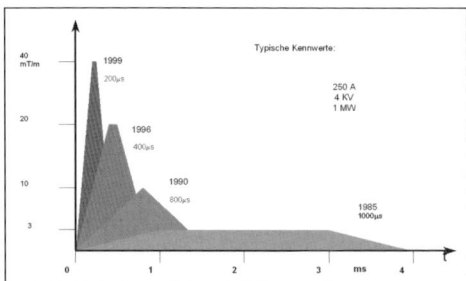

Abb. 20: Entwicklung der Gradientenleistungsfähigkeit (Stärke und Anstiegszeit) in der MRT

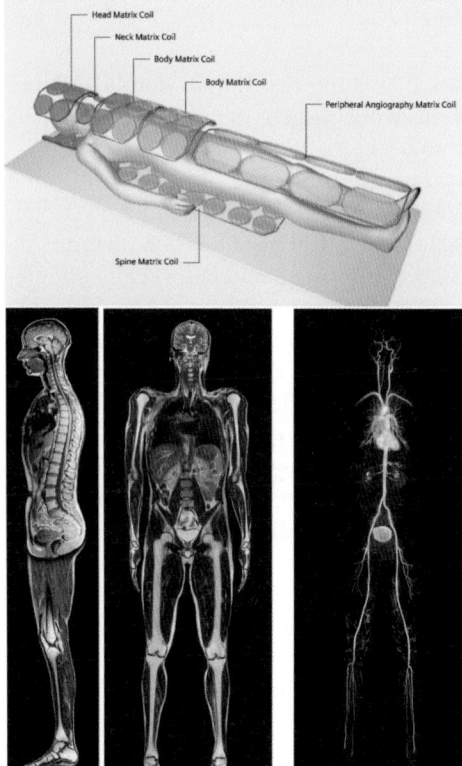

Abb. 21: oben: Matrix-Empfangsspulen-Array für die MRT; unten links: MRT-Ganzkörperstudie ohne Patientenumlagerung; unten rechts: MR-Angiographieaufnahme mit Kontrastmittel in 1,5 Minuten

durch die induzierten Spannungen gereizt werden können. Auch die Erwärmung des Patienten durch die zur Anregung der Kernresonanz verwendeten Hochfrequenzimpulse kann nicht vernachlässigt werden. Deshalb sind neuzeitliche MR-Tomographen mit automatischen Überwachungsschaltungen ausgerüstet, die die im Patienten absorbierte Hochfrequenzleistung auf die gesetzlich zulässigen Werte begrenzen und Gradientenimpulse, die zu schmerzhaften Stimulationen führen, verhindern.

Durch die Abfolge der zur Abbildung verwendeten Hochfrequenz- und Gradientenimpulse – die Pulssequenz – kann der Bildcharakter in weiten Bereichen beeinflusst werden. So lassen sich mit Kernresonanz Bilder erstellen, in denen Gewebe mit langen oder kurzen Relaxationszeiten besonders betont wird, in denen sich Bereiche unterschiedlicher Diffusion abgrenzen oder fließende Materie, wie das Blut, besonders deutlich hervortritt.

Eine deutliche Verkürzung der Untersuchungszeit gelingt mit paralleler Datenaufnahme. Das Bildfeld wird durch mehrere Signalaufnahme-Spulen in kleinere Unterfelder aufgeteilt, die parallel mit insgesamt kürzerer Messzeit abgebildet und dann zum Gesamtbild zusammengesetzt werden. Die Messzeit lässt sich so um mehr als den Faktor Vier verkürzen. Indem man bereits die Empfangsspulen an den zu untersuchenden Körperteilen anbringt, bevor der Patient in den Magneten geschoben wird, kann die gesamte MR-Untersuchung ohne Umlagerung und Neupositionierung des Patienten durchgeführt werden. Die Patientenliege fährt dabei automatisch nacheinander das zu untersuchende Körperteil in das Magnetzentrum. Eine Ganzkörperaufnahme kann in weniger als 20 Minuten (Abb. 21) durchgeführt werden.

Da die Elektronenhülle der Moleküle und Atome das am Ort des Kerns wirksame

Magnetfeld, wenn auch nur in sehr geringem Maße, abschwächt, kann man aufgrund der unterschiedlichen Resonanzfrequenzen erkennen, von welchem Wirtsmolekül das beobachtete Kernresonanzsignal herrührt. So lassen sich nicht nur die Signale von Fett und Wasser trennen, sondern auch leichte Moleküle wie N-acetyl-Aspartat, Cholin oder Kreatin lokalisieren. Dies ermöglicht Aussagen zur Bösartigkeit von Tumoren. Interessant ist auch die Kernresonanz des Phosphors, weil hiermit das für den Energiestoffwechsel der Zellen wichtige Adenosin-Triphosphat in vivo untersucht werden kann.

Neben der Bildkontrastbeeinflussung durch die Pulssequenz besteht eine wichtige weitere Möglichkeit in der Gabe paramagnetischer Kontrastmittel (z. B. Gd-DTPA). Etwa 50 Prozent aller MRT-Untersuchungen werden mit Kontrastmittel durchgeführt. MR-Kontrastmittel verkürzen die Relaxationszeiten benachbarter Kerne und werden dadurch schon bei sehr geringer Konzentration sichtbar. Dies lässt sich beispielsweise für dynamische Untersuchungen nutzen, etwa um die Anreicherung oder den Abbau in bestimmten Körperbereichen zu studieren und Informationen zur Durchblutung von Tumoren oder des Herzgewebes zu gewinnen. Auch Gefäßbäume können durch die Anwendung von Kontrastmitteln wesentlich schneller dargestellt werden.

In letzter Zeit hat sich eine weitere Anwendung für die MRT ergeben, die bisher den nuklearmedizinischen Methoden vorbehalten war. Auf der Gehirnrinde gibt es fest umschriebene Bereiche, in denen die Eindrücke, die von den Sinnen ausgehen, verarbeitet werden. Sind diese Bereiche aktiv, wird der erforderliche Energiebedarf durch Verbrennung von Glukose gedeckt, wobei der notwendige Sauerstoff durch erhöhte Blutzufuhr bereitgestellt wird. Oxi-

diertes Hämoglobin ist diamagnetisch, nicht oxidiertes paramagnetisch, die erhöhte Zufuhr frischen Blutes äußert sich wegen der geringeren Suszeptibilität als geringfügig verstärkte Signalintensität, die im Subtraktionsbild sichtbar wird. So kann man in den MRT-Bildern die aktiven Bereiche im Gehirn ausmachen, wenn das Auge mit Lichtblitzen, der Tastsinn mechanisch oder elektrisch gereizt wird oder der Proband seinen Finger bewegt. Funktionelle MRT ist für Gehirnoperationen interessant. Hierbei dürfen keine Teile des kognitiven Kortex verletzt werden, um dem Patienten bleibende Schäden wie z. B. Lähmungen zu ersparen. Indem vor der Operation die genaue Lage dieser Bereiche überprüft wird, kann der Chirurg diese bei der Operation umgehen.

Nuklearmedizin

Wie die Röntgendiagnostik arbeitet auch die Nuklearmedizin mit ionisierender Strahlung. Die Strahlenquelle befindet sich jedoch innerhalb des Körpers. Organspezifische Substanzen werden radioaktiv markiert und dem Patienten oral oder intravenös verabreicht. Sie werden dann mithilfe von – außerhalb des Körpers befindlichen – Strahlendetektoren messend verfolgt. Dabei wird der Patient einer Dosis zwischen 1 und 20 Millisievers ausgesetzt, vergleichbar einer Röntgenuntersuchung. Mit ähnlichen mathematischen Verfahren wie in der Röntgencomputertomographie lassen sich auch Schnittbilder der Verteilung des Pharmakons berechnen. Je nach Zerfallsart des angewendeten Nuklids kann man zwei verschiedene Abbildungsverfahren unterscheiden:

Bei der Bildgebung mit Einzelphotonenemittern kommen Radionuklide zum Einsatz, die unter Aussendung eines ein-

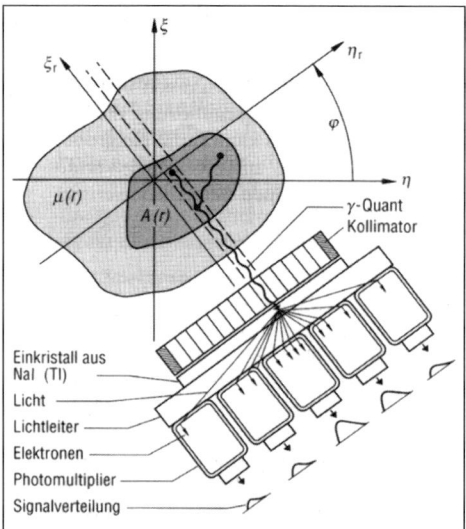

Abb. 22: Prinzipieller Aufbau einer γ-Kamera

zelnen γ-Quants zerfallen. Diese werden mit einem großen Szintillationskristall aus NaI mit Photomultipliern nachgewiesen. Durch einen Kollimator wird sichergestellt, dass nur Photonen aus einer Richtung empfangen werden (Abb. 22), schräg einfallende erreichen den Szintillationskristall nicht. Durch Drehen des Kamerakopfes um den Patienten erhält man Projektionsbilder aus verschiedenen Richtungen, aus denen die dreidimensionale Verteilung der

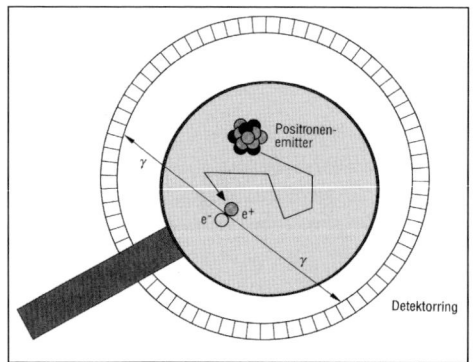

Abb. 23: Koinzidenznachweis von Positronenzerfall mit Detektorring

Zerfallaktivität im Patienten berechnet wird (SPECT: Single Photon Emission Computed Tomography).

Bei der Positronenemissionstomographie (PET) gelangen Radionuklide leichter Atomkerne zum Einsatz, z. B das Isotop Fluor mit der Massenzahl 18, die beim Zerfall Positronen (Antiteilchen der Elektronen) aussenden. Das Positron wird bei PET allerdings nicht direkt nachgewiesen, da dessen Reichweite in Gewebe nur einige Millimeter beträgt. Dann rekombiniert es mit einem Hüllenelektron eines benachbarten Atoms, wobei zwei γ-Quanten mit einer Energie von jeweils 511 Kiloelektronenvolt entstehen, die in entgegengesetzter Richtung abgestrahlt werden. In zwei gegenüberstehenden Szintillations-Detektoren lösen sie dann gleichzeitig einen Impuls aus (Abb. 23). Der Ort der Annihilation von Positron und Elektron muss also auf der Verbindungslinie der beiden Detektoren liegen.

Ordnet man viele Detektoren ringförmig um den Patienten an, kann aus den Verbindungslinien der Koinzidenzereignisse die Aktivitätsverteilung rekonstruiert werden. Da keine Kollimatoren erforderlich sind, können sehr viel mehr der Zerfallsereignisse nachgewiesen werden als bei der γ-Kamera. PET ist also empfindlicher als SPECT. Allerdings haben die Positronenstrahler nur eine sehr kurze Lebensdauer und müssen vor Ort mit einem Zyklotron hergestellt werden.

Obwohl apparativ aufwändiger als SPECT, gewinnt PET immer mehr Bedeutung, weil Substanzen mit leichten positronenstrahlenden Nukliden sehr leicht in den biologischen Stoffwechsel eingeschleust werden können. Biologische Prozesse lassen sich schon auf molekularer Ebene untersuchen.

Abb. 24 zeigt, wie eine PET-Aufnahme bei der Entscheidung helfen kann, ob bei einem infarktgeschädigten Herzmuskel ein Eingriff zur Wiederherstellung der Durchblutung sinnvoll ist. Die Durchblutung gesunden Muskelgewebes ist durch die Anreicherung von Ammoniak erkennbar, während geschädigtes, aber noch lebensfähiges Gewebe nur noch Desoxyglukose aufnimmt. Die Aufnahme zeigt, dass die nicht mehr durchblutete Herzspitze noch aus lebensfähigem Gewebe besteht, eine Angioplastie oder eine Bypass-Operation also helfen wird.

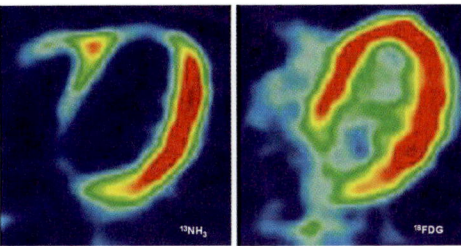

Abb. 24: Nachweis von Durchblutung (^{13}N in Ammoniak) und Stoffwechsel (^{18}F in Glukose) mit PET im Myokard

Bildfusion

Die Ortsauflösung in der Nuklearmedizin liegt im Millimeterbereich und ist damit deutlich schlechter als bei der Röntgen-CT oder der MRT. Auch fällt keine morphologische Information an, sodass eine genaue Zuordnung der gemessenen Aktivitätsverteilung zur Anatomie mitunter schwierig ist. Doch lassen sich durch verschiedene ausgeklügelte Verfahren mit SPECT oder PET gewonnene Funktionsbilder mit CT- und MR-Bildern ortsgetreu überlagern (Image Fusion, Abb. 25). Die hierfür eingesetzte Bildverarbeitungssoftware orientiert sich dabei an Landmarken, entweder anatomischen bildinternen oder extern angebrachten, die mit allen eingesetzten Geräten erfasst werden können.

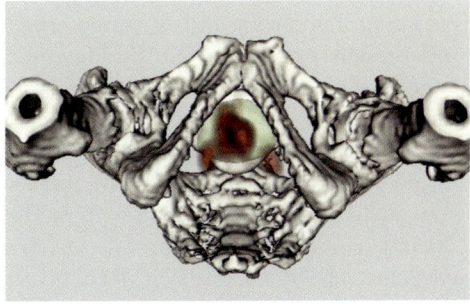

Abb. 25: Bildfusion von SPECT (^{111}In, rot), CT (Knochen) und MRT (Prostata) zur Untersuchung eines Prostata-Karzinoms (Case Western Reserve University, Cleveland)

Trotzdem können bei der Bildfusion Zuordnungsfehler auftreten, denn die überlagerten Aufnahmen sind ja zu verschiedenen Zeitpunkten aufgenommen worden, und der Patient hat sich in der Zwischenzeit bewegt oder gar verändert. In jüngster Zeit zeichnet sich deswegen eine Entwicklung ab, bei der verschiedene bildgebende Verfahren in einem einzigen Gerät kombiniert werden. Am häufigsten gelangt im Moment die Kombination von PET und CT zur Anwendung, bei der der CT- und der PET-Ring unmittelbar aneinandergrenzen. Die Liege transportiert den Patienten nacheinander in die beiden Untersuchungspositionen, sodass keine Umlagerung erforderlich ist. Die ortsgetreuen CT-Daten ermöglichen zudem eine exaktere Rekonstruktion der Aktivitätsverteilung, weil die Absorption der Annihilationsstrahlung im Patienten berücksichtigt werden kann.

Ausblick

Medizinische Bildgebung ist nicht auf die Diagnose beschränkt, sie spielt auch eine entscheidende Rolle bei der Therapie. Die Bestrahlungsplanung von Tumoren erfolgt anhand dreidimensionaler CT-Bilder. Bei komplizierten Eingriffen wird der beste Zugang zum Operationsfeld mithilfe von 3D-Aufnahmen bereits vor der Operation festgelegt, damit keine wichtigen Organe oder Gefäße verletzt werden.

Mit der so genannten Navigation kann der Chirurg sogar während des Eingriffs im 3D-Bild beobachten, wo genau im Körper sich sein Operationswerkzeug gerade befindet. Die Gefahr, Nerven oder Gefäße ungewollt zu verletzen, lässt sich damit deutlich verringern. Hierfür wird die Position des Werkzeuges im Raum mit Sensoren erfasst und in den prä-operativen Bilddatensatz eingeblendet. Da sich aber während der Operation die Lage der Organe ändern kann, sind prä-operative Aufnahmen dann oft nicht mehr aktuell. Deshalb werden jetzt auch bildgebende Geräte direkt im Operationssaal aufgestellt, mobil oder fest installiert. Hiermit kann sich der Chirurg stets über den Fortschritt seines Eingriffs informieren und z. B. sehen, ob ein Tumor schon vollständig entfernt ist.

Unter bildgebender Kontrolle in Echtzeit werden Gefäßschäden repariert, z. B. Verengungen aufgeweitet, Kurzschlüsse beseitigt oder Gefäßerweiterungen verstopft. Der Eingriff geschieht mit Kathetern direkt an der Angiographie-Anlage unter Echtzeitbeobachtung.

Der enorme Fortschritt der medizinischen Bildgebung wird getrieben von den Weiterentwicklungen auf den Gebieten der Mikroelektronik und Nanotechnologie, der Computerwissenschaften sowie der Biotechnologie. Die anfallende Datenmenge kann zunehmend nur noch durch Einsatz der Informations- und Kommunikationstechnologien bewältigt werden.

Informationstechnologien haben aber auch das Potenzial, die immens steigenden Kosten der Gesundheitsversorgung in den Griff zu bekommen, indem sie helfen, den Prozess von Vorsorge, Diagnose, Therapie und Rehabilitation zu optimieren und entsprechend von Leitlinien zu gestalten. Wenn die vollständige Krankengeschichte bei jeder Untersuchung unmittelbar zur Verfügung stehen kann, lassen sich diagnostische und therapeutische Maßnahmen dort fortführen, wo sie zuvor unterbrochen wurden, und kostentreibende Mehrfachbefragungen und Doppeluntersuchungen werden vermieden. Der Fortschritt wird dabei allerdings nicht von der Technologie vorgegeben, sondern durch sozialpolitische Vorstellungen.

Danksagung

Das Bildmaterial wurde von der Siemens AG, Medical Solutions, Erlangen, zur Verfügung gestellt.

Bücher zur weiterführenden Information

Rosenbusch, G., Oudkerk, M., Ammann E. (Hrsg.): Radiologie in der medizinischen Diagnostik – Evolution der Röntgenstrahlanwendung 1895–1995. Blackwell Wissenschafts-Verlag, Berlin, 1994.
Morneburg, H. (Hrsg.): Bildgebende Systeme für die medizinische Diagnostik. Publicis MCD Verlag, Erlangen, 1995.
Bushberg, J. T., Seibert, J. A., Leidholdt, E. M., Boone, J. M.: The Essential Physics of Medical Imaging. Lippincott Williams & Wilkins, Philadelphia, 2001.

BERICHTE UND MITTEILUNGEN
DER GESELLSCHAFT DEUTSCHER
NATURFORSCHER UND ÄRZTE

GDNÄ

Allgemeiner Bericht über die 123. Versammlung

Wolfgang Donner, Köln

Anmerkungen zur 123. Versammlung

Erstmals tagte die GDNÄ in Passau und hielt hier vom 18. bis 21. September 2004 ihre 123. Versammlung im sehr schön am Inn gelegenen Campus der Universität ab.

Das Generalthema der 123. Versammlung war „Raum – Zeit – Materie". Den Vorsitz der Versammlung hatte Professor Dr. Harald Fritzsch, München, inne. Ihm standen bei der wissenschaftlichen Planung zur Seite als Vorsitzende der naturwissenschaftlichen und medizinischen Gruppen: Professor Dr. Jörg Hacker, Würzburg, Professor Dr. Henning Hopf, Braunschweig (zugleich Delegierter der GDCh und deren Präsident), Professor Dr. Klaus Peter, München, Professor Dr. Markus Schwoerer, Bayreuth, sowie Professor Dr. Klaus Donner, Passau, bei der Planung der Mittagssymposien.

Als örtliche Geschäftsführer waren gewonnen worden: Herr Ernst Baumann, Mitglied des Vorstands der BMW AG, München, und Professor Dr. Klaus Donner, Passau. Ihnen und ihren Mitarbeitern und Mitarbeiterinnen ist für die sehr gute Vorbereitung der Tagung und des Rahmenprogramms zu danken. Sie erleichterten damit ganz wesentlich die Arbeit der Geschäftsstelle in Bad Honnef, wo Frau Riehn und Frau Diete ein erheblicher Teil der technischen Organisation oblag. Letztere betreuten während der Versammlung das Tagungsbüro und erledigten mit gewohnter Kompetenz und Umsicht die hier anfallenden Arbeiten und Fragen zur besten Zufriedenheit der dort erschienenen Versammlungsteilnehmer.

Es wurden insgesamt 33 Vorträge in den Sitzungen des wissenschaftlichen Programms, als öffentlicher Abendvortrag, als Experimentalvortrag und in den Mittagssymposien gehalten. Die meisten dieser Vorträge führten zu einem Beitrag im Verhandlungsband. Die einzige Änderung gegenüber dem gedruckten Programm betraf den 2. Vortrag in der Festsitzung der GDCh – leider war Professor Dr. Wolfram Sander, Bochum, verhindert. Für ihn sprang dankenswerterweise Professor Dr. Rainer Herges, Kiel, ein, dessen Vortrag auch der musikalischen Einlage wegen allen Teilnehmern einen bleibenden Eindruck hinterlassen haben dürfte.

Die sehr erfolgreiche 123. Versammlung wurde von 1030 Teilnehmern besucht; eine Teilnehmerstatistik am Ende der Berichte und Mitteilungen schlüsselt diese Zahl etwas weiter auf. In insgesamt 20 Hauptvorträgen hoher wissenschaftlicher Qualität, einem sehr geistreichen und unterhaltsamen Experimentalvortrag, einem öffentlichen Abendvortrag und fünf Mittagssymposien berichteten herausragende Vertreter aus den Bereichen Biologie, Chemie, Erziehungswissenschaften, Medizin, Ökologie, Philosophie, Physik und Theologie den Teilnehmern über den Stand der Forschung und die Bewertung der Ergebnisse. Anders als bei den vorangegangenen Versammlungen wurde nach jedem Vortrag diskutiert.

Prof. Schwoerer mit den 100 Kollegiaten-Stipendiaten vor dem Audimax

Dank der Zeitdisziplin der Vortragenden konnte davon reger Gebrauch gemacht werden. In einer Poster-Ausstellung demonstrierten die mit einem Reisestipendium der Wilhelm und Else Heraeus-Stiftung zum Besuch dieser Versammlung ausgezeichneten Preisträger des Bundeswettbewerbs von Jugend forscht ihre Projekte.

Wichtige Anliegen der GDNÄ sind, neben der fachübergreifenden Darstellung und Diskussion zum Stand der Wissenschaft, auch die Aufklärung der Öffentlichkeit über aktuelle Entwicklungen auf den Gebieten der Naturwissenschaften und Medizin und die Förderung des wissenschaftlichen Nachwuchses durch frühzeitiges Heranführen junger Menschen an Naturwissenschaften und Medizin. An dieser Tagung in Passau konnten auf Anregung und dank des Einsatzes von Professor Schwoerer und der Unterstützung durch die Wilhelm und Else Heraeus-Stiftung

erstmals einhundert Schüler der Kollegiatenstufe aller bayerischen Gymnasien teilnehmen, die aufgrund hervorragender Leistungen vorgeschlagen und ausgewählt wurden. – Leider wurde das Angebot von Gremienmitgliedern der GDNÄ und Referenten dieser Versammlung, an Gymnasien Schulvorträge zu halten, diesmal nicht genutzt.

Eröffnungssitzung

Die Eröffnungssitzung wurde in Gegenwart zahlreicher Ehrengäste aus Wissenschaft, Wirtschaft und Politik eingeleitet vom Streichquartett der Passauer Studentenorchester unter der Leitung von Reto Woodtli mit dem 1. Satz aus dem Streichquartett C-Dur, KV 157, von W. A. Mozart.

Nach der Eröffnung der Versammlung durch den ersten örtlichen Geschäftsführer

Wirtschaft Ernst Baumann, Mitglied des Vorstands der BMW AG (s. Geleitwort), überbrachte Ministerialdirektor Ulrich Wilhelm, Amtschef im Bayerischen Staatsministerium für Wissenschaft, Forschung und Kunst, die Grüße des bayerischen Ministerpräsidenten Dr. Edmund Stoiber und des Wissenschaftsministers Dr. Thomas Goppel. In seinem Grußwort erläuterte er besonders das im bevorstehenden Wintersemester 2004/2005 beginnende „Elitenetzwerk Bayern" mit den drei aufeinander abgestimmten Elementen:

- Elitestudiengänge für besonders leistungsfähige und leistungsbereite Studierende,
- Internationale Doktorandenkollegs für herausragende junge Wissenschaftlerinnen und Wissenschaftler sowie
- eine reformierte Begabten- und Nachwuchsförderung.

Die Grüße der Bayerischen Akademie der Wissenschaften überbrachte deren Präsident, Professor Dr. Dr. h.c. mult. Heinrich Nöth:

Grußwort:
Professor Dr. Heinrich Nöth

Die Versammlungen der Gesellschaft Deutscher Naturforscher und Ärzte zählen zu den wissenschaftlichen Großereignissen in unserem Lande. Wie keine andere wissenschaftliche Gesellschaft wählt sie hierfür Themen aus, die wie auch dieses Jahr zukunftsträchtig und zukunftsweisend sind: Dies belegen nicht nur die Berichtsbände zu den bisherigen Veranstaltungen, dies gilt auch, wie das Programm zeigt, für die heute beginnende, die uns durch Raum, Zeit und Materie mit spannenden Themen führen wird. Das Motto weist bereits auf die zunehmende Verflechtung zwischen den wis-

senschaftlichen Disziplinen hin, wobei dieses Jahr auch die Kunst und die Bildung mit einbezogen sind. Dies demonstriert auch, dass sich zwischen den klassischen Fächern zunehmend neue Gebiete etablieren und dass das Neuland in ganz entscheidendem Maße durch neue Methoden, insbesondere auch Messmethoden, aber auch durch die rasanten Fortschritte auf dem Gebiet der Datenverarbeitung und der Informationstechnologie geprägt wird. Typische Beispiele für fruchtbare Wechselwirkung finden sich auch in der Medizin, etwa Chirurgie, in der Informatik und in den Ingenieurwissenschaften.

Von Fach zu Fach verschieden ist allerdings die Kooperation mit anderen Forschungsgebieten. In meinem Fach, der Chemie, stellt man eine zunehmende Verschiebung der Schwerpunkte von der Molekülchemie hin zu Materialien fest: Der gezielte Aufbau von Nanostrukturen, von Materialien mit Röhren-, Kanal- und Kugelstrukturen spielen eine zunehmende

Rolle, desgleichen chemische Verfahren, um zu neuartigen Oberflächenstrukturen zu kommen, um nur einige zu nennen. Schlagworte wie Nanosensorik, Nanoanalytik weisen darauf hin, dass mit diesen Forschungsrichtungen auch ein Paradigmenwechsel verbunden ist. Um aber auf diesen faszinierenden neuen Arbeitsgebieten erfolgreich zu sein, sind auch weiterhin solide chemische Grundkenntnisse erforderlich.

Die Chemie hat methodisch viel von der Physik profitiert. Die Biologie übrigens gleichfalls, wie auch die Physik von der Biologie. Voraussetzung für Innovationen sind Kooperationen und Netzwerke, wichtiger aber noch sind gute, neue Ideen. Und Letztere stecken in den Köpfen der Wissenschaftler. Exzellenz ist nicht zu verordnen: Um zu gedeihen, benötigt sie ein wissenschaftlich anregendes Umfeld, ein Umfeld, in dem sich die neuen Ideen überprüfen und entwickeln lassen. Dieses Umfeld zu verbessern, ist Aufgabe des Staates. Stellenabbau und Haushaltssperren sind kontraproduk-

tiv. Wenn man bei uns will, dass wir mit den Spitzenuniversitäten in den USA konkurrieren können, dann muss man dafür die Voraussetzungen schaffen, ein Prozess, der nicht von heute auf morgen realisierbar ist. Hierzu gäbe es noch sehr viel zu sagen.

Doch kehren wir zur GDNÄ zurück. Ihre Versammlungen unterscheiden sich von den vielen wissenschaftlichen Kongressen, Tagungen und Symposien dadurch, dass das ganze Spektrum von Naturwissenschaften und Medizin eingebunden in ein Generalthema zur Sprache kommt. Insofern kommt der GDNÄ eine vitale Vermittlerfunktion zu, die Vermittlung von Forschungsergebnissen über das eigene Fachgebiet hinaus. Sie ist das beste Forum, das ich kenne, in dem die Wechselbeziehungen zwischen Naturwissenschaften und Medizin so klar und überzeugend aufgezeigt werden.

Ich bin sicher, dass dies auch für die 123. Versammlung hier in Passau gilt. Im Namen der Bayerischen Akademie der Wissenschaften wünsche ich der Versammlung viel Erfolg.

Die Grüße der Stadt Passau überbrachte Bürgermeister Dr. Anton Jungwirth, die der Universität Passau deren Prorektor Professor Christian Lengauer, Ph.D.

Grußwort:
Professor Christian Lengauer

Es ist mir eine große Ehre, Sie im Namen des Rektors, Prof. Walter Schweitzer, an der Universität Passau willkommen zu heißen. Unserer Meinung nach ist unsere Universität eine der schönsten Deutschlands. Dies ist natürlich ein subjektives Urteil, aber machen Sie sich selbst ein Bild!

Ich freue mich insbesondere über die Gelegenheit, Sie begrüßen zu dürfen, da ich Mitglied in der hiesigen technischen Fakultät bin, die dem Thema dieser Veranstaltung am nächsten steht, und zu der auch Ihr Gastgeber, Prof. Klaus Donner, gehört: der Fakultät für Mathematik und Informatik. Prof. Donners Institut FORWISS unterhält eine Reihe von Aktivitäten im medizinischen Bereich, insbesondere in der Bildgebung und -verarbeitung.

Die Universität Passau hat fünf Fakultäten – die anderen vier vertreten die Philosophie, Jura und Wirtschaftswissenschaften und die katholische Theologie, die die Wiege der Universität bildet. Ein Element aus der Philosophie, für das die Universität Passau national bekannt ist, ist das Sprachenzentrum. Der Lehrbetrieb wurde in Passau 1978 aufgenommen und wir haben um die 8000 Studenten.

Als Informatiker bin ich besonders froh und glücklich, dass Sie Passau als den diesjährigen Treffpunkt gewählt haben. Sie helfen uns damit, die Wahrnehmung der technischen und Naturwissenschaften in der Region zu stärken – nicht nur durch die äußerst hochkarätige Besetzung ihrer Rednerliste, sondern auch durch die populärwissenschaftliche Natur Ihrer Themen, die von vornherein ein breites Publikum ansprechen. Damit tun wir Mathematiker und Informatiker uns in der Regel schwerer.

Ich wünsche Ihnen eine recht interessante und angenehme Zeit mit vielen Anregungen und Kontakten an der Universität Passau.

Verleihung der Lorenz-Oken-Medaille

Im Anschluss an die Grußworte verlieh der Vorsitzende, Prof. Fritzsch, die Lorenz-Oken-Medaille an den österreichischen Physiker Prof. Dr. Anton Zeilinger, Wien, den er mit folgenden Worten würdigte:

Die Gesellschaft Deutscher Naturforscher und Ärzte überreicht in diesem Jahr die Lorenz-Oken-Medaille 2004 an Professor Anton Zeilinger von der Universität Wien.

Anton Zeilinger kommt aus Oberösterreich, wo er 1945 geboren wurde. Die wissenschaftliche Laufbahn Anton Zeilingers begann 1963, mit dem Beginn seines Studiums in Mathematik und Physik an der Universität Wien. Nach seinen eigenen Worten hat er in seinem ganzen Studium keine einzige Stunde eine Vorlesung zur Quantenphysik gehört. Um eine wichtige Prüfung zu bestehen, hat er sein ganzes Wissen daher aus Büchern gewonnen, und er war vom ersten Moment an von der Quantenphysik begeistert. Damit hatte er das Leitmotiv seines beruflichen Lebens als Physiker gefunden.

Die Dissertation erfolgte 1971 bei Professor Rauch, der sich als aktiver Neutronenphysiker auch mit fundamentalen Fragen der Quantenphysik beschäftigte. Zeilingers Dissertation betraf Fragen der Festkörperphysik im Zusammenhang mit Neutronen. Zeilinger habilitierte dann an der Technischen Universität in Wien.

Als Assistent in Wien fuhr er einmal nach Erice in Sizilien zur Tagung. Dort lernte er Val Telegdi kennen, einen ungarischen Juden, Professor an der Universität in Chicago, den ich auch gut kenne und der später an die ETH nach Zürich ging.

Mit Telegdi beriet er, was er tun sollte, und Telegdi riet ihm, nach Cambridge zu gehen, an das MIT. Zeilinger folgte diesem Vorschlag. Weitere Stationen waren an der Universität München, an der Universität Melbourne in Australien und am Collège de France in Paris. Dann folgte seine Rückkehr nach Österreich, auf die Professur nach Innsbruck im Jahre 1990. Neun Jahre später war es dann so weit – er kehrte als Ordinarius nach Wien zurück.

Zeilinger wurde auch ausgezeichnet mit einer Honorarprofessur der University of Science and Technology of China. Er ist Mitglied des Ordens Pour le Mérite und der Berlin-Brandenburgischen Akademie der Wissenschaften.

Zeilinger ist heute der Vorstand des Instituts für Experimentalphysik der Universität Wien und Leiter der Wiener Abteilung des neuen Instituts für Quantenoptik und Quanteninformation der Österreichischen Akademie der Wissenschaften. Er hat eine sehr große Gruppe mit etwa 30 Mitarbeitern. Zeilinger setzt die Tradition Österreichs in der Quantenphysik fort, die mit Erwin Schrödinger ihren grandiosen Anfang nahm.

Zeilinger realisierte zahlreiche fundamentale Vorhersagen der Quantentheorie und bestätigte so ihre erstaunlichen Folgen für unser Weltbild. Die Quantentheorie ist eine revolutionäre Theorie, und führende Wissenschaftler, wie auch Albert Einstein, hatten Probleme mit dieser Theorie. Einstein hatte 1905 den photoelektrischen Effekt im Sinne der Quantentheorie erklärt und dafür auch 1922 den Nobelpreis erhalten. Trotzdem, er kritisierte die Theorie und sagte oft: Raffiniert ist der Herrgott, aber boshaft ist er nicht. Für ihn waren die philosophischen Ansatzpunkte der Theorie nicht akzeptabel.

Die Quantenphysik gilt in der Tat als dunkel, paradox, rätselhaft. Sie kollidiert mit vielem, was in unserem Alltagsverständnis ganz unzweifelhaft festzustehen scheint. Ob die Quantentheorie eine Boshaftigkeit Gottes ist, weiß ich allerdings nicht. Jedenfalls, in der Quantenphysik geschehen Dinge ohne Grund, rein nach den Gesetzen der Wahrscheinlichkeit. Bei einem radioaktiven Atom können wir zum Beispiel genau angeben, mit welcher Wahrscheinlichkeit dieses Atom in den nächsten 10 Minuten zerfällt. Der konkrete Zerfall wird jedoch zu einem bestimmten Zeitpunkt auftreten, und wir haben keine Möglichkeit, darüber etwas zu sagen. Man spricht von einem objektiven Zufall. Es ist nicht so, dass wir über den Zerfall nicht genügend wissen und deshalb nur Wahrscheinlichkeiten angeben können, wie es heute die Versicherungen tun, sondern es ist überhaupt kein objektiver Grund vorhanden. Zeilinger sagte einmal: Die Welt ist mehr als das, was der Fall ist. Sie ist auch alles, was der Fall sein kann.

Einstein hatte seine Not damit und sagte oft: Gott würfelt nicht. Aber es ist wohl so, dass Gott würfelt, wie auch Herr Zeilinger durch Experimente bestätigen konnte. Experimente, die lange Zeit nur als Gedankenexperimente diskutiert werden konnten, lassen sich heute wirklich im Labor durchführen. Dadurch wurde bestätigt, dass sich die Quantenmechanik doch anders verhält, als dies Einstein gerne gesehen hätte. Zudem wurden bei dieser Gelegenheit die Tore zu neuen Technologien aufgestoßen. Ein neues Gebiet, das der Quanteninformatik, ist im Entstehen, nicht zuletzt wegen der Arbeiten von Herrn Zeilinger.

Die Grundidee ist hier, Information in einzelnen Quantensystemen zu speichern. Die Gesetze der Quantenphysik ermöglichen neue Methoden der Informationsverarbeitung und Informationsübertragung. Sie ermöglichen vermutlich in Zukunft

den Bau eines Quantencomputers, der in der Lage ist, Rechenaufgaben schneller und effizienter zu erledigen.

Auch gibt es in der Quantentheorie verblüffende Konsequenzen, etwa die der Verschränkung. Man beobachtet ein Teilchen, und es stellt sich heraus, dass ein zweites Teilchen dieselben Eigenschaften annimmt, als Folge des Messprozesses am ersten Teilchen.

Im Jahr 1994 realisierte Zeilinger die erste Quantenteleportation. 1997 gelang die direkte Übertragung des Zustandes eines Lichtteilchens unter Überwindung von Zeit und Raum. Im Jahre 1999 gelang erstmals die Verschlüsselung einer Geheimnachricht durch die Quantenkryptographie. Hierbei wird die Sicherheit des Systems durch die Naturgesetze gewährleistet. 2003 schaffte seine Forschergruppe den ersten Nachweis einer Verschränkung über 600 m quer über die Donau. Damit wurde der Weg geöffnet, eine Quantenkommuni-

kation mit verschränkten Photonen via Satellit zu erreichen. Die Anwendungen wären zahlreich. So sind etwa die Banken daran interessiert, Informationen auszutauschen, ohne dass Dritte den Austausch registrieren können. Die Quantenkryptographie könnte damit den Grundstein für ganz neue Technologien legen.

Zeilinger ist neben seinem Beruf als Physiker auch ein Philosoph, was gar nicht so weit weg ist von der Physik. Früher nannte man ja die Physik auch Naturphilosophie. Und die Quantenphysik ist zum großen Teil auch Philosophie. Das Weltbild von Zeilinger ist ein sehr offenes. Wir sind keine mechanistischen Maschinen, sondern sind offene Systeme. Das gilt auch für Zeilinger selbst. Er bekommt seine besten Einfälle, wenn er Musik macht – er spielt Cello und Kontrabass – oder wenn er im Konzertsaal sitzt.

Zeilinger ist einer der wenigen Wissenschaftler, die sich in gezielten Publikationen an die breite Öffentlichkeit wenden. Hervorzuheben ist insbesondere sein Buch „Einsteins Schleier", erschienen im Beck-Verlag 2003. Es ist mittlerweile in der siebenten Auflage erschienen, was darauf hinweist, dass das Interesse des allgemeinen Publikums an der Quantenphysik, insbesondere an der Quantenphysik, wie sie von Zeilinger dargestellt wird, groß ist. Zeilinger ist auch prominent in der Öffentlichkeit wegen seiner zahlreichen populären Vorträge, auch im Rundfunk und im Fernsehen. Er gilt heute als der bekannteste Physiker in Österreich.

Ich freue mich daher sehr, lieber Herr Zeilinger, Sie bei dieser 123. Versammlung der Gesellschaft Deutscher Naturforscher und Ärzte mit der Lorenz-Oken-Medaille auszeichnen zu dürfen.

Der Text der Verleihungsurkunde lautet:

Die Gesellschaft Deutscher Naturforscher und Ärzte verleiht im Jahre 2004 die

Lorenz-Oken-Medaille an Professor Dr. Anton Zeilinger, Wien/Österreich, in Anerkennung seiner Leistungen als Wissenschaftler und als Kommunikator der Wissenschaft.

Zeilinger leistete international bedeutende Forschungsarbeit auf dem Gebiet der Quantenphysik. Er setzte die Tradition, die in Österreich mit Erwin Schroedinger begann, auf eindrucksvolle Art fort. Er realisierte zahlreiche fundamentale Vorhersagen der Quantenphysik und bestätigte erstaunliche Konsequenzen für die Philosophie und für unser Weltbild. Er legte den Grundstein für neue Technologien auf dem Gebiet der Quantenkryptographie und Quanteninformation. Als European Lecturer machte er eine breite Öffentlichkeit auf seine Arbeiten aufmerksam, ebenso durch zahlreiche Vorträge, auch im Funk und im Fernsehen.

Zeilinger machte sich damit ganz im Sinne von Lorenz Oken um die Wissenschaft verdient.

Passau, den 18. September 2004

Der Präsident der Gesellschaft Deutscher Naturforscher und Ärzte

gez. Prof. Dr. H. Fritzsch

Dank Anton Zeilinger:

Vielen herzlichen Dank für die Verleihung der Lorenz-Oken-Medaille 2004.

Was mich besonders daran freut, ist der Ansatz von Lorenz Oken, dem Gründer der Gesellschaft Deutscher Naturforscher und Ärzte, den Naturwissenschaften einen hohen Bildungswert zuzusprechen. Was mich an ihm auch besonders beeindruckt, ist sein tiefes Interesse an der Naturphilosophie. Es sind genau diese beiden Punkte, die für mich ein wesentlicher Ansatz bei der Verfassung von „Einsteins Schleier" waren. Ich möchte auf der einen Seite meine Begeisterung an der Quantenphysik einer breiteren Öffentlichkeit zugänglich machen und auf der anderen Seite die philosophischen Grundfragen, die durch die Quantenphysik radikal aufgeworfen werden, möglichst offen diskutieren. Ich weiß, dass hier derzeit wohl noch keine endgültigen Antworten gegeben werden können, aber gerade das macht die Sache spannend. Darüber hinaus ist eine Entwicklung spannend, die mich sehr überrascht hat. Die experimentellen Arbeiten von mir mit meiner Gruppe und auch die in geringerem Maße vorhandenen theoretischen Arbeiten waren ursprünglich von reiner Neugier motiviert gewesen. Zu sehen, ob die Natur wirklich seltsame Vorhersagen der Quantenphysik im Einzelexperiment bestätigt. Vorhersagen, die uns zu der Annahme führen, dass es Ereignisse gibt, nämlich die quantenmechanischen Einzelereignisse, die dem reinen Zufall unterliegen, für die es keine, auch keine verborgenen Ursachen gibt, die Annahme, dass die Welt in ihren beobachteten Erscheinungen nicht präexistiert vor unserer Beobachtung und unabhängig von ihr, und die Tatsache, dass Beobachtungen über sehr große Entfernungen sehr eng miteinander zusammenhängen können, wofür Erwin Schrödinger die Bezeichnung Verschränkung eingeführt hatte. Die Überraschung für mich war, dass gerade diese Art von Forschungen die Tür für eine neue Technologie geöffnet hat. Die Schlagworte hierfür sind Quanteninformation, Quantencomputer, Quantenkryptographie und Quantenteleportation. Allen diesen Ansätzen ist gemeinsam, dass Information nicht in klassischen Systemen dargestellt wird, wie es alle bisher existierenden Computer sind, sondern in Quantenzuständen, im Wesentlichen atomarer Systeme oder von Photonen, den Teilchen des Lichts. Das auch für die Informationswissenschaften Überraschende war nun, dass durch die Darstel-

lung von Informationen in Quantensystemen grundsätzlich neue Arten der Kodierung, Übertragung und Verarbeitung von Information möglich sind, für die es kein klassisches Analogon gibt. So kann Informationenüberlagerung verschiedener Zustände existieren und sie kann etwa auch genauso verschränkt sein wie andere Eigenschaften. Während es derzeit offen ist, wie eine künftige Quanteninformationstechnologie im Detail aussehen wird, bin ich überzeugt, dass es eine solche geben wird und dass sie in weiten Bereichen die heutige Informationstechnologie ablösen wird. Ich weiß, dass dies eine sehr gewagte Behauptung ist. Was mich hier am meisten überzeugt, ist einerseits die Einfachheit der zugrunde liegenden Konzepte und andererseits der Trend der derzeitig immer zunehmenden Miniaturisierung, wodurch automatisch in etwa 20 Jahren der Quantenbereich erreicht werden wird.

Die Verleihung der Oken-Medaille durch Ihre Gesellschaft freut mich aber auch aus einem anderen Grund. Nach meinem Informationsstand war es auf einer Versammlung der Gesellschaft Deutscher Naturforscher und Ärzte im Jahre 1909 in Salzburg, auf der Einstein zum ersten Mal eine wunderschöne Diskussion der Teilchen- und Wellenaspekte des Lichts liefert. Es diskrepiert insbesondere auch die Frage, wie bei einer für ihn zu fordernden Quantenstruktur des Lichts Interferenzerscheinungen verstanden werden können. Das Spannungsverhältnis zwischen den beiden Konzepten wird in einer Diskussionsbemerkung von Planck nach dem Einstein'schen Vortrag noch stärker hervorgehoben, worauf Einstein ein hochinteressantes Bild liefert: Im Wesentlichen führt er die Interferenzerscheinungen auf Wechselwirkungen zwischen verschiedenen Photonen zurück. Wir wissen heute, dass dieses Bild Einsteins falsch ist, da wir Quanteninterferenzen auch mit einzelnen Photonen beobachten können. Wir wissen aber auch, dass gerade die Fragen, die Einstein aufgeworfen hat, und hier ist auch seine Diskussion der Verschränkung zu erwähnen, Anlass zu zahlreichen neuen Experimenten gaben, die letztlich die Grundlage für die Konzepte der Quanteninformation legten. Es wäre faszinierend zu wissen, was seine Reaktion heute, 95 Jahre nach der damaligen Versammlung, dazu wäre.

Mit dem 3. Satz aus dem Streichquartett B-Dur, KV 199, von W. A. Mozart, ebenfalls vom Streichquartett der Passauer Studentenorchester vorgetragen, schloss die Eröffnungssitzung. Im Anschluss daran fand in der sehr schönen Mensa der Universität das traditionelle Festessen mit Ehrengästen statt, zu dem der örtliche Geschäftsführer Wirtschaft eingeladen hatte.

Empfang der Stadt Passau

Am Abend des gleichen Tages hatte der Oberbürgermeister Albert Zankl zu einem Empfang der Stadt Passau in dem sehr eindrucksvollen Großen Rathaussaal des historischen Rathauses eingeladen, an dem etwa 500 Teilnehmer teilnehmen konnten.

Rede Oberbürgermeister Zankl:

Herzlich willkommen in der Dreiflüssestadt. Im Namen der Stadt Passau, aber auch persönlich, darf ich Sie auf das Herzlichste in unserem historischen Großen Rathaussaal begrüßen. Es freut mich sehr, dass die Gesellschaft Deutscher Naturforscher und Ärzte für seine diesjährige Tagung unsere Stadt ausgewählt hat. Passau hat sich in den vergangenen Jahren immer mehr zu einem Zentrum für große und in-

Abb. 7: Zankl, Donner, Fritzsch, Winter (von links)

ternationale Tagungen und Kongresse in Ostbayern entwickelt.

Ich möchte die Gelegenheit nutzen, Ihnen Ihren Veranstaltungsort vorzustellen. Passau, die Stadt an den drei Flüssen, ist seit über 2000 Jahren geschichtlich bekannt und hat in der abendländischen Kulturepoche zeitweilig eine hohe Bedeutung erlangt, die nur durch ihre einmalige, bevorzugte Lage an den drei Flüssen erklärbar ist. In früheren Zeiten siedelten erst die Kelten und später die Römer in ihren Kastellen am Domberg. Eines davon, die „Castra Batava", hat Passau seinen Namen vererbt. Über mehrere Zwischenstufen entstand der heutige Stadtname.

Passau ist seit dem Jahr 739 ständiger Bischofssitz und bis ins 18. Jahrhundert hinein Bistumsstadt der größten deutschen Diözese. Das Bistum Passau reichte einst bis an die Grenzen des heutigen Ungarns. Seinerzeit war Wien nichts anderes als eine Passauer Stadtpfarrei!

Die Bischöfe hatten eine starke Position in der Reichspolitik inne und wurden schließlich im Jahr 999 unmittelbare Stadtherren. 1217 stiegen sie zu reichsunmittelbaren Fürstbischöfen empor. Die Passauer Bürger wollten sich nicht damit abfinden und versuchten in vier blutigen Aufständen, den Status einer „Freien Reichsstadt" zu erkämpfen. Nach ihrem Scheitern bequemten sie sich schließlich zu der Einsicht, „dass unter dem Krummstab gut zu leben sei". Noch heute lässt das bauliche Antlitz der Stadt den höfisch-feudalen Charakter erkennen. Bis 1803 dauerte die Herrschaft der Bischöfe. In diesem Jahr wurde das Fürstentum Passau aufgehoben und dem Königreich Bayern einverleibt.

Über Jahrhunderte hinweg war Passau eine blühende Handelsstadt. Waren verschiedenster Art wurden bis hinunter nach Konstantinopel transportiert. Auch nach Böhmen führte ein wichtiger Exportweg, der so genannte Goldene Steig. Wohlstand und Reichtum durch den Salzhandel und auch durch die Schifffahrt kehrten in Passau ein.

Passau gilt als die italienischste Stadt Deutschlands, die stilrein und unzerstört von den Weltkriegen auf dem Landdreieck zwischen Donau, Inn und Ilz liegt. Die Bezeichnung „bayerisches Venedig" ist vielen ein Begriff. Alexander von Humboldt hat übrigens Passau als eine der schönsten Städte der Welt bezeichnet.

Passau hat aber weit mehr zu bieten als seine geschichtsträchtige Vergangenheit. Bedeutende Ereignisse in der jüngsten Geschichte waren die Gebietsreform im Jahr 1972, als mehrere Stadtrandgemeinden ihre Selbstständigkeit verloren und nach Passau kamen. Das Stadtgebiet vergrößerte sich damit um das Dreieinhalbfache auf ca. 70 Quadratkilometer, und die Einwohnerzahl stieg schlagartig von etwa 30 000 auf rund 50 000.

Dies war die Grundvoraussetzung für die Erhaltung der Kreisfreiheit und die Einstufung als Oberzentrum des südostbayerischen Raumes. Mithin war es auch die Grundlage für die Entstehung der Universität Passau, die 1978 den Lehrbetrieb aufnahm. Fast 8000 Studenten (etwa 9 Prozent davon ausländische Studierende) sorgen dafür, dass die Atmosphäre in der Stadt lebendig, frisch und weltoffen bleibt.

Passau ist eine kulturelle Hochburg in der Region. Angefangen bei den seit 1952 stattfindenden Festspielen Europäische Wochen, die sich bereits zu einem überregional bekannten Markenzeichen etabliert haben, über die Vielfalt an Museen und Galerien oder auch die Kleinkunstbühnen wie das Scharfrichterhaus, in dem so bekannte Kabarettisten wie Ottfried Fischer, Sigi Zimmerschied und Bruno Jonas groß geworden sind. Große Bekanntheit, weit über die Stadtgrenzen hinaus, haben

auch die jährlich wechselnden Sonderausstellungen auf Oberhaus, dem Zentralmuseum des ostbayerisch-oberösterreichisch-böhmischen Raumes, erlangt. Ziel der Einrichtung ist es, immer wieder andere historisch anspruchsvolle Themen in stilechtem Ambiente einem breiten Publikum zu vermitteln. Ich nenne hier beispielhaft die Dauerausstellungen „Weißes Gold", „Ritterburg und Fürstenschloss", „Bayern und Ungarn – 1000 Jahre" oder die diesjährige „Erste Bayerisch-Oberösterreichische Landesausstellung". Ausstellungen, die in den letzten Jahren von über einer halben Million Menschen besucht wurden. Zum Schluss sei noch hingewiesen auf das Stadttheater im Fürstbischöflichen Opernhaus, das in seinem vielseitigen Angebot von Opern, Operetten, Galaaufführungen bis zum Lustspiel und Kinderstück Aufführungen für jeden Geschmack zu bieten hat.

Unsere Wirtschaftsstruktur ist geprägt von einem Großbetrieb und einer Vielzahl kleiner und mittelständischer Unternehmen. Bedeutendste Branchen sind Maschinenbau, Handel, Dienstleistung, Baugewerbe, Elektrotechnik und Druckgewerbe. Das Handwerk hat mit über 590 Betrieben einen hohen Stellenwert.

Der Tourismus ist heute einer unserer wesentlichen Wirtschaftsfaktoren. Über 1,4 Millionen Tagesgäste und 100 000 Kreuzfahrturlauber empfinden Passau als liebens- und lebenswerte Stadt. Passau darf sich zu Recht rühmen, eines der beliebtesten Städtereiseziele des Bundesbürgers zu sein.

Der Präsident, Professor Dr. Fritzsch, dankte dem Oberbürgermeister für die Einladung, die 123. Versammlung der GDNÄ in Passau stattfinden zu lassen, und diesen sehr freundlichen Empfang im Rathaus der Stadt.

Die Festsitzung der Gesellschaft Deutscher Chemiker

fand am Montagvormittag statt. Der Festvortrag des GDCh-Präsidenten Professor Dr. Henning Hopf war zugleich auch die Einführung in die Vormittagssitzung. Zwischen den Hauptvorträgen der Vormittagssitzung wurden die Ehrungen hervorragender Chemiker vorgenommen.

Die **Emil-Fischer-Medaille** verlieh der Präsident der GDCh an Professor Dr. Dr. h.c. Lutz Friedjan Tietze mit den folgenden Worten:

Wir kommen nun zur Verleihung von zwei der großen Auszeichnungen der Gesellschaft Deutscher Chemiker – der Emil-Fischer-Medaille und der Liebig-Denkmünze.

Lassen Sie mich meine Laudatio auf unseren Fischer-Preisträger, **Lutz Friedjan Tietze**, mit einem Zitat des Namensgebers unseres Preises, des Pioniers der Organischen Chemie und der Biochemie beginnen. „Die Wissenschaft" – sagt Fischer in einer seiner Reden – „ist nichts Abstraktes, sondern als Produkt menschlicher Arbeit auch in ihrem Werdegang eng verknüpft mit der Eigenart und dem Schicksal der Personen, die sich ihr widmen."

Das gilt selbstverständlich auch für unseren heutigen Preisträger, der seinen Werdegang in Freiburg und Kiel begann und dort im Jahre 1968 bei Burchhard Franck mit einer Arbeit über gezielte Oxidationsreaktionen an Laudanosolin-Derivaten promovierte. Anschließend begannen Wanderjahre, die zuerst für zwei Jahre an das MIT führten, zu George Büchi, zu Allan Battersby ins andere Cambridge nach England und nach Münster, wo er sich im Jahre 1975 mit einem Thema aus der Alkaloidforschung – der Rolle des Secologanins als Schlüsselsubstanz zahlreicher Alkaloidbio-

genesewege – habilitierte. Schon zwei Jahre später wurde er nach Dortmund berufen, was sich allerdings nur als Zwischenstation auf seinem Wege nach Göttingen herausstellen sollte. Seit 1978 ist er an der Georgia Augusta mit großem Erfolg tätig.

Vor allen Dingen in der Breite seiner Forschungsinteressen steht Lutz Tietze in der Tradition Emil Fischers. Seine über 350 Arbeiten befassen sich mit Themen aus der Chemie der Iridoide, der Steroide, der Kohlenhydrate und der Alkaloide, der Entwicklung von Acetalglykosiden als neuer Klasse von Anti-Tumor-Wirkstoffen. Erfolgreich kann auf diesem schwierigen Gebiet nur der sein, der die chemische Methodik in allen Details beherrscht und vor allen Dingen auch weiterentwickelt. Das heißt im Falle von Herrn Tietze Entdeckung und Entwicklung neuer Reaktionen unter hohem Druck, systematische Untersuchung von Konsekutivreaktionen, sog. Dominoprozessen, in deren Verlauf eine erste Reaktion in einer Sequenz einen Folgeschritt auslöst und dieser wieder die nächste Reaktion initiiert, bildlich gesprochen, den nächsten Dominostein zum Fallen bringt. Ziel ist immer die möglichst rasche und effiziente Erzeugung hoher molekularer Komplexität aus einfachen Ausgangsmaterialien. Dazu kommen wichtige Beiträge zur asymmetrischen Synthese und zur kombinatorischen Chemie.

Aber auch wissenschaftliche Forschung hat Voraussetzungen, die zu erfüllen sind, wenn man Höchstleistungen vollbringen will. Zu den wichtigsten zählt hier die Lehre, auf deren Qualität zukünftige Forschung beruht. Nur gut ausgebildete junge Wissenschaftler sind dazu in der Lage, später anspruchsvolle Probleme zu bearbeiten und zu lösen. Auf diesem Gebiet hat sich Herr Tietze einen Namen als Koautor wichtiger Praktikumsbücher gemacht, die nicht nur die Chemieausbildung in

Deutschland stark beeinflusst haben, sondern – durch mehrere Übersetzungen in andere Sprachen – auch die im Ausland.

Ich hatte eingangs auf die große Bedeutung der Einheit von Forschung und Lehre hingewiesen und ich könnte mir kaum eine bessere Bestätigung für die ungebrochene Bedeutung dieser Tradition vorstellen als durch das wissenschaftliche Werk Lutz Tietzes.

Lieber Lutz, ich möchte Dich nun bitten, zu mir heraufzukommen, damit ich Dir die Urkunde und die Emil-Fischer-Medaille überreichen kann.

Der Text der Urkunde lautet:
Die GESELLSCHAFT DEUTSCHER CHEMIKER verleiht in ihrer Festsitzung anlässlich der 123. Versammlung der Gesellschaft Deutscher Naturforscher und Ärzte am 20. September 2004 in Passau Herrn Prof. Dr. Dr. h.c. Lutz Friedjan Tietze, Institut für Organische Chemie der Universität Göttingen, die Emil-Fischer-Medaille in Anerkennung seiner grundlegenden und wegweisenden Beiträge zur Anwendung neuer Synthesemethoden in der Organischen Chemie. Durch die Entwicklung hocheffizienter Dominoprozesse nach Tietze ist es möglich, komplexe Moleküle aus einfachen Vorstufen schnell, ressourcen- und umweltschonend aufzubauen. Darüber hinaus hat er mit dem Design neuartiger Zytostatika ein grundlegendes Konzept für die gezielte Behandlung maligner Tumore etabliert. Die innovativen Arbeiten belegen die erfolgreiche und enge Zusammenarbeit zwischen moderner Organischer Chemie, Biologie und Medizin. Tietzes innovative Arbeiten haben breites internationales Interesse erregt und zum guten Ruf der deutschen Chemie im Ausland erheblich beigetragen.

GESELLSCHAFT
DEUTSCHER CHEMIKER
Der Präsident
Prof. Dr. Dr. h. c. Henning Hopf

Die **Liebig-Denkmünze** wurde vom Präsidenten der GDCh an Herrn Professor Dr. Dr. h. c. mult. Arndt Simon mit den folgenden Worten verliehen:

Mit der Liebig-Denkmünze zeichnen wir dieses Mal Professor Dr. **Arndt Simon** vom Max-Planck-Institut für Festkörperforschung aus. Die Liebig-Denkmünze ist die älteste Auszeichnung der GDCh bzw. ihrer Vorgängerorganisationen; sie wurde erstmals 1903 zum 100. Geburtstag Liebigs verliehen. In der Stiftungsurkunde heißt es, dass sie „zu Ehren des deutschen Altmeisters der Chemie geschaffen wurde, der neue Bahnen wies in Hörsaal und Werkstatt; dem Schöpfer des modernen Laboratoriums, dem klassischen Schriftsteller und Denker auf weitem Gebiet der Naturerkenntnis, als Ansporn und Lohn für schaffende und forschende Chemiker". Diese Charakterisierung traf nicht nur den ersten Empfänger der Liebig-Denkmünze gut, Adolf von Baeyer, sondern gilt auch uneingeschränkt für unseren heutigen Preisträger, auch wenn wir sprachlich nüchterner geworden sind.

Ich kann an dieser Stelle den wissenschaftlichen Werdegang von Herrn Simon nur in den allergröbsten Zügen nachzeichnen, will lediglich erwähnen, dass er in Münster Chemie studiert und dort im Jahre 1966, nach 12 Semestern, mit einer Arbeit über niedere Niobhalogenide, die er unter der Anleitung von Harald Schäfer ausgeführt hatte, promoviert wurde. Nach der ebenfalls in Münster erfolgten Habilitation wurde er 1974 in die Max-Planck-Gesellschaft berufen und zum Direktor am MPI für Festkörperforschung in Stuttgart ernannt. Diesem Ort ist er trotz ehrenvoller

Rufe – nach Münster, nach Ithaca an die Cornell University – bis heute treu geblieben.

Die wissenschaftliche Exzellenz von Herrn Simon ist durch eine Reihe grundlegender Entdeckungen und Erfindungen belegt, von denen ich hier vier besonders herausstellen will.

Mit erst 30 Jahren entwickelte er eine neuartige Kamera für röntgenographische Untersuchungen von extrem luftempfindlichen Stoffen bei tiefen Temperaturen. Mithilfe dieser Kamera, die patentiert ist und heute seinen Namen trägt, konnten erstmals auch hochreaktive intermetallische Phasen und hochexplosive Molekülverbindungen wie N_2O_5 kristallographisch charakterisiert werden. In neuerer Zeit war Prof. Simon an der Entwicklung einer weiteren für die Diffraktometrie überaus wichtigen Messmethode beteiligt, der Entwicklung der ersten Hochleistungsflächendetektorsysteme.

Mit der Entdeckung der Alkalimetallsuboxide konnte Prof. Simon eine bis dahin unbekannte Klasse von Verbindungen herstellen, die hinsichtlich ihrer physikalisch-chemischen Eigenschaften zwischen den Metallen und den Salzen angesiedelt ist. Die fluktuierenden neuen Clusterbindungen sind auch eine besondere Herausforderung für theoretische Physiker, die sich mit Bindungsmodellen von Metallen und Metalloxiden befassen.

Drittens haben Professor Simon und Mitarbeiter neuartige Festkörper konzipiert und später synthetisiert, die einen neuen Weg zu Materialien geebnet haben, die sich als Hochtemperatursupraleiter herausstellen sollten. Zu diesen Verbindungen zählen Cluster der Lanthanoide mit Hydrid- und Carbidliganden. In jüngster Zeit hat Herr Simon schließlich ein neues Modell zur Beschreibung des Phänomens

der Supraleitung vorgeschlagen, das auf einfachen Prinzipien der Festkörperchemie und -physik basiert. Damit hat er der Strukturchemie zu großem Ansehen außerhalb der engeren Fachcommunity verholfen, z. B. bei den Festkörperphysikern.

Wie ein roter Faden zieht sich durch die Simon'schen Arbeiten das Bestreben, neben der Synthese neuer Feststoffe und ihrer Strukturuntersuchung allgemeine Zusammenhänge zwischen Bindungsverhältnissen und physikalischen Eigenschaften zu erkennen. Dabei zeigte sich immer wieder, wie willkürlich Grenzen in der Chemie sind, die häufig nur aus historischen und Gründen der Bequemlichkeit aufrechterhalten werden. Wo sind die Grenzen zwischen anorganischer und organischer Chemie? Wo liegen die Grenzen zwischen Molekülen und Polymeren? An den Simon'schen Clusterverbindungen, in denen monomere, oligomere und polymere Einheiten eine wichtige Rolle spielen, kann man fundamentale Fragen wie diese besonders gut studieren und beantworten.

Für seine wissenschaftlichen Leistungen ist Herr Simon vielfach ausgezeichnet worden, sei es durch mehrere Ehrendoktorate im In- und Ausland, Berufungen in die wichtigsten Akademien in Deutschland und Europa, durch zahllose Gastprofessuren und Einladungen zu Namensvorlesungen. Unter den vielen Preisen, die der heutigen Auszeichnung vorausgegangen sind, findet sich auch ein anderer GDCh-Preis, nämlich der Wilhelm-Klemm-Preis der GDCh, den Herr Simon bereits im Jahre 1985 erhalten hat. Später folgten u. a. der Otto-Bayer-Preis (1987) und der Leibniz-Preis der DFG (1989).

Lieber Herr Simon, ich darf nun auch Sie bitten, zu mir heraufzukommen, damit ich Ihnen die Urkunde und die Liebig-Denkmünze überreichen kann.

Der Text der Urkunde lautet:
Die GESELLSCHAFT DEUTSCHER CHEMIKER verleiht in ihrer Festsitzung anlässlich der 123. Versammlung der Gesellschaft Deutscher Naturforscher und Ärzte am 20. September 2004 in Passau Herrn Prof. Dr. Dr. h. c. mult. Arndt Simon, Max-Planck-Institut für Festkörperforschung, Stuttgart, die Liebig-Denkmünze in Anerkennung seiner herausragenden Arbeiten auf dem Gebiet der Festkörperforschung, besonders zur Chemie der Clusterverbindungen und zum Verständnis der Hochtemperatur-Supraleitung.

In meisterhafter Weise ist es ihm gelungen, innovative Leistungen in der präparativen Festkörperchemie mit der Aufklärung neuer Struktur- und Bindungsprinzipen und dem vertieften Verständnis der Zusammenhänge zwischen chemischer Struktur und physikalischen Eigenschaften zu verbinden.

GESELLSCHAFT
DEUTSCHER CHEMIKER
Der Präsident
Prof. Dr. Dr. h.c. Henning Hopf

Im Jahre 2001 hat das Ehepaar Dr. Klaus und Eva Grohe bei der Gesellschaft Deutscher Chemiker die **Klaus-Grohe-Stiftung** errichtet, die hoch qualifizierte junge Menschen anregen will, sich dem anspruchsvollen interdisziplinären Wissenschaftsfeld der Wirkstoffforschung zuzuwenden. Die GDCh verleiht heute die ersten drei Grohe-Preise und freut sich besonders darüber, dass sie das in Anwesenheit des Stifters tun kann, der während seiner beruflichen Tätigkeit als Forschungschemiker bei der Bayer AG mit großem Erfolg wichtige innovative Medikamente entwickelte. Dank großzügiger Förderer konnte die GDCh in den letzten Jahren eine ganze Anzahl von Stiftungen neu einrichten – und wir hoffen

sehr, dass wir diese segensreiche Tätigkeit noch weiter ausdehnen können.

Grohe-Preis an Bialy, Heckrodt und Summerer

Als ersten Preisträger möchte ich Ihnen Herrn Dr. **Laurent Bialy** vorstellen:

Herr Bialy hat in Karlsruhe sein Grund- und sein Hauptstudium absolviert und in der Arbeitsgruppe von Herrn Kollegen Waldmann seine Diplomarbeit über ein Thema aus der Naturstoffsyntheseforschung durchgeführt. Er hat dann – gleichfalls unter der Anleitung von Herrn Waldmann – am Max-Planck-Institut für Molekulare Physiologie in Dortmund seine Doktorarbeit angefertigt und im Jahre 2002 an der dortigen Universität promoviert. In seiner Doktorarbeit ist es ihm nicht nur gelungen, erstmals den wichtigen Naturstoff Cytostatin sowie einige seiner Analoga zu synthetisieren, sondern er konnte diese hochaktuellen Substanzen auch biochemisch evaluieren. Diese Kopplung von präparativer Chemie und Biologie – bioorganische Chemie im besten Wortsinne – ist vor allen Dingen deshalb von Bedeutung, weil sie Möglichkeiten für die Entwicklung potenter und selektiver Phosphatase-Inhibitoren eröffnet. Zur Zeit arbeitet Dr. Bialy an der University of Southampton. Der Klaus-Grohe-Preis ist ein Preis für Medizinische Chemie und nach dem, was ich über Herrn Bialy gesagt habe, passt er selber und seine wissenschaftliche Leistung optimal zum Profil dieser Auszeichnung.

Mit einem Kurzvortrag zum Thema „Synthese und Struktur-Aktivitäts-Beziehung des Phosphatase-Inhibitors Cytostatin" dankte Dr. Bialy für die Verleihung des Klaus-Grohe-Preises.

Unser zweiter diesjähriger Preisträger ist Herr Dr. **Thilo Heckrodt**, der zur Zeit mit einem Lynen-Stipendium Postdoktorand an der University of California in Berkeley ist. Herr Heckrodt hat in Berlin, an der Freien Universität, Chemie studiert und seine Hochschulausbildung im Jahre 2001 mit dem Diplom abgeschlossen. Er begann dann als Kekulé-Stipendiat seine Doktorarbeit an der Universität Wien, wo er unter der Anleitung von Prof. Mulzer zu Beginn dieses Jahres promovierte. In seiner Doktorarbeit gelang ihm die erste Synthese des Naturstoffs Elisabethin A. Die Elisabethine sind kürzlich isolierte Diterpene, die sich als hochwirksam gegen *Mycobacterium tuberculosis* erwiesen haben und somit aussichtsreiche Kandidaten für eine neue Leitstruktur auf dem Gebiet der Anti-Tuberkulose-Wirkstoffe darstellen. Das ist von hoher Relevanz, da in letzter Zeit gehäuft antibiotikumresistente Bakterienstämme nachgewiesen wurden.

Mit einem Kurzvortrag zum Thema „Totalsynthese von Elisabethin A – ein chemischer Ausflug in die Karibik" dankte Dr. Heckrodt für die Verleihung des Klaus-Grohe-Preises.

Unser dritter Grohe-Preisträger in diesem Jahr ist Dr. **Daniel Summerer**, auch er zur Zeit im Ausland tätig, und zwar am Scripps Research Institute in La Jolla in Kalifornien. Herr Summerer hat in Bonn Chemie studiert und seine Ausbildung im Jahre 2000 mit dem Diplom abgeschlossen. Anschließend begann er unter der Anleitung von Herrn Professor Marx mit der Anfertigung seiner Doktorarbeit, die im März dieses Jahres beendet wurde und die wir heute auszeichnen. In dieser Arbeit, die bislang zu acht Publikationen geführt hat, hat Herr Summerer sich mit der Erfassung und Untersuchung sterischer Beiträge zur Selektivität von DNA-Polymerasen befasst. Er konnte u. a. zeigen, dass die Veränderung des sterischen Anspruchs der Zuckereinheiten zu einem selektiveren Erkennen durch DNA-Polymerasen führt. Wie die beiden anderen Arbeiten, die wir gerade ausgezeichnet haben, stellt auch diese eine optimale Kombination von synthetischen, biochemischen und molekularbiologischen Aspekten und Arbeitstechniken dar.

Mit einem Kurzvortrag zum Thema „Chemische und genetische Ansätze zur Erzeugung hochselektiver DNA-Replikationssysteme für die Genomdiagnostik" dankte Dr. Summerer für die Verleihung des Klaus-Grohe-Preises.

Ergänzungen des Programms

3-D-Bilder von Frau Dorle Wolf

Mehr als nur eine Ergänzung zum Vortrag von Dr. Rainer Wolf über bildende Kunst (im Rahmen des Mittagssymposiums „Kunst und Wissenschaft") war die Ausstellung von Bildern von Frau Dorle Wolf. Im Vordergrund standen hier ihre 3-D-Bilder, die durch eine ChromaDepth-3D-Brille betrachtet räumliche Tiefe gewinnen. Dass ihr Schaffen nicht auf diesen einen Aspekt beschränkt ist, wurde dem Besucher ihrer Ausstellung schnell klar. Es ist für die Künstlerin nur eine von vielen Möglichkeiten, mit Farben in unterschiedlicher Weise zu experimentieren. Der Katalog mit dem bewusst doppelsinnigen Titel „der farbe leben" erlaubt einen Einblick in ihr Werk und eine schöne Vertiefung des in der Ausstellung Gesehenen.

Dorle Wolf – „der farbe leben"; Vertrieb Dr. Rainer Wolf, Nikolaushöhe 15d, 97218 Gersbrunn; 23 €.

Zeitpfützen

Ebenfalls während der Versammlung lief unter dem Thema „Zeitpfützen" eine vom GDNÄ-Mitglied P. D. Dr. med. Schnuch initiierte meditative Video-Installation zum Begriff „Zeit". Vom Mönchehausmuseum für Moderne Kunst Goslar war in den Jahren 2000 und 2004 eine Kunst-Installation von AX S 84 (Künstlerpseudonym) im Nordturm der Marktkirche zu Goslar ausgestellt worden: Aus der Kugel eines Foucault'schen Pendels tropft Farbe auf eine Glasplatte. Die Tropfenfolge wurde durch Würfelwurf bestimmt und dem Steuergerät in der Kugel eingegeben. Das „Ergebnis" ist daher das Resultat der zufällig (Würfel) und notwendig (Pendelschwingung und Erddrehung) wirkenden Einflüsse. – In der Videoaufzeichnung dieser realen Installation kommt auch der begleitenden Musik ein wichtiges Moment hinzu.

Einzelheiten hierzu findet man auch im Internet unter www.timepuddles.de

Schlusswort und Einladung zur 124. Versammlung

Mit dem Schlusswort des örtlichen Geschäftsführers für den Bereich Wissenschaft, Professor Dr. Klaus Donner, ging am späten Nachmittag des 21. Septembers 2004 die 123. Versammlung zu Ende. Alle Teilnehmer wurden herzlich zur 124. Versammlung vom 16. bis 19. September 2006 in die Freie Hansestadt Bremen eingeladen.

Schlusswort:
Professor Dr. Klaus Donner, Passau

Lassen Sie mich zum Ende dieser 123. Versammlung der GDNÄ den Faden wieder aufnehmen, den etwa Herr Baumann am Anfang ein Stück weit gezogen hat und der auch immer wieder in verschiedenen Vorträgen und Mittagssymposien dieser Tagung hervortrat. Da ist zunächst dieser völlig unsinnige Streit um Grundlagenforschung versus Anwendungen.

Wenn ich einmal diesen Vergleich wagen darf: Wer von Ihnen würde schon im Rahmen der biologischen Evolution davon sprechen, man müsse das Gewicht mehr auf Mutationen oder – kontrastierend – auf Selektion legen. Beide Prinzipien gehören doch unabdingbar zusammen. Genauso gehört das variantenerzeugende Prinzip Grundlagenforschung zusammen mit dem selektiven Prinzip der technischen Entwicklung und der Anwendung. Der Rest ist eine Frage der relativen Gewichtung und hängt, das lehrt uns die biologische Evolution, von den Entwicklungsrandbedingungen ab.

Viel wichtiger ist aber die Frage der Konsistenz und Widerspruchsfreiheit der selektiven Randbedingungen. Lassen Sie mich das deutlicher sagen: Die sicherste Methode, um Evolution in die Sackgasse zu führen ist es, die Auslesebedingungen unerfüllbar zu machen. Sie halten dies für eine Binsenweisheit? Dann betrachten Sie einmal genauer unsere politischen Rahmenvorgaben! Nehmen wir als Beispiel die Mittagssymposien und Vorträge über Wasserstoffnutzung versus Mineralölwirtschaft und Auswirkungen der Klimaveränderung: Wenn man den CO_2-Ausstoß vermindern will und deshalb Wasserstoff als Kraftstoff favorisiert, gelangt man unweigerlich zur Frage nach der Primärenergiebereitstellung. Will man die dann ohne nennenswerte CO_2-Entwicklung gewährleisten, gibt es im Augenblick nur noch die Alternativen Kernenergie und regenerative Energien. Für die Einführung regenerativer Energiegewinnung in dem hier erforderlichen Umfang brauchen wir Zeit und viel Forschung – da denke ich an die Beiträge von Frau Friedrich und Herrn Schwoerer – also werden wir – meinetwegen als Übergangstechnologie – auf Kernkraft nicht verzichten können.

Sie können und sollen diese Schlüsse genauer analysieren und verfeinern, eventuell dann mit anderen Konsequenzen. Was mir aber entscheidend scheint, ist dies: Lassen Sie uns solches Konsequenzdenken immer und immer wieder hinaustragen in die Gesellschaft und in die Politik! Das ist unsere Aufgabe, und wenn wir sie nicht aktiv wahrnehmen, wird auch unser liebstes Kind, die naturwissenschaftliche Grundlagenforschung, darunter leiden. Unser Auftrag ist und bleibt, im gesellschaftlich-politischen Umfeld für mehr naturwissenschaftlich-mathematischen Sachverstand zu arbeiten.

Viel zu wenig ist davon zu sehen und – wenn ich offen bin – glaube ich, dass man vor 100 Jahren in der Allgemeinheit die naturwissenschaftlichen Inhalte besser wahrgenommen hat als heute. Ein Niedergang der naturwissenschaftlichen Allgemeinbildung ist in einem technischen Zeitalter unweigerlich verbunden mit wirtschaftlichen Problemen, Arbeitsmarktproblemen, Sozialversorgungsproblemen usw. Das ist die Botschaft, die hier von der Passauer Versammlung hinausgehen muss.

So, und nun übergebe ich als lokaler wissenschaftlicher Geschäftsführer dieser GDNÄ-Versammlung den Staffelstab an meinen Nachfolger, Herrn Prof. Roth, aus Bremen. Wie Sie wissen, wird die nächste GDNÄ-Versammlung in der schönen Hansestadt Bremen stattfinden. Ich hoffe, dass Sie die Tage hier in Passau auch vom Umfeld genießen konnten und dass Sie bestätigen können: Passau war die Reise wert!

Niederschrift der Mitgliederversammlung der GDNÄ

am 21. September 2004
in der Universität Passau

Vorsitz:	Fritzsch
Protokoll:	Donner
Teilnehmerzahl:	zu Anfang: 33, am Ende: 49
Beginn:	8:00 Uhr
Ende:	8:57 Uhr

FRITZSCH begrüßt die Teilnehmer und stellt zu Beginn fest, dass die Mitgliederversammlung, zu der ordnungsgemäß eingeladen worden war, beschlussfähig ist. Die Tagesordnung wird ohne Anmerkungen genehmigt. Vor Eintritt in die Tagesordnung gedenkt FRITZSCH der seit der letzten Mitgliederversammlung am 24. September 2002 in Halle an der Saale verstorbenen 106 Mitglieder. Er erwähnt besonders Prof. Dr. HANS-ERHARD BOCK, Vorsitzender der Gesellschaft von 1975 bis 1976, den ehemaligen Pressereferenten ROBERT GERWIN, Frau REGINA MANITZ-SCHAEFER, die bis zu ihrem plötzlichen Tod der Kommission für Bildungsfragen angehörte, und Prof. Dr. HEINRICH SCHIPPERGES, der den Wiederaufbau des im Kriege verloren gegangenen Archivs der Gesellschaft in die Hand nahm.

1. Bericht des Vorstands
(einschließlich Mitgliederbewegung und Finanzsituation)

Seit der letzten ordentlichen Mitgliederversammlung sind folgende Aktivitäten der Gesellschaft besonders zu erwähnen:

a) Die Nacharbeiten zur 122. Versammlung waren im Wesentlichen die Herausgabe des Verhandlungsbandes und der „Berichte und Mitteilungen“. Dieser Verhandlungsband erschien im September 2003 in der gewohnten Form als Sachbuch unter dem Titel „An den Fronten der Forschung“.

b) In der Berichtsperiode wurde die 123. Versammlung vorbereitet. Sie bietet ein aktuelles wissenschaftliches Programm, das von hervorragenden Wissenschaftlern bestritten wird. FRITZSCH dankt hier insbesondere dem örtlichen Geschäftsführer Wirtschaft, Herrn ERNST BAUMANN, Mitglied des Vorstands der BMW AG, den vier Gruppenvorsitzenden Prof. Dr. JÖRG HACKER, Prof. Dr. HENNING HOPF, Prof. Dr. KLAUS PETER und Prof. Dr. MARKUS SCHWOERER, den beiden weiteren Vorsitzenden zweier Sitzungen Prof. Dr. GUNNAR BERG und Prof. Dr. KONRAD SANDHOFF und dem örtlichen Geschäftsführer Wissenschaft, Prof. Dr. KLAUS DONNER, Passau, ebenso allen Moderatoren und Mitwirkenden der Mittagssymposien und den Mitwirkenden an der Posterausstellung „Jugend forscht“. Zusätzliche Aktivitäten wie „Zeitpfützen“ – eine Video-Installation unseres Mitglieds Dr. med. AXEL SCHNUCH aus Göttingen zum Begriff „Zeit" – und eine Bilderausstellung von Frau DORLE WOLF aus Würzburg ergänzten das Programm. Schließlich gilt der Dank auch dem Schatzmeister, dem Generalsekretär, dem Pressereferenten Herrn REINER KORBMANN und den beiden Mitarbeiterinnen der GDNÄ in Bad Honnef, Frau BRIGITTE RIEHN und Frau KATJA DIETE. Insbesondere ist auch dem Rektor der Universität SCHWEITZER und seinen Mitarbeitern und Mitarbeiterinnen, insbesondere Frau ULRIKE HENTE, für die gastfreundliche Unterstützung dieser Versammlung zu danken. Ihr hoher persönlicher Einsatz zusammen mit dem der studentischen Hilfskräfte sind besonders hervorzuheben. Dank gebührt schließlich auch Herrn HARTWIG WILLE aus Halle a. d. Saale und seinem Team sowie den technischen Mitarbeitern der Universität Passau für die vorzügliche Technik während der Versammlung.

Auch die finanzielle Unterstützung dieser Versammlung durch die Zuschüsse und Spenden zahlreicher Firmen und Zuwendungsgeber ist dankend hervorzuheben. Insbesondere werden hier genannt die Firma BMW und die Deutsche Forschungsgemeinschaft. Die Namen aller Spender und Zuwendungsgeber werden im Berichtsband dieser Versammlung, der voraussichtlich Mitte 2005 erscheinen wird, aufgeführt.

Insgesamt waren 1029 Teilnehmer, zu denen auch 60 Heraeus-Stipendiaten und 100 Kollegiaten bayerischer Gymnasien gehörten, anwesend. Wiederum gab es eine Diskussionsrunde mit den Heraeus-Stipendiaten, die auf lebhaftes Interesse gestoßen ist.

c) Wie in der letzten Mitgliederversammlung angekündigt, übergab Herr BAMELIS die Funktion des Schatzmeisters zum 1. Ja-

nuar 2003 an Herrn Prof. Dr. FRED HEIKER (Geschäftsführer von Bayer Innovation, Düsseldorf).

d) Im Sommer des Jahres 2003 erhielt die Naturwissenschaftliche Rundschau den Status einer Organzeitschrift der Gesellschaft Deutscher Naturforscher und Ärzte. Das Heft 7/2003 war die erste Nummer, die als Organ der GDNÄ erschien. Für die Mitglieder der GDNÄ ist damit nicht nur ein vergünstigter Bezug der Naturwissenschaftlichen Rundschau verbunden, die Naturwissenschaftliche Rundschau informiert ihre Leser seither detaillierter über die Veranstaltungen der GDNÄ.

e) Zum Jahreswechsel 2003/2004 erschien, dank der Mitwirkung des neuen Pressereferenten, Herrn REINER KORBMANN, unsere Informationsbroschüre „Wir über uns" in neuer und attraktiverer Gestaltung.

f) Mit der Briefwahl im Frühjahr 2004 wurden satzungsgemäß neue Mitglieder für den Vorstandsrat in der Amtsperiode 2005 bis 2008 gewählt. In diesem Jahr war je ein Vertreter für die Fachgruppen Biologie, Chemie und Medizin zu wählen. Wahlstichtag war der 21. Juni 2004. Die Auszählung der Stimmen erfolgte am 1. Juli 2004 in der Geschäftsstelle mit Unterstützung der Herren Dr. APPEL, Prof. Dr. STETTER und Dr. TRUSCHEIT, denen wir an dieser Stelle für ihre Hilfe danken. Wieder war die Wahlbeteiligung der Mitglieder unserer Gesellschaft mit 44,7 % sehr hoch. Weitere Einzelheiten zu dieser Wahl werden unter einem späteren Tagesordnungspunkt und in den „Berichten und Mitteilungen" genannt.

g) Aus besonderem Grund sind auch die Heraeus-Stipendiaten zu erwähnen. Seit einigen Jahren erhalten in jedem Jahr fünf Teilnehmer des Bundeswettbewerbs von Jugend forscht als Preis ein Reisestipendium der WILHELM UND ELSE HERAEUS-STIFTUNG zum Besuch der jeweils nächsten Versammlung der GDNÄ. Ein weiteres Programm der Heraeus-Stiftung sieht die Vergabe von Reisestipendien an Jungwissenschaftler für besondere Leistungen vor. Gedacht ist dabei an eine besonders gute Promotion oder Ähnliches. Auf Prof. Dr. SCHWOERER aus Bayreuth geht die Anregung zu einer dritten Kategorie von Reisestipendien zurück: Aus den Vorschlägen aller bayerischen Gymnasien werden aufgrund besonders guter schulischer Leistungen 100 Kollegiaten ausgewählt, die wiederum für zwei Tage die Versammlung in Passau besuchen dürfen – finanziert wird auch das von der Heraeus-Stiftung. Die GDNÄ dankt hier sowohl der Stiftung für diese großzügigen Stipendien, die natürlich auch junge Menschen zu unseren Versammlungen bringen, als auch Prof. SCHWOERER, der nicht nur die Anregung gab, sondern zusätzlich die Arbeit der Auswahl der Stipendiaten und ihre großartige Betreuung vor Ort auf sich nahm. Viele der Kollegiaten haben dann noch einen weiteren Tag angehängt, um auf eigene Kosten an der Versammlung teilzunehmen.

Der Vorstand hat im Frühjahr beschlossen, allen Heraeus-Stipendiaten mit einer zweijährigen kostenlosen Gastmitgliedschaft unsere Gesellschaft näher zu bringen. Sie können daher nicht nur an dieser Versammlung teilnehmen, sondern bekommen ebenfalls das Recht, den Verhandlungsband dieser 123. Versammlung kostenlos zu beziehen – wie jedes andere Mitglied. Zum Jahresende 2005 werden wir sie dann fragen, ob sie weiterhin Mitglied der Gesellschaft bleiben wollen – dann allerdings zu den üblichen Bedingungen.

Wenn sich der erste positive Eindruck dieser Aktion bestätigt, werden wir dieses Konzept einer Gastmitgliedschaft für Heraeus-Stipendiaten fortführen. Die Mitgliederversammlung unterstützt die Gastmitgliedschaft für diesen Personenkreis ohne Enthaltungen oder Gegenstimmen.

h) DONNER berichtet über die Entwicklung des **Mitgliederstandes** vom 1.1.2002 bis zum Zeitpunkt der 123. Versammlung (Stichtag 31.8.2004). Wie aus der nachfolgenden Tabelle ersichtlich, liegt der Mitgliederstand derzeit bei 4610.

Mitgliederbewegung (Stand: 31. August 2004)

	01.01.–31.12.2002	01.01.–31.12.2003	01.01.–31.08.2004
Neubeitritte	79	41	271 *)
Sterbefälle	62	55	42
Austritte	187	173	168
Streichungen	26	34	28
Veränderung	– 196	– 221	+ 33
STAND	4798	4577	4610

*) incl. 173 Gastmitgliedschaften (Heraeus-Stipendiaten)

Insgesamt haben wir in diesem Jahr bisher 271 neue Mitglieder gewonnen, darin sind 173 Gastmitgliedschaften für die Jahre 2004 und 2005 an die diesjährigen Jungwissenschaftler, Jugend-forscht-Preisträger und Kollegiaten enthalten. Die Zahl der Austritte ist mit 168 zwar niedriger als in den vorangegangenen beiden Jahren, doch zusammen mit den Todesfällen und den Streichungen ergibt sich zum Stichtag ein Anstieg der Mitgliederzahl um nur 33 Personen.

Wie in den vergangenen Jahren richten wir an jedes Mitglied, insbesondere natürlich auch an die Gremienmitglieder und die Vertrauensdozenten, die Bitte, bei jeder Gelegenheit werbend auf die GDNÄ hinzuweisen und uns umgekehrt auch Anregungen zu geben, wie die GDNÄ wirkungsvoller neue Mitglieder an sich binden kann.

i) Im Jahr 2003 erschien für den an der Geschichte der Naturwissenschaften Interessierten das von Klaus Goerttler herausgegebene Buch „Wegbereiter unserer naturwissenschaftlich-medizinischen Moderne", das für GDNÄ-Mitglieder zu einem günstigen Subskriptionspreis bezogen werden konnte.

k) Der Schatzmeister, Prof. Dr. Heiker, berichtet über die Geschäftsjahre 2002 und 2003, die auch Gegenstand der Kassenprüfung am 13. Juli 2004 waren.

Für das **Geschäftsjahr 2002** stehen den **Erträgen** in Höhe von **Euro 275.145,21 Aufwendungen** in Höhe von **Euro 211.735,36** gegenüber, so dass ein positives **Ergebnis** von **Euro 63.409,85** vorliegt.

In diesem Zusammenhang ist die finanzielle Hilfe zu erwähnen, die der Gesellschaft bei der Ausrichtung der 122. Versammlung von anderer Seite zuteil wurde, und die im Jahresabschluss üblicherweise

nicht unter den Erträgen erscheint. Die großzügige Zuwendung der Deutschen Forschungsgemeinschaft für die Versammlung wird mit den Tagungskosten saldiert. Die finanzielle Unterstützung der 122. Versammlung des Landes Sachsen-Anhalt ist dem Jahresbericht nicht zu entnehmen, da sie nicht direkt an die Gesellschaft gezahlt wurde, sondern an die Martin-Luther-Universität, die mit diesen Mitteln wertvolle Leistungen bei der Durchführung der Versammlung erbrachte. Und auch das GeoForschungsZentrum hat ebenfalls durch Übernahme von Kosten im Zusammenhang mit dieser Versammlung die Ausgabenseite der GDNÄ entlastet.

Für das **Geschäftsjahr 2003** weist der Jahresabschluss **Erträge** in Höhe von **Euro 240.402,89** und **Aufwendungen** in Höhe von **Euro 278.283,71** auf, was zu einem **Fehlbetrag** von **Euro 37.880,82** führt.

Dieses negative Ergebnis ist vor allem durch Rückgänge bei den Einnahmen verursacht. Aufgrund des rückläufigen Mitgliederstandes sinken natürlich auch die Einnahmen aus Mitgliederbeiträgen. Noch drastischer ist allerdings der Rückgang aus dem Spendenaufkommen, das mit etwa 17 TEuro einen Stand erreicht hat, der weniger als ein Drittel dessen beträgt, was früher in versammlungsfreien Jahren einging. So hat Bayer die regelmäßigen Spendenzahlungen an die GDNÄ eingestellt. Aber auch die Spendenbereitschaft unserer Mitglieder zeigt leider eine rückläufige Tendenz.

Zum Schluss seiner Erläuterung der Budgetzahlen warb der Schatzmeister noch einmal eindringlich um finanzielle Zuwendung für die Gesellschaft und Anstrengungen zum Werben neuer Mitglieder.

Die augenblickliche Diskussion um Bildung und die Bedeutung von Naturwissenschaft, Medizin und Technik kann dann genutzt werden, die Vitalität der GDNÄ zu zeigen, ihr Profil zu stärken und sichtbar zu machen, um ihrem satzungsmäßigen Auftrag erfolgreich nachkommen zu können.

2. Bericht der Kassenprüfer

Frau Prof. Dr. PEYERIMHOFF berichtet auch im Namen von Herrn Prof. Dr. BIERSACK, dass die Kassenprüfung am 13. Juli 2004 in der Geschäftsstelle der GDNÄ in Bad Honnef stattfand. Anwesend waren, außer den beiden Kassenprüfern, Dr. DONNER und Frau RIEHN. Grundlage für die Kassenprüfung, die die Geschäftsjahre 2002 und 2003 betraf, bildeten die beiden o. g. Jahresabschlüsse zum 31.12.2002 und zum 31.12.2003. Beide Berichte waren den Kassenprüfern mit Schreiben vom 11. März 2004 zur Einsichtnahme zugeschickt worden. Die darin enthaltenen Vermögens- und Erfolgsrechnungen wurden erläutert und eingehend diskutiert. Anschließend überzeugten sich die Kassenprüfer anhand von Depot- und Kontoauszügen davon, dass die in den Jahresabschlüssen ausgewiesenen Wertpapierbestände des Anlagevermögens sowie die Bankguthaben zum 31.12.2002 bzw. 31.12.2003 tatsächlich vorhanden waren. Weiterhin verschafften sich die Kassenprüfer einen Eindruck von der korrekten Buchführung und überzeugten sich anhand von Stichproben, dass die Einnahmen und Ausgaben, die den in den Jahresabschlüssen ausgewiesenen Erträgen und Aufwendungen zugrunde liegen, ordnungsgemäß belegt sind und die getätigten Ausgaben satzungsgemäß erfolgt waren. Insgesamt ergab die Kassenprüfung keinerlei Anlass zu Beanstandungen.

Dem im Jahr 2002 erzielten Überschuss der Einnahmen über die Ausgaben von etwa 63 TEuro stand am Ende des Jahres 2003 ein Fehlbetrag von etwa 38 TEuro gegenüber. Er konnte aus den zweckgebundenen Rücklagen gedeckt werden. – Zudem wird in diesem Zeitraum ein Rückgang der Mitgliederbeiträge um etwa 7,6 TEuro und der Spenden um 42 TEuro festgestellt. Im Jahr 2003 lag der Anteil der Spenden an den Einnahmen mit 8 Prozent nur etwa halb so hoch wie in früheren versammlungsfreien Jahren.

3. Entlastung des Vorstands

Auf Antrag von Herrn Prof. Dr. BIERSACK erteilt die Mitgliederversammlung mit einer Enthaltung dem Vorstand die Entlastung.

4. Ergänzung der Gremien (Vorstand, Vorstandsrat)

An die Teilnehmer der Mitgliederversammlung wurden in gewohnter Weise Tischvorlagen mit den Vorschlägen von Vorstand und Vorstandsrat zur Zusammensetzung der Gremien ab 1.1.2005 verteilt.

a) Der Vorstandsrat schlägt vor, Frau Prof. CHRISTIANE NÜSSLEIN-VOLHARD, MPI für Entwicklungsbiologie, Tübingen, ab dem 1.1.2005 als 2. Vizepräsidentin in den Vorstand der Gesellschaft zu berufen. Sie wird damit zum 1.1.2007 für zwei Jahre Präsidentin der Gesellschaft und Vorsitzende der 125. Versammlung im Jahr 2008. Frau Nüsslein-Volhard ist als Nobelpreisträgerin sicher allen Mitgliedern bekannt.

Frau NÜSSLEIN-VOLHARD wurde anschließend einstimmig ohne Enthaltungen durch die Mitglieder berufen. Frau NÜSSLEIN-VOLHARD nimmt die Berufung an.

b) **FRITZSCH** teilt mit, dass satzungsgemäß der 1. Vizepräsident zum Ablauf der Geschäftsperiode, also zum 31.12.2004, aus dem Vorstand ausscheidet. FRITZSCH dankt Prof. Rolf EMMERMANN für seinen großen persönlichen Einsatz für die Gesellschaft und insbesondere auch für die ausgezeichnete 122. Versammlung in Halle, die ein großes Echo im Kreis unserer Mitglieder und darüber hinaus gefunden hat. – EMMERMANN wird dem Vorstandsrat der Gesellschaft auch zukünftig als ständiger Gast angehören.

c) Die Mitgliederversammlung bestätigt einstimmig den amtierenden Präsidenten FRITZSCH als 1. Vizepräsidenten ab dem 1.1.2005.

d) Aus dem Vorstandsrat scheiden satzungsgemäß die gewählten Vertreter für die Fächergruppen Biologie – Frau Prof. FRIEDRICH, Chemie – Prof. SANDHOFF und Medizin – Prof. PAPE aus. **FRITZSCH** dankt ihnen für ihren großen persönlichen Einsatz während ihrer Amtszeit, insbesondere für ihre Mitwirkung bei der Gestaltung des wissenschaftlichen Programms der 122. und 123. Versammlung.

SANDHOFF bleibt als zukünftiger Präsident dem Vorstandsrat erhalten.

Auch den scheidenden Gruppenvorsitzenden der 123. Versammlung, die ex officio dem Vorstandsrat für zwei Jahre angehörten, also den Herren Prof. HACKER, Prof. HOPF, Prof. PETER und Prof. SCHWOERER, dankt Präsident **FRITZSCH** für ihren großen persönlichen Einsatz.

Dank gebührt auch den in dieser Versammlung zusätzlich aktiv tätigen Vorsitzenden zweier Sitzungen des wissenschaftlichen Programms: Prof. BERG und Prof. SANDHOFF.

Ex officio gehören dem Vorstandsrat der GDNÄ bis zum 31.12.2004 auch die beiden örtlichen Geschäftsführer BAUMANN und Prof. DONNER an, denen bereits für ihren großen Einsatz für diese Versammlung gedankt wurde.

e) Von den Mitgliedern der Gesellschaft wurden neu in den Vorstandsrat gewählt: Als Vertreter der

- Fächergruppe Biologie Frau Prof. KÖNIG (Zoologisches Institut, Universität Zürich),
- der Fächergruppe Chemie Prof. HUCHO (Institut für Chemie – Biochemie, Freie Universität Berlin),
- der Medizin Prof. ZENNER (Universitäts-Hals-Nasen-Ohren-Klinik, Tübingen).

Die drei Genannten haben ihre Wahl angenommen und gehören dem Vorstandsrat von 2005 bis 2008 an. Alle drei bitten um Entschuldigung, dass sie aus terminlichen Gründen an dieser Mitgliederversammlung nicht teilnehmen konnten.

Das Wahlergebnis ist der folgenden Tabelle zu entnehmen:

Anzahl der Aussendungen: 4404

Wahlstichtag:	21. Juni 2004
Tag der Stimmenauszählung:	01. Juli 2004

a) insgesamt

Zahl der bis zum Wahlstichtag eingegangenen Rückläufe	1968 (44,7 %)
Zahl der bis zum Wahlstichtag eingegangenen gültigen Rückläufe	1961
Zahl der bis zum Wahlstichtag eingegangenen ungültigen Rückläufe	8

b) pro Fächergruppe

Biologie

Zahl der abgegebenen Stimmen	1961
Zahl der ungültigen Stimmen	5
Zahl der gültigen Stimmen	1956
Zahl der Enthaltungen	80 (4,1 %)

davon entfallen auf:

Prof. Dr. Regine Kahmann	651 (33,3 %)
Prof. Dr. Barbara König	698 (35,7 %)
Prof. Dr. Gerhard Roth	527 (26,9 %)

Chemie

Zahl der abgegebenen Stimmen	1955
Zahl der ungültigen Stimmen	6
Zahl der gültigen Stimmen	1949
Zahl der Enthaltungen	106 (5,4 %)

davon entfallen auf:

Prof. Dr. Ferdinand Hucho	799 (41,0 %)
Prof. Dr. Martin Jansen	620 (31,8 %)
Prof. Dr. Horst Kunz	424 (21,8 %)

Medizin

Zahl der abgegebenen Stimmen	1961
Zahl der ungültigen Stimmen	6
Zahl der gültigen Stimmen	1955
Zahl der Enthaltungen	178 (9,1 %)

davon entfallen auf:

Prof. Dr. Christian Erich Elger	791 (40,5 %)
Prof. Dr. Hans-Peter Zenner	986 (50,4 %)

f) DONNER teilt mit, dass einer Vereinbarung zwischen der GDNÄ und der Deutschen Physikalischen Gesellschaft zufolge das für die Öffentlichkeitsarbeit im Vorstand der DPG zuständige Mitglied zugleich kooptiertes Mitglied im Vorstandsrat der GDNÄ ist. In den beiden vergangenen Jahren war dies Prof. Dr. MÜLLER-KRUMBHAAR. In dem seit April 2004 neu besetzten Vorstand der DPG wird diese Aufgabe von Prof. Dr. LUDWIG SCHULTZ, Dresden, wahrgenommen, der seither auch unserem Vorstandsrat angehört.

g) FRITZSCH gibt bekannt, dass der Vorstand in seiner letzten Sitzung Herrn Prof. Dr. JÖRG STETTER, Wuppertal, für vier Jahre von 2005 bis 2008 zum Generalsekretär der Gesellschaft bestellt hat.

Dr. WOLFGANG DONNER, Köln, hatte darum gebeten, mit Ende dieses Jahres aus gesundheitlichen Gründen vom Amt des Ge-

neralsekretärs entbunden zu werden. Don-
ner trägt allerdings noch im Jahr 2005 die
Verantwortung für die Herausgabe der
„Verhandlungen" und der „Berichte und
Mitteilungen" dieser 123. Versammlung.
Donner steht außerdem Stetter bei der
Vorbereitung der 124. Versammlung un-
terstützend zur Seite.

h) Zur Beauftragung des Pressereferenten
berichtet Donner: Nachdem in Halle Frau
Tegen als Pressereferentin für die Jahre
2003 und 2004 beauftragt worden war,
musste sie aus beruflichen Gründen ihre
Zusage wieder zurückziehen.
    Es gelang dem Vorstand in Herrn Rei-
ner Korbmann, München, einen für diese
Aufgabe ausgezeichneten Journalisten zu
finden. Seit September 2003 ist er für die
GDNÄ sehr erfolgreich tätig. Viele Mitglieder werden Herrn Korbmann als Ver-
anstalter der Mittagssymposien „Forschung
aktuell" in Berlin und Bonn kennen, die er
als damaliger Chefredakteur von *bild der
wissenschaft* veranstaltete. Der eine oder die
andere unserer älteren Mitglieder erinnert
sich noch an die „Umschau der Wissenschaft", die er in früheren Jahren leitete. Inzwischen ist er selbstständig und leitet Science und Media, ein Unternehmen für
Wissenschaftskommunikation.
    Der Vorstand hat Herrn Korbmann für
die Jahre 2005/2006 als Pressereferent beauftragt.
    Der Vorstand hat ferner Dr. Füssl,
Deutsches Museum München und lang-
jähriger Archivar der GDNÄ, ebenfalls für
weitere zwei Jahre mit der Leitung des Archivs der Gesellschaft beauftragt.

5. 124. Versammlung

Donner teilt ferner mit, dass die 124. Versammlung vom 16. bis 19. September
2006 in Bremen stattfinden wird unter
dem Vorsitz von Prof. Dr. Sandhoff, der
als Generalthema dieser Versammlung den
Titel „Selbstorganisation der Materie und
die Entwicklung des Lebens" (Arbeitstitel)
vorgegeben hat.
    Diese Versammlung wird ausnahmsweise
nicht in der Universität abgehalten werden,
sondern in unmittelbarer Nähe von Rathaus und Dom im Zentrum der Stadt im
Konzerthaus „Glocke". Die Universität
liegt etwas weiter außerhalb, vor allem aber
besitzt sie keinen Hörsaal in einer für unsere
Versammlung hinreichenden Größe.
    Um das Kollegiaten-Programm auch für
die Tagung in Bremen fortzusetzen, hat der
Vorstand satzungsgemäß mit dieser Son-
deraufgabe Herrn Prof. Schwoerer betraut. Die Aufgabe von Schwoerer kann
im föderalistischen Deutschland natürlich
nur darin bestehen, seine Erfahrungen an
eine Person im Raum Bremen/Niedersach-
sen weiterzugeben und beratend zur Verfügung zu stehen – die Durchführung
selbst muss von einer mit den örtlichen Gegebenheiten und Personen vertrauten Person (oder Gremium) geschehen.

6. Gruppenvorsitzende der 124. Versammlung

Donner teilt der Mitgliederversammlung
den Vorschlag von Vorstand und Vorstandsrat zur Berufung als Gruppenvorsitzende dieser 124. Versammlung mit:

- Herrn Prof. Dr. Andreas Engel, Institut für Neurophysiologie und Patho-

physiologie, Universitätsklinikum Eppendorf, Universität Hamburg (Fach Hirnforschung),

- Herrn Prof. Dr. EDUARD LINSENMAIR, Zoologisches Institut, Universität Würzburg (Fach Biologie),
- Frau Prof. Dr. CHRISTIANE NÜSSLEIN-VOLHARD, MPI für Entwicklungsbiologie, Tübingen (Fach Entwicklungsbiologie)
- Herrn Prof. Dr. ERICH SACKMANN, Physik-Department der Technischen Universität München (Fach Physik)
- Herrn Prof. Dr. MARTIN SCHWAB, Institut für Hirnforschung, Universität und ETH Zürich (Fach Medizin)

Die GDCh hat vereinbarungsgemäß

- Herrn Prof. Dr. GERHARD ERTL, Fritz-Haber-Institut der MPG, Berlin (Fach Chemie) delegiert.

Anders als in den vorangegangenen Versammlungen sind dies sechs – und nicht wie bisher vier – Gruppenvorsitzende. Sowohl bei der 122. als auch der 123. Versammlung hat der jeweilige Präsident das Schema der fachbezogenen Halbtagssitzungen aufgegeben. Dies machte es in beiden Versammlungen notwendig, neben den vier Gruppenvorsitzenden noch zwei weitere Sitzungsleiter zu benennen, da jede Versammlung schließlich aus insgesamt sechs Halbtagssitzungen besteht. Seitens der Satzung gibt es keinen Hinderungsgrund, die Zahl der Gruppenvorsitzenden diesem Umstand anzupassen, sodass Prof. SANDHOFF von vornherein diese sechs Sitzungsleiter vorgeschlagen hat. Vorstand und Vorstandsrat unterstützen diesen Vorschlag.

Bedenken zum Interesse zweier der vorgeschlagenen Gruppenvorsitzenden wurden von einem Mitglied geäußert wegen der in englischer Sprache vorliegenden Bio-

graphien, konnten aber mit den Hinweisen von SCHWOERER auf deren hohe wissenschaftliche Qualifikation und von SANDHOFF, der mit beiden im Vorfeld gesprochen hatte, ausgeräumt werden.

Die Berufung der Gruppenvorsitzenden erfolgte mit einer Enthaltung.

7. Bestellung der örtlichen Geschäftsführer der 124. Versammlung

Der Vorstandsrat schlägt der Mitgliederversammlung vor, als örtlichen Geschäftsführer Wissenschaft Prof. GERHARD ROTH, Direktor am Institut für Hirnforschung, Universität Bremen, zu berufen.

ROTH hielt sowohl auf der 120. als auch der 122. Versammlung einen Vortrag, er hat ferner bei der letzten Briefwahl zum Vorstandsrat kandidiert.

Die Mitgliederversammlung beruft Prof. ROTH ohne Gegenstimmen und Enthaltungen.

Der Vorstand bittet um Verständnis, dass er einen Vorschlag für den örtlichen Geschäftsführer Wirtschaft noch nicht abgeben kann. Die Gespräche mit dem Senatspräsidenten zur Auswahl einer geeigneten Persönlichkeit sind noch nicht abgeschlossen. Wir schlagen daher vor, dem Vorstand die Vollmacht zu erteilen, zu gegebener Zeit eine geeignete Persönlichkeit zu berufen.

Die Mitgliederversammlung erteilt dem Vorstand diese Vollmacht.

8. Wahl der Kassenprüfer

DONNER dankt Frau Prof. PEYERIMHOFF und Herrn Prof. BIERSACK für ihre bisherige Arbeit als Kassenprüfer und stellt fest, dass beide eine Wiederwahl als Kassenprüfer annehmen würden. Er schlägt daher im Namen des Vorstandsrats deren Wiederwahl vor.

Die Mitgliederversammlung wählt einstimmig und ohne Enthaltungen Frau PEYERIMHOFF und Herrn BIERSACK als Kassenprüfer für die Jahre 2005 und 2006.

9. Verschiedenes

SCHWOERER wies im Zusammenhang mit den finanziellen Problemen der Gesellschaft auf die zunehmend wichtiger werdende Bedeutung des Sponsoring hin. Zur Kommentierung dieses Hinweises konnte DONNER entsprechende Planungen der GDNÄ aus den Jahren 1998 bis etwa 2000 nennen, die allerdings wegen der damit gefährdeten Gemeinnützigkeit der Gesellschaft nicht umgesetzt werden konnten. – Eine tiefere Erörterung dieser Frage konnte wegen der nur noch sehr knappen Diskussionszeit nicht erfolgen.

Mitglied JENSEN (FH Flensburg) fragt, ob die Bemerkungen von HEIKER darauf hinweisen, dass die GDNÄ plant, zukünftig nicht mehr in zweijähriger Folge ihre Versammlungen abzuhalten. Dieses Verständnis wurde von HEIKER korrigiert: Es wäre wünschenswert, wenn die GDNÄ öfter als in dem bisherigen zweijährigen Rhythmus in der Öffentlichkeit wahrnehmbar wäre, doch derzeit lassen die organisatorischen und finanziellen Umstände es nicht zu, in einem häufigeren als dem derzeitigen zweijährigen Rhythmus zu tagen. Andere Möglichkeiten der Sichtbarkeit der

Gesellschaft werden allerdings gesucht. – FRITZSCH ergänzt, dass immer wieder überlegt wird, kleinere Veranstaltungen in den versammlungsfreien Jahren zu organisieren.

Frau PEYERIMHOFF dankt im Namen aller Mitglieder DONNER für seine mehrjährige Tätigkeit als Generalsekretär der Gesellschaft.

Frau NÜSSLEIN-VOLHARD stellt die Auswahl des Versammlungsortes für die 125. Versammlung zur Diskussion. Der Vorstand bestätigt ihr noch einmal, dass zwar mehrere Veranstaltungsorte diskutiert wurden, bisher keine Entscheidung hierüber gefallen ist, da üblicherweise der oder die jeweilige Vorsitzende ein entscheidendes Wort in dieser Frage hat. – Unter diesen Möglichkeiten wurden Dresden, Stuttgart und Tübingen explizit genannt; die Frage an die Mitgliederversammlung zeigt deutlich, dass jeder dieser Orte Befürworter fand. SCHWOERER hob in diesem Zusammenhang noch einmal den schönen Geist der Versammlung in Passau hervor, der sowohl durch die ausgezeichneten Vorträge, das herrliche Wetter und den Reiz der kleinen Universitätsstadt Passau bestimmt war, um sein Votum für Tübingen auszusprechen.

Die lebhafte Diskussion musste an dieser Stelle mit dem Hinweis auf den Beginn der wissenschaftlichen Sitzung beendet werden. Der Generalsekretär und auch die Mitglieder des Vorstands stehen natürlich allen Mitgliedern der Gesellschaft zur Verfügung, wenn es um Fragen, Anregungen oder Probleme geht, die die GDNÄ betreffen.

München und Köln, im Oktober 2004

Fritzsch
(Präsident)
do/Niedersch09–04

Donner
(Generalsekretär)

Zusammensetzung des Vorstands und des Vorstandsrats

sowie Kassenprüfer ab 1. Januar 2005

Präsidium ab 2005: Professoren Fritzsch, Sandhoff und Nüsslein-Volhard

I. Vorstand

Präsident:
Prof. Dr. Konrad Sandhoff
Kekulé-Institut für Organische Chemie
und Biochemie der Rheinischen
Friedrich-Wilhelms-Universität Bonn
Gerhard-Domagk-Straße 1
53121 Bonn

Tel.: 02 28/73–53 46 und –58 34
Fax: 02 28/73–77 78
E-Mail: sandhoff@uni-bonn.de

1. Vizepräsident:
Prof. Dr. Harald Fritzsch
Lehrstuhl für Theoretische Physik
Teilchenphysik
Ludwig-Maximilians-Universität München
Theresienstraße 37A
80333 München

Tel.: 0 89/21 80–45 50
Fax: 0 89/21 80–40 31
E-Mail: fritzsch@mppmu.mpg.de

2. Vizepräsident:
Prof. Dr. Christiane Nüsslein-Volhard
Max-Planck-Institut für Entwicklungs-
biologie
Spemannstr. 35/III
72076 Tübingen

Tel.: 0 70 71/601 489/487
Fax: 0 70 71/601 384
E-Mail:
christiane.nuesslein-volhard@
tuebingen.mpg.de

Schatzmeister:
Prof. Dr. Fred Robert Heiker
Bayer Innovation GmbH
Merowingerplatz 1
40225 Düsseldorf

Tel.: 02 11/758458–20 (Sekretariat:
Durchwahl -21)
Fax: 02 11/758458–73
E-Mail: fred.heiker@bayer-innovation.de
Sekretariat: kerstin.grigoleit@bayer-
innovation.de

Generalsekretär (mit beratender Stimme):
Prof. Dr. Jörg Stetter
Gesellschaft Deutscher
Naturforscher und Ärzte e. V.
Hauptstraße 5
53604 Bad Honnef

Tel.: 0 22 24/98 07 13
Fax: 0 22 24/98 07 89
E-Mail: stetter@gdnae.de
E-Mail: gdnae@gdnae.de

Neuer und alter Generalsekretär – Professor Dr. Jörg Stetter, Dr. Wolfgang T. Donner

II. Vorstandsrat

Alle Vorstandsmitglieder, ferner als berufene bzw. gewählte Mitglieder:

Ende 2006 ausscheidend:

Prof. Dr. Albrecht Beutelspacher
Mathematisches Institut
Justus-Liebig-Universität Gießen
Arndtstraße 2
35392 Gießen

Tel.: 06 41/993 20 80
Fax: 06 41/993 20 29
E-Mail: Albrecht.Beutelspacher
@math.uni-giessen.de

Prof. Dr. Karl-Heinz Glaßmeier
Institut für Geophysik und Meteorologie
Technische Universität Braunschweig
Mendelssohnstraße 3
38106 Braunschweig

Tel.: 05 31/391 52 14
Fax: 05 31/391 52 20
E-Mail: kh.glassmeier@tu-bs.de

Prof. Dr.-Ing. Wolfgang Marquardt
Lehrstuhl für Prozesstechnik
Rheinisch-Westfälische Technische
Hochschule Aachen
Templergraben 55
52056 Aachen

Tel.: 02 41/80–9 67 12
Fax: 02 41/80–9 23 26
E-Mail: secretary@lfpt.rwth-aachen.de

Ende 2008 ausscheidend:

Prof. Dr. rer. nat. Ferdinand Hucho
Freie Universität Berlin
Institut für Chemie/Biochemie
Thielallee 63
14195 Berlin

Tel.: 030/8385 5545
Fax: 030/8385 3753
E-Mail: hucho@chemie.fu-berlin.de

Prof. Dr. Barbara König
Universität Zürich
Zoologisches Institut
Winterthurerstr. 190
8057 Zürich
SCHWEIZ

Tel.: 0041/44/63 55270/71
Fax: 0041/44/63 55490
E-Mail: bkoenig@zool.unizh.ch

Prof. Dr. med. H.-P. Zenner
Universitäts-Hals-Nasen-Ohren-Klinik
Elfriede-Aulhorn-Straße 5
72076 Tübingen

Tel.: 0 70 71/29 8 80 14
Fax: 0 70 71/29 5674
E-Mail: zenner@uni-tuebingen.de

Gruppenvorsitzende
der 124. Versammlung:

Prof. Dr. Andreas K. Engel
Institut für Neurophysiologie und
Pathophysiologie
Universitätsklinikum Hamburg-Eppendorf
Universität Hamburg
Martinistr. 52
20246 Hamburg

Tel.: 040/42803 6170
Fax: 040/42803 7752
E-Mail: ak.engel@uke.uni-hamburg.de

Prof. Dr. Gerhard Ertl
Fritz-Haber-Institut
der Max-Planck-Gesellschaft
Abteilung Physikalische Chemie
Faradayweg 4–6
14195 Berlin

Tel.: 030/84 13 5100/04
Fax: 030/84 13 5106
E-Mail: ertl@fhi-berlin.mpg.de

Prof. Dr. Eduard Linsenmair
Lehrstuhl für Tierökologie und
Tropenbiologie
(Zoologie III)
Theodor-Boveri-Institut für
Biowissenschaften (Biozentrum)
der Universität Würzburg
Am Hubland
97074 Würzburg

Tel.: 09 31/888 4351
Fax: 09 31/888 4352
E-Mail:
ke_lins@biozentrum.uni-wuerzburg.de

Prof. Dr. Christiane Nüsslein-Volhard
Max-Planck-Institut für Entwicklungsbiologie
Spemannstr. 35/III
72076 Tübingen

Tel.: 0 70 71/601 489/487
Fax: 0 70 71/601 384
E-Mail: christiane.nuesslein-
volhard@tuebingen.mpg.de

Prof. Dr. Erich Sackmann
Technische Universität München
Institut für Biophysik
Abt. E 22
Experimentalphysik
James-Franck-Str. 1
85748 Garching

Tel.: 089/289 12490
Fax: 089/289 12469
E-Mail: sackmann@ph.tum.de

Prof. Dr. phil. Dr. med. h.c.
Martin E. Schwab
Universität Zürich
Institut für Hirnforschung
Winterthurerstrasse 190
8057 Zürich
SCHWEIZ

Tel.: 0041/44/635 33 30/31
Fax: 0041/44/635 33 03
E-Mail: schwab@hifo.unizh.ch

Örtliche Geschäftsführer der 124. Versammlung:

Dipl-Kfm. Bernd Hockemeyer
Geschäftsführender Gesellschafter
Gebrüder Thiele GmbH & Co. KG
Heidkamp 27
27721 Ritterhude

Tel.: 0421/69 36–90
Fax: 0421/96 36–936

Prof. Dr. Dr. Gerhard Roth
Hanse-Wissenschaftskolleg
Lehmkuhlenbusch 4
27753 Delmenhorst

Tel.: 04221/91 60–108
Fax: 04221/91 60–108/199
E-Mail: gerhard.roth@uni-bremen.de

Generalsekretär:

Prof. Dr. Jörg Stetter
Gesellschaft Deutscher
Naturforscher und Ärzte e. V.
Hauptstraße 5
53604 Bad Honnef

Tel.: 0 22 24/98 07 13
Fax: 0 22 24/98 07 89
E-Mail: stetter@gdnae.de
E-Mail: gdnae@gdnae.de

Kooptierte Mitglieder:

Prof. Dr. Ludwig Schultz
Institut für Metallische Werkstoffe
IFW Dresden
Helmholtzstr. 20
01069 Dresden

Tel.: 0 351/4659–321/-460
Fax: 0 351/4659–541
E-Mail: l.schultz@ifw-dresden.de

Gäste:
Frühere Vorsitzende/Präsidenten der Gesellschaft:

Prof. Dr. Dr. h.c. Peter Sitte
Lerchengarten 1   Tel.: 07 61/40 34 54
79249 Merzhausen

Prof. Dr. Gustav Adolf Martini
Blitzweg 18   Tel.: 0 64 21/2 68 21
35039 Marburg

Prof. Dr. Dr. Heinz A. Staab
Schloß-Wolfsbrunnenweg 43   Tel.: 0 62 21/80 33 30
69118 Heidelberg

Prof. Dr. Dr. h.c. Reimar Lüst
Max-Planck-Institut für Meteorologie   Tel.: 0 40/4 11 73–0
Bundesstraße 55
20146 Hamburg

Prof. Dr. Dr. h.c. Wolfgang Gerok
Horbener Straße 25   Tel.: 07 61/2 93 73
79100 Freiburg i. Br.   Fax: 07 61/2 70 36 10

Prof. Dr. Dr. h.c. Günther Wilke
Max-Planck-Institut   Tel.: 02 08/3 06 24 00/24 01
für Kohlenforschung   Fax: 02 08/3 06 29 84
Kaiser-Wilhelm-Platz 1
45470 Mülheim a. d. Ruhr

Prof. Dr. Dr. h.c. Hubert Markl
Universität Konstanz   Tel.: 0 75 31/88–27 25
Fachbereich Biologie   Fax: 0 75 31/88–43 45
Fach M 612   E-Mail: Hubert.Markl@uni-konstanz.de
78457 Konstanz

Prof. Dr. Dr. h.c. Joachim Treusch
Vorsitzender des Vorstands   Tel.: 0 24 61/61 30 00
Forschungszentrum Jülich GmbH   Fax: 0 24 61/61 25 25
52425 Jülich   E-Mail: j.treusch@fz-juelich.de

Prof. Dr. Detlev Ganten
Vorstandsvorsitzender
Charité – Universitätsmedizin Berlin
Schumannstr. 20/21
10117 Berlin

Tel.: 0 30/450 550 001/2
Fax: 0 30/450 550 901
E-Mail: ganten@charite.de
           thea.schwarz@charite.de

Prof. Dr. Ernst-Ludwig Winnacker
Präsident der DFG
53170 Bonn

Tel.: 02 28/885–22 22
Fax: 02 28/885–27 70
E-Mail: Winnacker@mail.dfg.de

Prof. Dr. Rolf Emmermann
Vorstandsvorsitzender
GeoForschungsZentrum Potsdam
Telegrafenberg, Haus G
14473 Potsdam

Tel.: 03 31/288–10 00
Fax: 03 31/288–10 02
E-Mail: emmermann@gfz-potsdam.de

Archivar:

Dr. Wilhelm Füßl
Deutsches Museum
Leiter der Archive
Museumsinsel 1
80538 München

Tel.: 0 89/21 79–4 44/2 20
Fax: 0 89/21 79–4 65
E-Mail: w.fuessl@deutsches-museum.de

Pressereferent:

Reiner Korbmann
Pressereferat
Science&Media
Büro für Wissenschafts- und
Technikkommunikation
Betastraße 9A
85774 München-Unterföhring

Tel.: 0 89/20 80 57–00
Fax: 0 89/20 80 57–01
E-Mail:
reiner.korbmann@scienceundmedia.de

Beauftragter für Bildungsfragen:

Prof. Dr. Gunnar Berg
Fachbereich Physik
Martin-Luther-Universität
Halle-Wittenberg
06099 Halle/Saale

Tel.: 03 45/55–2 55 20
Fax: 03 45/55–27 159
E-Mail: g.berg@physik.uni-halle.de

Kollegiaten-Programm:

Prof. Dr. Markus Schwoerer
Lehrstuhl für Experimentalphysik II
Universität Bayreuth
Gebäude: NW I
95440 Bayreuth

Tel.: 09 21/55–26 00
Fax: 09 21/55–26 21
E-Mail:
markus.schwoerer@uni-bayreuth.de

Früherer Generalsekretär:

Dr. Wolfgang T. Donner
Ludwig-Aschoff-Str. 5
51061 Köln

Tel.: 02 21/66 16 63
Fax: 02 21/66 17 35
E-Mail: donner@gdnae.de

III. Kassenprüfer

Prof. Dr. Hans-J. Biersack
Klinik für Nuklearmedizin
der Rheinischen Friedrich-Wilhelms-
Universität Bonn
Sigmund-Freud-Straße 25
53127 Bonn

Tel.: 02 28/287–51 81/0
Fax: 02 28/287–66 15
E-Mail:
hans-juergen.biersack@med.uni-bonn.de

Prof. Dr. Sigrid Peyerimhoff
Lehrstuhl für Theoretische Chemie
der Rheinischen Friedrich-Wilhelms-
Universität Bonn
Wegelerstraße 12
53115 Bonn

Tel.: 02 28/73 25 44
Fax: 02 28/73 90 64
E-Mail: UNT000@uni-bonn.de

Statistiken

I. Auswertung der Struktur-Fragebogen der 123. Versammlung der Gesellschaft Deutscher Naturforscher und Ärzte in Passau (Teilnehmerstatistik)

() = Vergleichszahlen zur 122. Versammlung 2002 in Halle/S.				%	%
Versammlungsteilnehmer:		1030	(983)		
eingegangene verwertbare Fragebögen:		574	(475)	55,7	(48,3)
Teilnehmer	männlich	339	(290)	59,1	(61,0)
	weiblich	235	(185)	40,9	(39,0)
Verhältnis zur GDNÄ	Mitglied	322	(248)	56,1	(52,2)
	kein Mitglied	252	(227)	43,9	(47,8)
Bisherige Teilnahme	keinmal	236	(150)	41,1	(31,6)
	einmal oder zweimal	103	(91)	18,0	(19,2)
	dreimal oder mehr	235	(234)	40,9	(49,2)
Alter	bis 20	91	(13)	15,9	(2,7)
	21–30	34	(50)	5,9	(10,5)
	31–40	27	(22)	4,7	(4,6)
	41–50	37	(39)	6,4	(8,2)
	51–60	75	(81)	13,1	(17,1)
	61–70	169	(153)	29,4	(32,2)
	über 70	141	(117)	24,6	(24,7)
Beruflicher Bereich	Naturwissenschaften	283	(272)	49,3	(57,3)
	Medizin	90	(95)	15,7	(20,0)
	beides	32	(22)	5,6	(4,6)
	anderes	169	(86)	29,4	(18,1)
Arbeitsplatz	Schüler/Student	115	(43)	20,0	(9,1)
	Hochschule	75	(90)	13,1	(19,0)
	Klinik	18	(14)	3,1	(2,9)
	andere Forschungseinrichtungen	30	(31)	5,2	(6,5)

() = Vergleichszahlen zur 122. Versammlung 2002 in Halle/S.		%	%
Industrie	27 (30)	4,7	(6,3)
Schule	13 (9)	2,3	(1,9)
freiberuflich tätig	7 (5)	1,2	(1,1)
Verwaltung	41 (29)	7,2	(6,1)
anderes	35 (32)	6,1	(6,7)
im Ruhestand	213 (192)	37,1	(40,4)

Wohnbereich der Teilnehmer

Baden-Württemberg	44 (47)	7,6	(9,9)
Bayern	200 (46)	34,8	(9,7)
Berlin	27 (46)	4,7	(9,7)
Brandenburg	9 (11)	1,6	(2,3)
Bremen	4 (5)	0,7	(1,1)
Hamburg	13 (18)	2,3	(3,8)
Hessen	39 (41)	6,8	(8,6)
Mecklenburg-Vorpommern	4 (9)	0,7	(1,9)
Niedersachsen	36 (34)	6,3	(7,2)
Nordrhein-Westfalen	96 (94)	16,7	(19,8)
Rheinland-Pfalz	16 (12)	2,8	(2,5)
Saarland	4 (2)	0,7	(0,4)
Sachsen	17 (20)	3,0	(4,2)
Sachsen-Anhalt	16 (52)	2,8	(11,0)
Schleswig-Holstein	13 (21)	2,3	(4,4)
Thüringen	19 (13)	3,3	(2,7)
Österreich	*11 (0)*	*1,9*	*(0)*
Schweiz	*2 (0)*	*0,3*	*(0)*
übriges Ausland	*4 (4)*	*0,7*	*(0,8)*

II. Mitgliederstatistik

Stichtag: 31. Dezember 2004
in der EDV vorhandene Datensätze
(= Zahl der Mitglieder, einschließlich 6 korporative): 4679

Mitgliederstand*

persönliche Mitglieder	männlich	%	weiblich	%	gesamt	%
bis 30 Jahre	146	(3,1)	97	(2,1)	243	(5,2)
31–35 Jahre	121	(2,6)	45	(1,0)	166	(3,6)
ab 36 Jahre	3525	(75,4)	606	(13,0)	4131	(88,4)
ohne Alters-angabe	89	(1,9)	44	(0,9)	133	(2,8)
gesamt	3881	(83,0)	792	(17,0)	4673	(100,0)
korporative Mitglieder					6	

* einschließlich Ausland:

164 Mitglieder, davon:

Österreich	46
Schweiz	52
übriges Europa	39
USA + Kanada	20
restliche Welt	7
	164

Durchschnittsalter:

Männer	61,3 Jahre
Frauen	54,0 Jahre
gesamt	60,1 Jahre

Fächerverteilung

Der Anteil der Datensätze mit Eintrag liegt bei 73,4 % und dürfte demnach bezüglich der unten aufgelisteten Verteilung auf die verschiedenen Fächer weit reichende Rückschlüsse auf die gesamte Mitgliedschaft zulassen.

		%
Anzahl der Mitglieder ohne Eintrag	1243	(26,6)
Anzahl der Mitglieder mit Eintrag	3436	(73,4)
	4679	

Anzahl der Einträge unter Berücksichtigung von Mehrfacheinträgen

(= Bezugsgröße: 100 %) 4484

Fach	Anzahl der Einträge	%
Mathematik	138	3,1
Physik, Astrophysik	433	9,7
Geowissenschaften	80	1,8
Chemie	715	15,9
Pharmazie	147	3,3
Biowissenschaften	1105	24,6
Theoretische Medizin	413	9,2
Praktische Medizin	1162	25,9
Ingenieurwissenschaften	89	2,0
Anderes	202	4,5
Gesamt	**4484**	**100,0**

Aufschlüsselung

Anzahl der Datensätze mit Eintrag	Anzahl der Einträge pro Datensatz	Anzahl Einträge, gesamt
3436	1	3436
449	2	898
50	3	150
3935		4484

Arbeitsplatz bzw. Status

Der Anteil der Datensätze mit Eintrag liegt bei 76,1 % und dürfte demnach bezüglich der unten aufgelisteten Verteilung auf die verschiedenen Tätigkeiten weit reichende Rückschlüsse auf die gesamte Mitgliedschaft zulassen.

		%
Anzahl der Mitglieder ohne Eintrag	1118	(23,9)
Anzahl der Mitglieder mit Eintrag	3561	(76,1)
	4679	

Anzahl der Einträge unter Berücksichtigung von Mehrfacheinträgen

(= Bezugsgröße 100 %)   4269

Arbeitsplatz bzw. Status	Anzahl der Einträge	%
Hochschule/Universität	1306	30,6
Andere Forschungseinrichtungen	281	6,6
Klinik	437	10,2
Schule	250	5,9
Industrie	297	7,0
Öffentliche Verwaltung	102	2,4
Bibliotheken	11	0,2
Freiberufliche Tätigkeit	437	10,2
Ausbildung (Schüler/Student)	274	6,4
Ruhestand	874	20,5
Gesamt	**4269**	**100,0**

Aufschlüsselung

Anzahl der Datensätze mit Eintrag	Anzahl der Einträge pro Datensatz	Anzahl Einträge, gesamt
3561	1	3561
354	2	708
3915		4269

Hinweise

Die 124. Versammlung findet vom 16. bis 19. September 2006 in Bremen unter der Leitung von Professor Dr. Konrad Sandhoff, Bonn, statt. Das Generalthema lautet:
Vom Urknall zum Bewusstsein
Selbstorganisation der Materie

Weitere Informationen sind über den Generalsekretär der Gesellschaft, Professor Dr. Jörg Stetter, Gesellschaft Deutscher Naturforscher und Ärzte, Hauptstraße 5, 53604 Bad Honnef, oder im Internet unter www.gdnae.de zu erfahren. An diese Stelle sind auch Beitrittserklärungen zu richten.

Die Zeitschriften „Naturwissenschaften", „Deutsche Medizinische Wochenschrift (DMW)" und „Naturwissenschaftliche Rundschau" können von Mitgliedern unserer Gesellschaft zu Vorzugspreisen abonniert werden. Der derzeitige Mitglieder-Bezugspreis beträgt für „Naturwissenschaften" € 417,30, für die „Deutsche Medizinische Wochenschrift (DMW)" € 128,70 und für die „Naturwissenschaftliche Rundschau" € 87,00, jeweils zuzüglich Porto und Verpackung.

Nähere Informationen und Probehefte sind erhältlich bei: Springer-Verlag GmbH & Co. KG, Tiergartenstraße 17, 69121 Heidelberg („Naturwissenschaften"), Georg Thieme Verlag, Rüdigerstraße 14, 70469 Stuttgart („Deutsche Medizinische Wochenschrift (DMW)) bzw. Wissenschaftliche Verlagsgesellschaft mbH, Birkenwaldstraße 44, 70191 Stuttgart („Naturwissenschaftliche Rundschau").

Register